제7판

한국의 도시와 국토

남영우 · 최재헌 · 손승호

法 文 社

[대한민국 국토경관 헌장]

국토를 가치 있게, 국민을 행복하게, 미래를 아름답게

아름다운 산과 강, 바다와 섬으로 이루어진 대한민국 국토는 우리의 삶의 터전이자 정신과 문화의 뿌리이다. 우리는 이곳에서 고유한 역사를 가진 마을과 도시를 형성하면서 자연과 어우러진 국토 경관을 만들어 왔다.

국토 경관은 모두가 잘 지키고 발전시켜 미래 세대에 물려주어야 할 공공의 자산이다. 우리는 지난 경제 성장 과정에서 경관의 소중함을 깨닫지 못하였다. 이에 국토 경관에 대한 인식을 새롭게 하여 알리고자 다음과 같이 다짐한다.

우리는 자연과 조화를 이루는 경관을 추구한다.
우리는 경관 자원을 적극적으로 발굴하고 보전하며 활용한다.
우리는 주민과 함께 지역 특성을 살린 다양한 경관을 가꾼다.
우리는 국토 경관의 가치를 지속적으로 교육하고 확산한다.
우리는 국제 교류를 통해 대한민국 국토 경관을 세계에 알린다.

이상에서 밝힌 다짐을 실천하여 국민에게는 행복을, 다음 세대에게는 희망을 주는 품격 있는 대한민국 국토 경관으로 만들어 나아간다.

2017년 5월 17일

제7판 머리말

이 책이 처음 출판된 해가 1988년이니 벌써 30년이란 세월이 흘렀다. 30년이면 강산이 세 번 바뀐 셈이니 결코 짧지 않은 세월이 흘러간 것이다. 4차 산업혁명과 같은 과학문명이 발달할수록 인간이 체감하는 세월은 과거에 비해 속도가 더 빨라지고 있다. 문명의 발달 속도 또한 그러할 것이다. 이에 따라 우리의 도시와 국토는 얼마나 바뀌었는지 이 책의 초판본과 비교해보면 잘 알 수 있다. 이 책으로 공부한 대학생들은 이제 불혹의 나이이거나 50대에 접어들었을 것이다.

그 동안 저자들은 급변하는 한반도의 모습을 따라잡기 위해서 뿐만 아니라 세계 속의 한반도를 재조명하기 위해 판을 거듭하고 쇄를 달리하면서 책 내용을 틈틈이 수정해 왔다. 그 작업은 결코 쉬운 일이 아니었다. 그 이유는 가시적 경관의 변화뿐만 아니라 우리 삶의 변화도 기술해야만 했기 때문이다. 어떤 부분은 우리의 도시와 국토에 대해 낙관적으로 기술했고, 또 어떤 부분에서는 비관적으로 설명하기도 했다. 그래도 이 책은 쇄를 거듭하고 판을 바꾸면서 내용이 조금씩이나마 정치화(精緻化)된 것은 사실이다.

저자는 이 책의 초판본을 집필할 때만 하더라도 30년 세월이 흐른 뒤에는 한반도가 통일될 것이라고 생각했지만, 그 예상은 빗나가고 말았다. 우리의 도시와 국토는 변했어도 한반도 허리의 휴전선은 풀지 못할 허리띠처럼 국토를 동여매고 있다. 그런 까닭에 휴전선 너머의 국토에 관한 내용은 정보부족으로 제한적일 수밖에 없었다. 그럼에도 불구하고 저자들은 북한을 다녀와서 평양에 관한 내용을 제4장 속에 담을 수 있었음에 만족할 수밖에 없었다.

이 책의 제7판에서는 시대의 변화에 발맞춰 업데이트를 시도했다. 즉 제1장(국토와 한국인의 삶)과 제2장(한국 민족의 문화적 특징)에서는 조금씩 변화한 내용과 새로운 학설을 소개하며 수정했고, 제3장(한국의 세계유산과 지역성)에서는 새롭게 등재된 세계유산을 추가했으며, 제5장(우리 삶의 공간이 마주한 현실)에서는 우리 삶의 공간이 마주한 현실을 보완 설명했다. 책의 틀을 완전히 바꾸려는 생각도 해보았지만 저작물의 연속성을 고려하여 시도하지 않았다. 그보다는 엄두가 나지 않았다고 표현하는 것이 저자들의 솔직한 마음일는지도 모르겠다. 지리적 관점에서 도시와 국토를 설명하는 일은 결코 용이하지 않으며 세계 속의 한반도를 조망하는 일 역시 간단치 않다. 지리학에서는 땅의 변화를 감각적으로 기술하는 것을 용납하지 않기 때문이다.

끝으로 이 책이 제7판을 거듭할 수 있도록 성원해주신 법문사 사장님은 물론 편집부 김제원 이사님을 비롯하여 이 책에 필요한 사진과 자료를 제공해준 안산 강서고등학교 김석용 선생, 서울 명덕여자고등학교 이경택 박사, 동북아역사재단의 이상균 박사께 감사드린다.

2019년 7월

저자 일동

제6판 머리말

지구상에서 제2차 세계대전 이후 100개국이 넘는 신생국들이 탄생되었다. 그들 중에서 선진국에 진입했거나 선진국 문턱에 다다른 나라는 불과 두서너 나라 밖에 되지 않는다. 이스라엘, 싱가포르, 한국 정도이다. 이들 중에 한국의 발전이 세계사적으로도 기적에 가까울 만큼 성공적인 사례로 꼽힌다. 한국경제는 지난 40년간 320% 성장하여 연평균 성장률 8%라는 '한강의 기적'을 이룩하였다. 이는 서유럽 국가들이 150년간에 걸쳐 이룩한 성장률보다 높은 수치이다. 아마 한국인들은 단군 이래 가장 안정된 경제적 삶을 누리게 되었을 것이다.

이와 같은 경이로운 경제성장은 필연코 우리의 국토와 도시의 변화를 수반하였다. 만약 1960년대에 세상을 떠난 조상님이 살아 돌아온다면 자신이 살던 고장을 찾기 힘들 만큼 상전이 벽해되었을 것이다. 그렇지만 오늘을 사는 현대인들은 그런 사실을 잊고 살아가고 있는 것 같다. 우리의 국토가 어떻게 변모하였고, 도시의 경관과 구조가 어떤 변화를 겪어왔는지 되돌아보고 음미해 보아야 미래를 설계할 수 있다. 그러나 불행하게도 우리의 국토는 남북으로 분단되어 북쪽의 변화상을 정확히 헤아릴 수가 없게 되었다.

그러나 2000년대에 진입하면서 한국의 경제성장률은 저성장으로 바뀌기 시작하였다. '다이내믹 코리아'라 불리던 한국경제는 일본경제의 '잃어버린 20년'처럼 역동성을 상실하면서 고도성장에 순치된 한국국민들을 실망케 하여 불만에 찬 사회를 만들고 있다. 이러한 변화에 따라 장차 저성장시대의 우리나라 도시와 국토는 어떤 길을 걸어갈 것인지 궁금하기 짝이 없다.

본서는 6판을 거듭하면서 국토분단 이후의 북쪽에 관한 언급이 부족했었음을 부인할 수 없다. 그래서 이번 개정판에서는 북한의 국토에 대한 설명을 첨가하였다. 또한 영유권 문제에서 두만강 건너편의 녹둔도에 관한 내용을 저자들의 직접 현지답사와 고지도를 바탕으로 추가하였고, 문명의 전파와 이동을 알기 쉽게 설명하기 위해 새로운 학설을 소개해 놓았다. 그리고 세계유산으로 등재된 우리의 자랑스러운 유적을 지역성과 관련하여 살펴보고, 국토공간의 불균형 심화에 따른 삶의 공간이 마주한 현실과 기후변화 및 자연재해가 국토에 미치는 영향을 설명하였다. 또한 독자의 이해를 돕기 위해 삽입해 놓은 사진들도 저자들이 촬영했거나 입수한 것으로 교체하였다.

우리가 국토를 배우는 일은 나라사랑하는 마음을 일깨우고 더 나아가 애국심을 고취하게 된다. 일본 패전 후 1945년 12월 31일 연합국최고사령부는 일본의 초중등 교육에서 지력교육(地歷教育)을 폐지하라는 지령을 내린 바 있다. 당시 일본은 지리와 역사과목을 합쳐서 교육했다. 이것은 연합국최고사령부가 일본의 민주화교육의 일환으로 발령한 교육정책으로 일본의 학교교육에서 지리 및 지도과목과 역사과목을 폐지하라는 것을 의미하는 지령이었다. 일제는 학교교육에서 도덕과 역사과목은 '수신(修身)'이란 이름으로 일본제국과 국왕에 충성케 하고 왜곡된 역사인식을 심어주는 내용이었으므로 그 지령의 취지를 이해할 수 있으나, 지리 및 지도과목에 대한 폐지명령은 의외였다.

왜 맥아더 사령관은 일본의 학교교육에서 지리과목을 가르치지 못하게 하였을까? 그것은 맥아더가 지리학의 중요성을 누구보다 잘 알고 있었기 때문이었을 것이다. 그는 지리교육의 효과가 애국심을 고취시키고 투철한 국가관을 갖게 만드는 데에 있어서 필수적 과목이라고 생각했던 것이다. 최근 우리가 일제의 만행에 대한 일본 교과서 왜곡을 우려하는 것 또한 똑같은 맥락이다. 이러한 맥아더의 교육정책에 대하여 일본의 지식인들은 일본의 청소년들이 지리학을 배우지 못하면 '나무를 보고 숲을 보지 못하는' 대국관(大局觀)의 결여를 우려한 것이다. 지리적 사고와 활용은 지구가 직면하고 있는 환경문제와 세계관의 형성에 지대한 영향을 미치는 것이 사실이다. 이러한 맥락에서 저자들은 지리적 사고를 갖게 하는 국토교육이 매우 중요하다고 생각한다.

끝으로 30년 가까이 본서의 간행에 꾸준한 관심을 가져주신 법문사 사장님과 편집부 김제원 부장님께 감사를 드리며, 사진을 제공해준 제자들에게도 말필이나마 감사드리고 싶다.

2015년 12월
저자 일동

제5판 머리말

본서가 처음 출판된 것이 1988년이니 벌써 20년이란 세월이 흘렀다. 20년이면 강산이 두 번 바뀐 셈이니 결코 짧지 않은 세월이다. 우리의 도시도 바뀌었고 국토 역시 마찬가지이다. 도시와 국토의 변화속도는 예전보다 더 빨라진 것 같다. 땅의 모양만 달라진 것이 아니라 그 속에 살고 있는 사람들도 많이 바뀌었을 것이다.

한국경제는 지난 40여 년간 무려 320% 성장하였다. 이는 연평균 8% 성장에 해당하는 초고속 경제성장에 해당한다. 이러한 성장률은 19세기부터 20세기 중반에 걸쳐 서유럽 국가들이 150년간 이룩한 성장률보다 높은 것이다. 본서가 처음 집필된 1980년대 후반의 1인당 국민소득은 겨우 6천 달러대에 불과하였고 수출액은 6백억 달러에 머물러 있었다. 또한 우리나라는 세계화의 조류 속에 포함되지도 않았었다. 이렇게 20년 전과 비교해 보면 우리의 도시와 국토만 변한 것이 아니라 삶의 질도 많이 변했다고 보아야 한다.

이러한 시대적 변화추세를 따라잡기 위해서는 본서의 내용을 대폭 개정하지 않으면 안 되는 상황에 다다른 것이다. 이런 까닭에 본서는 제3판부터 제목을 『세계화시대의 도시와 국토』로 바꾼 바 있다. 책의 제목만 바꾼 것이 아니라 내용도 대폭적으로 보완하였다. 이제는 우리의 도시와 국토를 안에서만 바라볼 것이 아니라 밖으로 나아가 글로벌한 시각에서도 조망해 보아야 할 때가 온 것 같다. 집 안에서 보는 우리 집과 집 밖에서 보는 우리 집은 생각했던 것보다 많은 차이가 날지도 모르기 때문이다.

본서는 제4판과 달리 목차를 1편과 2편으로 나누어, 1편의 '국토와 한민족 이해하기'에서는 국토에 관한 내용을, 그리고 2편의 '도시와 국토문제 이해하기'에서는 도시와 국토발전에 관한 내용을 다루었다. 1편은 제1장 국토의 개관, 제2장 한국민족의 문화로 구성되어 있고, 2편은 제3장 국토의 도시화와 도시발달, 제4장 국토문제와 도시정책으로 구성되어 있다. 따라서 제4판의 제4장과 제5장에 있던 '도시문제와 정책'과 '국토의 이용과 관리'는 내용적 변화가 많아 제5판에서는 삭제하였다.

본서의 개정판에서는 내용설명을 독자들이 쉽게 이해할 수 있도록 기술하였으며, 각종 그림과 지도를 많이 삽입하여 시각적 효과를 높였다. 또한 학계에서 제기된 새로운 이론 중 도시와 국토발전에 관한 이론을 골라 내용적 보완을 꾀하였다. 이를 위하여 저자를 한 명 더 보강하고 최신 자료를 이용하여 분석하였다. 본서를 집필하는 과정에서 많은 문헌과 자료를 참고하였으나, 일일이 자료의 출처를 밝히지 못한 문헌도 있을 것으로 사료된다. 내용설명에 있어서 저자들은 나름대로 가능한 보편적 가치를 중시하고 가치중립적 설명이 되도록 노력하였다.

제5판을 준비함에 있어 여러분들의 성원에 힘입은 바 크다. 이호상 박사는 자료편집을 도와주었고, 박성근 박사는 강의경험을 들려주면서 본서의 개정 방향을 일러주었다. 지난 20년 동안 본서의 간행에 관심을 가져주신 법문사의 배효선 사장님과 본서를 정성껏 아름답게 꾸며주신 편집부의 김제원 부장님께 감사를 드리고 싶다. 저자들은 본서를 읽은 독자들이 국토를 사랑하고 도시를 이해하는 마음이 우러나 확고한 국가관을 정립할 수 있게 된다면 더 바랄 것이 없다. 마지막으로 본서의 일부는 고려대학교 특별연구비(남영우)에 의하여 수행되었음을 밝혀둔다.

2009년 8월

저자 일동

제4판 머리말

본서가 1988년 처음 출판된 이래 국내뿐만 아니라 국외상황도 많이 바뀌었다. 우리의 국토는 과거 고속도로의 건설이 그러했던 것처럼 2004년 고속철도의 개통으로 엄청난 변화가 예상되며, 도시는 과거 공업화의 영향이 컸던 것처럼 세계화와 정보화의 진전에 의해 구조적으로 바뀌어 가고 있다.

본서의 내용이 구판에 비해 대폭 바뀐 곳은「인구와 정책」과「국토와 환경문제」이다. 인구에 관한 내용은 우리 나라와 같이 유동성이 높은 인구상황에서 그 변화를 따라잡기 힘들고, 환경에 관한 내용은 실증적 연구가 뒷받침되지 않고 있다. 본서는 지난 제3판부터 책의 제목을『세계화시대의 도시와 국토』로 바꾸어 글로벌 시각에서 우리의 도시와 국토를 조망해 보려고 시도한 바 있다. 시대적 흐름에 발맞추기 위한 필자들의 노력이 독자들에게 전달되었으면 좋겠다는 바램에서 책의 제목을 바꾼 것이다.

본서의 내용은 구판의 제3장(인구와 정책)과 제6장(국토와 환경문제) 이외에는 크게 바뀌지 않았다. 그 이유는 평소에 국토의 변화상에 맞춰 자주 수정 · 보완을 해왔기 때문이다. 제1장에서는 한국영토의 범위와 영유권 분쟁에 관한 내용을 그림과 내용보완으로 수정하였고, 제3장에서는 세계화와 세계도시에 관한 설명을 대폭 보완하였다. 그리고 제5장에서는 국토의 개발과 보존이 갖는 의미와 지역개발의 이론을 소개하고 국토이용과 국토정책에 대한 설명은 물론 미래의 국토관리를 위한 과제를 제시하였다.

본서의 개정판을 준비함에 있어 여러분들의 아낌 없는 도움이 있었다. 고려대의 홍금수 교수와 박성근 · 손승호 씨는 강의 현장의 경험을 필자에게 들려주었고, 고려대학교의 이호상 · 손재선 군과 안승우 · 강수정 양은 자료수정과 원고정리를 해 주었다. 그리고 일본의 키타다 코우지 박사는 한국관련자료를 제공해 주었다. 이 밖에도 감사의 뜻을 표해야 할 분들이 많이 있다.

끝으로 오랜 동안 본서의 제작에 항상 관심을 가져주시는 법문사의 배효선 사장님과 최복현 전무님께 말필이나마 진심에서 우러나오는 고마움을 표하고 싶다.

2004년 2월

저자 씀

제3판 머리말

본서가 처음 출판된 것이 1988년이니까 벌써 13년이란 세월이 지났다. 그 세월만큼 세상도 많이 바뀌었다. 도시는 세계화와 정보화에 의해 구조적으로 바뀌고 있고, 우리의 국토는 산업화와 국토개발이라는 미명하에 상전이 벽해되는 변화를 맞이하기에 이르렀다. 그뿐만 아니라 도시와 국토에 살고 있는 사람들도 많이 바뀌어 가고 있다.

본서의 초판과 전정판의 내용이 지난 20세기의 시대적 상황을 배경으로 한 것이라면, 제3판은 새천년 혹은 21세기를 배경으로 한 것이다. 그렇다고 하여 본서의 내용이 구판에 비하여 전혀 새로운 내용으로 바뀌었다는 뜻은 결코 아니다. 아무리 산업구조가 바뀌고 세기가 달라졌어도 천지가 개벽하지 않는 한 우리의 땅과 우리의 삶에는 카타스트로피적 변화가 있을 수 없다. 이를테면 자기상관적 변화, 즉 점진적인 변화가 있을 뿐이다. 변화가 있다면 세계화가 우리로 하여금 시장을 개방케 하고 세계질서 속으로 끌어 넣고 있으며, 정보화가 우리로 하여금 휴대폰을 갖게 하거나 전 국민의 PC화를 강요하는 것 등일 것이다.

이러한 시대적 흐름에 발맞추기 위해 본서에서는 우선 책의 제목을 『세계화시대의 도시와 국토』로 바꿨고, 국한문 혼용이었던 문장을 한글 전용으로 전환하였으며 그림과 사진을 보충하였다. 그리고 중요한 용어는 괄호 안에 한자 또는 영어를 넣어 독자의 이해를 돕도록 하였다. 본서의 독자층이 한자세대에서 한글세대로 바뀌고 있으며, 또 인쇄매체에서 영상매체 세대로 바뀌고 있음을 필자들은 항시 목격하고 있다.

본서의 내용이 많이 바뀐 부분은 제1장을 비롯하여 제2장과 제6장이며, 부분적으로 보완하거나 개정한 부분은 제4장 및 제5장이다. 제1장의 국토개관에서는 한국영토의 범위와 영유권 분쟁에 관한 내용을 보충하였고 동양종교의 자연관과 한국인의 두모사상에 관하여 언급하였다. 이는 지구촌의 패러다임이 세계화를 지향하고 있는 상황에서 독자들에게 환경문제의 종교적이고 윤리적인 철학을 제공하기 위함이며, 한국인의 기저에 깔려 있는 자연관(自然觀)인 풍수사상이 중국으로부터 유입된 것이 아니라 우리 민족 고유의 사상으로부터 유래된 것임을 강조하기 위한 것이다.

그리고 제2장의 민족과 문화의 배경에서는 한국사회의 현안으로 대두되고 있는 지역감정에 관하여 성찰해 보는 내용을 보충하였다. 여기에서는 지역갈등의 역사적 배경을 비롯하여 지역감정의 근원은 무엇이며 종래 한국인들이 인식해 온 지방색에 대하여 설명하고 이에 대한 대책을 필자 나름대로 제시해 보았다. 이러한 내용은 어느 누구도, 또 어느 책에서도 가급적 언급을 꺼리는 대목이지만 용기를 내보았다.

제6장에서는 국토의 환경문제를 다루는 데 있어 최근의 통계자료를 중심으로 수정 · 보완하였고, 갈수록 심각해지고 있는 환경오염의 여러 가지 양상을 파악할 수 있는 내용들을 보충하였다. 그리고 환경론 일반에 대한 내용을 가능한 축소하되 국토의 환경문제의 배경을 다면적으로 파악하도록 하였으며, 이를 바탕으로 국토 환경문제의 실태를 살펴보도록 하였고 더 나아가 국토개발과 환경과의 관계, 환경정책과 제도를 검토할 수 있도록 재구조화하였다.

본서의 개정판을 준비함에 있어 여러분들이 물심양면으로 도움을 주었다. 건국대학교의 최재헌 교수와 공주대학교의 정환영 교수님으로부터는 본서의 내용에 관하여 귀중한 조언을 받았고, 정치영 박사를 비롯한 박성근 · 김종혁 · 김희순 · 이용석 씨 등은 강의현장의 경험을 필자에게 들려 주었다. 그리고 고려대학교 대학원의 손승호 군과 성은영 양은 원고를 정리해 주었고, 도쿄대학의 키타다 코우지 씨는 관련자료를 제공해 주었다. 끝으로 본서의 제작을 허락해 주신 법문사의 배효선 사장님과 최복현 상무님께 심심한 사의를 표한다.

2000년 8월

저자 씀

전정판 머리말

본서가 처음 출판된 것은 1988년 9월이므로 벌써 7년이란 세월이 지난 셈이다. 원고집필을 시작한 때를 기준으로 하면 10년 전까지 거슬러 올라간다. 사실 그 때만 하더라도 시간에 쫓겨 차분한 마음으로 집필 준비할 여유가 없었을 뿐만 아니라 저자의 제한된 능력으로는 광범위한 분야를 감당하기 어려웠다.

본서가 많은 독자들에게 읽힌 데에 힘입어 10刷를 거듭하는 동안에 기회 있을 때마다 수정을 거듭해 왔지만 저자로서는 한계를 느끼지 않을 수 없었다. 특히 낡은 통계자료를 그대로 방치해 둔다는 것이 독자들에게 너무 송구스럽다는 생각이 들었다. 그리하여 본서의 전면개정을 결심하게 되었다. 우선 저자를 또 한 명 보강하고 최신 자료를 이용하였으며, 初版에서 소홀히 했거나 누락된 내용을 보완하였다. 저자 중 남영우는 제1 · 2 · 4 · 5장을, 서태열은 제3 · 6장의 집필을 담당하였다.

우리 민족의 생활터전인 국토를 개관한 제1장에서는 독자의 이해를 돕기 위하여 사진과 삽화를 첨가하였으며, 현대인들의 심금을 울리기에 충분한 인디언의 자연관과 한국인의 풍수사상을 객관성 있게 기술하려고 노력하였다. 우리 민족과 문화의 뿌리를 찾아보는 제2장은 각종 지도를 곁들이면서 실감나게 설명하기 위해 한국의 지명에 대한 내용을 보충하였다. 제3장은 최근의 통계자료로 대체되었고, 제4장에서는 한국의 도시개념과 서울의 도시구조에 관한 설명이 첨가되었다. 그리고 제5장에서는 시사성을 살리기 위해 신도시정책에 관한 내용을 삽입하여 우리 나라 신도시 정책의 교훈이 될 만한 지침을 제시하였다. 마지막으로 제6장은 국민적 관심뿐만 아니라 세계적 과제로 대두된 환경문제에 관한 내용으로 보강하였다.

본서가 처음 출판된 후 한국 지리학계에 얼마만큼 기여를 하였으며 한국 사회에 어느 정도의 반향을 불러 일으켰는지 저자는 알 길이 없다. 그러나 세계인구 50억명을 모두 집합시켰다고 가정한 초판 머리말의 얘기와 "한반도는 과거 살아온 조상들의 것인 동시에 미래를 살아갈 후손들의 것이므로 우리는 한반도라는 공동주택에 잠깐 살다가는 세입자에 불과하다는 겸허한 마음으로……" 등의 문구는 많은 사람들에게 회자되고 있는 것으로 보아 저자에게는 약간의 위안이 된다.

이 같은 일은 물론 저자들만의 역할뿐만 아니라 고려대 김부성 교수님, 공주대 정환영 교수님, 안재학 박사님, 청와대 이정환 박사님을 비롯하여 고려대 대학원 박사과정의 조혁증 씨, 범선규 씨, 박선미 씨로부터도 많은 도움을 받았다. 귀중한 자료를 제공해 주신 이화여대 성효현 교수님, 또 자료정리를 도와준 시정개발연구원의 양순정 씨를 비롯하여 고려대 장승일 군과 승현아 양에게도 고마움을 표하며, 아울러 본서를 획기적인 체재로 바꿔주신 법문사의 裵孝善 사장님과 편집부 직원들께도 마음으로부터 깊은 사의를 표하는 바이다.

1995년 7월
안암동 연구실에서
저자 씀

머리말

우리는 한반도라는 제한된 공간에서 수 천년간 민족의 뿌리를 내려왔다. 이제 우리에게는 居住空間上 더 이상 선택의 여지가 없는 셈이다. 한국의 인구는 계속 증가추세에 있고 국토의 면적은 항상 고정되어 있다. 따라서 인구밀도는 더욱 조밀해질 것이고, 국토공간은 상대적으로 좁아질 것이다.

오늘날 지구상에는 50억이 넘는 엄청난 인구가 존재하고 있다. 많은 學者들은 인구의 급격한 증가를 우려하여 「인구폭발」이라는 用語까지 사용하면서 地球人들에게 인구문제의 심각성을 경고하고 있다. 과연 세계인구는 우려할 만한 정도인가를 다음의 가정된 예로써 해명해 보고자 한다.

世界人口 50億名을 같은 날, 같은 장소에 左右前後 1m 간격으로 정렬시킨다고 가정하자. 그럴 경우, 얼마나 넓은 면적의 공간이 필요하겠는가에 대하여 각자 상상해 보도록 하자. 이 문제를 풀기란 여간 쉬운 일이 아니다. 서울에서 가장 넓다는 여의도 광장에 군중들이 입추의 여지 없이 빽빽이 들어차도 백만 명 이상을 수용하기 어렵다. 하물며 50억명을 1m 간격으로 여유 있게 정렬시켜야 하니 더욱 상상하기조차 힘들 것이다.

해답의 범위를 좁히기 위하여 ① 호주대륙, ② 한반도, ③ 남한, ④ 충청북도의 4가지로 제시해 보겠다.

或者는 ②번 한반도 정도의 면적이 필요하다고 생각할 것이고, 또 다른 或者는 ③번 남한 정도의 면적이면 될 것이라고 생각할 것이다. 著者의 경험으로 ① 또는 ④번이 정답이라고 대답하는 사람은 비교적 적은 편이었다. 그러나 정답이 ④번 충청북도라면 아마 대부분의 讀者들은 意外의 사실에 당황할 것이다. 세계의 50억 인구를 上記한 규정대로 정렬시키려면 5,000㎢의 면적이 필요하다는 계산이 나온다. 충청북도 면적이 7,430㎢이니 여기에 50억명의 인구를 수용하고도 2,430㎢가 남는다.

위에서 거론한 내용은 세계인구가 과다한 것에 문제가 있는 것이 아니라 지구상에는 人類居住不能地域(Anökumene)이 훨씬 많거니와 人類居住可能地域(Ökumene) 중에서도 특정한 지역에 편재되어 있다는 데에 더 큰 문제의 심각성이 있다. 즉, 상당수의 인구가 都市에 집중적으로 분포하고 있는 것이 현실이다.

著者가 本書의 執筆을 생각하게 된 것은 수 년 전 고려대학교에 「都市와 國土」라는 강좌가 개설되고부터의 일이다. 그 동안 講義에 합당한 教材가 없어 강의하기에도 불편하였거니와 수강생들의 불만 또한 컸을 것이다. 이에 著者는 本書의 집필에 착수하게 되었다.

大學生들의 대부분은 都市에서 태어났고 都市에서 생활하고 있으며, 또 그 대부분이 都市에서 살아갈 것이다. 社會構成員으로서의 人間은 모름지기 자신이 살고 있는 鄕土를 이해하고 나아가 자신이 몸담고 있는 國土를 파악하고 있어야 한다. 나라 사랑하는 마음은 國土의 이해에서부터 비롯된다고 할 수 있다.

그러나 都市와 國土가 포함하고 있는 내용이 지리학 · 역사학 · 고고학 · 문화인류학 · 종교학 · 언어학 · 법학 · 행정학 · 경제학 · 사회학 · 지역계획학 등의 워낙 광범위한 분야에 걸치는 만큼 著者의 제한된 능력으로는 감당하기 어렵다고 판단하여 우리 나라 都市와 國土의 일부 내용만을 다루었다. 그리고 우리 나라에서 시행되어 온 각종 都市政策 및 國土開發에 관해서는 가능한 한 著者 나름대로 객관적인 평가를 내리려고 노력하였고, 各章마다 국내외의 旣存理論도 곁들어 讀者들의 視覺을 넓힐 수 있도록 배려하였다.

本書는 6章으로 구성되어 있는데, 제1장에서는 우리 민족의 생활터전인 國土를 槪觀하였고, 제2장에서는 우리 민족과 문화의 뿌리를 讀者들에게 주지시키려고 시도하였다. 제3장과 제4장에서는 우리 나라의 人口와 都市에 관한 현상들을 살피고, 여기서 파생되는 問題點을 제5장에서 정리해 보았다. 그리고 제6장에서는 지난 1970년에 시행된 제1차 國土綜合開發의 내용과 그 효과 및 과제에 대하여 객관성 있게 설명하였다. 그리고 各 章의 말미에 연습문제를 제기하였다. 이것은 讀者들에게 本書의 內容을 얼마만큼 이해하였는가를 측정하는 기준이 될 것이다. 또한 부록에 첨부된 都市 및 國土에 관한 統計와 各種法規는 讀者들에게 參考資料를 제공하기 위하여 제시한 것이니 많이 이용해 주면 고맙겠다.

本書의 內容이 多方面에 걸치는 만큼 어떤 분야의 專攻者라 할지라도 부분적으로 참고할 만한 내용이 더러는 있을 것이다. 著者의 편협된 識見으로 범한 오류나 時事性 있는 통계 등은 앞으로 기회 있을 때마다 수정을 가할 예정이다.

끝으로 本書가 나오기까지 격려해 주시고 「都市와 國土」강의에 불편함이 없도록 배려해 주신 高麗大學校 地理教育科 教授님들께 진심으로 감사드리고, 자료정리와 교정을 도와준 安榮子 양에게 고마움을 표하며, 아울러 本書의 출판을 기꺼이 맡아주고 그 과정에서 수고를 아끼지 않으신 法文社의 裵孝善 사장님과 구찬서 차장님께도 깊은 감사의 뜻을 표하는 바이다.

1988년 12월
安岩洞에서
著者 씀

차 례

I 국토와 한민족 이해하기

II 도시와 도시사회 이해하기

I

| 한국의 도시와 국토 |

국토와 한민족 이해하기

| 제1장 | 국토와 한국인의 삶

| 제2장 | 한국 민족의 문화적 특징

| 제3장 | 한국의 세계유산과 지역성

| 제 1 장 |

국토와 한국인의 삶

- 1.1 국토의 위치 및 영역
- 1.2 한반도를 둘러싼 영유권 문제
- 1.3 자연관과 국토관
- 1.4 한국인의 국토관
- 1.5 한국의 풍토와 생활양식

우리 나라의 지역성과 한민족의 민족성은 하루아침에 정해진 것이 아니라 오랜 기간에 걸쳐 여러 요인에 의해 복합적으로 정해졌다. 특히 절대 불변하는 국토의 위치인자는 많은 영향을 미쳤다. 우리 조상들이 반만년 동안 지켜온 우리의 국토를 개관하고, 한반도가 갖는 의미를 다시 한 번 되새겨 보는 일은 의미 있는 학습이 될 것이다. 우리의 국토는 과거를 살아온 조상들의 것인 동시에 미래를 살아갈 후손들의 것이므로, 우리는 한반도라는 공동주택에 잠시 살다가는 세입자에 불과하다는 겸허한 자세를 가져야 한다. 또한 본장에서는 주어진 자연환경에서 형성된 자연관과 국토관을 서양인의 그것과 비교하여 보도록 한다.

key words

위치, 영역, 한반도, 지절률, 독도, 간도, 이어도, 녹둔도, 자연관, 국토관, 풍수사상, 두모사상, 기후순화, 지형순화, 기후자원.

1.1 국토의 위치 및 영역

1 대한민국의 성립과 한반도의 정통성

우리나라의 국호가 대한민국(大韓民國)임을 모르는 국민은 없을 것이다. 국가는 최고의 가치와 자존감을 지니므로 타인에게 우리나라를 지칭할 때 공손하게 겸양어로 '저희 나라'라고 말할 필요가 없다. 대한민국 이전의 국호는 '대한(大韓)'이었다. 우리의 국가에도 "대한사람 대한으로 길이 보전하세"라는 가사가 있다. 3.1운동을 전개할 때에도 '대한독립 만세'를 외치면서 일제로부터의 독립을 요구했다. 우리는 비록 국토를 빼앗겼어도 대한의 국민이었으며, 대한이란 나라의 독립을 위해 만세를 부른 것이다.

우리나라의 국호를 '대한'으로 정한 것은 1897년의 일이다. 국왕을 황제로 부르기로 하고, 조선(朝鮮)이란 국호를 대한으로 바꾼 것이다. 이를 대한제국(大韓帝國)이라고 하며, 대한제국은 '대한'이란 나라에 황제가 주권을 갖는다는 뜻이다. 대한제국은 13년 만에 일제의 침략을 받아 1910년 멸망했다. 나라를 빼앗긴 한민족은 국토와 주권을 되찾기 위해 독립운동을 전개했다. 그러나 어떤 나라를 세울 것인가에 대해서는 의견이 엇갈렸다. 그리하여 독립운동 과정에서 국가의 주권에 대한 논의가 자연스럽게 이루어졌다. 이는 대한제국의 멸망을 군주였던 융희 황제(순종)가 주권을 포기한 것으로 보고, 군주가 포기한 주권은 국민이 계승해야 한다는 취지였다.

1919년 3월 1일 독립을 선언하고 4월 11일 국내외 독립운동가들이 중국 상하이에 모여 대한민국 임시정부를 수립했다. 이들은 먼저 국회기능을 하는 임시의정원을 구성했다. 첫 회의에서 국호를 '대한민국'으로 정할 것을 가결함으로써 대한제국과는 성격을 달리했다. 즉 대한제국은 군주가 주권을 가진 국가이며, 대한민국은 국민이 주권을 행사하는 국가라는 차이점이 있다. 대한민국 임시정부를 수립하면서 우리 민족의 역사에서 처음으로 반만년 만에 국민주권 · 민주주의 · 민주공화제의 역사가 시작된 것이다. 그러나 북한은 상하이 임시정부를 인정하지 않고 있다.

해방 후, 1948년 제헌국회에서 임시정부의 법통을 계승한 대한민국 정부가 수립되었다. 일제에 나라를 빼앗기고 식민지 지배를 받았지만, 우리 민족의 역사는 단절되지 않고 그 명맥을 이어온 것이다. 이러한 과정에서 우리 역사는 '조선'에서 '대한'으로, '제국'에서 '민국'으로 거듭났다. 즉 조선왕조 → 대한제국 → 대한민국으로 이어온 나라이다. 따라서 한반도의 유일한 합법정부는 정통성을 가진 대한민국 정부인 것이다. 대한민국은 줄여서 '한국'으로 부르기도 한다. 이에 따라 우리 민족은 조선민족에서 중국의 주류를 이루는 한족(漢族)과 구별하기 위해 한국민족 또는 한민족으로, 조선반도는 한반도로 부르게 되었다. 그러나 조선왕조와 대한제국을 계승하지 않은 북한은 '조선민족' 또는 '조선반도'란 명칭을 사용하고 있다. 한국과 우호친선관계를 맺고 있는 일본은 이상하게도 '한반도'라 부르지 않고 북한의 호칭을 따라 공식적으로 '조선반도'라 부르고 있다.

우리는 일제치하에서 대한독립을 외쳤고, 2002년 월드컵과 WBC 야구대회와 올림픽 응원 시에는 '대~한민국'을 목청껏 외쳤다. 세계화시대에 국가의 이미지는 대단히 중요하다. 대한민국의 국호를 세계인들에게 널리 알리고 이미지를 향상시키는 일은 국력향상에 도움이 된다. 한국기업이 우수한 전자제품이나 선박과 자동차와 같은 품질 좋은 제품을 만들거나 야구 · 축구 · 스케이팅 등의 스포츠 경기에서 뛰어난 성적을 올리고 세계적 석학을 배출하는 것들은 모두 대한민국의 브랜드 가치를 높이는 일이다. 우리는 국가 브랜드의 가치를 높이는 일에 주력해야 할 것이다.

2 국토의 위치

한 나라의 지역성과 민족성이 형성되기까지에는 그 나라의 위치 · 지형 · 기후 · 경제형태 · 문화형태 등의 기본적인 인자가 작용하기 마련이다. 이들 가운데 특히 위치인자는 절대 불변하는 숙명적인 것이며 그 나라의 자연환경을 비롯하여 역사 · 문화 · 산업 · 외교 · 국방 등에 상당한 영향을 미친다.

한 나라의 위치는 위도와 경도, 육지와 바다, 그리고 주변국과의 관계로서 논의될 수 있으며, 일반적으로 수리적 위치 · 지리적 위치 · 관계적 위치로 구분하여 설명될 수 있다. 즉 수리적 위치는 경도와 위도에 근거하여 정해지고, 지리적 위치는 육지 · 해양 등의 자연적 속성으로 설명되며, 그리고 관계적 위치는 주변국과의 정치적 관계에 바탕을 두고 이해될 수 있다는 것이다. 이렇게 볼 때, 국토의 위치는 대대적인 지각변동이 일어나거나 빙하기가 다시 찾아와 대륙붕이 육지화하기 전에는 불변하는 것이다. 그러므로 한민족은 이 땅에 태어난 것을 좋든 싫든 거역할 수 없는 운명이거나 팔자소관으로 여기고 겸허하게 받아들이는 수밖에 없다.

(1) 수리적 위치(數理的 位置)

수리적 위치라 함은 앞에서 설명한 것처럼 경도(날줄)와 위도(씨줄)상의 위치를 뜻하는 것이므로 이를 절대적 위치라고도 한다. 우리나라는 수리적으로 볼 때 남북으로는 대략 33°~43°(북위), 동서로는 124°~132°(동경)에 위치하고 있다. 한반도의 극북(極北)은 함경북도 온성 부근을 지나는 43°00′39″이며, 극남(極南)은 제주특별자치도 마라도를 지나는 33°06′40″이다. 또한 극서(極西)는 평안북도 비단섬을 지나는 124°11′00″이며, 극동(極東)은 독도를 지나는 131°52′42″이다. 그러므로 섬을 제외하면 한반도의 중앙을 통과하는 경선은 약 127°30′이며, 위선은 약 38°00′이다. 경기도 가평군과 강원도 춘천시의 경계

표 1-1 한반도의 4극

4극	지 점	방 위
극동(極東)	경상북도 울릉군 울릉읍 독도 동단	131°52′42″E
극서(極西)	평안북도 신도군 비단섬구 비단섬	124°11′00″E
극남(極南)	제주특별자치도 서귀포시 대정읍 마라도 남단	33°06′44″E
극북(極北)	함경북도 온성군 풍서리 북단	43°00′39″E

에 위치한 화악산이 이 지점에 해당한다. 그러므로 이곳은 기후 및 시간상 우리나라의 표준적 위치에 해당한다.

일반적으로 경도상의 위치는 1884년 영국 런던 동남쪽의 왕립 그리니치 천문대를 전 세계 표준시간대의 기준인 본초자오선으로부터의 거리를 나타내는 것이므로 비교적 중요한 의미를 갖지 못하나, 위도상의 위치는 적도로부터의 거리를 나타내는 것으로 기후대에 있어서의 위치적 의미를 가지므로 그 의의는 매우 크다고 할 수 있다. 그러나 경도는 후술하는 바와 같이 인류의 이동을 용이하게 하여 문명창출을 가능케 했다는 점에서 중요한 의미를 갖는다.

우리나라는 위도상 북반구의 중위도에 위치한 까닭에 기후가 온난할 뿐만 아니라 사계절에 따른 계절적 변화도 다양하여 인간활동에 매우 유리하다. 우

그림 1-1 한반도의 수리적 위치로 본 정중앙

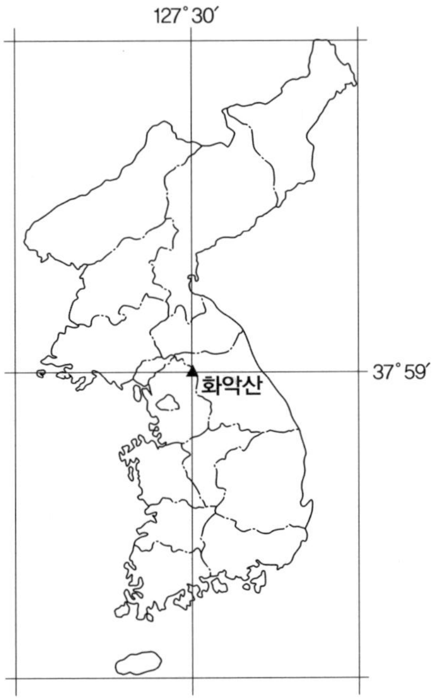

리나라와 비슷한 위도에 위치한 나라는 미국 · 그리스 · 터키 · 이탈리아 · 스페인 · 중국 · 일본 등과 같이 중위도 국가로 모두가 인류사의 주역이었던 나라들이다. 인류역사상 열대 혹은 냉대지역에서 문명의 중심이었던 국가나 강대한 국가의 발생을 볼 수 없었던 것은 후술하는 바와 같이 기후환경에 기인한 때문으로 풀이할 수 있다.

그러므로 경도는 시간적 의미를 가지는 데 비해, 위도는 기후적 의미를 지니고 있다고 볼 수 있다. 우리나라는 조선시대에 태양이 남중하는 때를 양부일구(仰釜日晷)와 같은 해시계로 측정하여 정오로 정했으므로 동경 127°를 기준으로 한 서울 표준시를 사용한 셈이다. 1897년 고종은 국호를 대한제국으로 바꾸면서, 다른 근대국가처럼 표준시를 동경 127°30′기준의 표준시를 사용했었지만, 일제는 한국을 자국 영토로 간주해 1912년부터 동경 135° 기준의 표준시를 사용하기 시작했다. 해방 후, 이승만 정권은 일제 잔재의 청산을 이유로 1954년 독자적인 표준시를 제정했으나, 1961년 5.16군사정부 수립 이후부터 일본의 표준시각을 따르고 있다. 그 당시에는 일본의 표준시각을 따르는 것이 경제적 · 군사적으로 유리하다고 판단했지만, 국민 여론이 대세라면 독자적인 표준시각으로 복귀할 수도 있을 것이다.

대부분의 국가에 사용하고 있는 표준시와 30분 단위 차이가 남으로써 시차환산이 복잡해지고 국가안보 차원에서의 문제점이 예상됨에도 불구하고 만약 우리의 표준시를 변경하면 한반도의 지리적 위치에 맞는 '우리 시간'을 되찾음으로써, 현재의 표준자오선이 일제의 잔재 혹은 사대주의적 발상에 근거를 둔 것이라는 일부의 인식을 불식하는 긍정적 효과를 기대할 수 있을 것이다. 1954년 표준시 변경 당시에 유엔군사령부가 군사작전의 불편함을 들어 강력 반발한 바 있다.

북한은 2015년 8월 15일부터 1시간 단위의 시간차를 탈피해 현재 시간보다 30분 늦은 동경 127°30′을 기준으로 하는 시간을 표준시각으로 변경했으나 2018년 5월 다시 복원했다. 남한과 협상 없이 취한 북한의 조치는 한반도의 동질성을 훼손할 우려가 있다.

(2) 지리적 위치(地理的 位置)

지리적 위치라 함은 어느 한 지역의 타 지역에 대한 지표면상의 상대적인 배치상태를 뜻하는 것으로, 여기에는 숙명적으로 타 지역과의 기하학적 거리와 지리적 거리가 위치를 평가함에 있어 중요한 요소로 꼽힌다. 그러나 과학의 발달, 특히 교통수단의 발달로 인하여 그 가치가 바뀔 뿐더러 인접지역의 인구 · 문화 · 경제상태의 추이라든가 세계경제나 정치정세의 변화에 따라서도 민감하게 작용하여 위치평가가 달라진다. 그러므로 여기서 뜻하는 거리는 다른 자연환경의 요소에 비하여 가변적이기 때문에 지리적 위치의 평가를 위해서는 다이나믹한 관찰을 필요로 한다. 예를 들면, 과거에는 지리적 위치의 의의가 컸던 파나마 · 수에즈 · 믈라카해협 · 지브롤터해협 · 보스포루스해협 · 호르무즈해협 등은 시대적 상황의 변화에 따라 오늘날에는 중요성이 감소되었다. 지리적 위치의 이점을 잘 살리고 있는 나라는 싱가포르 및 말레이시아와 아랍에미리트 정도에 불과하다.

우리나라는 유라시아 대륙의 동쪽 끝에 위치한 반도국이다. 북쪽은 중국과 러시아의 대륙부와 연결되어 있고, 서쪽은 황해를 사이에 두고 중국과 마주보며, 남쪽과 동쪽은 대한해협과 동해를 사이에 두고 일본열도와 마주하고 있다. 이들은 역사적으로 우리나라를 위협한 적도 있으나, 오늘날에는 거꾸로 인접한 효과를 보고 있다.

일반적으로 반도는 육해관계(陸海關係)에서 볼 때 잠재적으로 분리기능과 결합기능을 동시에 지니고 있다. 반도적 속성이라 할 수 있는 분리기능과 결합기능은 자칫하면 세계로부터 고립시키거나 종속시키기 쉬우며, 특히 결합기능은 반도국을 대륙과 해양으로 크게 진출할 수 있게 만들기도 한다. 그러나 반도국의 국력이 약화되면 오히려 대륙과 해양세력으로부터 압력을 받거나 강한 세력의 디딤돌이 되기 쉽다.

우리 조상들은 그와 같은 반도적 속성을 충분히 활용하여 일찍이 대륙으로부터 불교문화와 유교문화를 받아들여 토착화했으며, 창의성이 발휘된 훌륭한 문화를 조선시대까지 조선통신사를 통하여 일본에 전달하기도 했다.

(3) 관계적 위치(關係的 位置)

관계적 위치라 함은 어느 한 국가의 주변국에 대한 정치적 관계를 뜻하므로 정치적 위치라고도 일컬어진다. 관계적 위치는 침략 · 방어 · 경제지배라는 관점에서 전술한 수리적 위치나 지리적 위치보다도 중요하다. 우리나라는 군사대국인 중국과 러시아에 접경하고 있을 뿐만 아니라 동해와 대한해협을 사이에 두고 경제대국인 일본과 마주하고 있다. 최근 중국은 경제대국으로, 일본은 군사대국으로 급부상하고 있다.

관계적 위치는 수리적 위치와 지리적 위치처럼 그 성격이 절대적인 것이 아니므로 타국과의 관련성에 따라 관계적이며, 시대에 따라 가변적이고, 가치에 따라 상대적인 것이 특징이다. 한반도의 관계적 위치는 1940년대 이전에는 일본제국의 대륙침략의 발판이 되었으며, 1950년대 이후부터는 공산세력에 대항하는 반공의 전초기지로서 전략적 가치가 높았다. 또한 1980년대 후반부터는 구소련의 경제개혁인 페레스트로이카 정책을 계기로 동서 냉전체제가 붕괴됨에 따라 한반도는 동북아시아의 경제블록화란 측면에서 주목받을 수 있게 되었다. 최근 세계화시대가 도래함에 따라 한반도 주변국들은 이념과 체제를 뛰어넘어 경제교류가 증대되고 있다. 이에 따라 우리나라는 일본은 물론 중국과 러시아와도 경제협력을 하기에 이르렀다.

3 국토의 영역

국가의 영역은 국제법상 원칙적으로 '국가가 배타적으로 지배하는 공간'으로 규정되며, 한 국가의 영역은 영토 · 영해 · 영공으로 구성된다. 그러나 스위스 · 오스트리아 · 몽골 · 차드 · 볼리비아 등의 내륙국은 영토와 영공만으로 그 나라의 영역을 이루게 된다. 그러므로 모든 국가는 적어도 영토와 영공을 가지며, 해양에 면한 국가는 영해가 추가된다.

이렇게 볼 때, 영역은 국가의 주권이 미치는 공간적 범위라 할 수 있으므

그림 1-2 시대별 제국의 영토규모

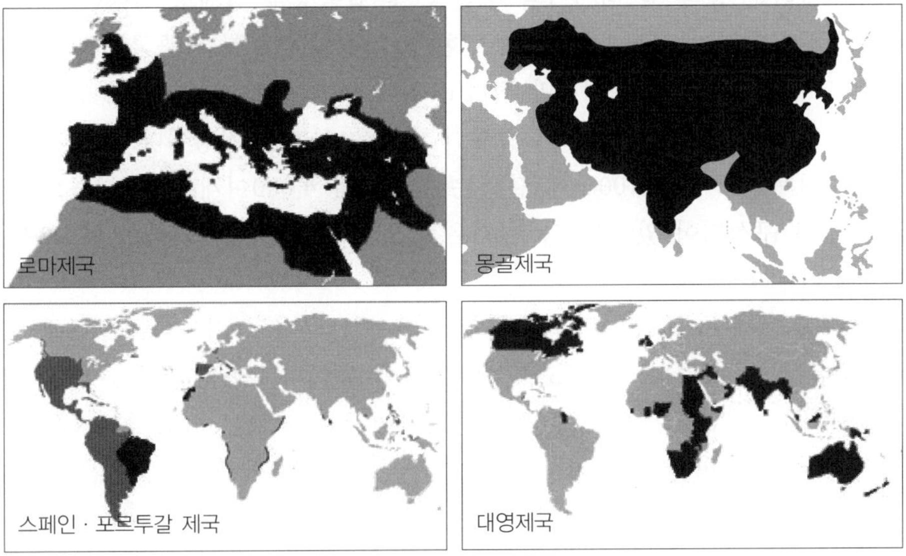

로, 국민의 생활공간 · 주거공간 · 생산공간으로서의 영역은 국제사회에서 존중되어야 한다. 영역은 한 나라가 그 영역에 대해 행사할 수 있는 배타적 관할권을 가리키며, 내용적으로는 영토에 대하여 지니는 영유권과 처분권, 그리고 타국의 간섭 없는 영역내의 사람과 재물에 대하여 행사하는 최고의 배타적 권리를 의미한다.

모든 국가는 일차적으로 자연의 영역 내에서 자국민을 위한 경제 · 사회 · 정치적 활동을 펴나가야 하므로 영역의 광협은 대단히 중요한 의미를 갖는다. 역사적으로 알 수 있듯이 [그림 1-2]에서 보는 것처럼 과거 대제국을 건설했던 로마제국을 위시하여 몽골제국, 스페인제국, 대영제국 등도 역사의 뒤안길로 사라져 버렸다. 방대한 영토를 갖는 영원한 대제국은 실현될 수 없다고 보아야 한다.

(1) 영토(領土)

우리나라는 중국 및 러시아와 두만강 및 압록강을 경계로 접경하고 있으며, 그 국경의 길이는 약 1,100㎞에 달한다. 국경의 대부분은 중국과의 경계이며, 러시아와는 극히 일부에서만 접하고 있다. 그러므로 우리나라와 중국과의 관계는 앞으로도 러시아보다 더 중요한 비중을 차지할 전망이다. 우리나라의 영토는 남북으로 약 1,100㎞에 달하는 반도부와 4,000여개에 달하는 도서부(島嶼部)로 구성되어 있어서, 총 면적은 갯벌과 대륙붕을 제외하면 약 22만 1천㎢에 이른다.

영토(territory)의 규모가 우리나라와 비슷한 국가는 캄보디아 · 예멘 · 영국 · 루마니아 · 우간다 · 에콰도르 · 우루과이 등이다. 약 10.2만㎢에 달하는 남한의 면적은 요르단 · 오스트리아 · 헝가리 · 포르투갈 · 과테말라 · 온두라스 등의 규모와 비슷하다. 이렇게 볼 때 우리나라는 영토규모에서 결코 작은 나라가 아님을 알 수 있다. 우리나라는 지구상의 200여 개국 가운데 영토규모가 109위 정도이며 남북한을 합하면 85위, 인구규모는 15위에 해당된다. 다만

그림 1-3 세계 각국의 영토와 인구 규모

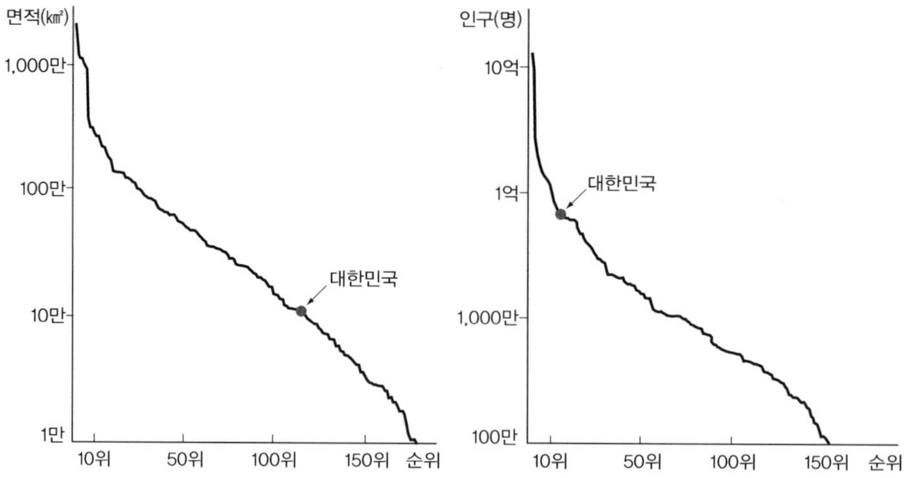

[그림 1-3]에서 보는 것처럼 인구규모에 비해 영토규모가 작은 것이 문제일 뿐이다.

국가의 영토가 크다고 하여 무조건 좋은 것만은 아니다. 미국의 헤리티지 재단과 월스트리트 저널이 세계 각국의 경제활동을 비교분석하기 위해 기업들의 경제활동이 얼마나 자유로운지를 측정하는 2018년 경제자유지수(IEF)의 발표에 의하면 1위 홍콩, 2위 싱가포르, 3위 뉴질랜드, 4위 스위스의 순으로 대체로 작은 국가들의 경쟁력이 높은 것으로 나타났다. 우리나라는 비록 최저임금제와 포퓰리즘적 정책으로 경제의 자유도가 하락해 180개국 중 20~30위권 내외에 머무르고 있으나 영토규모가 크지 않다는 점을 최대한 활용하면 IEF가 지속적으로 상승할 것이다.

영토가 크면 아무래도 이질적 요소가 많이 포함되어 국가의 정체성을 확보하거나 국민통합과 국가응집력을 발휘하는 데에는 지장을 초래하기 마련이며 골고루 인프라를 갖추는 데 비용이 많이 든다. 한국인들은 한반도의 면적이 작다고 생각지만, [그림 1-4]에서 보는 것처럼 메소포타미아문명과 그리스문명

그림 1-4 한반도와 메소포타미아 및 그리스의 면적 비교

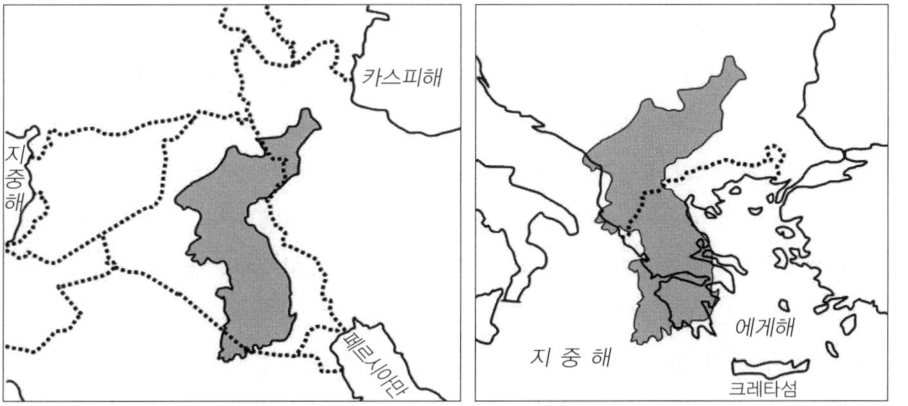

(a) 메소포타미아　　(b) 펠로폰네소스 반도와 발칸 반도

출처: 남영우(2019), p.714.

이 꽃피었던 땅과 비교해도 결코 작은 편이 아니다. 이는 한민족의 역량과 지혜를 모으면 문명의 중심에 설 수 있음을 뜻하는 것이다.

사실 역사적으로 볼 때, 우리 민족이 남긴 발자취는 동아시아 전역에 걸쳐 찾아볼 수 있다. 아득한 선사시대로부터 현재에 이르기까지 우리 민족이 생활해 온 일체의 문화·생활사적 공간을 '문화영토'라는 새로운 개념으로 지칭하여 문화영토론(文化領土論)을 주장한 학자도 있다. 문화영토론은 무엇보다 종래의 주권적 영토개념인 배타성에 대한 평화지향의 대항논리로 제기된 이론이다. 즉 이것은 서구문화의 세계지배와 그 한계에 대한 극복의 대안으로 제기된 이론이다. 서구선진제국의 비서구세계에 대한 군사·정치·경제적 지배를 특징으로 하는 근세사의 전개는 필연적으로 무력침략을 통한 문화적 지배와 종속의 구조를 확립시켜 서구화가 곧 근대화 또는 진보라는 신화를 주입시키면서 숭백주의(崇白主義)와 서양우월주의에 기초한 서양중심 사관(史觀)을 전 세계에 관철시켜 왔다. 대부분의 개발도상국들은 서구식 근대화를 추진하게 됨에 따라 근대화이론이 등장하게 되었다. 근대화이론은 서구에서 시작된 경제·문화적 혁신의 확산이 서유럽과 북미에 널리 보급되었던 경제·사회·정치적 선진구조의 형태로 저개발국가가 발전되었다는 관점에서 3세계의 근대화를 설명하고 있다.

서구의 위기가 곧 인류의 위기로 파급될 정도로 그 지배력과 영향력이 세계를 압도하고 있는 것은 사실이지만, 그것을 극복할 수 있는 대안이 서구 자체 속에 없다면 비서구세계에서 찾아야 함은 당연한 귀결이다. 문화영토론이 곧 극복의 대안이 되는 소이가 바로 여기에 있다. 그러므로 문화영토론은 장기적으로는 인류의 보편적 가치에 기반한 통일체를 구현해야 하지만, 단기적으로는 한민족의 문화적 고유성을 바탕으로 열어나가야 하며 문화적 민족주의를 지향하는 방향으로 전개되어야 한다.

국가의 구성적 요소가 다양하고 방대한 러시아·중국·브라질 등의 국가는 넓은 영토가 오히려 각종 인프라 정비에 부담으로 작용하고 있다. 우리나라는 세계에서 휴대폰과 초고속 인터넷이 가장 잘 연결되는 국가이다. 이는 적당한 영토규모가 국가발전에 이로울 수도 있음을 시사하는 것이다. 그러므로 우리나라는 국가목표를 강대국이 아닌 강소국(强小國)을 지향하는 방향으로 수립되어야 한다. 북한 정권이 지향하고 있는 강성대국은 실현될 수 없는 허황된 구호에 불과하다.

(2) 영해(領海)

우리나라는 1978년부터 「영해법 시행령」에 의거 세계적 추세에 따라 원칙적으로 기선(基線)으로부터 약 22.2km에 상당하는 12해리 선을 영해(territorial waters)의 범위로 선언한 바 있다. 즉 동해는 해안선을 기선(base line)으로 삼고, 황해와 남해는 최단 도서를 연결하는 선을 기선으로 정했다.

그러나 육지에서 멀리 떨어진 제주도 · 울릉도 · 독도 등의 경우는 단순히 해안으로부터 12해리(海里)까지를, 일본의 쓰시마 섬과 인접한 대한해협의 경우는 직선 기선으로부터 3해리까지를 영해로 설정했다. 영해를 벗어난 바다는 공해(公海)로 간주된다. 이것은 국내법에 의해 최초로 설정된 것으로 영해관리상 획기적인 일이다. 우리나라의 황해와 남해는 대략 전라남도 진도를 기준으로, 동해와 남해는 대략 부산의 해운대를 기준으로 삼고 있다. 우리나라에서는 편의상 서해라고 부르지만, 중국에서 부르는 황해가 국제표준지명이다.

대한민국의 주권이 미치는 해상에서의 영해의 범위는 [그림 1-5]에서 보는 것처럼 기선에 기초하여 결정된다. 영해가 시작되는 기준선이 기선이며, 그 범위는 기선으로부터 12해리까지이다. 기선에는 통상기선과 직선기선의 두 종류가 있다. 통상기선은 썰물 때의 해안선을 기준으로 동해안처럼 단조로운 해안의 영해를 정할 때 적용되며, 직선기선은 서해안과 남해안처럼 해안선의 굴곡이 심하거나 섬들이 많을 때 가장 외곽에 위치한 섬들을 직선으로 연결해 영해의 폭을 정한다. 그러므로 간척사업을 하여 육지가 넓어져도 영해의 범위는 확대되지 않는다. 대한민국 영해는 115개의 통상기점과 23개의 직선기점을 합쳐 총 138개소의 영해기점에 의거 결정되었다. 기점(base point)은 장기곶과 같은 육지를 비롯하여 홍도 · 거문도 · 소흑산도 · 어청도 · 서격열비도 등의 섬에 위치한다.

원래 영해선은 썰물 때 해안의 간조선(干潮線)으로부터 일정한 거리를 두

그림 1-5 우리나라의 영해

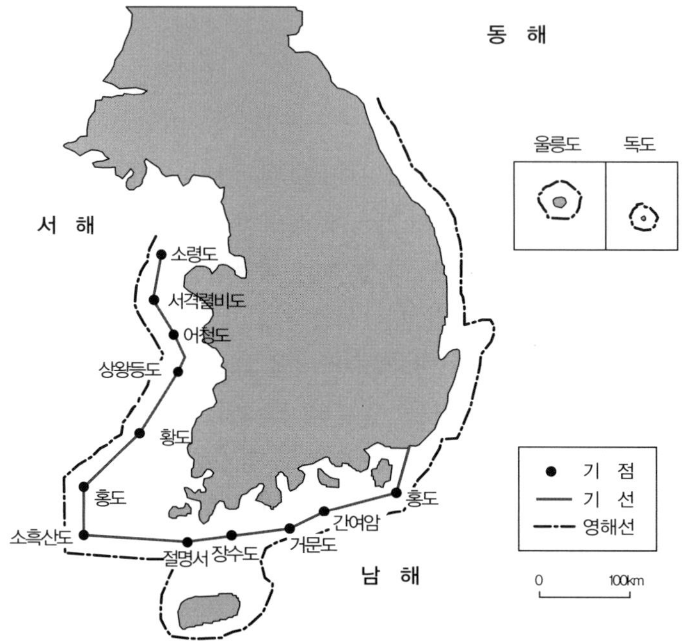

고 획정된 선을 뜻하는데, 처음에 그 거리를 3해리로 정한 이유는 18세기 말 이탈리아의 아드리아 연안으로부터 총탄이 미치는 거리에 기초했기 때문이다. 그러나 제2차 세계대전 이후 무기의 성능이 향상됨에 따라 구소련을 중심으로 한 여러 국가들은 영해선을 3해리(1해리는 1,852미터)에서 12해리로 바꾸기 시작했다. 1982년 4월 30일 제3차 유엔 해양법 회의에서 채택된 「해양법에 관한 국제연합조약」에 의해 영해는 12해리, 배타적 경제수역(EEZ: Exclusive Economic Zone)은 200해리로 통일되었다. 그 이듬해에는 117개국 대표들이 자메이카에 모여 해양법으로 확정했다. 우리나라는 1977년부터 영해의 범위를 12해리로 선포하고 대한해협에 한하여 3해리로 정했다.

남해안과 제주도 사이의 제주해협은 대한민국의 영해에 속하지만 북한의

그림 1-6 영해 기준점 표지석

상선이 통과할 수 있었으나 천안함 폭침사건으로 해협 통과가 중지되었다. 그것은 2005년 8월 10일에 채택된 「남북해운합의서」에 근거한 것이며, 이 합의서는 남북한이 서로 항구를 개방하기로 명문화한 것이었다. 특히 남한은 제주해협을 북한 상선에게 개방하며 이에 따른 여러 가지 준수사항을 규정한 합의서이다. 이 합의서가 대량살상무기 확산방지 구상(PSI) 문제와 관련되어 거론되는 이유는 상대방 영해에서 군사활동 · 정보수집 · 무기수송 · 어로 등을 금지하고 있으나 이를 위반했을 때 강제규정인 퇴거와 압류권한에서 차이가 나기 때문이다. 현재는 5.24조치로 이 합의서가 잠정적으로 효력이 발생하지 못하고 있다.

우리나라의 영해설정은 바다의 수산자원과 관련하여 주변국가와 밀접한 관계를 맺고 있다. 특히 동해와 남해의 경우는 오랫동안 한일간에 어업문제를 야기한 바 있다. 일본에 대한 어업규제는 1945년 10월 미국 극동 주둔군 사령관 맥아더 장군이 일본어선의 조업을 규제하기 위한 이른바 '맥아더 라인'을 설치한 것으로 시작되었다. 대일평화조약의 발효와 더불어 '맥아더 라인'의 철폐에 대체할 목적으로 1952년 1월 대통령령으로 독도를 포함한 인접해양의 모든 자원을 보호 · 개발하기 위해 해양주권선을 선포함으로써 영해의 한계를 명확히 했다. 이것이 이른바 '이승만 라인'이라 불렸던 평화선이다.

그 후, 이 평화선을 둘러싸고 한일간에 어업문제가 발생했다. 그리하여 1965년에는 전관수역과 공동규제수역을 구별한 한일어업협정이 체결되어 어업분쟁은 일단락된 셈이 되었다. 그러나 1996년의 배타적 경제수역의 설정 이후부터는 독도 근해를 유보한 탓에 이를 둘러싼 영토분쟁과 영해분쟁이 한일간에 계속될 전망이다. 특히 1998년 9월에 체결된 한일어업협정에서는 EEZ를 울릉도로 설정하고 독도를 중간수역에 넣어 한일간 분쟁의 불씨를 만들어 놓았다(그림 1-7).

1982년에 채택된 배타적 경제수역이란 자국의 연안으로부터 200해리, 즉

그림 1-7 한중일 어업협정에 의한 어업 수역

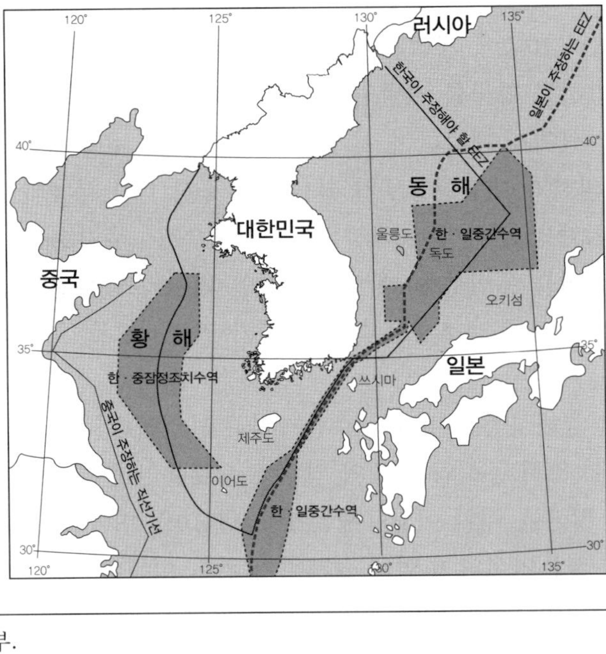

출처: 해양수산부.

370.4km까지의 모든 자원에 대하여 연안국의 독점적 권리를 행사할 수 있는 유엔국제해양법 상의 수역을 의미한다. 제2차 세계대전 이후 개발도상국은 공해에 대한 개발기술의 부족으로 가능한 영해의 범위를 넓히려 했고, 해양 선진국은 영해를 가능한 좁히고 공해를 넓히고자 했다. 그 타협책으로 영해는 12해리까지 인정하되, 기선으로부터 200해리까지의 독점적 권리를 인정하는 제도를 만들었다.

이 제도가 확산되자 한국의 원양어업은 큰 타격을 받았다. 특히 한국 · 중국 · 일본이 공동으로 이용하는 동아시아 해양은 각국의 특수한 사정으로 도입이 유보되었다. 그러나 유엔해양법이 발효되면서 세 나라는 더 이상 배타적 경제수역의 도입을 늦출 수 없게 되었다. 우리나라는 1996년 배타적 경제수역법을 제정하기에 이른 것이다. 이에 따라 한국은 동아시아 수역의 폭이 좁으므로 1998년 신한일어업협정에 서명하여 2001년부터 발효되었고, 중국과는 2001년 배타적 어업수역과 중간수역인 잠정조치수역을 절충한 어업협정을 체결해 그해에 발효되었다. 그러나 아직까지 EEZ 전반에 걸쳐 세 나라 간에 협정을 체결하지는 못하고 있다. 다만 어업 부문에서만 한중, 한일 양자협정으로 관할수역을 규정하고 있을 뿐이다.

현재 세계 151개 연안국 가운데 121개국이 12해리 영해를, 100개국이 배타적 경제수역 제도를 채택하고 있다. 이에 따라 우리나라뿐만 아니라 여러 곳에서 국가간 어업분쟁이 발생되고 있다. 일본은 동중국해 최남단 암초인 오키노토리시마[沖ノ鳥島]를 기선으로 삼아 배타적 경제수역을 선포했으나, 중국은 섬이 아니라며 인정하지 않고 있다. 일본은 이 암초를 섬으로 인정받기 위해 5년여에 걸쳐 방파제를 쌓는 공사를 한 바 있다. 남중국해에서는 파라셀 제도(중국명 시사)와 난사 군도를 둘러싸고 중국 · 필리핀 · 말레이시아 · 베트남 · 타이완 · 브루나이 · 인도네시아 등과 영유권 갈등을 벌이고 있다. 그리고 영국은 남대서양 포클랜드 섬의 200해리에 배타적 경제수역을 선포해 놓고 아르헨티나와 어업분쟁을 벌인 바 있다.

(3) 영공(領空)

영공(territorial sky)은 영토와 영해의 상공에 존재하는 공역(air space)을 뜻한다. 이 영공에 대해서도 영해와 마찬가지로 배타적 주권이 미친다. 이론상 영토는 지하까지 주권이 미치므로 지하자원이 해당국의 소유물이 되듯이, 영공 역시 무한대의 하늘까지 해당국의 주권을 인정할 수 있으나 현실적으로 일정한 고도한계가 존재하게 된다. 이 한계는 타국 항공기에 대한 해당국가의 격추능력과 일치한다고 보아야 할 것이다. 선박은 타국의 영해일지라도 연안국의 안보와 질서를 해치지 않는 평화적인 항행인 경우 무해항행권(無害航行權)이 부여되지만, 영공의 항공기와 수중의 잠수함에서는 그와 같은 권리가 인정되지 않기 때문에 특별한 조약을 체결하지 않는 한 타국의 영공과 영해를 통과할 수 없다.

이렇게 볼 때, 현실적 고도한계는 해당국의 군대가 보유한 병기의 격추능력과 비례한다고 할 수 있다. 병기는 시간의 흐름에 따라 성능이 향상되므로 영공의 고도한계는 절대적인 것이라고 보기 어렵다. 또 대륙간유도탄과 인공위성의 발달에 따라 국가의 주권이 미치는 범위를 대기권 또는 인력권으로 한정해야 한다는 주장이 제기되었다. 그리하여 1967년 우주공간평화조약이 체결됨에 따라 영공과 우주공간을 구별하게 되었다. 그러나 이 조약은 영공이 끝나고 우주공간이 시작되는 고도를 구체적으로 규정하지 않았으나, 일반적으로 인공위성의 최저 궤도 이상의 공간은 우주공간으로 보는 견해가 지배적이다. 그러므로 상기한 조약에서는 지상 100km 상공의 우주는 모든 나라에 개방되며 어떤 나라도 영유권을 주장할 수 없도록 명시했다.

우리나라 국방부는 공역을 확보하기 위해 2013년 새로운 한국방공식별구역(KADIZ: Korea Air Defense Identification Zone)을 선포했다. 이것은 자국 영공에 접근하는 군용기를 미리 식별하기 위해 설정한 임의의 공역이지만 국제법적으로 인정되는 것은 아니며 임의로 선포하는 것이다. 그러나 다른 나라가 이를 인정한 이후에는, 해당 공역에 진입하기 전에 미리 비행계획을 제출하고 진입 시 위치 등을 통보해줘야 한다. 2013년 중국이 이어도와 다오위다오를 포함하는 새로운 중국방공식별구역(CADIZ)을 선포한 것에 대응하여 한국도 이어도를 포함하는 새로운 KADIZ를 선포한 것이다. 국제법상 방공식별구역은 영공이 아니므로 외국 군용기의 무단 비행이 금지되지는 않는다. 다만 자국의 국가안보에 위협이 되면 퇴각을 요청하거나 격추할 수 있다고 사전에 국제사회에 선포해 놓은 구역이다.

우리의 인접국인 북한, 중국, 일본의 방공식별구역은 서로 중첩되므로 국가 간의 합의가 필요하다. 2013년 현재 20여 개국이 방공식별구역을 설정하고 있으며, 러시아, 북한 등은 방공식별구역을 인정하지 않고 있다. 그리고 방공식별구역과 달리 비행정보구역(FIR: Flight Information Region)은 국제 민간 항공기구(ICAO)가 항공 교통관제를 위해 각 나라가 담당하는 공역을 나눈 것이다.

그림 1-8 한중일 방공식별구역

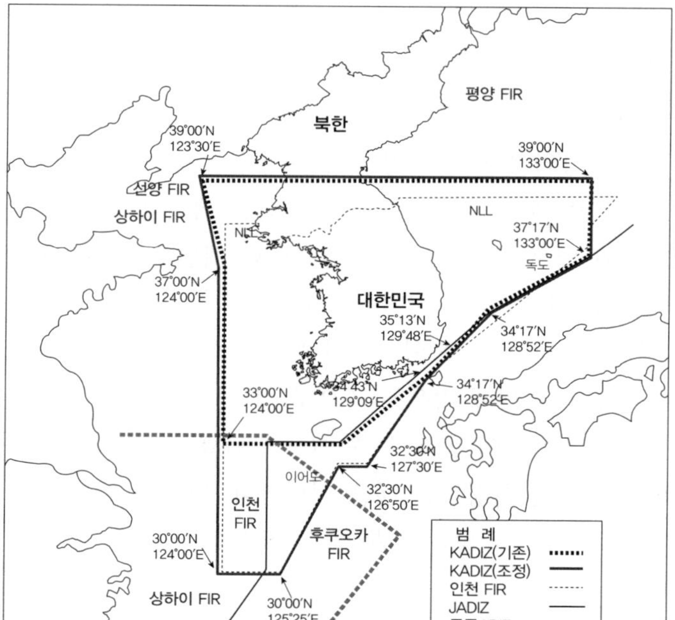

출처: 국방부(2013).

그러므로 이것은 상술한 방공식별구역과 다르다.

4 영토의 취득방법과 영토의 범위

(1) 영토취득의 방법

국제법상 영토의 취득 및 상실은 국가영역의 공간적 확대 또는 축소를 뜻한다. 영토·영해·영공으로 구성되는 국가영역은 무엇보다도 영토의 확대·축소에 따라 영해와 영공의 범위도 비례하기 마련이다. 영토의 취득 및 상실은 시대에 따라 국제법적 관념이 달랐다.

봉건제도 하의 중세국가에서 영토는 군주의 소유물로 인식되었으므로 매매계약의 대상이 되거나 결혼지참금이 되기도 했으며 때로는 군주의 유언에 따라 처분되기도 했다. 19세기까지만 하더라도 세습이론에 따라 국가의 지배권은 생래적 또는 생후적으로 취득한 소유권으로부터 확립되는 것으로 간주되었다. 이 경우, 사람은 토지에 부속된 구성부분으로 간주되었으므로, 토지를 처분하는 군주는 백성의 정치적 운명을 좌우할 수 있었다. 이를테면 어제의 백제 백성이 오늘은 신라 백성으로 바뀌는 것과 같은 셈이다.

그 후, 군주와 영토의 소유물을 동일시하던 개념으로부터 주권과 소유권을 구별하는 개념으로 변화했다. 국가에 대한 근대적 견해는 물권적 관념을 버리고 영토를 국가의 구성요소로 인식하기에 이르렀으나, 국가와 영토 간의 관계는 아직도 소유권의 관념에 기우는 쪽으로 설명하는 이론이 많은 편이다. 아무튼 영토취득이란 취득국이 종래 무주지(無主地)였거나 타국의 통치를 받던 토지에 자국의 통치권을 확장하는 것을 의미한다. 따라서 국가가 영토를 포기할 경우, 이것을 선점하거나 종래의 통치권으로부터 배제될 경우에는 영토의 상실이 초래된다.

오늘날 국제질서는 영토변경의 합법성에 관하여 확실한 원칙을 규정하지 않고 있을 뿐더러 아직도 구시대의 정복권을 완전히 폐기하지 않고 있다. 현행 국제법은 극소수의 예외를 둔 영토의 취득 · 상실에 관한 방법의 규제에만 국한하고 있으며, 그 방법의 가부 여하에 대해서는 규제하지 않고 있다. 영토는 경우에 따라 매매의 대상이 되기도 한다. 19세기 후반 제국주의적 팽창을 꾀하던 미국은 1867년 재정궁핍으로 곤란에 처한 러시아로부터 무려 147만㎢에 달하는 광대한 알래스카 땅을 불과 720만 달러에 매입한 바 있다. 매장된 지하자원과 북극항로의 가치가 높음에도 불구하고 1㎢ 당 20센트를 지불하여 영토를 확장한 셈이니 미국은 횡재한 것이고 러시아는 두고두고 후회할 일이다.

국제법학자인 R. Y. Jennings(1963)에 의하면, 영토주권을 획득할 수 있는 방법에는 다음과 같은 선점 · 시효 · 할양 · 정복 · 첨부의 다섯 가지가 있다.

1) 선점(先占)

이것은 로마법에 근원을 둔 것으로 어떠한 주권에도 복종하지 않는 영토를 차지하는 취득방법이다. 즉 무주지가 선점의 요건이 되는데, 오늘날 지구상에는 대륙발견시대 이후 모든 육지가 세상에 알려졌으므로 극지방을 제외하고는 선점(preoccupation)의 법리를 적용할 여지가 있는 토지는 존재하지 않는다.

한반도의 약 60배에 달하는 규모의 남극대륙에는 1959년 남극조약이 체결된 이래 우리나라를 비롯하여 영국 · 미국 · 러시아 · 오스트레일리아 · 아르헨티나 등의 20개국이 총 47개의 기지를 운영하고 있다. 각국은 남극 개발붐의 과열로 영유권 분쟁과 환경문제가 불거지자 1998년부터 향후 50년간 자원탐사를 금지하고 과학활동만을 허용하기로 합의했다. 그러나 2048년이 되면 현재 47개국에 달하는 남극조약 회원국은 그 동안의 남극에 대한 연구실적을 근거로 영유권을 주장할 것이다. 각국이 끊임없이 기지를 건설하고 연구결과를 발표하는 것은 미래에 대비한 남극대륙의 지분확보라는 계산이 깔려 있다.

우리나라는 1986년 뒤늦게 남극조약에 가입하여 킹조지 섬에 세종과학기지와 펭귄마을을, 2014년 테라노바 만 연안에 장보고 과학기지를 건설한 바 있다. 세종과학기지는 남극대륙이 아닌 남극권의 섬에 위치하고 있지만, 장보고 과학기지는 남극대륙에 건설된 기지라는 점에 의의가 있다. 2048년이 되면 우리나라의 영토가 남극 대륙에도 생길 수도 있으므로 새로운 주소가 설정되어야 할 것이다.

선점이론에서 문제가 되는 것은 무주지의 개념이다. 무주지란 반드시 무인도를 의미하는 것이 아닐 뿐만 아니라 국가의 입장에 따라 해석을 달리하고 있다. 한국인이 선점했음에도 불구하고 일본이 선점이론을 내세우면서 독도의 영유권을 주장하고 있는 것이 하나의 예이다.

2) 시효(時效)

시효(prescription)의 법적 개념은 장기간 계속된 평화적 점유에 의한 권원(權原, title)의 취득을 뜻한다. 시효의 원칙은 국내법의 모든 제도에서도 규정되는 것이지만, 국제법상의 의미는 학자에 따라 상이하다. Jennings에 의하면, 시효는 시간경과의 효력으로 인한 권리의 취득 또는 소멸을 인정하는 것으로서 그 기원의 선의나 악의를 불문하고 일정한 사태가 일정기간 지속된 경우에 그 사태를 적법한 것으로 간주하는 제도이다. 그러므로 일정기간 동안 권리를 행사하지 않으면 소멸시효가 발생한다.

시효제도의 문제점은 선의가 아닌 악의적 방법으로 영토를 취득하는 행위를 허용하는 데 있다. 한국은 독도에 대한 일본의 권원을 결코 승인 또는 묵인할 수 없다. 그러므로 일본은 독도점유에 대하여 시효의 원칙을 주장할 수 없는 입장에 처해 있다.

3) 할양(割讓)·정복(征服)

오늘날 영토의 취득이나 상실은 대부분 할양조약을 법적 기초로 하고 있다. 할양(cession)이란 일국의 영토주권을 타국에 이양하는 것을 뜻한다. 영토주권의 이전 또는 권리나 권원의 포기는 쌍방 간의 합의로 도출된 할양조약에 의해 실현되는 것이 보통이다. 영토의 할양에는 증여 · 교환 · 매매와 같은 자발적인 것과 전쟁의 결과로 강제하는 경우가 있다. 예를 들면, 1871년 프로이센과 프랑스 간의 전쟁결과 프랑스가 알자스로렌 지방을 할양한 사례, 1867년 미국이 러시아 제국으로부터 알래스카를 매입한 사례가 그것이다.

강제적 할양은 영토취득의 측면에서 정복과 혼동되는 경우도 있다. 그러나 적대행위가 때로는 평화조약 없이 종료되어 승전국이 패전국의 영토를 영구히 점령하고 그 영토를 병합할 의사를 일방적으로 표명하는 경우가 있으므로, 이 경우를 강제적 할양과 구별하여 정복(conquest)이라 부른다. 오늘날 정복은 인정되지 않는다.

4) 첨부(添附)

첨부(accretion)는 자연현상에 의한 영토취득을 가리킨다. 첨부에 의한 영토의 증가는 바다 · 하천 · 호수가 퇴적작용에 의해 발생하기도 하고, 하구에서 삼각주의 형성 또는 화산폭발에 의한 섬의 출현 등으로 나타날 수 있다. 그리고 만약 빙하시대가 다시 도래할 경우에는 해수면이 낮아져 대륙붕이 육지화하거나 혹은 해저지형의 융기와 화산폭발로도 첨부가 발생할 수 있다. 이와 같은 현상이 국경을 이루는 하천이나 영해에서 공해(公海) 쪽을 향하여 일어날 경우에는 영토취득이 발생한다. 이런 경우에는 국가의 법적 행위와 국제적 승인이 필요 없다.

(2) 한국 영토의 범위

국토의 계승은 영토의 계승을 포함하므로, 영토계승의 문제는 국가계승의 중심적 과제가 될 수밖에 없다. 새로운 주권국가가 탄생한 경우에도 국제법은 신생국의 영토에 속한 모든 권리와 의무를 상속한다는 원칙을 세워 놓고 있다. 따라서 신생국이 만약 국경문제를 안고 있는 영토의 일부를 상속했다면, 그 신생국은 문제지역에 대한 분쟁도 상속받았다는 결론이 나온다.

우리나라는 조선왕조와 대한제국의 영토를 계승한 신생국인 까닭에 영토의 범위에 있어서 의문점과 모호함이 독도와 간도에 상존하고 있다. 후술하는 바와 같이 독도는 현재 한국의 주권 하에 있으나, 간도는 영토분쟁이 완료되지 않은 상태에서 중국이 점유하고 있으므로 일정한 청구권을 우리나라가 보유하고 있는 셈이다.

대한민국 헌법 제3조에 의하면 "대한민국의 영토는 한반도와 그 부속도서로 한다."라고 규정되어 있다. 이와 같은 영토의 범위에 관한 조항은 자국의 헌법에 명시하는 국가도 있고 그렇지 않은 국가도 있다. 영토에 관한 조항을 헌법에 명시하는 것은 다수의 국가가 연합해 하나의 국가를 형성한 연방국가의 경우에서만 찾아볼 수 있다. 우리나라는 연방국가도 아니고 역사상 명료한 영토를 보유해 왔으므로 그와 같은 조항을 헌법에 명시할 필요가 없으나, 헌법 제정 시 분단국임을 감안해 대한민국의 헌법이 남한에만 적용되는 것이 아니며 통일 후를 대비해 제정한 것이다. 헌법 3조에 따라 대한민국 정부는 통일에 대비하여 북한 정권이 실효적으로 지배하고 있는 북한의 5도(황해도 · 평남 · 평북 · 함남 · 함북)에 대한 상징적으로 행정조직을 마련해 두었다.

1948년 제정된 대한민국 헌법 제3조의 내용 가운데 '한반도'와 부속도서'라는 용어를 발견할 수 있다. 한반도란 과연 어느 범위를 지칭하는 것이며, 역사상 한반도란 어디까지를 의미하는 것인지 불분명한 측면이 있다. 구체적으로 반도와 중국과의 경계는 과연 두만강과 압록강을 경계로 해야만 하는가? 현실적으로 대한민국의 헌법이 휴전선 이북의 북한에는 적용될 수 없다. 중국이 점령하고 있는 간도에 대해 영유권을 주장하는 것은 사실상 공론에 불과하다. 그러나 현재는 불가능한 일이더라도 국제사회는 끊임없이 변화해 예측 불가능하기 때문에 주장할 근거가 있다면 지속적으로 문제를 제기해야 한다. 그것이 이 땅을 물려준 조상들에 대한 후손의 도리일 것이다.

다음으로, 우리는 한국 영토에 속하는 부속도서에 대해서도 생각해 볼 필요가 있다. 부속도서란 한반도에 달린 3천여 개의 섬들을 가리키는 것이다. 이들 중 강화도 · 진도 · 거제도 등과 같이 육지와 인접한 섬이나 흑산도 · 제주도 · 울릉도 등과 같이 명백한 영토권을 갖는 섬은 틀림없는 한반도의 부속도서이지만, 독도와 쓰시마[對馬島]는 문제가 될 수 있다. 쓰시마(대마도)는 역사적으로 우리나라의 영토라는 주장을 펼 수 있지만, 영토의 실효적 점유와 영토권의 응고과정이란 측면에서 볼 때 영토청구는 용이하지 않다. 바로 이와 동일한 관점에서 독도에 대한 일본의 부당한 영유권 주장은 한국의 대마도에 대한 영유권 주장과 궤를 같이 하는 것이다.

우리나라 이승만 초대 대통령은 1949년 연두기자회견 등에서 일본에 대해 쓰시마 반환을 요구한 바 있다. 쓰시마에 대한 영유권 문제가 이승만 대통령에

그림 1-9 토말 · 마라도 · 독도의 땅끝탑

의해 일회성으로 제기된 것은 아니었다. 1949년 2월 16일 제헌국회에서 「대마도 반환요구에 대한 건의안」이 국회의원 31명에 의해 제출되어 같은 해 2월 19일에 국회 본회의에 보고되었다. 즉 쓰시마를 한국 영토로 반환해 줄 것을 국회에서 결의하여 대일강화회의에 제출하도록 한다는 안이 외무국방위원회에 회부되었다. 그러나 쓰시마가 지리적 · 역사적으로 확실히 우리 땅인 것은 분명하지만 중대한 국제관계가 있는 것을 고려해 임시 보류하기로 가결하고 본회의에 회부하지 않기로 했다. 그 후, 쓰시마 문제는 6.25전쟁의 발발로 여론화의 동력을 받지 못한 채 묻혀버렸다.

역사적으로 우리 조상들은 국토를 '삼천리 금수강산'으로 인식했다. 그러나 이것은 한반도의 크기를 막연하게 표현한 것이어서 범위가 명확하지 않다. 다만 도서를 제외한 한반도의 끝부분을 전라남도 해남군 송지면 송호리의 땅끝으로 인식한 것은 분명하다. 땅끝을 한자로 '지말(地末)'로 표기하지 않고 '토말(土末)'로 적는 것은 국토의 끝부분이라는 조상들의 국토관에서 비롯된 듯하다. 토말이란 지명은 우리 민족이 따뜻한 남쪽 땅을 찾아 남하하다가 육지가 끝나는 이 지점에서 발을 멈췄다는 전설에서 붙여지게 되었다고 하나, 백두대간의 끝자락이란 인식에서 연유된 것이 분명하다.

5 한반도의 형상과 지절률

(1) 한반도의 형상

우리나라가 일본제국의 식민통치 하에 있을 때에는 한반도의 형상을 토끼에 비유하기도 했다. 그것은 한반도를 나약한 토끼에 비유함으로써 한국을 일본의 보호 하에 두어야 한다는 논리를 펴기 위함이었을 것이다. 원래 한반도는 [그림 1-10]에서 보는 바와 같이 대륙을 향해 포효하는 호랑이의 기상 어린 형상으로 인식되어 왔다. 호랑이의 꼬리에 해당하는 장기곶은 과거 돌배곶이의 이두식 표기인 동을배곶(冬乙背串)이라 표기했지만, 일반 주민들은 호랑이의 꼬리에 해당하는 호미(虎尾)라고 불렀던 곳이다.

16세기 조선 명종 때 풍수지리학자인 남사고(1509~1571)는 이곳 호미를 형태상 호랑이 꼬리에 해당한다고 기술하면서 천하의 명당이라 주장했다. 호

그림 1-10 맹호기상 근역도(猛虎氣像槿域圖)

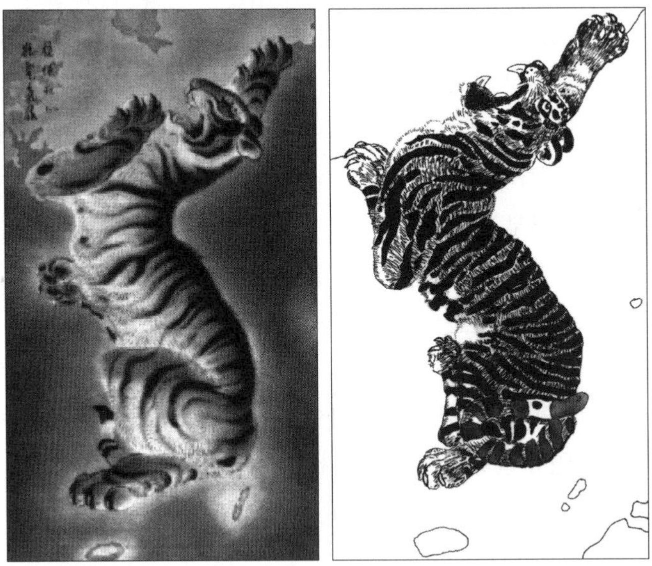

우측 그림은 각종 맹호기상근역도를 저자가 종합하여 그린 것이다.

랑이는 꼬리의 힘으로 달리며 꼬리로 무리를 지휘한다고 하여 호미는 국운상승과 국태민안을 상징하는 곳으로 인식되어 왔다. 일제는 여기 호미곶에 쇠말뚝을 박아 한반도의 정기를 끊으려 했었다.

호랑이는 한민족에게 있어 곰과 함께 등장하는 단군신화로부터 용 · 새 · 거북 · 뱀과 함께 등장하는 동물이며, 고구려와 백제의 고분벽화의 사신도(四神圖)를 거쳐 12가지의 동물과 함께 12방위를 상징하는 것으로 통일신라시대의 12지초(支肖)에 이르기까지 중요한 의미를 갖는 동물이다. 호랑이에 대한 경외심은 그 후 조선시대를 거쳐 오늘에 이르기까지 변함없이 남아 있다.

(2) 땅의 생김새와 지절률

대륙적 스케일로 볼 때 육지의 형상은 잘 생긴 경우도 있고 그렇지 않은 경우가 있다. 땅의 모습이 잘 생긴 정도는 지절(肢節)을 따져보면 알 수 있다. 지절이란 용어는 조선왕조실록에 나오는 것이므로 오래 된 것으로 추정된다. 지절은 수직지절과 수평지절로 구별되는데, 이들 중 수직지절은 지표면의 기복상태를 가리키고, 수평지절은 대륙으로부터 돌출한 반도와 해안의 만입 및 하

그림 1-11 지절률의 모식적 표현

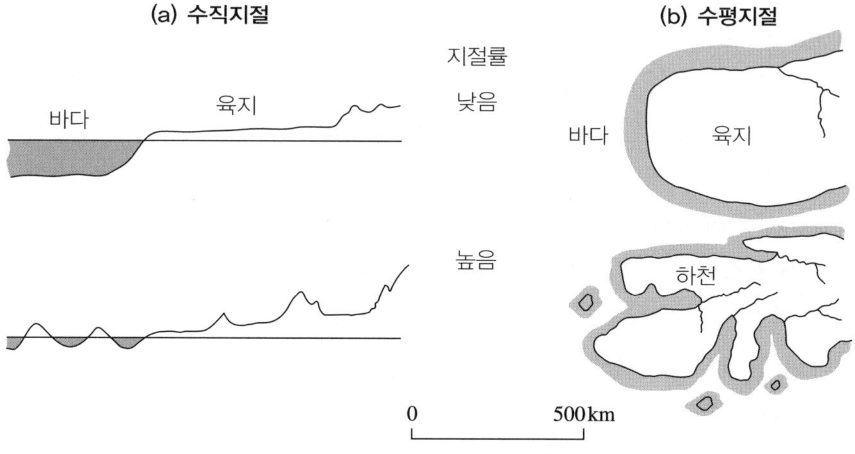

그림 1-12 지절률이 높은 지역의 분포

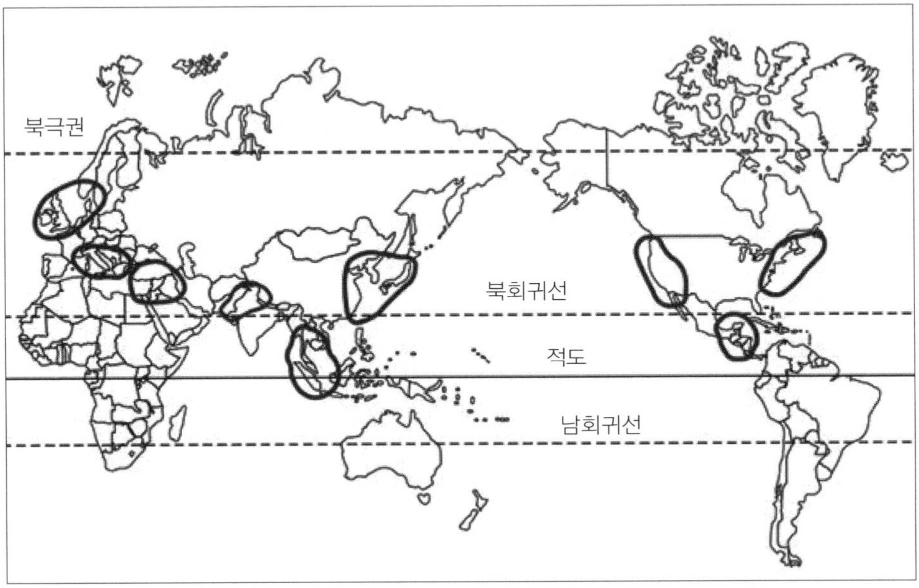

천의 출입상태를 뜻한다(그림 1-11). 수직지절과 수평지절은 보통 지절률(肢節率)로 측정될 수 있다.

수직지절률(vertical sinuosity)은 육지의 가장 높은 지점으로부터 바다의 가장 깊은 곳까지를 단면도로 그렸을 때 땅의 기복을 나타내는 지절의 상태를 의미한다. 대륙별 수직지절률을 보면 유럽과 아시아 대륙의 기복차가 다양하며 높고, 아프리카와 오스트레일리아 대륙의 수직지절이 낮고 단조롭다. 또한 수평지절률(horizontal sinuosity)은 대륙별 대축척지도를 보면 해안선의 굴곡을 나타내는 수평지절의 상태가 쉽게 이해될 수 있을 것이다.

수평지절률은 대륙별로 볼 때 유럽과 아시아 대륙 서안과 지중해 연안을 위시하여 동아시아와 동남 · 서남아시아에 많은 반도가 돌출되어 만입부를 형성하고 있다. 그리고 북아메리카의 경우는 대서양에 면한 북동안과 태평양에 면한 북서안 일대가 복잡한 수평지절을 보이고 있다. 이와는 달리 아프리카 ·

남아메리카 · 오스트레일리아 대륙은 반도와 만입상태가 적고 단조로운 해안선을 나타내고 있다. 그러나 침수해안과 빙식해안에서 흔히 볼 수 있는 리아스식 해안이나 피오르(fjord) 해안의 수평지절은 대륙적 스케일이 아닌 국지적 스케일의 경우이므로 논외로 해야 한다.

일제강점기 종교사상가이며 지리학자였던 김교신은 우리나라가 사람이 살기 좋은 국토임을 리아스식 해안을 들어 지절률을 국지적 스케일에서 설명한 바 있다. 생물학자이며 지리학자인 J. Diamond(1997) 역시 지절률이란 용어를 사용하지는 않았지만, 인류의 문명사가 서남아시아의 퍼타일 크레슨트로부터 아시아 쪽으로 동진하지 못하고 유럽 쪽으로 서진한 이유를 유럽과 중국의 지절률에서 찾았다.

구체적으로 Diamond는 중국은 통일되어 있을 때가 많았고 유럽은 언제나 분열되어 있었음은 땅의 생김새에 의한 것임을 지적했다. 세계문명사에서 중국이 정치적 · 기술적 우위를 유럽에 빼앗긴 일을 제대로 이해하려면 먼저 중국의 만성적 통일과 유럽의 만성적 분열부터 이해해야 한다. 이 문제에 대한 해답은 바로 지절률로 설명되어야 할 것이다. 유럽의 해안선은 섬에 버금갈 만큼 고립되어 있는 큰 반도가 다섯 개나 있어 매우 복잡하며 각각의 반도에는 모두 독립적인 언어와 민족 집단과 정부가 들어섰다. 그것은 이탈리아, 이베리아, 덴마크, 노르웨이, 스웨덴을 가리킨다. 반면에 중국의 해안선은 훨씬 단조로워 별개의 중요성을 갖게 된 곳은 인접한 한반도밖에 없다. 또한 유럽의 높은 산맥 때문에 언어 · 민족 · 정치 등의 측면에서 각각 독립적인 단위들로 조각조각 나뉘어져 있는 반면, 중국에서 티벳 고원 동쪽에 있는 산맥들은 그다지 대단한 장애물이 되지 못한다.

B.C. 221년 마침내 중국이 통일되자 그때부터 중국에서는 다른 독립국가가 창건되어도 오래 버티지 못했다. 물론 그 이후에도 몇 차례의 분열시대가 있었지만 언제나 통일로 마감되었다. 그러나 유럽의 경우, 나폴레옹 등의 강력한 정복자들의 노력에도 불구하고 유럽은 통일되지 않았다. 심지어는 절정기의 로마제국조차도 유럽 면적의 절반 이상을 지배하지 못했다. 이와 같은 사실은 중국에 비해 유럽의 문명이 세계사에서 우월적 위치를 차지하고 문명사적 주

류를 이루었음을 시사하는 것이다(Diamond, 1997).

(3) 지절률과 문명

이상에서 설명한 지절률은 문명의 발달과 깊은 관련이 있다. 문명은 일정한 공간상에 고착되는 것이 아니라 타 문명과 교류함으로써 발달한다. 그 교류는 이질적 문명 간에 일어날 뿐만 아니라 동일한 문명권 내에서도 하위문화 간 또는 차하위문화 간에서 발생한다. 또한 문명 간의 교류는 농경문화와 유목문화간의 교류, 과학기술이나 종교적 상호작용으로 발생하는 문화권 간의 교류, 대륙문화와 해양문화 간의 지세권(地勢圈) 간의 교류에 의해서도 일어난다.

이와 같은 교류는 수평지절과 수직지절이 단조로운 대륙보다 다양하고 복잡한 대륙에서 발생하기 마련이다. 왜냐하면 문명이 지닌 속성인 자생성은 문명의 개별성과 보편성에 의해 교류가 보장되며, 모방성은 문명의 전파성과 수용성에 의해 교류가 불가피해지기 때문이다. 단조로운 자연환경 하에서는 문명 간의 교류가 왕성하지 못해 융합문명의 발달을 기대하기 어렵다. 인류역사상 문명의 꽃을 피우고 역사의 중심무대가 되었던 지역은 메소포타미아를 중심으로 한 퍼타일 크레슨트, 그리스와 로마제국을 비롯한 서유럽이며, 20세기에 들어와서는 미국과 캐나다를 포함하는 북아메리카였다.

이를 시대순으로 설명하면, 인류의 문명은 페르시아만으로부터 에게해 및 아드리아해와 티레니아해 등의 지중해를 거쳐 북해 및 비스케이만 등의 대서양으로 퍼져 나아갔다. 그것은 다시 대서양을 건너 북아메리카 대륙 동안에 당도했다. 미국의 서부개척에 편승한 인류문명의 무게 중심은 동부의 뉴잉글랜드로부터 서부의 캘리포니아 일대로 옮겨져 지금은 태평양을 횡단하고 있는 중일지도 모르겠다.

20세기 이전까지를 '대서양 시대'라 한다면 21세기는 '태평양 시대'가 될 전망이다. 만약 미국의 국력이 21세기 중반에 접어들어 쇠약해진다면, 상대적으로 서태평양 시대의 도래는 더 앞당겨질 수도 있을 것이다. 유럽과 북아메리카의 국가들이 번영을 구가하던 대서양 시대에는 큰 갈등이 없었으나, 태평양 시대에 들어와서는 동양과 서양, 즉 유교적 가치를 숭상하는 아시아와 유럽문화를 전수받은 북아메리카 간에 문화적 갈등으로부터 더 나아가 문명의 갈등 내지 문명의 충돌이 예상된다.

서로 다른 문명이 교류함에 있어서 외래문화를 받아들여 융합문화를 만드는 현상을 '앞 접시 효과'라 부르고 그 효과로 형성된 문화를 '앞 접시 문화'라 부른다. 음식을 먹을 때, 식탁에 차려진 음식 중 자신이 먹고 싶은 것을 골라 개인접시에 떠먹는 것을 한국에서는 앞 접시라 부른다. 바이킹에 의해 시작된 유럽식 식탁문화인 뷔페(buffet)는 여러 가지 음식을 차려놓고 손님이 스스로 골라 먹도록 한 것이다. 이러한 식탁문화는 유럽의 영향으로 한중일 3국 중 중국의 샤오디에즈(小碟子)와 일본의 우케자라(受け皿)에서 볼 수 있는 공통점이다.

이른바 '앞 접시 문화'는 문화적 편식이라는 취약점이 있지만 자국민의 취향에 따라 선택이 가능하므로 합리적일 뿐 아니라 타협 또는 상식과 상통하는 개념으로 평가될 수 있으며, '앞 접시 문화'가 영국적 특징의 기본 중 하나라고 생각한다. 이러한 앞 접시 문화의 특징은 역사적으로 볼 때 브리튼 섬은 물론 크레타와 펠로폰네소스, 이탈리아반도, 북아메리카 동안의 뉴잉글랜드, 동아시아의 한반도, 일본열도 등지에서도 찾아볼 수 있다(남영우, 2018). 이들 땅들은 각각의 앞 접시에 다른 문화를 그들의 식성에 맞게 새로운 문화로 비벼서 섭취한 것이다. 그것은 마치 오늘날 한국인들이 서양으로부터 들여온 햄버거를 불고기 버거나 라이스 버거로 변형시킨 것에 다름 아니다. 영국과 일본 또는 이탈리아 반도와 한반도처럼 땅의 생김새가 비슷한 프랙탈 구조(fractal structure)를 띠면 유사한 문명이 창출된다는 프랙탈 이론(fractal theory)으로 설명된다.

(4) 문명충돌론의 맹점

미국의 정치학자 S. P. Huntington(1992)이 주장하는 문명충돌론에서는 냉전시대의 종식으로 세계질서는 더 이상 정치, 경제, 이데올로기나 국익이 아닌 동질적 문명에 따라 재편된다고 보았다. 구체적으로, 향후 세계질서는 각 지역의 종교와 문화를 중심으로 소수의 핵심국가를 중심으로 주변국들이 결집하는 문명들끼리 하나의 권역을 형성해 다극적 구도가 만들어질 것이라는 전망이다. Huntington의 문명충돌론은 21세기 세계정치의 현실을 날카롭게 포착해 복잡하고 방대하기 이를 데 없는 세계질서의 핵심을 파악한 새로운 패러다임이라 극찬을 받았음에도 불구하고 많은 비판을 받고 있다.

그가 주창한 문명충돌론은 냉전 이후 전쟁 상대를 잃은 세계 최고의 군수산업국 미국이 이슬람문명이나 중화문명 등과 같은 새로운 상대를 임의적으로 만들어내기 위한 명분일 뿐이라는 비판을 받고 있다. 비판의 요지는 유교권과 이슬람권에 속하는 국가들의 군사적 팽창을 제한시키고 그들 사이의 갈등과 차이를 이용해 서구의 가치관과 이해가 세계에 확산되도록 노력해야 한다는 점과 서구의 문명과 이익을 지키기 위해 필요한 경제력과 군사력을 키워야 한다는 주장이다.

또한 그는 세계를 8개의 문명으로 구분했는데, 그 중 중화문명과 일본문명을 따로 분리시켜 설명했다. 여기서 우리는 일본을 굳이 중국 중심의 유교문명권에서 분리시켜야 할 근거를 찾기 어렵다. 여기에는 한국문화를 중국문화의 아류쯤으로 분류시켜 온 서양인들의 무책임한 편견과 무지가 한몫 거들었으며, 무엇보다 한민족의 종족적 열등성을 부각시켜 온 일제의 식민사관과 일본의 발 빠른 왜곡홍보가 절대적으로 작용했음에 틀림없다. 이러한 오류는 일부 미국인 지리학자들도 종종 범하는 오류이다.

H. Müller(1998)는 Huntington이 지목한 것처럼 서구를 위협하는 적대적 문명들의 존재가 실제로 얼마나 설득력 없는 환상인지 밝히면서 '서구와 비서구'라는 적대적인 이분법적 사고관이 얼마나 위험한 발상인지 우려한 바 있다. 다시 말해서 문명충돌론은 세계 각지의 분쟁발생에서 미국의 시각으로 국익과 정치적 목적을 문명이라는 허울로 은폐하고 있다는 것이다.

국가간 혹은 문명권간 주도권은 국제정치학자 J. Nye(1989)가 주장한 것처럼 하드 파워라 불리는 경성권력(hard power)과 소프트 파워라 불리는 연성권력(soft power)에 의해 좌우되는데, 하드 파워는 영토 · 인구 · 생산력 · 군사력 등을 의미하는데 대하여 소프트 파워는 자유 · 평등 · 평화 · 인권 · 남녀평등 · 민주주의 등과 같은 정신적 가치체계만을 보편문명으로 간주한다. 서구문명 신봉자들은 아시아의 하드 파워가 강해지고 있지만, 소프트 파워가 강한 서구에 아시아가 미치지 못하므로 팍스아메리카를 중심으로 한 서구문명은 여전히 주도권을 빼앗기지 않을 것으로 전망하고 있다. 그러나 이러한 주장은 서구의 하드 파워가 상대적으로 약해지면서 제기된 것으로, 소프트 파워는 우리나라의 한류에서 보듯이 결코 서구의 전유물이 아니므로 설득력이 없어 보인다.

서태평양시대가 도래할 경우에는 세계사의 주역을 한국 · 일본 · 중국 등이 서로 앞 다퉈 맡으려고 할 것이다. 동북아시아만큼 지절률이 높은 동남아시아는 여기에 편입되기 어려울 것이다. 그 이유는 인류문명의 중심무대가 메소포타미아 문명과 이집트 문명 이후 줄곧 북반구의 중위도 지역을 서진(西進)하는 양상을 보여 왔기 때문이다. 지리학자 E. Huntington의 주장처럼 문명의 성쇠와 발달속도는 기후에 의해 좌우되는 경향이 있으므로, 열대지방이나 냉대지방에 거주하는 인간은 그들의 활동에너지를 극대화하기 어려우며 창의성 계발에 한계가 나타난다.

(5) 소프트 파워로 본 국가이미지

BBC World Service와 EAI(2014) 등이 공동으로 24개국을 조사한 「한국이 본 세계와 세계가 본 한국의 국가이미지」에 의하면 다음과 같은 결과가 도출되었다. [그림 1-13]의 좌측 그래프(1)은 21개 조사대상 국가들의 17개 파워 국가에 대한 평가 순위이며, 우측 그래프(2)는 한국인들이 17개 파워 국가의 국제적 역할에 대한 평가결과를 정리한 것이다. 두 그래프를 비교해보면 보면 한국인들과 세계인들의 인식에서 나타난 소프트 파워 인식의 공통점과 차이점을 볼 수 있다. 세계인들의 평균적인 시각으로 보면, 독일(60%), 캐나다(57%), 영국(56%), 프랑스(50%), 일본(49%), EU(47%) 등이 긍정적 평가비율이 절반을 넘거나 부정적이라는 응답에 비해 긍정적 평가가 우세한 소프트 파워 강국들이다. 그 뒤를 미국(42%)과 중국(42%), 남아공(39%), 인도(38%), 한국(38%)이 자리 잡고 있다. 이들 국가는 순위상으로도 중간수준이지만, 세계인들의 반응을 보면 긍정적 평가와 부정적 평가가 팽팽하게 맞서고 있음을 알 수 있다.

[그림 1-13]의 우측 그래프(2)에서 한국인들의 인식을 보더라도 전체적으

그림 1-13 17개 파워 국가의 국제 이미지(2014년)

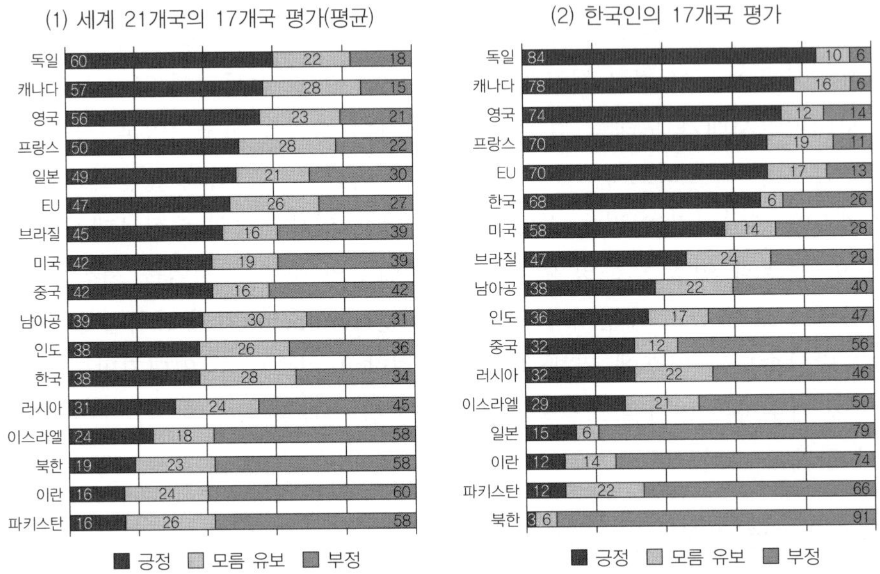

출처: BBC World Service and EAI(2014), p.4.

로 세계인들이 일반적으로 우호적으로 생각하는 국가와 혐오하는 국가들에 대한 구분이 대체로 일치했다. 서구유럽 국가들의 국제적 역할을 가장 긍정적으로 평가하고, 경제성장을 무기로 국제무대에서 급속히 부상하고 있는 남아프리카공화국이나 Brics 국가들을 그 다음으로 우호적으로 보며, 이스라엘, 이란, 파키스탄, 북한 등에 대해서는 강한 혐오감을 보이고 있다.

17개 파워 국가 평판에 대한 분석결과를 종합하면, ① 서유럽의 선진국들과 일본이 소프트 파워 강국으로 인정받고 있으며 ② 하드 파워 강국인 미국과 중국은 브라질, 한국, 인도 등과 중견국 수준에서 크게 벗어나지 못했다. ③ 각 나라의 국제적인 평판으로 측정된 소프트 파워는 해당 국가의 하드 파워에 대한 국제사회의 인식에 영향을 받고 있음이 확인되었다. 경제력은 해당 국가의 국제평판을 개선시키는 요인인 반면, 과도한 군사력은 오히려 악화시키는 요인이었다. ④ 한국에 대한 국제평판은 남아공, 인도와 비슷한 수준이며, 러시아나 이스라엘, 북한, 이란, 파키스탄에 비해서는 우호적인 평가를 받고 있다는 점이 확인되었다. 또한 2010년부터 조사에 참여한 국가들의 결과만을 취합해보면 한국에 대한 국가 이미지는 완만하지만 지속적으로 개선되는 추세에 있다는 점이 눈여겨 볼만하다.

한 나라의 소프트 파워에 대한 평가에는 그 나라의 하드 파워가 복합적으로 작용하지만, 경제력의 긍정적 이미지와 달리 과도한 군비투자는 국제적 이미지 향상과는 관계가 없다. 전체적인 선호 순위에서는 공통점이 있었지만, 그 강도에서는 큰 격차를 보여주고 있다. 우선 세계적으로 높은 평가를 받은 서유럽 국가들에 대해 한국인이 긍정적으로 평가한 비율은 당사국 국민 또는 EU 공동체에 참여하는 인근 유럽 국가들이나 오랜 협력관계를 유지해온 북미 국가들의 평가보다 더 높았다. 비유럽 국가들이나 문화권이 다른 나라들에서는 서유럽 국가들에 대한 긍정적 평가비율이 유럽 국가들에 비해 상대적으로 낮은 것이 일반적이다.

(6) 지절률이 높은 동아시아

우리나라는 고조선 건국 이래 세계사의 중심국이 된 적이 없을 뿐만 아니라 세계인의 주목을 받은 적이 별로 없었다. 한반도는 랴오둥반도 및 산둥반도와 더불어 중국대륙의 낮은 지절률을 보완해 동아시아 전체의 지절률을 높이는 돌출부이며 동북아시아의 중심적 위치에 놓여 있다. 그러므로 한반도는 대륙을 향해 포효하는 호랑이 형상으로 지절률이 높아 잘 생긴 땅일 뿐만 아니라 동아시아의 중심적 위치에 있다. 그렇다면 서진의 역사에서 우리나라가 주역이 되느냐의 여부는 이 땅위에 살고 있는 우리들의 몫으로 남는다. 인류의 역사가 시작된 지 5,500년 만에 찾아온 기회이다. 우리 민족이 지닌 창의성과 기후자원을 바탕으로 정신적 에너지와 육체적 에너지를 극대화시킬 때가 바로 우리 앞에 다가와 있다. 세계사의 중심국이 되고 인류문명의 주역이 되는 것은 모두 우리들 자신에게 달려 있다.

17세기 이래 아시아에 나타난 서양인들은 처음부터 상업주의와 침략주의적 차원에서 동양을 인식했다. 동양과 서양의 근대적 개념은 18세기 이후 유럽중심주의를 지향한 유럽인이 제시한 것이다. 그들은 서양문명에 대한 우월감과 인종적 편견을 가지고 있었으므로 서양인은 논리적이며 과학적이고 고귀한 반면, 동양적 심성은 비논리적이고 정확성이 결여되어 있으며 감상적이고 불성실할 뿐더러 나태하다고 보면서, 서양인이 세계를 제패한 것은 순리라고 강변했다.

그러나 한자문화권의 심오한 논리학과 이른바 젓가락문화권에서 발현된 정밀공업은 서양인들의 주장만으로는 설명부족이다. 이들 문화권에 사는 사람들은 태어나서 죽을 때까지 젓가락을 사용한다. 능숙한 젓가락의 사용은 섬세한 손재주로 이어져 반도체산업과 같은 정밀공업 발달의 밑거름이 된다. 오늘날 젓가락은 전 세계인구의 약 1/4이 사용하는 식사도구이며, 그 중에서 80% 이상이 사용하는 것은 한국 · 중국 · 일본 사람뿐이다. 이들 국가는 온대몬순기후라는 공통적 조건 하에서 벼농사를 짓게 되어 집약적 노동이 필요하므로 집촌을 이루면서 유교적 공동체를 형성했고 밥과 반찬을 먹어야 하므로 젓가락이 필요하게 되었다.

한자문화권과 젓가락문화권은 유교문화권과 대체로 일치한다. 과학적 실험에 의하면 젓가락을 사용하기 위해서는 손바닥 · 손목 · 팔꿈치 등 30여개의 관절과 50여개의 근육을 사용해야 한다. 그러면 이것이 대뇌에 자극을 주게 되어 도구사용능력과 섬세함을 길러준다. 더욱이 한국인은 예로부터 나무젓가락보다는 쇠로 만든 젓가락을 사용하여 콩자반을 집어먹었으니 외국인이 보기에는 신기에 가깝게 보일 것이다.

한국인의 섬세한 손재주는 국제기능올림픽에서 세계를 석권하는 것을 보아도 증명이 된다. 그뿐만 아니라 한민족이 세계 여러 민족 중 가장 지능지수(IQ)가 106으로 세계에서 가장 높은 것은 과연 무엇으로 설명될 수 있을까(그림 1-14). 한국인의 두뇌는 어느 선진국 국민의 두뇌보다 우수하다. 한국인은 유교문화권에 속하는 일본뿐만 아니라 중국보다 지능지수가 높은 것은 물론 똑똑한 민족으로 소문난 독일, 이스라엘 국민보다 높으며 선진국이라 자부하는 미국이나 영국, 프랑스 국민보다 훨씬 높다. 이와 같이 우리들은 손재주도

그림 1-14 국가별 지능지수(IQ)의 순위

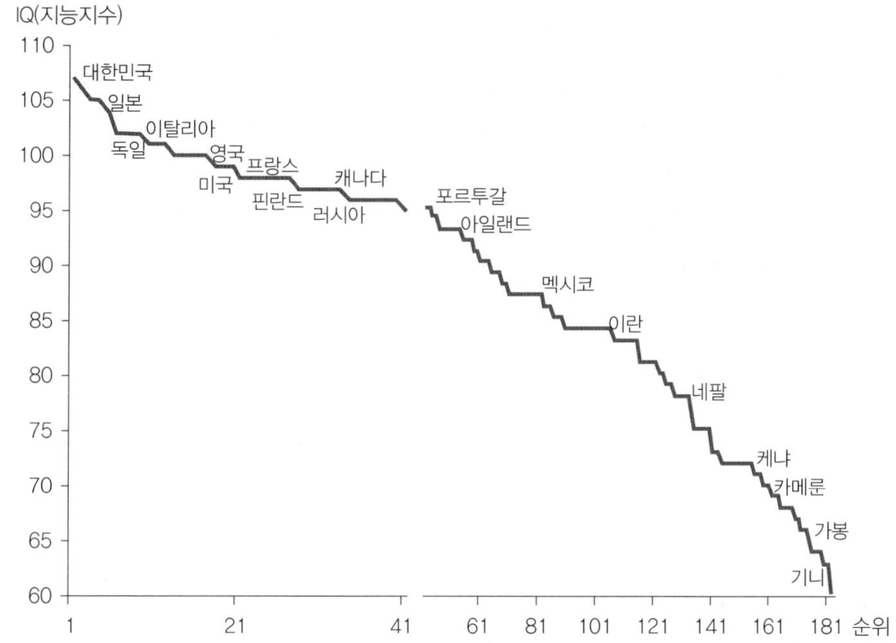

가장 훌륭하고 두뇌도 가장 명석한 민족임에 틀림없다. 그럼에도 불구하고 만약 대한민국이 세계에서 두각을 나타내지 못한다면 그것은 전적으로 우리들에게서 그 원인을 찾아야 할 것이다.

유교문화권의 특징은 다양한 시각에서 찾을 수 있으나 무엇보다 가족집단주의 · 학습주의 지향 · 윤리적 행동규범에서 잘 드러난다. 그들의 가족집단주의는 지연 및 혈연의 네트워크가 기능적으로 가동되면 정보화사회에 유리하게 작용하며, 학습주의적 지향은 높은 교육열로 나타나 학습집단, 더 나아가 학습국가를 형성케 하여 지식 · 정보산업의 또 다른 인프라를 제공해 준다.

우리나라는 대표적인 학습주의 국가 중 하나라고 볼 수 있다. 한국의 청소년들은 공부 잘하는 것이 부모에게 효도하는 길이라고 생각하며, 장래의 희망도 공부 잘하여 일류대학에 진학하는 것을 목표로 한다. 한국의 부모들도 그렇게 생각하여 자녀의 조기 영어교육을 위해서라면 발음이 좋아지라고 혀 수술까지 서슴치 않는 경우도 있다. 대학수학능력시험 가운데 응시생들의 듣기평가를 위해 비행기 이착륙을 금지하는 나라가 한국 빼놓고 또 있을까?

유엔개발계획(UNDP) 통계에 의하면, 우리나라 학생들은 하루 평균 공부하는 시간이 7시간 50분으로 세계에서 가장 길며, 고등학교과정까지의 성적 또한 세계 상위그룹에 속한다. 그러나 보건사회연구원(2015)의 실태조사에 따르면, 우리나라 학생들이 느끼는 학업 스트레스는 50.5%로 영국(42.1%)이나 미국(40.6%)에 비해 높고 독일(23.9%)과 프랑스(20.8%) 학생들보다 훨씬 높다. 이처럼 국민과 국가가 모두 학습주의를 지향하고 있다. 이와 같은 한국의 과도한 교육열은 부정적 사회현상을 유발하기도 하지만 우리에게는 소중한 자산이기도 하다. 우리나라의 금속활자가 독일의 그것보다 204년이나 앞선 1234년에 발명된 것은 결코 우연이 아닐 것이다.

유교문화권의 윤리적 행동규범은 그 밖의 문화권이나 서양사회의 종교적 규범과 상이하다. 즉 유교문화권의 최대 덕목은 신앙이 아닌 도덕률이므로 사회적 규범이 종교적 규범에 뿌리를 둔 서양문화권보다 세계화 · 정보화에 유리하다. 신앙은 종교의 통합이 불가능하여 가치의 합일을 이끌어낼 수 없지만, 도덕률은 인류의 보편적 가치이므로 통합될 수 있기 때문이다. 유교문화권에 속한 한국 · 중국 · 일본 등은 이른바 유교자본주의를 발달시켜 장차 새로운 '유교경제권'을 형성할 런지도 모른다. 유사한 가치관과 문화를 공유한 이들 민족 간에 경제력 격차와 이데올로기의 차이가 해소된다면 유교경제권의 도래는 그 시기를 앞당길 수 있을 것이다. 그렇게 되면 서구세계가 아닌 동양세계 또는 아시아세계가 세계질서의 중심에 서게 된다.

원래 아시아(Asia)란 명칭은 터키의 아나톨리아 지방에서 비롯되었다. 그리스어로 anatole는 '태양이 떠오르는 곳' 또는 '동방의 땅'이란 뜻이다. 그리스인들은 그들의 동쪽에 위치한 지방을 가리킬 때 아시리아어로 동쪽(asu)이라 불렀던 것이다. 발칸반도의 그리스에서 바라본 아시아는 터키가 소아시아(Asia Minor)였고, 유라시아 대륙의 중심부를 중앙아시아(Central Asia), 유럽의 지중해를 중심으로 가까운 순서대로 근동(Near East) · 중동(Middle East) · 원동 혹은 극동(Far East)이라 불렀다. 따라서 아시아는 애초부터 그리스인들이 에게해가 지구의 중심이라고 생각했던 시대의 산물이므로 유럽 중심의 세계관에서 비롯된 지명임을 알 수 있다. 서양인들은 18세기 이후 그들의 식민지 대상이 된 동양을 지칭하기 위해 아스바(Aseva)와 유사한 발음인 아시아로 불렀다. '유럽(Europe)'이란 고대 그리스 신화에서 나오는 '에우로파'라는 공주의 이름에서 유래된 지명이다.

1.2 한반도를 둘러싼 영유권 문제

1 독도 문제와 동해 지명 문제

일본은 독도를 다케시마[竹島]라 부르며 한국의 고유영토이며 실효적 지배(effective control)를 하고 있는 독도에 대해 여전히 자국 영토라고 강변하면서 영유권을 주장하고 있다. 일본이 독도를 그들의 영토에 편입시킨 것은 1905년 이른바 시마네현[島根縣] 고시 제40호에 근거한 조치였다. 일본 정부는 그것을 근거로 독도를 역사적으로나 국제법상으로도 일본 영토의 일부임이 명백하다고 주장해 왔다. 따라서 독도를 둘러싼 한일 간의 쟁점은 ① 역사적 사실, ② 1905년 일본 편입의 유효성 여부, ③ 전후 연합국의 조치로 요약될 수 있다.

(1) 독도 영유권의 근원

일본에서 17~19세기 중반까지 독도는 마쓰시마[松島], 울릉도는 다케시마[竹島]라고 불렀다. 일본문헌 중 독도에 관한 가장 오래된 기록은 1667년의 『은주시청합기(隱州視聽合紀)』인데, 이 문헌에는 울릉도가 타국 영토로 기록되어 있다. 에도바쿠후[江戶幕府]는 다섯 차례에 걸쳐 일본지도를 작성했는데, 그 모든 관찬지도(官撰地圖)는 독도를 일본영토에서 제외시켰다.

이에 대해 독도가 한국 영토라고 기록된 가장 오래된 문헌은 『삼국사기』이다. 이 문헌에 의하면 512년 신라의 이사부가 우산국(于山國)을 토벌하여 복속시킨 것으로 기록되어 있다. 그 당시 우산국이란 울릉도와 독도로 구성된 작은 나라였다. 1770년의 『동국문헌비고』에는 우산이 왜(倭)가 말하는 마쓰시마[松島]라고 기록되어 있다. 그 후 조선왕조의 관찬서와 지도에는 독도가 우리의 영토로 기록되어 있다. 이보다 앞서 1454년 간행된 『세종실록지리지』에도 우산과 무릉을 우산국이었다고 기록되어 있다. 두 섬은 맑은 날 보인다고 기록되어 있는 것으로 보아 사실에 입각해 기록된 것임을 알 수 있다(于山武陵二島在縣正東海中 二島相去不遠 風日淸明 測可望見).

17세기 초 일본의 호키국[伯耆國: 현 돗토리현의 일부] 사람이 중앙정부에 해당하는 에도바쿠후의 허가를 얻어 1620년경부터 울릉도와 독도에 건너오기 시작했으나, 1693년에 안용복 사건이 일어나게 되자 결국 1696년에 바쿠후는 일본어부들의 울릉도 도해를 금지시켰다. 이 시점에서 독도는 확실한 우리의 영토가 되었다. 그것은 그 후 돗토리번(藩)에서 작성한 지도에는 한 번도 독도를 포함시키지 않았던 사실에서 입증될 수 있다.

그러나 일본은 1696년 이후에도 독도에 대한 도해는 금지시킨 바 없다고 하여 독도에 대한 영유권을 17세기 중반에 확립시켰다고 주장하고 있다. 이것은 울릉도 도해금지령을 내리기까지의 과정을 무시한 허위에 불과하다. 최근 일본에서 발견된 1838년의 '어해서어제본장(御解書御諸本帳)'에 의하면 일본어민이 독도에 들어가면 극형에 처했다는 사실이 밝혀졌다. 이 고문서는 시마네현의 통치자가 각 어촌에 보낸 통지문으로 해금령을 어기고 독도 부근 바다에 들어가 몰래 고기를 잡으면 처형을 당하니 주의하라는 경고였다. 이것으로 보아 일본의 주장은 허위에 차있음을 알 수 있다.

메이지[明治]시대(1868~1912)에 접어들어 일본정부의 최고 권력기관인 태정관은 에도시대에 바쿠후가 울릉도와 독도를 조선 영토로 인정했던 결정을 두 번에 걸쳐 재확인했다. 첫 번째는 태정관이 울릉도와 독도를 '조선의 부속'이라고 밝힌 사실이며, 두 번째는 태정관이 내무성과 시마네현에 울릉도와 독도가 일본과는 관계가 없음을 천명한 사실이다. 이 사실은 일본정부가 울릉도와

그림 1-15 독도가 일본영토가 아님을 명시한 일본 태정관 지령(1877년)

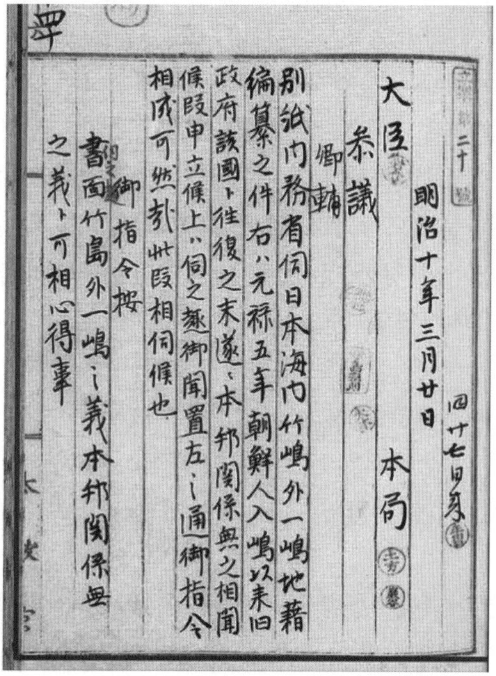
明治十年三月廿日

大臣

參議

本局

別紙内務省伺日本海内竹嶋外一嶋地籍編纂之件右ハ元祿五年朝鮮人入嶋以來旧政府該國ト往復之末遂ニ本邦關係無之相聞候段申立候上ハ伺之趣御聞置左之通御指令相成可然哉此段相伺候也

御指令按

伺之趣書面竹島外一嶋ノ義本邦關係無之義ト可相心得事

독도를 일본영토의 밖이며 조선영토란 사실을 재확인한 것임에 다름 아니다.

[그림 1-15]에서 보는 것처럼 1877년 3월에 작성된 '태정관 지령'에 의하면 울릉도와 독도는 일본과 관계가 없다는 것을 일본 내무성에 지시를 내린 사실을 확인할 수 있다. 이는 일본이 독도가 한국 영토임을 명백하게 규정한 문서이다.

(2) 1905년 일본 편입의 유효성 여부

일본정부는 1905년 1월 28일 독도를 무주지의 무인도로 규정하고 울릉도의 지명이었던 다케시마를 독도의 지명으로 하여 시마네현에 강제적으로 편입시켰다. 독도는 '마쓰시마'라는 지명을 가지고 있었고, 일본 외무성은 그 사실을 확인했음에도 불구하고 1885년에 태정관이 폐지된 것과 당시의 지명혼란을 이용하여 독도를 무명의 무주지로 둔갑시켜 선점논리를 적용시킨 것이다.

이에 앞서 1900년 대한제국은 관보 1716호를 발행하여 칙령 제41호를 세계에 공표했는데, 여기에는 울릉도를 '울도'로 개칭하여 도감을 군수로 개정하는 것과 군수의 관할권을 울릉도를 포함한 죽도와 석도로 하는 내용이었다. 죽도는 울릉도 동쪽에 위치한 섬이고, 석도는 독도를 가리킨다. 독도는 역사 속에서 주로 우산도로 불렸으나 1882년에 고종이 울릉도와 죽도 및 송도(독도)를 합쳐 총칭 울릉도라 지칭한 것을 계기로 지명에 변화가 일어났다.

그 후 송도는 일본지명인 마쓰시마에 해당하므로 사용하지 않게 되었다. 독도(獨島)로 개명한 것은 울릉도 주민이 독도를 돌섬이라 불러 석도(石島)라 부르던 것을 발음에 가까운 한자로 표기함에 따라 유래했다. 그러므로 석도란 독도이며 1900년에 대한제국은 독도를 울도군의 관할구역에 정식으로 편입한 것이다. 1905년 일본의 불법적인 독도 시마네현 편입보다 5년이나 빠른 시점이었다.

한국정부는 일본이 1904년 한일의정서 및 제1 한일협약을 강제하고 대한제국의 외교권을 사실상 장악해 전략적 입장에서 필요하다면 어떤 한국의 영토라도 점유할 수 있었다는 사실과 대한제국이 시마네현 고시 제40호의 내용에 이의를 제기할 여유조차 없는 상황 하에서 행해진 것이므로 무효임을 지적한 바 있다. 이에 대해 일본정부는 대한제국의 외교권에 간섭한 사실이 없으며, 1905년 한일신협약에 의하여 비로소 대한제국의 외교업무를 감독하게 되었다고 주장했다. 요컨대 일본의 주장은 대한제국 정부가 1904년의 협약 내용에 대해 아무런 항의를 하지 않았다는 것이다.

이 시기는 이미 일본육군참모본부가 1872년부터 한반도 침략을 꾀하기 위하여 간첩대를 파견하고 비밀리에 지도를 작성하던 때였다. 당시 일본 외무대신을 수행한 키타무라[北村重賴] 중좌 일행은 육군참모국의 밀명을 받아 첩보활동을 개시했다. 1876년의 강화도조약을 시작으로 시작된 측량침략은 1890년대에 들어와서는 1:5만 축척의 지형도를 작성하기 위한 비밀측량을 단행하기에 이르렀다.

그림 1-16 참모본부 간첩대의 정찰루트(1886-1887년)

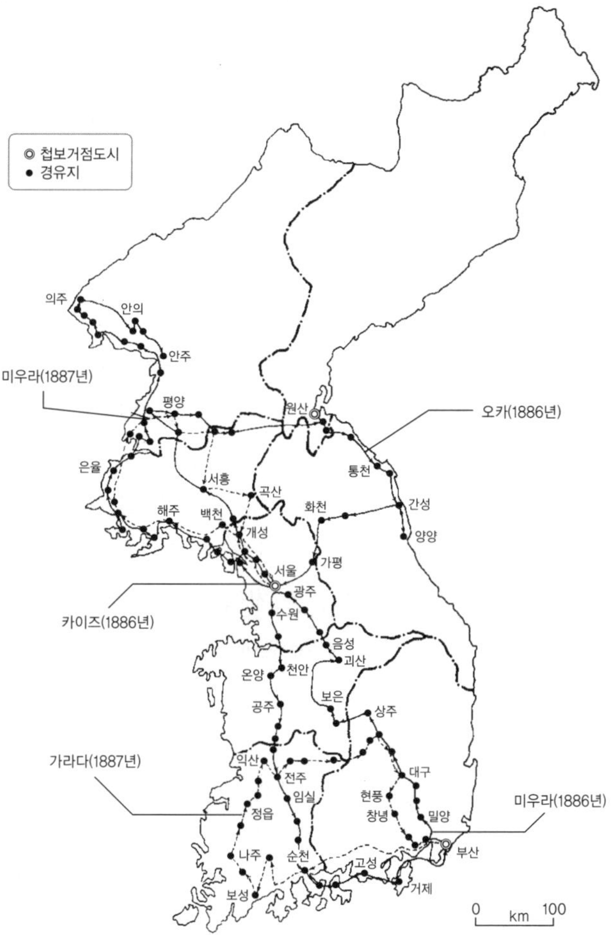

출처: 참모본부 편(1882), 남영우(1992).

그뿐만 아니라 참모본부 소속의 장교들로 구성된 간첩대는 측량뿐 아니라 이소바야시[磯林眞三]는 우리의 문화재를 약탈하기도 했다. 그는 1884년 조선 청년에게 살해되어 도쿄의 야스쿠니 신사[靖國神社]에 그의 위패가 봉납되었다. 조선 말기였던 1883년부터 시작된 카이즈[海津眞三]를 비롯하여,

1886~1887년에는 지도제작과 조선병요지지(朝鮮兵要地誌)의 간행을 위해 오카[岡泰鄕], 미우라[三浦自孝] 등의 참모본부 소속의 장교들이 신분을 위장해 한반도 곳곳을 정탐하며 측량을 단행했다. 우리는 이런 사실을 까맣게 모르고 있었다. 이런 상황에서 군국주의 노선을 걷기 시작한 일본은 청일전쟁과 러일전쟁에서 승리한 여세를 등에 업고 한반도를 침략하는 과정에서 독도를 일본영토로 편입한 것이다.

(3) 전후 연합국의 조치

일본이 연합국에 무조건 항복하자 연합군최고사령부는 총사령부 지령(SCAPIN) 제677호와 제1033호를 발령하여 독도의 귀속문제를 명시했다. SCAPIN 제677호에 의하면 독도는 1946년 1월 29일자로 주한미군정에 이관하게 되었고, 이어서 1946년 6월 22일 SCAPIN 제1033호에서는 '맥아더 라인'을 설정하여 일본인의 어업 및 포경업 허가구역 조항에 독도의 12해리 이내 일본 선박 및 승무원의 접근을 금했다. 이는 연합국 총사령부가 독도를 일본의 영토에서 완전히 제외하여 한국영토로 결정한 것을 확인할 수 있는 대목이다.

일본은 상기한 두 SCAPIN 문서가 독도에 대한 영토귀속의 최종적 결정에 관한 것이 아니라고 주장하고 있다. 그러나 미군정이 폐지되고 1948년 8월에 수립한 대한민국이 지속적으로 독도에 대한 주권을 행사했다는 점을 감안하면, 독도는 1948년 8월 시점에서 확실한 대한민국의 영토가 된 셈이다. 또한 독도는 원래부터 그 이전의 국제문서에서도 한국의 고유영토임이 확인된다. 즉 독도는 1943년의 카이로 선언과 1945년의 포츠담 선언에 의하면 폭력이나 탐욕으로 약취된 영토를 반환하게 되어 있다. 일본은 패전국으로서 이들 선언에 대한 의무를 지게 되어 있다.

일본이 독도를 자국의 영토라고 주장하는 또 하나의 근거는 샌프란시스코 평화조약이다. 당초 이 조약의 5차 초안까지만 하더라도 독도가 한국영토로 기재되어 있었으나, 일본은 당시 정부고문이었던 친일파 Sebald를 내세워 5차 초안의 내용수정에 대한 의견서를 제출했다. 이 의견서에는 독도를 일본영토에 편입시켜주면 독도에 미군의 레이더 기지를 설치할 수 있게 되어 미국의 국가이익에 부합한다는 점이 강조되어 있었다.

일본의 집요한 로비가 작용하여 한 때 미국 국무성은 샌프란시스코 평화조약 초안에 독도를 일본영토로 기재하기도 했었는데, 그 과정은 조약 당사국이 아닌 한국에게 알리지 않았다. 그러나 영국 등의 연합국이 반대해 독도는 일본영토에서도 삭제되었다. 그러므로 독도가 일본영토로 남게 되었다는 일본측 주장은 성립되지 않는다. 영국은 미국과 달리 독도를 한국영토로 하는 독자적 초안을 작성했으나, 결국 미국과 영국의 초안이 절충됨에 따라 최종초안에 는 한반도와 대표적인 섬들만이 한국영토로 기재된 것이다.

1951년 7월 시점에서 독도가 한국영토 조항에 기재되지 않은 사실을 알게 된 한국정부는 한국전쟁 중이라는 혼란상황 속에서 이에 충분한 대응을 취하지 못했다. 당시 미국 국무장관은 샌프란시스코 조약에 독도에 대한 일본의 영토적 권리포기 조문을 포함시켜도 된다는 취지의 발언을 했다. 그러나 1951년 9월로 예정된 조약 조인식까지는 시간이 없었다. 결국 독도에 대한 충분한 조사가 이루어지기 전에 미국을 포함한 연합국은 동서냉전시대에 대비하여 일본을 자유진영에 참여시킬 목적으로 샌프란시스코 평화조약은 조인되고 말았다. 미국은 한일간의 독도문제에 개입하지 않기 위해 아직도 리앙쿠르 록스(Liancourt Rocks)란 지명을 고집하고 있다.

최근 한국해양수산개발원은 독도를 일본영토에 포함시키지 않은 일본법령 두 건을 확보하여 공개했다. 하나는 일본이 1951년 6월 6일 공포한 총리부령 24호이고, 다른 하나는 같은 해 2월 13일 공포한 대장성령 4호이다. 이들 법령에는 일본의 부속도서에서 울릉도와 독도, 제주도를 제외한다고 명시되어 있다. 지금까지 일본정부는 SCAPIN 제677호와 제1033호의 조항이 연합국의 일방적 조치였다고 반박해 왔으나, 사실은 일본이 내막적으로 독도가 일본영토가 아니라는 법령을 스스로 만들었던 것이다. 이에 대해 일본정부는 문제의 법령이 미군의 일본점령 당시 일본정부의 행정권이 미치는 범위가 표시된 것일 뿐이며 일본의 영토범위를 나타내는 것이 아니라고 항변했지만, 그것은 궁핍한 변명에 지나지 않는다. 일본은 샌프란시스코 평화조약이 조인되기 직전에 이미 일본정부 스스로 독도가 한국영토임을 인정한 것이다.

그림 1-17 SCAPIN 제677호의 부속지도

특히 총리령 24호는 일본의 부속도서에서 울릉도와 독도뿐만 아니라 러시아와 영토분쟁을 벌이고 있는 쿠릴열도 등과 일본 패전 후 미국이 관할하던 오가사와라 제도를 제외했다. 일본은 북방영토를 돌려받기 위해 러시아와 협상했으나, 오가사와라 제도[小笠原諸島]는 1968년 6월에 미국으로부터 돌려받았다. 일본은 샌프란시스코 평화조약을 맺는 과정에서 지리학자 하야시 시헤이[林子平]가 1785년에 제작한 고지도 삼국통람여지노정전도(三國通覽輿地路程全圖)를 1832년 모사한 J. Klaproth의 프랑스판 지도를 근거로 제시하여 미국으로부터 양보 받았다. 그러면서도 일본은 그 지도상에 한국영토로 명시된 독도에 대해서는 외면하는 모순을 범하고 있다(김부성 · 남영우, 2018).

(4) 동해지명 문제

우리나라는 한반도와 면해 있는 바다 중 가장 큰 바다인 동해 명칭을 놓고 중국 고대 역사서인 후한서(後漢書)와 산해경(山海經)을 비롯하여 우리의 삼국사기와 광개토대왕비 등의 동양 및 한국기록은 물론 16세기 유럽 고지도에도 '동해(East Sea)'라 불려 왔다고 지적하면서 1992년 이래 동해를 일본해와 병기함이 옳다고 주장해 왔다. 그러나 외국의 고지도에 표기된 동해 지명은 대부분 한국해 혹은 조선해(Sea of Korea, Mer De Coree)였음에도 불구하고 동해였다고 호도해 온 것도 사실이다. 동해명칭을 둘러싼 문제는 국제적으로 통용될 수 있는 바다지명에 초점이 맞춰져 있는 데에도 우리는 자국 중심적 명칭을 내세워 왔다. 그리하여 우리나라는 국제수로기구(IHO) 창설이사국인 일본과 힘겨운 싸움을 벌여 온 것이다.

우리가 주장하고 있는 동해명칭을 해외의 전문가와 지도 회사들을 대상으로 설득하는 작업은 당사국들의 합의를 도출해야 하므로 지난하기 그지없다. 우리나라 정부의 노력으로 동해를 일본해와 병기한 경우, 외국 출판사들은 Sea of Japan(East Sea)이거나 드물긴 하지만 그 반대 순서인 East Sea(Sea of Japan)으로 표기하고 있다. 이 경우, 외국의 제3자적 시각에서 볼 때 한일 양국이 주장하는 명칭이 비대칭적인 까닭에 동해가 일본해를 부연 설명하는 종속적 의미를 갖게 되므로 초 · 중등 학생들은 물론 외국인들은 동해를 일본해에 대한 부연설명으로 오해하게 되는 경우가 많다. 그 이유는 동해와 일본해가 비대칭적이며 등가성(等價性)을 갖고 있지 못하기 때문이다. 따라서 일본해와 동해가 지명의 대칭적 등가성을 담보하기 위해서는 '한국해(Sea of Korea)'가 합리적 지명으로 인정받기 용이해진다. 바로 이 점이 Sea of Korea와 Sea of Japan이 병기되어야 하는 이유인 것이다.

1929년에 국제수로기구가 일본해라는 지명표기를 시작하면서부터 동해라는 지명은 찾아보기 힘들게 되었다. 일제강점기에 일제가 1919년 국제수로기구에 일본해로 보고하면서부터 1923년부터 일본해가 공식적으로 사용되기 시작한 것이다. 이에 일본은 이 사건이 식민지 지배와는 무관하고 이미 19세기부터 국제기구에서 일본해로 표기했다는 주장을 제기했다. 따라서 일본해라는 지명만이 공식적인 지명이라는 것이 일본측의 주장이다.

일본의 역사기록이나 지리서에 일본해가 처음으로 등장하는 시기는 18세기 후반이고, 일본해라는 지명을 1602년에 처음으로 사용한 사람도 일본인이 아닌 Matteo Ricci(1552~1610)였다. 일본인들에게 동해는 17세기가 시작할 때까지 이름 없는 바다에 불과했다. 오히려 일본 정부에 의해 18~19세기에 제작된 지도에는 '조선해'라는 지명이 자주 등장한다. '조선해'라는 지명 표기를 한 일본의 지도에는 1794년에 제작된 아세아전도(亞細亞全圖), 1844년에 제작된 신제여지전도(新製輿地全圖) 등을 비롯해 20여 종류에 달한다.

일본은 1858년 미일화친조약을 체결한 이후에 당시 '대일본해'라 표기한 바다가 태평양이란 사실을 깨닫고 황급히 동해 쪽에 일본해로 바꾸었다. 처음에는 일본열도 연안에 한정해 일본해라 표기하다가 1870년에 제작된 지도부터 조선해와 일본해를 병기했다. 청일전쟁에서 승리를 거둔 일본은 영토 확장 정책에 따라 조선해를 밀어내고 그 자리에 일본해를 표기하기 시작한 것이다.

표 1-2 고지도에 표기된 동해 지명의 빈도

구 분	시 기	한국해(동해)	일본해	기 타	합 계
한국의 통계	1500년대	-	-	29	29
	1600년대	39	17	69	125
	1700년대	341	36	90	467
	1800년대	60	69	12	141
	합 계	440	122	200	762
일본의 통계	1500년대	5	1	5	11
	1600년대	29	16	56	101
	1700년대	165	70	39	274
	1800년대	107	1,312	67	1,486
	합 계	306	1,399	167	1,872

출처: 대한민국 외교통상부(2004), 일본 외무성(2006).

서양의 지도에서는 동해지명이 다양하게 표기되었지만, 그 가운데 어떤 것도 국제적으로 공인을 받은 것은 존재하지 않는다. 18세기에는 동해가 한국해 혹은 조선해(Sea of Korea)로 표기된 빈도가 높지만, 19세기 들어서면서부터 일본해 표기의 빈도 역시 높아졌다(표 1-2). 이는 동해가 특정 이름으로 표기되지 않았음을 의미하기도 하며 동시에 해외에서는 한국해(Sea of Korea)로 불렸음을 의미한다.

1919년에 설립된 국제수로기구(IHO)에서는 「대양과 바다의 범위」라는 보고서를 1928년에 발간하여 대양과 바다의 국제명칭 및 범위를 획정했다. 이 보고서에는 일제강점기 때 일본에서 제출한 '일본해'라는 지명으로 동해를 표기했고, 1937년에 2판이, 1953년에 3판이 발간되었다. 그러나 우리나라는 일제강점기와 6.25전쟁 등으로 인해 제대로 대응을 할 여력이 없었다. 1957년에 우리나라가 IHO에 가입하고 동해 지명표기에 대응하려 했지만 이미 때는 너무 늦었다. 한국은 일본해라는 지명을 인정하지 않고 있으며, 현재까지도 동해 지명을 회복하기 위해 민간단체 및 학술단체에서 많은 노력을 하고 있다. 동해 지명의 회복 운동을 본격적으로 펼치기 시작한 시기는 우리나라가 1991년에 유엔에 가입하면서부터이다. 그 동안 한국 정부는 동해지명의 합법성을 알리기 위하여 수많은 노력을 기울였다.

그럼에도 불구하고 우리 국민들은 세계화시대에 국제표준명칭으로 'East Sea'란 지명이 외국인들에게 설득하기 어렵다는 사실을 인지하고 있다. 대국민 여론조사에 의하면 우리 국민은 국제적 합의가 도출될 때까지 국제표준명칭을 Sea of Korea 또는 East Sea of Korea라 표기하고, 대외적으로는 '한국해'나 '동한국해'라 번역하고 '한국동해'라 읽으며, 대내적으로 '동해'라 부르면서 스펙트럼을 넓혀 대응하는 것이 바람직하다고 생각하고 있는 것으로 밝혀졌다(임은진 · 이경택, 2015).

우리 국민들은 [그림 1-18]에서 보는 바와 같이 국제표준명칭으로 동해(East Sea)가 일본해(Sea of Japan)와 대등한 명칭이라고 생각하지 않고 있음이 판명되었다. 즉 88%에 달하는 대부분의 국민이 동해란 지명을 국제표준명칭으로 사용하기에 부적당함을 인지하고 있음을 알 수 있다. 우리 국민이 적절하

그림 1-18 동해 명칭에 대한 국민 여론 조사 결과

국제표준명칭으로 동해가 일본해와 대등한 명칭이라고 생각하십니까?

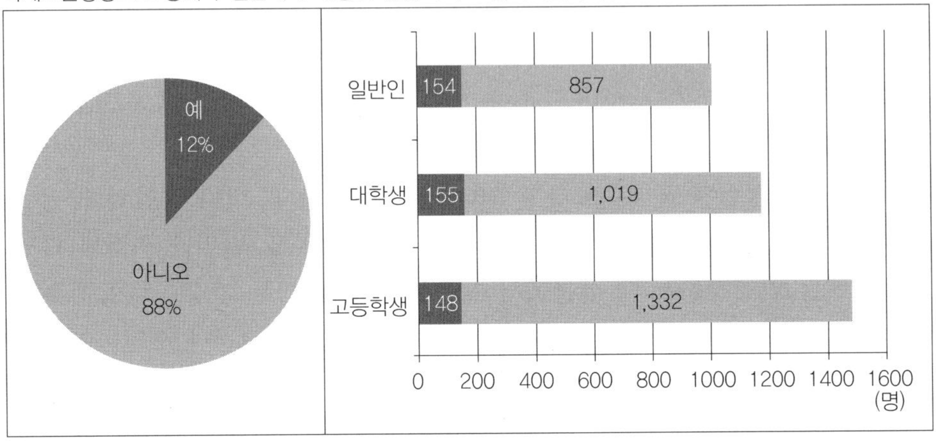

어떤 명칭이 일본해와 대등한 대안명칭이라고 생각하십니까?

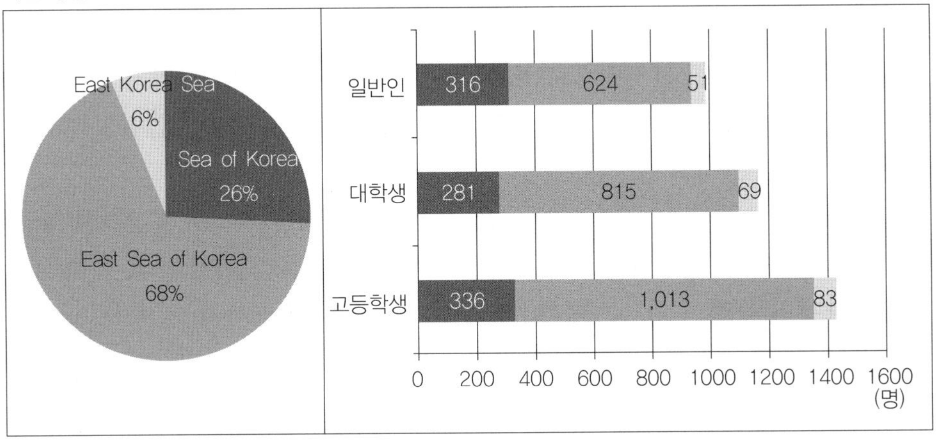

출처: 임은진 · 이경택(2015), pp.14-20.

다고 생각하는 동해명칭은 한국동해(East Sea of Korea)를 가장 선호하며(68%), 그 다음으로 한국해(Sea of Korea)를 선호하고 있다. 이는 고지도에 나타난 한국해(조선해)와 기존의 동해를 모두 아우를 수 있는 명칭이기 때문일 것으로 짐작된다. 이러한 결과는 우리 국민들이 대내적으로는 종전의 관행대로 '동해'라 부르고 싶고 외국인을 배려하려는 의도에서 비롯된 것으로 생각할 수 있다.

이와 같은 근거로 우리는 다만 외국에서 부르기에 적합한 국제표준명칭, 즉 외국어 지명을 해외 국가들이 납득할 수 있는 객관적 지명을 제정할 필요성을 느끼게 된다. 만약 우리가 일본과의 협상에서 동해명칭을 철회할 경우 그동안 Sea of Japan이 특정국의 명칭이 들어가 부적당하다고 반박해 온 우리 정부의 기조가 무너진다는 사실을 앞세워 혹시 난색을 표하는 사람이 있을런지도 모르겠으나, 동해명칭문제는 한일 양국 간의 문제만이 아니라 전 세계를 설득해야 하는 다자간 문제이므로 우리는 조심스럽게 한국정부의 기조를 바꿔야 한다는 결론에 이르게 된다. 우리의 우방인 미국조차 일본해를 공식지명으로 사용하고 있다.

(5) 우리의 대응

일본정부가 1952년부터 오늘에 이르기까지 독도영유권 시비를 걸어오는 숨겨진 목적을 간파하기 위해서는 독도 이외에 현재 일본이 영토분쟁의 당사국으로 있는 쿠릴열도와 댜오위다오[釣魚島](일본명 센카쿠) 섬 분쟁에 대해 살펴 볼 필요가 있다. 쿠릴열도의 4개 섬은 독도의 경우와 마찬가지로 상대국인 러시아가 실효적으로 점유하고 있는 상태이며, 댜오위다오 섬만은 일본이 실효적으로 점유하고 있다. 그러므로 일본은 댜오위다오 섬의 경우에는 자국의 실효적 점유에 대하여 국제법 및 역사적 타당성을 강조하는 반면, 쿠릴 섬과 독도의 경우에는 분쟁상대국의 점유가 불법임을 강조하는 양면적 입장을 취하고 있다.

일본은 러시아가 북방4도를 불법으로 점거하고 있다고 주장하면서도 국제사법재판소(ICJ: International Court of Justice)에서의 해결을 거론한 바 없다. 그러나 독도문제에 대해서는 일본의 입장이 다르다. 일본은 1965년 한일협정이 양국간의 평화조약이므로 영토문제가 생길 수 없기 때문에 공식적으로 ICJ에서 독도문제를 해결하자고 제의한 바 없다. 그럼에도 불구하고 일본정부는 외무성 사이트를 통해 "1954년에 한국에 대하여 독도문제를 ICJ에서 해결하자고 제안했으나 한국측이 거부해 현재에 이르고 있다."고 기재해 놓았다. 이는 일본이 장차 정식으로 ICJ에 제소할 것이라는 것을 암시하며 무언의 협박을 하고 있는 것에 다름 아니다. 일본은 자국 내의 우경화 분위기가 무르익고 유엔에서 일본의 지위가 충분히 상승되었다고 판단되면 즉시 독도문제의 유엔총회 상정을 시도할 가능성이 높다.

이러한 사실에 입각하여 일본의 한국과 러시아에 대한 자세를 비교해 보면 뚜렷한 차이가 발견된다. 즉 한국에 대해서는 ICJ에서의 해결을 주장하면서 러시아에 대해서는 외교적 노력으로 해결하려는 이중성을 드러내고 있다. 독도의 경우는 설령 ICJ의 재판에서 일본이 패소하더라도 한국이 실효적으로 점유하고 있으므로 손해 볼 것이 없다는 속셈이며, 쿠릴열도의 경우에는 사정이 다르기 때문이다. 댜오위다오의 경우는 일본이 실효적으로 점유하고 있으므로 쿠릴열도의 북방영토와는 상반된 정책을 취한다. 일본은 혹시 상대국인 중국이나 타이완이 ICJ에 이 문제를 제소하자고 하더라도 응하지 않을 것이다.

이와 같은 일본의 이중적 태도는 미국과의 관계로 설명할 수 있다. 독도문제는 미국의 협조와 지원을 받을 수 있으나, 북방영토는 상대가 러시아이므로 미국의 지원을 기대하기 어렵다는 계산이 깔려있다. 그러므로 일본에게 영토문제란 국가간 신뢰관계가 아니라 정치적 역학관계를 이용한 힘의 논리에 바탕을 둔 불순한 외교정책이라 할 수 있다. 일본이 공군력과 해군력을 강화하기 위해 군비증강에 열을 올리고 있는 것도 그런 맥락에서 이해할 수 있다.

일본은 영토문제뿐만 아니라 역사교과서 왜곡문제, 야스쿠니 신사 참배문제, 일본군 위안부 문제 등과 같은 그들이 저지른 범죄적 행위에 대해 자국 중심적 주장으로 일관하고 있다. 제2차 세계대전을 일으킨 전범국 독일은 미군이 진주하여 나치 독일군을 몰아낸 4월이 되면 매년 과거를 반성하고 인류의 보편적 가치를 수용해 다시는 비극을 되풀이하지 않겠다고 참회하고 있다. 일본은 한국을 비롯한 아시아 국가들에 대하여 진심으로 사죄하고 경제선진국에 걸 맞는 자세를 가져야 한다. 이에 대해 한국 외교부는 '조용한 외교'로 대응해 왔으나 성공을 거두지 못하고 있다. 피해국과 침략국을 부각시켜 국제적으로 조용하되 적극적 외교정책이 필요한 시점이다.

그림 1-19 나치 희생자 추모비에 무릎 꿇고 참회하는 독일 총리

사정이 이러함에도 불구하고 일본은 과거의 전범행위를 인정하려 들지 않고 있다. 일본은 과연 문명국가인지 묻지 않을 수 없다. 미국-쿠바 간의 후벤트드 섬과 영국-미국 간의 산후안 섬을 둘러싼 영토분쟁에서 과거 식민지배국가였던 미국과 영국이 스스로 영유권이 없음을 인정한 사례를 일본은 본받아야 할 것이다. 그리고 동해지명 문제는 동해를 둘러싸고 우리나라와 북한은 물론 일본과 러시아의 4개국이 공유하고 있는 바다이므로 한반도 중심으로 작명되었다는 한계를 지닌다고 할 수 있다. 따라서 '한국해' 또는 '조선해'란 지명이 역사적 의미를 갖는다고 볼 수 있다.

동해 지명문제는 우리가 아닌 제3자적 입장의 외국이 어떻게 불러줄 것인가의 문제이다. 앞의 〈표 1-2〉에서 보는 바와 같이 해외의 고지도에 표기된 '한국해'란 지명이 설득력이 있어 보이므로 Sea of Korea도 좋다. 또한 우리가 주장해온 기존의 동해(East Sea)와 한국해를 합치면 '동한국해(East Korea Sea)'

가 되는데, 이는 '일본해'와 병기해도 형평성이 있을 뿐 아니라 위치적 명시성을 갖게 된다. 중국의 동해 역시 '동중국해(East China Sea)'라 불리고 있는 것과 같은 맥락이다. 북한은 동해를 '조선해'라 부르고 있으나, '한국'과 '조선'은 영어로 표기할 경우 동일한 지명이 되므로 외국지도의 해양지명에는 아무런 문제가 발생하지 않는다는 사실도 염두에 둘 필요가 있어 보인다.

2 간도 문제

(1) 간도의 범위와 역사

간도는 크게 서간도와 북간도로 나뉘는데, 서간도는 현재 중국 지린성[吉林省]을 중심으로 랴오닝성[遼寧省]을 포함한 창바이[長白] 산맥 일대를 가리키며, 동간도라고 불리기도 하는 북간도는 두만강 북부를 함께 지칭하는 범위이다(그림 1-20). 그러나 좁게는 연변조선족 자치주가 있는 북간도만을 의미할 때도 있다.

'간도'란 지명은 지금까지 여러 가지 명칭으로 불려 왔고 또한 그 지명의 유래에 관해 학설이 분분하다. 그 중, 조선과 청나라 사이에 위치한 섬과 같은 지역이란 뜻에서 유래했다는 주장과 두만강 중류의 종성과 온성 사이에 있는 삼각주가 매우 비옥하여 1870년경부터 그 지역주민들이 그곳을 개간하기 시작해 간도(間島, 間嶋)라 불렀다는 주장이 유력하다. 그 후, 무산으로부터 온성에 이르는 두만강 연안지역 주민들이 강을 건너 백두산 동쪽 기슭의 비옥한 토지를 개간한 것에서 유래하여 간도(墾島)라 부르기도 했다. 이 일대가 간도의 출발점이었던 것으로 추정된다. 그 밖에도 간도는 간토(艮土) · 한토(閑土)라 불리는 경우도 있다.

간도는 원래 고대국가였던 고조선을 비롯해 읍루와 옥저의 땅이었으며 그 후에 고구려와 발해의 영토가 되었다. 고려시대와 조선시대 초기에는 수렵과 유목에 종사하던 여진족이 조공을 바치며 거주했다. 청나라는 1677년 이 일

그림 1-20 조선 말기 간도의 범위

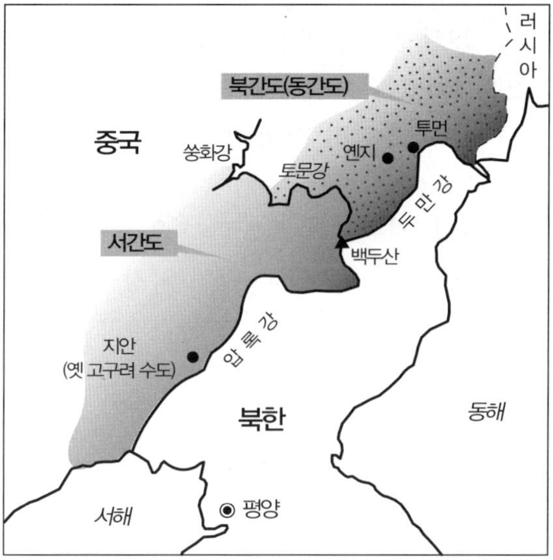

대를 청의 발상지로 삼고 봉금구역(封禁區域)으로 정하여 200여 년간 타 민족의 거주를 금지했다. 청나라가 간도 일대를 완충지역으로 남겨두려는 의도는 1689년 러시아 간의 영토조약 체결시 헤이룽강[黑龍江] 상류지역에 러시아가 남하함에 따라 이를 견제할 필요성을 느꼈기 때문이었다. 영조는 1767년 간도의 중심에 위치한 백두산이 우리 민족의 조산(祖山)이며 발상지임을 인식하고 제사를 지낸 이후부터 한민족의 성산(聖山)으로 숭상하게 되었다. 이에 대해 중국의 금나라와 청나라 역시 그 이전부터 백두산을 그들의 발상지로 신성시하여 제사를 올렸었다.

(2) 간도 문제의 발단

백두산을 중심으로 간도 일대에 우리나라와 청나라 간에 국경문제가 발생한 것은 청나라가 일방적으로 백두산 일대를 봉금지역으로 정하여 조선인들의 정착을 금지했기 때문이었다. 개간 및 산삼채취와 사냥을 목적으로 간도에 들어가는 조선인들이 많아지자 청나라 목극등(1664~1735)은 국경을 명확히 하기 위해 1712년 백두산 동남쪽 기슭에 일방적으로 정계비(定界碑)를 세웠다. 정계비는 1931년 7월 29일에 인멸되었는데, 경성제국대학 총장을 역임한 일본의 시노다((篠田治策, 1938)는 몰지각한 일본 국경수비대의 소행이라 주장했다. 이 정계비는 우리나라와 청나라 간에 국경에 관한 처음이자 마지막 명문상 약정이었다.

이 비문의 82자 가운데 '서위압록(西爲鴨綠)'은 서간도 영유권을 포기한 내용이었고, '동위토문(東爲土門)', 즉 양국 간의 국경을 설정함에 있어서 "동쪽은 토문강을 국경으로 삼는다."라는 내용을 둘러싸고 조선과 청나라 간에 의견이 엇갈렸다. 중국은 두만강을 도문강(圖們江)이라 부르는데, 청나라는 토문강과 도문강의 중국어 발음이 '투먼'으로 동일한 것을 구실로 두만강 이북을 그들의 영토라고 주장했다. 그러나 토문강은 쑹화강의 지류이며 두만강과는 별개의 하천임이 명백하게 밝혀진 바 있다. [그림 1-22]는 일제강점기 간도

그림 1-21 1910년대(추정)의 정계비

출처: 국립문화재연구소.

파출소가 작성한 「백두산부근약도」이다. 이 지도에는 백두산 정계비의 위치는 물론 토문강과 쑹화강이 두만강과는 별개임을 보여주고 있으며, 도문강이 아닌 두만강으로 불렸음을 보여주고 있다.

정계비의 건립과 봉금지역이 설정된 후에도 간도에서는 수차례에 걸쳐 사건이 발생했다. 그 사건은 청국인이 간도 일대에 무단침입하거나 초소를 설치하자 조선의 항의를 받고 철수한 것들이었다. 이러한 사건이 발생하고 러시아인들이 무단침입하게 되자 양국은 공동 초소를 설치하고 공동 순시를 시행하는 제도를 마련하려고 시도했으나 실현되지 못했다. 청나라는 1867년에 이르러 봉금지역으로 정했던 곳을 중국 한족들에게 개방하게 되어 양국 간의 합의는 무산되고 말았다. 청나라의 약속위반이었다.

그림 1-22 조선통감부 간도파출소가 제작한 백두산부근약도(1907년)

출처: 최장근(1998).

19세기 중엽에 이르러 청나라의 국력이 쇠퇴하여 봉금정책이 유명무실해졌다. 즉 1864~1869년에 걸친 대흉년과 세도정치의 학정에 견디지 못한 조선의 굶주린 농민들이 압록강과 두만강을 건너 간도에 정착한 것이다. 그들은 주로 평안도 북부와 함경도 북부에 살던 농민들이었다. 그들은 초기에 깊숙한 산간지방에서 밭농사를 경작했으나 1883년 강을 건너지 못하게 한 월강봉금령(越江封禁令)이 폐지되자 조선인들은 합법적으로 이주할 수 있게 되었다. 논농사는 이 무렵에 보급되기 시작했고 그들의 주거지는 점차 평원으로 확산되었다.

간도에 조선인 이주민이 증가함에 따라 청나라는 둔화 · 훈춘 등지에 자국민의 이주를 권장하는 한편, 1882년에는 조선인의 퇴거를 명령했다. 그러나 이듬해 조선은 전술한 것처럼 월강봉금령을 폐지하면서 조선인들의 이주를 합법화했다, 간도에 조선인과 청국인들이 혼재하면서 마찰이 발생했다. 이것이 간도문제의 시발점이다. 간도에 거주하던 조선의 이주민들은 퇴거를 명하는 청나라에 대해 백두산정계비를 근거로 간도가 조선의 영토라며 항의했다. 그러나 청나라는 여전히 간도가 자국의 영토라고 주장하면서 우리의 백성들을 압박했다.

각종 우여곡절을 겪은 끝에 조선 조정은 1894년 청일전쟁으로 청나라가 쇠약해지자 간도에 대한 영토권을 주장하고 간도관리사를 파견했다. 이는 조선의 공권력이 간도에서 행사된 것임을 의미하는 것이다. 1903년 당시 간도의 인구는 한국인이 약 10만 명인데 비해, 청국인은 약 3만 명에 불과했다. 1905년 이후 사실상 대한제국의 외교권을 박탈한 일본이 간도를 점령함으로써 간도문제는 한청간의 문제에서 청일 간의 문제로 넘어가게 되었다. 간도는 일제강점기 독립군의 활동거점이 되었다. 봉오동과 청산리 전투에서 독립군에게 대패를 당한 일본군은 이에 대한 보복으로 어린이 · 부녀자 · 노인을 가리지 않고 무차별 학살작전을 감행하여 간도에 거주하던 한국인 1만 여명을 살해하고 민가와 학교 등을 불태웠다. 이 야만적 사건이 바로 간도참변 혹은 경신참변이라 불리는 사건이었다.

그럼에도 불구하고 한국인들의 간도 인구는 지속적으로 증가했다. 1926년에는 간도 경지의 52%를 한국인이 차지했고, 가구 수는 중국인의 5배가 넘는

그림 1-23 만주와 간도의 한국인 분포(1929년)

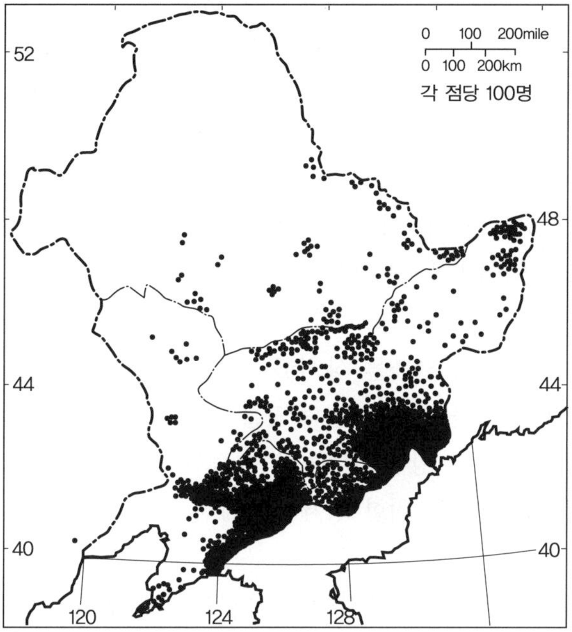

출처: Lee, H.K.(1932), p.201.

52,881 가구에 달하게 되었다. 한국인 최초로 미국지리학 학술지에 논문을 투고한 이훈구(1896~1961)는 1930년을 전후하여 현지조사를 실시하고 만주와 간도 일대의 한국인 이주에 관한 연구를 한 바 있다. 이 연구에 의하면, 1929년 당시 한국인들은 [그림 1-23]에서 보는 것처럼 주로 옌지[延吉]를 중심으로 하는 북간도(동간도)와 통화[通化]를 중심으로 하는 서간도에 집중적으로 분포했음을 알 수 있다. 간도로의 한국인 이주는 독립운동이 활발하던 1917~1920년간에 급증하기 시작했는데, 1910~1912년에는 귀환하는 이주민이 30만 명에 육박하던 것이 1912년 이후에는 감소하기 시작했다. 이훈구(Lee, 1932)의 조사에 의하면, 1920년을 전후한 간도의 한국인은 전체 인구의 75%를 상회했다. 주민들의 경작지는 논이 약 26%, 밭이 약 74%를 차지했다. 우리는 이 지도

에서 간도의 범위가 정계비에서 명시한 것보다 서간도 쪽으로 더 확대되었음을 알 수 있다. 정계비가 세워진 1712년과 1920년대의 상황이 달라진 것이다.

일제는 1931년 그들의 괴뢰정부인 만주국을 세웠는데, 간도는 간도성(間島省)이란 행정구역으로 편성해 놓았다. '만주'란 지명은 17세기 여진족을 만주족이라 개칭하면서 비롯된 것이다. 중국정부는 만주라는 지명 자체가 식민지의 유산이라는 인식하에 만주란 지명을 의도적으로 사용하지 않고 동북지방 혹은 동북3성으로 부르고 있으며, 여기에 내몽골자치구를 더하여 '동북지구'라 부르기도 한다. 그러나 영어권에서는 현재 만추리아(Manchuria)로 불리고 있다.

해방 직전인 1944년에는 간도 거주 한국인이 재차 증가함에 따라 63만여 명에 달하여 전체 주민의 80%를 상회했다. 일제강점기에 한국인의 이주가 증가한 것은 일제에 토지를 탈취당한 농민들이 한반도로부터 만주로 이주한 것과 일제에 항거하기 위한 항일투사들의 거점화에서 비롯되었으며, 이와 더불어 일제침략과 만주국 설을 위한 강제노역자 등의 이주가 대폭 증가했기 때문이다.

백두산을 중심으로 한 간도지방이 국경분쟁에 휘말리게 된 것은 지형적 요인에서도 찾을 수 있다. 간도는 유년기 지형으로 침식 정도가 미약하여 산의 능선이 뚜렷하지 않고 용암대지의 하천이 대부분 땅속으로 복류하는 관계로 지표수로 흐르는 하천이 별로 없을 뿐만 아니라 밀림이 무성하여 국경선으로 삼을 만한 지형지물이 없는 지역이다. 산맥으로 둘러싸인 간도는 한반도 쪽으로 열려 있기 때문에 지형상 중국적이라기보다는 한국적인 환경을 이루고 있다. 그런 이유로 간도는 일찍이 한국인에 의해 개척될 수밖에 없었던 것이다.

(3) 간도협약

대한제국의 외교권을 박탈한 일제는 당초 한국정부의 주장을 이어받아 간도에 경찰출장소를 설치하고 한국인에 대한 청국정부의 재판권이나 조세권을 인정하지 않을 방침이었다. 일제에 반발한 청나라는 군대를 간도에 주둔시키면서 강경한 태도를 보였다. 청일 양국의 첨예한 대립 끝에 외교교섭 결과, 일제는 1909년 9월 4일 청나라에 있어서의 다른 권익을 양보받기 위하여 청나라에게 간도 영유권을 인정하는 협약을 체결했다. 1905년 을사늑약으로 외교권이 박탈된 대한제국은 이 협약에 항의를 할 수 없었고, 이 협약 이후에도 한국인의 간도 이주는 계속되었다.

간도협약은 일제가 1905년 제2차 한일협약으로 대한제국의 외교권을 불법적으로 강탈한 상태에서 1909년 9월 4일 청나라와 체결한 조약이다. 이 조약은 토문강이 아닌 도문강(두만강)을 한청 사이의 국경으로 정하여 간도를 청나라 영토로 인정하는 것을 주요 내용으로 하고 있다. 간도협약이 체결된 당일, 일제는 안봉선(안동~봉천)과 길회선(연길~회령)의 철도부설권 등을 청나라로부터 획득하는 것을 내용으로 하는 협약을 체결했다. 일제는 1907년 간도에 헌병과 경찰을 들여보내 용정에 통감부 간도파출소를 설치했으나, 이 조약으로 간도에 대한 청나라의 영토권을 인정하고 통감부파출소를 철수했다. 위의 [그림 1-22]는 그 때에 제작한 지도이다.

간도협약에는 "한 · 청의 동쪽 국경을 백두산정계비~석을수~도문강(두만강으로 규정)으로 확정하며, 일본은 간도에 설치한 통감부파출소 등을 철수하고, 청은 룽징(龍井), 옌지(延吉) 등을 개방하여 일본인의 거주와 상업활동 및 일본의 영사재판권을 보장한다. 또한 일본은 위 4개 지역에 영사관 및 영사관 분관을 설치하고, 청은 도문강 이북의 간도 지역 내 한국민의 거주를 승인하는 대신에 간도에 거주하는 한국민은 청나라의 법에 복종해야 하며, 청은 간도 거주 한국민의 재산을 청국민과 동등하게 보호한다."라는 내용이 포함되어 있다.

일제는 간도협약을 맺으면서 상술한 것과 같은 이권을 얻는 대가로 간도를 청국에 넘겨주었다. 간도에서 청나라 관헌의 압제 하에 신음하던 한국인의 보호자임을 자처하며 한국의 영토권을 주장하던 일제는 간도를 자국의 대륙침략의 희생물로서 이용한 불법적이고 월권적인 행위를 저질렀다. 일본의 패전으로 만주국이 붕괴되자 간도는 중국이 점령하게 되었고, 1952년 연변조선민족자치구 임시정부가 성립되었다. 이에 대하여 북한은 그들의 우방국인 중국에 대해 어떤 항의도 하지 못했다.

(4) 우리의 대응

간도의 영유권은 정계비의 해석에 따라 한국에 속하며, 일본의 침략으로 일시적으로 점령당한 간도는 카이로 선언 · 얄타 협정 · 포츠담 선언 등에 의거하여 회복되어야 마땅하다. 간도를 둘러싼 영토분쟁에서 해결의 판단기준이 되는 국경조약은 1712년 한청 간에 합의한 백두산정계비이다. 청나라는 1880년대 후반 정계비가 국경조약의 성격을 지니지 못한다고 주장한 바 있으나, 정계비는 국제법적으로 유효하게 성립한 것이며 아직까지도 그 효력이 유지되는 국경조약으로서의 법적 지위를 지니고 있다.

간도 문제는 일본이 개입하기 이전부터 한청 간의 분쟁이 있었고 해결을 위한 담판이 미결상태에서 중단되었던 사안이므로 대한제국을 승계한 대한민국 정부와 청나라를 승계한 중국 정부 간에 평화적 해결방식이 모색되어야 할 것이다. 영토분쟁은 정치 분쟁의 성격이 강하다. 정치적 분쟁과 법률적 분쟁 사이에는 부단한 상호관계가 존재하는 것이므로 한국정부는 이에 대비해야 한다. 즉 간도에 대한 실효적 조치가 불가능한 경우에는 항의도 일종의 법률행위이므로 중국에 대하여 항의는 시효의 중단 또는 영역권의 응고의 방지라는 효

그림 1-24 중국에서 개최된 동계 아시안 게임의 한국대표 선수들

과가 발생한다.

북한과 중국은 1962년 10월 12일 평양에서 김일성(1912~1994)과 저우언라이[周恩來, 1898~1976]가 서명한 「조중국경조약」을 체결한 후, 현지조사를 거쳐 1964년 3월 20일 베이징에서 「조중국경에 관한 의정서」를 교환하고 국경을 확정했다. 최근 오랫동안 베일에 가려졌던 이 조약과 의정서의 실체가 드러났다. 이 의정서는 압록강 상류에서 천지 사이와 천지에서 두만강 상류에 이르는 구역을 대부분 자로 잰 듯이 직선으로 선을 그어 영토를 분할했다. 백두산 천지는 북한과 중국이 각각 55:45의 비율로 분할했다. 이러한 양국 간의 합의는 북한이 중국의 압력으로 간도를 중국에게 넘겨준 1909년 청일간의 간도협약에 면죄부를 준 결과여서 납득하기 어렵다. 여기서 발생하는 문제는 이러한 국경조약이 양국간 비밀조약인 까닭에 공인되지 못하므로 남북통일 이후 북한 정권이 비합법적 정부로 간주될 경우 승계되지 않을 가능성이 높다는 점이다.

1990년대 들어와 중국은 고조선은 물론 고구려와 발해의 역사를 왜곡하여 중국사에 포함시키려는 저의를 드러내고 있다. 심지어는 고구려가 평양성으로 천도한 이후의 역사까지 중국사에 포함시키려 하고 있다. 이와 같은 중국의 의도는 한반도 통일 후를 대비한 포석으로 간도를 둘러싼 영토분쟁에 대처하려는 노림수일 것으로 짐작된다. 즉 중국은 북한이 붕괴된 이후에 한반도 북부지방에 대한 연고권을 주장함으로써 통일한국이 제기할지도 모를 간도 영유권 주장에 대처하겠다는 속셈이다. 중국은 8.15해방 이후 만주국 시기의 행정구역을 폐지하고 라오닝성[遙寧省]·지린성[吉林省]·헤이룽장성[黑龍江省]으로 나누어 통치하고 있다. 특히 중국은 이른바 동북공정(東北工程)을 추진하면서 간도란 지명을 사용하지 않고 '연변조선족 자치주'라 부르다가 전술한 바와 같이 둥베이[東北]지방'이란 지명을 사용하고 있다. 중국은 동북공정뿐 아니라 티베트족에 대한 서남공정과 신장 위구르족에 대한 서북공정 등을 획책하고 있다.

한국은 1992년 중국과 수교할 때 간도문제를 꺼내지 않은 채 '영토보전의 상호존중'에 합의하면서 국교를 정상화했으므로 간도회복이 쉽지 않아 보인다. 그러나 중국 고위관리들은 한국이 간도문제를 제기하지 않는다는 보장만 있으면 고구려가 중국의 지방정권이라거나 중국 소수민족의 일부라는 따위의 주장, 즉 동북공정을 중지하겠다는 속내를 가지고 있다. 이는 중국이 통일한국의 미래를 염두에 두고 있음을 시사하는 것이다. 그럼에도 불구하고 중국정부는 대승적 견지에서 장차 통일된 한반도의 정부와 협상해야 마땅하다.

조상들로부터 물려받은 땅을 지키지 못하고 남의 나라에 빼앗긴 것은 후손들의 책임일 것이다. 우리는 이웃 나라에 영토를 빼앗긴 일을 교훈으로 삼아 대대손손 후손들에게 잊지 않도록 일깨워 줘야 한다. 유태인들은 유월절(逾越節, Passover)이 오면 명절로 정해 발효시키지 않은 딱딱한 빵을 먹는 풍습이 있다. 이는 『구약성서』의 '출애굽기'에서 유래된 것으로 이집트에서 노예생활을 하던 이스라엘인들이 모세의 인도 하에 이집트로부터 탈출한 것을 기념하기 위해 정해진 것인데, 나라를 두 번 다시 남에게 빼앗기지 않겠다는 유태인들의 다짐이기도 한 것이다. 그러나 우리에게는 무수한 외침을 받았음에도 불구하고 그와 같은 다짐을 하는 명절이 없는 것이 아쉽다.

3 이어도 문제

(1) 이어도의 위치와 역사

제주도민의 힐링의 장소였던 이어도는 전설과 문학을 통해 오래 전부터 제주도 주민들에게는 피안(彼岸)의 섬이자 '꿈의 이상향'으로 묘사되어 왔으며, 실제로 존재하는 섬인 것처럼 인식되어 왔다. 이 섬은 원래 구전되는 전설에 따르면 "바다로 나가 돌아오지 않는 어부들이 가는 섬" 또는 "어부들이 죽으면 가는 환상의 섬"으로 알려져 왔다. 1984년 파랑도(波浪島)라 명명되기도 한 이어도는 전설에 따르면 이 섬을 본 사람은 돌아올 수 없다는 말이 구전되어 왔다. 이는 옛날 이곳에서 어부들이 조업을 하다 파고가 10m 정도 되면 이 섬이 보였고, 당시 어선으로는 그런 상황에서 무사히 돌아갈 수 없었기 때문이었을

그림 1-25 이어도의 위치

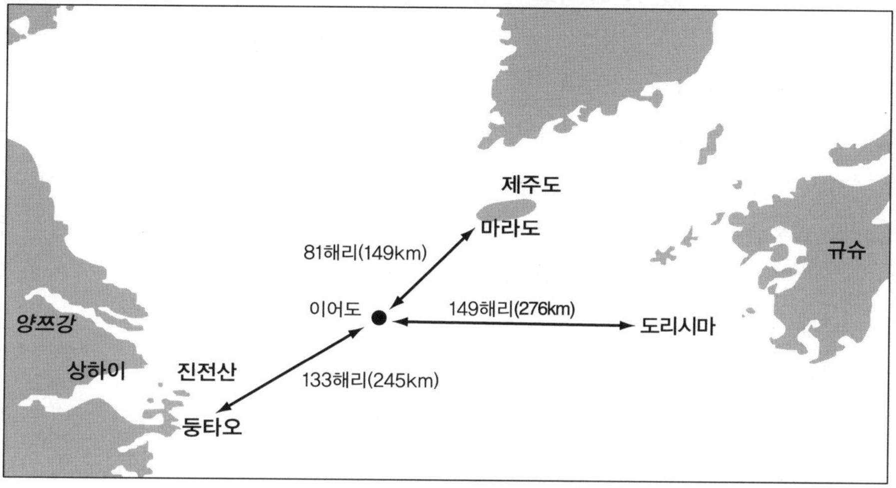

출처: 해양수산부.

것이다.

이어도는 동중국해 북위 32°07′32″, 동경 125°10′58″에 위치하고 있으며, 한국 제주도의 마라도로부터 서남쪽 149km, 일본 도리시마[鳥島]로부터 서쪽으로 276km, 중국의 둥타오[童島]로부터 북동쪽으로 245km 떨어진 거리에 위치하고 있는 수중 암초이다(그림 1-25). 이어도의 가장 얕은 곳은 해수면 아래 약 4.6m까지 돌출해 있고, 수심 40m를 기준으로 할 경우에는 남북으로 약 600m, 동서로 약 750m의 크기이며, 면적은 약 2만 km^2에 달한다. 암초의 정상부를 기준으로 남쪽과 동쪽은 급경사를, 북쪽과 서쪽은 비교적 완만한 경사를 이루고 있다.

이어도는 1900년 영국 상선인 소코트라(Socotra)호가 일본에서 중국 상하이로 항해하다가 이 암초에 걸려 선박에 손상을 입은 것을 계기로 처음 발견하게 되었으므로 그 선박의 이름을 따서 소코트라 암초(Socotra Rock)라 불리기도 했다. 1910년에는 영국 해군 측량선에 의해 수심이 5.4m밖에 안 되는 암초로

측량된 바 있다. 1938년 일본은 해저 중계시설과 등대를 설치할 목적으로 수면 위로 35m에 달하는 콘크리트 인공구조물을 설치할 계획이었으나 태평양전쟁의 발발로 무산되고 말았다. 일본은 1931년 태평양 상의 수중암초를 자국의 영토로 편입한 오키노토리시마[沖ノ鳥島]에 1988년 시멘트를 타설해 인공섬으로 둔갑시킨 바 있다. 이는 일본의 영해를 확장하려는 대국답지 않은 행위였다. 중국 역시 필리핀과 영유권을 놓고 신경전을 벌이고 있는 스프래틀리군도(중국명 난샤군도, 베트남명 쯔엉사) 인근 5개 암초에 인근 바다 밑바닥에서 준설한 수백만 톤의 돌멩이와 모래를 부어 인공섬을 건설했다. 그러나 이러한 행위는 국제적 승인을 필요로 한다.

우리나라에서 이어도의 실재론이 처음 대두된 것은 1951년으로 국토규명사업을 벌이던 한국산악회와 해군이 공동으로 이어도 탐사에 나서 바다 속의 검은 암초를 확인하고 '대한민국 영토 이어도'라 새긴 동판표지를 수면 아래 암초에 가라앉히고 돌아왔다. 그러나 최초의 공식적 구조물은 1987년 해운항만청에서 설치한 등부표였으며, 그 당시 한국 정부는 이 사실을 국제적으로 공표한 바 있다. '등부표'란 선박 항해에 위험한 곳임을 알리는 무인등대와 같은 역할을 하는 항로표지 부표를 말한다(그림 1-26). 우리나라 국립지리정보원은 2001년 1월 22일 중앙지명위원회를 개최하여 수중 암초인 소코트라에 대한 명칭을 이어도(Ieo Do)로 변경하는 안건을 심의·확정함으로써 이어도가 공식적인 지명으로 사용되기 시작했다. 그러나 이어도는 해양법상 도서가 아니므로 이어도(島)란 명칭은 단지 상징적 의미를 갖는 것으로 이해하면 될 것이다.

(2) 이어도 해양과학기지의 해양법상 지위

이어도의 법적 지위에 대해 공식적으로 문제를 제기한 중국이 최근 연근해역의 수중 암초에 대해 관할권을 주장하고 나선 것은 향후 한중간 배타적 경제수역의 경계설정 협상과정에서 유리한 위치를 선점하기 위한 의도로 분석되고 있다. 중국정부는 이어도가 한국과 중국의 배타적 경제수역이 중첩된 해역에 위치하고 있는 암초이므로 한국의 일방적 행동은 법률적 효력을 갖지 못한다고 주장하면서 2009년 5월 대륙붕 경계에 관한 예비정보를 유엔 대륙붕한계위원회(CLCS)에 제출했다. 이는 200해리를 초과하여 대륙붕 경계선을 설정하려는 국가는 CLCS에 대륙붕 경계정보를 제출해야 한다는 유엔해양법협약 규정에 따른 것이다.

사실 이어도 문제는 국제해양법상 영유권 문제가 아닐 뿐만 아니라 단순한 해양관할권 문제라고 보기도 어렵다. 이어도에 관한 중국정부의 문제제기는 동중국해에 대한 중국의 해양관할권 확대의 움직임을 가시적으로 보여주는 사례인 동시에 이른바 중국의 동북공정이 남해공정으로 확대되어 동북아 해역을 향해 추진되기 시작했다는 증거일 것이다. 이러한 측면에서 이어도 문제는 해양법과 관련된 국제법적 문제인 동시에 국제정치학적 의미를 갖는다.

이어도는 해양법상 영토의 법적 지위를 갖지 못하므로, 이에 대하여 영유권을 주장하거나 배타적 경제수역을 설정하려는 시도는 법적 효력이 발생하지 않는다. 수면 아래에 있는 암초에 인공구조물을 설치해 수면 위로 나오게 하더라도 도서로서의 법적 지위를 인정받을 수 없다. 그러므로 현재 한국정부가 2003년 이어도에 [그림 1-26]에서 보는 것과 같은 해양과학기지를 건설하여 운용 중에 있으나, 이것으로 한국 영토가 새롭게 구축되거나 배타적 경제수

그림 1-26 이어도 해양과학기지와 등부표

역이 확장되는 것은 아니다. 그러나 대륙붕 수역에 설치되는 인공도서와 구조물에 대해 연안국은 관세 · 재정은 물론 출입국관련법령에 대한 관할권을 가지며, 이들 시설물의 안전을 보장하기 위해 그 주변 500m 범위 내에 안전구역을 설정할 수 있다.

따라서 우리나라는 이어도 해양과학기지의 효율적인 운용을 통해 동중국해의 배타적 경제수역과 대륙붕수역에 해양관할권 행사를 더욱 확고히 하고, 향후 예상되는 해양관할권수역에 대한 경계획정의 협상과정에서 이어도 및 그 주변수역이 한국의 관할권 내에 포함되고 있다는 사실을 근거로 삼을 수 있도록 그 활용도를 높여야 한다. 그뿐만 아니라 이어도 해양과학기지를 통하여 우리나라가 지구환경 · 해양과학의 연구와 해상교통안전 · 해난재해예방 등과 관련된 동북아시아 해양협력의 거점으로 발전할 수 있도록 그 역량을 제고할 필요가 있다. 우리나라도 이제는 해양을 중시해야 한다. 독일의 지리학자 F. Ratzel(1844~1904)은 "언제나 진정한 세계 강국은 바다를 지배하는 나라였다."라고 주장했고, 장보고는 1200년 전 통일신라시대에 "내가 죽으면 닫힌 바다를 누가 열 것인가?"라며 우리의 나약한 해양 수호 의지를 염려했다.

(3) 한중어업협정

한국과 중국 간의 어업협정은 1993년부터 19차례에 걸친 협상으로 난항을 거듭하다가 2001년 6월 30일 발효되었다. 이 협정은 양국이 경계설정에 합의할 때까지 한시적으로 적용할 잠정조치 성격의 어업협정이었다. 그러므로 한중어협정은 양국간 어업문제만을 다룬 협정으로 배타적 경제수역 또는 대륙붕의 자원개발 등과 같은 문제와 관련이 없다. 따라서 양국은 배타적 경제수역과 다른 배타적 어업수역과 그 중간에 잠정조치수역을 설정했다. 배타적 어업수역은 해양법 협약상 배타적 경제수역을 어업문제에 한정하여 적용한다는 의미를 담고 있다.

한중어업협정은 이어도 주변수역에 대하여 명확한 경계를 설정하지 않은 채 한국의 잠정조치수역의 이남에 위치시킨 바 있다. 따라서 한중 양국은 이어도 주변수역에서 자유롭게 조업을 할 수 있으나, 제3국은 해양관할권이 한중 양국에만 있으므로 사전허가 없이 조업할 수 없다. 한국정부는 이어도 주변수역이 우리나라의 배타적 경제수역에 해당하지만 한중 양국만 서로 단속을 자제하기로 합의한 수역이므로 제3국 어선은 한국의 허가 없이 임의로 조업할 수 없다는 입장을 견지하고 있다. 그러나 이어도 주변수역을 한국측 잠정조치수역에 포함시키지 못한 것은 아쉬운 일이다.

배타적 경제수역의 경계를 획정함에 있어서 '중간선의 원칙'을 비롯해 '육지영토의 자연적 연장'과 '형평의 원칙' 등이 있다. 이들 원칙 가운데 중간선의 원칙을 기준으로 할 경우, 이어도와 주변수역은 이어도가 한국 쪽에 더 가깝게 위치하고 있으므로 한국의 배타적 경제수역에 속하게 된다. 그러나 한중어업협정으로 이어도 주변은 잠정조치수역의 이남에 위치하고 있기 때문에 한중 양국의 어선들이 자유롭게 어업활동을 할 수 있게 되었다.

이어도는 섬으로서의 법적 지위를 갖지 못하는 수중암초에 불과하므로 이 문제가 국제법상 영유권 문제로 비화될 가능성은 없다. 그러므로 이어도 문제는 기본적으로 동북아시아 해역에 대한 해양관할권의 확대를 둘러싼 해양법상 문제로 간주되어야 옳다. 그러나 중국이 무리하게 이 문제를 제기하는 데에는 팽창정책을 실현하려는 의도가 있다는 의구심이 든다.

4 녹둔도 문제

(1) 녹둔도의 역사

두만강이 동해와 만나는 하구에 녹둔도(鹿屯島)란 섬 형태의 땅이 있다. 이는 사슴이 모여 사는 언덕처럼 생긴 섬이란 뜻이거나 섬의 형태가 함경북도 경흥군 풍해면에 위치한 조산(造山)에서 바라보면 사슴과 같다하여 붙여진 지명으로 추정되고 있지만, 그 면적은 [그림 1-27]에서 보는 바와 같이 섬의 공간적 범위가 남으로는 두만강으로부터 북으로는 크라스키노 남쪽의 레베디노에 이를 것으로 추정된다. 녹둔도는 과거 두만강의 한 지류에 있던 중지도(中

그림 1-27 녹둔도의 위치 및 범위

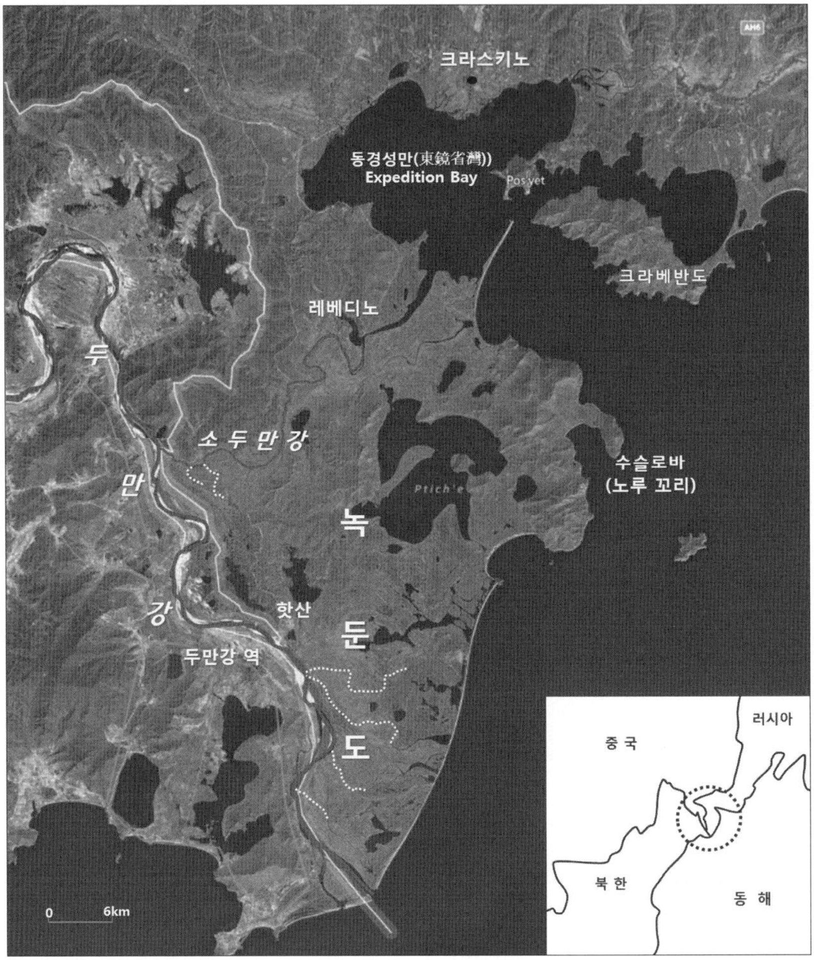

之島) 형태의 섬으로 추정되며 조선 초에 개척된 이래 400여 년 간 명실상부한 조선의 영토였던 곳이다. 그러나 녹둔도의 범위를 이보다 더 작게 비정하는 학자들도 있다.

녹둔도가 우리나라 문헌에 처음 기록된 것은 『세종실록지리지』이다. 처음

그림 1-28 녹둔도 경관

에는 여진어의 음을 따서 사슴을 의미하는 사차마(沙次亇) 또는 사차(沙次)·사혈마(沙汽麻) 등으로 불리다가 세종 때 녹둔도라 명명했다. 녹둔도는 세종대왕이 1434년 이래 김종서 장군으로 하여금 10여 년간에 걸친 육진개척을 한 이후에 국경 하천이 된 두만강의 하천도서였던 것으로 추정되며, 그 건너편 지역에 살던 여진족들이 물자가 궁핍하면 그 때마다 녹둔도에 잠입해 자주 약탈했다. 그리하여 이 섬 안에 목책을 둘러 병사가 방비하는 가운데 농민들이 배를 타고 섬에 오가며 농사를 지었다고 하나 정밀조사가 뒤따라야 자세한 사항을 파악할 수 있을 것이다.

녹둔도는 1587년 이순신 장군이 함경도에 있을 때에 여진족과 전투를 벌인 현장으로도 유명하다. 『경흥도호부읍지(慶興都護府邑誌)』에 따르면, 녹둔도는 이순신이 정4품 관직인 조산만호(造山萬戶)로 재직할 때 이곳 농토가 매우 척박해 둔전(屯田)을 설치했으나 여진족이 약탈을 일삼아 국경을 소란케 하여 둔전을 포기한 후 방치된 곳이다. 그 중에서도 가장 큰 피해는 1587년(선조 20) 9월에 발생한 사건에서 비롯되었다. 이 때 여진족이 녹둔도에 몰래 침입해 방비하던 수호장(守護將) 오형과 감관(監官) 임경번 등 11명의 군사를 살해하고 군인과 민간인 160여명을 납치해 갔으며 말 15필을 약탈해 간 것이다. 그 뒤 조선 조정에서는 여진족에 대해 강경책으로 대처하면서 영토수호 의지를 천명했다. 그러나 우리나라 백성들이 다시 녹둔도로 들어가 거주하게 되었으며, 종종 3천여 리까지 북상하여 뿌리를 내렸다. 이러한 사실은 과거 연해주가 한민족의 터전이었음을 주장하는 근거가 되고 있다.

녹둔도의 지리적 상황을 가늠할 수 있는 지도 중에 8책으로 구성된 『해동지도(海東地圖)』는 18세기 중엽에 제작된 것으로 추정되는 지도책으로 단순한 우리나라의 군현도(郡縣圖)를 모아놓은 것만이 아니라 주요 관방도와 중국·

그림 1-29 해동지도(경흥)에 나타난 녹둔도(1750년대 초)

출처: 규장각.

일본 · 류큐국(오키나와)을 포함하는 포괄적인 지도책이라고 할 수 있다. 이 지도의 최종 편찬 시기는 영조 때인 1750~1751년 사이인 것으로 보인다. 그 중 3책의 「북관전도(北關全圖)」에는 군현도 외에 「조선여진분계도(朝鮮女眞分界圖)」 등이 포함되어 있고, [그림 1-29]에서 보는 바와 같이 그 당시만 하더라도 녹둔도가 연륙화되지 않고 삼각주로 존재하고 있었음을 확인할 수 있으나 지도가 실측에 근거한 것이 아니므로 위치비정에 신빙성이 떨어진다.

원래 사질토로 이루어진 이 섬이 농경지가 되기까지에는 많은 고난과 시일이 소요되었다. 그러나 농민들이 녹둔도에 상주하는 것은 변경지역인 까닭에 원칙적으로 금지되었고, 봄철의 파종기와 가을의 수확기에 한하여 주로 군인들의 보호를 받으며 그곳에 출입했다. 과거 이 섬에서는 벼 · 보리 · 밀 · 기장과 각종 어류 및 소금 등이 산출되었다.

외국 지도에도 녹둔도가 우리의 영토로 표시된 사례를 얼마든지 찾아볼 수 있다. 프랑스 예수회 신부이며 지리학자 P. Du Halde(1674~1743)가 편찬한 『중국통사』속에 수록되어 있는 「황여전람도(皇輿全覽圖)」가 그것이다. 이 지도는 프랑스 예수회 선교사 J. B. Regis(1663~1738)가 청나라 황제 강희제(康熙帝)의 명을 받아 1708년부터 1716년까지 중국 전역을 측지해 제작한 지도이다. Du Halde 신부는 Regis 선교사가 보낸 이 지도와 여러 자료를 바탕으로 『중국통사』란 책을 저술했는데, 여기에 포함된 「조선전도」에는 간도는 물론 두만강 하류의 녹둔도가 분명한 한국 영토로 표기되어 있다. 이 지도는 조선 왕실에서 중국에 보낸 비장의 한국지도와 중국자료를 종합해 만든 것으로 서양지도 중 가장 객관적이고 정확한 한국지도라 할 수 있다. 『중국통사』는 1736년 네덜란드를 비롯하여 1741년 영국과 독일 등 여러 나라에서 번역된 것만 보아도 그 가치를 알 수 있다. 이 책의 「조선전도」가 출간된 이후 제작된 대부분의 지도 역시 간도를 포함한 북방영토를 한국영토로 표기하고 있다.

(2) 베이징 조약과 녹둔도

녹둔도는 강 상류의 모래가 유속에 밀려 운반되어 녹둔도와 두만강 사이에 퇴적됨에 따라 전게한 [그림 1-27]의 지도에서 보는 것처럼 육지화된 것으로 추정된다. 확실한 연륙화 시기는 알 수 없으나, 18세기 초 혹은 그 이전 경으로 추정할 수 있다. 녹둔도의 공간적 범위는 지도에서 보는 바와 같이 소두만강(小豆萬江)을 경계로 설정되어야 할 것 같다. 현지인들은 현재 하천 형태의 호수로 남아있는 곳을 '소두만강'이라 부르며 그 동쪽의 돌출된 반도부분(수슬로바)을 노루 엉덩이의 꼬리에 해당한다고 보아 '노루꼬리'라 부르고 있다.

이는 녹둔도가 사슴이 많아 명명되었다기보다는 섬 형태에서 비롯된 지명임을 시사하는 것이다. 그리하여 이곳에 거주하던 고려인들은 녹둔도를 진칠 '屯'자가 아닌 볼기 '臀'자를 써서 '鹿臀島'라 표기했다. 녹둔도의 범위를 구하도로 추정되는 소두만강으로 획정할 경우 종전에 상정했던 기존의 범위보다 더 넓어진다. 1860년 베이징조약[北京條約]과 1861년 흥개호계약(興凱湖契約)의 결과로, 조선과 청나라 사이의 국경지역이었던 녹둔도가 조선 · 청 · 러시아 3국간의 국경지역으로 바뀌었다. 흥개호는 중국 헤이룽장성 동부와 소련 연해주와의 국경에 있는 호수 싱카이 호(湖)를 가리킨다.

1860년 11월 베이징의 자금성에서 당시 청나라의 공친왕(恭親王)은 제2차 아편전쟁의 종결을 위하여 파견된 영국과 프랑스 그리고 러시아의 사신들에게 둘러싸인 채 마침내 중국 역사상 가장 굴욕적인 조약문건에 조인을 하고 말았다. 조선이 배제된 베이징조약으로 인하여 영국은 홍콩이 있는 주룽[九龍]반도를 차지하게 되었고 프랑스는 몰수된 기독교 재산의 반환을 인정받게 되었다. 그리고 러시아는 중재를 알선해줬다는 명분으로 헤이룽강(아무르강) 지류인 우수리강 동쪽의 땅 연해주를 획득하게 되었다. 그런데 러시아에게 연해주 일대를 이양하는 과정에서 문제가 발생한 것이다. 즉 베이징조약과 전혀 무관한 우리의 땅 녹둔도가 얼떨결에 연해주와 함께 러시아로 편입되어버린 것이다.

고종은 1882년 1월 어윤중을 서북경략사(西北經略使)로 삼고 녹둔도를 재차 우리 영토로 편입할 방략을 모색하도록 명했다. 그리고 러시아와 국교가 열리자 러시아 공사에게 이 섬의 반환을 요청했으나 아무런 소득이 없었다. 1889년에 이르러서야 조선 정부는 청나라와 러시아에 항의했으나 국제사회의 냉엄한 힘의 논리에 의하여 묵살되고 말았다. 또 고종은 이미 1884년에도 김광훈 · 신선욱을 파견해 녹둔도에 살고 있는 우리 민족의 생활상을 조사하고 [그

그림 1-30 아국여지도에 나타난 녹둔도(19세기 말 추정)

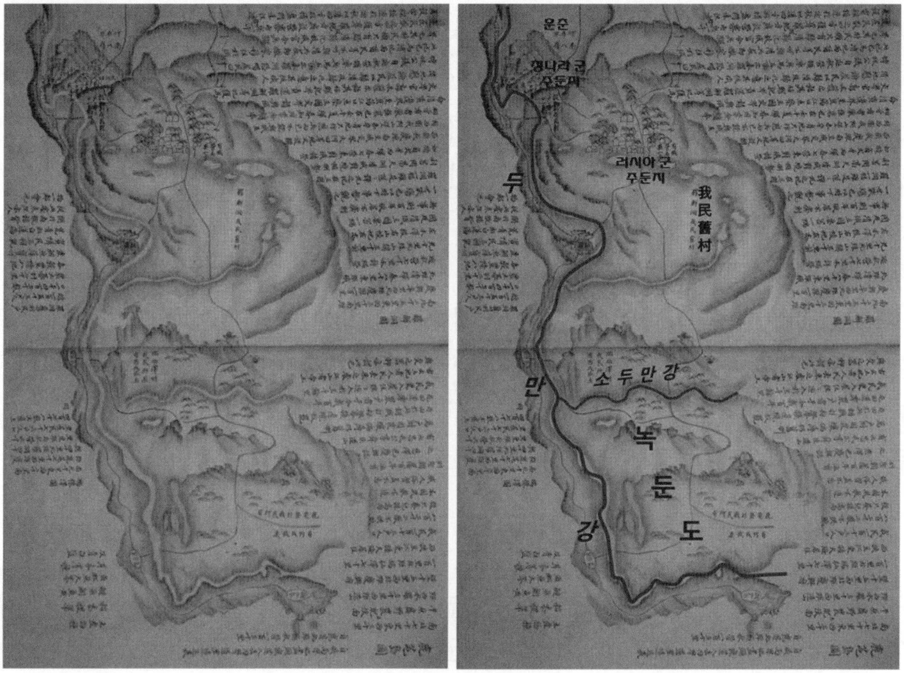

출처: 한국학중앙연구원 장서각.

림 1-30]에서 보는 바와 같은 녹둔도 관련 지도를 작성하도록 명한 바 있다.

이 지도는 『아국여지도(俄國輿地圖)』라는 이름으로 19세기 말 대한제국 때에 무려 1885~1905년의 16년간에 걸친 현지답사 끝에 제작된 고지도 중 녹둔도의 지리적 상황을 가장 정확하고 자세하게 묘사한 것이다. 이 지도에 따르면 녹둔도의 민가는 113호에 인구 822명이 우리 풍속을 그대로 유지하면서 살고 있음을 보여주고 있으며, 공간적 범위는 남북 70리, 동서 30리라 기술되어 있으므로 [그림 1-30]에서 보는 범위가 정확할 것으로 판단된다.

그뿐만 아니라 『아국여지도』에 따르면 녹둔도 경계로 추정되는 소두만강 북쪽 나선동에도 한씨 마을과 김씨 마을의 흔적으로 추정되는 '아민구촌(我民

舊村)'이라 명기되어 있는 것으로 보아 우리 민족이 거주했었다는 사실을 현지 주민들로부터도 확인할 수 있다. 이는 분명히 녹둔도가 우리의 영토였음을 입증하는 자료이다. 또한 "그들은 한민족의 가르침을 높이 숭상하는 반면 러시아의 습속을 따르지 않는다."라는 기록으로 볼 때 우리 민족의 후손임을 알 수 있다. 이 지도는 무엇보다도 조선과 제정 러시아 및 청나라의 국경분쟁 연구뿐만 아니라, 지도사적으로도 매우 귀중한 자료로 평가받고 있다. 새로 발견되거나 재평가된 것 중 우리나라 고지도의 독창성과 우수성을 보여주는 대표적인 지도라 평가되어 보물로 지정되었다.

대한제국은 녹둔도 반환을 러시아에 지속적으로 요구했으나, 을사늑약으로 일본에 외교권을 빼앗기면서 교섭이 중단되었고, 일제강점기를 거치면서 녹둔도의 귀속문제는 방치되고 말았다. 한국정부는 광복 70년이 지났어도 간도는 물론 녹둔도가 우리의 영토임을 대외적으로 제기하지 않고 있다.

(3) 우리의 대응

한·러 국교가 수교된 이상 하루 속히 우리 정부는 민족사적 정통성에 입각하여 러시아에 부당하게 병합된 녹둔도의 원상회복을 위한 조치를 취해야 한다. 이에 대해 아무런 조치가 없음은 묵인에 의한 것으로 받아들일 가능성을 배제할 수 없기 때문이다. 이에 대해 북한 러시아 간에 체결된 국경문제를 염두에 둘 수 있겠으나, 현재까지는 북한측의 공식 또는 비공식 반응이 없는 이상 대한민국 정부는 이에 대한 확고한 국가의지를 표명해야 한다.

조선을 배제한 청·러 간의 조약에 대한 우리의 항의에도 불구하고 청의 무성의와 러시아의 소극성으로 녹둔도 문제는 해결되지 못하고 말았다. 이후 조선은 흥개호계약에 따른 국경재감을 위한 회담 시에 청측 대표 오대징(吳大澂)에게 녹둔도 귀속문제의 거론을 요청했으나 묵살당하고 말았다. 그는 조선과 일본정부 사이에 진행 중이던 한성조약 회담 장소에 뛰어들어 소란을 피웠던 자이다. 이러한 정황으로 미루어 볼 때 한국은 러시아의 일방적인 국경획정에 대해 묵인하지 않았음이 분명하며, 당사국이 아닌 청·러 간에 한국의 국경을 설정한 것은 결코 한국을 구속할 법적 요건 내지 효력을 가질 수 없다. 국제법상 일방적인 국경획정은 인접국의 사후 동의 또는 묵인이 존재하지 않는 한 인접국에 대해 효력이 인정되지 않음을 영국 · 독일이 과거 식민통치하던 서남아프리카의 1911년 월비스 만(Walvis bay) 국경분쟁사건에 관한 중재판결에서 판시된 바 있다. 이러한 판례로 미루어 볼 때 한국과 러시아간에는 공식화된 국경이 존재하지 않는다고 보아야 한다.

다음으로 북경조약 체결 이후 연륙된 문제에 대해서는 수로 변경의 이론이 적용되어야 할 것이다. 연륙현상을 영토취득방법의 일종인 첨부(accretion)의 집적에 의한 결과로 간주하여 녹둔도로부터 첨부된 지역과 반대쪽 연해주로부터 첨부된 지역으로 구분해 각각 한국과 러시아에 귀속시키는 방안도 고려해 볼 수 있다. 그리고 경우에 따라서는 연륙 부분의 항해를 고려하여 준설공사 후 수로를 복원하는 것도 하나의 방법일 것이다. 연륙문제는 수로의 변경과정에 관한 충분한 증거를 뒷받침해야 하므로 이 일대의 구하도(舊河道) 중 위에서 언급한 소두만강을 조사해 보아야 확실한 결과가 나올 수 있기 때문에 지리학 및 지질학 분야의 검증이 필요할 것으로 보인다.

1937년 스탈린에 의해 녹둔도와 연해주에 거주하던 우리 주민들이 중앙아시아로 강제 이주된 후 핫산을 제외한 녹둔도 일대는 사람이 거의 살지 않아 지금은 늪과 잡초만이 무성한 황무지로 변했으나, 최근 나진-선봉 개발에 따라 조금씩 개발의 조짐이 일기 시작했다. 1990년 북한과 러시아는 「국경설정에 관한 의정서」와 「국경질서에 관한 조약」을 체결한 바 있는데, 이는 베이징조약의 내용을 그대로 계승한 것에 불과하다. 이것에 의하면 쌍방은 국경선을 39.4km 확정하고 그 가운데 17.3km에 해당하는 두만강에서는 국제법에 따라 탈베그(Thalweg)의 원칙을 적용하여 하천의 가장 깊은 곳을 국경선으로 하되 16개의 하천 내 도서에 대하여는 도서를 반분하여 분할 점유하는 방식을 채택한 것으로 알려지고 있는데, 이에 대한 우리 정부의 입장 표명이 없었다. 아울러 연해주 문제도 심도 있게 고찰해 나가야 할 것으로 본다. 왜냐하면 녹둔도 문제는 연해주 문제와 불가분의 관계에 놓여 있기 때문이다.

현재 러시아는 2004년 이후 북한과의 경계지역에 대한 경비를 강화한다는 이유로 녹둔도 남쪽에 제방을 쌓아 이 섬에 대한 실효적 지배를 유지하고 있으며 군사기지까지도 세워놓았다. 북한과 구소련은 1985년 4월 국경 협정을 체결한 이후 1986~1990년 두만강 일대 22개 지점에 국경표시를 해놓은 적이 있으나, 두만강은 홍수 때마다 범람해 수로가 크게 바뀌었다. 러시아는 2003년까지 국경 재획정에 대해 소극적인 태도로 일관했지만, 이런 태도는 제방 축조 이후 자국에 유리한 여건이 조성됐기 때문에 구소련 시절 국경조약의 승계를 확인한 2004년 2월부터 완전히 달라졌다. 러시아 쪽 제방공사가 거의 마무리된 상태에서 추진되는 국경 재획정 과정에서는 주로 북한 쪽으로 침식된 부분이 그대로 국경으로 굳어질 가능성이 크다.

한반도 통일 이후, 우리는 북한이 중국이나 러시아와 맺은 경계에 관한 조약과 관행들을 그대로 승계하기 곤란하다. 통일한국과 러시아 정부 간의 재협상이 필요하며, 통일 전에도 시도되어야 할 것이다. 이는 곧 북한체제가 대한민국과 대화의 국면에 들어서게 되는 것으로 우리가 내미는 상생공영의 손길을 맞잡는 것을 뜻한다.

대한민국 헌법에 따라 마땅히 한민족의 당당한 영토이어야 할 녹둔도를 회복하는 일은 오늘을 사는 우리의 후손된 도리이다. 러시아 정부는 불법 점거했던 헤이룽강 연안의 안룽섬과 헤이샤츠섬을 중국에 반환했던 것처럼 녹둔도를 우리에게 반환해야 할 것이다. 향후 통일한국시대에도 녹둔도가 타향살이의 눈물을 흘리게 하는 일이 생겨서는 안 될 것이다. 따라서 그러한 일을 미연에 방지하기 위해 남북은 긴밀한 협력을 하여야 할 필요가 있다.

5 북방한계선 문제

1950년 6월 25일에 발발한 6.25전쟁은 수많은 손실과 상처를 남기고 휴전에 이르게 되었다. 휴전협정에 따라 설정된 육상의 북방한계선은 본래 휴전 당시 남북 양측이 대치해 있던 군사분계선(MDL: Military Demarcation Line)에서 북쪽으로 2km 후방에 설정된 북측의 한계선이며, 이는 남쪽의 남방한계선과 마찬가지로 군사분계선의 남쪽 2km 구역 안에는 출입이 통제된다. 즉 남북 양측의 군사분계선을 중심으로 각 2km 이내에는 출입이 통제되는 완충지대로서 이 구간이 바로 비무장지대(DMZ: Demilitarized Zone)이다.

이 비무장지대는 1953년 7월 27일 유엔군과 조선인민군 · 중국인민지원군이 적대적 행위로 인한 전쟁재발을 막기 위해 한반도 중앙을 가로지르는 남북한 간 육상경계를 설정한 것이다. DMZ는 휴전협정 전문 제1조에 의거 동서 길이 248km에 달하는 군사분계선으로 남방한계선은 관할권이 유엔군 총사령관에게, 북방한계선은 조선인민군과 중국인민지원군에게 부여되었다. 이 지대 내에서는 어떠한 적대시설이나 적대행위를 할 수 없도록 규정되어 있다. 그 결과, 비무장지대는 희귀동물들의 주요서식지로 주목을 받게 되었다.

그러나 휴전협정에서는 남북간 육상경계선만 설정되었고 해양경계선은 설정되지 않았다. 당시 주한 유엔군 사령관이었던 M. W. Clark가 휴전협정 직후 백령도 이북의 도서를 북한에 양보해주는 대신에 그 이남에 해양경계선을 설

그림 1-31 북방한계선(NLL)

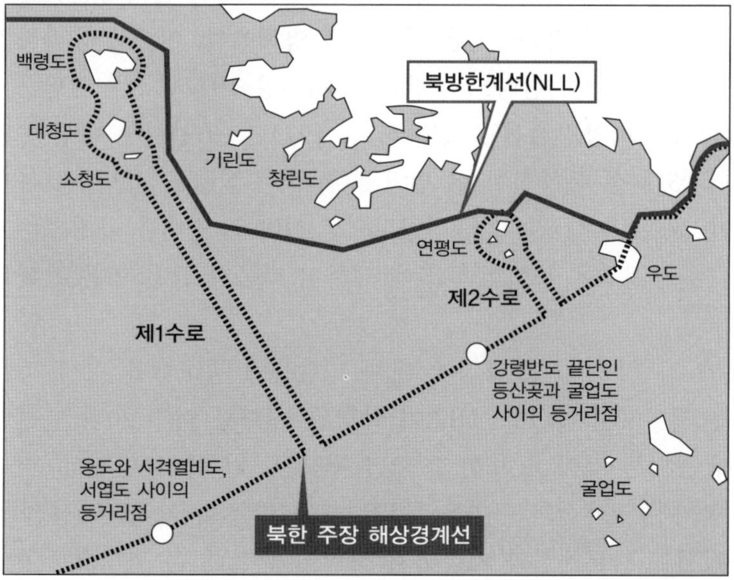

정하고 북한측에 일방적이긴 하지만 공식적으로 이를 설정했다. 이것을 북방한계선 NLL(Nothern Limit Line)이라 부른다. 북한은 아직까지 자신들과 협의를 거치지 않고 일방적으로 선포되었다는 이유로 '비법적(非法的)' 경계선이라며 NLL을 인정하지 않고 있다. 유엔 사령부는 NLL이 MDL과 달리 남한의 해군과 공군의 초계활동 범위를 규정하는 '작전한계선'의 성격을 띠고 있다고 규정했다.

NLL의 태생적 한계는 1953년 정전(휴전)협정을 맺을 당시 육상의 군사분계선만 합의하고 해양경계선은 확정하지 못한 데에서 비롯되었다. 동해는 섬이 없어 별문제가 없었으나 서해가 문제였다. 유엔군 사령부가 설정한 해양의 북방한계선은 백령도 · 대청도 · 소청도 · 연평도 · 우도의 5개 섬 북단과 북한측에서 관할하는 옹진반도 사이의 중간선을 가리킨다(그림 1-31).

1953년 NLL 설정 이후 1972년까지만 하더라도 북한은 이 북방한계선에 전혀 이의를 제기하지 않고 준수함으로써 남북 사이에 별다른 충돌이 발생하지 않았다. 북한이 NLL에 대하여 문제 삼기 시작한 것은 해군력 증강에 자신감을 갖게 된 1970년대 초부터의 일이다. 1973년 12월 군사정전위원회 회의에서 북한은 서해5도의 접속수역은 자신들의 영해이며, 이곳을 통과하는 선박들은 사전 허가를 받아야 한다고 주장했다. 북한은 1977년 8월 인민군 최고사령부의 이름으로 '해양경계선'을 선포하고, 1999년 '조선서해 해상경계선'에 이어 2000년「5개 섬 통항질서」를 발표했다. 이는 NLL을 유명무실하게 만들려는 의도인 것으로 여겨진다. 국제법적으로 NLL은 영해를 규정하는 경계선은 아니지만, 한국정부는 북한의 주장에 대하여 다음과 같은 이유로 확고한 입장을 취했다.

즉 유엔 사령부가 NLL확정에 대해 북한측에 통보했을 당시 북한은 분명한 이의를 제기하지 않았고, NLL이 확정된 1953년 이후 20여 년간 관행적으로 준수해 왔다는 것이다. 또한 1992년 체결된「남북기본합의서」제 11조 "남과 북의 불가침 경계선과 구역은 1953년 7월 27일자 '한국군사정전에 관한 협정'에 규정된 군사분계선과 지금까지 쌍방이 관할해 온 구역으로 한다."는 조항을 들어 이를 침해할 경우 명백한 정전협정 정신에 위배된다는 입장을 취하고 있다. 이러한 남북 간의 입장 차이로 1999년 6월과 2002년 6월에 NLL 부근 해역에서 남북한 해군이 무력충돌을 벌인 바 있다. 북한군의 기습공격으로 발생한 이 전투를 '연평해전'이라 부른다. 또한 2010년 3월의 천안함 피격사건과 같은 해 11월에 발생한 연평도 포격사건 등은 북한의 NLL 무력화와 관련이 있다.

1.3 자연관과 국토관

1 동양종교의 자연관

(1) 유교적 자연관(儒敎的 自然觀)

공자는 모든 사물마다 내재되어 있는 원칙을 덕(德)에 두어 "하늘이 만물을 낳았기 때문에 사물마다 원칙이 있다."고 설파했다. 그는 온 천하의 자연의 진실과 합치된 인간의 진실만이 능히 그 자신의 본성을 다할 수 있으며, 천하 만물의 본성을 다하면 하늘과 땅의 자연적인 변화와 오묘한 발육성장을 도울 수 있고, 이것이 하늘과 더불어 또는 땅과 더불어 모든 일에 동참할 수 있는 길이라고 설명했다.

순자는 우주론적 정명론(正命論)을 펴는 가운데 하늘과 인간을 구별할 것을 주장했다. 즉 하늘은 4계절을 관할하고, 땅은 만물을 먹여 살릴 양식을 산출하며, 인간은 사회를 다스려서 모든 것이 제자리를 찾게 된다는 삼재론(三才論)을 일컬음이다. 그리고 그는 천지(天地)가 삶의 근본이기 때문에 그것이 없으면 생명도 없다고 강조했다.

이에 대해 공자는 인간의 생존조건이 단순히 자연적인 리듬과의 조화에 있는 것이 아니라 인간은 본질적으로 자연과 일체를 이뤄야 한다는 천인합일사상(天人合一思想)을 발전시켰다. 천(天)과 인(人)의 관계, 즉 자연과 인간의 관계를 가리킨 것이다. 우리나라의 유교에서는 천인합일사상보다 더 밀도가 높은 천인무간사상(天人無間思想)이 발달했다. 천인합일이 천과 인, 즉 자연과 인간이 분리되었다가 다시 합일한다는 의미를 내포하고 있다면, 천인무간은 천과 인이 애당초 간격이 없는 하나라는 의미인 것이다. 그리고 천인합일사상은 인간의 감정까지도 긍정하게 되어 천(天)의 의지를 인간이 따른다는 천중심의 천인합일이 아니라 인간의 행위를 천이 따른다는 인간중심의 천인합일사상으로서 인간과 하늘이 동일시되는 인내천사상(人乃天思想)이 발달하게 되었다.

유교에서는 행하지 않아도 이뤄지고 구하지 않아도 얻어지는 것이 자연의 직분이며, 인간의 능력이 아무리 뛰어나다고 하여도 자연을 능가하거나 대신할 수 없다고 가르친다. 따라서 제대로 된 인간이라면 자연과 더불어 그 직분을 다투지 말아야 할 것이다. 또한 인간은 하늘과 땅, 그리고 인간의 영역을 분명히 구별하여 서로의 영역을 침범해서는 안 된다. 자연과 인간은 서로의 영역을 존중해 주는 가운데 신뢰감을 쌓아 나갈 수 있기 때문이다.

만물과 더불어 하나가 된다는 유교의 자연관과 자연에 대하여 경외심을 갖는 실천적이고 겸허한 자세는 그 자체로 오늘날 환경문제의 교훈이 될 수 있다. 인간의 영원한 동반자는 자연임을 깨닫는 사람이 많은 것 같지 않은 요즘이다.

(2) 불교적 자연관(佛教的 自然觀)

자연에 대한 불교의 입장은 불교의 기본적 개념 가운데 연기설(緣起說)을 살펴봄으로써 이해될 수 있다. 신라의 불교사상가였던 원효(617~686)는 하나뿐인 마음속으로 들어가 모든 생명을 이롭게 해야 한다고 주장했다. 그의 가르침처럼 나와 자연이 하나의 존재임을 깨닫고 자비를 베풀어야 한다는 것이 부처의 가르침이다. 인간의 존재는 모두 인연에 의해 성립되며, 독립된 존재성은 없다는 것이 공(空)의 개념이다. 즉 인간은 주관적 존재이며 자연은 객관적 존재인데, 어느 쪽이건 모두 공이라는 것이다. 가령 앞에 있는 집을 보면서 우리는 "집이 있다."라고 말하지만, 엄격히 따지고 보면, 목재 · 돌 · 시멘트 등을 떠나서 집이라고 불리는 '그 무엇'이 따로 있는 것은 아니다. 목재와 돌 등이 일정한 방식으로 결합된 것을 집이라고 부르지만, 그러한 결합이 흩어지면 그렇게 불리던 것이 없어지고 만다. 그러므로 집이라고 불리던 것은, 사실은 그렇게 불리는 '것'이 실재하는 것은 아니었고, 다만 목재나 돌 등이 그러한 방식으로 결합되어 있을 동안만 '집 구실' 을 하고 있었던 것임을 알 수 있다.

불교인들이 말하는 '연기'가 바로 이런 것이다. 반대로 집이라는 것이 없다고 해서도 맞지 않는다. 그것은 우리 눈앞에 엄연히 현상으로 존재하면서 비바람을 막아준다든지 또는 우리가 쉴 수 있는 공간을 제공해 주는 등 많은 기능을 하고 있기 때문이다. 이와 같이 우주 속의 그 어떤 존재이건 서로 연관되어 있다는 연기설은 유형무형의 삼라만상이 그물처럼 서로 얽혀 있기 때문에 그중 어느 하나만 움직여도 다른 것에 영향을 미친다는 내용이다. 따라서 우주 속의 만물은 하나의 유기체적 공동체로 파악되어야 한다.

화엄사상(華嚴思想)에서도 모든 존재는 동일한 본질을 지니므로 차이가 있을 수 없다고 했다. 성인(聖人)과 범부(凡夫)는 일체이며, 존재하는 객체와 우리의 마음은 생각하기에 따라 둘이 아니고 하나이다. 또한 하늘과 땅은 뿌리가 같으며, 만물은 나와 동일한 것이다.

이와 같은 사상은 인간과 자연과의 관계를 잘 표현하는 내용이다. 즉 불교에서는 인간과 인간, 인간과 자연과의 관계를 불가분의 상호의존적 관계로 보기 때문에 자연은 결코 투쟁이나 정복의 대상이 될 수 없다. 불교에서는 자연이 있으면 문화가 있고, 자연이 건강하면 문화도 건강한 것으로 이해한다.

(3) 도교적 자연관(道敎的 自然觀)

도교에서 인식하고 있는 자연이란 "스스로 그러한 것" 또는 "스스로 한다"라는 의미를 지니고 있다. 노자가 이르기를 천하의 만물은 유(有)에서 생기고, 유는 무(無)에서 생긴다고 했다. 그것이 바로 무위자연(無爲自然)인데, 이는 아무런 작위나 욕망이 없는 상태에서 스스로 그렇게 된다는 자연의 도(道)를 뜻하는 말이다. '무위'는 아무 것도 하지 않는 것을 의미하지는 않는다. 그것은 단지 과장하지 않음을 뜻한다. 다시 말해서 억지로 행하지 않고 인공의 힘을 가하지 않은 자연스런 행위를 의미한다. 그러므로 우주만물은 모두 무위자연의 도에서 비롯되는 것이다.

노자가 자연에 따르는 것이 도의 실현이라고 강조한 것은 만물을 자신의 내부로 끌어들이는 것이 아니라 오히려 자신을 만물 속에 던져야 함을 가리키는 것이다. 노자가 말하는 무는 유보다 상위개념이다. 장자는 하늘과 땅 사이의 모든 삼라만상(森羅萬象)은 제각기 개별적이고 고립되어 존재하는 것이 아니라 하나의 전체로서 결합되어 있는 것이라고 설파했다. 우주만물은 서로 연결되어 있으므로 상호관련성이 있어서 한쪽에만 나타난다는 것은 다른 쪽에서는 없어진다는 것을 뜻한다. 사물은 저절로 흘러가도록 내버려두어야 하며, 인간은 이 상태보다 저 상태가 낫다는 가치판단을 함부로 해서는 안 된다.

일반적으로 동양적 도(道)는 인간생활과 자연과의 불가분의 관계에서 체험되고 체득된 자연의 본체인 동시에 인간 삶의 근본원리인 것이다. 그러므로 자연관에 있어서도 동양의 주관적 자연관은 서양의 객관적 자연관과는 근본적으로 다르다고 할 수 있다. 동양인은 유한한 공간 속에서 증감 없는 상태의 일정한 양을 유지한 채로 영원불멸의 운행법칙에 따라 생성 변화하는 것이 만물의 참모습이라 여겼다. 이러한 만유공생관(萬有共生觀)은 동양인들로 하여금 이 세계를 만유생명의 공동의 장으로 인식하게 만들었다. 이것이 바로 범생사상(汎生思想)이란 것인데, 이 사상은 나 이외의 자연만물을 포함한 모든 것을 정복의 대상이나 경쟁의 대상으로 삼는 것이 아니라 오히려 그 모두를 화해의 관계 속에서 주고받아야 할 대상으로 파악하는 것이다. 자연은 서양인들이 생각하는 것처럼 정복의 대상이 아니라 인간과 더불어 살아야 하는 존재인 것이다.

표 1-3 동양종교의 자연관 비교

유교	불교	도교
천인합일사상, 천인무간사상	연기설, 화엄사상	무위자연
자연(천): 만물의 근원인 양식을 생산 인간(인): 사회를 다스림	자연: 객관적 존재 인간: 주관적 존재 자연-인간: 상호의존적 관계	자연: 목적 없는 무위의 체계 인간: 자연 질서에 순응

이상에서 설명한 유교 · 불교 · 도교의 자연관을 비교해 보면 〈표 1-3〉과 같이 요약될 수 있다. 각 종교에서 가르치는 자연관은 약간의 차이가 있으나 모두 자연에 대한 겸허함이 내포된 친환경적임을 알 수 있다. 이는 후술하는 바와 같이 서양인의 자연에 대한 대립적이며 배타적 인식과 차이를 보이는 것이다.

(4) 동양인과 서양인의 세계관 차이

지금까지 우리는 동양인의 자연관에 대해 살펴보았다. 이에 대하여 서양인들의 자연관은 동양인의 것과 상이한데, 지도를 통해서도 그들의 차이점을 엿볼 수 있다.

전통적인 고지도(古地圖)를 관찰해 보면, 동양지도와 서양지도 간에 지리를 표현하는 차이를 발견할 수 있다. [그림 1-32]에서 보는 바와 같이 우리나라를 비롯한 동양의 고지도는 네 방향을 달리 묘사하는데 비하여 서양의 고지도는 하늘에서 땅을 내려다보는 각도에서 묘사한다. 즉 동양인은 산봉우리가 보는

그림 1-32 한국의 고지도와 서양의 고지도 비교

시각에 따라 각기 동서남북 방향별로 묘사되는 데 비해, 서양인은 공중에서 보는 것처럼 일정한 방향을 따라 묘사된다는 것이다. 이는 동양인이 곤충적 세계관(昆蟲的 世界觀)을 갖고 있는데 비해 서양인은 조감적 세계관(鳥瞰的 世界觀)을 지니고 있음을 의미하는 것이다. 동양인과 서양인의 자연관은 지도에서도 그 차이점을 엿볼 수 있다.

이와 같이 지도를 통해서 알 수 있는 것처럼, 동양인의 곤충적 세계관은 주관적으로 세상을 바라보며, 서양인의 조감적 세계관은 객관적으로 세상을 인식하고 있음을 알 수 있다. 이것은 동양인이 자연 속에 파묻혀 그것과 일체가 되어 자연을 중시하는 데 비해, 서양인은 자연과 일정한 간격을 두고 바라보면서 그것을 동양인만큼 중시하지 않는다는 사실을 시사하는 것이다. 일반적으로 동양인과 서양인은 자연에 대한 철학이 서로 달랐던 것이다. 특히 오밀조밀한 자연환경 속에서 살아온 한민족은 다른 동양인에 비해 자연에 대한 인식이 더욱 곤충적이었다. 그러므로 동양이 마음이라면 서양은 두뇌이고, 동양이 심장이라면 서양은 눈이라고 할 수 있다.

일반적으로 동양은 집단주의적이고 서양은 개인주의적인데, 대체로 동양은 집단을 위해 개인을 희생하는 문화이고 서양은 개인의 행복을 위해 집단을 형성하는 문화이다. 동양은 주어진 운명-하늘의 뜻과 자연의 섭리에 적응해서 사는 것을 인간의 목표라고 봤고, 서양은 세상을 무질서한 하나의 채석장으로 생각하고 자신을 조각가라고 생각했다. 동양인의 관점은 주관적이고 곤충적 세계관을 갖는데 자신의 존재를 지우고 타인의 3인칭 관점에서 자신을 바라보거나 세상의 그림을 그리는 데 익숙하다. 이에 대하여 서양인의 관점은 객관적이고 적극적이고 투쟁적인데, 자신의 관점에서 세상을 정리하고 분석하고 납득할 수 있는 1인칭의 환경으로 만들어 나가는 것이다.

인종별 특징을 연구한 J.P. Rushton(1995)에 따르면, 지적능력 중 단순기억력(숫자를 듣고 순서대로 반복하는 능력)은 흑인종＝백인종＝황인종으로 차이가 없었지만, 논리기억력 테스트(숫자를 듣고 거꾸로 기억하는 능력) 결과는 황인종＞백인종＞흑인종의 순이며, 반응 테스트(문제를 듣고 즉각 반응하는 속도) 역시 황인종＞백인종＞흑인종의 순이었음이 밝혀졌다. 우리는 이것을 근거로 과거 고대 그리스의 이오니아학파를 비롯한 Hegel, Marks, Ranke 등의 아시아에 대한 인식이 얼마나 왜곡되어 있었는지 알 수 있다.

② 한국인의 자연관

우리 민족의 전통적인 자연관과 인간관은 서양이나 동양의 다른 민족과 비교해 봄으로써 명확해질 수 있다. 우리 민족의 의식 속에 투영된 자연은 그 자연 자체만의 모습이 아니라 인간과 결합된 모습으로서의 자연이었다. 한민족의 전통적 자연관은 자연에 대한 도전이 아닌 그 신비에 대한 경외감과 자연미의 발견, 자연의 향유 그리고 자연으로의 회귀를 통하여 형성되었다. 그러므로 자연과 인간은 둘이 아니라 본래부터 하나였기 때문에 별개의 존재가 아니었다.

이와 같이 인간과 자연의 합일에서 우리 민족은 이상적인 조화를 느끼고 승화된 경지를 자각하게 되었다. 이것이 곧 우리민족의 전통적 자연관의 인문주의 정신이었다고 할 수 있다. 그것이 곧 고대로부터의 풍류였으며, 풍수지리 사상을 이루었고 불국토신앙(佛國土信仰)을 탄생시켰다.

한국인의 전통적 자연관은 자연이 인간에 있어 적대적인 존재가 아니라 우호적인 존재로 인식하는 가운데 형성되어 왔다. 그것은 자연을 정복하는 대상으로 파악해 자연이 인간에게 적대적이며 비우호적이라는 측면을 강조해온 서구적 전통의 자연관과 대비되는 것이다.

가령, 정원을 꾸밀 때에 동양인은 비기하학적 자연미를 강조하므로 인공미가 끼어들 여지가 없고, 반면에 서양인은 기하학적 인공미에 초점을 맞추므로 자연미가 끼어들 여지가 없다. 즉 동양인은 자연경관을 축소하여 옮겨 놓은 것처럼 정원을 설계하지만, 서양인은 정원의 수목과 배열을 기하학적 도형으로 재구성하고 개조하여 이른바 프랑스식-데카르트적 정원으로 꾸민다(그림 1-33).

한국인의 전통적 자연관은 자연을 인간에 대한 우호적인 측면에서 파악했

그림 1-33 한국과 서양 정원의 비교

다. 그 까닭은 고대로부터 근세에 이르는 장구한 기간에 걸쳐 농경문화를 우리 민족의 삶으로 하여 정착문화를 이룩했다는 점과, 유목생활에서 농경생활로의 전환에 따라 한반도의 자연환경에 우리 민족이 만족하다고 인식해 왔다는 점이다. 농경생활은 자연을 적대적인 존재로 파악하는 것이 아니라 도리어 자연환경에 순응하고 자연조건에 맞추어 경작과 수확을 반복케 하여 대자연의 순환성과 영속성을 믿게 했다. 또한 정착문화는 "조상들로부터 물려받고," "후손들에게 물려주어야 할" 삶의 터전을 신봉케 하는 자연관을 갖게 했다. 그리하여 우리의 자연환경을 '삼천리금수강산(三千里 錦繡江山)'이라 표현하기에 이르러, 우리 민족은 이러한 환경을 지켜야 하겠다는 민족주의적 자각을 갖게 되니, 이것이 곧 우리의 국토사상의 바탕을 이루었던 것이다.

'삼천리금수강산'이란 우리의 국토를 극도로 미화한 표현이다. 즉 '삼천리'란 것은 백두산에서 토말(땅끝)에 이르는 백두대간의 크기를 의미하거나 서울-동래 간의 천리, 서울-의주 간의 천리, 의주-온성 간 천리를 합한 거리를 의미하는 것으로 전해지고 있다. 아무튼 삼천리는 국토의 크기를 나타냈다기보다는 국토 전체를 의미한다고 생각하면 될 것 같다. 그리고 '금수강산'이란 금색 비단실로 수를 놓은 것처럼 아름다운 땅이라는 뜻이다. 그러므로 삼천리금수강산은 산 좋고 물 맑은 아름다운 국토를 형상적으로 묘사한 수사적 표현이라 생각된다. 자신들의 땅을 미화해서 표현하는 것은 마치 이스라엘 민족이

가나안 땅을 "젖과 꿀이 흐르는 땅"으로 부르는 것에서도 찾아볼 수 있다.

우리 국토의 자연경관을 금수강산이라 부르며 찬미한 예는 드물지 않다. 조선시대에 명나라 사신 주지번(朱之蕃, 1595~?)은 대동강변의 연광정이란 정자에 올라 주변 경관에 감탄해 '天下第一江山'이란 여섯 글자를 남긴 바 있다. 태종실록에는 고려시대부터 많은 중국인들이 금강산 구경을 평생의 소원으로 여겼다는 기록—願生高麗國 親見金剛山—이 있다.

3 서양인의 자연관

우리는 지금까지 동양인의 자연관과 한국인의 자연관에 대하여 살펴보았다. 그렇다면 서양인의 자연관은 어떤지 살펴보도록 하자. 모든 사물과 현상을 바라보는 관점이 다양한 것처럼 자연현상에 대한 태도와 시각도 크게 친화적인 것과 대립적인 것, 우호적인 것과 배타적인 것, 존중하는 것과 경멸하는 것, 공생적인 것과 정복적인 것 등과 같이 긍정적인 것과 부정적인 것으로 양분할 수 있다.

그렇다면 동서양의 자연관은 과연 어떤 차이점이 있을까? 서양의 이원론적이고 관념적 형이상학 속에는 인간중심적 세계관이 내재되어 있다. 서양인들은 인간만이 지적 · 정신적 · 영적으로 관념적 존재로서 자연적 세계를 초월할 수 있는 유일한 존재라고 생각해 왔다. 그러므로 그들은 인간 이외의 모든 존재는 인간의 관점에서 또한 인간의 척도에 따라 인간에 의해서만 그 의미가 해석되고 그 가치가 평가될 수 있다는 생각을 지니고 있다.

서양인의 정신은 자연을 인간의 지배하에 두는 것이 자연과 인간의 통일이라는 변증법적 정신에 다름 아니다. 그들은 아름다운 자연을 그대로 아름다운 인간으로 상상하는 전통에 따라 자연을 의인화(擬人化)하는 서구적 자연관의 기초를 제공했다. 의인화의 사례는 그리스 신화에 나오는 제우스, 포세이돈, 아폴로, 비너스 등의 신들에서 찾아볼 수 있다. 그리스인들은 자연환경을 신들이 활동하는 영역으로 간주했다. 그들은 무미건조한 자연환경의 변증법적

히브리 정신과 척박한 토지에서는 실용성만이 최고라는 그리스 정신에 근원을 두고 있다. 이것은 오늘날 이스라엘과 그리스 일대의 자연환경을 살펴보면 용이하게 이해될 수 있을 것이다.

우리가 살고 있는 세계화시대는 과학기술의 발달로 시 · 공간적으로 여러 나라들과 활발하게 교류하고 있다. 지구촌을 이루는 시대에 세계를 동양과 서양으로 나누는 이분법적 사고는 합리적이지 못하다. 그러나 산업화에 일찍 성공한 서구문화권이 세계의 문화중심으로 자리매김 되고 있지만, 서구중심의 사고가 모두 옳은 것은 아닐 것이다. 자연을 인간의 끝없는 욕망을 채우기 위한 정복의 대상으로만 보는 서양의 자연관은 자연을 보호하기보다는 훼손하는 데 앞장서 환경오염의 원인으로 작용하고 있다. 인간중심주의적 세계관에 내포된 자연에 대한 서양인의 태도는 무관심적 · 도구적 · 대립적 · 배타적 · 공격적 · 정복적 · 지배적이라 요약될 수 있다.

오늘날까지 서양을 중심으로 풍미해 온 유럽중심설은 2014년 인도네시아 슬라웨시 섬의 마로스 동굴에서 4만 년 전에 그려진 벽화가 발견됨에 따라 수정하지 않을 수 없게 되었다. 즉 서양인들은 스페인의 엘 카스티요 동굴벽화를 근거로 유럽인이 예술과 추상적 사고의 원조임을 내세우면서 인간의 창조능력

그림 1-34 호모 사피엔스 출현기의 동굴벽화

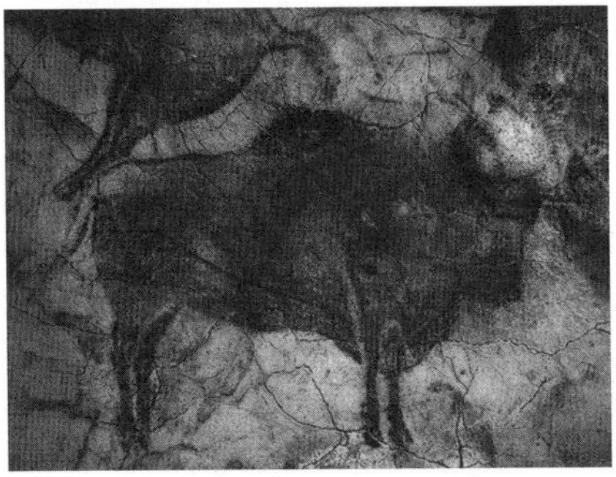

스페인의 엘 카스티요 동굴벽화

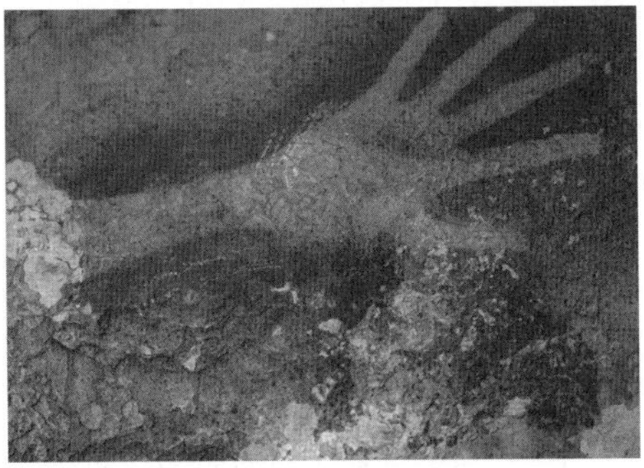

인도네시아의 마로스 동굴벽화

출처: 네이처아시아.

이 유럽을 중심으로 폭발적으로 일어났다고 주장해 왔다. 그러나 슬라웨시 섬의 동굴벽화의 발견으로 아시아가 유럽보다 900년 이른 시기에 예술과 추상적 사고를 했었다는 사실이 밝혀짐에 따라 유럽중심설은 무너지게 되었다. 이것은 아프리카를 떠난 호모 사피엔스가 유럽보다 아시아에 일찍 정착했음을 의미하는 것이다.

영문학자이며 문명비판론자인 E. W. Side(1978)는 그의 저서 『오리엔탈리즘(Orientalism)』에서 18~19세기 유럽이 동양을 비하하던 편향적 시각을 비판했다. Side에 의하면, 서구인들이 보는 동양은 본래의 모습에 근거하지 않고 부정적 정보와 왜곡된 편견을 통해 투사된 허상일 뿐이며, 그런 의미에서 동양은 그 동안 스스로 존재하지 못하고 서구인들에 의해 정의된 형태로만 존재해 왔다는 것이다. 이러한 시각에서 서구인들은 동양에 대한 서양의 지배를 정당화했다. 이와 같은 서구인들의 동양에 대한 무지는 『동방견문록』을 저술한 Marco Polo도 지적한 바 있다. 13세기 이탈리아에서 출생한 그는 자신의 저서에서 동양의 문명적 우수성에 대하여 절반도 기술하지 못했음을 토로하면서 "서양인들은 거짓말을 회개하라!"고 일갈했다.

그렇다고 하여 서구적인 자연관을 부정적으로 파악해야 할 까닭은 없다. 서구에서도 아리스토텔레스적인 전통뿐만 아니라 플라톤적인 전통은 자연을 인간에게 비우호적인 측면에서 파악한 것만은 아니었으며, J. J. Rousseau(1844~1901)와 같이 "자연으로 돌아가라"고 외친 사람도 있었음을 간과해서는 안 된다. 서양인에게도 낭만주의적 자연관이 있었다. 그러나 그들의 기본적 자연관은 조물주가 무질서에서 합리적인 조화와 질서의 세계가 되도록 세상을 만들었다는 데에서 출발하고 있다. 자연에 대한 서양인의 비친화적 태도는 그리스 이래 문학 · 회화 · 조각 · 건축 등에서도 잘 드러난다. 자연은 그리스의 조각들, 중세 기독교의 성화들, 르네상스의 회화들 속에 존재하지 않는다. 그들 작품 속의 한결같은 주제는 항상 자연이 배제된 인간만이 있을 뿐이었다.

④ 자연관의 변화

『구약성서』의 창세기(創世記)에 기록된 "땅을 정복하라! 바다의 물고기와 공중의 새와 땅에 움직이는 모든 생물을 다스리라!" 또는 "신은 사람을 자신의 모습과 같이 창조했다."라는 내용은 인간은 신이 아닌 신의 대행자로서 인간을 제외한 만물은 신비스러운 존재가 아니라 적극적으로 이용되어야 하는 대상에 불과함을 뜻하는 것이다. 그런 까닭에 N. Berdiaf는 "기독교가 자연을 죽였다."고 독설을 내뿜었다. 서양인의 자연관이 반환경론(反環境論)에 기울게 된 배경에는 기독교의 영향이 매우 크게 작용했다. 중세유럽은 주로 수도승들에 의해 경작지가 개간되었다. 그들은 하느님으로부터 환경관리자의 자격을 위임받은 신의 사도 또는 동반자였다. 그러나 자연의 입장에서 보면 적어도 그들은 환경파괴의 무법자일 뿐이다.

자연은 모든 생명의 근원인 정신적 토대를 이룸과 동시에 인간 삶의 물질적 토대를 이룬다. 전자로부터 문학 · 예술 · 철학 · 사상과 같은 형이상학적 탐구가 이루어지며, 후자로부터 정치 · 경제 · 사회 등에 걸친 인류문명의 개발과 탐험이 이루어진다. 그러나 정신으로서의 자연과 물질로서의 자연이 엄격하게 구분되기는 어렵다. 왜냐하면, 양자는 상호 연결되어 나름대로의 세계관 · 우주관 · 역사관의 틀을 이루기 때문이다.

고대로부터 오늘에 이르기까지 인간의 사고와 관행은 자연을 문화 또는 역사라는 개념 속에서 파악하고 인식해 왔다. 자연을 서양 말로는 'nature'라 하고, 문화를 'culture'라 부르는데, 양자 간에는 상반되는 의미가 있으면서도 밀접한 관계가 있다. culture의 어원은 쟁기로 땅을 파서 경작한다는 cultivation에서 찾을 수 있다. 인간이 생존을 위한 목적으로 자연에 인공을 가하거나 기술적 개입을 시도할 때에 자연과 대립되는 문화가 시작되었다. 즉 원시사회에서 농경사회로 접어들면서 문화(culture)가 생겨난 것이다.

근세 이전까지만 해도 자연은 인간에 대하여 철저하게 인간보다 우월적 지위에 놓여 있었다. 자연은 인간에 대하여 절대적인 명령권과 지배권을 지니고 있었던 것이다. 그리하여 인간은 산에는 산신이 있고, 나무에는 목신이 있으며, 바다에는 해신이 있다고 생각하여 자연에 대한 두려움과 경외심을 갖게 되었다. 그러던 것이 근대사회로 넘어오면서 인간은 학문, 특히 자연과학을 발전시키고 역사의 주체라는 인식으로 바뀌게 되었다. 이때부터 인간은 자연에 대해 적극적이고 공격적인 관계를 갖게 되었다. 자연에 대한 인간들의 지나친 자신감이 생긴 것이다.

근대사회에 접어들어 인간은 자연을 지배하거나 정복하는 대상으로 인식하게 되었다. '대륙발견의 시대' 또는 '산업혁명의 시대'를 거치면서 근대사회는 눈부신 자연과학의 발달을 보게 되었다. 이에 따라 인간은 자연의 객관적 성격이 무엇인가에 대하여 많은 것을 알아냈다. 바꿔 말하면, 인간이 자연의 지배를 받는다는 전근대적 관계를 청산하고 거꾸로 인간이 자연을 지배하는 위치로 올라서 자연과 인간은 정반대의 관계에 놓이게 되었다. 자연을 지배하는 과학기술은 자연과 인간의 관계에만 국한되지 않고, 그것을 소유한 계층과 그렇지 못한 계층을 동시에 지배하는 새로운 차원에서의 관계를 형성했다.

5 동서양의 절충적 자연관

17세기 이전까지만 하더라도 동서양의 우주관은 모두 유한우주관이었다. 그러던 것이 T. Bruno(1548~1600)와 B. Spinoza(1632~1677)를 거치면서, 서구는 무한우주관을 구축해 기계문명의 날개를 달고 한없이 광활한 세계를 향해 직선적 발전을 추구해 왔고, 동양은 여전히 유한우주관에 안주한 고요 속에서 순환 속의 영원을 추구했다. 그 결과 18세기부터 19세기 말에 이르러 서양은 월등하게 동양을 앞질렀고, 20세기에 들어서면서부터는 이른바 서세동점(西勢東漸)의 문화적 태풍이 동양을 휩쓸었다.

근대사회가 마감되고 현대사회가 전개되면서 인간의 인식에 새로운 변화가 일어났다. 즉 자연을 인간이 정복한다는 관계로부터 인간이 자연을 능동적으로 조정하고 조화해야 한다는 자각이 생긴 것이다. 이것은 좋은 의미에서 다시 자연에 예속되는 관계로 바뀌어야 한다는 인식에 도달한 단계라고 볼 수 있을 것이다.

오스트레일리아의 지리학자 G. Taylor는 "환경은 인간에게 교통경찰의 역할을 한다."고 주장했다. 그의 주장은 인간들이 자연이 제시해준 방향으로 유도되어야 함을 시사하는 것이다. 그러나 이와는 달리 공산주의 국가를 표방했던 중국과 구소련은 노골적으로 반환경론의 기치를 내걸며 자연을 무시하는 입장을 취했다. 특히 마우쩌둥[毛澤東, 1893~1976]은 인민을 나태함에서 건지기 위한 의도에서 인간의 능력을 과대평가하기도 했다. 이는 중국의 풍부한 노동력을 활용해 식량생산을 높이려는 정치적 계산에서 비롯된 것이었다.

인간은 자연 속에서 삶을 영위해야 하는 존재이므로, 인간이 보다 나은 삶을 영위하기 위해서는 자연을 어떻게 보호하느냐가 중요한 과제일 것이다. 자연에 대하여 도전적인 서양의 자연관은 자연에만 그치지 않고 인간정복에로 확산될 수밖에 없었다. 서양을 발전시킨 것은 동양과 다른 서구사상이었다고 볼 수 있다. 창조에서 종말에 이르는 시간은 단절 없는 연속선상에 있다는 생각이 서구사상의 핵심일 것이다. 이러한 시간개념은 시발점으로부터 끊임없이 진보하면 천국을 지상에 이룩할 수 있다는 것을 의미하는 것이다. 우주가 무(無)에서 창조되었다는 것은 시간에 시작점이 있으므로 시간의 끝도 있어야 함을 의미한다. 시작의 끝은 종말이요 말세이다. 기독교에서는 최후의 심판이라 하여 '휴거'를 믿는다. 시작과 종말을 연결하면 직선이 된다.

이에 대해 동양적 시간개념은 시간을 단절 없는 연속선상에서 보는 것이 아니라 돌고 도는 순환적인 것으로 인식하는 것이다. 따라서 동양인은 순환적 세계관을 갖게 되어 죽어서도 회귀한다는 윤회사상과 마주하게 되었다. 서양인은 시간에 얽매이는 전통(time bound tradition)이 강한 반면, 동양인은 장소에 얽매이는 전통(place bound tradition)이 강하다. 그러므로 동양인은 외적의 침입이나 천재지변을 당하더라도 조상대대로 살아온 장소를 가장 이상적인 삶의 공간으로 인식해 그들의 땅을 고수했다. 그러나 서양인은 외적의 침입을 막아내지 못한다고 판단되면 아낌없이 그들이 살던 땅을 버렸다.

서양인들이 장소가 아닌 시간에 얽매이는 전통은 『구약성서』에서도 찾아볼 수 있다. 신학자 H. Cox(1984)에 따르면 『구약성서』에 나오는 인물들은 자신을 방랑자라고 생각했다. 그리고 구약의 야훼 역시 방랑의 신이었으며, 신은 그를 믿는 사람들과 함께 어디에서나 떠돌아다니고 있었다. 야훼는 '장소의 신'이라기보다는 신봉자들에게 불행한 여행에 신성한 의미를 약속하는 '시간의 신'이었다. 이러한 동서양의 차이점을 이해하지 못한 G. P. Marsh(1965)와 같은 지리학자는 문명인과 미개인의 차이를 정신적 · 물질적 장소에 얽매이는 정도를 기준으로 삼는 우를 범했다. 즉 그들의 주장에 의하면, 미개인들은 자신의 출생지와 향토에 속박되어 자연의존적 속성을 버리지 못한다는 것이다.

서구의 무한우주관이 당초의 생각과 달리, 우리가 살아갈 수 있는 세계는 실상 그렇게 무한한 것이 아니며, 그 세계가 보유하고 있는 자원과 자정능력 등이 모두 유한한 것이란 사실이 드러나기 시작했다. 그리하여 종래와 같은 무한한 물질추구의 경제성장은 필연적으로 종국과 파멸을 가져올 수밖에 없을 것이라는 점을 예감하고 무한우주관의 잘못을 깨닫게 되었다. 그러한 서구의 오류를 수정하기 위해 제기된 것이 1972년에 출간된 로마클럽의 『성장의 한계』였던 것이다.

이와 같이 상반되는 동양과 서양의 사고 가운데 어느 쪽의 시각에서 문화를 바라볼 것인가가 문제이다. 이제 우리는 동양의 문화적 전통과 서양의 문화적 전통과의 만남 속에서 새로운 차원의 자연관을 찾아야 할 단계에 이르렀다고 판단된다. 분명한 것은 자연과 인간이 공존할 수 있는 철학적 가치관의 정립이 필요하다. 자연→인간→자연의 연속성이 부정되어서는 안 된다.

우리가 상정할 수 있는 것은 생태학적 사고를 바탕으로 한 에코피아(ecopia)의 세계가 될 것이다. 자연과 인간의 황금 고리를 끊지 않고, 이 양자를 통합하는 일원적 사고체계를 확립하는 것이 에코피아의 기본적 틀이 되어야 할 것이다. 테크노피아(technopia)의 세계가 기술공학적 이상주의라면, 에코피아는 자연과 인간과 기술이 조화를 이루어 지구상에 실현해야 할 유토피아적 세계를 의미한다. 우리가 21세기의 국제사회에서 살아남기 위해서는 많은 난관이 있겠지만, 새로운 절충형의 자연관을 익히고 수용해야 할 것이다. 자연에 대한 인간의 사고와 시각, 즉 자연관도 세계화가 필요한 시대이다.

미국의 사회심리학자 R. E. Nisbett(2003)는 그의 저서 『생각의 지도』에서 미래 세대의 동양과 서양의 사고방식에 대한 세 가지 견해, 즉 "① 동양이 서구화 될 것이다, ② 동서양의 차이는 지속될 것이다, ③ 동서양의 차이는 수렴될 것이다." 가운데 세 번째 견해를 지지한 바 있다. 비록 세계인들이 코카콜라를 마시고 청바지를 입고 있지만, 서양은 점차 동양적인 것에 매력을 느끼고 있음을 지적하면서 서구의 개인주의가 인간소외를 초래한다고 믿게 된 많은 미국인들이 이제 동양적 공동체를 통하여 사회적 문제를 해결하려고 노력하게 되었다고 강조했다. 만약 사회구조를 비롯한 가치와 신념이 하나로 수렴된다면 동서양의 사고방식 차이도 줄어들 것이다. Nisbett는 동양과 서양의 문화가 서로의 문화를 수용해 중간쯤에서 수렴될 것이라는 견해가 가장 타당하다고 주장하면서 동양과 서양은 서로의 장점을 수용하여 두 문화의 특성이 함께 공존하는 문화형태를 만들어 나아갈 것이라고 예상했다.

6 인디언의 자연관

우리는 지금까지 인류의 자연관이 어떻게 변화되어 왔으며 동양인과 서양인의 자연관에 대한 차이점을 비교해 보았다. 불교의 자연관과 흡사한 동양인의 자연관은 아메리카 인디언에서도 찾아볼 수 있다. 그들은 매일 아침 일어나 제일 먼저 새로 뜨는 태양을 맞이하고 새로 밝아오는 대지에 인사하는 것으로 하루의 일과를 시작한다. 그들은 심신을 깨끗이 정화하기 위해 종종 환상탐구라는 방식을 통해 절대침묵을 지키면서 자연과 깊은 대화를 나눈다.

미국의 노예제도를 지지했던 F. Pierce(1804~1869) 대통령은 지금의 워싱턴주에 살던 북미 인디언 수와미족의 추장 Seattle에게 그들의 땅을 팔라고 요청했다. 이에 대해 그 추장은 1855년 다음과 같은 답신을 보냈다. 야만인을 자처하던 한 인디언이 문명세계에 보낸 이 메시지 내용은 그대로 현대문명비평가들의 비평과 다름이 없어서 물질문명이 지난 백여 년 간 과연 인류에게 무엇을 가져다주었나를 심각하게 묻게 하는 충격을 던져준 바 있다. Seattle 추장의 편지는 미국독립 2백주년을 기념하여 미국정부가 공개한 것이다.

신세계에 보내는 메시지

워싱턴DC에 있는 거대한 지도자가 우리 땅을 사고 싶다는 요청을 해왔습니다. 또한 그 위대한 지도자는 우정과 친선의 말들을 우리에게 보내왔습니다. 이것은 매우 고마운 일입니다. 왜냐하면 그는 그 답례로서 우리의 우정을 별로 필요로 하지 않는다는 것을 알기 때문입니다. 그러나 우리는 당신의 제의를 고려해 보겠습니다. 그 까닭은 만일 우리가 그렇게 하지 않는다면 백인들이 총을 가지고 와서 우리의 땅을 빼앗아 갈 것이라는 것을 알기 때문입니다.

어떻게 당신은 하늘을, 땅의 체온을 사고 팔 수 있습니까? 그러한 생각은 우리에게는 매우 생소합니다. 더욱이 우리는 신선한 공기나 반짝이는 물을 소유하고 있지도 않습니다. 그런데 어떻게 당신이 그것들을 우리한테서 살 수 있겠습니까? 이 땅의 구석구석은 우리 백성들에게는 신성합니다. 저 빛나는 솔잎들이며 해변의 모래톱이며 어둠침침한 숲 속의 안개며 노래하는 온갖 벌레들은 우리 백성들의 추억과 경험 속에서 성스러운 것들입니다.

백인들이 우리들의 생활방식을 이해하지 못한다는 것을 우리는 알고 있습니다. 백인들에게는 어떤 한 부분의 땅은 나머지 부분의 땅과 마찬가지입니다. 왜냐하면 그들은 밤중에 그 땅에 와서 자기들이 필요로 하는 모든 것을 가져가는 이방인이기 때문입니다. 땅은 그들의 형제가 아니라 적입니다. 그들이 어떤 땅을 정복하면 그들은 곧 그곳으로 옮겨 옵니다. 그들의 왕성한 식욕은 대지를 마구 먹어치운 다음에는 그것을 황무지로 만들어 놓고 맙니다. 당신네 도시의 모습은 우리 인디언들의 눈울 아프게 합니다. 그러나 그것은 아마 우리가 야만인이라서 이해하지 못하는 탓이겠지요.

내가 만일 당신의 제안을 받아들이기로 한다면 나는 하나의 조건을 내 놓겠습니다. 즉 백인들은 이 땅에 사는 짐승들을 그들의 형제처럼 생각해야 한다는 것입니다. 짐승들이 없다면 인간은 무엇입니까? 만일 모든 짐승들이 사라져 버린다면 인간은 커다란 영혼의 고독 때문에 죽게 될 것입니다. 왜냐하면 짐승들에게 일어나는 일들은 그대로 인간들에게 일어나기 때문입니다.

백인들이 언젠가는 발견하게 될 한 가지 사실을 우리는 알고 있습니다. 즉 당신네 신과 우리의 신은 같은 신이라는 사실입니다. 당신들은 당신들이 우리의 땅을 소유하고 싶어 하는 것처럼 신도 당신들이 소유하고 있다고 생각할지도 모릅니다. 그러나 그럴 수는 없습니다. 그것은 인간의 신입니다. 그리고 신의 연민은 인디언이나 백인들에게 동등합니다. 이 대지는 신에게 소중한 것입니다. 그리고 대지를 해치는 것은 조물주에 대한 모독입니다. 백인들도 역시 소멸할 것입니다. 아마 다른 종족들보다 더 먼저 소멸할지도 모릅니다. 당신의 잠자리를 계속해서 오염시켜 나간다면 당신은 어느 날 밤 당신 자신의 오물 속에서 질식하게 될 것입니다. 들소들이 모두 살육 당하고 야생마들이 모두 길들여지며 성스러운 숲속이 인간의 냄새로 꽉 찰 때, 그리고 산열매가 무르익는 언덕이 수다스런 부인네들에 의해서 더럽혀질 때 잡목 숲과 독수리는 어디서 찾겠습니까? 그것은 바로 삶의 종말이요, 죽음의 시작입니다.

백인들의 도시에는 조용한 곳이라곤 없습니다. 아무데서나 봄바람에 흔들리는 나뭇잎 소리며 벌레들이 날아다니는 소리를 들을 수 없습니다. 그러나 아마 내가 야만인이어서 이해를 못하기 때문이겠지만, 소음은 내 귀를 상하게 합니다.

…… 중략 ……

공기는 인디언들에게 아주 소중한 것입니다. 짐승과 나무와 인간들이 똑같이 숨쉬는 것이기 때문입니다. 백인들은 자기들이 들여 마시는 공기의 중요성을 깨닫지 못하고 있는 것 같습니다. 그들은 오랫동안 죽을병에 걸려 신음하는 사람들처럼 냄새를 맡지 못합니다.

…… 중략 ……

지구상에서 마지막 인디언들이 사라지고 오직 광야를 가로질러 흘러가는 구름의 그림자만이 남더라도 이 해변들과 숲들은 여전히 우리 백성들의 영혼을 간직하고 있을 것입니다. 왜냐하면 그들은 갓난아이가 엄마의 심장에서 들여오는 고동소리를 사랑하듯 이 땅을 사랑하기 때문입니다.

만일 우리가 우리의 땅을 당신에게 판다면, 당신은 우리가 그 땅을 사랑하듯 사랑하고, 우리가 보살피듯 보살피며, 그 땅에 대한 기억을 지금의 모습대로 간직하십시오. 그리고 당신의 모든 힘과 모든 능력과 모든 정성을 기울여 당신의 자녀들을 위해서 그 땅을 보존하고 또 신이 우리를 사랑하듯 그 땅을 사랑하십시오. 당신의 신도 우리의 신과 같은 신이라는 한 가지 사실을 우리는 알고 있습니다. 신에게 있어서 대지는 소중한 것입니다. 백인들일지라도 공동의 운명으로 제외될 수는 없습니다.

그림 1-35 수와미족의 추장 Seattle

피를 토하는 듯한 절규의 편지는 공허한 메아리가 되어 되돌아 왔음은 물론이다. 이 편지를 쓴 Seattle 추장은 우리들이 보기에 정신적으로 대단히 높은 경지에 있는 사람으로 보일 것이다. 그러나 그는 자연을 사랑하는 일념에서 마음으로부터 우러나는 편지를 썼을 뿐이다.

인디언들에게는 애초부터 소유의식이 없었다. 아메리카 대륙에 출현한 백인들에게 그들은 모든 것을 나누어 주었다. 인디언들은 물질을 축적의 도구가 아닌 선물과 나눔의 대상으로 여겼다. 그들의 전통 중의 하나인 포틀래치 문화(potlach culture)는 남에게 평소 얼마나 많은 선물을 했느냐에 따라 사회적 지위와 계급 · 신분이 결정되는 풍습으로 호혜적인 선물문화를 가리킨다. 이러한 그들의 문화는 오늘을 사는 현대인들에게 자본주의에 대한 풍자로 인식될 런지 모르겠다. 우리들에게는 노블레스 오블리주의 정신을 요구하는 대목이다.

북아메리카에는 원래 옥수수 이외에 이렇다 할 재배작물이 없었고 가축화할 수 있는 동물조차 거의 없었다. 인디언들은 모든 생명체를 신성한 것이라 여기며 동물을 잡더라도 필요한 만큼만 사냥하고, 그 뼈는 수습하여 혼령이 다시 환생할 수 있도록 빌어준다. 동물을 인간과 함께 당당한 지구의 일원으로 생각한다. 그들은 인간의 마음이 자연으로부터 멀어지면 완고해지며, 자연에 대한 존경심을 상실하면 자연 속에 살아있는 것들 또한 인간에 대한 존경심을 잃게 된다고 믿는다. 대지는 삶의 근거인 동시에 태어나서 돌아가야 할 곳이기 때문에, 그들은 대지를 모든 존재의 어머니로 생각했다. 인디언들이 채집과 수렵에만 경제생활을 영위한 것은 쟁기로 땅을 파는 행위를 피하기 위함이었다.

뉴 에이지(new age)라는 단어가 시대의 키워드였던 1970~80년대에 미국의 젊은이들은 물질문명에서 벗어나 삶과 세계를 전체적인 시각에서 바라보고, 지구를 하나의 생명체로 생각하는 인디언들의 삶의 방식에 주목했다. 자연과 더불어 사는 인디언들의 지혜는 오늘날 전개되고 있는 세계적인 환경운동과 생태주의운동에 그대로 이어져 왔다. 인디언들은 이 세상의 모든 존재와 생명을 신성시한다는 점에서 동양적 자연관을 가지고 있다.

7 한국인의 국토관

(1) 우리 국토관의 원형

국토는 그 자체의 자연적 변화도 있으나 근본적으로 그 속성은 민족의 양적 증가와 더불어 경제와 과학의 발전에 따라 질적으로도 변화하는 것이다. 그러므로 국토는 그것을 가꾸고 다듬는 민족 주체의 의지 여하와 관리능력에 따라 좌우될 수 있다고 본다.

우리 민족은 비교적 기후조건이 좋은 한반도를 중심으로 유목생활로부터 농경생활로 일찍 전환할 수 있었고, 문화의 발달은 정착농업의 발전으로부터 이룩되었다고 볼 수 있다. 중국을 둘러싼 아시아 대륙에는 수많은 민족이 다수의 국가를 형성했었으나 역사의 변천과정에서 한민족을 제외한 흉노 · 거란 · 여진 · 숙진 등과 같은 대부분의 민족은 한족(漢族)에 동화되거나 멸족했다. 수많은 외세의 침략에도 멸족하지 않은 우리 민족은 강인한 생명력을 가진 들

풀과 같은 존재였다.

우리 민족은 정주성(定住性)을 전제로 하는 전통적 농업사회를 형성했거니와 집단적 정주성은 다원적 사회인 동시에 다채로운 정보와 그것의 축적에 유리한 것으로 알려져 있다. 고대 우리 민족의 생활양식은 토테미즘에 젖어 있었으나 불교가 유입된 후에는 불교사상을 국토와 연결하여 이념적으로는 이른바 불국토사상(佛國土思想)을, 그리고 현실적으로는 호국사상(護國思想)을 개발해 자립의 의지로 삼았다. 불국토사상이란 이 땅에 부처가 머물고 있다고 믿는 불교관으로 사방에 부처와 보살이 중생을 구제한다는 사상이다. 그 후로는 유교적 국토사상과 기독교의 서구민족주의적 국토사상이 이를 계승했다.

그러나 생존의 조건에는 반드시 신앙적 요소만이 지배해 온 것은 아니었다. 그것은 통일신라 후기부터 체계화된 것으로 추정되는 지인일체(地人一體)의 풍수지리사상이 천년 넘도록 이 땅의 국토관을 풍미해 왔다는 사실이다. 지배계급의 국토관 역시 두모사상과 풍수지리사상에 기초한 바 컸으며, 지리의 순역(順逆)이 정치 · 경제 · 사회 · 문화에 지대한 영향을 미쳤다. 고려 태조 왕건의 훈요십조(訓要十條)와 조선 태조 이성계의 한양천도가 그 대표적인 예라고 할 수 있다.

유사 이래 지난 4천여 년 간 우리나라는 무려 931회에 달하는 이민족의 침략을 받아왔고, 국내적으로도 수많은 내란과 자연재회가 겹쳐 그때마다 국토는 황폐되었다. 조선시대에 평균 5~6년마다 찾아오는 가뭄과 흉년 역시 마찬가지였다. 전란으로 일단 파괴된 자연과 국토는 쉽게 회복되지 않았다. 자연과 국토의 황폐화는 문화적 정보시스템도 파괴했다. 이런 와중에서도 우리 조상들은 황폐화된 국토와 파괴된 문화적 정보시스템의 회복에 혼신의 노력을 기울인 흔적이 역력하다.

이와 같은 외부세력으로 인한 국토관리상의 시련은 개항과 더불어 36년 동안 일본의 침략으로 타율적인 개발로 이어졌다. 일제치하에서 우리나라는 민족의 전통문화는 물론 국가단위의 지역구조가 붕괴되고 말았다. 1910년의 한일합방은 우리의 국토관에도 중대한 전환점이 되었다. 근대화의 가장 중요한 시기에 우리보다 한발 앞서 서구문물을 받아들인 일본의 통치하에서 공업화와 도시화가 추진되었고, 그 이후의 국토이용은 과학기술을 배경으로 국토를 자원개발의 공간으로 인식하는 적극적 국토관으로 변모되기 시작했다. 불도저와 콘크리트의 등장은 국토를 변모시키는 계기가 되었다.

(2) 전통적 국토관

우리 조상들은 오랜 역사를 통해 국토를 그 특성에 맞게 개발하거나 이용하면서 살아왔으며, 그에 따라 국토는 우리 민족의 고유한 역사와 독특한 생활양식에 맞는 문화가 창조된 문화공간이라 할 수 있다. 오래 전부터 조상들은 토지를 인간생활이 이루어지는 터전인 동시에 만물이 생성되는 근원으로 믿어왔다. 이런 생각은 토지에서 필요한 물자의 대부분을 획득하는 정착 농경민에게 토지를 신성시하고 순응하는 국토관을 가지게 했다. 그럼에도 불구하고 우리 조상들의 국토관을 엿볼 수 있는 자료나 기록은 개인과 국가자원인 토지, 특히 토지제도를 제외하고는 거의 찾아보기 어렵다. 그러나 선조들의 국토관이 없었던 것은 결코 아니다.

조선왕조 초기의 양성지(1415~1482)는 우리나라의 지리에 비상한 관심을 갖고 한반도의 다섯 군데에 수도를 설치하자는 취지로 오경설치론(五京設置論)을 주장했다. 이것은 단순한 행정적 필요에서가 아니라 이보다 한 차원 높은 지역개발의 거점으로서의 5경이고 국방적 측면에서 발상된 것이기도 하다.

토정비결로 널리 알려진 이지함(1517~1578)은 물고기와 소금을 얻을 수 있는 해양자원의 이용을 역설했고, 이중환(1690~1572)은 『택리지(擇里志)』의 생리론(生利論)에서 경제생활의 근원은 토지의 생산성에 있다고 주장함으로써 토지의 비옥도를 그 기본으로 삼았고 생산된 물자의 유통을 중시했다. 특히 강하론(江河論)에서는 우리나라의 지형이 산이 많고 평야가 적어 도로개설이 불리하다는 이유를 들어 수상교통의 유리함을 강조했다.

임진왜란과 병자호란의 전쟁을 통하여 지금까지 사회를 지탱해왔던 성리학에 대한 한계를 느끼면서 중국을 통하여 들어온 서학의 영향을 받아 실학사상이 싹틈에 따라 근대적이고 주체성 있는 학문이 발달하기 시작했다. 이러한 변화는 국토에 대한 생각도 객관적이고 과학적이며 자주적인 생각을 가지게 했고 보다 정확하고 체계적으로 국토의 여러 사항을 연구했으며 중국 중심의 세계관과 주관적인 지리사상에 대한 비판이 일어나게 되었다.

특히 정약용(1762~1836)은 당대 제일의 경제학자일 뿐만 아니라 자원의 관리와 개발, 국토정책이나 도시계획 등에도 많은 관심을 표명한 바 있다. 특히 그의 해도정책(海島政策)을 비롯하여 묘지정책과 산림정책은 주목할 만하다. 정지성(1718~1801)의 국토보존론 역시 현대인들에게 시사하는 바가 크다. 즉 그는 가파른 산지에서의 화전경작을 엄금하고 삼림을 보호하여 토사의 유실을 방지해야 한다고 갈파했다. 그리고 김옥균(1851~1894)은 그의 치도론(治道論)에서 정부기관에 치도국을 설치해 오물처리와 도로정비 등을 관장케 하며 가로변에 짚을 엮어 움막을 짓는 불법행위를 금하도록 했다. 도시정비와 도시위생을 지적한 것이다.

안창호(1878~1938)는 1919년 상하이에서 행한 연설 중 강산개조론(江山改造論)을 제창한 바 있다. 그는 인류의 목표는 완전한 행복에 있으며 행복은 문명에서 얻어진다고 지적했다. 문명의 어머니는 노력이며, 노력한다는 것은 개조를 뜻하므로 문명을 꽃피우려면 우리나라의 모든 것을 개조해야 한다는 것이다. 특히 우리나라의 산과 강을 개조하여 산에는 나무가 울창하고 강에는 물이 풍부히 흐르게 하며, 그 목재로 집을 짓고 물을 이용하여 농사를 지으면 모든 산업이 더불어 발달한다는 소박한 주장이다.

최남선(1890~1957)은 그의 강연집 『조선의 산수』에서 국토를 존경하는 감정은 소중한 것이며 국토를 존경하는 태도는 신앙적이어야 한다는 국토예찬론을 폈다. 예로부터 우리 조상들은 높은 성산(聖山)에 오를 때 대소변을 받아가지고 나올 그릇을 휴대하여 행여나 신성한 산을 더럽힐까 두려워 조심하고 산속에서도 성스럽다고 생각되는 곳에 이르러서는 큰 소리도 내지 않고 몸가짐을 바르게 하여 산신령을 성나게 하지 않도록 각별히 조심했다. 산신령의 존재 여부를 떠나서 "산에 오른다"고 하지 않고 "산에 든다"고 표현한 우리조상들의 국토 사랑하는 마음을 현대인들은 본받아야 한다. 특히 최남선은 서구사상에 물들어 자연을 정복한다거나 산을 정복했다는 등 마치 자기 힘으로 자연을 굴복시킬 수 있다는 자만심에서 탈피해야 한다고 역설했다.

종교개혁가이며 무교회주의자인 김교신(1901~1945)은 그의 논설집『성서조선』중 당시 일제식민학자들이 퍼뜨린 지정학적 숙명론을 극복하려고 집필한 '조선지리 소고'에서 우리 국토는 여러 면에서 귀하고 아름다운 천혜의 땅이라고 논했다. 우리나라의 해안은 조금만 인공을 가하면 만주의 물류를 모두 떠맡을 수 있어 미국의 뉴욕항을 방불케 할 수 있다고 주장하면서 지절률이 높은 우리나라 해안을 유럽의 에게해에 비유했다. 또한 지리 교사를 역임하기도 한 김교신은 우리의 국토를 기후 · 지세 · 위치 등의 지리적 요소에서 볼 때 조물주에게 불평을 토하기보다는 만족과 감사를 표해야 한다고 설파했다. 그러므로 이 국토는 넉넉히 한 살림살이를 부지할 만한 강산이며 인류사에 큰 공헌을 할 만한 활동무대라 할 수 있다.

(3) 미래의 국토관

이상에서 살펴본 바로 우리는 옛 조상들의 국토관을 일부나마 이해할 수 있을 것이다. 우리 민족의 국토에 대한 애정은 신토불이(身土不二)의 사상으로 요약되어 현대를 사는 우리들에게 많은 교훈이 되고 있다. 우리는 언필칭 국토는 좁은데 인구가 너무 많음을 한탄한다. 그것은 조금도 엄살일 수 없다. 그러나 우리에게 있어서 인구문제의 심각성이 국토면적이나 경지면적을 인구수로 나눈 숫자 정도의 것으로 그치는 것이라면 오히려 다행한 편에 속한다. 5천만 또는 8천만 명의 인구가 제한된 지역에 몰려 득실거리고 있기 때문에 가뜩이나 좁은 국토가 더 좁게 여겨지고 인구도 더 많게 느껴지는 것이다.

인구의 극심한 지역적 편재현상이 우리에게 있어서는 해결해야 할 국가적 과제 중의 하나이다. 인구의 지나친 집중현상은 지역간 불균형을 야기시킬 수 있으며 자본투자의 불균형을 초래할 수도 있다. 그러나 세계화시대의 개발 패러다임이 선택적 집중화와 광역화로 바뀌고 있으므로 우리의 대응 여하에 따라 단점을 장점으로 바꾸는 지혜가 필요한 시기이다. 소득과 사회 · 문화적 혜택이 낙후된 곳에 사람들이 정착할 마음이 내킬 까닭이 없다. 그러므로 국토개발계획을 수립함에 있어서는 도시와 농촌, 지방과 지방간의 격차가 없고 지역성에 맞는 인프라를 조성하는 데 역점을 두어야 한다.

국토개발을 시행함에 있어 우리가 유념해 두어야 할 것이 한 가지 있다. 우리는 국토개발에 막대한 자금을 투자하여 금세기를 사는 현대인들을 편안하게 살게 해주는 것만으로 만족해서는 안 될 것이다. 왜냐하면, 우리 조상들이 물려준 유산 가운데 가장 중요한 것이 국토이기 때문이다. 우리의 국토인 한반도에 지금까지 수많은 조상들이 살아왔고 또 현재 우리들이 그곳에서 숨 쉬고 있다. 앞으로도 지금까지 살아온 세월보다 더 많은 세월을 이 땅위에서 후손들이 살아갈 것이다.

이렇게 볼 때 한반도는 결코 현대를 사는 우리들만의 것이 아니다. 한반도는 과거를 살아온 조상들의 것인 동시에 미래를 살아갈 후손들의 것이기도 하다. 우리의 국토는 애국가 첫 구절 가사에 있는 것처럼 "동해물과 백두산이 마르고 닳도록……" 영원한 것이어야 한다. 그러므로 우리는 한반도라고 하는 공동주택에 잠깐 살다가는 세입자에 불과하다는 겸허한 마음으로 국토개발에 임해야 할 것이다. 우리 선조들은 산에 오를 때 행여나 자연이 파괴될까 두려워 신발을 벗어들고 오르는 겸허함이 있었다. 그것이 바로 지속가능한 개발일 것이다.

1.4 한국인의 국토관

1 한국인의 풍수사상

(1) 풍수사상의 기원

'풍수(風水)'란 바람을 막고 물을 얻는다는 뜻의 장풍득수(藏風得水)에서 비롯된 용어로 땅의 해석과 활용에 관한 동아시아의 고유한 사상이다. 풍수사상의 기원은 풍수를 어떻게 정의할 것인가에 따라 달리 설명될 수 있다. 이 문제는 풍수상의 용어들이 사용되기 시작한 시점을 기원으로 잡을 것인가, 아니면 풍수의 본질인 지기(地氣)를 느끼기 시작한 시점을 기원으로 할 것인가에 따라 각기 달라진다. 풍수사상의 기원은 여러 학자들마다 서로 다른 주장을 펴고 있으므로 정확하지 않다.

풍수사상의 기원은 크게 외부유입설과 자연발생설로 나누어 볼 수 있다. 전자는 풍수사상이 중국으로부터 유입되었다는 주장이고, 후자는 우리나라 자체에서 시작된 한민족 고유의 사상이라는 것이다. 자연발생설을 주장하는 학자들에 의하면, 한반도는 지형적으로 산악이 많은 까닭에 산과 산신에 대한 숭배사상이 석기시대부터 전해져 내려왔으며, 이 사상은 한반도를 중심으로 하여 독특한 지석묘문화를 형성했다는 것이다. 우리나라의 풍수사상은 산악지대가 많다는 자연환경과 산악숭배사상, 지모사상(地母思想) 등에 의해 자연적으로 발생한 것인데, 신라 말기에 중국과의 교류가 활발해지면서 풍수사상이 더욱 발전했다는 것이다.

풍수사상이 일종의 학문으로 발달한 기원을 찾는다면 B.C. 5~3세기경의 중국 상고시대까지 거슬러 올라가야 한다. 중국 후한(後漢) 때 음양이치에 통달한 청오자(靑烏子)가 풍수지리의 원전(元典)격인 『청오경(靑烏經)』을 저술해 반포한 것이 풍수지리학의 역사적 기원이라 할 수 있다. 그 후 진나라의 곽박(郭撲)이 『청오경』을 인용해 저술한 일명 『금낭경(錦囊經)』이라는 장서(葬書)에서 풍수지리에 대한 구체적인 해석을 내리고 풍수의 이론과 실천을 전체적으로 기술함으로서 풍수지리학 발전에 크게 공헌했다.

자연현상의 변화가 인간생활의 길흉화복(吉凶禍福)에 깊은 관련이 있다는 생각은 이미 중국의 춘추전국시대 말기에 시작되었으나, 그것이 음양오행이나 참위설(讖緯說)과 혼합되어 음양지리(陰陽地理)와 풍수도참(風水圖讖)과 같은 각종 예언설을 만들어 냈다. 이것은 초기 도교의 성립에 따라 다시 체계화되었다. 우리나라에도 이 예언설이 전래되었는데, 신라 말의 도선(道詵, 827~898)이 대표적이다. 그는 중국에서 기원한 참위설을 골자로 지리는 장소에 따라 쇠왕(衰旺)이 있고 순역(順逆)이 있다는 『비기도참서(秘記圖讖書)』를 남겼다.

그러나 당나라로부터 각종 예언설이 유입되기 이전에 이미 우리 민족 내부에서 지기를 느낌에 따라 자연발생적으로 형성된 풍수사상이 존재했을 것으로 추정된다. 우리 민족이 중국풍수가 유입되기 전에 아무 곳에나 마을을 건설하거나 집을 지었을 리 만무하다. 그것이 바로 후술하려는 '두모사상'이다. 이와 같이 한민족 고유의 풍수사상이 상고시대부터 우리 민족의 지리사상으로 정착되던 중, 삼국시대 혹은 신라 말기에 학문적으로 체계화된 풍수지리설이 당나라로부터 유입되자 급속히 확산되었을 것이라는 주장은 대단히 설득력이 있어 보인다.

한편 외부유입설을 주장하는 사람들이나 직업적 지관(地官)들은 한 결 같이 중국으로부터의 유입설을 기정사실로 받아들이고 있다. 다만 그들 간에 차이가 있다면 유입시기가 삼국시대와 통일신라시대 이후일 것이라는 시기상의 차이일 뿐이다. 풍수사상의 유입시기를 삼국시대로 추정하는 학자들은 고구려 고분벽화의 사신도와 백제의 풍수지리서, 신라에 관한 삼국유사의 내용 등을 근거로 내세우고 있다. 그러나 그와 같은 사실은 풍수설이 중국에서 유입되었다는 증거로는 미흡할 뿐만 아니라 오히려 자연발생설에 의한 자생풍수(自生風水)의 존재를 확인해줄 뿐이다.

이상의 사실들을 종합해 보면, 비록 '풍수'라는 용어는 사용되지 않았을지라도 고대부터 전래되어온 한민족 고유의 풍수사상이 널리 보급된 상태에서 고구려와 백제 혹은 신라에 이론화된 풍수설이 중국으로부터 도입된 것으로 추정할 수 있다. 통일신라시대에 중국의 풍수설이 비교적 뒤늦게 전해졌다고 보는 이유는 신라의 수도였던 서라벌(경주)의 왕릉 터가 유독 풍수적 지기와 관련이 없는 위치에 자리하고 있기 때문이다. 다시 말해서 우리나라 고유의 자생풍수에 중국의 이론풍수가 혼합된 시기는 통일신라 무렵으로 추정할 수 있다는 것이다.

(2) 풍수사상의 논리구조

풍수사상은 땅과 직접 관련되어 있음은 물론이거니와 그 위에서 숨 쉬고 생활하는 인간과도 관련된 것이므로, 이 사상의 논리는 구체적으로 '땅의 논리'인 동시에 '인간의 논리'라고 할 수 있다. 풍수는 땅 위에서 살아가는 인간의 삶의 웅지를 틀기 위해 고안된 일종의 '터 잡기 예술'이라고 간주된다. 삶의 터전이란 작게는 개인의 집터이며, 크게는 나라의 도읍지에 이르기까지 다양하다. 흉한 터전을 피하고 길한 터전을 고르기 위해서는 땅속의 기를 잘 살펴야 한다. 따라서 풍수의 출발점은 땅속에 흐르고 있는 지기에 있다. 땅속에 일정한 경로를 따라 흘러 다니는 지기를 찾아 추길피흉(趨吉避凶)하자는 것이 풍수의 목적인 것이다.

풍수에서는 지기를 감지할 줄 아는 것이 가장 중요하다. 그것을 기감(氣感)이라고 하는데, 이 기감이 풍수의 본질인 동시에 풍수의 오메가이자 알파라 할 수 있다. 그러나 사람들은 태양과 수목으로부터 나오는 기를 받아들이기 위해 일광욕이나 삼림욕을 하면서도 지기는 인정하려고 하질 않는다. 풍수를 연구하는 학자들이나 지관들은 일반인들에게 지기의 존재를 증명할 방법이 없음에 안타까워한다. 그들은 누구든지 기감만 가능하면 난해하기 이를 데 없는 풍수 이론들도 필요가 없다고 강조한다.

여기서 우리들은 지기의 개념에 대하여 살펴볼 필요가 있다. 지기란 말의 의미는 기후의 변화와 농작물의 생장과정과 관련된 땅위에서 일어나는 자연현상을 뜻한다. 즉 동양인들은 예로부터 농경의 실천을 통해 농작물의 생장이라는 생명현상을 지기로서 해석하고, 계절에 따라 변화하는 기후현상을 기의 순환으로 표현했다. 이러한 인식에는 두말할 나위 없이 만물을 자라게 하는 생명력의 의미가 포함되어 있다. 그리고 옛날 사람들은 토양의 서로 다른 분포양상을 지기에 의한 것으로 보고, 지형 · 식생 · 강우 · 바람 등의 자연적 요소들이 복합적으로 기능하는 측면을 지기로 파악했다.

또한 지기는 에너지와 물의 순환을 의미하는 것으로, 또는 지상의 수증기로, 때로는 지구의 대기를 의미하는 것으로도 사용되었다. 지기는 어떤 하나의 실체를 가리키는 것이 아니라 땅과 관련된 시스템의 연속적인 기능적 총체를 의미한다. 다시 말해서, 지기라는 개념은 태양에너지와 순환하는 물, 그리고 그 순환을 가능케 하는 땅, 이들 3자의 기능적 관계를 포괄적으로 파악하려는 의미에서 사용된다.

만물의 생성은 땅속에 있는 생기(生氣)에 힘입지 않은 것이 없다고 한다.

그 생기를 잘 타면 길하고 그것에 반하면 흉하니, 이것이 바로 자연의 이치인 것이다. 그렇다면 우리는 땅속의 생기인 지기가 어디로부터 오는 것인가에 관심을 갖지 않을 수 없다. 생기가 어디에서 오는가의 문제는 생기가 용맥(龍脈)이라 표현되는 산줄기를 따라 흐르는 것이기 때문에 풍수용론(風水龍論)에 해당된다. 풍수에서 산줄기를 용으로 보는 까닭은 그것이 크고 작고, 엎드리고 일어서고, 뒤틀고 쭉 뻗으며, 숨고 드러내기도 하여 변화무쌍하고 조화무궁한 것이 마치 용과 같기 때문이다. 또한 그것을 맥(脈)이라 표현하는 것은 사람의 맥박이 기혈의 운행됨을 관장하여 맥이 맑으면 귀하고 탁하면 천하며, 길하면 안녕하고 흉하면 위급하니, 땅의 맥도 역시 그러한 까닭이다.

대부분의 풍수관련 문헌에서는 생기의 근원인 용의 조종(祖宗)이 중국의 쿤룬산[崑崙山]임을 밝히고 있다. 쿤룬산은 중국 서쪽 끝에 타클라마칸사막과 티베트고원 사이에 위치한 산맥 가운데 실재하고 있다. 쿤룬산이 히말라야보다 더 중시되는 이유는 동아시아 민족들에게 깊숙이 내재되어 있는 의식 속에서 찾아볼 수 있다. 특히 중국인들은 산의 조상은 쿤룬이요 물의 조상은 황하(山之祖宗崑崙 水之祖宗黃河)라고 믿고 있었던 것으로 미루어 볼 때 쿤룬산을 황하의 수원(水源)으로 인식했다. 물론 실제로 황하의 수원지가 쿤룬산은 아니지만, 중국인들은 쿤룬산을 지기의 근원지로 생각했던 모양이다.

쿤룬산맥이 동쪽으로 맥을 잡아 뻗어 이어진 것이 압록강의 수원인 백두산이 되는데, 이 산은 우리 민족의 조상산이 된다. 지봉유설(芝峯類說)을 저술한 이수광(1563~1628)은 쿤룬산이 머리이고 백두산이 발에 해당한다고 보았다. 그러므로 한반도의 용맥도 결국은 쿤룬에서 기원한다는 것인데, 이런 주장은 주자학이 우리나라에 도입됨에 따라 모화사상(慕華思想)에 빠진 풍수가들로 인해 벌어진 현상이었을 것이다. 오히려 중국의 풍수이론이 우리나라에 유입되기 이전에 한민족 고유의 자생풍수에서는 쿤룬산보다도 백두산을 지기의 발원지로 삼았을 것으로 생각된다.

한민족은 산에 의지하지 않고는 허공에 발을 디딘듯하여 생존하기 어려운 민족인지라 반드시 지기의 공급처인 산이 있어야 한다고 풍수가들은 주장한다. 그러나 백두산을 제외하고는 성산 혹은 명산으로 떠받들 만한 산이 쉽게 떠오르지 않는다. 그와 같이 인식되어온 산은 한반도 동쪽의 금강산, 서쪽의 구월산, 북쪽의 묘향산과 같은 4대 명산 이외에도 춘천의 청평산, 원주의 적악산과 사자산, 안동의 학가산, 공주의 무성산, 천안의 광덕산, 해미의 가야산, 부안의 변산, 남포(보령)의 성주산, 광주의 무등산, 영암의 월출산, 장흥의 천관산, 순천의 조계산, 대구의 팔공산과 비파산, 청도의 운문산, 울산의 원적산, 청송의 주왕산 등이 있다(그림 1-36). 또 혹자는 우리나라의 4대 명산을 개성의 오관산, 진잠(대전)의 계룡산, 한양의 삼각산, 구월의 구월산으로 꼽기도 한다.

그림 1-36 우리나라의 명산 분포

한민족은 산에 의존하지 않고서는 생존하기 어려운 민족이라 반드시 지기의 공급처인 산이 있어야 생활하는 데에 불편이 없다고 풍수가들은 주장한다.

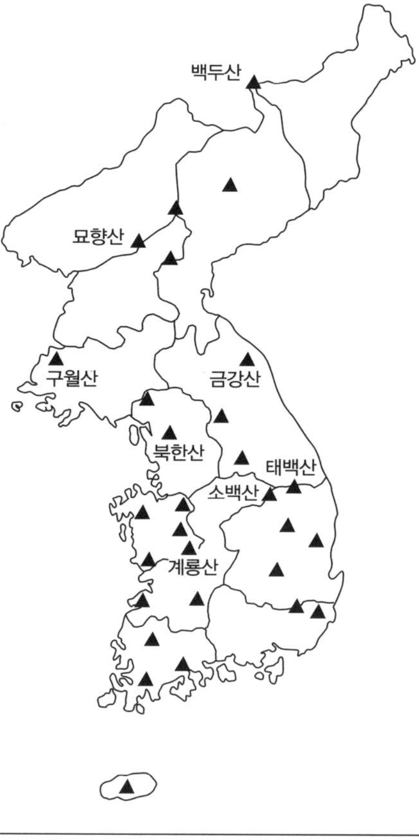

이들 명산들은 동맥과 실핏줄에 해당하는 산줄기를 타고 전 국토인 신체의 각 기관으로 산소와 영양분이 공급되는 것처럼 용맥도 그로부터 나와 마을 터와 묏자리까지 연결되어 그곳에 살고 있는 사람과 죽은 시신에게 생기를 공급한다. 우리 조상들이 인식하고 있던 산줄기는 오늘날의 산맥과는 달랐다. 조선 후기의 실학자 신경준(1712~1781)이 저술한 것으로 추정되는 지리서 『산경표(山徑表)』에 의하면, 백두산에서 시작하여 1개의 대간과 1개의 정간, 13개의 정맥으로 분류되어 있다.

산경표에 실려 있는 15개의 산맥은 [그림 1-37]에서 보는 바와 같다. 즉 한

그림 1-37 산경표의 산맥 분류

우리의 조상들은 산줄기를 1개의 대간과 1개의 정간, 13개의 정맥으로 분류했다.

반도의 골격을 이루는 뼈대는 백두대간에 의해 지탱되는데, 이것은 백두산으로부터 함흥의 황초령, 평안도 영원의 낭림산, 강원도 회양의 철령과 금강산, 강릉의 오대산, 태백의 태백산, 충청도 보은의 속리산을 거쳐 지리산까지 이어지는 대동맥에 해당한다. 이것으로부터 청북정맥, 청남정맥, 해서정맥, 한북정맥, 한남정맥, 금북정맥, 금남정맥, 호남정맥 등이 갈래 쳐 뻗어 있다. 이는 우리 선조들이 하천을 중심으로 산줄기를 인식했다는 증거일 것이다.

(3) 풍수지리의 개요

풍수지리는 토지에 대해 형이상학적이며 신비하고 오묘한 실체를 인정하는 일종의 민간신앙에 뿌리를 두고 있다. 이것은 죽은 자의 묘 자리인 음택과 살아 있는 자의 생활근거지인 양택을 땅의 기가 충만한 곳에 선정함으로써 인생의 흉한 것을 피하고 행복을 추구하려는 한국적 사상체계라 할 수 있다. 따라서 풍수지리는 음택(陰宅)과 양택(陽宅)을 어디에 선정하느냐가 가장 중요하다. 그러한 장소는 양기와 음기가 융화하여 생기가 충만한 곳이어야 하고, 그런 곳의 중앙을 혈(穴)이라고 하며 그 앞에 펼쳐진 곳을 명당(明堂)이라 부른다.

명당을 찾아내는 데에는 간룡법 · 장풍법 · 득수법 · 정혈법 · 좌향론 · 형국론 등이 있다. 간룡법(看龍法)은 지기가 흐르는 산줄기의 좋고 나쁨을 가리는 법이고, 장풍법(藏風法)은 산줄기를 타고 흘러온 지기가 바람에 흩어지지 않도록 산세가 잘 감싸고 있는가를 살피는 법이다. 득수법(得水法)은 물을 얻어 지기가 머물러 모여 있는지를 살피는 법이이며, 정혈법(定穴法)은 지기가 풍부한 명당의 위치를 정확히 짚어내는 법이다. 이들 네 가지 방법은 모두 명당을 찾기 위한 입지선정의 원리이다. 이렇게 선정된 장소에 가옥 · 취락 · 도읍지 등을 배치하는 경우에 적용되는 좌향론(坐向論)은 방향을 어디로 잡을 것인가를 정하는 것이며, 형국론(形局論)은 산의 형태를 보고 그 땅의 성격과 기질을 동식물에 비유하는 방법이다. 만약 땅의 기운이 조화와 균형을 이루지 못한 경우, 이를 조정하고 보완하는 방법이 비보(裨補) · 압승론(壓勝論)이다.

혈과 명당의 관계는 산소의 경우 묘는 혈이고 묘판은 명당에 해당한다. 일반주택의 경우 대청마루가 있는 본체건물이 혈이고 안마당이 명당이다. 사찰의 경우는 부처를 봉안하고 있는 대웅전이 혈이고 탑이 서있는 마당이 명당에 해당한다. 우리 민족이 이상적으로 추구해 온 혈과 명당은 이처럼 여러 곳에 존재하고 있다. 특히 우리나라의 지형처럼 오랜 세월에 걸쳐 풍화와 침식을 받은 노년기 지형에는 명당이 도처에 있다.

풍수지리의 내용을 개략적으로나마 이해하기 위해서는 풍수적 용어를 알아야 한다. 먼저 토지에 있어서 용(龍)이란 자연의 생기가 모여든 곳이며, 생기는 산줄기인 용맥을 통해서 생성된 산천의 정기를 뜻한다. 생기, 즉 정기는 만물생성의 근본으로서 동양사상의 기초가 되는 음양설의 논리로서 이해될 수 있다. 즉 우주가 만들어질 때 태극이라는 곳이 있어서 그것이 음과 양으로 분리되고, 음양의 두 원소는 천기와 지기이며, 천지가 교차하여 인간이 생성되었다는 것이다.

혈에 응결되어 있는 토지의 생기, 즉 지기는 기본적으로 용의 맥을 통해 생성된다고 한다. 용은 상상의 동물로서 동양에서는 신령스러운 동물로 인식되어 왔다. 고대 중국에서는 용을 천자(天子)의 상징으로 등장시키고 있으며, 인도에서는 용의 우두머리를 용왕 또는 용신이라 했다. 우리나라의 경우는 신라의 건국신화에 나오는 계룡, 고구려 시조 주몽을 낳은 용녀신화에서 볼 수 있는 것처럼 용을 신격화시키고 있다. 아무튼 풍수지리에서는 산을 용의 가시적 실체로서 표현한다. 즉 산은 용을 상징적으로 나타낸 것이며, 용은 가시적 실체로서 산줄기로 표출된다는 것이다.

우리나라의 산줄기는 전술한 것처럼 오랜 지질시대를 거쳐 풍화와 침식작용을 받아 높고 낮음, 크고 작음, 일어나고 엎드림이 마치 살아있는 용이 꿈틀거리는 모양과 비슷한 이른바 노년기 지형의 특징을 나타내고 있다. 산을 용으로 상징화하여 나타낸 이유 중 하나가 바로 여기에 있다. 풍수에서는 산이 좋으면 우수한 인재가 나고, 산이 나쁘면 우매한 인간이 난다고 말한다. 좋은 산이란 용의 꿈틀거림과 같아야 하는데, 그와 같은 산은 장구한 기간의 침식작용을 거친 한반도에서 쉽게 찾아볼 수 있다. 풍수적으로 결점이 있거나 허한 경우에는 인공적으로 연못 · 숲 · 돌탑 · 장승 등의 비보를 조성하여 결점과 허함을 보완했다. 비보는 지기의 부족을 보완하는 것뿐 아니라 지기의 과도함을 눌

러서 조화와 균형을 맞추는 것을 포함하는 개념이다. 진안의 마이산에 있는 돌탑은 고려 말 왕기(王氣)를 사전에 노출시키지 않기 위해 쌓은 것으로 이것 또한 비보라 전해지고 있다.

산은 독립된 형태로 존재하는 경우보다 줄기를 이루는 경우가 대부분이다. 아무리 낮은 산이라도 그 줄기를 따라가 보면 모든 산의 근본을 이루는 조산(祖山)이 나타나기 마련이다. 우리나라의 경우 백두산이 그것에 해당한다. 백두산으로부터 뻗어나간 백두대간의 산줄기는 여러 갈래로 나뉘어 꿈틀거리다가 마을의 뒤편에 다다라 우뚝 솟아오를 때 이것을 주산(主山) 또는 진산(鎭山)이라 부른다.

명당은 주산으로부터 뻗어 나온 산줄기가 사방으로 병풍처럼 둘러싸여 있는 곳이어야 한다. 이런 지형을 풍수지리에서는 애니미즘(animism)에서 유래된 4방 수호신, 즉 현무(玄武) · 청룡(靑龍) · 백호(白虎) · 주작(朱雀)으로 표현하고 있다. 현무는 명당 북쪽의 마을 뒷산으로 물의 기운을 받은 태음신이며, 거북이 모양의 짐승을 상징하고 있다. 청룡은 주산에서 좌측(동쪽)으로 갈라

그림 1-38 풍수지리의 명당 개념도

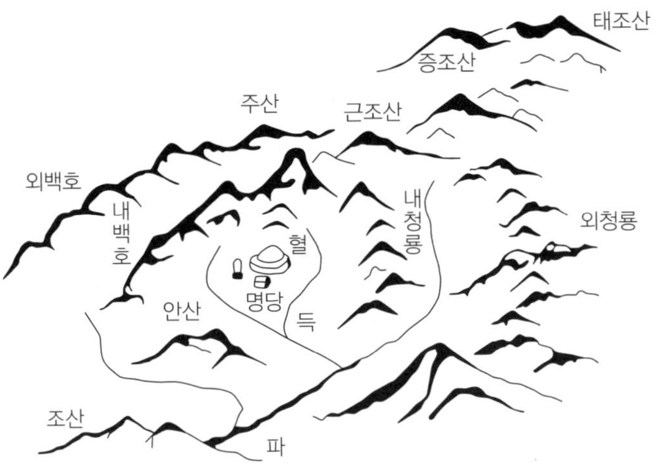

출처: 최창조(1984), p.61.

져 나간 산등성이로 나무의 기운을 받은 용의 상징적 표현이다. 이와 반대로 주산에서 우측(서쪽)으로 갈라져 나간 산등성이는 백호라 불리며, 이것은 쇠의 기운을 받은 호랑이로 상징된다. 주작은 마을 남쪽의 독립된 산으로 불의 기운을 나타내며 공작으로 표현된다. 명당에서 마주보는 가까운 산을 안산(案山)이라 하는데, 서울의 경우 북악이 주산이라면 남산이 안산에 해당하며, 인왕산은 백호, 낙산은 청룡에 해당한다(그림 1-38). 득(得)은 하천의 발원지이며, 파(破)는 명당의 바깥쪽으로 빠져나가는 곳을 가리킨다.

우리나라 풍수가들은 중국 풍수의 영향을 받아 음택풍수로서의 명당에만 주로 관심을 갖는 폐단이 있다. 그들은 "사람은 살아서도 물론이고 죽어서도 명당으로 들어가 지친 몸을 쉬려고 한다. 죽은 자를 위한 땅을 묘지라 하고 살아 숨 쉬는 자를 받아주는 어머니의 땅을 보지라 한다."고 주장한다. 땅은 살아있으므로 인간의 어머니와 같아 초목만 생육시키는 것이 아니라 인간을 키운다는 것이다. 그러므로 인간이 땅위에 살다가 땅으로 돌아가는 것은 마치 어머니의 품속에 살다가 다시 어머니의 품속으로 돌아가 잠드는 것과 같다는 주장이다. 풍수에서는 땅을 어머니로 보기 때문에 인간을 젖먹이 아이로 간주하는데, 풍수의 명당자리가 여자의 성기 형태를 띠는 것은 모두 그런 소치에서 연유된 것이다.

(4) 풍수지리사상의 문제점

유교문화권에 속하는 동양인들은 예로부터 땅을 살아있는 유기체적 존재로 인식하는 독특한 자연관을 지니고 있었다. 그들은 땅속에 만물을 키우는 기가 흐르고 있으며, 이 지기는 모든 생물에게 전달되는 것으로 믿어왔다. 그러나 학문과 과학의 발달로 풍수사상은 많은 사람들로부터 비판을 받게 되었다. 지리학자들조차도 풍수지리의 허구성을 지적할 정도에 이르렀다. 왜냐하면 풍수는 자연 그 자체를 연구하는 것이 아니라 일종의 신앙적 측면에서 왕조의 정통성을 입증하거나 묘지의 입지로서 좋은 땅을 탐색하는 일종의 지술(地術)이었기 때문이다.

지리학적으로 볼 때 우리나라의 국토 중 중요하지 않은 땅은 한군데도 없다. 우리 조상들은 척박한 자투리땅이라도 그것을 지키기 위해 목숨을 바쳤으나, 풍수에서는 오직 길지 혹은 명당에만 관심을 두고 있다. 그뿐만 아니라 한국풍수에서는 오랜 역사를 통해서 미신적 요소가 너무 깊숙이 가미되어 있어서 정상과학(normal science)으로서의 자리매김에는 한계를 드러낼 수밖에 없다는 점이다. 이미 설명한 것처럼 한국풍수는 중국으로부터의 수용단계에서 예언적 도참설과 불가분의 관계를 맺으면서 발전해 왔다. 또한 풍수지리에서 사람들의 가장 큰 관심을 끌고 있는 형국론은 본디 중국풍수에서는 일반화된 일이 없는 한국풍수만의 특징이다. 형국론에서 지세를 동물이나 식물 모양에 비유해 땅의 성격과 기질을 설명하는 것은 매우 주관적이다. 그리고 풍수가들은 풍수사상이 음양론과 오행설을 기반으로 하고 주역의 체계를 주요한 논리구조로 삼는다고 정의하는데, 그 중 오행설만 하더라도 우리나라에 들어와서는 사주 · 관상 · 점 등의 미신으로 신봉되고 있다.

풍수지리설은 본래 지리가 운명을 결정한다는 생각에서 출발했고, 거기에는 그 나름대로의 이유와 설명이 있다. 풍수에서의 여러 설명들이 정치적 현실문제에 연결되어 나타나는 것을 보면 거의 전부가 당당한 모습으로 비춰지고 있다. 즉 풍수와 정치의 만남 속에서 풍수사상은 자신의 모습을 덮어둘 수 있을 뿐만 아니라 굳건한 지위까지도 얻을 수 있었다. 그것은 풍수가가 정치가의 권력에 의지할 수 있었기 때문이다. 이런 현상은 고려의 왕권강화책으로 이용되거나 조선왕조의 탐욕적 음택풍수로 나타났을 뿐만 아니라 오늘날에도 이어지고 있다.

한국인이라면 대부분 일상생활에서 풍수사상의 영향을 자신도 모르게 받고 있다. 각급 학교의 교가에서도 반드시 "OO산 정기를 이어 받은……" 운운하는 가사가 등장하는 것도 한국인의 풍수적 정서를 반영하는 것이라 할 수 있다. 그러나 막상 풍수사상의 과학적 논리를 설명함에 있어서는 주저하게 된다. 원래 풍수는 온화하고 유순한 주위의 산, 부드러우며 유유히 흐르는 물, 아름다운 경치와 따사롭게 비치는 햇빛, 드높은 하늘과 상쾌한 바람이 있고 아늑하고 시원하게 트인 땅을 찾는 입지론에 다름 아니다. 우리는 이러한 풍수의 본질이 왜곡되어 조상의 유골이 받은 지세가 후손에게 전달되고 그 음덕(陰德)

으로 복을 받는다는 음택풍수의 동기감응론(同氣感應論)을 받아들일 수 없다. 이는 풍수를 빙자한 사기이며 잡술에 불과하다.

결국 문제의 핵심은 풍수지리의 과학화에 있으므로 지기의 존재를 논리적으로 설명할 수 있어야 한다. 이를 위해서는 과학의 속성인 경험적 · 실증적 · 객관적 방법에 의한 일반화가 필요하다. 즉 산줄기를 따라 흐르는 지기의 존재는 물론 성분과 효능 등에 관한 연구가 수반되어야 할 것이다.

2 한국인의 두모사상

(1) 두모의 어원과 의미

우리나라 풍수사상의 기원은 자연발생설과 외부유입설로 대별된다고 전술한 바 있다. 풍수사상을 일종의 학문적 체계와 이론으로 그 기원을 찾는다면 당연히 중국으로부터의 유입설이 타당하겠지만, 그 이전에 한민족 자체적으로 형성된 풍수사상에 버금가는 사상이 분명히 있었을 것으로 추정되기 때문에 자연발생설을 결코 부정할 수 없다. 그것이 바로 두모사상이라는 것이다. '두모사상'이라고 명명한 이유는 한민족의 전통적 주거지입지 내지 취락입지를 반영하는 '두모'계열의 고지명(古地名)이 예로부터 동아시아에 분포했으며 특히 한반도에 집중적으로 분포했다는 점에 착안했기 때문이다.

두모 계열의 지명은 [그림 1-39]에서 보는 것처럼 전국적으로 분포한다. 그뿐만 아니라 이 계열의 지명은 중국 동북지방과 일본열도에도 광역에 걸쳐 분포한다. 두모는 영어의 돔(dome)이나 이태리어의 두오모(duomo)처럼 둥근 형태의 원을 뜻하는 형태어에서 비롯된 것으로 추정되는 지명인데, 이것은 음운상의 변화 및 지역 방언과 한자를 차용하는 과정에서 두모를 비롯한 두무 · 두머 · 도마 · 도무 · 도모 등으로 다양하게 표기되었다. 초성은 변하지 않아도 종성에서 다양하게 변화했다. 이 밖에도 고대의 두모계 지명은 탐(耽) · 탐모(耽牟) · 탐부(耽浮) · 담(擔) · 동음(東音) · 추모(鄒牟) · 두미(斗迷) 등으로 표기되거나, 일본의 경우에는 출운(出雲: 이즈모) · 오처(吾妻: 아즈마) · 화천(和泉: 이즈미) · 이두모(以豆毛: 이토모) 등으로 불리고 있다. 여기서 우리나라의 경우 과거에는 탐 · 담 · 동 · 추 등의 발음이 현재의 그것과 달랐음을 알 수 있다. 두모계 지명의 기원은 중세를 넘어 상고시대까지 소급해 올라갈 수 있으므로 우리나라를 비롯한 만주 · 몽골 · 일본 등의 고대어를 조사해 보아야 마땅하지만, 고문헌상으로는 대부분 소멸되어 한국과 일본의 자료만이 유용할 뿐이다.

두모계 지명의 어원을 파악하기 위해 한국어와 일본어의 어근(語根)에 해

그림 1-39 두모계 지명의 분포

두모 계열의 고지명은 전국적으로 골고루 분포하는 경향을 보인다.

당하는 원시기본어 가운데 '두'에 해당하는 d 또는 t 음계의 초성과 '모'에 해당하는 m 음계의 초성에 초점을 맞춰 고찰한 결과, 알타이어 계통의 한국어 · 만주어 · 일본어 모두 d(t)음계의 형용사는 불이나 태양과 관련된 '따뜻하다'란 의미이며, 명사의 경우는 토지 · 산 · 취락 등과 관련된 땅의 의미임이 확인되었다. 그리고 m음계의 경우는 형용사 및 명사가 모두 물과 관련한 것들이 대부분이었다. 이는 한국어뿐만 아니라 일본어 · 만주어 · 퉁구스어 · 터키어 등에서도 발견할 수 있는 공통점이다.

(2) 두모사상의 형성

지금까지 열거한 d(t)음계와 m음계를 합성해 보면, 들 · 취락 · 산 또는 태양 · 따뜻함이란 의미와 물이란 의미의 합성이 되므로 '두모'의 개략적 의미가 어느 정도는 짐작될 수 있다. 즉 산이 둘러쳐 있어 차가운 북서계절풍을 막아주고 생활용수와 농업용수를 공급해주는 하천이 굽이쳐 흐르는 따뜻한 공간, 그곳에 자리한 취락의 이미지가 떠오를 것이다. 우리의 북방계 고대민족인 예맥족은 유목 퉁구스의 전통이 강하게 남아있을 무렵에 몽골고원이나 북만주에서 불어오는 황사와 차가운 강풍을 극복하고 건조한 자연환경에 적응해야만 생존할 수 있었다.

고조선 및 고구려 옛 땅과 한반도에 걸쳐 청동기문화가 발생한 기원전 10세기경에 어떤 종족들이 시베리아와 화북지방으로부터 이동해 왔다. 이 청동기문화를 영위한 주된 족속이 예 · 맥 · 한(韓)족이었다. 이들은 환경적 차이와 문화수용의 시간적 차이 등에 따라 문화적 이질성도 지녔을 것이다. 그러나 전체적으로 볼 때, 그들은 동일한 문화권과 자연환경에 속한 족속들로서 타 지역의 집단과는 뚜렷한 차이를 나타내었다. 이들 고대민족은 공통된 지형순화와 기후순화의 과정을 거치면서 그들 특유의 터잡기 지혜를 터득했을 것이며, 그것은 주택입지에서 취락입지로 발전되어 나아갔을 것이다. 고기후학(古氣候學)의 관점에서 우리 민족의 원류는 북쪽의 한랭해지는 지역을 피하여 기존의 주민을 구축하거나 동화시키면서 한반도 일대에 정착한 것으로 밝혀진 바 있다.

(3) 두모사상과 풍수사상

고대민족의 터잡기 지혜는 그 후에도 삼국시대와 고려시대를 거치면서 명맥을 이어왔다. 다만 두모사상에 기초한 터잡기 방식은 삼국시대 또는 통일신라시대에 중국으로부터 유입된 풍수사상과 절충하거나 혼합되었을 가능성이 크다. 결과적으로 '따뜻한 남쪽 땅'이라는 한민족의 원형적 사고관념(原型的 思考觀念)은 '두모'라 요약되는 입지술을 잉태했고, 이러한 취락입지술은 우리의 고대민족에 의해 일본열도로 건너가 전파되었다.

우리나라 고대국가의 도읍지를 비롯한 대부분의 주요 취락이 분지상에 입지한 까닭은 두모사상에 기인한 것이다. 두모사상은 중세와 근세를 거치면서 한민족의 취락입지사상으로 뿌리를 내리게 되었고, 오늘날에는 곳곳에 두모계 지명을 남기거나 두메(산골) · 드므(둥근 그릇) 등의 낱말로 변질되었다. 이와 같은 두모사상은 위에서 설명한 것처럼 중국으로부터 풍수지리사상이 유입되면서 고유성이 불분명해졌다.

두모계 지명의 형태적 의미에 대해 연구한 김사엽(1979)은 '두모'가 원형 또는 사방(四方)의 뜻을 지닌다고 풀이하면서 고대인의 취락입지 상 적지(適地) 또는 명당으로 판단되는 토지공간을 두모로 인식할 수 있다고 해석했다. 구체적으로 두모는 지형상 세 방향이 산줄기로 둘러싸이고 그 앞쪽에 하천이나 바다에 면한 장소를 뜻한다는 것이다. 이에 대하여 일본학자들은 두모를 산 또는 절벽에 면해 있는 신성한 장소로 풀이했다. 실제로 한반도에 분포하는 두모계 지명 중 산에 면한 것이 대부분이며 해안 절벽에 면해 있는 곳도 백령도 두무진과 포항시 호미곶 다무포 등지에서 찾아볼 수 있다. 조수간만의 차이가 가장 큰 날을 '두무날'이라고 부르는 것도 이와 관련된 듯하다.

두모계 지명의 광역적 분포로 볼 때, 두모는 한민족을 비롯한 동이족(東夷族)에게는 마을을 만들고 도읍지를 정할만한 신성한 땅이었고 소중한 삶의 공간이었다. 동이족은 동북아시아를 지배한 어질고, 예절바르며, 창의력이 넘치고 또 평화를 사랑하는 민족이었다. 두모식 입지술은 조선왕조 개국 초기의 수도입지에도 적용되었다. 즉 개국 초기에 일시 정도하려고 시도했던 계룡산 남쪽 기슭의 신도안이 두모계 지명이었다.

온조(溫祖)가 백제의 도읍지를 현재의 남한산성 아래 하남시 춘궁동 '두머'에 두었던 것으로 추정된다는 관점에서 고대국가 간에 입지론적 차이가 별로 없음을 알 수 있다. 이는 '도모' 또는 '추모'라 불리기도 했던 고구려 시조 주몽의 출생지가 두모계 지명임을 암시하는 이름이며 그의 아들이었던 온조가 두모식 입지술을 전수받은 것임을 시사하는 것이다. 고구려 제17대 광개토대왕(374~412?)의 본명이 담덕(談德)인데, 이 '담' 역시 두모에서 유래된 이름으로 사려된다. [그림 1-40]에서 보는 것처럼 한강 유역에 분포하고 있는 두머 · 도미 · 도미진 · 도마산 · 도마리 등은 모두 두모계 지명들이다. 이 밖에도 한강

그림 1-40 한강유역 두모계 지명의 분포

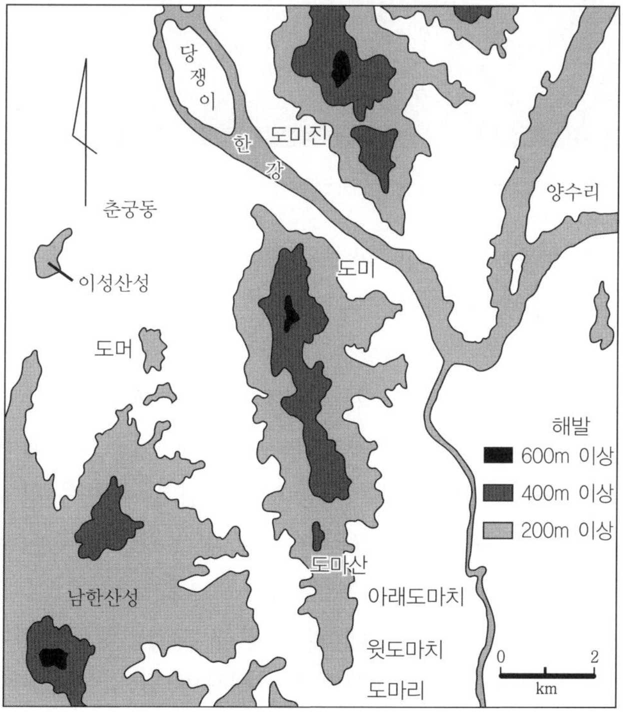

그림 1-41 경상남도 남해의 두모마을

하류에 서울의 옥수동(두모포)과 마포(두모) 등의 두모계 지명이 집중적으로 분포하는 것은 우연한 일이 아닌 것 같다.

우리나라 취락의 전통적 입지술은 '좌청룡 우백호(左靑龍 右白虎)'와 '배산임수(背山臨水)'에서 찾아볼 수 있다. 이것은 풍수지리사상이 중국으로부터 유입되기 이전에도 적용되었던 취락입지의 원칙이다. 이들 두 가지 원칙은 두모의 기본을 이룬다. 두모사상과 풍수사상의 공통점은 우연적 일치이거나 서로 절충한 결과일 것으로 추정된다. 그러나 두모식 입지술에서는 본래부터 음택풍수가 없다. 이런 점이 풍수와의 차이점이다.

이상의 설명에서 우리는 풍수사상의 기원을 자연발생설에서 찾아야 하며, 한민족 고유의 풍수사상을 두모사상으로 이해하면 될 것이다. 우리 민족은 해외에 나가 살 경우라도 본능적으로 두모형 지형을 갖춘 장소를 골라 터를 잡는다. 백제인들이 일본열도로 건너가 '나라[奈良]'에 터를 잡아 나라를 세운 것이 그 예이다. 이러한 본능적 행위는 두모사상이 우리 민족에게 깊숙이 뿌리내려 있음을 시사하는 것으로 생각할 수 있다.

1.5 한국의 풍토와 생활양식

1 한국풍토의 특색

(1) 지형의 특색

한반도가 자리한 아시아대륙의 동부 가장자리는 지질학에서 흔히 북서태평양변동대라 불린다. 이 변동대(變動帶)는 크게 한반도를 비롯하여 헤이룽강 하류에서 연해주로 뻗어 내린 러시아의 시호테알린산맥 그리고 일본열도와 쿠릴열도로 대표되는 일련의 호상열도(弧狀列島)를 중심으로 한 침강대로 나뉜다.

한반도는 아시아 대륙의 동쪽에서 남북방향으로 돌출되어 삼면이 바다로 둘러싸여 동아시아의 지절률을 높이고 있다. 지체구조상 안정된 대륙부와 불안정한 도서부의 경계에 위치한 한반도는 서울과 원산을 잇는 추가령구조선을 중심으로 그 북부와 남부 간의 지질분포에서 차이를 나타내고 있다. 즉 원생대 지층인 상원계는 북부지방에만 분포하는데 반하여, 옥천계의 지층은 남부지방에만 분포할 뿐만 아니라, 남부지방에 광범위하게 분포하는 경상계의 지층은 북부지방에 거의 분포하지 않는다.

전체적으로 볼 때, 한반도에서는 고생대와 그 이전의 지질시대에 속한 지층이 많은 편이며, 신생대에 형성된 지층은 매우 적다. 그리고 고생대 전반까지의 지층은 대체로 해성층이고, 고생대 말기와 중생대 지층의 대부분은 육성층으로 이루어졌다. 한반도는 환태평양조산대에서 비켜나가 있어 지반이 대체

그림 1-42 북서태평양 변동대의 지질

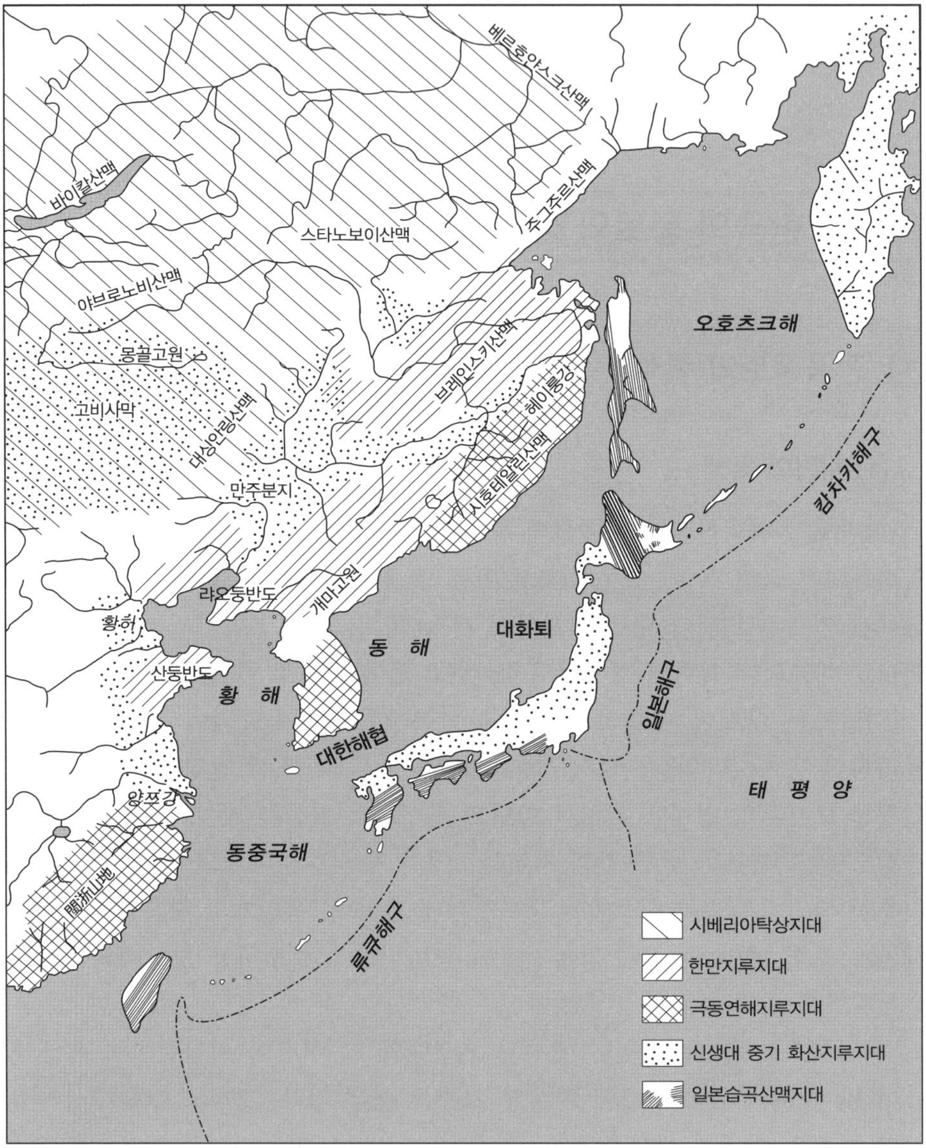

출처: 권혁재(1996), p.20.

로 안정된 편이다. 한반도의 지질과 지형은 중국대륙과 관계가 밀접한 반면에 일본열도와는 근본적으로 다르다. 한반도와 일본열도의 분리는 신생대 제3기 말로부터 제4기 초에 걸쳐 해수면 상승에 의해 이루어진 것으로 추정된다.

한반도의 척추에 해당하는 태백산맥은 동해안을 따라 동쪽으로 치우쳐 있어서 동쪽 사면은 좁고 급하나 서쪽 사면은 넓고 완만한 지형을 이룬다. 즉 한반도는 경동지형(傾動地形)을 이루고 있으므로 대부분의 큰 하천은 서쪽으로

그림 1-43 한반도의 경동지형

한반도는 지반의 융기가 동쪽에 치우쳐 일어남으로써 동쪽 사면은 급하고 서쪽 사면은 완만한 경동지형을 이루고 있다.

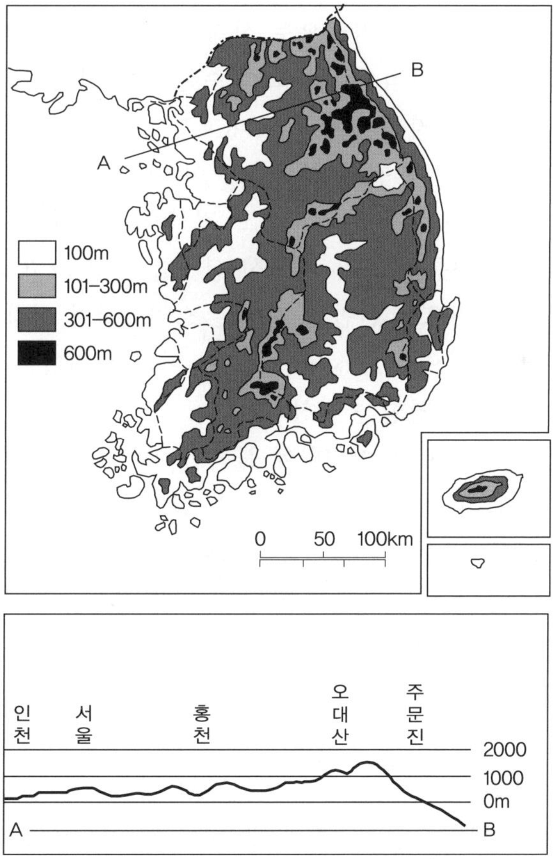

흘러간다. 이러한 지형은 오랜 동안에 걸친 침식으로 평탄했던 한반도에 제3기 중신세 때 단층작용 및 요곡운동과 관련된 지반의 융기가 동쪽에 치우쳐 일어남으로써 생긴 것이다. 한반도의 주요 산맥들은 지질구조선을 따라 형성된 것으로 알려져 있다. 방향이 서로 다른 두 개의 큰 지질구조선에 의해 형성된 교차성 지형은 한반도의 지형 가운데 가장 두드러진다.

산맥의 방향과 산지의 분포는 민족성 · 역사 · 문화 · 기후 등에 많은 영향을 미치는 것이 일반적이다. 우리나라의 각 산맥들은 큰 하천의 분수계를 형성하면서 생활권과 문화권의 형성에도 지대한 영향을 미쳤다. 가령 한강 유역권이나 낙동강 유역권 등은 문화적으로나 정서적으로 동질적이다. 우리나라는 스위스에 버금가는 산악국으로 산지가 국토면적의 약 7할 이상을 차지한다. 그러나 산지는 일반적으로 높고 험준한 편이 아니며, 일부 지역을 제외하면 대부분은 저산성 산지를 이루고 있다.

장구한 기간에 걸친 침식으로 이른바 노년기지형에 해당하는 한반도는 완만한 산지사면이 널리 분포하고 경사가 완만한 산봉우리를 어디에서나 볼 수 있다. 이들 구릉성 혹은 저산성 산지를 끼고 크고 작은 하천들이 굽이쳐 흐르고 있다. 그러므로 한반도 지형은 스위스처럼 첨각(尖角)과 직선이 아닌 완첨(緩尖)과 곡선으로 구성되어 있다. 이러한 지형은 한민족의 문화와 민족성의 형성에 간접적 영향을 끼쳤다.

한편, 전 국토의 약 2할에 불과한 평야는 대개 하천을 끼고 그 하류에 발달되어 있다. 한강 하류의 김포평야, 안성천 하류의 안성평야, 금강 하류의 논산평야, 낙동강 하류의 김해평야 등이 그 예이다. 이들 평야와 관련된 하천의 하류지역에는 노년기지형이 탁월하게 발달되어 있다. 따라서 이들 평야는 지형적으로 범람원에 해당하는 충적평야와 그 주위의 구릉성 산지 및 침식평야로 비교적 뚜렷하게 구별되는 경향이 있다. 충적지는 대부분 논으로 이용되며, 침식지는 대개 밭이나 과수원으로 이용되든지 임야인 경우가 많다. 농경생활을 영위하던 우리 선조들은 이미 삼국시대부터 하천의 범람을 막기 위하여 제방을 쌓고 가뭄의 용수부족에 대비해 저수지를 만드는 등 하천수를 효율적으로 이용하는 데 많은 노력을 기울였다.

하천의 중류와 하류에는 춘천 · 원주 · 충주 · 제천 · 안동 · 김천 · 거창 · 남원 등의 수많은 분지형 침식저지가 발달되어 중소도시가 그곳에 입지해 있다. 침식저지는 일반적으로 풍화와 침식에 약한 화강암이 국지적으로 분포하거나, 두 하천이 합류하는 곳에 형성된다. 큰 하천은 교류의 수단으로 이용되어 지역의 등질성을 만들어 주지만, 작은 하천인 경우에는 상류와 하류지역 간에 농업용수를 둘러싸고 싸움이 벌어지기도 했다.

(2) 기후의 특색

기후(climate)란 어떤 장소의 1년 주기 이상의 장기간 환경을 전체적으로 조망해 표현한 것이고, 날씨(weather)란 주어진 특정한 순간의 단기간 환경을 가리킨다. 그러므로 "우리나라는 온대몬순기후이며, 오늘은 맑은 날씨이다."라고 표현해야 한다.

기후는 위도 · 해발고도 · 위치를 비롯하여 지표의 성질, 수륙분포, 해류 등과 같은 이른바 기후인자에 의해 결정된다. 한반도는 중위도에 위치하므로 위도상 온대기후에 속한다. 그러나 아시아 대륙의 동쪽 끝이며 태평양의 연변이라는 위치는 한반도의 기후를 좌우하는 주요 원인이 되고 있는 관계로 계절에 따라 온대몬순기후의 특징이라 할 수 있는 계절풍의 영향으로 한서(寒暑)의 차가 심한 대륙성기후를 나타낸다.

사계절은 일반적으로 1년을 3개월씩 4구분한 것이며, 24절기 중 입춘 · 입하 · 입추 · 입동을 각 계절의 시작으로 인식한다. 그러나 기상학적 사계절은 하루의 평균기온에 의거하여 춘하추동(春夏秋冬)을 각각 온난기간(10~20°C), 서열기간(21°C 이상), 냉량기간(0~10°C), 한랭기간(0°C 이하)으로 구분된다. 따라서 계절구분은 북반구와 남반구가 상반되고. 위도 · 해륙분포 · 지형 · 해류 · 피복상태 등에 따라 상이하다.

우리는 계절 또는 절기(節氣)를 '철'이라고 표현한다. 4시4철이 바로 그것이다. 농경민족인 한민족은 철을 놓치면 1년 농사를 그르칠까 두려워 부지런해질 수밖에 없었다. 우리는 '철없는 민족'이 아니라 '철든 민족'인 셈이다. 세상 사람들은 누구나 행복하게 잘 살기를 원한다. 우리 민족도 마찬가지였다.

한민족은 전통적으로 '때를 맞춰 사는 것'이 잘 사는 길이라고 믿었는데, 이는 자연에 순응하면서 사는 것을 의미한다. 그리하여 우리 조상들은 1년을 24등분해 때를 구분하여 때마다 하는 일을 정해놓고 먹는 일을 나누면서 살아왔다. 우리 민족에게 있어서 24절기에 맞춰 사는 것은 잘 사는 비결인 동시에 자연에 순응하는 삶이었다. 24절기는 다음과 같다.

- 1월: 입춘(立春) 대문에 '입춘대길'이란 글을 써붙인다
  우수(雨水) 초목에 싹이 튼다.
- 2월: 경칩(驚蟄) 흙일을 하며 보리 싹의 성장을 보고 그 해 농사의 풍흉을 예측한다.
  춘분(春分) 농사 준비를 한다.
- 3월: 청명(淸明) 하늘이 맑아져 성묘하고 논과 밭둑을 손질한다.
  곡우(穀雨) 비가 내리는 날에 볍씨를 담궈 못자리 준비를 한다.
- 4월: 입하(立夏) 모판의 모를 돌본다.
  소만(小滿) 논의 모내기, 밭의 김매기, 물대기, 가을보리 베기 등을 한다.
- 5월: 망종(芒種) 벼와 보리의 종자를 뿌리거나 보리 베기와 모심기를 한다.
  하지(夏至) 남부지방에서는 모내기를 완료하고, 장마에 대비하거나 기우제를 지낸다.
- 6월: 소서(小暑) 논매기와 잡곡(팥 · 콩 · 조) 김매기, 퇴비를 장만한다.
  대서(大暑) 장마시 물빼기를 하거나 과일과 채소를 돌본다.
- 7월: 입추(立秋) 기청제(祈晴祭)를 지낸다.
  처서(處暑) 논두렁의 제초작업과 산소를 벌초하며 과일을 수확한다.
- 8월: 백로(白露) 허수아비를 세우고, 태풍과 해일에 대비한다.
  추분(秋分) 추수를 하고, 고추말리기 · 목화 따기 등의 가을걷이를 한다.
- 9월: 한로(寒露) 오곡백과를 수확하고 타작한다.
  상강(霜降) 다음 해의 농사에 대비한 손질을 한다.
- 10월: 입동(立冬) 김장을 하고, 햇곡식으로 고사를 지낸다.
  소설(小雪) 월동준비를 한다.
- 11월: 대설(大雪) 제설작업을 한다.

동지(冬至) 팥죽을 쒀 먹는다.
- 12월: 소한(小寒)
  대한(大寒)

예전부터 우리나라 농촌에 전해져오던 "도토리는 벌판을 내려다보면서 연다."라는 말과 함께 '쌀농사가 흉작이면 도토리는 풍작'이라는 속설도 있다. 이는 계절적으로 도토리가 꽃 피는 시기와 모내는 시기가 비슷하기 때문에 모내는 철에 비가 많이 내리지 않으면 모내기가 순조롭게 진행되지 못해 흉작이 들지만, 도토리 꽃은 만개해 풍작이 든다는 데서 유래한 말이다. 위의 절기표는 중국 주나라의 화북지방을 중심으로 짜여진 것이므로 우리나라에는 맞지 않는다는 지적도 있으나, 그보다는 오늘날의 기후환경의 변화 때문에 적절히 수정될 필요는 있을 것이다.

4계의 구별이 뚜렷했던 우리나라의 기후는 이 땅에 사는 한민족의 정신적 · 육체적 활동능률을 높여 주었고, 다양한 기후환경에 적응할 수 있는 능력과 끈기를 부여했다. 우리의 근로자와 기술자들이 서남아시아의 사막에서 노동하거나 시베리아의 동토에서 벌목하는 등 세계 각지로 진출하여 국위를 선양하고 외화를 벌어들이고 있는 것도 그와 같은 적응력의 뒷받침 없이는 불가능한 일이다. 사막지방뿐만 아니라 열대지방이나 냉대와 한대지방 어느 곳이라도 우리의 근로자와 기술자들은 국위를 선양할 수 있을 것이다. 이것은 바로 우리가 보유하고 있는 또 하나의 자원인 것이다. 이것을 우리는 '기후자원'이라 일컫고 싶다. 우리가 보유한 기후자원과 인적자원은 활용하기에 따라 국력 신장에 큰 도움이 될 것이다.

한반도가 동남아시아와 동아시아에 걸친 몬순계절풍지대의 일부임은 주지의 사실이다. 계절에 따라 대륙과 해양 간의 기압배치가 변화됨에 따라 대륙의 저온 건조한 북서풍과 해양의 고온다습한 남동풍이 연중 반년을 주기로 한반도에 교대로 불어옴으로써 우계와 건계의 구별이 확연히 나타나는 것이다. 강수량은 지역에 따라 큰 차이를 보이며, 다우지역(多雨地域)의 연강수량은 1,300~1,500mm 내외로, 남해안을 비롯하여 한강유역 · 청천강유역 · 제주

그림 1-44 한반도 강수량의 분포

우리나라의 다우지역은 남해안 · 한강 유역 · 청천강 유역 · 제주도 등이며, 관북 · 관서 및 낙동강 중류 등의 지역은 소우지역에 속한다.

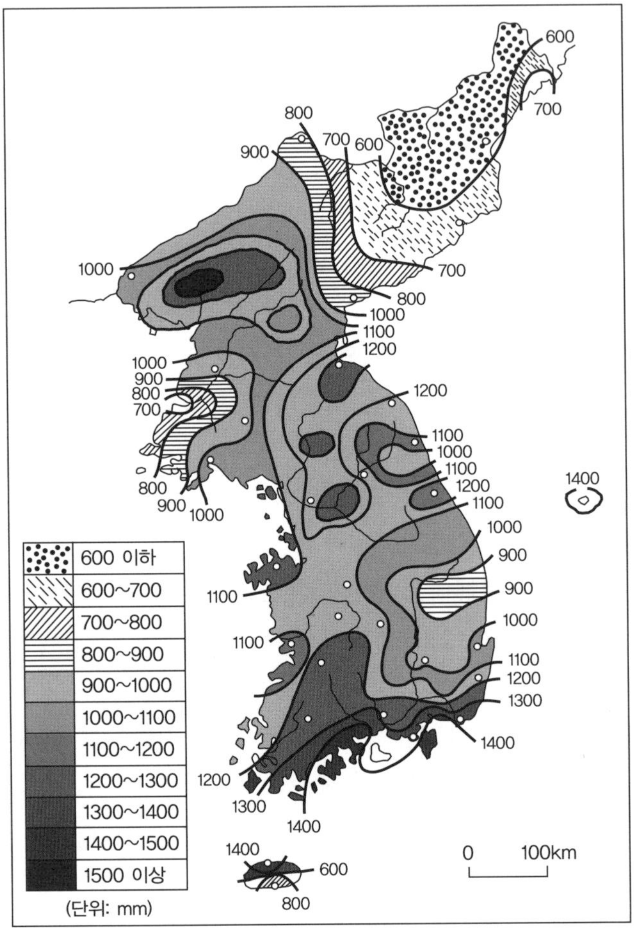

도 등이 이에 속한다. 그러나 관북 · 관서지방과 낙동강 중류 등의 지역은 소우지역(小雨地域)으로 연강수량이 1,000mm 미만~500mm 내외에 불과하다(그림 1-44).

2003년 국제인구행동연구소(PAI)의 자료에 따르면, 우리나라의 1인당 이용 가능한 수자원 양은 1,453m³/인으로 세계 153개국 중 129위에 자리해 유엔이 지정한 물 부족 국가라는 사실을 아는 사람은 별로 없다. 2012년에 OECD가 발표한 "2050년 환경전망"에서도 우리나라는 2025년 '물 부족 국가'로 전락해, 2050년에는 '물의 총 수요량/1년간 쓸 수 있는 수자원'으로 나타내는 물 스트레스 수준이 OECD 24개국 중 1위 국가가 될 것으로 전망되고 있다. 우리나라 물 부족의 원인은 국토가 좁고 인구밀도가 높으며, 강수량이 여름에 집중되어 이용가능한 수자원이 부족하기 때문인 것으로, 강수량이 적더라도 연중 골고루 비가내리면 좋겠지만, 편중된 강우는 하천과 저수지의 바닥이 보일 정도로 극심한 가뭄을 초래할 때도 있다. 대체적으로 1mm의 강수량의 가치는 500억 원에 해당하므로 10mm의 비가 내린다면 5,000억 원의 국부가 창출되는 셈이다.

한반도에 봄이 찾아오면 어김없이 중국대륙으로부터 황사가 불어온다. 황사의 발원지는 중국과 몽골의 네이멍구고원과 고비사막, 타클라마칸사막, 그리고 황하 중류의 황토고원이다(그림 1-45). 이곳에서 발생한 황사가 한반도에 도달하는 데에는 3~5일 정도면 충분하다. 특히 황사의 발원지인 중국대륙의 겨울이 건조하면 황사는 더 자주 발생하여 각종 오염물질과 함께 편서풍을 타고 날라와 우리들에게 막대한 피해를 끼친다. 황사는 태양의 일조량을 감소시

그림 1-45 한반도 황사 발원지와 이동경로

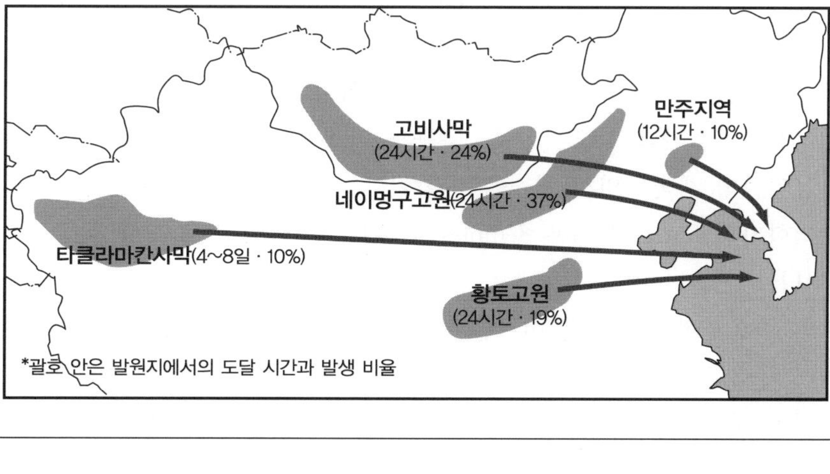

키고 호흡기 환자를 발생시키며 항공 · 운수 · 정밀산업에 손실을 끼친다. 특히 미세먼지는 기관지를 자극해 질환 등을 유발하므로 인체에 피해를 입힌다. 또한 중국의 공업화는 중금속을 포함한 황사의 피해를 배가시키고 있다. 황사와 미세먼지에 대한 대책은 중국뿐 아니라 한국과 일본을 포함한 인접국 간의 글로벌 대책이 수립되어야 한다. 전술한 한민족의 두모사상은 겨울철 시베리아로부터 불어오는 차가운 북서계절풍뿐만 아니라 황사를 극복하기 위한 자구책에서 비롯된 것일지도 모른다.

지금까지 설명한 것과 같이, 우리나라의 기후인자는 좁은 국토면적에 비해 다양하다고 할 수 있다. 그 가운데 특히 기온은 기후에 있어서 가장 기본이 되는 요소이며, 기온이 인간생활에 미치는 영향은 어느 것보다 크다. 즉 기온은 직접적으로 인류의 생활을 지탱하는 데 있어서 불가결한 요소일 뿐만 아니라 간접적으로 인류의 식량자원에 영향을 주어 생활의 가부를 결정지어 주기도 한다. 인류에게 가장 적합한 기온은 10°~20℃인 것으로 알려져 있으며, 이 사실은 우리의 생활경험으로도 알 수 있고 의학자도 인정하고 있다. 연평균기온이 10℃ 이상인 지역은 한반도 거의 대부분이 해당되며, 월평균기온도 최적기온에 속하지 않는 지역은 어느 곳도 없다.

(3) 기후와 문명

환경론의 제1인자로 알려진 E. Huntington(1915)은 기후환경이 인간의 능률을 지배하고 그것에 따라 문명의 발달 정도가 결정된다고 주장했다. 그는 보다 좋은 환경을 찾으려고 노력해온 서양인의 본능적이고 현실불만적 정신이 서양사의 활력소가 되었으며 어느 누구도 이것을 막을 수 없다고 주장함으로써 서양인들의 제국주의적 기질을 미화했다. 이러한 주장은 앞에서 언급한 서양 지리학자의 Ratzel에 이은 Semple이나 Marsh(1965)의 말과 궤를 같이 하는 주장이다.

그의 기후결정론은 많은 비판을 받아왔으나, 인류의 문명은 기후변화에 따라 여러 차례 변화하고 발전해온 것도 사실이다. 문명은 하루아침에 생겨난 것이 아니라 장구한 시간 속에서 서서히 발전해 왔으며, 그 진보의 속도는 느릴

때와 빠를 때가 있었다. 과거 문명의 성쇠와 발달속도는 직접 · 간접으로 기후에 의해 좌우되었다. 기후는 식량과 생산자원 획득의 난이도와 관련되어 문명의 발달에 크게 영향을 미치고 있다. 특히 고대에 인류가 생존하기 위해서는 식량획득이 불가결했고, 식량생산은 기후에 의존하는 바가 컸다.

인류는 식량자원이 충분하게 얻어지는 곳에서 기원했으며 그곳에서 문명을 발전시켰다. 또한 기후는 [그림 1-46]에서 알 수 있는 것처럼 인간의 정신적 에너지와 육체적 에너지를 포괄하는 활동 에너지에도 영향을 미친다. Huntington이 역설한 바와 같이, 기후가 인간의 정신적 · 육체적 활동에 알맞은 지역에서는 인간의 창의적인 활동력이 왕성해져서 문명이 발달할 뿐만 아니라 생산이 증진되어, 그 결과 생활내용이 풍부해지고 이것 역시 문명의 발달을 가져오게 된다. 한반도의 기온은 최고의 활동 에너지를 발산케 할 수 있다. 1894년과 1897년 한국을 다녀간 영국의 지리학자 I.B. Bishop(1897)은 그녀의 저서 『한국과 그 이웃나라들』에서 당시 한국의 모든 것은 가난하고 천한 수준에 머물러 있지만, 이는 불행하게도 한민족의 잠재된 에너지가 발휘되지 못한 탓으로 중산층이 쏟을 숙련된 직업이 없으며 하층민은 일보다 아사를 면하는

그림 1-46 인간의 활동 에너지

인간의 활동은 15°C를 정점으로 하여 10°C~20°C에서 가장 능률적으로 정신적 · 육체적 에너지를 발휘할 수 있다(Huntington, 1945).

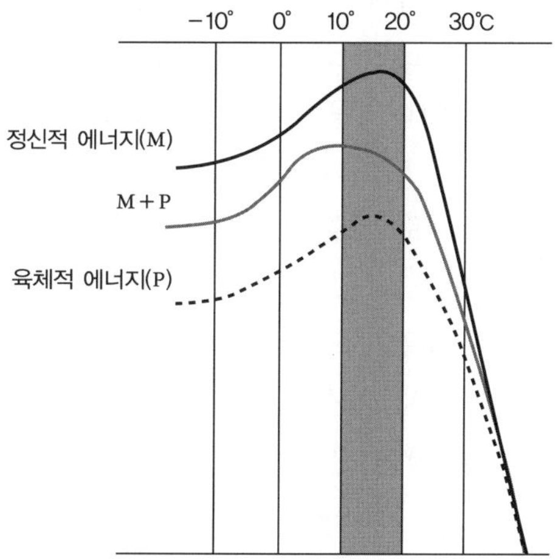

것이 절실하기 때문임을 지적했다.

고대환경사학자인 J.D. Hughes(1975)는 인류가 이룩한 문명과 자연환경 간의 관계를 설명하면서 문화적 특성을 위시하여 인류가 체득한 과거의 경험, 적극성과 창조성, 기술 수준 등과 같은 요인들이 무시하지 못할 것들임에 틀림없지만, 자연환경이 매우 중요한 요인이었음을 지적했다. 고대 그리스 의학의 아버지라 불리는 Hippocrates는 기후가 인간의 지력(知力)이나 건강 및 성격에 큰 영향을 미친다는 것을 알고 있었다.

한반도의 기후는 인간의 활동을 극대화시킬 수 있는 최상의 여건을 제공해 주고 있다. 한반도는 앞서 설명한 것처럼 인류에게 활동 에너지를 발휘하는 데 가장 적합한 기온인 10°~20°C에 해당된다. 기후조건이 악화되어 식량생산이 저하되면, 인간의 활동력이 저하되고 문명의 진전이 정체되거나 후퇴하는 경우도 흔히 볼 수 있다.

이러한 사실은 이상기후로 빈번한 기근에 시달려 많은 아사자를 낳았던 과거의 유럽이나 현재에도 아사자가 있는 아프리카 · 동남아시아 등의 발전도상국의 문명발달 상태를 보면 알 수 있다. 메소아메리카의 마야문명은 9세기부터 50년 간격으로 찾아온 세 번의 극심한 가뭄 때문에 멸망했으며, 로마제국의 멸망은 기후환경의 악화로 배후지의 농업생산성이 떨어지고 말라리아와 같은 전염병이 확산되어 초래된 것이다.

기상이변으로 프랑스를 덮친 1788년의 대형 기근은 농촌사회를 압박하여 이듬해 프랑스 대혁명을 일으키는 단초가 되었고, 소빙하기(1300~1850년)의 마지막 10년 동안 일어난 아일랜드의 감자기근은 200만 명의 아사자를 발생시켜 신대륙 미국으로 아일랜드 이민물결을 이루는 계기가 되었다. 1812년 나폴레옹이 러시아로 진군했을 때에도 운이 따르지 않았다. 지리학에 조예가 깊었던 그는 매섭게 추운 소빙기가 닥칠 줄 예상하지 못하고 참패했다. 동양에서는 1630년대에 시작된 가뭄으로 인한 극심한 식량난이 명 · 청 왕조의 교체로 이어졌고, 후금(後金)을 건국한 누르하치(1559~1626)는 조선을 침략했다.

지구과학자 D. Zhang(2007) 등의 연구에 의하면, 지난 1400~1900년에 걸친 기후변화와 이 기간에 발생한 전쟁 4,500건의 연관성을 분석한 결과 기후

변화와 과거 동서양에서 발발한 각종 전쟁들 사이에 상관관계가 있음이 밝혀졌다. 이것에 따르면, 지난 500년간 평균기온이 상대적으로 낮은 기간에 전쟁이 발발한 경우가 많았고, 따뜻한 기간에는 비교적 평화로웠다는 것이다. 이 결과는 낮은 기온이 농사에 악영향을 미쳤고, 이에 따른 식량부족이 전쟁으로 이어졌음을 시사하는 것이다. 기후가 전쟁을 직접적으로 유발한 것은 아니었지만 그 요인으로 작용해 발생한 것이다. 특히 전 세계적으로 평균기온이 낮았던 17세기에는 유럽과 아시아에서 대규모 전쟁 발발건수가 대폭 늘어났고, 이에 따른 인구감소폭도 컸었다. 과거에는 낮은 기온이 전쟁을 일으키는 요인으로 작용했으나, 장차 지구온난화현상도 농사에 악영향을 미치기 때문에 인류 평화에 부담이 될 전망이다.

한반도가 대륙성기후인 까닭에 한서의 차가 심하다고는 하지만, 그로 인해 인간은 기후환경에 적응하는 지혜 또는 방어수단을 강구하게 되고 환경변화에 대한 저항력을 기를 수 있으며, 때로는 지루한 인간생활에 알맞은 자극제도 된다. 그러므로 온대지방의 주민들은 춥고 더움을 슬기롭게 극복하고 이용하는 한서중화(寒暑中和)의 요령을 터득하며 탁월한 발육상태를 보인다. 가령 대구

그림 1-47 서울과 대구의 폭염일수(1910~2010년대)

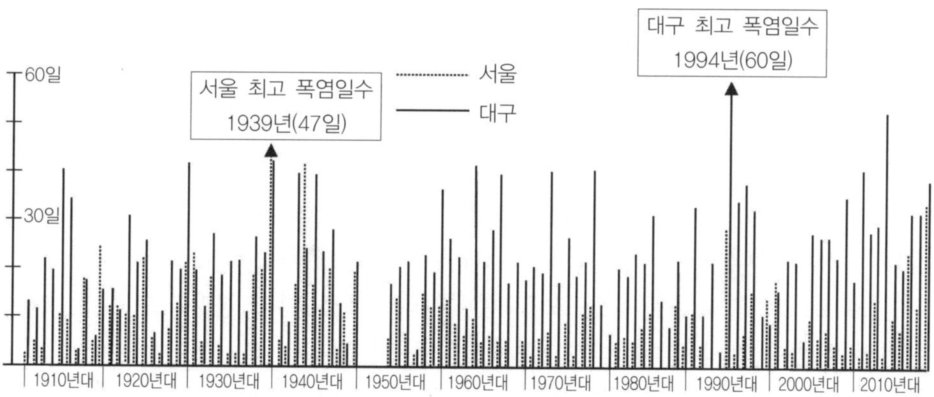

주: 1950~1953년 자료 누락.
출처: 서울연구원 도시정보센터(2019).

와 서울의 더위는 아프리카와 사우디아라비아의 더위에 버금간다고 하여 '대프리카'와 '서우디'란 말이 생길 정도이다. [그림 1-47]은 지난 1세기 간의 낮 최고기온이 33℃ 이상의 폭염일수를 나타낸 것이다. 1910년 이후 서울 폭염일수는 1940년대 154일로 가장 많고, 1950년대 이전에 집중된 데 비해, 대구는 2010년대 307일로 가장 많았고, 1950년대 이후에 집중되어 있음을 알 수 있다. 이런 현상은 장차 지구온난화로 더욱 뚜렷해질 전망이다.

춘하추동의 규칙적인 순환은 인간생활을 위하여 많은 수요를 발생시켜, 이들 수요가 끊임없이 인간을 자극하여 노동에 종사하도록 만들어 준다. 그리고 계절의 순환은 지속적인 근로습관을 길러주어 생산성을 높여줌에 따라 잉여생산물을 창출케 한다. 앞에서 이것을 에너지자원으로 간주하여 '기후자원'이라 지칭한 것은 바로 이런 이유 때문이다.

인류의 문명은 바로 잉여생산물의 창출과 함께 발달되어 왔다. 현재의 선진국이 대부분 사계절이 존재하는 온대지방에 속해 있음을 상기하면 쉽게 납득할 수 있는 문제일 것이다. 우리들이 사우나에 들어가 온탕 · 열탕 · 냉탕을 오가는 것은 건강을 위함이듯이, 4개의 계절변화는 인류에게 알맞은 자극을 주어 문화발전에 기여한다.

2 한국인의 생활양식

(1) 풍토와 의식주

풍토(風土)의 '風'은 기후, '土'는 지형을 가리키므로 풍토란 어떤 지역의 기후와 토지의 상태를 의미한다. 우리나라에서는 흔히 풍수로 불렸으나, 물은 땅위를 흐르므로 풍토와 풍수는 모두 현대지리학에서 널리 통용되고 있는 자연환경의 개념과 거의 일치한다고 보아도 좋을 것이다.

일정한 기후조건과 지형조건이 결합하여 성립된 지역에는 각기 특유한 인종과 종족이 거주하고 또 그곳에 적합한 생활양식이 영위된다는 이른바 풍토론(風土論)은 동서양을 불문하고 예로부터 수많은 학자들에 의해 주창되어 왔다. 풍토론자는 인간의 문화 · 역사 · 정치 · 사회 · 경제 등의 각종 현상을 풍토와 결부시켜 해석하려고 시도했다. 왜냐하면, 인류는 지금까지 주어진 기후환경과 지형환경에 적응하면서 생활하는 한편, 또 다른 기후 및 지형환경에 대해 자신을 변화시키면서 대응해 나아가는 능력과 지혜를 터득했기 때문이다.

이와 같이 인간이 새로운 기후환경이나 지형환경과 같은 자연환경에 적응해 가는 작용을 기후순화(氣候順化) 또는 지형순화(地形順化)라 한다. 바꿔 말하면, 인간은 풍토에 적응하거나 상호작용하면서 생활을 영위해왔다는 것이다. 만약 한민족과 일본민족이 서로 국토를 바꿔 산다면 어떤 일이 벌어질지 상상해 보라. 두 민족은 각각 익숙하지 못한 풍토에 적응하느라 불편함이 이만저만이 아닐 것이다.

인간생활에 있어서 가장 기본적인 의식주 생활과 풍토와의 관계를 다음과 같이 설명할 수 있다. 먼저, 인간이 의복을 착용하는 목적은 체온을 유지하고 몸을 보호하며 부끄러운 부분을 가리기 위함에 있을 뿐만 아니라 예의 · 장식 · 자기과시 등의 부차적 목적도 갖는다. 그러나 원래의 목적은 외부의 기온에 대해 체온을 유지하고 보다 능률적인 생산활동을 영위할 수 있도록 하는 것에 있다.

(2) 의생활(衣生活)

지구상에는 열대에서 한대까지 지역차가 존재하고, 온대에는 봄 · 여름 · 가을 · 겨울의 계절변화가 있다. 기후가 다른 지역의 의복은 당연히 디자인이 다르고 옷감도 상이하다. 민족에 따른 고유의상은 그 지역 풍토의 산물이라고 보아도 무방하다. 의복문화를 연구하는 일은 그 지역의 자연환경은 물론 풍습 · 사회제도 · 농업 등을 규명하는 일이 된다.

한반도의 기후는 냉대에서 온대에 걸쳐 있고 한서의 차가 크다. 여름에는 열대기후를 능가하는 더위와 집중호우, 겨울은 냉대기후에 못지않은 추위와 강한 계절풍으로 특징지어진다. 이러한 환경 하에서 한민족의 의복은 계절에 따라 달리 디자인되었으며, 추위를 막고 더위를 견딜 수 있는 형태로 발달해 왔다. 이처럼 의복이 형성하는 환경조건, 특히 온도조건을 의복기후라 부른다.

우리 민족의 한복은 그와 같이 춥고 긴 겨울철과 더운 여름철을 극복하려는 데 중점을 두고 고안되었다. 겨울옷은 상하의 모두 천 사이에 솜이 들어 있고, 두루마기에도 이와 같은 방식으로 솜이 들어 있으며, 솜이 든 버선은 종아리 전체를 거의 덥다시피 만들어졌다. 뿐만 아니라 발목 쪽은 대님으로 버선과 바지를 겹쳐 동여매고 두 손목에는 역시 솜이 든 토시를 낌으로써 차가운 공기의 유입을 막는 동시에 몸 안의 체온이 발산되는 것을 방지했다. 완벽한 방한복이었던 셈이다. 임진왜란 때 한반도에 침략해 들어온 왜군들이 당시로서는 세계 최강의 첨단무기로 무장했음에도 우리 조선군에게 고전한 이유 중 하나는 우리나라의 겨울철 추위에 대비한 군복이 없었기 때문이었다.

겨울옷과 달리 여름옷은 열을 차단하고 더위를 극복하려는 데에 노력이 집중되었고, 옷감은 통풍이 잘 되는 각종 마직물이 사용되며 저고리 속에는 저마를 대고 풀 먹이에 주의를 기울였다. 겨울철 의복이 따뜻한 무명옷이었던 데 비해 여름철에는 시원한 삼베옷과 모시옷을 지어 입었다. 특히 삼베옷은 삼국시대부터 대량생산이 가능하여 우리나라에서는 가장 오랜 동안 널리 입혀진 옷감이다. 이러한 계절별 의복은 결국 한반도의 냉대성과 열대성의 이중성격을 여실히 반영하고 있는 것이며, 계절에 따라 옷감의 빛깔 감각이 민감하게 반영되는 것도 사계의 구별이 뚜렷한 것과 관계가 없지 않을 것이다. 우리 민족을 흔히 백의민족(白衣民族)이라 불리는데, 그것은 염색할 만큼 여유가 없었던 때문이었다는 설과 하늘의 태양 자손이란 인식에서 유래했다는 설로 나뉜다.

오늘날 현대인들은 사회활동이 많아짐에 따라 한복을 개량해 입거나 서양의복을 이용하게 되었다. 역사적으로 우리 백성들은 가난하여 고급스럽고 화려한 의상을 지어입지 못했다. 그러나 예로부터 한민족이 지닌 의복에 대한 패션 감각과 손재주는 우리의 유전인자 속에 남아있을 것이다. 장차 한국인들은 패션의 본고장이라 할 수 있는 밀라노와 파리로 진출하여 한민족의 고유의상을 변형해 솜씨를 발휘할 날이 올 것으로 기대된다.

(3) 식생활(食生活)

음식물은 고온다우의 우리나라 여름 날씨에 적합한 벼가 거의 전국에 걸쳐 재배되었으므로 예로부터 쌀이 우리의 주식이 되어 왔다. 벼는 열대성 식물이기 때문에 몬순계절풍지대에 알맞은 작물이다. 사실 인간생활에 가장 기본이 되는 것은 식생활이다. 식량을 마련하는 것은 농업이며, 수렵시대를 지나 농경시대로 접어들면서 인류는 일정한 장소에 정착하여 역사와 문화를 창출했다. 과거 토지생산성이 낮아 식량이 부족하던 시기에 한국인들은 배고픔에 시달리며 초근목피로 연명할 때가 많았다. 한국인이 만약 "밥맛 떨어진다."고 말하면, 그것은 삶의 의욕이 떨어졌음을 의미한다. 한민족은 그만큼 식사의 중요성을 깨닫고 있었다는 증좌이다. 농업은 모든 산업 중에서 자연환경, 특히 기후적 요인에 좌우되는 산업이다. 기후적 요인은 현대기술의 발달로 어느 정도 사람의 힘으로 극복할 수 있게 되었으나, 아직도 기후가 농업의 기본 형태를 결정짓는다고 보아야 할 것이다.

목축업이 부진했던 우리나라 사람들의 식생활은 거의 식물성 음식에 의존했고, 단백질과 같은 영양소는 콩을 원료로 한 된장과 근해에서 포획한 해산물로 보충했다. 그리고 한반도의 풍토성을 잘 나타낸 고구마와 감자는 각각 18세기와 19세기에 우리나라에 보급되어 그 재배가 시작되었으며, 이것 역시 한국인의 주요 식량으로 등장했다.

한편, 초식 또는 채식을 주로 하는 민족에게 긴 겨울 동안 신선한 각종 소채를 얻을 수 없다는 것은 큰 고통이 아닐 수 없다. 채소를 보충하기 위해 고안된 것이 한민족 특유의 김장이다. 김장은 원래 채소저장법의 일종이며, 김치는 춥고 긴 겨울을 넘기기 위한 야채 염장법(鹽藏法)의 산물이다. 김치의 역사는 일찍이 한사군시대까지 거슬러 올라가며, 고춧가루를 가미한 김치는 고추가 한반도에 전래된 17세기 이후부터 사용되기 시작했다. 그 이전에는 소금에 절인 것이 거의 전부였다. 김치 맛은 기온 차에 따라 소금 간과 매운 간이 달라 영남과 호남지방과 같은 따뜻한 남쪽으로 갈수록 짜고 맵다. 김치는 조류독감인 SARS(중증 급성 호흡기 증후군)의 예방과 치료에도 효험이 있어 세계인의 주목을 받는 우리의 대표적 식품이기도 하다.

겨울에 김장을 하여 김치를 반찬으로 월동을 하면 김치가 떨어지거나 시어지기 십상이다. 한민족은 김치가 바닥나는 봄이 오면 산과 들에 나가 봄나물을 채취해 반찬거리나 국거리로 이용했다. 우리들이 주로 먹는 봄나물은 참나물 · 냉이 · 달래를 비롯하여 두릅 · 씀바귀 · 곰취 · 쑥 · 고들빼기 · 질경이 · 기름나물 · 엉겅퀴 등 매우 다양하다. 외국인들은 우리가 나물을 채취해 섭취하는 것을 보고 어떻게 재배하지 않은 작물을 먹을 수 있느냐며 미개인으로 폄하하는 경우도 있지만, 그것은 한민족의 지혜와 한반도의 풍토를 이해하지 못하는 소치에서 나온 말이다. 나물문화는 김치문화와 더불어 자랑스러운 한국문화 중 하나이다.

우리 민족은 하루 세 끼니의 식사를 한식날을 제외하고는 항상 더운 음식으로 채우는 습관이 있다. 남의 집에 손님으로 초대되어 "찬밥 먹었다."라고 말하면 푸대접을 받았다는 의미로 통용될 정도이다. 그 이유는 한반도의 겨울기간이 길었기 때문이다. 또 남쪽에서 북쪽 지방으로 올라갈수록 막걸리 · 약주 · 소주 등의 도수가 높은 술을 마시는 것도 기후차이에서 비롯된 일이다. 그

그림 1-48 국가별 1인당(15세 이상) 알코올 소비량

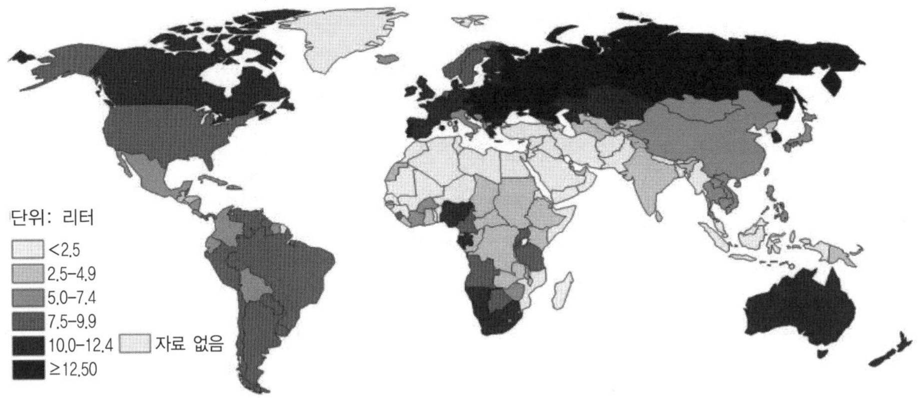

출처: WHO(2015).

것은 날씨가 차가워질수록 알코올의 힘을 빌려 추위를 극복할 수 있기 때문에 나타난 현상이다. 한반도의 막걸리 · 약주, 만주지방의 배갈, 시베리아의 보드카와 같이 북쪽으로 갈수록 알코올 도수가 높아지는 것과 상통하는 것이다. 구한말 우리나라에서 선교사로 활약한 H. N. Allen(1858~1932)은 평양 사람들의 음주벽이 가장 심했음을 혹평한 바 있고, 당시 한반도에 살던 서양인들은 만취해 길거리에 누워있는 한국인의 지나친 음주 행태를 부정적인 눈으로 바라보았다.

그러나 오늘날 한국인은 서양문화의 보급과 생활수준의 향상으로 맥주와 와인 소비량이 늘고 있지만, 소주 소비량이 가장 많고 막걸리는 감소하는 경향이 있다. 최근 세계보건기구(WHO)의 2015년 통계에 의하면, 15세 이상 국민 1인당 술 소비량은 유럽 국가들이 상위권을 차지했고, 우리나라는 14위로 밀려났다. 보드카를 즐겨 마시는 러시아는 매년 50만 명이 알코올 중독으로 목숨을 잃는다. 술은 한국인의 6할 이상이 일주일에 최소한 한번 이상 마시며, 일단 술을 입에 대면 절반 정도가 2차 또는 3차까지 마시는 경우가 허다하다. 이는 예로부터 음주가무(飮酒歌舞)를 즐기던 한민족의 유전인자 탓인지도 모르겠다. 한국인은 좀처럼 알코올중독에 빠져들지 않는 속성이 있음에도 불구하고 최근에는 알코올중독자가 증가하고 있다는 의학계의 보고가 있으며, 술주정에 익숙한 우리의 음주관행은 시정되어야 할 것이다.

(4) 주생활(住生活)

가옥의 재료 · 구조 · 경관 등은 그 지역의 풍토성을 잘 반영하는 것이다. 폭우가 빈번한 열대우림지방은 지붕의 경사가 몹시 급하고, 건조한 서남아시아의 가옥은 지붕이 매우 완만한 경사를 이룬다. 건축기술이 발달하지 못했던 시기에 목재나 석재도 얻기 힘든 북극지방의 에스키모는 얼음과 눈이 그들의 건축재이고, 한서의 차가 심하고 건조하여 목재를 얻을 수 없는 지방에서는 토굴이 그들의 가옥이다. 지중해 연안에 석조건물이 탁월한 것은 역시 목재보다 석재가 흔한 탓이며, 이집트에 흙으로 만든 건물이 많은 것은 극단적 건조기후로 삼림이 없는 탓이다.

그림 1-49 우리나라의 각종 가옥형태

기와집(강원도 강릉시 선교장)

초가집(경상북도 예천군 삼강리)

너와집(강원도 삼척시 신리)

우데기집(경상북도 울릉군 나리분지)

우리나라의 건축재는 목재를 주로 하여 돌과 흙 등의 풍부한 혜택을 받아 왔다. 우리나라의 가옥은 지붕재료에서 그 특색을 찾을 수 있으며, 사실 한국에서는 지붕재료를 기준으로 가옥의 종류를 구별하고 있다. 양옥집과 아파트가 보급되기 전 우리나라의 가옥 종류는 크게 나누어 초가(草家)·와가(瓦家)·양철가(洋鐵家)·판와가(板瓦家) 등으로 분류되었다. 동일한 초가일지라도 그 재료가 지역에 따라 상이하다. 일반적으로 평야의 논농사지대에서는 볏짚이 사용되고, 밭농사지대에서는 주로 조 또는 밀짚이, 제주도 및 산간지대에서는 새(茅)가, 낙동강 하류에서는 갈대가 사용되었다.

기와집이라 불리는 와가에도 한와와 양와의 구별이 있는데, 한와(韓瓦)는 경기 및 그 북부지방에, 양와(洋瓦)는 주로 경기 이남지방에 탁월했으나, 지금은 지역적 차이가 거의 소멸되었다. 그리고 양철집은 바람이 비교적 강한 해안지방의 어촌에 많이 분포하고, 너와집이라 불리는 판와가는 태백산지와 울릉도처럼 삼림이 풍부한 화전취락(火田聚落)에 분포했다. 양철이란 서양에서 들어온 서양 철에서 나온 말이다. 바람이 강한 제주도에서는 가옥을 보호하기 위해 굵은 새줄로 지붕을 얽어매고 집 주위를 견고한 돌담으로 둘러싸고 있으며, 다설지방인 울릉도에서는 가옥을 설해(雪害)로부터 보호하기 위해 우데기를 설치한 집을 볼 수 있다. 우데기는 집둘레를 수숫대·새·싸리 등으로 둘러쳐 눈을 막아 적설기간에 우데기 안에서 생활할 수 있도록 고안된 집이다.

한편, 우리나라의 가옥구조를 보면, 가옥의 높이는 낮고 방이 협소하며, 벽은 두껍고 창과 문이 적은 편이다. 창문은 최소한의 채광이 고려되었을 뿐이며, 이와 같은 가옥구조는 춥고 긴 겨울철을 극복하기 위함이고, 한국은 모든 국민이 온돌에서 생활하는 유일한 국가이다. 고조선~고구려 때부터 시작된 우리의 온돌 혹은 구들문화는 바닥부터 데워져 난방 효율이 뛰어나고 사람 몸에도 좋다는 사실이 밝혀진 바 있다. 온돌은 추운 겨울을 나기 위해 구들 고래를 만들고 고래 위에 구들장을 놓아 아궁이를 통해 받아들인 열을 구들장에 저장했다가 서서히 복사열을 방출해 방바닥이 따뜻해지도록 고안된 난방구조를 말한다.

온돌은 고려시대를 거쳐 조선 전기에 들어와 비로소 전국으로 퍼지기 시작했다. '온돌'이라는 용어도 조선 초기부터 사용되기 시작했으며 구들을 놓은 방 전체를 온돌방이라 불렀다. 온돌의 발달은 온돌방의 마감, 특히 장판의 발달을 초래해 영조 때에는 장판 마감에 여러 가지 방법이 사용되기도 했다. '온돌'은 옥스퍼드 사전에 김치와 함께 실려 있을 정도로 국제어로 인정받고 있는 한민족의 고유문화이다.

조선시대 초기부터 가사규제(家舍規制)의 청빈함을 선호하는 선비사상과 집을 나지막하게 지어야 한다는 풍수사상에서 기인하여 주택을 낮고 작게 짓는 것이 주를 이루었다. 이는 건국 초기 한양의 새로운 도읍지의 토지가 한정된 상황에서 수요에 대비하기 위한 필요한 조치였다. 『대전통회(大典會通)』에 따르면 서인(庶人)들의 집을 총괄하여 열 칸이 넘지 못하도록 제한했으며, 한민족이 살던 가옥은 대부분 초가삼간의 소규모였다. 초가삼간은 초재(草材)로 지붕을 엮은 가옥으로 부엌 하나와 방 두 칸, 또는 방 한 칸에 마루방을 갖춘

그림 1-50 한민족의 전통가옥 초가삼간

주택을 가리키며, 예로부터 우리 민족은 초가삼간과 같은 비좁은 공간에서 대가족이 생활했다. 우리나라 한반도의 남쪽은 상대적으로 온난하므로 대청마루가 발달했다. 대청은 우리나라 중부 이남의 가옥에 발달되어 있다. 이것은 바닥 밑이 비어 있는 마루방이다.

이와는 달리 지배계층인 사대부의 주택은 고대광실(高臺廣室)로 표현되는 것처럼 지대를 높이고 계단을 만들어 위엄을 과시하며 넓은 주거공간을 확보하여 여유 있게 만들어졌다. 흔히 '99칸'으로 통용되는 대저택은 금기시되던 100칸에 저촉되지 않으면서 최대의 주거공간을 확보한 사대부 주택을 가리킨다. 조선시대 말기에 접어들면서 고려시대에 비해 상후하박의 엄격함을 보였던 가사규제령은 상업자본으로 부를 축적한 중인계급이 등장하면서 유명무실해졌다. 오늘날 이른바 '졸부'라 불리는 고소득층이 호화주택을 선호하는 것은 오랜 동안 억눌려왔던 우리 민족의 '고대광실의 꿈'을 실현하는 주거 콤플렉스의 발로인지도 모르겠다.

3 촌락입지와 농경생활

(1) 촌락입지

한민족이 지니고 있는 풍수사상은 배산임수의 입지원칙을 만들었다. 즉 북쪽에 산을 등지고 남쪽에 하천과 평지가 전개되는 지형조건을 구비한 공간이 가장 좋은 길지(吉地)라는 것이다. 북쪽의 산은 겨울 동안에 불어오는 차가운 북서계절풍을 막아줄 뿐더러 연료인 목재를 구하기 쉬우며, 남쪽사면은 일조량이 많고 밤에는 지표면으로부터의 복사열이 집중되어 따뜻하다. 또 안쪽의 평지와 하천은 농경지와 생활용수 및 농업용수로 이용된다. 그뿐만 아니라 마을 앞의 하천은 배수로로 이용되어 홍수로부터의 피해를 막을 수 있으며 농산물의 수확도 안정되어 윤택한 생활을 누릴 수 있다. 이는 북방계 주민에 의해 형성된 한민족 고유의 두모사상에 뿌리를 두고 있다.

음택풍수가 가미된 풍수지리설은 다분히 비과학적이긴 하나 취락지리학 분야에서 음미해볼 가치가 있다. 왜냐하면, 풍수지리설은 우리 조상들이 쌓아온 경험과학인 동시에 자연환경론으로서 한민족의 토지관으로 정착된 것이기 때문이다. 또한 우리 민족의 풍수사상은 한반도의 특수한 노년기지형 및 기후환경과 결합되어 취락입지에 큰 영향을 미쳤으며, 배산임수와 같은 원칙은 우리의 풍토성에 부합되는 것이라 하겠다. 물론 우리나라에도 북쪽의 산사면에 입지한 촌락이 적지 않지만, 그것들은 흔히 '응달마을', '음지촌', '음촌동', '음달말', '음지골' 등의 지명이 붙어 있어 취락입지상 양호한 곳이 못된다. 장마철에 하천이 범람할 우려가 있고 때때로 침수 당하는 지역에서는 촌락의 위치 · 가옥구조와 형태 등 특수한 경관을 찾아볼 수 있다. 촌락은 침수시 피해를 막기 위해 하천의 범람으로 형성된 자연제방상에 분포하거나 배후습지의 경우에는 지면보다 높게 터돋움한 돈대(墩臺)에 가옥을 지었다. 또 침수가 극심한 경

그림 1-51 저지대 가옥의 터돋움(경기도 양평군 지평면)

우에 대비하여 촌락 근처에 피수대(避水臺)라 부르는 넓은 축대를 구축하여 피난장소로 사용했다.

돈대란 성곽시설뿐 아니라 홍수의 피해가 많은 하천 연안의 범람원이나 삼각주 등에서 홍수 시 대피 장소로 주위보다 높고 평평하게 땅을 돋우어 놓은 피수대를 포함하는 것이다. 이것은 하천 유역의 저지대에서 수해를 막기 위해 돌 또는 흙으로 집터를 돋운 터돋움 집과 함께 홍수 예방을 위한 대표적인 피수시설이다. 침수지역은 타 지역에 비해 촌락공동체의 유대감이 유독 강하다. 최근에는 하천의 범람을 막기 위하여 하구 둑을 건설하고 있는데, 더 큰 재앙이 예견되므로 제방건설 이후의 지형변화를 면밀히 검토해야 한다는 견해도 제기되고 있다.

1860년대 우리나라 동해안을 순항한 네덜란드 선단의 기록에 의하면, 한국인들은 대규모 홍수에 대처하는 방식이 서투름을 지적한 바 있다. 그들의 눈에는 우리 조상들이 홍수로 인한 피해에 둔감한 것처럼 비쳤던 것 같다. 그러나 가난했던 우리 조상들은 지킬 재산이 없었던 까닭에 홍수에 대한 두려움이 크지 않았던 것이다.

을축년인 1925년 7~9월 사이 네 차례 집중호우와 강력한 태풍이 한반도를 휩쓸어 전국에서 사망 647명, 가옥 유실 6,363호, 가옥붕괴 1만 7,405호, 가옥침수 4만 6,813호에 이르는 큰 피해를 냈다. 7월 중순에는 황해도 일대에 300~500mm의 큰비가 내린 데 이어 태풍이 지나가며 임진강과 한강 유역에 집중호우가 쏟아졌다. 이로 인해 한강 수위가 13.6m까지 높아져 뚝섬 일대가 대부분 침수되는 큰 수해를 입었다. 8월 말에는 관서지방의 집중호우로 대동강 · 청천강 · 압록강이 범람해 큰 해를 입었고 9월 6일엔 남부지방에 태풍이 닥쳐 낙동강 · 영산강 · 섬진강이 범람했다. 한반도를 강타한 20세기 최대의 홍수였다. 을축년 홍수 피해액은 1억 300만 원에 달했는데, 이는 당시 조선총독부 1년 예산의 58%에 해당했으니 피해규모를 짐작할 수 있다. 일본에 짓밟혀 신음하던 우리 민족에겐 "하늘도 무심하지!"란 소리가 절로 나올 참화였다.

촌락의 형태 역시 그 지역의 풍토성과 민족성을 잘 반영한다. 일반적으로 촌락형태는 가옥의 밀집도에 따라 산촌(散村)과 집촌(集村)으로 분류되는데,

그림 1-52 을축년 대홍수 기념비(서울시 송파구)

1925년 을축년에 발생한 대홍수를 기념하기 위해 "을축 7월 18일 대홍수기념"이란 기념비를 서울시 송파에 세웠다.

우리나라 촌락의 대부분은 집촌을 이루고 있다. 우리나라에 집촌이 탁월한 것은 민족성에서 오는 동족취락의 탁월성, 건조기의 음료수 구득난, 관개를 공동으로 관리하는 벼농사 등에서 그 원인을 찾을 수 있다. 특히 한민족의 마음의 고향인 동시에 문화적 자부심의 근원이라 할 수 있는 동족촌 혹은 집성촌은 동일한 조상으로부터 파생되어 혈연관계를 맺고 있는 사람들이 집단적으로 거주하는 촌락을 일컫는다. 종씨(宗氏)들로 이루어졌으므로 종족(宗族)마을이라 부를 경우도 있다.

[그림 1-53]은 우리나라의 동족촌이 붕괴되기 이전인 일제강점기의 분포 패턴을 보여주고 있다. 당시의 동족촌은 주로 삼남지방을 비롯하여 황해도의 연백평야, 평안북도의 박천 · 영변, 평안남도의 평양평야, 함경남도의 용흥평야 등과 같은 평야지대에 많이 분포했다. 그러므로 동족촌은 주로 산간지대보다는 평야지대에 분포했음을 알 수 있다. 동족촌은 동족부락 · 집성촌 · 동성부락 · 씨족촌 등으로 불려왔으며, 일제강점기와 산업화 및 도시화의 영향으로

그림 1-53 주요 동족촌(집성촌)의 분포

일제강점기의 동족촌은 주로 삼남지방을 비롯하여 황해, 평북, 평남, 함남의 평야지대에 많이 분포했다(朝鮮總督府, 1935).

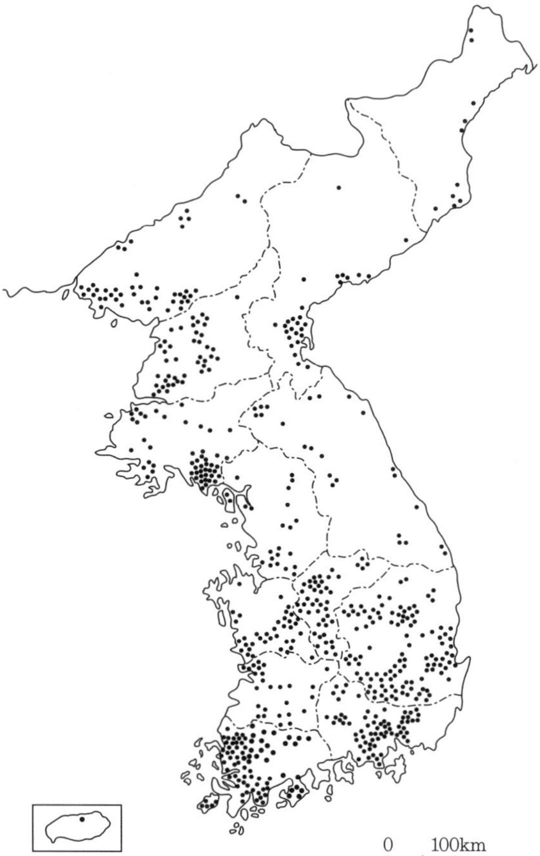

대부분 쇠퇴하가나 붕괴되고 있다.

[그림 1-54]에서 보는 바와 같이 동족촌이 아직 명맥을 유지하고 있는 촌락도 전국 곳곳에서 찾아볼 수 있다. 경상북도 예천군 금당실의 경우를 보면, 상금곡리 북쪽에는 함양 박씨, 그 남쪽에는 원주 변씨들이 동족촌을 이루며 거주하고 있다. 또한 죽림리와 하금곡리에는 예천 권씨들의 동족촌이 형성되어 있

그림 1-54 예천군 금당실의 동족촌

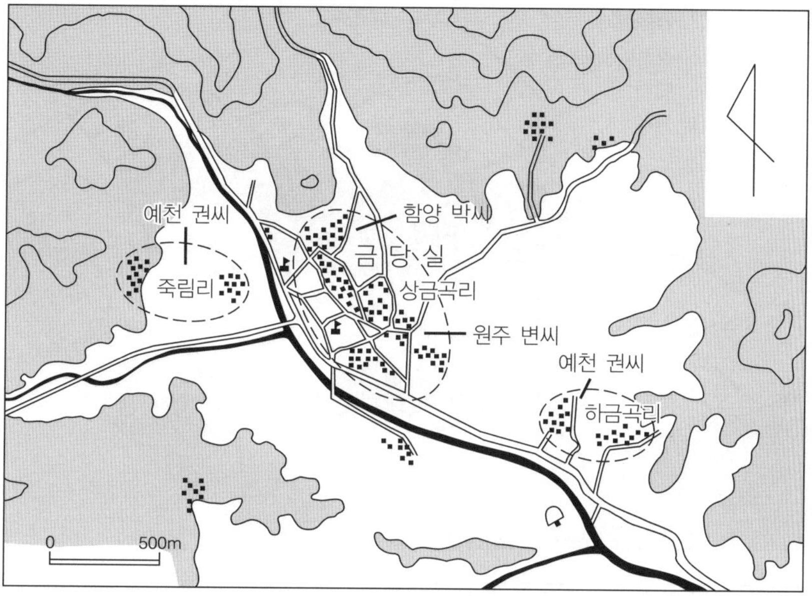

다. 이들 금당실에 거주하고 있는 주민들 중 상급학교 진학과 취업으로 도시로 이사하는 사람이 증가하고 있기 때문에 이러한 동족촌이 언제까지 명맥을 유지할 수 있을지 지켜볼 일이다.

우리나라의 촌락은 기능에 따라 농촌 · 산촌 · 어촌으로 분류되는데, 이들은 각기 상이한 공간구조를 이룬다. 그러나 일정한 공간이 확보되면 유사한 구조를 띠기도 한다. 촌락은 농지의 부족은 물론 피난, 기근, 전염병, 폭정 등의 이유로 산간지대까지 분포하게 되었다. 산간지대에 입지한 산촌 역시 주거공간 · 공동공간 · 상징공간 · 생산공간 등의 부분공간들이 주민의 생활편의에 따라 유기적으로 배열되어 평지의 농촌과 유사한 공간구조를 형성하는 경우가 많다. 공동공간은 정자나무 광장 · 우물 · 빨래터 · 정미소 등, 상징공간은 재실(齋室) · 상당(上堂) · 하당 등이며, 생산공간은 논 · 밭 등으로 구성되어 있다. [그림 1-55]는 지리산지에 입지한 산촌의 공간구조를 모식화한 것인데, 전체

그림 1-55 산촌(山村)의 공간구조

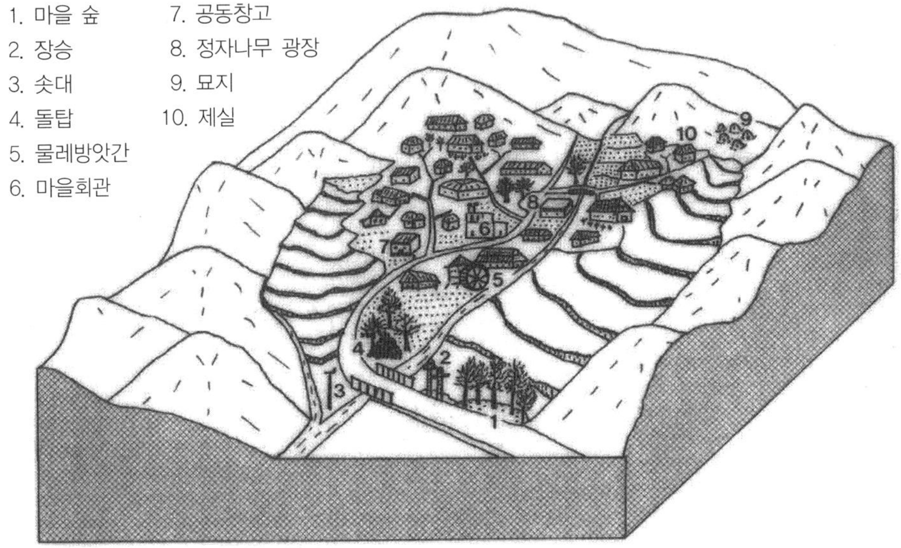

출처: 정치영(2006), p.414.

적으로 볼 때 다른 산촌과 상이한 구조를 띠고 있으나, 오히려 평지의 농촌과 거의 유사함을 알 수 있다.

우리나라는 3~4개월간의 우기를 제외하면 장기간 건기가 계속된다. 따라서 하천의 수위는 극도로 저하되거나 고갈되어 버리며, 지하수도 그 수량이 감소되므로 항시 풍부한 생활용수를 얻는다는 것이 결코 용이한 일이 아니다. 그리하여 지하수를 비교적 얻기 쉬운 산록부에 공동우물을 중심으로 집촌이 형성되는 것이다. 이러한 위치는 곧 배산임수의 지점과 상당히 일치되는 곳이다. 섬 전체가 용암으로 덮인 제주도에는 용암층의 말단부인 해안 근처에 취락이 분포하고 있어, 물과 취락입지의 관계를 엿볼 수 있다. 우리나라는 유엔이 물 부족국가로 예상하고 있는 나라이다. 물이 부족하거나 사막화되면 국가 간의 전쟁확률도 높아진다. 우리나라 역시 물 부족에 대비한 여러 대비책이 필요한 때이다.

(2) 밭농사와 벼농사

한민족은 벼농사를 짓기 훨씬 전부터 밭농사로 생계를 이어 왔다. 신석기 시대에는 피 · 기장 · 조 등의 알갱이가 작은 곡물이 당시의 주식이었다. 그 뒤를 이어 보리가 재배되기 시작했고, 5~6세기경에도 보리와 조 등의 밭농사가 주류를 이루었다. 밭농사는 부대기에서 시작되었다. '부대기'란 삼림이 무성하게 들어찬 산과 들에 불을 질러 그 자리에 조 · 수수 · 메밀 · 삼 등을 재배하는 극히 원시적인 농경법의 하나이다. 이 농경법은 거름도 주지 않고 김도 매지 않으며 4~5년 경작하다가 지력이 소모되면 다른 곳으로 옮겨 경작을 되풀이하는 방법이다.

한반도에서 벼농사가 시작된 것은 적어도 약 4천년 이전으로 소급될 수 있

그림 1-56 벼의 전파

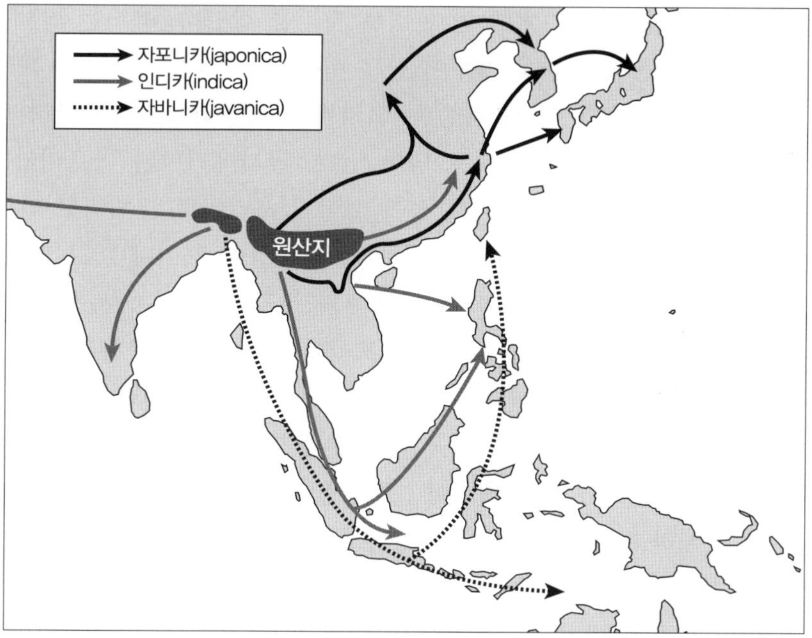

출처: E. Isaac(1970), p.88을 저자 수정.

다. 벼농사의 한반도 유입은 남방설과 북방설로 나뉘어 설명된다. 남방설은 벼농사가 양쯔강 하류에서 황해를 건너 한반도 중서부 지방으로 유입되었다는 것이고, 북방설은 양쯔강을 끼고 화중지방으로 전파된 벼농사 기술이 화북지방을 거쳐 라오둥 지방을 통해 한반도 북부지방으로 유입되었다는 학설이다(그림 1-56). 당시의 재배기술로 볼 때 아열대작물이 품종개량 없이 한랭한 북부지방에서 재배되기 어려우므로 남방설이 유력해 보인다. 쌀은 밀에 비해 약 1.5배의 인구부양력을 가진 식량자원이다.

전 인류의 약 35% 정도가 주식으로 하고 있는 쌀은 인도 기원설 · 동남아시아 기원설 · 중국 기원설이 있으나, 현재로서는 미얀마 북부와 중국 남서지방을 포함하는 윈난 고원설이 가장 유력하다. 이 지역은 생태적 변화가 다양하고 유전적 변이가 풍부하며 몬순에 따라 우기와 건기가 이어지는 야생벼의 자생에 좋은 조건을 갖추고 있다. 그 시기는 대략 8천 년 전으로 추정된다. 벼농사 초기의 품종은 부대기에 경작하는 육도(陸稻)인 밭벼였으나, 동남아시아의 하천을 따라 전파되면서 수도(水稻)인 논벼로 자리를 잡았다. 육도는 밭에 심는 벼를 뜻하고, 수도는 논에 물을 가두어 심는 벼를 의미한다.

오늘날 재배되고 있는 벼의 품종은 오리자 사티바와 오리자 글라베리마의 두 종류이며, 나머지는 야생벼로 남아 있다. 글라베리마는 아프리카 서부의 일부 지역에서만 재배되지만 생산성이 떨어져 사티바로 교체되고 있다. 사티바는 아시아를 중심으로 재배되고 있는데, 생산성이 뛰어나 아프리카 서부 지역을 제외한 세계 대부분의 지역에서 재배되고 있다. 사티바 품종은 알갱이의 형태와 맛에 따라 인디카(indica)와 자포니카(japonica)로 구분된다. 자포니카는 다시 온대 자포니카와 열대 자포니카로 구분하는데, 우리나라를 비롯해 중국 · 일본 · 이집트 · 이탈리아 · 미국 등의 온대지방에서는 짧고 둥글며 끈기가 있는 온대 자포니카를, 인도네시아 · 중국 남부 등의 일부 지역에서는 열대 자포니카를 재배하고 있다. 알갱이가 가늘고 길며 푸석거리는 인디카는 연중 고온다습한 지역에서 재배되는 품종으로 인도네시아의 일부 · 파키스탄의 아만 · 인도의 아우스 등에서 볼 수 있다. 우리가 쌀이 부족하던 시절에 맛을 본 '안남미'가 바로 그것이다. 안남은 베트남 중부지방을 가리킨다.

과거 한국인의 생활에서 쌀이 차지하는 비중은 거의 절대적이며 생존 그 자체이기도 했다. 우리에게는 쌀이 워낙 소중하고 부족했기 때문에 잡곡에도 '쌀'을 붙여서 쌀보리 · 쌀수수 등으로 불렀을 정도였다. 한민족은 쌀에 조상의 혼이 깃들어 있다고 믿었던 까닭에 단지에 넣어 조상처럼 섬겼다. 또한 쌀에는 신의 뜻도 깃들어 있다고 믿었다. 밥상 위에 쌀의 낟알을 뿌려 운수를 보는 '쌀점'은 그것에서 비롯된 것이다. 전통적으로 쌀은 우리 민족에게 재운이나 복의 상징이기도 했다. 정초 또는 가족의 생일에는 쌀을 집밖으로 내가지 않았다. 조상단지나 성주단지에서 꺼낸 쌀로 지은 밥을 머슴에게조차 주지 않고 집안 식구끼리만 먹었던 것도 같은 이치였다.

우리는 입쌀로 지은 밥을 '이밥'이라 부르는데, 이는 태조 이성계가 먹게 해주었다는 것에서 유래된 말이다. 또한 북한의 김일성이 1992년 신년사에서 모든 북한주민이 흰 쌀밥에 고깃국을 먹이는 것이 세기적인 염원이며 달성해야 할 목표라고 말할 만큼 쌀은 대단히 중요한 존재이다.

이와 같이 옛날에는 중요한 의미를 지녔던 쌀이 오늘날에는 그 의미가 변질되거나 퇴색되어 가고 있는 느낌이다. 우리나라는 2015년에 이르러 밀가루 소비량이 세계 1위가 되었다. 4천년 이상 계승되어 온 쌀 문화의 뿌리가 흔들리는 지경에 놓이게 된 것이다. 우리는 민족의 심성 가운데 가장 늦게까지 불변하는 것이 입맛이라는 사실을 되새겨 보아야 할 것이다. 우리 고유의 맛이 외래의 맛에 밀리고 있다. 음식문화의 세계화도 중요하지만, 화이부동(和而不同)함을 명심할 때이다.

(2) 풍토와 농업

여름 기간이 짧은 것은 농업에 큰 제약을 주나, 여름의 고온다우는 열대성 혹은 온대성 작물인 벼 · 쌀보리 · 고구마 · 목화 등의 재배를 가능케 한다. 우리나라는 기후조건상 이모작이 거의 불가능하고 논의 그루갈이는 전통적으로 중부 이남지방에, 가을보리는 멸악산맥 이남지방에 한정되어 있다. 또한 남부지방에서는 대체로 2년 4작, 강원도와 관서지방에서는 2년 3작, 관북지방에서는 1년 1작의 토지이용이 행해지고 있다. 그리고 산지가 많고 농경지가 협소

그림 1-57 계단식 경작을 하는 보성 차밭과 남해 다랭이 마을

하여 평지는 거의 개간되고, 경사가 비교적 급한 산록까지 인위적으로 평탄면을 만들어 이른바 계단경작을 하고 있다. 경남 남해군의 다랭이 마을과 전남 보성의 차밭이 대표적인 예이다(그림 1-57). 근래에는 농경지의 확장을 위하여 고랭지의 개척과 해안 간척사업이 활발히 진행되고 있어 우리의 국토면적을 넓혀 나가고 있다.

각종 농작물의 수확기인 가을철의 건조한 기후는 농작물의 품종과 결실을 좋게 하는 결과를 가져오나, 파종기인 봄철의 건조한 기후는 오히려 불리하며, 경우에 따라서는 작물의 파종기와 벼의 모내기를 놓치게 하는 수도 있다. 벼농사에서 모내기는 그해의 작황을 결정짓는 관건이 된다. 모내기철의 가뭄은 물대기 쟁탈전으로 발전하여 매년 예외 없이 다수의 희생자를 낼 정도로 심각한 적도 있었다. 우리나라에서는 물을 절약하기 위하여 여러 농가가 공동으로 못자리를 만드는 것이 통례이고 또 가뭄이 계속될 때에는 논의 물이 증발하는 것을 막기 위해 논 전체를 풀 등으로 덮어 대처하는 광경도 흔히 볼 수 있었다. 그뿐만 아니라 모내기 후에도 밤낮의 기온차가 비교적 크므로 낮에는 얕게 물을 대며 밤에는 깊게 대줌으로써 벼의 발육을 촉진시키는 세심한 관리와 주의가 뒤따랐다.

가을에 겨울작물을 심은 밭이랑은 아무런 규칙성이 없어 보이나, 이것을 자세히 관찰해보면 지형의 제약을 받지 않는 한 대부분의 두둑이 동서방향임

을 알 수 있다. 이것은 겨울철의 한랭한 북서계절풍을 막기 위한 것이다. 또 농작물은 이랑이라고도 불리는 두둑과 두둑 사이의 낮은 고랑에 파종되고 있음을 알 수 있거니와 이것 역시 높은 두둑이 방풍 역할을 하는 동시에 건조기에 견딜 수 있도록 고안된 경작법이다. 습도가 높은 일본에서는 오히려 낮은 고랑을 피하여 높은 두둑 위에 파종한다.

한편, 밭을 갈 경우에 가축이 사용됨은 주지의 사실이나, 북부지방에서는 과거 두 마리의 소가 끌고 중남부지방에서는 한 마리의 소가 끄는 것을 흔히 목격할 수 있었다. 이러한 차이는 북부지방이 남부지방보다 건조하므로 깊게 심는 심경(深耕)의 필요성이 있으며 토양 속에 자갈이 섞인 척박한 토질 때문이었다. 그러나 오늘날 농촌의 지역생태는 농업의 기계화와 영농의 과학화 등으로 많은 변화를 보게 되었다.

북한이 주체농법의 일환으로 장려한 '다락밭 정책'도 원래 취지와는 달리 많은 문제점이 있는 것으로 드러났다. 대부분이 산악지대인 북한에서 농지를 확보하기 위해 개간된 것이 다락밭이다. 원래 다락밭에는 다년생식물을 심어 바람에 견디도록 하고 토사유실도 방지해야 하지만, 북한은 많은 비료를 필요로 하는 1년생 옥수수를 재배해 왔다. 이에 따라 집중 호우 때마다 토사유실이 발생하고 있다. 최근 연이은 북한 지방의 대홍수도 다락밭 개간으로 산림이 황폐해진 것과 관련이 있는 것으로 알려졌다. 1999년부터 북한은 주체농법의 변화를 모색하고 있다. 사실 북한의 식량난을 해결하기 위해서는 자연환경의 측면에서 볼 때 옥수수보다는 부양력이 큰 고구마와 감자를 재배하는 것이 현실적 대안일 것이다.

주체농법은 북한의 기후와 풍토에 맞게 농사를 짓는 것으로 적합한 땅에 적절한 시기에 맞추어 경작한다는 적지적작(適地適作)과 적기적작(適期適作)을 원칙으로 하고 있다. 적지적작의 원칙은 토양과 기후조건에 따라 곡물을 파종하는 것을 뜻하고, 적기적작은 계절 변화와 농작물의 생육에 따라 영농시기를 택하는 것을 뜻한다. 주체농법은 결국 제한된 경지면적에서 최대한의 성과를 거두기 위한 방법이다. 그 동안 북한은 밀식(密植)을 장려했다. 밀식이란 작물을 심을 때 간격을 촘촘하게 심어 수확량을 늘리는 농법을 뜻한다. 그러나 밀

그림 1-58 산림황폐와 토양유실의 원인이 되는 북한의 다락밭

식은 농작물의 통풍과 광합성 작용을 저해하고, 병충해 방제가 어려우며 영양분의 흡수장애를 초래하는 등 많은 부작용을 낳았다. 이러한 문제점이 많은 북한 사람들을 굶주리게 하는 이유인 것이다. 전술한 바와 같이 북한의 국가적 목표가 모든 북한주민이 흰 쌀밥에 고깃국을 먹이는 것이라고 할 만큼 만성적 식량부족에 허덕이고 있다.

|참|고|문|헌|

강철성, 1996, "동양종교에 비쳐진 자연환경에 대한 소고." 지리학논총, 22, 249-252.

______, 2003, 기후와 인간생활, 다락방.

권혁재, 1973, "우리나라 하천의 유황과 하천지형," 지리학회보, 6, 1-9.

______, 1996, 한국지리: 우리 국토 전체의 자연과 인문, 법문사.

______, 2007, 우리 자연 우리의 삶, 법문사.

고견성, 1938, "조선농민과 만주국의 산업개발," 在滿朝鮮人通信, 51 52 합병호, 30-36.

김덕현, 1999, "유교의 자연관과 퇴계의 山林溪居, 문화역사지리, 11, 33-51.
김부성 · 남영우, 2018, "Klaproth의 삼국통람도설 프랑스 번역본의 출간 경위, 한국지도학회지, 18(1), 15-28.
김부찬, 2007, "이어도 및 이어도 주변수역의 해양법적 지위," 이어도 2007년 정책토론회, 1-22.
김연옥, 1985, 한국의 기후와 문화, 이화여자대학교 출판부.
김의원, 1984, 국토이력서, 매일경제신문.
김일평, 1996, "21세기의 세계와 한국문화," 이십일 세기와 한국문화, 나남출판, 161-180.
김정환, 1994, 김교신: 그 삶과 믿음과 소망, 한국신학연구소 편, 2003, 성서조선, 한국신학연구소.
김준봉, 2014, 온돌과 구들 문화, 어문학사.
나유진, 2013, 두모계 지명의 분포와 취락입지, 고려대학교 대학원 석사학위논문.
남영우, 1992, "일제 참모본부 간첩대에 의한 병요조선지지 및 한국근대지도의 작성과정" 문화역사지리, 4, 77-96.
______, 1996, "고지명 '두모' 연구," 지리교육논집, 36, 116-125.
______, 1997, "두모계 고지명의 기원," 대한지리학회지, 32, 479-490.
______, 2000, "도시문명의 발생과 지절률," 대한지리학회지, 35(3), 427-435.
______, 2012, 한국인의 두모사상, 푸른길.
______, 2012, 일제의 한반도 측량침략사, 법문사.
______, 2018, 땅의 문명, 문학사상.
노계현, 2006, 간도 영유권 분쟁사, 한국연구원.
대한민국 외교통상부, 2004, 동해: 2000년 동안 사용된 지명 동해.
박지향, 2003, 일그러진 근대, 푸른역사.
박태순, 1986, "자연과 국토 그리고 인문주의 정신," 사상과 정책, 3, 경향신문사, 19-28.
배진수 · 윤지훈, 2008, 세계의 영토분쟁 DB와 식민침탈 사례, 동북아역사재단.
서울연구원 도시정보센터, 2019, 서울인포그래픽스, 289호.
송원오, 1984, "Socotra Rock에 관한 소고," 대한토목학회지, 32(3), 45-80.
안수한, 1995, 한국의 하천, 민음사.
양보경, 1994, "조선시대의 자연인식체계," 한국사시민강좌, 14, 일조각, 70-97.

외교통상부, 1999, 파랑도(이어도)와 한중어업협정.

윤병석, 2003, 간도역사의 연구, 국학자료원.

이기동, 1994, "현대 한국사회와 풍수지리설," 한국사시민강좌, 14, 일조각, 123-134.

이기백, 1994, "한국 풍수지리설의 기원," 한국사시민강좌, 14, 일조각, 1-17.

이기석, 2014, "미국정부의 독도명칭 표기문제," 동해와 독도 정책토론회, (사)한국영토학회, 1-11.

이기석 · 이옥희 · 안재섭 · 남영, 2012, 두만강 하구 녹둔도 연구, 서울대학교출판문화원.

이남영, 1986, "동양의 자연과 인간관: 도가사상을 중심으로," 사상과 정책, 3, 경향신문사, 44-52.

이상균, 2014, 동해와 독도, 동북아역사재단.

______, 2016, 19세기 일본지도에 독도는 없다, 북스타.

이상태, 2014, "일본해가 밀어낸 동해," 동해와 독도 정책토론회, (사)한국영토학회, 21-41.

이숭녕, 1994, 한국의 전통적 자연관, 서울대학교 출판부.

이용석, 1998, 동족촌의 입지와 공간구조: 경북 봉화군을 사례로, 고려대학교 대학원석사학위논문.

이지호, 1984, "한국의 풍토와 생활양식," 한국의 인구와 취락연구, 서울대학교 사범대학 지리교육과, 125-136.

이한기, 1996, 한국의 영토, 서울대학교 출판부.

이훈구, 1932, 만주와 조선인, 숭실전문학교 경제학연구실.

임은진 · 이경택, 2015, "현행 동해명칭에 대한 대국민 의식조사," 한국해양포럼 창립기념 학술토론회, 한국해양포럼, 17-23.

장보웅, 1981, 한국의 민가연구, 보진제.

정성화 · 로버트 네프, 2008, 서양인의 조선살이, 푸른역사.

정수일, 2001, 고대문명교류사, 사계절.

정치영, 2006, 지리산지 농업과 촌락 연구, 고려대학교 민족문화연구원.

조선일보, 2003, "인디언에게 배운다," 4월 18일자.

최영준, 1997, "동족촌의 구조적 특성과 분화," 국토와 민족생활사, 한길사, 341-376.

최장근, 1998, 한중국경문제연구, 백산자료원.

최창조, 1984, 한국의 풍수사상, 민음사.

______, 1990, 좋은 땅이란 어디를 말함인가: 한국풍수의 이론과 실제, 서해문집.

한국자연지리연구회, 2000, 자연환경과 인간, 한울아카데미.

한문희 · 손승호, 2015, 대마도의 진실, 푸른길.

홍일식, 1996, "문화영토론의 회고와 전망," 이십일 세기와 한국문화, 나남출판, 355-381.

金思燁, 1979, "古代朝鮮語と日本語," 古代日本と朝鮮文化, 東京, 808-823.

別技篤彦, 1975, 服裝の地理, 玉川大學出版部, 東京.

篠田治策, 1938, 白頭山定界碑, 楽浪書院, 東京.

山邊健太郎, 1965, "竹島問題の歷史的考察, コリア評論社, 東京.

日本外務省, 2006, 日本海歷史的概觀.

朝鮮總督府, 1935, 朝鮮の聚落.

中嶋嶺雄, 1988, 21世紀は日本 · 臺灣 · 韓國だ, 三笠書房, 東京.

BBC World Service and EAI, 2014, 한국이 본 세계와 세계가 본 한국의 이미지, EAI 여론브리핑 제40호.

Bishop, I.B., 1897, *Korea and Her neighbors: A Narrative of Travel, with an Account of the Recent Vicissitudes and Present of the Country*, 신복룡 역, 2000, 조선과 그 이웃 나라들, 집문당.

Bunge, W., 1966, *Theoretical Geography*, The Royal University of Lund, Lund.

Clark, J.L., 1985, Thus Spoke Chief Seattle: The Story of an Undocumented Speech, *Quarterly of the National Archives and Records Administration*, 18(1), 1-6.

Cox, H., 1984, *Religion in the Secular City*, Simpson & Shuster, New York.

Cox, H., 2010, *The Future of Faith*, Harper One, New York.

de Blij, H.J., 2005, *Why Geography Matters: Three Challenges Facing America*, 유나영 역, 2007, 분노의 지리학: 공간으로 읽는 21세기 세계사, 천지인.

Diamond, J., 1997, *Guns, Germs, and Steel*, 김진준 역, 1998, 총, 균, 쇠, 문학사상사.

Hughes, J.D., 1975, *Ecology in Ancient Civilizations*, 표정훈 역, 1998, 고대문명의 환경사, 사이언스북스.

Huntington, E., 1927, *The Human Habit*, D. Van Norstrand Co., New York.

______, 1915, *Civilization and Climate*, Yale University Press, New York.

Huntington, S.P., 1992, *The Clash of Civilizations*, 이희재 역, 1997, 문명의 충돌, 김영사.

Isaac, E., 1970, *Geography of Domestication*, Prentice-Hall, Englewood Cliffs.

Jennings, R.Y., 1963, *The Acquisition of Territory in International Law*, Oceana Publications, New York.

Lee, H.K., 1932, *Korean Migrants in Manchuria*, Geographical Review, 22(2), 196-204.

Marsh, G.P., 1965, *Man and Nature: or, Physical geography as modified human action*, 홍금수 역, 2008, 인간과 자연, 한길사.

Müller, H., 1998, *Das Zusammenenleben der Kulturen*, 이영희 역, 1999, 문명의 공존, 푸른숲.

Nisbett, R.E., 2003, *The Geography of Thought*, 최인철 역, 2004, 생각의 지도, 김영사.

Nye, J., 1989, "Studying World Politics," *Journeys Through World Politics: utobiographical Reflections of Thirty-four Academic Travelers*, Joseph Kruzel and James N. Rosenau,(eds), Lexington Books, Lexington, MA.

Pearcy, G.E. and Fifield, R. H., 1948, *World Political Geography*, Thomas Y. Crowell Co., New York.

Rushton, J.P., 1995, *Race, Evolution and Behavior: a life history perspective*, Transaction Publication, London.

Side, E.W., 1978, *Orientalism*, Vintage Books, New York.

Zhang, D., *et al.*, 2007, Global climate change, war and population decline in recent human history, *PNAS*, 104(49), 19,214-19,219.

|연|습|문|제|

1. 대한민국 헌법 제3조에 대해 생각해 보자.
2. 각자의 국토관을 체계적으로 정립하여 피력할 것.
3. 독도의 지정학적 중요성에 대하여 논할 것.
4. 서태평양시대에서 문명의 중심이 어디로 이동할 것인지 생각해 보자.
5. 간도와 녹둔도가 지닌 의미에 대해 논할 것.
6. 국토예찬론을 나름대로의 시각에서 전개해 볼 것.
7. 우리나라 문화에 자연환경이 미친 영향에 대하여 구체적 사례를 들어 논할 것.
8. 우리 주변에서 두모계 지명을 찾아 조사해 볼 것.
9. 만약 한민족과 일본민족이 서로 국토를 바꿔 산다면 어떤 일이 벌어질지 상상해 볼 것.

| 제 2 장 |

한국 민족의 문화적 특징

우리 민족이 언제 형성되었고 또 언제부터 이 땅에 살게 되었는지 학습하는 것은 우리의 정체성을 찾는 일이기도 하다. 아울러 본장에서는 우리 문화의 특징을 살피고, 국토에 각인된 지명을 살펴 그 의미를 음미해보도록 하겠다. 그리고 우리의 국토에서 살아오면서 지형순화와 기후순화를 하면서 형성된 한국인의 지역감정의 실체를 파악해 보기로 한다.

key words

한민족, 배달겨레, 민족성, 민속, 언어, 방언권, 종교, 지명, 지역감정, 지역갈등.

2.1 한국 민족의 원류

1 한국 민족의 기원과 형질

(1) 한민족의 기원

우리 민족이 이 땅에서 언제부터 살게 되었는지, 그리고 그들은 어디에서 이동해 온 어떤 종족인지는 지금까지 명쾌하게 밝혀지지 않았거니와 앞으로도 그에 대한 해답은 얻기 어려울 것 같다. 왜냐하면, 너무 오랜 시간이 흘러서 그 사실 자체가 추적하기 어려운 미궁에 빠져 있기 때문이며, 아무도 그에 관한 결정적 학설을 내세우지 못할 것이기 때문이다.

한민족으로서의 민족의식이 언제, 어떤 경로로 형성되었는가에 대해서는 다양한 학설이 존재한다. 크게는 근대 이전에 형성되었다는 전근대형성설과 근대 민족국가의 수립 과정과 더불어 형성되었다는 근대형성설로 나뉘는데, 전근대형성설은 다시 신라의 삼국통일을 계기로 형성되었다는 학설, 발해 유민까지 통합한 고려 건국을 계기로 형성되었다는 학설, 몽골 침략을 겪으면서 높아진 민족의식을 배경으로 조선의 건국을 계기로 형성되었다는 학설 등으로 나뉜다. 삼국시대에는 각국의 주민 간 교류가 있었으나 한 집단으로서의 민족의식은 신라의 삼국통일 이후 신라 조정에 의해 만들어졌으며, 그래도 여전히 민중 사이에는 각기 삼국의 백성이라는 의식이 퍼져 있었으나 고려 건국 이후 비로소 공통된 민족의식이 확립되었다는 학설이 정설에 가깝다고 알려져 있다(노태돈, 1997).

그러나 최근 과학발달로 모계 DNA 분석으로 종족간 식별이 가능해지고 있다. 이미 밝혀진 바와 같이 한반도에는 약 55만 년 전에 해당하는 전기 구석기시대가 있었고, 또 그 당시의 유적과 유물이 충북 청주시 강외면 만수리 유적지에서 발굴된 바 있다. 그리고 10만 년 전의 중기 구석기시대의 유적과 유물도 발견되고 있다. 그런가 하면 1~4만 년 전의 후기 구석기시대의 문화유적과 유물도 있다. 이 사실은 그 시대에 한반도에 인류가 거주하고 있었음을 의미하는 것이다. 그러나 그들이 우리 민족의 기원이라는 데에는 부정적 견해가 강하다. 구석기시대라는 장구한 기간은 자연과 인간이 변화할 수 있는 충분한 시간이라고 생각되기 때문이다.

이 땅에는 4~5천 년 전 신석기시대가 시작되면서 처음으로 토기가 등장해 약 3천 년 전부터 토기문화에 변화가 오면서 청동기시대가 시작되었다. 연대가 조금 더 내려오면서 당시의 주민들은 빗살무늬토기가 아닌 민무늬토기를 사용하기 시작했다. 이들은 그 이후에도 철기문화와 역사시대로 연결되었기 때문에 오늘날 한민족의 형성에 근간이 되는 주민으로 추정된다. 이들이 북방으로부터 이동해 왔음은 의심의 여지가 없다. 북쪽으로부터 위도가 낮은 한반도 쪽으로 인류가 4~5천 년 전 경에 유입하기 시작했다는 사실은 고기후(古氣候) 변동과 관련 하에서 매우 깊은 암시를 우리에게 던져주고 있다.

신생대 제4기 이후의 후빙기 중에서, 지금으로부터 약 6천 년 전의 기후는 현재보다 2~3°C 정도 높았다. 그 때를 정점으로 하는 기후의 온난시대는 거의 세계 전역에 걸친 현상이었음이 밝혀진 바 있다. 이 시대를 기후최적기 또는 후빙기 고온기라 부른다. 그러나 지금으로부터 약 5천 년 전 경부터 최난기(最暖期)는 끝나고 다시 한랭하게 되었으며, 기원을 전후하여 기온의 최저기가 있었다. 이 시기를 유럽에서는 후빙기 철기시대에서 역사시대 초기의 한기(寒期)라 부르는데, 이와 같은 후빙기의 기후변화는 유럽뿐만 아니라 아시아의 여러 지역에서도 인정된다는 사실이 밝혀진 바 있다. 이것을 한반도까지 연장해 적용하는 것은 무리가 아닐 것이다.

이상에서 설명한 고고학적 사실과 고기후학적 현상에서 대체로 다음과 같은 추리가 가능할지도 모를 일이다. 즉 아시아 대륙의 동북방에 거주하던 비교적 고도의 문화수준을 지닌 종족이 점차 한랭해지는 기후를 피해 한반도 부근으로 서서히 이동했을 것이라는 점이다. 그리고 척박하고 조악한 자연환경 하에서의 가족제도는 모계사회를 이루었을 가능성이 높다. 모계사회(母系社會)에 관한 결정적 학설은 없으나, 종족번식이 중요하던 원시사회에서 여자들은 더 강한 남자의 유전자를 원했다. 채집사회에서 성인남자들이 맡은 성공확률이 낮은 사냥보다 여자들이 맡은 채집의 성공확률이 높았기 때문에 사회 속의 집단이 어머니를 중심으로 구성되는 것이 당연했다.

북방족은 당시 이미 한반도에 거주하고 있던 기존 주민들을 구축하거나 동화시켜 오늘날의 한민족의 기원을 이루었으리라는 추측이 가능하다. 아무튼 한민족의 체질 속에는 북방계의 고(古)아시아적 요소와 퉁구스적 요소, 한족(漢族)의 요소가 혼재해 있으며, 여기에 남방계의 요소가 결합되었다. 고아시아족의 유전인자 중에서 서양인종적 요소도 섞여 있었을 것이다. 왜냐하면 B.C. 13세기 무렵에 형성된 시베리아 남부의 카라스크 청동문화 속에는 안드로노보의 백인문화가 혼합되었을 가능성이 높기 때문이다. 카라스크인은 알타이산맥 일대에서 북상한 퉁구스족으로서 후에 한반도로 들어온 청동기인들의 모체가 된 집단이다. 그 다음에 이어진 타가르 문화는 B.C. 200년경 중앙아시아의 스키타이 문화가 가미되어 오르도스 문화를 만들었고, 그 이후 타가르 · 스키타이 · 오르도스 청동문화가 우리의 고대민족인 예맥족이 형성한 문화일 것으로 추정된다.

M. Karmin 등(2015)과 I.A. Zakharov-Gezekhus 등(2011)의 알타이족 Y염색체에 대한 분석에 의하면, [그림 2-1]에서 보는 것처럼 바이칼호를 중심으로 알타이산맥과 몽골고원 일대의 동아시아를 비롯한 중앙아시아와 아메리카 대륙에 30% 이상 분포하는 것으로 보아 이들이 약 35,000년 전에 같은 조상으로부터 기원했음을 알 수 있다. 이 그룹에 속하는 인류를 하플로그룹(Haplogroup)이라 부르는데, 그 중 하플로그룹 C2는 인류 Y-염색체 DNA 하플로그룹의 일종으로 몽골족과 카자흐족에서 대표적으로 나타나며, 퉁구스계 민족에서도 보통 수준의 빈도(10% 이상)로 나타난다. 이들은 알타이어계와 고아시아어계의 언어를 사용한 것으로 추정된다. 이것으로 알타이족에 속하는 민족의 분포가 매우 광역적임을 알 수 있다. 알타이족이란 알타이 어족(語族)을 구성하는 여러 민족을 통틀어 이르는 말로 튀르크족 · 몽골족 · 퉁구스족 · 만주족 · 일본족 등이 이에 속한다. 금(金)을 뜻하는 '알타이(Altay)'라는 명칭은 이들 언어를 사용하던 민족이 분열하기 전의 원주지가 알타이산맥 부근이었다

그림 2-1 하플로그룹 C2(Y염색체)의 분포

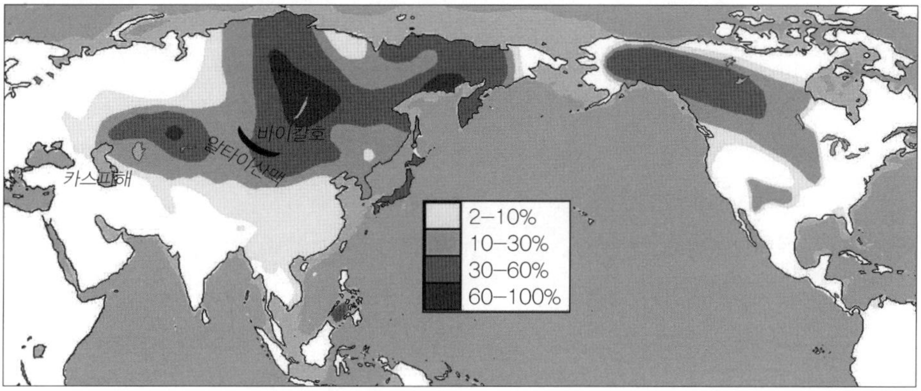

출처: Wikimedia Commons[Haplogrupo C3 (ADN-Y).PNG].

는 가설에서 유래한 것이다.

알타이족의 모계(母系) DNA를 분석해 보면, 유골의 뼈에서 미토콘드리아 DNA를 추출할 수 있는데, 일반적으로 세포핵에 들어 있는 DNA는 부계와 모계 유전자가 모두 섞여 있지만, 미토콘드리아에는 모계 유전자만 있어 인류의 기원을 찾는 연구에 주로 이용된다. 미토콘드리아 DNA는 부모 양쪽이 절반씩 섞이는 세포핵의 DNA와 달리 어머니에서 자식으로 거의 변형되지 않고 전달되므로 민족 간의 유사성을 알게 해준다. 미토콘드리아에 대한 분석 결과, 청동기시대의 유골은 모두 아시아계 DNA 혈통으로 나타났다. 반면 철기시대 유골은 유럽인과 아시아인의 DNA가 거의 절반씩 섞여 있었다. 현재 중앙아시아인들도 유럽과 아시아인의 DNA가 섞인 형태를 보인다.

이를 두고 그동안 학계에서는 유럽인의 동진(東進), 또는 아시아인의 서진(西進)의 결과인지를 두고 논란을 벌여왔다. I.A., Zakharov-Gezekhus 등(2011)의 분석 결과, 알타이산맥에 살던 아시아계 원주민의 팽창이라는 해석을 내놓았다. 즉, 아시아계 원주민이 스키타이의 앞선 문명을 받아들여 발전하면서 서쪽으로 진출해 서양인과 섞이게 됐다는 것이다. 철기시대 유골 DNA의 특징이

그림 2-2 알타이족의 모계 DNA 분석결과 비교

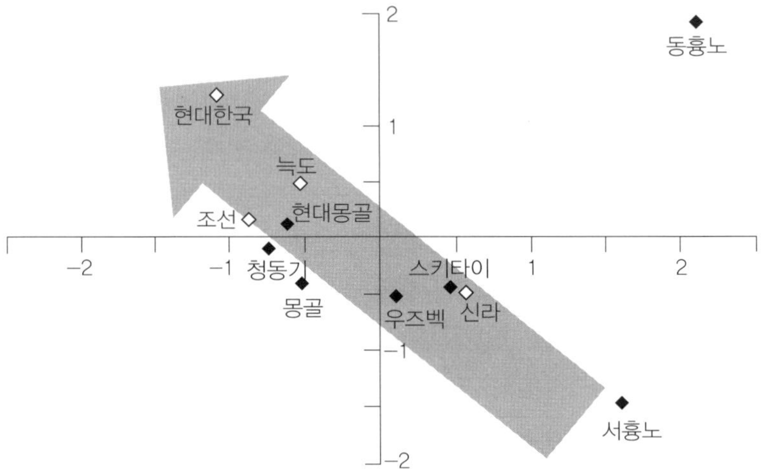

출처: 김욱 · 김종열(2005), KBS(2010) 내용을 일부 수정.

그전 시대 유골의 DNA와 흡사한 것이 증거로 제시되었다.

[그림 2-2]에서 알 수 있는 것처럼 신라와 스키타이인이 알타이족의 모계 DNA에서 거의 동일함을 알 수 있으며, 고대 한민족과 중세 및 현대 한민족의 형질이 변화하고 있음을 간파할 수 있다. 이것으로 신라와 스키타이 문화가 유사했던 이유를 알 수 있을 것이다. 실제로 바이칼호 주변에 거주하면서 순수혈통을 유지해온 브리야트족의 DNA가 한민족과 일치하는 것으로 보아, 우리 민족은 바이칼호 일대로부터 분파된 민족이며 고대로부터 현대에 이르기까지 형질이 변화해 온 민족임을 알 수 있다.

여기서 우리가 주목할 것은 그들이 따뜻한 남쪽 땅을 찾아와 한반도에 정착했다는 점이다. 문화를 삶의 총체적 양식이라고 정의할 때, '따뜻한 남쪽 땅'이란 그들의 원형적 사고관념은 이후 우리 민족의 모든 문화영역에서 지대한 영역을 미치게 되었다. 그리고 그들은 자연을 투쟁해야 할 대상으로 삼지도 않았으며, 그와 반대로 자연에 굴복하여 문명 이전의 야만상태로 복귀해 버린 것도 아니었다. 한반도에는 이집트 혹은 메소포타미아나 중남미에서 볼 수 있는 피라미드나 지구라트와 같은 거대한 인공조형물을 만들지 않았거니와 만들 필요성도 느끼지 못했다. 그들은 인간과 자연의 조화를 꿈꾸었고 어떤 면에서는 인간과 자연의 일체화를 시도했다고 볼 수 있다.

(2) 한국 민족의 형질

일반적으로 흑인종 · 황인종 · 백인종으로 분류되는 인종은 사람의 체질과 유전형질에 따라 분류되는 것으로 피부색 · 얼굴면적 · 코 · 머리카락 · 체모 · 키 등으로 식별된다. 인류는 중석기시대로부터 신석기시대에 걸친 변동의 시기에 서식지의 자연환경의 영향을 받아 인종이 분화한 것으로 추정된다.

한민족은 세계의 인종분류상 황인종, 즉 몽골인종(Mongoloid)에 속하며, 그 특색은 목이 비교적 가늘고 긴 편이고 척추신근군의 발달이 탁월하여 자세가 바르거니와 다리가 짧지 않아 비교적 균형 잡힌 몸매를 갖추고 있다. 그뿐만 아니라 한민족은 강건한 체구를 가지고 있어 사지도 튼튼하고 일본인이나 중국인에 비해 훨씬 세력적이며 용감한 정신을 지니고 있다. 얼굴은 몽골인종의 특징대로 넓고 긴 편이지만, 그 윤곽은 뚜렷한 편이 아니다. 그리고 머리는 단두(短頭)이며 동시에 고두(高頭)인 점이 특징이다. 일반적으로 두골의 형태인 두지수(頭指數) 혹은 머리너비지수는 다음과 같이 계산된다.

$$\text{두지수(머리너비지수)} = \frac{\text{단경}}{\text{장경}} \times 100$$

즉 두지수는 머리를 위에서 내려다보았을 때, [그림 2-3]에서 보는 것처럼 좌우의 단경과 전후의 장경의 백분비를 뜻한다. 이 경우, 두지수가 81.0~85.9에 해당하는 두골을 원형에 가까운 단두(短頭)라 하며, 71.0~71.9는 타원형의 장두(長頭), 76.0~80.9는 중두(中頭)라 부른다. 대체로 장두는 지중해 연안과 유럽에 분포하고, 단두는 중앙아시아에서 바이칼호와 몽골 일대에 퍼져 있다. 또 고두(高頭)란 귓구멍으로부터 머리끝까지의 높이, 즉 고경이 긴 것을 뜻한다. 한민족의 고경은 타 인종보다 긴 것이 특색이며, 한민족이 12.3~13.6cm

그림 2-3 두골의 형태측정과 유형

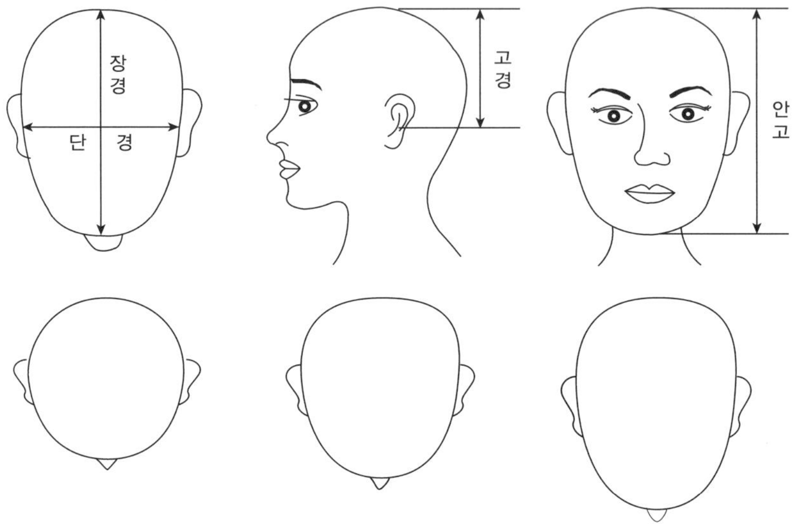

인데 비해 다른 몽골인이나 퉁구스인의 고경은 12.0~12.3cm이고, 중국인은 12.4~12.5cm인 것으로 알려져 있다. 우리나라에서는 고경이 북부, 남부, 중부의 순으로 높게 나타난다.

한민족의 단두는 전후의 길이, 즉 장경이 짧은 데서 유래하며, 다른 지방에서 나타나는 것처럼 두골의 폭이 넓지 않아 특이한 존재이다. 그리고 우리나라에서는 남부지방과 북부지방의 양쪽 지방에서 단두도가 강하고 평안남도에서 충청남도에 이르는 중부지방에서는 약하게 나타난다. 우리나라에서는 전라남도 주민의 머리 장경이 가장 짧게 나타난다(그림 2-4).

두골이 앞짱구와 뒤짱구의 형태를 보이는 장두는 백인종과 흑인종에서 심하게 나타난다. 중국인은 대체로 중두이며 일본인도 대체로 중두 내지 약한 단두이지만, 오사카와 나라를 포함한 긴키 지방과 서쪽의 시코쿠 및 주고쿠 지방에 이르는 지역은 단두가 탁월하게 나타난다. 이는 고대 한민족의 일본이주와

그림 2-4 한민족의 두지수 분포

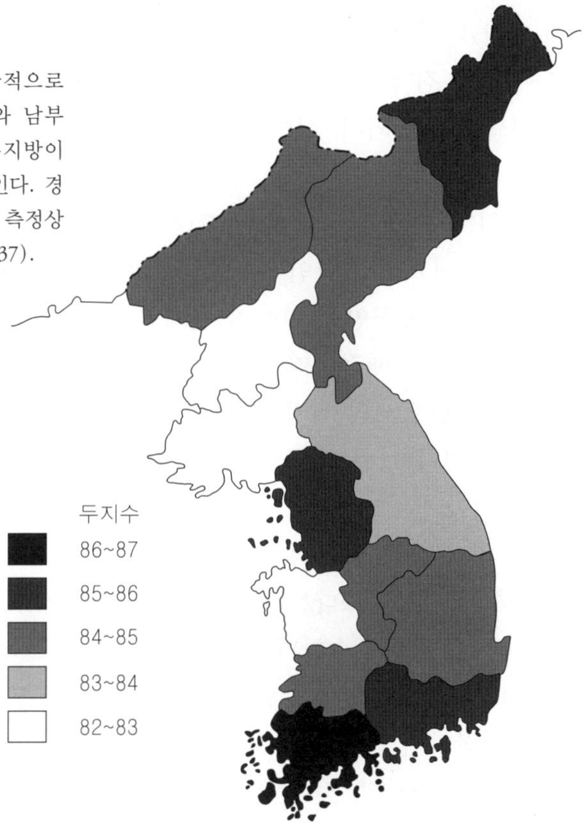

우리 민족은 전반적으로 단두이지만 북부와 남부지방이 높고 중부지방이 낮은 지역차를 보인다. 경기도가 높은 것은 측정상 오류이다(上田, 1937).

관련된 것으로 풀이된다. 또 만주족과 퉁구스족도 단두 내지 초단두(超短頭)를 나타낸다.

과거와 현재의 한국인 두지수를 비교한 연구결과(고기석 외 5인, 2001)에 의하면, 최근까지 두지수는 점차 머리의 장경과 단경 모두 시간이 지남에 따라 더 길어지지만 단경의 증가폭이 더 높아지고 있음이 밝혀졌다. 또한 두지수의 증가는 시대에 따른 신장의 증가와 유사한 양상을 보였으며, 이러한 현상은 남자보다 여자에게서 더욱 뚜렷하게 나타났다. 이와 같은 결과를 토대로 머리의 형태에 영향을 주는 여러 가지 요인들 중에서 신장이 두지수에 비교적 큰 상관관계를 갖는다는 것을 확인할 수 있었고, 이는 결국 영양상태가 호전되어 신장이 커짐에 따라 머리가 단경 쪽으로 더 넓어지고 있다는 것을 뜻한다. 두지수가 지난 1세기 간 점차 증가하다가 최근에 감소하는 것은 한국인과 일본인의 공통된 특정으로 추정되며, 이마 뼈의 형태변화와도 연관이 있는 것으로 보인다.

그리고 얼굴의 길이를 나타내는 안고(顏高)는 남자가 18.7~19.3cm, 여자가 17.5~18.3cm로 비교적 고안인 셈이다. 이와 같이 우리의 얼굴은 길이와 폭이 긴 것이 특색이며, 몽골인에 비하면 전체적으로 더 긴 편이다. 한민족의 얼굴은 북방계의 형태가 지배적이지만 남방계의 형태도 적지 않게 섞여 있다. 오늘날에는 북방계와 남방계의 피가 섞여 구분이 어렵지만, 특히 눈의 쌍꺼풀과 체모(體毛)에서 차이가 나는 경향이 있다. 추운 지방에서는 털이 얼어붙으므로 체모가 퇴화된다.

한편, 한국인의 신장은 일반적인 몽골인이나 퉁구스인과 비슷하나, 화중·화남지방의 한족인 중국인보다는 비슷하거나 약간 작고 일본인보다는 크며, 세계 전체로는 중간 정도에 속한다. 그러나 입영자원(20~25세)인 장정들의 평균 신장은 1970년대 이후 경제가 발전함에 따라 육류 및 유제품 섭취가 크게 늘면서 빠르게 성장하여 한국이 아시아에서 가장 크다. 17세 한국남자의 평균 신장은 1965년 163.7cm이던 것이 50년이 지난 2015년 173.2cm로 9.5cm나 커졌다.

같은 한민족이라 할지라도 신장의 지역적 차이가 나타난다(그림 2-5). 즉 일제강점기 북부지방인 함경도와 평안북도 주민들의 신장이 훨씬 크고 충청남도와 전라북도 주민들이 작다. 최근 청년층 남자의 신장 통계를 보면, 북한은 영양결핍으로 세계에서 가장 신장이 작지만, 남한의 경우 여전히 남부지방으로 갈수록 신장이 작게 나타났다. 이에 비해 일제강점기 일본의 경우, 고대 한민족의 일본 이주지역으로 알려진 긴키지방을 비롯하여 북부 규슈지방으로부터 시코쿠 및 주고쿠지방에 걸친 지역의 주민들은 타 지역에 비해 신장이 크다.

그림 2-5 한국인과 일본인 신장의 지역적 차이

신장은 일제강점기의 징병검사를 위해 계측된 장정의 평균값이다(上田, 1937).

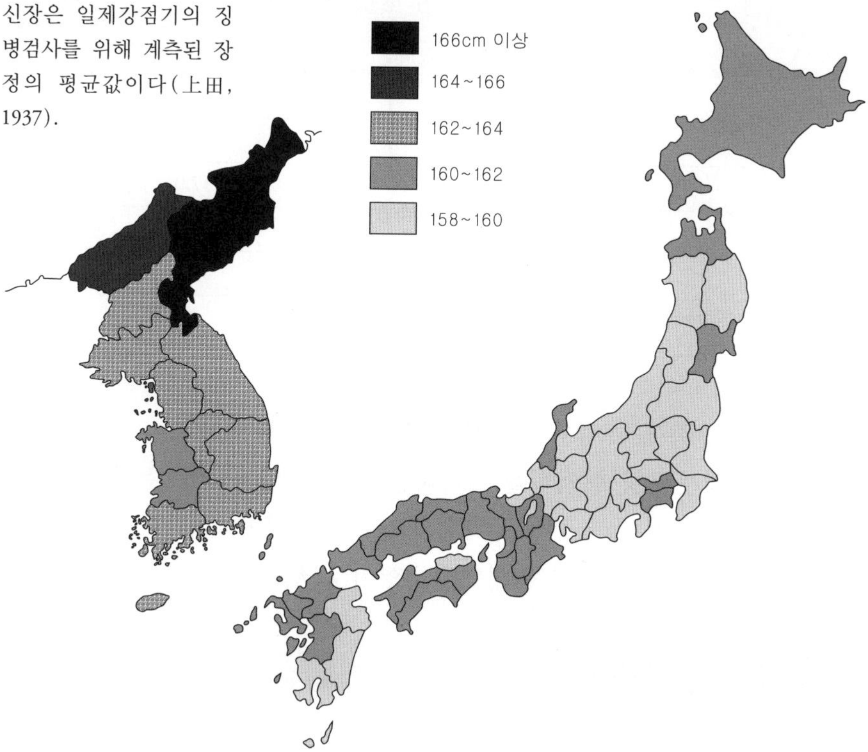

또한 인종 결정의 기준 중 하나인 혈액형의 구성을 보면, A형 34%, O형 28%, B형 27%, AB형 11%의 순이다. 한민족은 한족과 더불어 유독 B형 혈액형이 많은 편이다. 다음 〈표 2-1〉에서 보는 것처럼 혈액형과 인종계수로 볼 경우, 북부지방의 주민은 만주족에 가깝고 남부지방 주민은 일본인과 연결되는 경향을 보인다. 일본인은 우리 민족보다 A형이 더 많고, 만주족은 B형이 더 많다. 그리고 인종계수는 일본인이 1.78로 한국인보다 높은데, 당시 일본인의 인종계수의 평균치는 1.53(서울거주 일본인 1.78)이었고, 한국인은 1.07이었다. 일본은 인종계수가 낮을수록 유색인종에 가깝다는 학설에 근거하여 어리석게

표 2-1 일제강점기 한국인과 서울거주 일본인의 혈액형 비교

조사지방	혈 액 형				인종계수*
	AB	A	B	O	
평안북도	7.6	27.4	34.5	30.5	0.83
경기도	7.1	32.8	32.8	27.3	1.00
충청북도	12.5	36.6	33.0	17.9	1.08
전라남도	12.9	41.5	15.7	19.9	1.41
서울거주 일본인	7.8	42.2	20.6	29.4	1.78

* 생화학적 인종계수=A형 인자(A+AB)/B형 인자(B+AB)
출처: 桐原 · 白麟(1922), p.4.

도 자신들을 백인종에 가까운 우수한 민족이라 자랑했다.

우리나라에서는 B형 혈액형을 폄하하는 경향이 있는데, 이는 [그림 2-6]에서 알 수 있는 것처럼 일제강점기 일제가 B형 혈액형이 많은 아시아계 민족들과 차별화하기 위한 방안으로 일본인의 B형이 22%로 적고 A형이 구미 선진국

그림 2-6 B형 혈액형의 분포

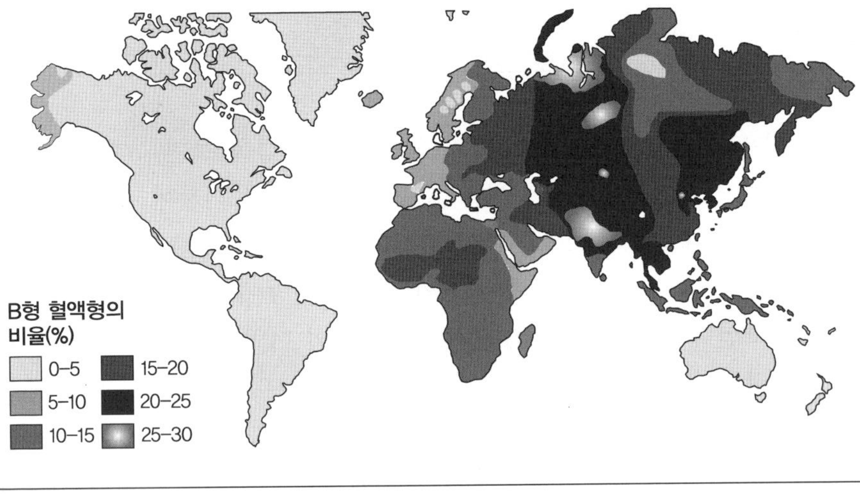

출처: BloodBook.com

처럼 38%로 많은 점에 착안해 일본민족의 우수성을 높이 평가하고 한민족과 아시아인의 열등함을 강조하기 위해 벌인 조작극에서 유래된 것이다. 혈액형 인류학이라 불리는 인종과학은 1901년 오스트리아의 면역학자 K. Landsteiner에 의해 혈액형이 발견된 이래 의학의 발달로 이어져 온 것은 사실이지만, 이것은 때로 민족성을 결정짓는 요인 또는 민족적 우월성을 규정하는 것으로 둔갑하기도 했다.

이와 같이 한민족은 기본적으로는 몽골 · 퉁구스종에 속하면서도 두골의 장경이 짧은 데서 오는 단두, 고안, 광대뼈 등의 특색을 보이고 있다. 이러한 한민족의 개성은 인종적 고립 또는 퉁구스 전통으로부터의 이탈이라고 할 수 있다. 그러므로 한민족의 기원은 후술하는 한국어의 계통과 그 기원의 모호함만큼 정확히 파악할 수 없다. 그러나 한민족의 지역화 양상은 순수성을 상실했다고 할 수 있을지 모르겠으나, 또 한편으로는 그만큼 민족으로서의 전통과 개성이 뚜렷해진 고유의 민족사를 형성해 왔다는 증거도 될 것이다.

이상에서 언급한 한민족의 체질인류학적 특색은 과거의 자료에 입각한 것이므로 최신 자료에 근거한 재검토가 필요하다고 생각된다. 그러나 인류는 세계 어느 민족을 막론하고 점차 변질되고 있기 때문에 어느 측면에서는 오래된 자료일수록 더 순수한 정보를 제공해 주고 있는지 모를 일이다. 역사적으로 볼 때, 한민족은 외세의 침략을 많이 받은 만큼 혼혈이 많았고, 8.15해방과 6.25 전쟁의 와중에는 남북 간의 혼혈이 이루어졌으며, 최근에는 외국인과의 혼인도 빈번해져 다문화가정도 늘어나고 있다. 또한 소득수준의 향상으로 영양섭취가 좋아져 우리의 체질은 과거와 다른 특색을 보여줄 것이다. 그러므로 현대인의 형질을 가지고 고대 한민족의 형질을 추측하고 민족의 기원을 운위하는 것은 합당하지 않을 것이다. 우리는 한민족의 기원을 밝히기 위하여 고대 조상의 유골을 수집하고 연구해야 할 것이지만, 우리나라 토양이 산성인 탓에 인골이 보존되기 어려워 민족 연구에 제약이 많다.

2 한국 민족의 형성과 민족성

(1) 한국 민족의 형성

한반도에 인류가 거주하기 시작한 것은 홍적세 중기의 구석기시대 전기까지 거슬러 올라간다. 그러나 이들 구석기인들은 홍적세의 종말과 함께 다른 지역으로 이동해버렸고, 인류가 다시 한반도에 출현한 것은 B.C. 4000년대의 신석기시대였다. 그들의 주류는 북쪽에서 내려온 고아시아족의 일파였고, 그들의 문화는 빗살무늬 토기문화라는 어로 · 수렵문화였다. 그들은 주로 해변이나 도서 그리고 하천 연안의 저지대에 거주했다. B.C. 4000~B.C. 1000년대의 전 기간을 통한 유적의 분포를 볼 때, 압록강 · 두만강 · 대동강 · 한강 · 낙동강 하류의 5개 지역에 주민들이 몰려 있었을 것으로 추정된다.

그러나 그 당시의 인구는 규모와 분포적 측면에서 매우 한정되었으며, 그것은 결국 생활조건의 어려움이 원인이었고, 그러한 생활조건의 어려움은 그들의 미술작품 등의 예술활동이 거의 없었다는 사실에도 반영되고 있는 듯하다. 울산 반구대에서 발견된 암각화는 신석기 말에서 청동기시대에 제작된 것으로 북방문화와 관련된 음영화(陰影畵)와 선각화(線刻畵)의 기법으로 보아 시베리아 암각화의 전통을 보여주고 있다. 반구대 암각화는 수렵과 어로를 위주로 생활한 선사시대의 모습을 알려주는 희귀한 문화유산이다. 우리의 신석기문화는 시베리아의 영향을 받으면서 인접한 중국의 채색토기문화와 섞이지 않은 것을 보면, 그 당시 우리 민족과 중국인들은 서로 다른 문화생활을 영위해왔다고 볼 수 있다.

신석기시대 이후인 B.C. 2000년경이 되어 중국문화의 전파가 시작되었으며 우리 문화에 중국적 요소가 나타나기 시작했다. 그것은 당연히 문화형성의 바탕이 되는 농경의 전래를 뜻한다. 이와 아울러 한반도와 중국 동북부지방 주민들 간의 부분적 왕래가 이루어졌을 것이다. 그리하여 한반도와 북부지방 주민들의 접촉은 B.C. 1000년대에 들어가면서 더욱 활발해졌고, 예맥퉁구스족은 라오둥[遼東]지방으로부터 한반도 쪽으로 확대되어 전부터 살고 있던 고아시아족을 몰아내거나 동화시켰다. 바꿔 말하면, 중국 동북지방과 한반도를 포함한 전 지역이 예맥퉁구스족의 주거지가 된 셈이다. 단군신화에는 하늘과 태양을 숭배하는 천신족(天神族)이 곰을 토템(totem)으로 하는 맥족(貊族)과 호랑이를 토템으로 하는 예족(濊族)을 평정하고 복속시킨 사실을 설화로서 전해지고 있으므로, 예족과 맥족은 구별할 필요가 없을 정도로 하나의 종족이 되어버렸다.

그들은 한강 이남으로도 퍼져 영역을 확대하면서 유목생활로부터 정착농경생활로 바뀌게 되었다. 그리하여 그들은 차츰 유목 퉁구스와는 문화적 차이를 보이기 시작했다. 또 한반도에 들어온 예맥족들은 B.C. 300년경이 되어 압록강 북쪽의 퉁구스들과는 달리 지역적 · 문화적 차이를 나타나게 되었고, 그것은 청동기문화에도 반영되어 그로부터 한민족이라 할 수 있는 정체성이 확실한 통일체를 형성하게 되었다. 그러나 이 통일체도 시간이 경과함에 따라 한강을 경계로 하는 남북차, 낙동강과 소백산맥을 경계로 하는 동서차가 나타났으며, 남방계 종족 또는 한족(漢族)과의 혼혈이 이루어졌다.

신라가 삼국을 통일하면서 한강과 낙동강 및 소백산맥을 경계로 하는 남북차와 동서차는 점차 줄어들고 한민족으로서의 특성이 굳어져 갔다. 그러나 청천강 이북과 낭림산맥 이동의 지역은 만주족과의 혼주상태가 계속되고 있었다. 우리 민족이 현재와 같이 순수하게 한국화한 것은 고려 이후의 일이다. 그리하여 한민족의 정체성이 명확해진 것은 조선 초기였고, 한반도로 국한된 지역개념이 확립된 결과로 나타난 것이 '한글' 제정이라 하겠다. 결국 한글의 제정이 인접국인 중국의 '한자'나 일본의 '가나'보다 뒤늦은 것은 그만큼 민족형성의 시기가 늦어진 때문이었다. 역사적으로 몽골족 · 여진족 · 거란족 모두 민족적 정체성이 확립된 후에 각각 그 민족의 국어가 제정된 바 있다.

이렇게 볼 때, 우리 민족은 4000여 년 전까지 거슬러 올라가는 오랜 역사를 가지면서도 한편으로는 대단히 젊은 민족이라고 할 수 있다. 우리는 젊은 민족으로서의 힘을 오늘에 극대화하여 세계 속에 웅비할 수 있는 도약의 저력으로 삼아야 하겠다. 단군신화에 의하면 한민족은 세계화시대에 어느 민족보다 잘 적응할 수 있는 역사적 배경을 지니고 있음을 알 수 있다. 우리 민족 최초의 국가인 고조선은 '홍익인간(弘益人間)'을 건국이념으로 했다. 환인이 환웅에게 준 홍익인간이란 구체적으로 부모에게 효도하고 부부간에 서로 존중하며, 예의와 법도를 잘 지키는 삶을 실천하여 살기 좋은 세상을 만들라는 인간교화의 이념이다. 모든 세상 사람들에게 두루 보탬이 되는 인간을 지향하며 건국한 나라는 우리나라 밖에 없을 것이다.

이스라엘 민족의 건국이념이라 할 수 있는 시온주의(Zionism)도 우리의 이념에는 미치지 못한다. 이른바 젖과 꿀이 흐른다는 '약속의 땅'을 회복하고자 하는 시오니즘은 19세기 후반 유럽의 유대인들 사이에서 발생한 유대인 민족국가의 수립과 의식재건운동을 일컫는다. 이는 유럽 사회에서 차별과 배척을 겪은 유대인들이 생존차원에서 벌인 국가건설운동이었다. 그러나 이런 운동이 벌어지기 전부터 시오니즘 정신은 구약시대부터 이어져 내려온 유대인의 궁극적 지향점이었다. 시온(zion)이란 예루살렘과 이스라엘을 가리키는 단어이다. 그러므로 시오니즘은 유대인들의 민족자결을 소망하는 그들만의 민족해방운동에 다름 아니므로 인류 전체를 대상으로 하는 우리의 홍익인간의 이념과는 비교가 되지 못한다.

홍익이념은 중국인이 숭배하는 중화사상(中華思想)보다 더 보편적 가치를 갖는다. 중화사상의 중(中)은 지리적 · 문화적으로 '중앙'이라는 뜻이며, 화(華)는 '뛰어난 문화'를 의미한다. 중화사상은 그 배후에 이민족을 천시하는 관념을 지니고 있기 때문에 화이사상(華夷思想)이라고도 부른다. 즉 중국인을 제외한 주변민족은 모두 동이(東夷) · 서융(西戎) · 남만(南蠻) · 북적(北狄)이라 하여 오랑캐라 부르며 야만인으로 인식한다는 뜻이다. 그리고 일본의 팔굉일우(八紘一宇)는 일본의 천황제 파시즘의 핵심사상으로, 태평양전쟁 시기에 접어든 일본제국이 세계 정복을 위한 제국주의 침략전쟁을 합리화하기 위해 내세운 구호로, '전 세계가 하나의 집'이라는 뜻을 갖고 있다. 그러므로 일본의 사상 또한 우리의 홍익인간의 이념과는 비교할 수 없다.

(2) 우리의 민족성

민족성을 명확히 파악한다는 것은 결코 쉬운 일이 아니다. 그러나 민족문화에 특성이 있는 것처럼 민족의 감정 · 성격 · 철학 등에도 어떤 특성이 나타날 것이다. 일반적으로 어느 민족이건 그 민족성은 자연환경과 인문환경의 영향을 받아 형성되는 것으로 알려져 있다. 그 가운데 특히 자연환경의 영향은 대단히 크다. 왜냐하면 자연환경은 한민족의 문화형성 · 사고방식 · 인생관 · 자연관 · 세계관의 형성에 결정적인 영향을 주기 때문이다.

우리나라는 오랜 기간에 걸쳐 침식을 받은 노년기지형인 관계로 산봉우리가 둥글둥글하여 부드러운 선과 면을 보이고 있어 평화롭고 친근감이 느껴지는 자연경관을 지니고 있다. 바로 이러한 점이 우리 민족의 순박한 자연주의적 성격형성의 기반이 되었다고 생각된다. 우리 민족은 인공적인 것보다 자연적인 것을 선호하며 낙천적이고 주어진 환경에 안주하려는 성향이 있다.

우리나라는 유사 이래 수많은 외세의 침략을 받은 바 있다. 한번 큰 전쟁이 일어나면 국민의 인간성과 정서는 여지없이 파괴되어, 이것이 회복되는 데에는 많은 세월이 소요된다. 빈번한 외세의 침략은 우리의 단아한 민족성을 메마르게 만들어 여유가 부족하고 조급한 성격을 형성하게 만든 요인이 되었다. 또한 농사를 짓는 농경민족으로서 파종기부터 수확기까지 절기를 놓쳐서는 1년 농사를 그르친다는 강박관념 역시 느긋한 민족성을 키워주지 못했다. 흔히 '냄비기질'로 비유되는 오늘날의 한국인도 식당에 들어가 자리에 앉자마자 빨리 달라고 재촉하는 것도 우리의 민족성 탓이다. 이러한 성격은 500년 전부터 우리나라를 시계왕국으로 만든 모양이다.

그러나 한민족은 다른 동양인에 비해 개성이 강한 민족이며, 그 문화도 외래적 영향을 받으면서도 독특한 민족문화를 형성해 왔다. 모든 것을 운명에 돌리고 순종하려 함은 자연의 섭리를 따르며 주어진 환경에 적응하려는 마음가짐이며, 전쟁과 폭정에 시달리면서 길러온 인생철학이라고도 할 수 있다.

이와 같이 우리의 민족성은 대자연을 따르려는 숙명론적 입장을 바탕으로 하면서도 그것이 비관이나 퇴보가 아니라 주어진 환경에 대하여 포기하지 않고 대응방법을 발견하고 극복해 나아가는 강인한 적극성을 지니고 있다. 이와는 달리 우리 민족에게는 파벌성(派閥性)과 사대성(事大性)이란 단점을 지니고 있는 것이 마치 통설처럼 되어 있다. 그러나 그것은 전술한 바와 같이 여러 차례의 침략을 받은 탓에 후천적으로 생긴 자기방어적이고 자기보존적인 자구책으로 이해되어야 할 것이다. 파벌성이란 일종의 배타성에서 비롯된 것인데, 한국인의 배타성은 외적의 침입에 시달려 온 후천적 원인이 있겠으나, 한반도의 자연조건에서 유래된 측면이 더 클 것이다. 즉 한반도는 면적이 크지 않을 뿐더러 7할 정도가 산악지대인 탓에 각 지역에 폐쇄적인 분지형의 소지역들이 만들어졌고, 교환경제의 미발달로 지역 간의 교류가 미진하여 문화의 지역적 차이를 조장했다.

우리 민족의 배타성은 통계수치로도 나타난다(그림 2-7). 아시아의 여러 나라 가운데 한국인의 배타성은 단연 으뜸이다. 입으로는 세계화를 지향하겠다면서 한국인들은 우리나라에 외국인이 들어오는 것을 꺼리며 외국인과 인연을 맺지 않으려 하고 자녀들의 서구화를 우려한다. 우리에게는 다수에서 벗어나

그림 2-7 아시아 각국의 배타성 비교

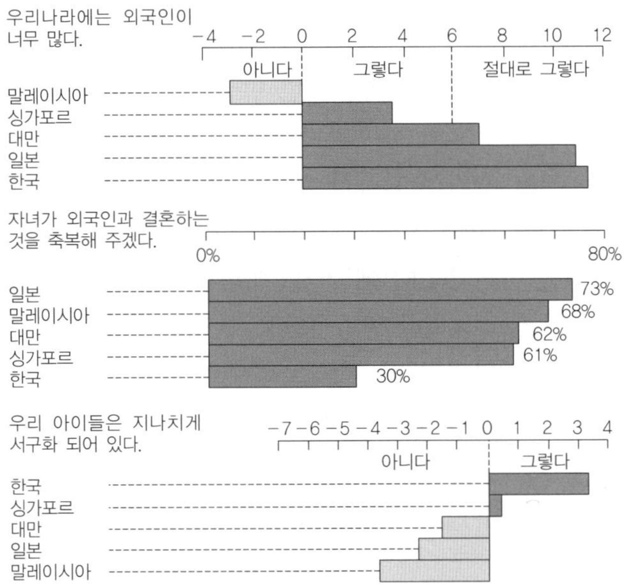

출처: *Far Eastern Economic Review*(1994).

지 않으려는 획일적 · 집단적 문화가 있는 것 같다.

이와 같은 한국인의 성향은 앞만 보고 달렸던 1970년대 양적 성장시대에 국민을 총화단결로 몰아갈 때에는 필요했을지 몰라도 세계화시대에는 오히려 역동성과 개방성을 제한하는 장애물이 된다. 단일민족이라는 우리의 가치에 찌꺼기처럼 묻어있는 배타적 동질성의 순혈주의를 털어내야만 배달민족의 세계화가 가능할 것이다. A. Benedict는 "민족은 허구이며, 국민통합을 위해 만들어진 근대국가의 창안물일 뿐이다."라며 단일민족의 허구를 지적했다. 또한 유엔 인종차별철폐 위원회(CERD)는 2007년 세계 각국에 단일민족국가의 이미지를 극복하고 인종차별 금지조항을 포함할 것을 권유한 바 있다.

우리는 흔히 일본인을 왜놈, 중국인을 되놈(때놈) 혹은 짱깨, 서양인을 양놈이라 부르면서 배타성을 드러낸다. 우리의 반외세 정서는 외세침입의 역사를 경험했을 뿐 아니라 외래문물이 유입되면 우리 고유의 정신문화를 오염시킬 것이라는 우려에서 비롯되었다. 그러나 그런 이유 때문에 우리는 그 동안 과거와 미래 사이에 어정쩡하게 서서 전통문화에 대한 일그러진 경외감을 서로에게 강요하고 단일민족에 대하여 맹목적 가치를 부여해 왔던 것은 아닌지 다시 생각해 보아야 할 때가 온 것 같다. 단일민족 의식은 홍익인간의 이념과도 배치되는 것이다. 재일동포에 대한 일본인들의 처우에 분개하는 한국인이라면, 국내의 외국인 노동자들이나 다문화가정에 대한 우리의 텃세가 어떠한지도 한번쯤 심각하게 되돌아보아야 한다.

이와 같은 우리의 폐쇄성은 지역 간의 이질성 내지 생소감을 길러왔고, 그로 인해 타 지역과 타향사람에 대한 경계심이 조장되어 오늘날까지도 우리나라 결혼상대의 선택기준에 잠재적 영향을 주고 있는 형편이다. 그러나 최근의 청춘남녀들이 상대방의 출신지를 가리지 않고 배우자를 선택하는 경향은 긍정적으로 평가할 수 있다. '21세기 평화재단(2006)'의 조사에 의하면, 외국인 노동자나 이민자와 이웃이 되고 싶지 않다고 생각하는 한국인은 1995년 62.8%이던 것이 2001년 50.0%, 2005년 38.7%로 점차 줄어들어 배타성이 개선되고 있음을 엿볼 수 있다. 그리고 여성부 조사에 의하면 [그림 2-8]에서 보는 것처럼 단일민족을 고집할 이유가 없다는 생각을 가진 국민이 전체의 72.6%를 차

그림 2-8 단일민족과 국제결혼에 대한 한국인의 의식

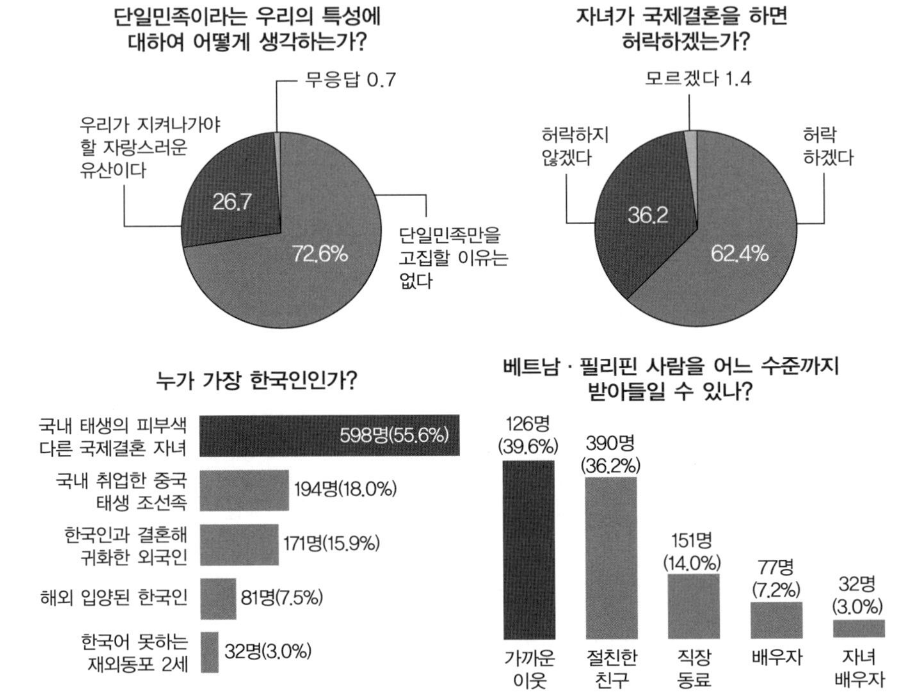

출처: 여성가족부(2008).

지했으며, 국제결혼에 대해 관대하게 생각하는 국민이 전체의 62.4%를 차지해 많이 달라졌음을 알 수 있다. 최근 급증하고 있는 한국인의 국제결혼은 다문화 가정의 증가를 가져와 타민족에 대한 이해를 높이는 계기가 되고 있으며, 이러한 통혼권의 확대는 우생학적으로 인류의 진화에 좋은 영향을 미칠 것이다. 이제 우리는 '한민족'이란 정의를 다시 내려야 할 때가 되었다.

한편, 한민족의 사대주의는 과거 우리나라가 중국에 대하여 취해왔던 특수한 정치적 현상이며, 그것은 우리 민족이 같은 농경민족인 한족과 제휴하여 북방의 유목민들과 대항한다는 세계사적인 필연적 현상이었다. 더욱이 우리나라는 모든 외국에 대하여 사대를 한 것이 아니었다. 이러한 점은 크게는 문화의 문제이며 작게는 외세에 대한 자기방어책 이외에 다름 아닐 것이다.

중국의 후한서(後漢書)에 우리 민족을 가리켜 "타고난 천성이 유순하여 공자가 와서 살고 싶어 했다."라고 기록되어 있다. 고대 한국에 관한 이야기를 모은 동이열전(東夷列傳)에는 공자의 7대손이 "먼 옛날 동쪽에 동이(東夷)란 나라에 단군이라는 훌륭한 사람이 태어나니 여러 부족들이 그를 받들어 임금으로 추대했다. 그 나라는 비록 크지만 남의 나라를 업신여기지 않았고, 그 나라의 군대는 비록 강했지만 남의 나라를 침범하지 않았다. 풍속이 순후해서 길을 가는 이들이 서로 양보하고 음식을 먹는 이들이 먹는 것을 서로 미루며 남자와 여자가 따로 거처해 섞이지 않으니, 이 나라야말로 동쪽에 있는 예의바른 군자의 나라(東方禮儀君子之國)가 아니겠는가? 이런 까닭에 나의 할아버지 공자께서 그 나라에 가서 살고 싶다고 하시면서 누추하지 않다고 말씀하셨다." 라고 술회할 정도로 우리는 존경을 받는 민족이었다.

조선시대(세조 10년) 명나라 사신으로 우리나라에 왔던 김식(金湜)은 "조선 사람들은 마음이 간결하고 시와 글로 선비를 가르치니 뜻이 화평하다. 집집마다 농사짓고 누에를 치며 곳곳마다 예의를 지키고 사양하네."라고 노래하면서 모든 백성이 예의범절을 깍듯이 지키는 민족이라고 찬양했다. 한반도의 식민지정책을 적극 지지하며 일본인으로서의 우월감에 가득 찬 일제의 어용학자 야쓰 쇼에이(矢津昌永, 1904)조차도 한민족을 기질이 온화하고 부드럽기 짝이 없는 민족이라고 평가했다.

파벌성 · 사대성 · 배타성 · 조급성 등의 결점은 우리들 스스로 고치려는 노력이 필요하다. 이와 더불어 우리의 결점을 장점으로 승화시키는 노력도 필요할 것이다. 또 하나 우리 민족의 결점은 주어진 현실에 만족하지 못하는 까닭에 스스로 불행하다고 생각한다는 점이다.

[그림 2-9]는 소득을 비롯하여 건강상태 · 평균수명 · 교육여건 등의 지표를 바탕으로 계산한 국가별 행복지수를 지도에 표시한 것이다. 유럽과 북미 선진국들의 국민이 높은 행복감을 느끼는 것은 납득이 가지만, 동남아시아를 비롯한 중남미의 개발도상국의 국민들이 행복하다고 느끼며 살고 있는 것은 우리의 예상을 빗나가게 하는 결과이다. 행복감은 주관적이어서 마음으로 느끼

그림 2-9 국가별 행복지수 분포도

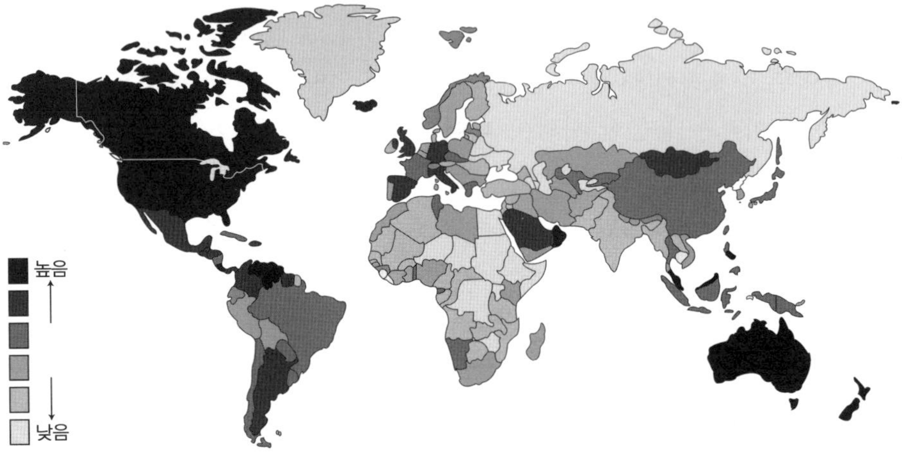

출처: 영국 레스터대학(2006).

기 나름인데, 우리 국민들은 천박한 자본주의에 물들어 있거나 과거 고도성장에 익숙하여 저성장으로 변한 탓에 성공주의에 몰입되어 행복에 대한 기대치가 높은 모양이다. 다시 말해서 2000년대에 진입하면서 한국의 경제성장률이 저성장으로 바뀌기 시작함에 따라 '다이내믹 코리아'라 불리던 한국경제는 일본경제의 '잃어버린 20년'처럼 역동성을 상실하면서 고도성장에 순치된 한국 국민들을 실망케 하여 불만에 찬 사회를 만들고 있다는 것이다.

한국의 자살률은 불행하게도 OECD국가 중 1위를 달리고 있다. 높은 자살률은 현재의 삶이 불안하다는 증거이다. 우리 조상들은 '개똥밭에 굴러도 이승이 낫다'던 낙천주의의 삶을 살아왔다. 경제는 발전했지만 차라리 죽는 게 낫다는 국민이 늘어나는 것은 한국사회가 어느 면에서 건강하지 못하게 바뀌었음을 의미하는 것이다. 여기에는 포용사회를 구현하지 못하고 치열한 경쟁으로 인한 스트레스와 낙오자를 품어주지 못하는 사회적 분위기에도 그 원인이 있을 것이다.

유엔이 발표한 『2015 세계행복보고서』에 따르면 전 세계 158개 국가를 상대로 GDP, 기대수명, 사회보장에 대한 인식과 선택의 자유, 부패 등에 대한 세계여론조사 자료 등을 토대로 국가별 국민의 행복도를 조사한 결과, 한국은 10점 만점에 총 5.984점으로 47위를 기록했다. 유엔의 『행복보고서』에 따르면 국민행복을 설명하는 데 있어서 GDP의 효과는 부분적이며 원만한 사회관계와 건강수명을 비롯하여 자유, 포용성, 투명성 등이 훨씬 중요함을 지적했다.

우리는 유명하기로 소문난 '아일랜드의 기도'를 떠올릴 필요가 있을 것 같다. "내 손에는 항상 일거리가 있게 해주소서. 아침에 일어나면 동쪽 창에 햇볕이 비추게 해 주소서. 비온 뒤에는 하늘에 무지개가 뜨게 해 주소서. 그리고 마지막으로 신을 찬미할 수 있을 정도로 건강하게 해 주소서." 여기서 우리가 배워야 할 점은 작은 것에서 행복을 찾던 우리 민족성으로 되돌아가야 한다는 것이다. 민족성은 자연환경뿐만 아니라 정치 · 경제 · 사회 등의 인문환경에 의해서도 영향을 받는다. 그러므로 인문환경과 같은 후천적 여건의 개선은 민족성의 개선에 직결된다고 볼 수 있으며, 단점을 장점으로 승화시킬 수도 있을 것이다. 가령 조급한 성격의 유전인자는 오늘날 IT강국을 만든 원동력으로 작용하는 것처럼 말이다.

2.2 한국 문화의 특징

1 한국의 민속과 공동체정신

(1) 민 속

우리 민족은 예로부터 농경을 본업으로 삼아온 민족이다. 봄에 씨를 뿌리는 것은 만물이 생겨남에 화합하는 것이고, 여름에 잘 가꾸어 자라게 하는 것은 생명을 사랑하는 기쁨이다. 또한 가을에 수확물을 거두어들이는 것은 휴식

그림 2-10 서낭당(성황당)

마을의 수호신인 서낭신을 모신 당(堂)(경북 문경시 신현리).

을 준비하는 것이고, 겨울에 감사하며 또 다른 생명을 잉태하는 것이다. 이러한 생활의 반복은 자연에 대한 기대와 신뢰감을 심어주었고, 하늘과 땅의 진리를 깨닫게 하려는 우리 선조들의 지혜가 담긴 글이 '농자천하지대본(農者天下之大本)'이었다.

평야가 협소하고 산지가 대부분인 한반도임에도 불구하고 한민족이 농업에만 열중했던 것은 이 땅의 원주민이 유목퉁구스로부터 농경퉁구스로 전환되었거니와 북부 아시아에 비하여 사계절이 뚜렷하고 기후가 온화하여 농사짓기에 비교적 적합한 자연환경을 이루고 있었기 때문이다. 퉁구스족은 약 6,000년 전에 고아시아족이 살던 지역을 대체한 종족이며 두 종족 간에 큰 차이가 없고 모두 몽골인종에 속한다.

농사는 시대를 거슬러 올라갈수록 자연환경에 좌우되는 일이 많았으므로, 우리 조상들은 자연에 대하여 위력과 경이로움을 느끼고 이를 지배하는 신이 있다고 믿었다. 그래서 사람들은 신에게 주술을 베풀거나 제사를 올리고 풍악을 울려서 농사가 풍성하게 되기를 기원했다. 더욱이 논농사는 밭농사에 비해

그림 2-11 산신제단(山神祭壇)과 농악(農樂)

산신제단(경기도 연천군 미산면)　　농자천하지대본(강원도 강릉시)

재배과정이 복잡하고 어렵기 때문에, 논농사를 짓는 사람들의 신에 대한 의식은 더욱 깊었으며 이를 위한 여러 가지 행사가 더욱 빈번하게 벌어졌던 것이다. 우리 민속에 바람과 비를 지배하는 일월성신(日月星辰)을 비롯해 산신·하천신·서낭신·별신·석신 등의 여러 신이 등장하는 것은 한민족이 자연신에 대해 얼마나 많은 관심을 기울여 왔는가를 반영하는 것이기도 하다. 우리 민족은 무려 18,000개에 달하는 많은 신을 믿어왔다.

이러한 맥락에서 볼 때, 우리의 생활풍속이 농경의례와 깊은 관련을 맺고 있음은 당연한 사실로 받아들여질 수 있을 것이다. 우리 민족의 연중행사는 물론 각종 놀이와 신앙 등이 거의 모두 농경의례에서 발생하여 변화되어 왔으며,

그림 2-12 풍년기원제

매년 정월 보름에 마을의 남자들이 풍년을 기원하기 위해 은행나무 밑에서 제사를 올린다(경기도 이천시 율면 자오리).

이러한 면모는 우리의 건국신화나 부족국가시대의 시조에 관한 설화에서도 매뚜렷하게 부각되어 있다. 단군신화에 의하면, 하느님 환인의 아들 환웅이 인간세계에 내려올 때 치수와 관개를 전담하는 우사(雨師)를 비롯하여 가뭄 · 홍수 등의 자연재해와 나라의 길흉화복을 예언하는 천문관측의 책임자 운사(雲師)와 윤리 · 도덕 등의 풍속을 개선하고 교화하는 행정최고책임자 풍백(風伯)을 거느린 것으로 전해지고 있다.

우리의 민족문화가 북방문화와 남방문화가 절충되거나 공존하고 있는 까닭에 한반도에는 민속놀이 역시 북방계열과 남방계열의 놀이가 모두 존재한다. 북쪽에서 들어온 민속놀이는 윷 · 장기 · 격구 · 씨름 · 수박치기 등이며, 남쪽에서 유입된 놀이는 줄다리기 · 널뛰기 · 소싸움 · 닭싸움 · 횃불싸움 · 쥐불놀이 · 강강술레 등이다.

한편, 우리 조상들의 생활상을 단편적으로 기록한 중국의 『삼국지』 동이전(東夷傳)과 그 밖의 역사서에서도 우리 민족의 주기적 농경의례에 관한 기록을 찾아볼 수 있다. 이들에 의하면, 한민족은 5월에 파종한 뒤에 농작물의 풍작을 기원하는 의식을 거행했으며, 10월이 되어 농작물을 수확한 뒤에는 하늘에 풍년임을 감사하고 이듬해에 또 풍년이 들기를 기원하는 제사를 올렸다고 한다. 이러한 제사는 남녀노소가 한자리에 모여 밤낮을 가리지 않고 즐겼는데, 이때의 노래와 춤 그리고 풍악 등은 오늘날의 민속놀이와 민족예술로 발전되어 귀중한 문화유산으로 남아있는 것이다. 오늘날 우리들이 술집과 노래방에서 음주가무를 즐기는 것도 그 전통의 영향 때문일 것이다.

우리 민족에게는 성숭배(性崇拜) 의례가 청동기시대부터 생겨났는데, 이는 우리나라뿐만 아니라 세계적으로 광범위하게 분포하는 종교적 주술행위를 가

그림 2-13 우리나라의 성숭배 유형

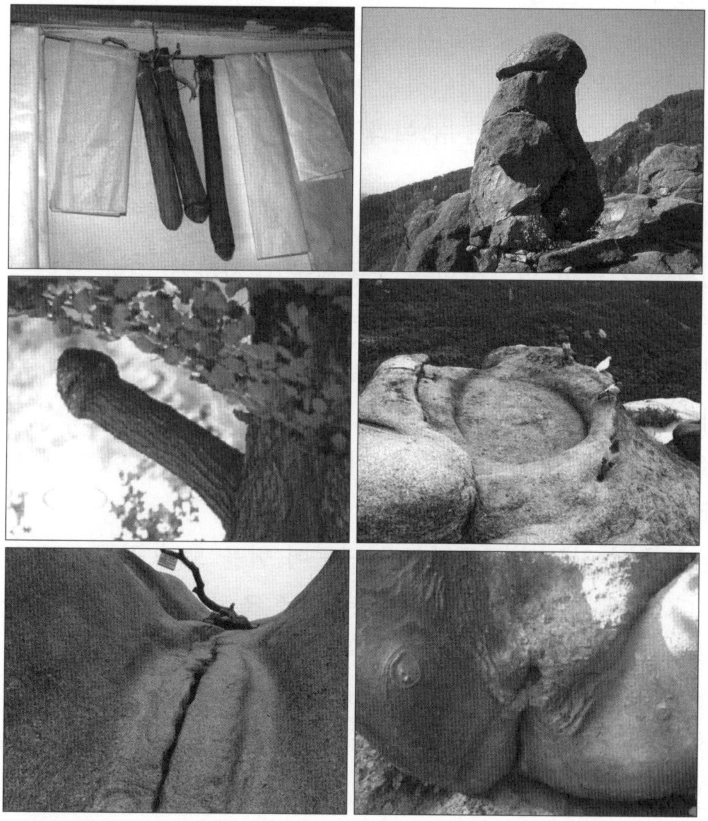

남근모형 남근석
남근목 공알바위
여근암 여근목

리킨다. 성숭배는 성행위나 성기에 의해 상징되는 생식원리를 숭배하는 문화 현상의 하나이다. 성숭배의 유형은 실제 성기를 모조하거나 이와 유사한 성기 암석신앙과 신물로 봉납되는 모형성기신앙을 비롯해 자연지형에 성적 의미를 결부시킨 풍수도참신앙 등이 있다. 구체적으로 남근암(양석)과 여근암(음석), 남근목과 여근목, 수탑과 암탑, 공알바위 등과 같이 다양하며, 이것들은 그대로 성숭배의 대상이 된다(그림 2-13).

이와 같은 의례는 울주의 반구대 암각화와 대전 괴정동에서 출토된 농경문의기(農耕文儀器)에서 청동기시대의 흔적을 찾아볼 수 있다. 반구대 암각화에는 고래와 물고기 그림 위에 성기를 세운 남자가 서 있고, 농경문의기에는 성기가 과장되게 그려진 농부의 모습이 새겨져 있다. 이러한 성기문화가 신앙의 대상으로 자리잡은 것은 풍요로운 수확을 갈망하는 마음의 표현이었다. 또한 남근석은 아들 혹은 다산을 기원하는 뜻에서 기자석(祈子石)이라 불리기도 하며, 이러한 민속을 기자속(祈子俗)이라 한다.

(2) 공동체

농경생활에 기반한 한국사회는 공동체를 유지하기 위한 노력의 일환으로 두레 · 품앗이 · 계 · 향약 등의 각종 공동체 조직하여 상부상조의 정신을 이어 나가고 있다. 우리나라 장수마을의 특징 중 하나는 공동체적 유대가 매우 강하고 지역사회의 일원으로서 일상생활을 공유할 수 있는 환경이 제공된다는 점이다. 그것은 그만큼 공동체라는 정서가 우리들 삶에 익숙한 형태로 자리 잡고 있음을 반영한 결과이다.

두레는 농촌의 전통적 공동체로 농민들이 힘을 모아 공동으로 일하려고 만든 모임이다. 두레가 본격적으로 전개된 것은 조선 후기에 논농사가 전국적으로 보급됨과 동시에 이루어졌다. 즉 두레는 논농사가 행해지는 이앙법의 전개와 더불어 강화되었는데, 이앙법이란 벼농사에서 못자리의 모를 논에 옮겨 재배하는 방법으로 중국의 한나라 때부터 시작되었으며, 우리나라에는 고려 후기에 도입되어 남부지방 일부에서부터 점차 보급되기 시작했다. 모내기를 하는 이앙법은 노동력 수요가 급증하는 농번기에 공동노동을 필요로 하기 때문에 두레조직의 체계화를 촉진시켰다. 이는 영세농의 어려움을 극복하기 위해 조직되었으므로 공동노동으로서의 진취성과 농민들의 자주적 성격이 매우 강한 긍정적 조직이었으며, 두레의 전통은 우리의 아름다운 미풍양속으로 자리 잡았다.

품앗이는 일을 하는 '품'과 교환한다는 '앗이'가 결합된 말로 힘든 일을 서로 거들어 주는 농촌의 노동교환조직을 의미한다. 우리나라의 공동노동관행 중 역사적으로 가장 오래 된 품앗이는 힘든 일을 서로 도와주면서 품을 지고 갚는 것을 전제로 하지만 반드시 갚지 않아도 되는 경우도 많다. 이것은 두레보다 규모가 작고 단순한 작업에서 수시로 이루어질 수 있고 사사로운 일에 쓰이는 경우가 많았다. 품앗이는 일부일처제 가족이 사회의 경제단위로 전환된 계급사회 초기에 발생한 것으로 추정된다.

계(契)는 주로 경제적인 도움을 주고받거나 친목을 도모하기 위하여 만든 전래의 협동조작이다. 계의 발생시기는 분명치 않지만 역사적 변용을 거치면서 오늘날까지 명맥을 이어온 것으로 생각된다. 생활공동체로서의 계는 고대 원시사회가 형성된 이래 존속해온 협동조직의 하나이다. 계라는 명칭을 사용하지 않는 다른 많은 조직들도 실제로는 계의 변형으로 간주할 수 있다. 한민족은 무슨 일이 있으면 어떤 조직을 만들어 이를 성취하고자 하며 특별한 일이 없더라도 어떤 동질적 기반에 근거해 무리짓기를 즐기는 민족이다. 오늘날에도 부녀자들이 조직하는 계 역시 과거의 전통에서 유래된 것이다.

향약(鄕約)이란 조선시대에 권선징악과 상부상조를 목적으로 만든 향촌의 자치규약이므로 착한 일은 서로 권하고 악한 일은 벌주는 따위의 마을 규칙을 가리킨다. 이는 중국 송나라 때의 여씨향약(呂氏鄕約)을 본뜬 것으로, 조선 중종 때 조광조를 비롯한 사림파(士林派)의 주장으로 추진되어 전국 각지에 보급되었다. 향약은 사족 중심의 자치규범이기도 하며 유교적 가치관에 기초를 둔 행위규범을 설정하여 공동체적으로 강제 규제하는 향촌통제조직이기도 했다. 그러한 향약은 신분질서가 지켜지는 사회를 이루고 유교적 가치관에 입각한 인간을 형성하는 데 목적이 있었다. 사림파의 향약시행은 궁극적으로 경제구조를 유지하여 지주로서의 계급적 이익을 추구하려는 것이며, 지방사족의 주도로 농업생산층이 토지로부터 이탈하는 것을 방지하고 향촌사회의 신분질서를 유지하려는 것이었다.

2 한국의 언어

(1) 한국어의 형성

현재 한민족의 언어로 인식되고 있는 한국어는 주로 한반도에서 약 8,000만 명에 달하는 사람들에 의해 사용되고 있다. 물론 미국 · 일본 · 중국 · 구소련 등지의 약 700만 명에 달하는 해외동포들에 의해서도 한국어가 사용되고 있긴 하나, 해외거주자들의 한국어는 주거지 언어와는 이중언어적인 성격을 지니는 바, 대체로 그들이 해외로 이주할 당시의 한국어를 유지하고 있을 것으로 여겨진다. 지구상에는 약 7,100개에 달하는 언어가 존재하는데, 그 중 한국어 사용자 수는 13위에 달할 정도로 주요 언어에 속한다. 또한 언어별 인터넷 사용자 수의 순위로는 세계 10위에 해당한다.

한국어의 기원과 계통은 아직 확실하게 증명된 바 없으나, 대체로 알타이어와 동일한 계통에 속하면서 나아가 일본어와 밀접한 관계를 맺고 있다. 그러나 한국어가 형성된 시기는 불분명하다. 다만, 신석기시대의 빗살무늬토기가 한반도 전역에서 사용되었다는 사실은 한국어로까지는 세분화되지 않았어도 이 무렵부터 범(汎)알타이어를 사용했을 것이라는 추론을 가능케 한다. 한반도와 만주 일대의 신석기인들은 약 3,000년 동안이나 한 지역에서 정착생활을 하면서 동일한 자연환경, 유사한 경제생활, 공통된 신앙의식을 공유하여 의사소통이 가능한 언어를 형성했을 것이다. 그것이 아마 우리 민족 최초의 공동언어일 것으로 추측된다. 이것은 청동기시대에 들어오면서 신석기시대부터 사용되어 왔던 고(古)아시아적 언어와 융합해 한국어로 굳어졌을 것이다.

최근 C. Everett 등(2015)의 연구에 의하면, 기후를 포함한 자연환경은 언어 형성에도 영향을 미치는 것으로 밝혀졌다. 그들의 연구결과에 따르면, 동남아시아와 중서부 아프리카 지역처럼 고온다습한 열대지역에 사는 사람들이 사용하는 언어는 사하라사막이나 미국 서부, 호주사막, 고비사막처럼 공기가 건조한 지역에 사는 사람들이 사용하는 언어보다 상대적으로 음색이 풍부한 것으로 나타났고, 공기가 습한 지역에 사는 사람들은 자신의 뜻을 전달하는데 주파수가 하나인 기본적인 소리뿐 아니라 다양한 주파수로 구성된 복합음(complex tone)을 사용하는 반면, 공기가 건조한 지역에 사는 사람들의 음색은 상대적으로 단순했다는 것이다. 특히 사람들이 특정 기후조건에서 오래 사는 동안 성대 또한 그 지역의 기후 조건에 적응하게 되고, 결과적으로 그 지역의 기후 특성에 맞는 언어의 소리가 형성된다는 것이다. 언어는 오랜 시간에 걸쳐 진화하는 동안 자연스럽게 그리고 무의식적으로 기후조건의 영향을 받는 모양이다. 기후가 음색의 다양함이나 음의 높낮이, 강약, 빠르고 느린 것에도 영향을 준 것이다. 이러한 사실에서 우리는 새 울음소리가 서식지의 생태적 환경에 좌우된다는 음성적응가설(acoustic adaptation hypothesis)의 타당성을 받아들일 수 있을 것 같다.

Everett 등의 이론은 인간의 행동이 살고 있는 지역의 기후조건에 맞게 적응된 것과 마찬가지로 언어 또한 기후의 영향을 그대로 받는다는 뜻이다. 같은 원리를 적용할 경우 건조지역의 언어는 오랜 시간이 지나면 지날수록 따뜻하고 습한 지역의 언어에 비해 상대적으로 음색의 다양성이 더욱 더 떨어질 가능성이 클 것으로 전망했다. 훗날 어느 언어학자는 20세기와 21세기에 걸쳐 전 지구적으로 나타난 기후변화 때문에 세계 곳곳의 언어가 그 이전과 달리 이렇게 저렇게 달라졌다는 연구물을 발표할지도 모른다. 이런 측면에서 볼 때 알타이어는 건조지역에서 형성된 언어이지만, 상대적으로 습윤한 만주와 한반도 쪽으로 남하하면서 풍부한 음색의 복합음으로 바뀌어 갔을 것으로 추정된다.

한민족의 언어에서 형용사의 풍부함은 우리 민족에게 내재되어 있는 감성의 풍요로움을 대변해 준다. 가령 노란색을 표현할 경우, 노리끼리<노르스름<연노랑<누렁<샛노랑<노랑<노릇노릇<진노랑<쩐노랑에서 보는 바와 같이 어느 민족의 언어에서 찾아볼 수 없을 정도로 미묘하고 다양하게 색감의

그림 2-14 알타이어군 간의 관계

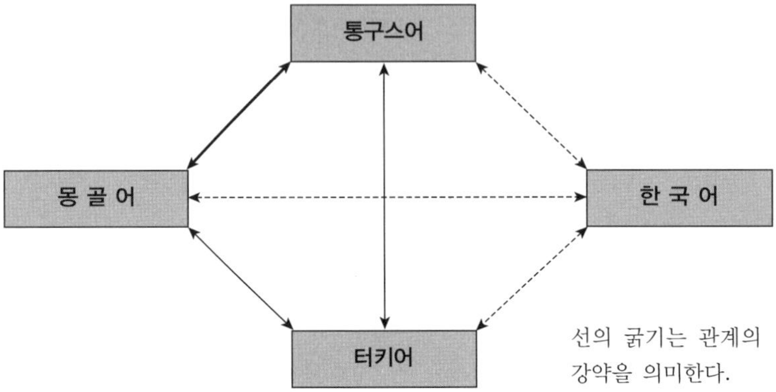

스펙트럼을 표현한 것으로 보아 감성이 풍부한 민족임을 알 수 있다.

알타이어족설을 제창한 G. J. Ramstedt에 의하면, 한반도 북부의 광범한 시베리아 지역에 네 개의 어군(語群)이 존재했었는 바, 이들 가운데 이른바 알타이어족에 속하는 터키어군 · 몽골어군 · 퉁구스어군 · 한국어군이 그것이다. 그 중 한국어는 만주로부터 한반도로 남하하여 형성되었다고 생각된다.

한국어를 포함한 알타이어족에 관한 지금까지의 비교연구에 의하면, 앞에서 [그림 2-1]의 모계 Y염색체의 분석결과에서 설명한 것처럼 퉁구스어군과 몽골어군 사이가 가장 가까운 관계를 보여주고 있으며, 그 다음이 터키어군과 상기한 두 어군이 가까운 관계에 있다(그림 2-14). 그러나 한국어는 그들 세 어군과 기원상 분명히 동일한 계통인 알타이어족에 속하면서도 가장 먼 관계를 보여주고 있다. 일본어는 한반도로부터 일본열도에 벼농사가 전파되면서 한국어가 모태가 된 것으로 추정되고 있다.

J. Diamond(2005)는 그의 저서 『총, 균, 쇠』를 통해 현대 일본인의 조상이 누구인지를 추적한 바 있는데, 그의 주장에 따르면 일본인의 기원에 대한 학설은 크게 3가지로 나뉜다. ① 고대 일본의 조몬인[縄文人]이 진화했다는 주장, ② 한국인의 대규모 이동의 결과로 유전적 · 문화적으로 형성된 야요이인[彌生

人]의 후손이라는 주장, ③ 한국에서의 이주는 인정하지만 그것은 소규모였을 뿐이라는 절충적 주장이 그것이다. 이 중 Diamond는 규모는 명확하지 않지만 한국인의 이주가 분명 현대 일본인에게 막대한 영향을 미쳤다는 쪽에 손을 들었다. 그 첫 번째 근거는 유전자 분석이다. 현대 일본인의 유전자를 분석했을 때 한국인과 북방계의 야요이인 비율이 남방계의 조몬인 유전자 비율보다 우세하다는 점이었고, 두 번째 근거는 언어에서 찾을 수 있음을 지적했다.

원시한국어는 역사적으로 부여 · 한(韓) 공통어에서 파생된 언어로서 주로 한반도를 중심으로 전개되었다. 그리하여 한반도에는 북방의 부여어계(夫餘語系) — 부여어 · 고구려어 · 동옥저어 · 예어 — 와 남방의 한어계(韓語系) — 마한어 · 진한어 · 변한어 — 의 두 어군이 존재했는 바, 부여어와 한어는 단순한 방언적 차이를 벗어나 언어적 차이를 지녔던 것으로 추정된다. 백제의 경우, 지배층인 부여족은 피지배층인 한족(韓族)과는 다른 언어를 사용했으며, 부여어계를 대표하게 된 고구려와 한어계를 대표하게 된 신라어 사이에는 일정한 언어적 차이를 보였다. 따라서 부여-고구려-백제가 동일 언어권이었고, 신라-가야가 또 다른 언어권이었다. 백제어와 신라어는 삼국시대 말기에 이르러 동질성을 갖기 시작했다. 역사상 한민족이 동일한 언어를 사용해 왔다는 주장은 단일민족에 현혹된 통념에 지나지 않는다는 견해도 있다.

신라의 삼국통일은 한민족의 통합은 물론 언어의 통합에 하나의 계기가 되어 단일한 한민족어를 형성하게 했다. 즉 부여어계에 속했던 고구려어가 신라어에 의해 정복당함으로써 한반도의 언어는 경주방언을 모델로 한어화(韓語化)하게 되어, 이때부터 비로소 단일언어로서의 민족어가 형성되기에 이르렀다. 진정한 민족통합은 언어의 통합이 전제되어야 이룩되는 것이 일반적이다.

그 후, 10세기 초 고려왕조의 성립은 그 언어전파의 중심지를 한반도의 동남부인 경주와 상주로부터 중부지방인 개성으로 옮기는 계기가 되었는 바, 고구려어의 영향을 받은 개성(개경)어는 신라 육두품 정도의 귀족언어였던 경주(서라벌)어와 언어적 차이를 보였을 것으로 짐작되며, 결국 고려왕조의 성립은 한국어를 재조정시키는 계기가 되었다. 이에 따라 당시의 우리나라는 대략 네 개의 방언권(方言圈)이 성립되었을 것으로 여겨진다. 즉 [그림 2-15]에서 보는

그림 2-15 고려어의 방언권

고려왕조의 성립은 언어전파의 중심지를 경주와 상주로부터 개성으로 옮기게 하여 한국어를 재조정시키는 계기가 되었다(李秉根, 1980).

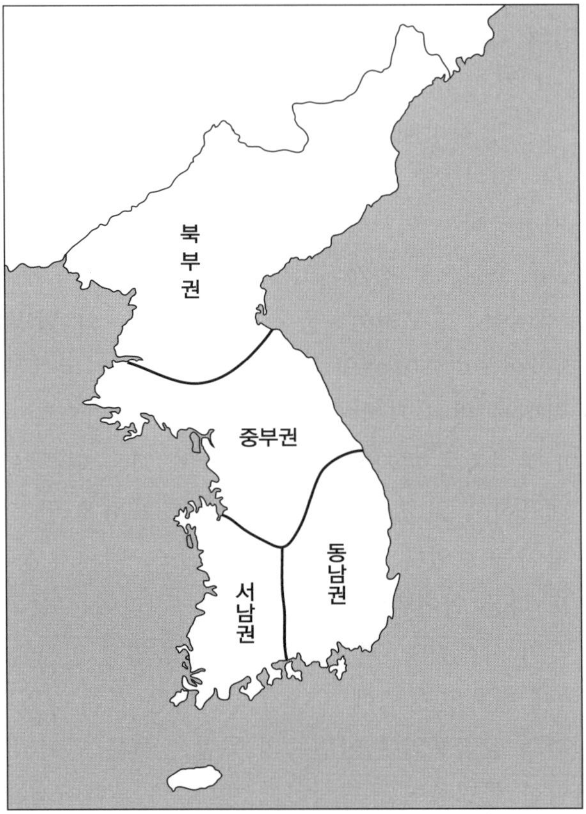

바와 같이 고구려어의 영향이 강한 북부권, 새롭게 형성된 중부권, 백제어의 영향이 남아있는 서남권, 신라어의 색채가 강한 동남권이 그것이다. 조선왕조를 거쳐 현대에 이르면서 이들 방언권 가운데 북부권은 동북권과 서북권으로 분화되었고, 여기에 제주권이 추가되었다.

방언권의 설정은 어휘 · 문법 및 음운에 관한 방언적 특징을 중심으로 체계화시킨 언어적 체계에 의하여 작성되어야 한다. 다시 말해서, 방언권은 개개의 지방 사투리에 의해서가 아니라 하나의 체계로서의 방언에 따라 설정되어 야

한다는 것이다. 그러나 한국의 모든 현대방언에 대하여 그와 같은 체계적인 분석이 아직은 충분할 만큼 이루어지지 못하고 있어서 완벽한 방언권의 설정이나 언어지리학적 연구는 수행되지 못한 실정이다. 그러므로 현재로서는 몇몇의 방언적 특징들이 분포되어 있는 등어선(等語線)을 찾아 방언권의 설정을 시도하고 있다. 그것은 관북방언권 · 관서방언권 · 중부방언권 · 영남방언권 · 호남방언권 · 제주방언권의 6개 권역이다.

(2) 표준어 구사의 필요성

언어는 역사적으로 볼 때 지형 · 정치 · 문화적 요인으로 공간적 제약을 받아 여러 개로 지역화한다. 큰 틀 안에서 지역화된 언어가 지역방언인데, 이들은 우리나라의 경우 하천유역권별로 분화되는 것이 보통이다. 각 지역방언은 [그림 2-16]에서 보는 것처럼 지역 간 교류가 빈번해짐에 따라 이질화와 동질화를 반복하게 된다. 이러한 언어적 공간과정을 거치면서 중앙방언은 모두가 공유할 수 있도록 갈고 다듬어져 더욱 세련된 공통언어를 형성하게 된다. 어느 나라의 언어라 할지라도 표준어가 가장 부드럽고 세련된 이유는 바로 그와 같은 과정을 거쳤기 때문이다.

그림 2-16 언어의 공간적 상호작용: 언어의 표준화

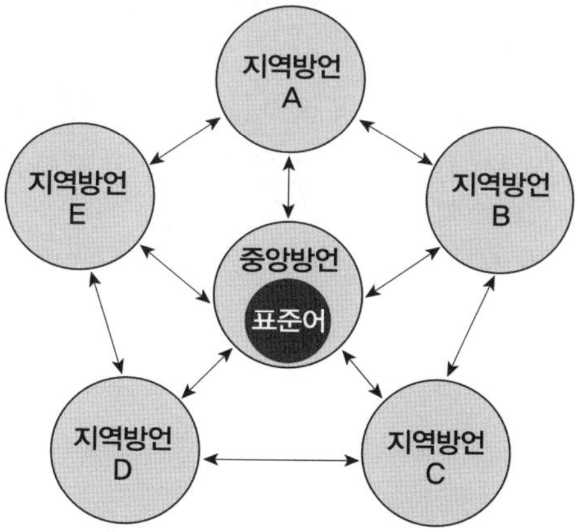

실제로 말의 속도를 보더라도 지역적 차이가 나타난다. 한국이동통신사인 KTF의 조사에 따르면 휴대폰 사용시간은 부산 · 경남이 가장 짧고 대전 · 충청도가 가장 길게 나타났다. 즉 월별 1인당 통화량이 부산 · 경남(157분), 대구 · 경북(160분)의 순으로 빨랐고, 대전 · 충청(171분), 광주 · 전라(166분)의 순으로 느렸다. 이처럼 휴대폰 통화량의 사용시간이 지역별로 차이가 나는 것은 오래 전부터 내려오는 언어습관이 언어패턴에 영향을 주었기 때문이다. 일본은 도쿄어, 중국은 베이징어, 영국은 런던어가 그 나라의 표준을 이루는 것은 언어의 공간적 상호작용에서 비롯된 표준화의 결과임을 확인할 수 있다.

우리나라는 중부방언 특히 서울지역어를 표준어로 삼고 있으며, 국어기본법 제14조와 제18조에 의거해 공문서를 작성하거나 교과서를 편찬할 때 어문규범을 준수하도록 하고 있다. 표준어는 각급 학교의 교육이나 매스컴을 통해 전국적으로 확산되는 반면, 각 지방 고유의 특징적인 방언들은 국지화하고 있다. 특히 도시화와 인구이동은 각 지역 간의 언어적 접촉을 유발시켜 표준화 또는 획일화의 요인이 되고 있다.

그러나 획일화되어 가는 것은 언어뿐만 아니라 각 지방의 문화 · 경관 · 풍습 등도 마찬가지일 것이다. 오히려 지방적 특색이 아직까지도 잘 보존되어 있는 것은 지방의 방언이 아닌가 생각된다. 그럼에도 불구하고 우리는 공인의 입장에 서게 되었을 때에는 교양인으로서 표준어를 구사하도록 노력해야 한다. 왜냐하면 표준어란 문화중심지의 교양 있는 사람들이 두루 쓰는 현대 서울말로 정의되기 때문이다. 더욱이 지역 간 갈등이 심한 우리나라의 경우는 더욱 그러하다. 가령, 지방에 근무하는 공직자들은 그 지방 사투리를 사용해도 별 문제 없지만, 전 국민을 상대로 하는 중앙부처의 공직자는 표준어를 구사하는 것이 바람직하다.

3 한국의 종교

(1) 한국 종교의 특징

우리나라는 예로부터 신을 좋아하는 민족성과 대한민국 헌법 제20조에 보장된 신앙의 자유로 인해 여러 종교가 다양하게 존재하는 다종교사회(多宗教社會)이다. 우리나라 헌법 제20조에는 "모든 국민은 종교의 자유를 지니고, 국교는 인정되지 않으며, 종교와 정치는 분리된다."고 명시되어 있다. 한국에는 민간신앙을 포함하여 한민족 고유의 종교와 불교 · 기독교 · 도교 등의 외래종교가 있다. 북한을 제외한 종교인 수는 2015년 현재 총인구의 약 44%에 달해 약 2,155만 명에 이르고 있다. 그 가운데 개신교 44.9%, 불교 35.3%, 천주교 18.0%, 기타 1.8%에 달한다.

불교의 사찰이나 유교의 향교는 그 포교지의 선택에 있어서 어디까지나 역사적인 연고지를 기반으로 설립되고, 그 입지는 아직도 도시보다는 도시주변부나 산간지역인 경우가 대부분이다. 그러나 기독교는 처음부터 도시로 파고들어 점차 촌락에 그 세력을 뻗쳐 나아갔다. 종교시설은 인구밀도가 높은 지역에 집중하고 있으며, 강원도 · 제주도와 같은 지역은 종교시설이 적게 분포한다.

그림 2-17 종교별 신도의 구성비

총인구의 약 44%에 달하는 종교인 수 중 종교별 구성비를 나타낸 것임.

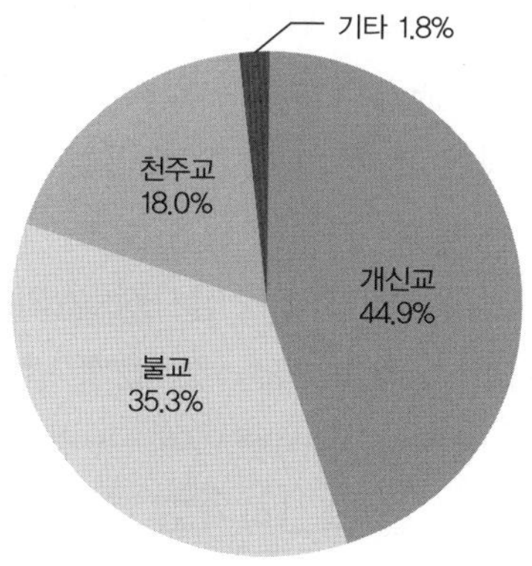

종교의 분포를 지역별로 보면, 불교 · 유교 · 기독교가 모두 영남지방에서 타 지방보다 수적으로 훨씬 우위에 있고, 민족종교는 호남지방에 단연 우세하지만, 순수한 민족종교는 충청남도에서 우세하다. 이와 같은 분포상황을 해석하는 일은 대단히 어렵다. 도시에 기독교가 집중되는 것은 포교전략과 도시민들의 새로운 세계를 구하려는 마음 때문일 것이며, 영남지방이 불교와 기독교가 우세한 것은 전통문화에 외래문화가 침투한 까닭일 것이다. 또 호남지방에서의 민족종교가 강한 것은 그 교조(敎祖)들이 호남 출신이라는 점에 영향이 있을 것으로 보인다.

가톨릭의 경우는 1886년 한불통상조약 이후 산간 오지의 은신처에서 나와 안성과 안성천 유역의 평야지대로 세력을 확대하기 시작했다. 전체적으로 볼 때는 개신교의 교회가 다른 종교시설보다 탁월하게 많다. [그림 2-18]에서 주요 종교별 분포를 보면, 신도 수는 단연 수도권이 가장 많고 그 다음이 부산 · 경남, 대구 · 경북, 전남의 순이다. 불교신도 수는 영남지방이 많은 데 비하여 개신교는 경기 · 인천 · 충남 · 전북 · 전남 등의 서해안에 연한 지방이 많음을 알 수 있다. 이는 기독교가 서해안을 거쳐 우리나라에 전파되었기 때문일 것으로 풀이된다.

각 종교별로 우리나라에 미친 영향을 보면, 먼저 불교는 주지하는 바와 같이 한국문화에 지대한 영향을 끼쳤다. 주로 산속에 위치한 사찰은 이 마을과 저 마을을 잇는 교통로를 열었고 여행자들의 숙박소가 되어 주었다. 특히 우리나라와 같이 예로부터 교통로가 발달하지 않았던 상황에서 사찰의 역할은 적지 않았다. 삼국시대에는 불교의 회삼귀일사상(會三歸一思想)이 삼국통일의 밑거름이 되었다. 이 사상은 성문(聲聞: 가르침을 듣고 깨우친 성자) · 연각(緣覺: 홀로 깨달은 성자) · 보살(菩薩: 자기와 남을 함께 깨우치는 성자)의 삼승(三乘)이 일승(一乘)으로 지향된다는 불교의 중심사상을 의미하며, 이것이 바로 신라인들로 하여금 삼국통일의 대업을 이룰 수 있게 만든 정신적 원동력이 되었다. 그리고 사찰은 하나의 장원을 형성했으며, 농경지를 개척하고 식량을 증산했을 뿐만 아니라 종차(種茶)를 생산하기도 했다. 또한 불교는 학문 · 예술 · 의학의 발달에도 기여했고, 국가가 위기에 처했을 때에는 호국불교의 기치 아래

그림 2-18 주요 종교별 신도의 분포

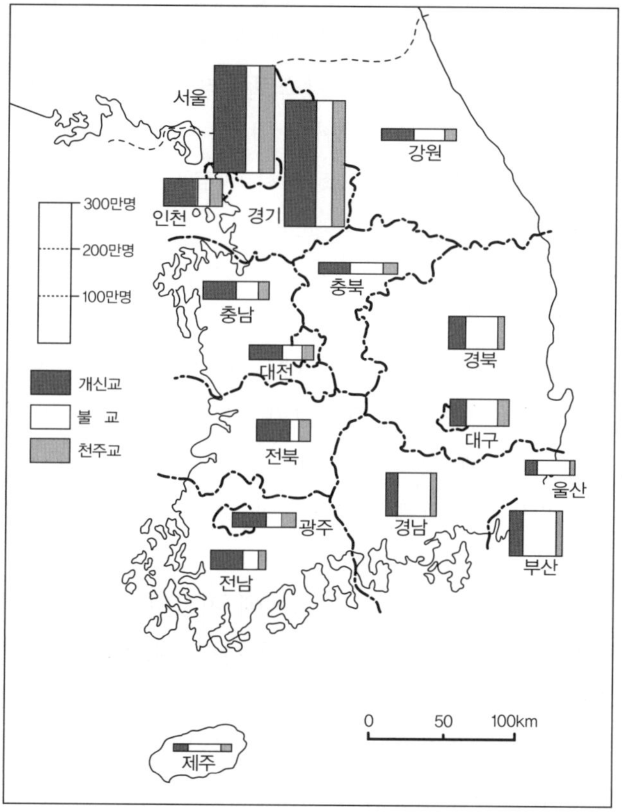

승군을 조직해 국토를 지켰다.

유교 역시 한국문화에 끼친 영향이 매우 크다. 유학의 가르침은 곧 정치이념의 근거가 되었고 가례원리(家禮原理)와 실천의식이 유교에 근거했다는 점에서 찾을 수 있다. 우리의 민족교육과 윤리도덕은 유교에 힘입은 바 크다. 즉 유교는 인의정신(仁義精神)으로 윤리도덕을 정신적 지주로 삼는 국민정신을 심어주는 데에 큰 이바지를 했다는 점이다.

한편, 기독교가 한민족에 끼친 영향은 무엇보다 개화사상이다. 특히 가톨릭은 사회사업으로 고아 · 노인 · 환자들을 구제하는 자선사업을 펼쳤다. 가톨릭은 일찍부터 고아원과 양로원을 설치하여 불우한 사람들을 돌보아 주었고, 교육 · 의료 · 구제사업 등을 전개하여 사회에 봉사했다. 사상적으로는 인종차별주의의 철폐를 부르짖고 나섰으며, 프랑스로부터 포도종자를 경기도 안성으로 들여와 포도재배를 시작했고, 사회발전의 평등 · 평화 · 사랑의 실천 등의 정신을 계발하는 데 솔선수범했다. 개신교 역시 의료사업과 교육사업을 선교사업에 앞장세워 사회에 이바지했다.

(2) 종교 간의 상호작용

이상에서 설명한 바와 같이 한반도에는 여러 종교가 유입되어 다종교사회를 형성한 바 있다. 이질적 외래종교가 전래될 때에는 탄압을 받는 경우가 허다하며, 일단 전파에 성공하면 새로운 종교는 기존의 종교와 경쟁하거나 공존하면서 상호작용을 하게 된다. 그와 같은 과정을 종교지리학자 D. E. Sopher(1967)는 다음과 같이 설명하고 있다.

[그림 2-19]의 A(동양)에서는 동양세계에 침투하는 종교적 관용의 기풍을 나타내 주고 있다. 즉 동양에서는 과거부터 사람들에게 다수의 종교적 관계를 맺는 것을 허용해 왔다. 따라서 기존의 종교에 이질적인 타 종교 혹은 이교도의 침입을 허용하게 된다. 유럽의 기독교나 아랍국가의 이슬람교에서와 같은 이른바 종교의 지역화는 적어도 동양세계에서는 찾아볼 수 없다.

이질적인 종교 또는 종파의 신도들이 주거지를 달리하는 종교의 지역화는 서남아시아(그림 2-19의 B)에서 볼 수 있는 특징일 것이다. 이것은 바로 오스만 제국의 통치방식이었던 밀렛(Millet)이란 제도인데, 아랍어와 터키어로는 종교집단을 의미한다. 밀렛 조직은 실질적으로 종교상의 자치권을 행사하는 대신에 국가에 대하여 공공질서를 준수해야 하는 책임을 지고 있다. 이들 집단은 일반적으로 자신들의 종교에 대하여 광신적 배타주의자들로 구성되어 있기 때문에 동양에서 볼 수 있는 것과 같은 신앙의 절충주의라든지 이교도와의 평화적 공존은 기대하기 어렵다.

한편, 미국인들의 마음속에는 종파조직에 대한 생각이 매우 견고하게 남아

그림 2-19 종교적 상호작용의 지리적 형태

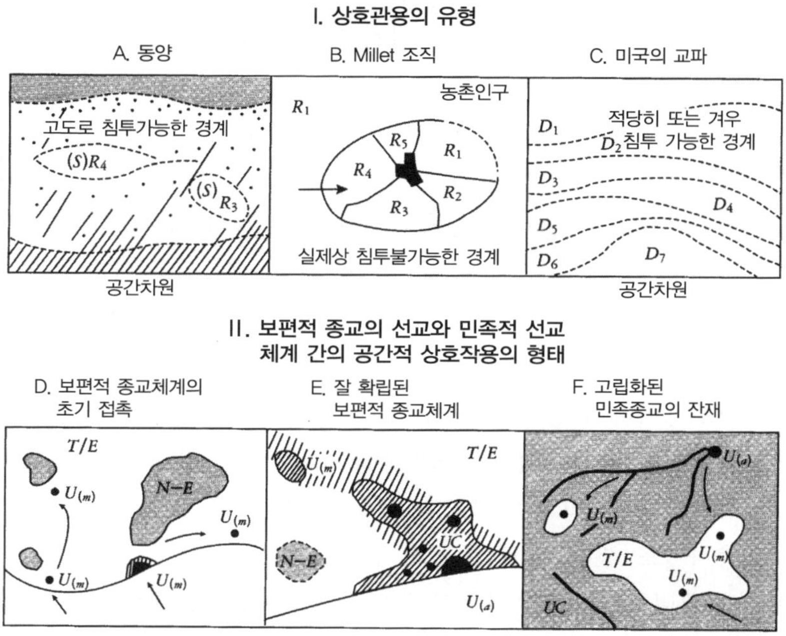

출처: D.E. Sopher(1967), p.150.

있기 때문에, 아메리카 기독교도는 거의 아메리카 프로테스탄트 교도나 유태교도에 뒤지질 않는다. [그림 2-19]의 C에서 보는 것처럼 미국의 종교는 미국인들에게 생활화되어 다른 교파조직과 공존할 수 있는 환경이 구비되어 있다. 이는 미국 교회의 지역적 다양성, 건국시 교회의 부재, 부단한 인구변화 등에 그 원인이 있다.

다음으로 보편적 종교의 포교와 민족종교의 포교 간의 공간적 상호작용에 대해 살펴보기로 하자. 식민통치 하에 있는 어떤 사회에 보편적 종교체계가 잠식해 들어올 때, 초기에는 [그림 2-19]의 D에서 보는 것과 같이 민족종교를 피해 포교된다. 새롭게 침투한 종교는 [그림 2-19]의 E에서 보는 것처럼 선교사의 조직과 맹렬한 포교활동으로 그림의 *U*(*a*), *U*(*m*)으로 표현된 일정한 핵을 중심으로 하여 손가락 모양의 핵세포 형태를 이루며 확산된다. 한걸음 더 나아가 그림 F에서 보는 바와 같이 보편적 종교체계는 우세한 지위를 차지하게 되고, 오히려 민족종교는 국지적으로 고립된 형태로 남게 된다.

이상에서 고찰한 Sopher의 이론에서 알 수 있듯이 종교체계 내의 상호작용은 일반적으로 세 유형으로 구분된다. 그것은 평화공존 · 경쟁과 불안정 · 종교적 불관용과 배척으로 나뉘어진다.

먼저, '평화공존'으로 불리는 상호작용은 타 종교의 이교도에 대하여 존경심을 갖거나 무관심과 반감의 이중적 감정을 수반하여 서로 다른 종교가 균형을 유지하는 것이다. 한반도에는 오래 전부터 불교와 유교가 민족의 전통적 종교로서 토착화했다. 그리고 한국불교는 민간의 토속신앙과 결합하기도 했다. 사찰에서 삼성각이나 칠성각을 볼 수 있는 것은 바로 그 이유 때문이다. 일반적으로 불교와 유교를 포함한 동양의 종교체계는 오아시스 종교에 비해 관용적이고 절충적이다. 그러므로 불교와 유교는 평화적으로 공존할 수 있었으며 때로는 절충하기도 했다. 오랜 종교적 전통이 엄존했음에도 불구하고 기독교가 한반도에 뿌리를 내릴 수 있었던 것도 바로 그와 같은 맥락에서 파악될 수 있을 것이다.

그림 2-20 토속신앙과 결합한 사찰의 대웅전과 삼성각(강화군 석모도 보문사)

그림 2-21 토착화 정신이 담긴 한옥 교회(성공회 강화성당)

한때는 불교와 기독교도 국가의 권력이 동원되어 탄압을 받은 적이 있었지만, 그것은 결코 서양에서 공통적으로 나타났던 종교적 박해와 성격을 달리한다. 동양세계에 침투하는 이교도에 대한 관용의 기풍은 결국 다수의 동양인에게 다수의 종교적 관계를 맺도록 허용했다. 유럽의 기독교사회에서 구교(가톨릭)에 대한 신교(개신교)의 분포, 또는 이슬람교의 수니파에 대한 시아파의 분포에서 발생하는 것과 같은 종교의 지역화는 적어도 유교문화권에서는 찾아볼 수 없다.

종교체계 간의 또 다른 상호작용은 경쟁적인 것으로, 다른 한쪽의 종교체계는 불안정한 것이 특징이다. 15세기부터 유럽으로 확산된 기독교는 많은 이질적 종교체계와 밀접한 접촉을 갖게 되자, 기존의 민족종교는 심각한 불안정성을 보였다. 역사적으로 볼 때, 이슬람교와 기독교가 정면으로 충돌한 몇몇 지역을 제외하면 이슬람교로부터 기독교로 개종하거나 그 반대 현상은 거의 없었다. 이들 종교는 인도네시아 · 인도 · 아프리카 등의 부족신앙 또는 민족신앙과 접촉의 결과로서 적극적인 경쟁을 벌이게 되었다.

H. G. Wells(1916)는 "이슬람교와 기독교는 타협을 모르는 종교이다."라고 지적했다. 이들 종교는 건조지역에서 만들어진 물 중심의 오아시스 종교이므로 엄격한 공동체적 규제가 필요했기 때문이라는 것이다. 기독교 중에도 가톨릭의 포교전략은 개신교의 그것에 비하여 유연성이 있었다. 가톨릭이나 성공회가 한반도에 들어올 때에도 불교가 그러했던 것처럼 전통한옥양식으로 교회건물을 짓는 등 현지화전략을 채택했다.

기독교의 선교사들이 사용한 포교전략은 보다 불안정한 계층 또는 낮은 사회적 계층을 대상으로 그들의 노력을 집중하는 것이었다. 이러한 포교전략은 한반도의 경우에도 예외는 아니었다. 개신교는 우리나라에서 유림이나 상류층을 피하여 상민이나 천민과 같은 하류층을 포교대상으로 삼았으며, 특히 부녀자를 대상으로 선택하는 경우가 많았다. 일본의 기독교는 우리나라와 달리 상류층으로부터 포교하여 기독교의 대중화에 실패하기도 했다.

종교체계 간의 상호작용에 있어 세 번째 형태는 배타주의적인 종교적 불관용의 관습이다. 동양종교는 타 종교 또는 이교도에 대하여 허용 혹은 무관심의 태도를 취하는 데 비하여, 유태교 · 기독교 · 이슬람교 등과 같은 서양종교는 역사적으로 타 종교나 이교도에 대하여 적대감을 나타내 왔다. 인도의 펀자브 지방에서 볼 수 있는 시크교도와 힌두교도의 호전성은 대부분 그곳 이슬람교의 호전성에 대한 반작용이었고, 패망한 베트남 정부에 대한 이교도의 정치적 공세는 기독교 단체의 활발한 정치적 자기주장에 대한 견제였던 것처럼, 한국불교의 도시진출은 기독교의 급속한 교세확장에 대한 상대적 현상으로 인식될 수 있다.

(3) 한국종교의 문제점

우리나라와 같은 다종교사회에서는 각 종교체계 간에 경쟁이나 불관용의 형태보다는 평화공존의 형태가 바람직할 것이다. 특히 우리나라의 도시사회는 종교와 무관하게 각 종교의 신자들이 혼재하고 있으므로 서로 배척하거나 과열된 경쟁을 하는 것은 사회의 안정을 위하여 바람직하지 못할 것이다.

그리고 하등종교로부터 파생되는 사회문제도 간과할 수 없는 우리 사회의 현실이다. 1960년대 이후 꼬리를 물고 일어났던 동방교사건·섹스교사건·오대양사 집단참살사건·휴거소동·영생교사건 등의 종교적 범죄는 아직도 우리의 기억에 생생하다. 단절과 절망이 팽배한 사회적 환경에서 신흥종교와 유사종교(quasi-religion)가 창궐한다는 것이 종교학자나 사회학자들의 일치된 의견이다.

우리나라의 경우 그와 같은 종교가 가장 많이 발생하고 그 위세를 떨치기 시작한 시기는 6.25전쟁으로부터 1960년대까지의 사회적 격변기였다. 전쟁으로 인한 생명의 위협과 전후의 폐허 속에서의 절망과 좌절감에 빠져있던 사회에 독버섯처럼 생겨난 신흥종교는 주로 말세론을 내세우는 기성 기독교단의 분파들과 불교의 미륵사상을 앞세운 종파와 무속계열의 신흥종교로 대별할 수 있다. 이들 신흥종교의 추세는 1975년 252개, 1978년 315개, 1986년 404개라는 통계가 말해주듯이 1970~1980년대의 산업화과정에서도 시들지 않고 계속 증가해 왔음을 보여준다. 이 수치는 인구비례로 볼 때 세계 최고이다. 신흥종교는 2000년대에 들어와서도 350개에 달하는 것으로 집계되고 있다. 더욱이 사이비종교(faulse-religion)도 무려 60여개에 달한다.

1970년대 이후 산업사회로의 이행은 경제성장에 따른 국민들의 생활안정으로 일견 신흥종교의 퇴조를 예시하는 징후를 가져온 것이 사실이지만, 새로운 소외계층의 양산으로 상대적 빈곤이나 절망감에 빠져 종교적 욕구를 갈구하는 인구가 늘고 있는 것도 사실이다. 이들이 주로 신흥종교 혹은 사이비종교의 유혹을 뿌리치기 어려운 잠재적 종교인구라 할 수 있는데, 이를 겨냥한 새로운 신흥종교의 탄생이 2000년대에 들어와서도 지속적으로 일어나고 있다.

이와 같은 현상은 오늘날 각 기성종교들이 내재하고 있는 기복적인 측면에서도 그 뿌리를 찾을 수 있다. 세계적인 고등종교가 사회정의나 인류 공동선(共同善)의 구현을 그 이상으로 하는 사회윤리적 측면을 강조하는 반면, 하등종교일수록 메시아운동이나 미륵사상을 통한 개인의 구원과 성취욕구에 영합하고 있다. 우리나라의 기독교나 불교 등과 같은 고등종교의 신도구성을 보면 70~80%가 부녀자들인데, 이들이 얼마만큼 고등종교에 합당한 종교적 욕구를 가지고 있는지의 문제는 한국종교의 성패를 좌우할 가늠자가 될 것이다.

그림 2-22 한국 개신교의 팽창과 전도활동에 대한 국민여론

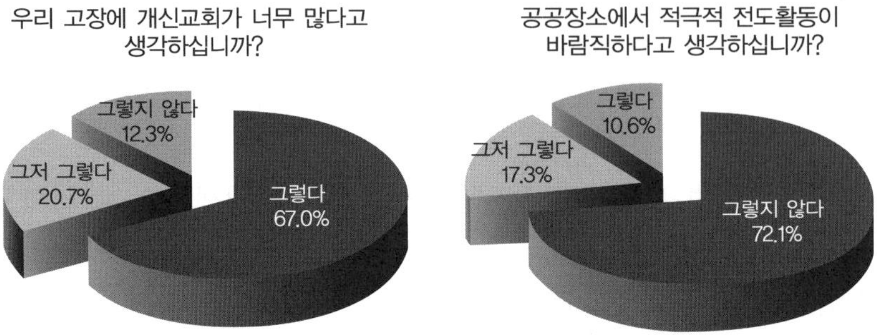

출처: 한국신학대학교 신학연구소(2003).

오늘날의 한국종교야말로 기복적인 하등종교적 욕구로 고등종교에 입신한 신자들을 신앙심으로 순화하고 윤리적으로 교화해야 하는 막중한 역사적 책무를 가졌다고 하겠다. 이들에 대한 종교적 교화가 제대로 이루어지지 않는 한 우리나라 신흥종교는 줄어들 가능성이 희박하다. 1980년대 들어와 일기 시작한 기독교 신도의 팽창과 교회건축의 증가는 많은 문제점을 내포하고 있다. 특히 개신교회의 건축 붐은 도시지역에서 과밀화양상을 보이고 있다. 이들 교회의 과밀화에 대한 시민들의 반응은 물론 전도활동에 대해서도 국민들은 대체로 부정적이다(그림 2-22). 개신교의 여러 복합적인 문제로 야기되는 교회별 영역문제는 종파 간의 협의와 조정을 거쳐 바람직한 지역사회의 안정을 위해 교구설정의 검토가 있어야 할 것이다. 왜냐하면, 현재 우리나라는 400여 신학교와 신학대학원에서 매년 7천~1만 여명의 목회자를 배출하고 있기 때문이다(기독교연합신문, 2016).

이와 같은 한국교회의 외형적 성장은 미국의 종교 전문잡지인 『크리스천 월드』의 조사내용을 보면 극명하게 드러난다. 즉 세계 50대 대형교회 중 26개가 한국교회라는 사실은 한국의 개신교가 얼마나 빠른 속도로 성장했는지를 잘 보여준다. 세계에서 신도 수가 가장 많은 교회는 서울의 여의도 순복음교회(60만 명)이고, 그 다음이 안양의 남부순복음교회(10만 명)이다. 그리고 출석교

인을 기준으로 조사한 교회순위에서는 세계 10대 교회 중 한국교회가 절반인 5개나 차지하고 있다.

어떤 종교를 믿든 신앙생활은 자유이지만, 신앙생활이 가족 간의 갈등과 이웃 간의 대립요인이 되어서는 안 된다. 그럼에도 불구하고 그와 같은 일이 최근 사회문제화 되고 있다. 우리나라의 종교는 유교 · 불교 등의 오래 된 종교와 천주교 · 개신교 등의 외래종교가 주류를 이루고 있는데, 신앙차이로 인한 가정문제는 제례행위를 둘러싸고 갈등과 대립이 대부분을 차지하고 있다. 신앙으로 인한 가족 또는 친척 간의 갈등은 부모와 자녀 혹은 고부간의 종교가 달라 고민하는 경우, 전통적인 제례나 혼사를 둘러싼 신랑측과 신부측 간의 갈등, 개인의 독특한 신앙생활을 가족들이나 친척들이 이해를 못해주는 경우, 가족이나 친척이 특정 종교를 강요하는 경우, 공동주택에서 이웃 간에 특정 종교의 교리나 가치관을 강하게 내세우는 경우 등 다양하게 표출되고 있다. 이와 같이 신앙차이로 인한 갈등이 발생하는 까닭은 자신과 다른 종교를 수용해줄 만한 성숙된 의식이 결여되어 있기 때문이다.

(4) 유연한 종교관의 필요성

신앙은 인간이 주체가 되어 파악되어야 하며 신앙생활이 인간에게 속박을 주어서는 안 된다. 그리고 신자는 종교를 절대신념의 체계로 정형화시키지 말고 삶의 기본적인 자세로서 받아들인다면 가족이나 이웃 간의 갈등은 저절로 해소될 것이다. 그러기 위해서는, 첫째 종교의 사소한 계율을 다소 지키지 못하더라도 가정의 화목을 우선하여 처신하도록 하고, 둘째 종교를 선택할 때에는 반드시 가족 간의 협의와 의논과정을 거칠 필요가 있으며, 셋째 종교에서 지향하는 희생 · 자비 · 박애정신을 입으로만 부르짖지 말고 생활 속에서 실천해야 할 것이다. 우리는 인도 건국의 아버지이며 민족운동의 지도자인 M. K. Gandhi(1869~1948)가 인도국민들이 힌두교와 이슬람교로 나뉘어 대립하는 것을 보고 국민적 대동단결을 호소하기 위해 그의 모태신앙이었던 힌두교를 포기했던 사실을 거울로 삼아야 할 것이다.

동양종교와 서양종교는 물론 농경민족과 유목민족의 종교 간에는 자연관만큼의 종교관에 차이가 있다. 최근 문제되고 있는 인간배아복제를 둘러싸고 동양종교와 서양종교 간에 확연한 입장 차이를 노출하고 있다. 즉 서구에서 금기시된 인간복제에 대해 아시아 국가들이 유연한 입장을 취하고 있다는 것이다. 이는 불교적 세계관과 기독교적 세계관의 차이가 인간배아복제 등과 같은 유전자 관련 연구에 대한 근본적 시각차에서 비롯된 것이다.

창조주가 인간에게 영혼을 부여했다는 전통적인 기독교적 세계관의 입장에서는 인간복제를 용인할 수 없다. 특히 동양에서의 영혼은 영원하고 업(業)에 따라 윤회한다는 사상은 오히려 인간배아복제와 일치하는 대목이다. 기독교적 세계관의 근거지라고 할 수 있는 프랑스와 독일에서는 그런 연구가 금지된 것도 그와 같은 이유 때문이다. 유전자변형 작물이 널리 재배되고 있는 북미와 남미에서도 인간배아복제는 금기시되고 있다. 유전자변형 농산물에 대한 위험성이 지적되고 있는 요즘에도 기독교적 세계관을 지닌 그 밖의 나라에서는 동물과 식물은 영혼이 없기 때문에 유전자변형에 대하여 비교적 유연한 입장을 취한다.

이와 같이 동양과 서양의 종교관이 상이한 상황에서 우리나라에 서양의 종교가 들어오니 문제가 발생하는 것은 당연한 일이었다. 기독교는 한국에 유입되어 많은 우여곡절을 겪었다. 몇 해 전 한국 개신교를 이끌어가는 교회지도자들이 종교개혁 480주년을 맞이하여 개신교가 한국 근 · 현대사에 남긴 오욕의 과거를 회개하는 뜻에서 「한국교회 참회록」을 발표한 바 있다. 이 참회록에 의하면, "우리는 주님의 첫 계명을 범했습니다. 하나님의 권위를 내세워야 할 때 신사참배는 종교가 아니라 국가의식이라고 변호하며 동참했고, 핍박받는 동족을 보살펴야 할 때 일제 식민세력에 굴종했습니다. ……독재정권을 위해서는 3선 개헌 지지운동과 유신헌법 지지성명을 발표했으며, 광주시민의 피를 딛고 쿠데타로 정권을 장악한 불의한 세력의 편에 서서 우리는 조찬기도회를 열었고, 그들의 안녕을 구하며 협력자 역할을 맡았습니다. ……"라며 참회했다. 뜻있는 기독교인들은 오늘날 한국교회가 물질주의와 권위주의, 그릇된 성공주의로 본래의 존엄성을 상실했다면서 선교와 전도의 정열은 성공의 과시로 변질되고, 기독교 공동체는 교권을 장악하기 위한 집단이기주의로 전락했

그림 2-23 한국과 미국의 대통령 취임식 비교

다면서 반성하고 있다.

우리나라는 이미 언급한 것처럼 헌법에 종교의 자유가 보장되어 있다. 그러므로 대통령과 집권당의 종교적 색채와 관계없이 어떤 권력도 국민의 신앙의 자유를 침해해서는 안 된다. 그러나 우리나라와 마찬가지로 종교의 자유가 보장된 미국의 경우는 우리와 다르다. 미국대통령 취임식을 보면 대통령 당선자가 대법원장 앞에서 성서에 손을 얹고 취임선서를 한다. 이와는 달리 우리나라의 당선자는 어떤 종교적 의식 없이 국민들을 향하여 오른손을 들고 선서를 한다(그림 2-23). 양국의 차이점은 국가원수로서 책무를 성실히 수행하겠다는 다짐을 누구에게 하는가에 있다.

어떤 종교이건 과오가 있으면 솔직히 인정하고 참회하는 자세가 중요하다. 일본이 과거 한국인에게 신사참배를 강요한 것을 참회해야 하듯이, 신대륙과 남의 나라를 점령했던 유럽인들은 약 1,500만 명에 달하는 아프리카인들을 노예로 삼았고 호주 원주민 애버리진을 무참히 학살함은 물론 자신들의 종교를 식민지 주민들에게 강요하며 무차별 탄압한 것을 참회해야 한다. 우리는 "인류 역사상 나쁜 행위는 언제나 종교라는 이름으로 자행되었다."라고 갈파한 B. Pascal(1623~1662)의 말을 음미해야 할 것이다.

2.3 한국의 지명

1 한국 지명의 개요와 변천

이름은 다른 것과 구별하기 위해 붙여지는 것으로 자칭 또는 타칭된다. 예로부터 이름은 사람에게 뿐만 아니라 땅에도 붙여져 왔다. 사람의 이름은 성명(姓名)이요, 땅의 이름은 지명(地名)이다. 만약 사람에게 이름이 붙여져 있지 않다면 대단히 불편할 것이다. 마찬가지로 토지에 지명이 없다면 인간생활에 막대한 불편과 지장을 초래할 것이다. 일반적으로 지명에는 그 장소의 지형·역사·풍속 등의 유래가 담겨져 있으며, 경우에 따라서는 옛날에 사용하던 고어(古語)와 방언이 담겨져 있기도 하다. 그와 같은 이유 때문에 지리학·역사학·언어학·민속학 등의 분야에서는 지명연구에 관심을 기울이게 된다. 근년에 이르러 세계 각국은 그 정도와 방법의 차이는 있을지라도 고대지명으로부터 현대지명에 이르기까지 조사, 연구하여 많은 업적을 쌓아 왔고, 그 결과로 차츰 지명학(toponymy)으로서의 기반을 다져왔다.

(1) 지명의 개념

지명의 기원과 발달 과정이 우리나라와 비슷한 일본에서는 일찍이 야나기다[柳田國男]의 발달단계에 의한 분류, 요시다[吉田東伍]의 기인론(起因論)에 따른 분류, 가가미[鏡味完二]의 점유지명(占有地名)의 발달서층(發達序層)을 고려한 분류, 야마구치[山口惠一郎]의 기능에 의한 분류 등이 있다. 그러나 우리나라에는 지명분류의 정설이 없다.

지명은 인명 혹은 성명과 마찬가지로 어떤 종류에 속하는 것을 총칭한 보통명사가 아니라 그 종류에 속한 특정한 대상을 지칭한 고유명사를 이룬다. 지리학자 M. Aurousseau(1957)는 과거의 지명은 장소명칭(place names)으로서의 지명이던 것이 시대의 변천에 따라 지리명칭(geographical names)으로서의 지명으로 변화했음을 지적한 바 있다. 그러므로 지명이란 협의적으로는 토지의 명칭이며, 광의적으로는 공간에 대한 고유명칭이라고 정의할 수 있다. 지명을 뜻하는 토포님(toponym)은 자연물 또는 지형을 의미하며, 토지에 붙여진 이름을 지칭하기도 한다.

지명의 어원은 A.D. 100년경 중국 후한시대에 편찬된 전한 왕조 1대의 역사를 기록한 한서(漢書) 중의 『한서지리지(漢書地理誌)』 서문에 나오는 생왕지적기원 지명우수개역(生王之迹旣遠, 地名又數改易)에서 찾아 볼 수 있는데, 이는 "왕이 태어난 흔적도 이미 오래되었고, 지명도 또 여러 번 바뀌었다."란 뜻이다. 국제적으로 지명을 정식으로 정의한 것은 1967년 스위스 제네바에서 열린 제1회 유엔지명표준화회의(UNCSGN)에서였다. 당시 정한 「지명용어 통일안」에 따르면 "지명의 총칭은 geographical name이라 하고, 이것은 지리적 실재물(geographic entity)의 모든 것을 호칭하기 위한 고유명사로 정의한다."라고 규정했고, "그 가운데 자연지명은 toponym이라 하고, 인간의 거주와 관련된 지명에 대해서는 place name이라 한다."라고 정의했다. 우리는 이들을 모두 지명이라고 부른다.

지명이 한 마을 또는 하나의 지역사회에서 공인을 받기 위해서는 그 나름대로의 과정을 거쳐야 한다. 그것은 누구에게도 납득할 수 있는 언어이어야 한다는 것이 하나의 조건이 된다. 다시 말해서, 그 토지와 공간에 자주 왕래하여 토지 및 공간을 숙지한 사람들이 공통적으로 부르기 시작한 부호야말로 최초로 공인된 지명인 것이다. 그 공간은 결코 처음부터 광대한 구역을 가리키는 것이 아니라, 특정한 지점 또는 부분공간의 명칭이 먼저 생겨나고 뒤이어 점차 넓은 범위로 확대되어 나아갔다.

지명은 자연스럽게 붙여진 것일지라도 객관적인 것보다는 개인이나 집단의 감정 · 의지 · 주관이 개입되어 있는 경우가 많다. 그러나 때로는 위정자들이 공권력으로 지명을 붙이거나 바꾸는 경우도 있다. 국가는 통치상의 필요에 따라 영토를 구분하여 행정지명을 붙인다. 이들 행정지명의 대부분은 민중사회에서 불려온 기존의 지명을 채택하는 것이 보통이지만, 경우에 따라서는 지배하기에 편리하도록 새로운 지명을 일부만 바꾸기도 한다. 특히 우리나라에서

그림 2-24 지명의 속성

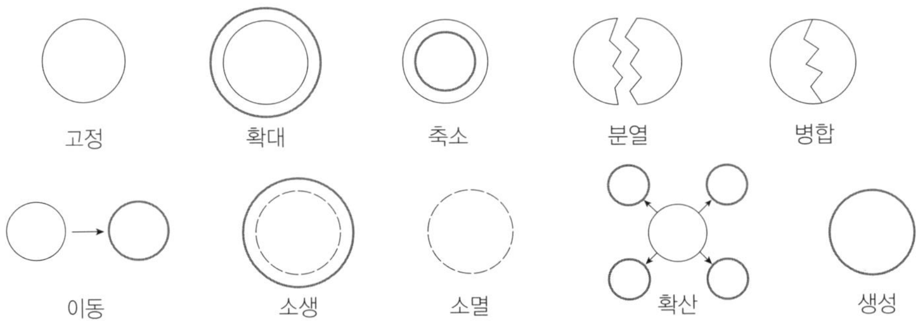

는 전 왕조의 업적을 고의적으로 소멸시키기 위해 지명을 변경한 경우도 허다했다.

일단 정해진 지명은 시간의 경과에 따라 변형 또는 변질되거나 소멸되기도 하고 때로는 소멸되었던 것이 부활하기도 한다. 이러한 측면에서 볼 때, 지명은 살아있는 유기체라 할 수 있으며 여러 얼굴을 가진 존재이다. 지명에는 그 지역의 시대적 유여곡절이 내포되어 있어 다양한 의미가 숨겨져 있을 것이므로 지명으로부터 흥미 있는 사실들을 캐낼 수 있다. 그러므로 지명은 인간에게 있어 땅에 새겨진 과거의 색인표라고 볼 수 있다. 지명은 생활 · 민속 · 문화를 비롯해 정치 · 경제 · 교통 · 사회 등과 같은 각 시대에 걸친 인간의 역사와 공간의 변천사를 우리들에게 전해주고 있다.

(2) 한국 지명의 변천

우리나라 고대의 지명은 순수한 한국어로 된 것이 많아 고유성이 있었을 것으로 추정된다. 특히 한자가 우리나라에 유입되기 전에는 더욱 그러했을 것이다. 삼국시대의 지명이 비록 한자로 표기되었더라도 그것은 소리와 뜻을 빌리는 음차(音借) 및 훈차(訓借)의 범위에서 그쳤다. 가령, 강원도의 '鐵原'을 '철원'이라 읽으면 음차이고, '쇠벌'이라 하면 훈차에 해당한다. 전라북도의

'界火島'를 '갯벌섬'으로 읽는 것은 음차와 훈차의 혼용이며, 화는 '벌'이 아닌 '불'이므로 비슷한 음을 가진 글자의 훈을 빌려서 표기한 경우이므로 사음훈차(似音訓借)라 부른다. 시실 오늘날의 한자 음독은 과거와 달랐다.

당나라의 힘을 빌려 삼국을 통일한 신라는 우리 민족 고유의 지명을 경덕왕 때에 중국식으로 개칭했다. 즉 신라는 우리의 고유지명을 2음절의 한자 지명으로 바꿈으로써 우리 민족에게 사대주의를 심게 하는 계기를 만들었다. 바로 이것이 한국 지명의 1차 개악이라 할 수 있다. 이때부터 우리나라의 지명은 대부분 두 글자 지명으로 바뀌었다. 통일신라가 망하고 고려왕조가 개국하면서 2차 개악이 있었고, 조선왕조가 건국되면서 3차 개악이 이루어졌다.

한국 지명의 4차 개악은 1914년 일제의 강압으로 자행되었다. 일제가 행정의 효율화라는 미명 하에 단행한 행정구역의 변경은 한국 지명을 크게 바꾸어 놓았다. 이러한 일제의 정책 중에는 우리 민족의 얼을 말살하거나 약화시키기 위한 의도가 담겨진 것도 있었다. 바뀐 지명의 대부분은 일본인들이 사용하기에 편리하도록 지형도에 일본문자를 병기해 놓아 혼란을 야기시켰다. 또한 일제강점기인 1914년 '모진 여인들이 모여 사는 동네'라 하여 붙여진 서울의 모진동 역시 웃지 못할 지명이다. 현재 모진동은 화양동으로 바뀌었다.

해방 후 한반도가 남북으로 분단되면서 북한에는 사회주의체제를 갖춘 공산정권이 수립되었다. 이때부터 김일성 정권은 지명의 5차 개악을 단행했다. 해방 직후 북한의 행정구역은 강원도 일부를 포함하여 6개 도(道)에 9개 시, 89개 군이었으나, 현재는 1직할시(평양), 2특별시(남포, 나선), 9도, 24시, 147군으로 행정구역이 대폭 늘어났다. 직할시와 특별시가 신설되었고 자강도와 양강도가 새롭게 만들어졌으며 황해도가 남도와 북도로 분할되었다. 그리고 북한은 도와 시 · 군, 읍 · 면, 리의 4단계 행정구역 중 면(面)을 폐지하고 도(특별시, 직할시 포함), 시 · 군, 읍 · 리의 3단계로 바꿨다.

북한이 이와 같이 행정구역을 개편한 것은 중앙집권제를 더욱 강화하고 행정구역 수를 남한과 비슷한 수준으로 만들기 위한 목적이 있었던 것으로 풀이된다. 행정구역의 개편과 함께 조작되고 날조된 지명이 생겨났다. 북한 당국은 김정숙군, 김형직군, 김형권군, 김책시 등의 족벌지명을 비롯하여 영웅리, 해방동, 전우동 등의 호전적 지명과 낙원군, 새별군, 꽃핀동 등의 선전지명으로 개칭했다.

(3) 한국 지명의 현주소

해방 후에도 국토의 변모와 더불어 우리나라의 지명은 큰 변화를 겪었다. 국토개발에 따른 새로운 지명의 탄생은 물론이거니와 고유한 지명이 소멸되거나 변질되는 사례가 빈번해졌으며 심지어는 오용되는 사례까지 생겨났다. 서울의 경우, 행정구역이 신설되면서 공항동 · 면목8동 · 신림13동 · 본동 등의 낯선 지명이 생긴 반면, 말죽거리 · 장승백이 · 굴레방다리 · 모래내 · 뚝섬 등의 고유한 지명은 행정구역명칭으로 채택되지 않거나 거의 잊혀져 가고 있다.

밤섬과 밤고개는 각각 율도(栗島)와 율현(栗峴)으로 바뀌었고, 서울의 뚝섬 · 난지도, 목포의 삼학도, 인천의 월미도, 부안의 계화도, 부산의 동백섬 등은 육지와 연결되어 섬이라 부르기에는 어색하게 되었다. 그 뿐만 아니라 방향착오로 인한 잘못된 지명들도 많이 찾아볼 수 있다. 서울의 강남을 옛 지명인 사평(沙坪)이라 부르면 될 것을 영등포를 기준으로 동쪽에 있다고 하여 영동지방이라고 부른 것은 넌센스이다. 마치 태백산맥 동쪽의 영동지방과 혼동된다. 서울의 강남구 · 강서구 · 강동구는 모두 한강 남쪽에 있음에도 불구하고 잘못 붙여진 지명이며, 부산의 강서구 · 서구 · 남구 · 중구는 모두 동서방향으로 일직선상의 위치에 있는데 그러한 지명을 붙였다. 인천의 동구는 서구보다 더 서쪽에 있다. 이처럼 무미건조하고 방위마저 맞지 않는 모순된 지명을 대부분의 대도시에서 채택하고 있는 것은 매우 안타까운 일이 아닐 수 없다.

그리고 무미건조한 숫자가 지명으로 사용되는 것도 흔히 볼 수 있다. 그 지역의 유서 깊은 고유지명을 외면하고 숫자를 따서 지명으로 사용하는 것은 편의적 발상이 아닐 수 없다. 특히 도시지역에서 인구의 증가로 동을 분할할 때에 숫자가 매겨지며, 나중에는 숫자의 서열이 뒤섞여서 혼동을 일으킬 정도에 이른다. 서민층의 주거지역인 서울의 면목동 · 미아동 · 상계동 · 봉천동 등은 8동~11동까지 신림동은 무려 13동으로 무질서하게 나누어져 있었다.

2014년부터 시행된 도로명 주소개편은 오랜 동안 사용되어온 지명을 소멸시키는 계기가 되었다. 정부의 주소개편은 도로 중심의 주소 체계를 사용하는 세계적 추세에 맞추기 위한 정책으로 시도되었다. 100여 년 간 사용해 오던 주소 체계가 면(面) 중심에서 선(線) 중심체계로 바뀐 것이다. 이러한 변화는 우리 국민들에게 익숙해진 지명들을 소멸시키는 계기가 되어 많은 비판을 받고 있다. 즉 너무 긴 간선도로를 중심으로 지명을 짓다보니 기존의 지명이 소멸되는 일이 벌어진 것이다. 이와 같은 지명체계의 개편이 제6차 지명개악이 될 것인지, 아니면 지명개선이 될 것인지는 더 시간을 두고 평가해야 할 것 같다.

2 한국 지명의 특징

한국의 지명은 이미 설명한 것처럼 역사적으로 많은 우여곡절을 겪으면서 변천해 왔다. 그러나 지명을 자세히 관찰해 보면 한국지명의 특징을 파악할 수 있다. 한국 지명은 거의 대부분이 우리 조상들이 생활주변에서 지형, 위치, 기후, 산물 또는 도덕, 정치, 군사 등에서 유래된 것들이다. 이와 같은 것은 비단 우리나라에만 국한된 것이 아니라 다른 나라에서도 볼 수 있지만, 특히 한국지명에는 조상의 얼이 담겨져 있는 까닭에 애착이 간다.

신라 소지왕까지의 지명은 예로부터 내려오는 우리 민족 고유의 것이었으나 경덕왕에 이르러 중국식으로 크게 바뀌었다. 중국식 지명이란 결국 한자식 지명을 뜻하며, 산(山)·곡(谷)·신(新)·대(大)·송(松)·천(川)·현(峴) 등의 한자가 가장 많이 쓰인다. 이는 한반도에 산악지형이 많아 산과 골짜기를 넘는 고개, 그 사이를 굽이치는 하천을 반영하는 것이며, 인구증가와 개척과 개간에 따른 새로운 마을의 형성으로 '신'자가 붙은 지명의 출현, 또 '송'자가 붙은 지명은 어딜 가나 흔한 나무가 소나무였음을 뜻하는 것이다.

그 다음으로는 상(上)·내(內)·남(南)·동(東)·하(下) 등의 한자와 석(石)·암(岩)·수(水)·포(浦)·천(村)·용(龍)·월(月) 등의 지명이 많은 편이다. 이는 마을의 위치나 방위를 뜻하는 것이며, 특히 우리 민족은 전통적으로 남동쪽 방향을 선호했다. 또한 큰 바위가 이정표 역할을 하거나 남근숭배사상 혹은 거석숭배사상을 반영하고, 항상 물을 염두에 두고 터를 잡거나 물을 이용하는 생활양상을 반영한 지명일 것이다.

한국지명 전체를 통틀어 볼 때, 자연환경과 관련된 지명이 가장 많은 것이 두드러진 특징이며, 유교의 오륜에 관한 덕목의 한자가 많이 쓰이고 있는 것도 우리의 역사적 배경을 설명해 주는 것이다. 한국의 지명이 한자화되었다고는 하지만 아직도 현지에 가면 순수한 우리말 지명이 주민들에 의해 사용되는 곳도 많다.

우리들이 일상생활에서 사용하는 말 가운데 "안성마춤이다," "잘 나가다 삼천포로 빠진다," "삼수갑산을 가더라도…," "억지춘양이다" 등과 같이 지명이 들어간 말이 있다. "안성맞춤"은 안성에 유기를 주문한 것처럼 요구한 대로 잘 만들어진 물건을, "잘 나가다 삼천포로 빠진다"는 어떤 일을 하다가 도중에 엉뚱하게 일을 그르치는 경우에 일컫는 말이다. 그런 까닭에 이런 말을 안성사람들은 좋아하지만 삼천포사람들은 싫어한다. 그리고 "삼수갑산을 가더라도…"는 어려운 지경에 처했을 때, "억지춘양이다"는 무리하게 어떤 일을 추진할 때에 사용하는 말로 '억지춘향'과 함께 쓰이고 있다.

여기서 경기도 안성은 유기그릇의 본고장이고, 경상남도 삼천포는 사천시로 바뀌었다. 삼수갑산은 북한에 신설된 양강도의 삼수군과 갑산군의 두메산골이며, 경상북도 춘양은 '춘양목'이라고도 불리는 금강송의 주요 군락지이다. 이 밖에도 "평안감사도 저 싫으면 그만이다"를 비롯하여 "금강산도 식후경이다"와 "사람의 자식은 서울로 보내고, 망아지는 제주도로 보내라" 등의 말들이 있다. 그만큼 지명은 우리의 일상생활 속에 깊숙이 자리하고 있는 것이다.

3 지명의 지리적 의미

국토지리정보원에서 제시하고 있는 우리나라 지명의 일반적 분류유형으로는 행정지명 · 자연지명 · 해양지명 · 인공지명이 있으나, 이것들은 일정한 규정에 의거하여 제도적으로 구분된 유형이 아니다. 현재 우리나라의 행정자치부에서 관리하고 있는 지명은 약 2만 개에 달하며, 국토교통부 국토지리정보원에서 관리하고 있는 자연지명은 약 15만 개에 달한다. 국립해양조사원에서 관리하는 해양지명은 현재 새로운 지명을 작명 중이므로 확실한 지명통계는 없는 실정이다.

(1) 산지와 평야 관련지명

우리나라는 7할 이상이 산지로 이루어진 까닭에 비교적 산지와 관련된 지명이 많은 편이다. 산은 사람들에게 위압감을 느끼게 하며, 크고 험준한 산일수록 장엄함과 신비로움을 준다. 산의 명칭에는 산(山) · 봉(峰) · 악(岳) 등이 붙여지는 경우가 많지만, 이 밖에도 덕(德) · 암(岩) 등의 독특한 지명도 있다.

'덕'이 붙은 산은 원래 큰 산을 의미하지만, 실제로는 개마고원에 분포하는 산처럼 봉우리가 비교적 편평한 경우에 사용된다. 대(臺)는 약자로 '台'로도 오용되고 있으나, 주로 큰 암석으로 이루어진 산정에 붙여지는 지명이다. 예를 들면, 백운대 · 만경대 · 문장대 · 문수대 · 만복대 등이 있다. 또 산의 명칭에는 '응(鷹)'이 붙는 지명이 많이 분포하는데, 이것은 산을 '뫼' 또는 '모이'라 부르던 중세어에서 비롯되었다. 즉 뫼 발음과 유사한 매의 '응'자를 사용한 것이다.

산의 형태가 매와 비슷하여 그렇게 부른 것이 아니라 그냥 평범한 산이라는 뜻으로 무성의하게 붙여진 지명이다. 이와 같은 이유로 '응봉' 또는 '매봉산'이란 지명이 전국적으로 1,300여개 이상 많이 분포한다. 두류 · 두리 · 두로 · 두라 등의 명칭이 붙은 지명 역시 고대어에서 유래된 산이란 뜻이다.

우리나라의 산은 오랜 동안에 걸쳐 풍화와 침식작용을 받은 탓에 경사가 완만하여 부드러운 곡선과 면으로 이루어졌다. 그와 같은 형상은 가끔 동물이나 여인의 알몸에 비유되기도 한다. 예를 들면, 경북 경주시 건천읍의 남쪽에 위치한 여근곡(女根谷)은 오봉산 골짜기가 마치 누워있는 여자의 성기와 같은 형상을 하여 붙여진 지명이다. 그 아래에 위치한 연못을 옥문지(玉門池)라 하고, 그 북쪽 일대의 평지를 섶들이라 부른다. 여근 · 옥문 · 섶은 모두 여자의 성기를 뜻하는 이름이다(그림 2-25). 경상북도 예천군 지보면 역시 마찬가지이다.

산골짜기의 고대어가 '실'이므로 골짜기에 발달한 촌락 가운데 어의실 · 사이

그림 2-25 경주시 건천읍의 여근곡 전경

실 · 앞실 등의 지명도 많이 찾아볼 수 있다. 그러나 접미사의 '실'은 지명의 한자화 추세에 따라 어의곡(於儀谷) · 사이곡(沙而谷) · 남곡(南谷) 등으로 표기되고 있다. 고을을 뜻하는 절골 · 동막골 · 두무골처럼 '골'로 명명된 경우도 있다.

한편, 넓은 평지나 평야에는 대체로 '들'이란 명칭이 붙지만, 이것 역시 한자화하여 '坪 · 平 · 野 · 原' 등으로 표기된다. 가평 · 청평 · 양평 · 부평 · 정평과 수원 · 남원 · 철원 등이 그것이다. 춘천의 앞들과 뒷들은 전평(前坪)과 후평(後坪)으로 바뀌었고, 평양 대동강의 두로도(豆老島)는 원래 편평한 섬이란 뜻의 '들섬'에서 유래된 지명이다. 과거에는 '들'을 두루 · 드르 등으로 연음화하여 발음했다. 한국의 고대지명의 영향을 받은 일본 지명 중에는 평야지대에 학(鶴)이 붙은 지명이 많은데, 그것은 '학'의 우리말 두루미의 '두루'를 훈차한 이두식(吏讀式) 지명이다.

(2) 물 · 하천 관련지명

"물이 있는 곳에 마을이 있다."는 말처럼, 물은 인간에게 공기 다음으로 중요한 요소이다. 고대문명의 발상지가 하천유역이었던 것도 물 → 인간 → 취락 → 문명의 관계를 암시해 주는 것이다. 우리나라의 역사도 예외는 아니다. 고구려는 압록강 · 대동강, 백제는 한강 · 금강, 신라는 형산강, 가야는 낙동강 유역에서 각각 나라를 세우고 발달해 나아갔다.

삼국시대에는 물과 관련된 지명을 이두식으로 수(水)가 아닌 물(勿)로 표기했다. 그러나 신라 경덕왕 때부터 물은 수(水) · 천(川) 등으로 바뀌었다. 수원 · 여수 · 장수, 사천 · 홍천 등이 그것이다. 이와는 달리 많은 비가 내려 자주 홍수를 일으키고 수해를 입는 곳은 경남 양산시의 물금읍(勿禁邑)이나 전북 임실군의 물우리(勿優里)와 같은 물을 금한다거나 우려한다는 뜻의 지명이 붙는다.

우리나라에서는 중국이나 일본과 달리 작은 하천을 개울[溪]이라 부르고, 이것들이 합하여 흐르는 약간 큰 개울을 천(川)이라 하며, 가장 큰 하천을 강(江)이라 칭한다. 청계천과 중랑천이 흘러 한강에 합류하고, 신천이 흘러 금호강에 합류하며, 미호천이 흘러 금강에 합류하는 것이 모두 그런 예에 속한다. '강'이 붙는 지명은 강릉 · 강화 · 강계 · 부강 등이 있으며, '천'이 붙는 지명은 부천 · 이천 · 춘천 · 제천 · 영천 · 여천 · 사천 등의 시급도시와 연천 · 홍천 · 진천 · 합천 등의 읍급도시가 있다. 또 '계(溪)'가 붙는 지명으로는 도계 · 임계 · 횡계 · 금계 등을 비롯하여 서울의 월계동 · 상계동 등이 있다.

평지를 흐르는 하천은 완만하게 흐르므로 물의 성질이 표면장력에 의해 구부러지기 쉽다. 이것을 곡류하천(meander)이라 부르는데, 대표적인 곳은 강원도 영월군의 남한강과 자강도 위원군의 압록강 등의 산악지대와 전북의 만경강과 충남의 삽교천 등의 평야지대를 들 수 있다. 이런 곳의 지명에는 곡(曲) · 회(回) · 구비(九非) · 석(石) 등이 붙는 경우가 많다. 영양군의 곡강동(曲江洞), 김천시의 강곡리(江曲里), 춘천시의 구곡리(九曲里), 안동시의 하회(河回), 예천군의 회룡포(回龍浦), 김제시의 구비천(九非川), 화성시의 석우동(石隅洞), 구미시의 석우동(石隅洞), 용인시의 석천리(石川里) 등이 그것이다.

그림 2-26 예천군 회룡포

그리고 삼척시를 가로지르는 오십천(五十川)은 50번 가량 굽이쳤다는 의미로 그와 같은 지명이 붙여졌다.

(3) 풍토 관련지명

사계절의 구분이 뚜렷했던 우리나라의 기후는 의식주생활에 영향을 끼쳤다. 특히 여름의 무더운 날씨보다는 겨울의 추운 날씨가 우리 생활에 미친 영향이 더 크다. 이런 까닭에 우리나라에는 자연적 기상현상이 지명으로 붙여진 경우가 많다. 기상요소에는 해 · 달 · 비 · 바람 · 구름 · 기온 등이 있는데, 이들이 지명으로 쓰이는 예를 우리 주변에서 찾아볼 수 있다.

경북 포항시 오천읍 용덕리의 일월못은 본래 도기야(都祈野), 즉 도지벌이라 불렀는데, '도기'는 구개음화로 '도지'로 발음되어 '해돋이'의 이두식 표기에 해당한다. 오늘날에도 동해면 일월동 옆에 도구리(都丘里)로 변형되어 남아 있거나, 혹은 영일만 등의 한자식 지명으로 현존해 있다. 그리고 경북 울진군 후포면의 금음리(金音里)는 그믐날의 '그믐'을 뜻하며, 울산시의 야음동(也音洞) 역시 마찬가지이다. 야음은 그믐과 동의어이다.

위에서 소개한 것은 해와 달에 관련된 지명들이다. 바람과 관련된 지명으로는 추풍령(秋風嶺)이 유명하다. 경상도에서 충청도로 고개를 넘어서면 시원한 북풍이 불어와 마치 가을바람과 같다고 하여 붙여진 지명이다. 그러므로 이 지명은 충청도가 아닌 경상도 주민들에 의해서 붙여진 것으로 생각된다. 또한 충북 보은군 보은읍의 풍취리(風吹里)는 삼년성 아래쪽의 산모퉁이에 위치하고 있어서 바람이 센 까닭에 붙여진 지명인데, 현지주민들은 '바람불이'라고 부른다. 이 밖에 경북 김천시 대덕면의 새재마을은 원래 '바람실'이라 불리던 곳으로 풍곡(風谷)이라 표기되었고, 그 부근에 풍곡사라는 사찰이 그 사실을 뒷받침해 주고 있다.

비 또는 눈과 관련된 지명으로는 철원군의 관우리(觀雨里), 화성시의 우정읍(雨汀邑), 정읍시의 우일리(雨日里) 등을 꼽을 수 있고, 서울의 수표동(水標洞)과 목포시의 측후동(測候洞) 역시 강수량과 관련된 지명이다. 그리고 눈이 많이 내리는 북부지방이나 영동지방에는 '설(雪)'자가 붙는 지명이 많이 보인다. 우리 민족은 자연재해 중 바다의 풍랑을 매우 두려워하여 바다로부터 떨어져 위치한 취락에 안동 · 안성 · 안주 · 안양 · 안강 등과 같이 '안'자가 붙은 지명을 지었다.

무엇보다 우리 주위에서 흔히 볼 수 있는 지명은 방위 혹은 위치와 관련된 지명일 것이다. 동서남북의 경우는 양(陽)에 해당하는 동(東)과 남(南)이 즐겨 쓰이고, 음(陰)에 해당하는 서(西)와 북(北)은 상대적으로 적은 편이다. 위치에 따라서는 상중하(上中下)와 내외(內外) · 전후(前後)와 좌우(左右)도 많이 사용되었다. 또한 우리나라의 웬만한 마을에는 양지 혹은 음지라는 지명이 붙여진 작은 마을이 많이 분포한다. 양지는 북쪽으로 산을 등지고 남쪽에 하천이 바라다 보이는 사면에 위치한 마을이며, 음지는 남쪽으로 산을 등지고 북쪽을 향한 경우에 붙여지는 지명이다.

(4) 얼 관련지명

다음으로는 우리의 고대사 속에서 얼이 담긴 사상이나 원시종교 등에 관련된 지명이 어떻게 남아 있는가에 대하여 살펴보겠다. 원시사회에서의 종교는 매우 단조롭고 유치하지만 차츰 고상하고 복잡한 종교로 발달해 나아가는 것이 일반적이다. 일정한 단계에 도달하면 천체숭배, 특히 태양숭배사상이 생겨나, 태양은 최대한 신격화하는 과정을 거쳐 인간으로부터 존경을 받게 된다. 태양을 숭배하는 사상은 우리나라뿐만 아니라 동서양을 막론하고 고대부터 존재했었다.

우리나라에서는 해를 '태양신(太陽神) · 광명신(光明神) · 천주신(天主神)' 등으로 신격화하여 나타냈다. 최근 남한산성에서 발굴된 통일신라시대의 초대형 기와의 '天主'란 명문은 기독교와 관련된 것이 아니라 태양숭배와 관련된 것이다. 이들이 지명화 되면서 태백(太白) · 소백(小白) · 장백(長白) · 함백(咸白) 등과 같이 '白'자를 사용하게 되었다. 서울의 주산인 백악(白岳) 역시 마찬가지 사례이다. '백'은 고어의 'ᄇᆞᆰ'에서 유래된 것으로 '희다'의 뜻이 나중에 최고 · 절대 · 유일 등의 존재를 일컫는 경외사상으로 발전되었다. 거꾸로 유추하여 'ᄇᆞᆰ'은 백(白) · 하늘[天] · 신(神) · 해[日]를 뜻한다. 현대 한국어로는 밝음 · 빛남 · 신성함 · 선명함 등의 형용사로 쓰이고 있다.

신라를 건국한 박혁거세를 삼국유사에 '或作弗矩內王 言光明里世也'라 하여 '박(朴)'이 불거내(弗矩內)로 표기되었음을 알 수 있다. 이는 'ᄇᆞᆰ거니'로서 '니'는 뉘(누리), 즉 세(世)를 뜻한다. 북부여를 세운 부루(夫婁)는 '불거니'의 '불거'에서 ㄱ음이 탈락하여 생긴 이름이다. 그러므로 한자로 '白 · 明 · 神'으로 표기되는 'ᄇᆞᆰ'은 광명 또는 국토의 뜻이 담겨져 있음을 알 수 있다.

이상에서 우리나라는 고대부터 성스러운 산야로 이루어진 국토임을 알 수 있다. 이러한 선조들은 국토를 '배달'로 인식했고 우리 민족을 '배달겨레'로 불렀던 것이다. 한자로 빌어쓸 때는 '倍達民族'이라 표기하지만, '배달'은 원래 'ᄇᆞᆰᄃᆞᆯ'에서 유래된 것이다. 우리 민족이 세운 최초의 국가명이 '조선(朝鮮)'이라 부르게 된 것이 이해되는 대목이다. 우리나라 전국 각지에 분포하는 '박달재'란 지명은 대부분 ᄇᆞᆰᄃᆞᆯ에서 유래된 지명들이다. 고대 농경시대에 농기구의 손잡이로 쓰이던 박달나무 역시 그것으로부터 유래된 것이다. 돌아가야 하는 먼 길을 지름길로 가게 해주는 박달재와 단단하여 수명이 오래가는 박달나무는 우리 민족에게는 너무나 고마운 존재였다.

(5) 역사 관련지명

지명은 역사적 배경을 갖고 생성되었기 때문에 땅이름을 연구하기 위해서는 역사적 지식을 갖추어야 한다. 지명은 오래된 것일수록 갑자기 생겨난 경우보다는 토착 원주민들의 생활상의 반영이며 사상의 표현이라는 역사성을 지닌다. 지명을 명명한 주민도 개인이 아니라 집단인 경우가 대부분이기 때문에 지명은 긴 시간을 두고 집단 사이에서 자연발생적으로 생성된 것이므로 시간을 초월한 공통적 주민 집단의 감정이 표출된 것으로 이해해야 한다. 특히 우리나라 지명은 민족사와 밀접한 관계를 맺고 그 영향을 받아 변천해 왔으므로 고고학적 지식이 가미될 수 있다면 금상첨화일 것이다.

지명의 속성을 파악할 수 없을 때에는 그 지역에서 발굴된 유적과 유물이 문제해결의 열쇠가 될 수도 있으며, 반면에 유적 및 유물의 속성을 파악할 수 없을 경우에는 지명이 땅의 속성을 알려주는 실마리가 되는 상호보완적 관계가 성립된다. 또한 역사적 사건만이 민족사가 아니며 산천 · 경작지 · 취락 등과 같은 지리적 사상에도 역사에 언급되지 않은 인간생활의 발자취가 스며있다고 보아야 한다. 지명은 자연과 역사의 흐름에 따라 변화하는 생명유기체로서 생활의 변천, 문화의 변천, 국어 음운의 변천, 시대사조와 주변 환경에 따라 개칭되거나 소멸하는 타율적 변천성이 있다.

역사와 관련된 지명의 예를 들면, 서울의 경우 연희궁 터가 있는 연희동을 비롯하여 임진왜란 당시 여승이 수도하던 운종사에 난입한 왜군들이 여승과 부녀자들을 겁탈해 낳은 아이를 위해 보육원을 지어 양육했으므로 이태원(異胎院)이라 불렀고, 또는 귀화한 왜군들을 모아 살게 했다는 이타인(異他人)에서 비롯된 지명을 효종 때 이르러 배나무가 많아 바뀌게 된 이태원(梨泰院)을 들 수 있다. 역삼동 일대는 조선시대 양재 도찰방이 있었던 곳으로 역촌 · 말죽거리 · 역삼 등의 지명이 생겨났는데, '말죽거리'란 지명은 1624년 이괄이 반란을 일으켜 도성을 침범하자 인조는 황황히 한양을 빠져 나와 충청도 공주로 피난케 되었다. 도성을 벗어난 임금 일행은 이곳에 이르자 허기와 갈증에 지쳐 있었다. 그러자 이곳에 사는 유생들이 급히 팥죽을 쑤어 바치니 임금은 말에서 내릴 틈도 없이 말 위에서 죽을 먹고 부랴부랴 떠났다 하여 말죽거리라 부르게 되었다고 한다. 또 다른 이야기는 한양 도성에서 이곳까지는 한나절이 걸리는데 지방에서 한양에 도달하려면 이곳에서 마지막으로 말의 먹이인 말죽을 먹이는 곳이라 해서 말죽거리라는 이름이 붙여졌다고 한다.

망우리는 태조 이성계가 자신의 묘 자리를 정하고 돌아오는 길에 "이제야 근심을 잊겠노라."하여 유래되었다. 은평구의 역촌동은 조선시대 연서역이 있던 곳으로 연신내라고도 부른다.

(6) 각 지방의 지명

오늘날 우리들이 사용하고 있는 각 지방의 지명은 대개 고려시대부터 정착된 것들이다. 한반도의 지역구분은 일반적으로 중국의 지방명을 본 따 관북지방 · 관서지방 · 관동지방 · 호서지방 · 호남지방 · 영남지방, 그리고 기전지방으로 되어 있다. 이들 가운데 각각 호서 · 호남 · 영남지방에 해당하는 충청도 · 전라도 · 경상도를 삼남지방(三南地方)이라고도 부른다. 왕실에서 직접 관장하던 지역적 범위를 경기(京畿)라 지칭한 것은 쉽게 이해되지만, 나머지 지명은 얼른 납득이 가지 않을 것이다. 원래 '경(京)'이란 글자는 천자(天子)가 도읍한 지역이란 뜻이고, '기(畿)'는 서울의 근교 100리(중국은 500리)를 가리킨다. 고려 말에는 경기를 좌도와 우도로 나누었다가 조선 초기에 경기도로 합쳤다. 김정호가 제작한 것으로 보이는 수선전도(首善全圖)의 '수선'은 수도인 서울을 뜻하는 말이다.

고려시대에 철령관이라는 관문이 철령에 설치되었다. 이 관문은 함경도로부터 서울 쪽으로 들어오는 길목으로서 한강유역을 지키는 한편 변방에 대한 통행을 제한하는 곳이었다. 이곳을 중심으로 하여 동쪽을 관동, 서쪽을 관서, 북쪽을 관북이라 했다. 관동은 강원도, 관서는 평안도 및 황해도, 관북은 함경도에 해당한다. 관동지방은 다시 영동지방과 영서지방으로 나뉘는데, 이는 대관령이 있는 태백산맥을 경계로 하여 붙여진 지명이다. 대관령은 당시 태백산맥을 넘어 강릉과 서울을 연결하는 유일한 통로였다. 사실 영동과 영서지방은 같은 강원도라 해도 지역성에서 많은 차이를 보인다.

표 2-2 한반도 각 지방별 지명

지 명	구체적 범위
기중(畿中)	경기도
기전(畿甸)	경기도
기근(畿近)	경기도
기호(畿湖)	경기도와 충청도를 포함한 범위
관동(關東)	강원도(철령관 동쪽)
관서(關西)	평안도(철령관 서쪽)
관북(關北)	함경도(철령관 북쪽)
교남(嶠南)	영남지방
양서(兩西)	황해도와 평안도를 포함한 범위
양북(兩北)	강원도와 함경도를 포함한 범위
영남(嶺南)	경상도(조령 · 죽령 남쪽)
영동(嶺東)	강원도 대관령 동쪽
영서(嶺西)	강원도 대관령 서쪽
영호(嶺湖)	경상도와 충청도를 포함한 범위
양호(兩湖)	충청도와 전라도를 포함한 범위
삼남(三南)	충청도 · 전라도 · 경상도를 포함한 범위
청북(淸北)	평안도 청천강 북쪽
청남(淸南)	평안도 청천강 남쪽
호중(湖中)	충청도(제천 의림지 서쪽)
호서(湖西)	충청도(의림지 서쪽)
호남(湖南)	전라도(벽골지 남쪽)
해서(海西)	황해도
하삼남(下三南)	충청도 · 전라도 · 경상도를 포함한 범위
상사도(上四道)	강원도 · 평안도 · 함경도 · 황해도를 포함한 범위

이와 같이 산줄기를 넘는 고개를 기준으로 붙여진 지명은 영남지방도 마찬가지이다. 조선시대 이긍익(1736~1806)의 『연려실기술(燃藜室記述)』 지리전고(地理典故)에 따르면, 영남은 조령과 죽령에서 비롯된 지명이다. 즉 영남은 소백산맥의 조령과 죽령 남쪽이란 뜻이다. 당시 이 두 고개는 충청도와 경상도를 오갈 수 있는 주요 통로였다.

한편 호서지방과 호남지방은 산줄기가 아닌 인공호수를 기준으로 붙여진 지명으로 추정된다. 제천의 의림지와 김제의 벽골제가 바로 그것이다. 즉 충청

그림 2-27 한반도의 전통적 지역구분과 지방명

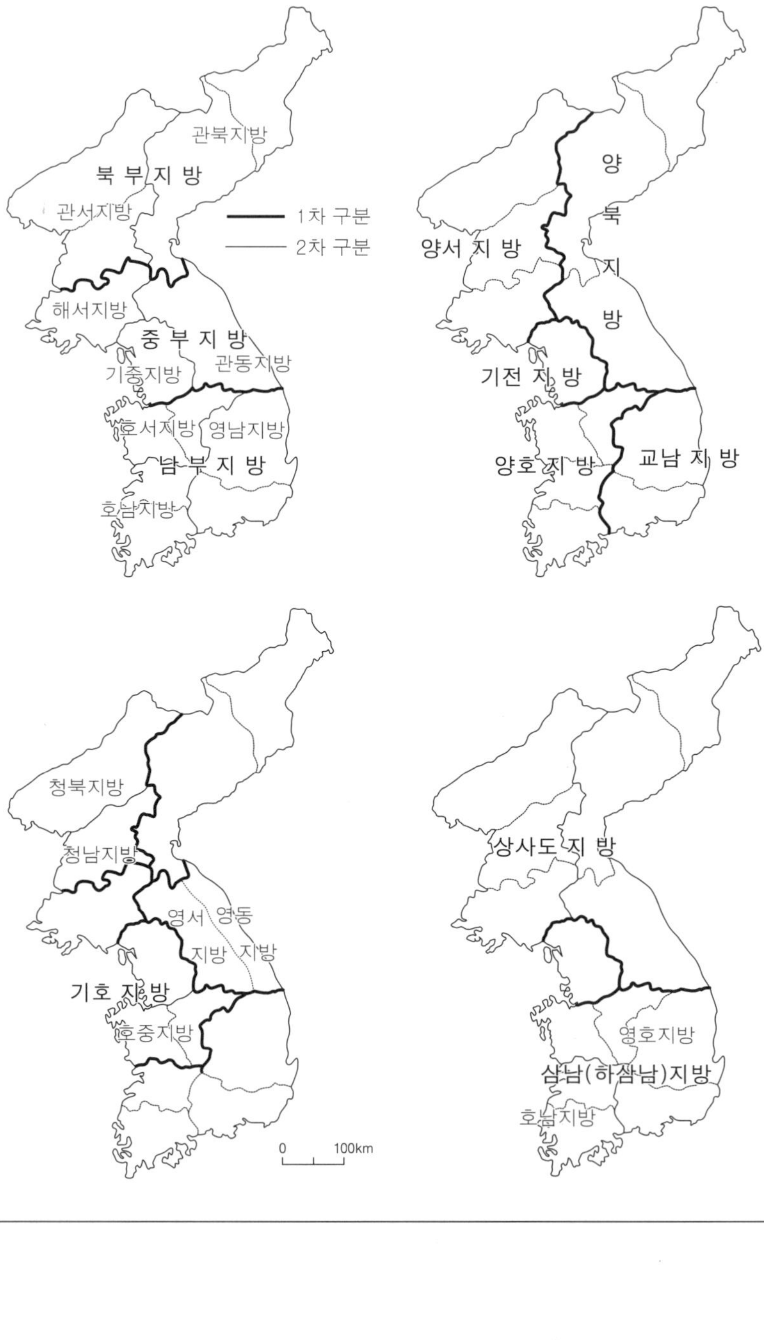

도는 의림지의 서쪽에 위치하므로 호서(湖西)라는 지명이 생겨났고, 전라도는 벽골제의 남쪽에 위치하여 호남(湖南)이라는 지명이 붙게 되었다. 벽골제는 저수지를 만들려고 쌓은 둑이 아니라 방조제로 쌓은 둑이다. 『삼국사기』에 벽골지(碧骨池)라 기록되어 있던 것이 『신증동국여지승람』에는 벽골제(碧骨堤)로 바뀐 이유는 불분명하다.

이와는 달리 일설에 의하면, 호남은 금강 상류의 호강(湖江) 남쪽에 위치한다고 하여 유래되었다는 주장도 있으나, 금강(錦江)은 금산(錦山)에서 발원되었다고 인식하여 붙여진 지명이라는 주장도 있다. 그러나 금(錦)은 원어 '곰'의 사음(寫音)이며, '곰'이라는 말은 아직도 공주의 곰나루[熊津]라는 명칭에 남아 있다. 아무튼 우리나라 지방명의 상당수는 모화사상(慕華思想)에 빠진 선조들이 중국식 지명을 모방한 것으로 여겨진다. 그런 까닭에 우리나라에는 중국지명과 동일한 지명이 많이 생겨났다.

한반도를 셋으로 나눌 때 북부 · 중부 · 남부지방으로 구분한다. 북부지방에는 함경도 · 평안도, 중부지방에는 황해도 · 경기도 · 강원도, 남부지방에는 충청도 · 전라도 · 경상도 · 제주도가 포함된다. 그러나 한반도가 휴전선에 의해 남북으로 분단됨에 따라 전통적인 지역구분에 변화가 생겼다. 즉 황해도가 북부지방으로, 충청도가 중부지방으로 분류된다. 이는 한시적 지역구분으로 통일 후에는 재조정되어야 할 것이다.

'조선8도'의 지명은 경기도와 제주특별자치도를 제외하고는 모두 주요도시명의 첫 글자를 따서 명명되었다. 함경도는 함흥 · 경성, 평안도는 평양 · 안주, 황해도는 황주 · 해주, 강원도는 강릉 · 원주, 충청도는 충주 · 청주, 전라도는 전주 · 나주, 경상도는 경주 · 상주에서 유래되었다.

2.4 한국인의 지역감정

1 지역갈등의 역사적 배경

최근 들어 우리나라는 갈등국가라 불릴 만큼 여러 가지 양상의 갈등이 표출되고 있다. 지역갈등을 비롯하여 계층간 갈등, 세대간 갈등, 이념갈등 등이 그것이다. 그 중에서도 우리 국민들의 8할 이상은 지역갈등을 가장 심각한 갈등으로 생각하고 있다. 우리는 지역과 지역주민을 동일시하는 시각에서 바라보는 지역의식을 지니고 있다. 그것은 예로부터 내려오는 지인상관론(地人相關論)에서 유래된 바 클 것이다. 풍수적 환경결정론이라 할 수 있는 지인상관론은 지세와 지형에 따라 사람의 인심이 달라진다는 입장을 견지한다. 한국인의 지역의식은 다른 지역을 폄하하는 데에서 출발한다.

지역감정은 연고지역에 대하여 연대감을 고취하고 비연고지역에 대해서는 삐뚤어지게 바라보는 사시적(斜視的) 의식을 갖게 한다는 데에 문제가 있다. 여기서는 우리나라에 엄존하고 있는 지역갈등의 역사적 배경에 대하여 살펴보기로 하겠다.

(1) 부족국가와 삼국시대

오늘날의 지역갈등과는 그 성격을 달리하지만, 우리나라 지역갈등의 역사적 뿌리는 상당히 오래된 것으로 인식된다. 우리나라에서의 지역간 대립은 부족국가시대부터 비롯되었다고 보는 견해도 있다. 부족국가 간에 무력에 의한 정복이 행해지고, 국가 간의 통합에서 정복자와 피정복자 사이에 사회적 · 혈연적 차이가 발생하고, 이는 다시 신분적인 것으로 발전하여 세습되었다. 이로 인한 사회적 현상에서 계급 간의 적대적인 대립이 생겨났을 것이다.

부족국가 간의 정복과 연맹체의 결성으로 태어난 고대국가는 고구려 · 백제 · 신라였다. 이들 국가는 전제왕권을 중심으로 과거 연맹체를 형성했던 부족이 중앙귀족으로 부상함으로써 새로운 지배계급으로 편입되었다. 각국의 수도를 중심으로 한 지배계급과 지방의 피지배계급 간에는 마찰이 생기게 마련이다. 이러한 갈등을 해소시킬 방안은 각국이 모두 군사력을 바탕으로 대외정복을 강력히 추진할 수밖에 없었다. 따라서 지배계급에 의한 국가 간의 대립이 선동 · 조장되기도 했다. 예컨대, 고구려 사람이 백제인을 '백잔(百殘)'이라 부른 것은 '백제놈'이라는 멸시적 호칭이고, 김유신 장군이 고구려를 나라의 원수인 '국지수(國之讐)'라 부른 것도 상대국에 대한 적개심의 노골적인 표현에 다름 아니다.

결국 당나라의 도움을 받은 신라가 삼국통일의 위업을 달성했지만, 정복자와 피정복자의 대립은 또 다른 형태로 나타났다. 신라는 삼국통일 후에 고구려와 백제의 유민들을 포용하는 정책을 폈다. 특히 고구려 유민들에 대해서는 백제보다 더 많은 노력을 기울였으나, 신라와 백제는 서로의 적개심이 신라와 고구려의 그것보다 심각한 수준이었다. 백제의 멸망 후에도 백제부흥운동이 거세게 일어난 사실 자체가 백제인들의 신라 복속을 거부한다는 뜻이었다. 고구려와 백제의 유민들은 부흥운동을 전개했으나 끝내 뜻을 이루지 못했다. 고구려와 백제의 유민들은 나라를 잃은 분노를 신라에 표출하면서 정복자인 신라를 조국의 원수로 생각했고, 신라 역시 그들 유민들에 대한 경계를 게을리 하지 않았다. 이러한 적대감정은 신라가 3국을 통일한 후 망할 때까지 수그러질 줄을 몰랐다.

이러한 역사적 배경에서 태동된 후삼국시대는 한반도의 사회적 전환기였다. 이 전환기 속에 생성된 가장 큰 변화는 지방의 호족세력이 대두했다는 사실이다. 후삼국은 바로 호족연합정권의 국가였으며, 이러한 양상은 고려에 의한 통일 후에도 지속되었다. 이들의 근거지는 그 세력을 바탕으로 한 지방의식의 온상이 되었다. 그들은 풍수지리설에 입각해 자신의 근거지만을 명당이라고 주장한 반면, 다른 지역은 쇠퇴할 땅이라고 멸시했다.

이상의 설명에서 보면, 우리나라 지역감정의 근원이 삼국시대까지 거슬러 올라가는 것처럼 여겨지기도 한다. 즉 부족국가로부터 삼국시대를 거쳐 후삼국시대에 이르기까지 지역감정의 본거지가 고구려의 평양과 백제의 부여였다는 것이다. 그러나 고구려 705년간 수도(졸본성 · 국내성)는 만주에 465년 있었고, 백제의 678년 역사 중 수도(위례성)는 한강유역에 약 500년간 있었다. 신라의 수도 역시 대구나 부산이 아니라 경주였다. 그러므로 오늘날의 지역간 갈등이 삼국시대까지 소급된다는 역사적 고찰은 설득력이 없어 보인다.

(2) 고려시대

지역갈등이 정치에 반영된 최초의 문헌은 고려 태조 왕건의 훈요십조(訓要十條)일 것이다. 신라 말기의 혼란을 수습하고 강력한 중앙정부를 세운 왕건은 풍수지리설을 맹신하여 차령산맥 남쪽 사람들에게 반역의 기상이 있으니 그들에게 중앙의 요직을 주지 말거나 억제하라고 후손들에게 당부했다. 그가 자손들에게 귀감으로 삼게 한 열 가지 유훈은 신서십조(信書十條)라고도 불리는 것으로 『고려사』와 『고려사절요』에 실려 전해내려 온다.

10조 중 8조의 내용은 "차령 이남과 공주강 밖은 산형과 지세가 모두 배역했으니 인심 또한 그러하다. 그들이 조정에 참여하여 정권을 잡게 되면 변란을 일으키거나 혹은 백제를 멸망시킨 원한을 품고 임금에 반기를 들 것이며, 관청의 노비와 하급관리들이 말을 간사하고 교묘하게 하여 정신을 어지럽히고 재변을 일으키는 자가 반드시 있을 것이니, 비록 선량한 백성이라 할지라도 관직에 등용하여 권세를 누리게 하지 말 것이다."라는 것이다. 왕위를 계승한 고려의 후대 왕들은 이 내용을 서로 전하여 금과옥조로 삼았다.

태조 왕건이 풍수지리설을 결부시켜 현재의 충남 일부와 호남지방의 인재등용을 봉쇄한 것은 다음의 두 가지 이유에서 비롯되었다. 첫째는 고려건국 시에 왕건이 신라를 무혈 병합했음에 반하여 견훤의 후백제는 끝까지 저항한 데 대한 공포심 때문이었고, 둘째는 도선의 풍수지리설을 맹신하여 차령 이남지방을 반역의 땅으로 간주했기 때문이었다.

왕건의 훈요십조가 고려왕조 기간 중 얼마만큼 지켜졌는지에 대한 정확한 기록은 없으나, 차령산맥 이남지방이 반역의 땅이라는 하나의 고정관념을 역사 속에 심어줌으로써 지역갈등이 형성된 중요한 원인을 제공해 주었다. 차령이 오늘날의 차령산맥을 가리키는 지명인지 불분명하다. 왜냐하면 차령산맥이란 지명은 1903년에 명명되어기 때문이다. 1,000년 전의 훈요십조가 현대의 호남지방 주민들에게 적용된다면, 그것은 난센스이며 불합리한 일이 아닐 수 없다.

(3) 조선시대

조선시대에 들어와서는 고려시대에서 볼 수 있었던 극단적 사례는 없어졌지만 지역차별에 대한 정서는 여전히 남아 있었다. 태조 이성계는 함경도 출신으로서 새로운 왕조를 건국했고, 여기에 많은 힘을 제공한 것도 함경도 출신 사람들이었다. 그러나 그는 함경도 사람들의 기질이 거칠다는 이유로 등용을 억제하여 이징옥의 난과 이시애의 난을 유발했다. 그 후에도 지역차별은 더욱 심해져서 황해도를 포함한 이북지방 사람들까지 중앙정계의 진출을 막았다. 이러한 차별정책은 구한말까지 이어져 내려왔다.

그 후, 세조는 경국대전을 편찬하면서 인재등용에 대한 각종 금지제도를 종용했고, 성종은 그 법전을 완성하면서 그와 같은 내용을 더욱 구체화했다. 그리고 경국대전의 금제조(禁制條)에는 하급관리라 할지라도 평안도 · 함경도 · 황해도 출신은 등용하지 못하도록 명시되었다. 사대부라 일컫는 사람들도 지역갈등을 일으키는 원인으로 작용했다. 그들은 고려 말기에 학문적 우월성을 바탕으로 출세하고 조선시대에 들어와서는 중앙정계에 진출하여 신분적 특권의식을 보존하고 가문의 우수성을 자랑하기 위해 족보를 만들었다.

지역차별은 북부지방뿐만 아니라 이남의 호남지방도 마찬가지였다. 조선왕조실록에는 전라도의 인심이 좋지 않고 하극상의 풍조가 만연되어 있으며 후백제를 건국한 견훤의 반항풍속이 남아 있다는 등의 기록이 있다. 이와 같은 호남지방에 대한 부정적 인식은 북부지방 사람들에 대한 경우처럼 차별적 인재등용을 유도했다. 조선왕조의 인재등용은 고려시대부터 내려온 과거(科擧)에 의한 방법과 음서(蔭敍)에 의한 방법의 두 가지였다. 과거시험에서 대과(大科)는 지역안배의 정신에 기초한 것이었으나 실제로는 그렇지 못했다.

조선 말기 과거합격자의 지역적 분포를 보면(한영우, 2014), 급제자별 출신지 기록이 남아있는 영조 이후 조선8도의 문과 합격자는 수도인 한양이 전체의 32.0%를 차지해 압도적으로 많았고, 그 뒤를 이어 평안도 출신이 16.0%로 많았다. 평안도가 인구가 많고 유림세력이 강한 경상도의 13.3%보다 훨씬 많았던 사실이 주목할 만하다. 그 다음으로는 도성과 인접한 경기도 11.9%, 충청도 11.7%, 호남 6.7%, 함경도 3.5%, 강원도 2.5%, 황해도 1.7%의 순이었다.

도성과 먼 거리인 평안도에 급제자가 많았던 이유로는 조선조의 북진정책과 중국과의 사신 통로로서 교역이 성행하여 인구와 경제가 집중되어 과거시험 준비를 할 수 있는 여력이 축적되었기 때문인 것으로 풀이된다. 또한 평안도 급제자 가운데 대부분이 미천한 신분이었다는 사실도 주목할 만한 대목이다. 관서지방 차별에 대한 저항이 심한 지역이기 때문에 평민들을 배려했을 것이라는 추론이 가능하다. 유림의 고향으로 불린 경상도 출신이 평안도보다 다소 적게 나타난 것은 조선 후기에 접어들어 남인세력의 몰락과도 관련이 있을 것으로 보인다. 황해도를 포함한 북부지방 출신자의 진출이 무과에서 현저했으나 그래도 서울 출신이 압도적으로 많았다. 특히 호남지방의 합격자가 적은 것은 선조 22년 전주에서 발생한 정여립의 난으로 호남지방이 반역의 땅이라는 풍수지리설과 결부된 정치적 제재로 인재등용이 다시 제한되었기 때문이었다.

(4) 일제강점기

일반적으로 지역갈등을 논함에 있어 일제강점기의 문제를 간과하는 경향이 있다. 일본의 자본주의는 한반도를 점령하여 원시적 자본축적과 조직적으로 농민을 수탈하기 위하여 먼저 토지조사사업을 강행했다. 1906년에는 일본인의 토지소유를 정당화하는 법적 토대를 마련했고, 1910년에는 토지조사국을 조선총독부 임시토지조사국으로 개칭하여 토지조사사업을 계속했다. 1910~1918년에 실시된 토지조사사업은 우리나라 농촌사회를 크게 변화시켰고 한국인의 토지를 대량 일본인에게 빼앗기는 결과를 초래했다. 일본인에게 수탈당한 약 51만 정보의 토지 중에 평야지대가 많은 전라도와 황해도가 가장 많은 비중을 차지했다.

일본인과 한국인 지주들에 의한 토지의 대량 점유는 농민들을 소작농으로 전락시켰고, 그들 지주계급은 수확량의 50~80%에 달하는 고율의 소작료를 부과해 소작인들을 착취했다. 토지조사사업 이후 우리나라 농촌에서는 세계 어느 나라에서도 유례를 찾아볼 수 없을 정도의 소작쟁의가 빈번하게 발생했다. 특히 전라도의 쟁의가 가장 빈번했고 춘궁민의 수에 있어서도 마찬가지였다. 결국 근대공업이 발달하지 못한 일제치하에서 가장 혹독한 착취를 당한 사람은 전라도민이 가장 많았던 셈이다.

이와 같은 착취와 가난에 견디다 못한 호남지방의 주민들은 소작쟁의는 물론 3.1운동과 같은 지속적인 독립운동에 타 지방보다 적극적이었고, 광주학생의거가 발발하게 된 근본적 원인 역시 경제적 수탈에 있었던 것이다. 전라도민의 그와 같은 행동은 일본인은 물론 타 지방 한국인들에게까지 반항적으로 비춰졌을 것이다.

2 문헌에 나타난 지방색

조선시대에 발간된 지리서로는 세종 14년(1432년)에 완성된 『신찬팔도지리지(新撰八道地理志)』를 비롯해 성종 12년(1481년)에 간행된 『여지승람(輿地勝覽)』 50권, 5년 후에 그것을 수정한 『동국여지승람(東國輿地勝覽)』 35권 등을 꼽을 수 있다. 그 중 동국여지승람은 행정구역별로 풍속을 기술하고 있는데, 이것에서 당시의 지방색을 엿볼 수 있다.

- **한성(서울)**: 신의를 숭상하고 천성이 유순하다. 그들은 짐승을 도살하지 않는다.
- **경기도**: 사람이 순박하고 명랑하다. 풍속은 순하다.
- **충청도**: 검소하고 인색하다.
- **경상도**: 부지런한 것과 검소한 것을 숭상하여 솔직하다. 간혹 사치스럽고 화려한 풍속도 있으나, 순박함이 더 많고 대체로 굳세고 강하다.
- **전라도**: 어진 사람이 많고 순박 · 검소 · 소박하다. 전주사람은 약고 재빠르지만 어리석거나 경박하지 않다.

- **제주목**: 백성의 풍속이 어리석고 검소하며 예절이 있다. 장수하는 사람이 많다.
- **황해도**: 누에치기와 장사를 하며, 소금으로 생활한다.
- **강원도**: 욕심이 적고 학문을 숭상하며, 예절을 서로 먼저 한다. 풍속이 순박하며 귀신을 숭상한다.
- **함경도**: 순박 · 우직하고 경솔하게 허락하며 무사를 숭상한다. 부지런하고 검소하며, 힘이 세고 사납다.
- **평안도**: 풍기가 굳세어 무술을 좋아하고 귀신을 공경한다. 천성이 유순하고 글공부를 즐겨한다.

조선 후기의 실학파 지리학을 대표하는 이중환(1690~1752)은 과학적으로 체계화된 『택리지(擇里志)』를 18세기에 저술했다. 택리지는 총론 · 사민총론 · 팔도총론 · 복거총론으로 구성되어 있는데, 이들 중 국토지리 지방편에 해당하는 팔도총론(八道總論)에서 각 지방의 인심을 다음과 같이 기술하고 있다.

- **평안도**: 청남(평안남도)은 내지와 가까워서 문학을 숭상하는 풍습이 있으나, 청북(평안북도)은 풍속이 어리석으며 무예를 숭상한다. 오직 정주만은 과거시험에 합격한 인사가 많다.
- **함경도**: 함흥 이북은 산천이 험준하고 풍속이 사나우며, 기후가 춥고 토지도 메말라 곡식은 조와 보리뿐이다. 벼는 적고 면화도 없다. 사람들은 개가죽을 입고 추위를 막으며, 굶주림을 견디는 것은 여진족과 같다.
- **황해도**: 평안도와 함경도에 이웃한 탓에 무술을 좋아하나, 문학을 공부하는 선비는 적다. 비교적 부유한 자는 많은 편이나, 사대부는 적다.
- **강원도(영동)**: 노는 것이 버릇이 되어 문학에 힘쓰는 자가 적다. 서울과 먼 까닭에 출세한 사람이 적고, 백성은 어리석다.
- **경상도**: 문장과 덕행이 뛰어난 옛날 선비들의 풍습과 혜택이 남아있어 예의와 문학을 숭상하며 과거시험에 합격하는 선비가 가장 많다. 그러나 근래(18세기)에 와서는 그와 같은 전통이 쇠잔해져서 도량이 좁고 말다툼을 좋아한다.
- **전라도**: 습속이 노래와 계집을 좋아하고 사치를 즐기며, 사람이 경박하고 간사하여 문학을 중시하지 않는다. 그러나 인걸은 땅의 영험한 정기로 태어나는 까닭에 인걸이 적지 않다.

- **충청도**: 물산(物産)은 영남과 호남에 미치지 못하나 산천이 편평하고 아름다우며, 서울과 멀지 않아 사대부들이 모여 살게 되었다.
- **경기도**: 온 나라 산수의 정기가 모인 곳이다. 신라 말의 중 도선이 "왕씨를 이어 임금될 사람은 이씨(李氏)이고 한양에 도읍한다."는 예언대로 이 지방에서 300년 동안이나 명성과 문화의 중심지로 많은 학자가 무리지어 배출되었다.

영조 때의 학자였던 안정복(1712~1792)은 지방행정에 각별한 관심을 가지고 『임관정요(臨官政要)』를 펴냈다. 이 책의 내용 가운데 풍속편에서는 지방행정가들이 유념해 두어야 할 지리적 특징과 지역성을 분석해 놓았다. 그 내용 중 각 지방주민의 특성과 대처방법을 다음과 같이 정리했다.

- **경기도**: 경기인은 인색하고 박한 것을 추구하며 손해보는 것을 싫어함이 상인보다 더하니 순후함과 성실함으로 감화시켜야 한다.
- **충청도**: 호서인은 낭만적이고 예의바른 것처럼 위장하여 법망에 걸리지 않으니 몸가짐을 진중히 하고 충성스럽고 근실하게 감화시켜야 한다.
- **전라도**: 호남인은 간교하고 경박해서 면전에서는 진실한 체하지만 뒤로 돌아서는 배신하는 일이 있으니, 이것은 엄격하고 성실히 감화시켜야 한다.
- **경상도**: 영남인은 수수하고 풍속이 쉽게 변하고 성격이 속되 보이나 예의를 행하기를 좋아하므로 순박하고 두터운 인정으로 감화시켜야 한다.
- **황해도**: 해서인은 무술을 연마하여 힘만 믿고 잔악하여 남을 업신여기니 과단성 있게 딱 잘라서 감화시켜야 한다.
- **평안도**: 관서인은 공손하고 지혜로우며 실제적이고 웃어른을 잘 따르므로 일을 맡기면 잘 처리하니 정직하고 화평하게 감화시켜야 한다.
- **함경도**: 관북인은 완고하고 우매하며 성품이 사납고 수렵을 전업으로 하니 과감한 결단력으로 감화시켜야 한다.
- **강원도(영동)**: 영동인은 거칠고 수수하며 강직하고 조심해서 오로지 성의를 보이는 데에만 힘쓰니 너그럽게 용서하는 마음으로 감화시켜야 한다.

19세기 말 우리나라에 들어와 지하에서 포교활동을 하던 프랑스 신부들이 본국에 보낸 편지를 토대로 파리에 있던 C. Dallet이 1874년 정리하여 편찬한 『한국사정편』에 나타난 지방주민의 평가는 다음과 같다.

- **평안도**: 다른 조선 사람들보다 힘이 세고 더 미개하며 더 사납다.
- **황해도**: 옹졸하고 융통성이 없으며, 매우 인색하고 신의가 없다.
- **경상도**: 더 순박하고 풍속이 덜 부패하며, 옛날 관습이 더 충실히 보존되어 있고 사치와 낭비가 별로 없다.
- **전라도**: 예의가 없고 위선적이며 교활하고 자신들의 이익만 추구한다. 이득을 얻을 수 있다면 언제나 배반행위도 서슴치 않을 용의를 가지고 있다.

이상에서 살펴본 바와 같이 역사적 문헌에 나타난 지방색은 일견하여 수긍이 가는 부분도 있으나 과거로부터 전해 내려오는 선입견도 내포되어 있음을 간파할 수 있다. 또한 문헌별로 지방주민의 특성이 서로 일치하지 않는 경우도 발견할 수 있다.

③ 지역감정의 근원

(1) 지역갈등의 발생에 대한 견해들

지역감정의 역사적 뿌리와 전개과정 그리고 이로 인한 부작용과 폐단에 대해서는 대부분의 한국인들이 인식하고 있었으나, 이것을 정부가 공식적으로 거론한 것은 1988년 '국민화합분과위원회'에서 공개적으로 논의된 지역감정 해소방안이었다. 이는 1987년 12월에 실시된 제13대 대통령선거를 계기로 온 국민이 국가적 위기로 느꼈던 지역감정의 문제를 공개적으로 토론하여 속으로만 곪아오던 지역감정을 어떤 방식이로든 해소해 보겠다는 시도였다.

지역감정은 대체로 지배자와 피지배자, 정복자와 피정복자, 가진 자와 못가진 자의 갈등에서 비롯될 수 있다. 그러므로 지역감정의 가해자는 상대적으로 횡포를 부리게 되고, 피해자는 갖은 수모와 고통을 당할 수 있다. 이런 상황이 장기간 지속되면 피해자의 마음속에는 자연히 울분과 감정이 쌓이게 된다.

지역감정에 기초한 지역갈등은 인종 혹은 종족 간의 차이와 종교적 차이를 배경으로 발생하는 것이 세계적인 현상이다. 그러나 우리나라의 경우는 인종과 문화적 동질성이 있으므로 특별히 갈등이 생길만한 이유가 없음에도 불구하고 지역적 대립과 편견이 심화되어 지역갈등으로 발전했다. 이와 같은 지역감정은 여러 지역 중 특히 영남지방과 호남지방 간의 갈등이 심각한 상황에 이르렀다. 현재 우리나라의 지역갈등은 영호남 이외에도 관서와 관북, 이른바 TK와 PK로 표현되는 대구 · 경북과 부산 · 경남, 수도권과 비수도권 등의 광역적 차원에서 뿐만 아니라 서울의 강북과 강남, 동해시의 묵호와 북평, 성남시의 구시가지와 분당 신도시 및 판교 신도시, 지방도시의 구읍과 신읍 등의 국지적 차원에 이르기까지 다양하다. 이러한 갈등은 지역간 이해관계가 생기면 더욱 기승을 부리는 경향이 있다.

전술한 바 있는 지역갈등의 역사적 배경에서 설명한 것처럼, 한국사회의 지역갈등은 삼국시대의 영토확장 및 통합과정에서 야기된 경쟁과 대립에서부터 유래되었다고 보는 견해도 있고 그 이전부터 존재해 왔다고 보는 주장도 있다. 또한 인접국이던 신라(현재의 영남)와 백제(현재의 충남 일부와 호남)의 영토확장과정에 따르는 마찰과 분쟁으로 인한 적대감이 신라에 의한 삼국통일 이후에 더욱 심화되었다고 보는 견해도 있다. 이러한 주장은 잘못된 해석이라고 이미 설명한 바 있다. 왜냐하면 우리 민족은 삼국통일과 고려의 개국, 일제강점기와 한국전쟁, 최근 급격한 이촌향도(離村向都)의 도시화 등으로 인해 섞여버렸기 때문이다.

한편, 왕건의 훈요십조로 호남지방 주민의 등용을 제한한 이래로 조선왕조에 이르러 호남지방에서 발생한 반란으로 인해 호남지방이 반역의 땅으로 낙인찍히면서 사회적 편견이 조장되었다는 견해도 있다. 뿐만 아니라 동국여지승람 · 택리지 · 임관정요 등에서 나타난 바와 같이 기득권 세력인 사대부들이 뚜렷한 근거나 과학적 사실에 의거하지 않고 풍수지리설이나 소문과 선입견에 따라 호남 및 북부지방 등의 특정 지역에 대한 편견을 과장하고 확대 재생산시키는 진원지가 되었다고 보기도 한다. 이런 견해 역시 삼국시대와 고려시대로 이어지는 왜곡된 역사인식에서 비롯된 것이므로 수긍할 수 없는 측면이 있다.

지역감정의 근원을 외세의 침략을 자주 받은 지정학적 이유에서 찾는 견해도 있다. 우리 민족은 빈번한 외침을 받았으나 거꾸로 외부로 세력을 넓히려는 적극성 나아가 공격성을 보이지 않았다. 바로 이러한 역사적 사실이 지역감정을 내연시켰다는 것이다. 즉 외부에서 공격이 가해지면 적극적으로 반격할 수 있어야만 우리의 자존심이 심리적으로 평형을 유지할 수 있을 터인데, 그러한 진취적 기상을 발휘하지 못하면 외부의 충격이 결국 우리 내부에서 반향을 일으켜 그 잘못을 사회계층 내부에서 속죄양을 찾아내어 그곳에 전가하려는 파행을 체질화했다는 견해이다.

지역감정이 형성된 이유에 관해서 사회학적 연구에서는 급격한 도시화에서 그 연원을 찾는다. 즉 도시화에 따른 인구이동은 새로운 주거지에서 다른 사람들과의 접촉이 증가함으로써 사회관계가 복잡해지기 마련이지만, 접촉당사자들 사이의 의식의 개방속도는 그것에 못 미치므로 불신풍조가 만연했다는 것이다. 그 결과, 인간평가의 집단범주화가 초래되거나 촉진되어 타 지역에 대한 부정적이고 편견적 속성의 심리상태에 빠지게 된다. 지역갈등의 유형 중 '호남과 비호남'의 양상은 과거 호남지방의 인구유출이 많았던 것에서 유래하고, '수도권과 비수도권'의 양상은 각 지방의 인구유출의 행선지가 수도권이었다는 점에서 유래되었다는 것이다. 인구이동의 급격성(suddenness)과 과격성(radicalness)은 도시에 모인 사람들이 용광로 속에서 용해되지 못하게 한다는 것이다. 한국인은 자신의 출신지를 할아버지와 아버지의 고향과 동일시하거나 자신의 본적지를 출신지로 생각하는 경향이 강하다.

(2) 선거에 의한 지역감정의 발생

지난 과거를 되돌아 볼 때, 우리는 역사가 현재를 있게 만든 사실적 자취는 될 수 있으나 결정적 원인은 될 수 없다는 것을 인식해야 한다. 오히려 지역감정은 최근에 이르러 심각한 양상을 보이기 시작했다는 견해가 타당성이 있어 보인다. 그 양상은 각종 선거결과에서 표출되어 뜨거운 사회적 쟁점이 되었으며, 우리 사회를 고뇌의 소용돌이 속으로 몰아넣고 있는 실정이다.

전술한 바와 같이 한국의 민주주의는 선거를 치르는 과정에서 지역갈등의 조장이라는 값비싼 대가를 치르고 성취될 수 있었다. 1960년대 이래 우리나라 대통령 선거결과를 보면 지역감정이 지방별로 극명하게 표출되어 있음을 알 수 있다. [그림 2-28]에는 5대 · 6대 · 7대 · 13대 · 15대 · 19대 대통령 선거결과가 여당과 야당별로 우세지역이 표시되어 있다. 여당후보가 권위에 대한 복종과 강력한 지도자에 대한 국민적 열망으로 전국적 우세를 보인 2대 대통령 선거결과와 달리, 5대 대통령선거결과에서는 유례없던 여야의 남북분열현상이 나타났다. 이 결과는 과거 여당지지 성향을 보였던 강원 · 충남 · 경기도가 야당 지지로, 야당지지 성향을 보였던 충북 · 전북 · 전남 · 경북 · 경남이 여당지지로 선회한 것에서 비롯된 현상이다. 득표의 남북분열은 야당후보가 여당후보를 겨냥한 사상논쟁의 영향 때문에 빚어진 현상이었다. 또한 여당후보의 출신지와 야당의 지역감정을 자극하는 발언이 원인이 되어 영호남 유권자가 여당지지로 선회한 결과라고 볼 수 있다.

6대 대통령 선거에서는 5대의 경우와 달리 여야의 동서분열현상이 나타났다. 남북분열이 동서분열로 바뀐 데에는 지역감정의 개입과 더불어 공업자본의 편향적 투자에 원인이 있었다. 1970년대에 접어들어 실시된 7대 대통령 선거에서는 호남지방이 고립적으로 야당지지성향을 보여주었다. 충청도가 여당지지로 선회한 것은 충남출신 유력인사의 영향 때문이었다. 군사정권의 비민주적 독재정치로 한동안 국민이 직접 참여하는 대통령 선거가 실시되지 못했다.

1987년에 실시된 13대 대통령 선거는 이른바 '1여 3야' 또는 '1노 3김'의 복잡한 양상을 띠었다. 이 무렵부터 이른바 '3김 정치'의 폐해가 노골화되기 시작했다. 여당후보는 대구 · 경북, 한 명의 야당후보는 부산 · 경남, 또 다른 야당후보는 호남, 나머지 한 명은 충남에 연고지를 둔 후보였다. 선거결과는 남북분열도 아니고 동서분열도 아닌 전국을 사분오열하는 양상을 노출했다. 모든 후보가 자신의 출신지역에서 압도적 지지를 받은 결과였다.

후보자 출신지역의 몰표성향은 광주, 전남, 전북, 대구, 경북, 부산 순이었으나, 호남과 영남지방 간에 상대지역 출신후보를 기피하기는 마찬가지였다. 호남출신 후보가 영남지방에서 얻은 표는 대체로 그 지방에 거주하는 호남출

그림 2-28 역대 대통령 선거결과의 지역별 성향

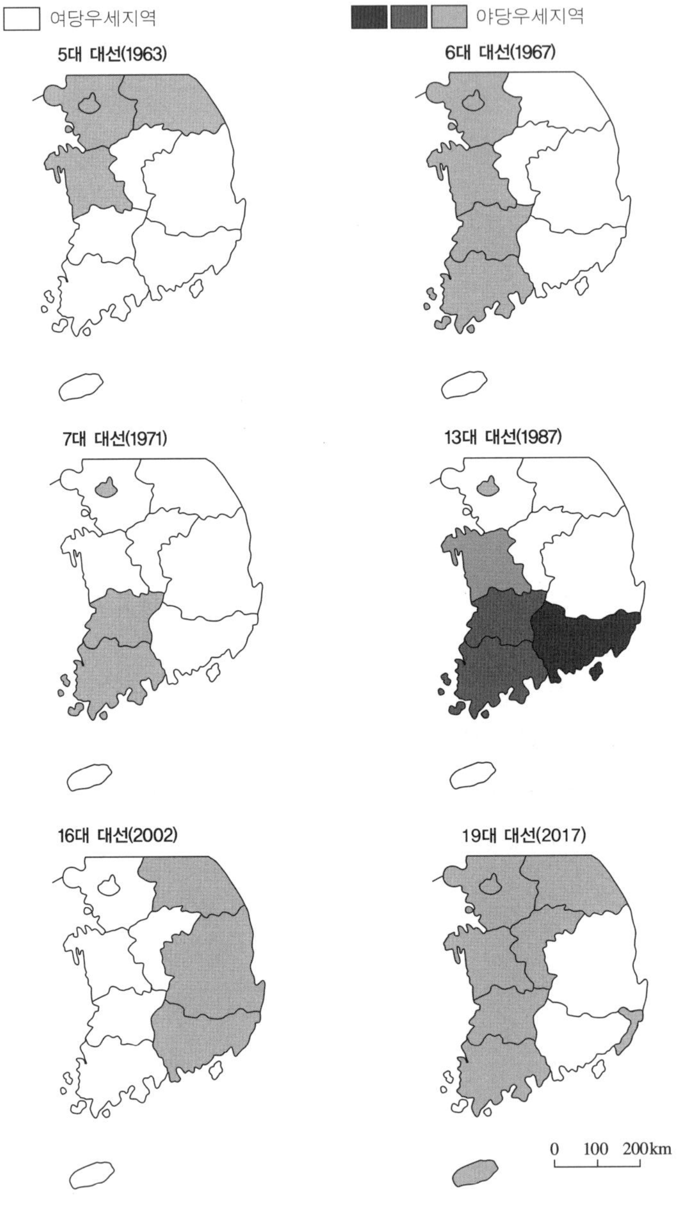

신 주민의 비율과 거의 일치했다. 정도의 차이가 있었을 뿐 후보자들의 출신지역에서는 모두 고향사람을 지지한 것이다. 당시의 언론매체들은 이것을 '지역감정 증후군'이라 표현하면서, 영남과 호남의 대립구도를 남북분단에 이은 동서분단이라며 우려했다.

지역갈등이 심화된 원인 중의 하나는 특정지역 출신의 인사가 장기집권을 하고 지역개발이라는 측면에서 소외된 지역이 있다는 현상적 인식에 있었다. 그러나 그와 같은 인식이 반드시 옳은 것은 아니었더라도 그러한 것들이 정치체제의 유지 및 정책수행 과정에서 눈에 띄게 표출되면서 구체적인 양상을 띠게 되었다. 우리나라의 정치체제를 구축하고 정부를 운영하는 과정에서 지역주의가 대두될 수밖에 없었던 요인은 집권세력의 합법성과 정통성에 취약성이 있었고, 지지세력들의 구체화된 정치이념이 부재했으며, 인재등용에서 집권자와 고향이 같은 인사를 대거 등용했다는 점에서 찾을 수 있다. 그들은 정당정치가 아니라 끼리끼리 향우회를 하고 있었던 것 같은 생각이 들 정도였다.

이런 현상은 군사정권으로부터 민간정권인 문민정부와 국민의 정부, 참여정부, 이명박 · 박근혜 정부와 문재인 정부로 바뀐 후에도 여전히 지속되고 있다. 이는 보수와 진보의 이념적 차이라기보다는 지역분열이었다. 2002년에 실시된 16대 대통령 선거는 6대의 경우처럼 동서분열현상이 재발되었으며, 17대 대통령 선거의 결과에서는 호남의 고립화현상이 두드러졌지만, 2016년에 대통령 탄핵사건으로 치러진 19대 대통령 선거에서는 부산과 울산을 제외한 영남지방의 유권자들이 여당 후보를 지지하여 대체적으로 영남의 고립화가 두드러졌다.

4 지역감정의 해소방안

사람들에게는 누구에게나 고향을 아끼고 사랑하는 애향심이 있게 마련이지만, 그것이 애향심의 차원을 넘어서면 문제가 심각해진다. 많은 사람들은 산업화 및 도시화의 소용돌이 속에서 고향을 떠나 살고 있다. 고향보다 중요한 것은 자신이 현재 살고 있는 향토일 것이다. 애향심과 향토애가 다르다고 볼 때, 이탈리아 문학의 거장 A. Dante(1265~1321)의 말처럼 향토애에 무게를 두어야 한다. 그러므로 애향심도 중요하지마만, 향토애가 더 중요하다. 우리의 현실은 아버지나 할아버지의 고향, 즉 본적지나 원적지에 따라 응원하고 투표하고 등용한다. 그 정도가 심하여 애향심이 우리나라를 망국으로 이끄는 괴물처럼 보인다.

망국적인 지역감정을 해소하기 위한 방안으로서 여러 뜻있는 사람과 단체들이 앞장서 '국민화해운동본부'가 조직되고 '지역간 손잡기 운동'이 전개되기도 했으나 소기의 성과를 거두지 못했다. 많은 사람들이 자신도 지역감정의 수혜자가 될지 모른다는 기대감을 가지고 있었는지도 모르겠다. 자신과 같은 고향의 인사가 대통령이 되거나 국회의원 혹은 장관이 되면 그런 기대를 갖게 되는데, 그것이 바로 국민 모두가 지역감정의 공범자라는 증거일 뿐이다. 특정지역 출신 인사가 연달아 주요 직책을 차지하게 됨에 따라 자연히 형성되는 지연 · 학연 · 혈연의 인맥으로 정치 · 경제 · 사회 · 문화는 물론 심지어는 교육에까지도 보이지 않는 일련의 조직과 집단이 형성된다. 이를 인지상정의 소치라고 보기에는 상상할 수 없는 사회적 불협화음과 불균형, 소외감 등으로 남북통일의 근본이 될 수 있는 국민총화에 장애요인으로 작용할 것임은 불을 보듯 자명하다. 그러므로 인력관리의 측면에서 갈등과 불만을 해소하여 조직의 효율성을 제고하기 위한 인사정책이 정부 · 기업 · 사회단체 · 대학 등에서 수립되어야 한다.

세계 각국이 미래를 대비하느라 총력을 기울이고 있을 때, 우리 사회는 지역감정에 매달려 있다는 사실이 부끄럽기 짝이 없다. 세계에서 유일한 분단국으로 민족의 생존이 위기에 몰린 것도 모자라 각 지방이 지역감정이라는 족쇄를 채우고 자해를 감행하고 있으니 우매함이 빚은 비극 가운데 이보다 더 큰 불행은 없을 것이다. 전 세계에 지역간 갈등이 없는 나라는 드물다. 영국의 스코틀랜드, 스페인의 카탈루냐, 이탈리아의 남부지방부터 발칸반도, 미국 캘리포니아, 서남아시아와 인도네시아, 아프리카의 분쟁지역들에 이르기까지 선진국과 개발도상국이 따로 없다. 그러나 그들은 대부분 종족 · 종교 등이 달라 발

그림 2-29 영호남 화합의 상징이 된 하동 화개장터

생한 것일 뿐이며 우리나라처럼 단지 고향만 다르다는 이유 하나만으로 등을 돌린 곳은 찾아보기 힘들다.

우리나라의 지역감정은 작위적 성격이 짙은 편이다. 앞에서 지적한 것처럼 가장 큰 책임은 정치권에 있다. 예전에는 각 지방이 소박한 향토애를 지니고 타 지역과의 차이를 긍정적으로 수용하고 이해하며 살아왔는데, 제3공화국부터 비열한 정치지도자들이 이를 악용하여 오늘에 이른 것이다. 오늘날 지역감정의 전형인 영호남 갈등은 1960년대 이후 군사쿠데타로 영남출신 군부세력이 대거 중앙정부의 실권자로 등장하면서 이들이 과거 서울사람들이 가졌던 지역감정을 대리 체험한 결과라고 풀이하는 견해도 있다. 1960년대 이전만 하더라도 호남출신 인사가 영남지방에서, 반대로 영남출신 인사가 호남지방에서 국회의원으로 당선되는 사례가 있었다. 따라서 지역차별의 진원지가 고려시대의 개경으로부터 조선시대의 한성을 거쳐 오늘날에는 정치지도자를 잘못 만나 영남, 호남, 호서로 다극화되었다. 한반도가 통일되면 관서와 관북의 지역감정이 더해질까 염려된다.

그로부터 시작된 악순환이 시루떡을 이리 자르고 저리 자르듯 쪼개지면서 어느 지역 어느 당파이건 정치권은 반사이득을 챙겨왔다. 지역차별의 가해지역도 피해지역도 이득이 있었다. 따라서 지역갈등은 가해지역과 피해지역으로 구분할 게 아니라 가해계층인 정치권과 피해계층인 일반주민으로 분류되어야 한다. 고향사람을 악의적으로 몰아간 지역갈등이 아니어도 한국사회는 이익계층 및 이익집단 간의 첨예한 대립과 적대감으로 우리의 공동체가 중병에 걸려 있다. 야비한 부류들이 고의적으로 빚어낸 지역감정이라는 망령을 쫓아내기 위해서는 21세기에 걸맞는 성숙함을 지니고 대립된 정파와 계층들이 화합해야 한다.

하늘에서 내리는 비가 방방곡곡에 골고루 내려 모든 사람들이 농사에서 균등한 혜택으로 풍년을 구가하면 하나가 되는 기쁨을 맛볼 수 있듯이, 경제개발도 모든 국민이 혜택을 입어야 화합과 협동의 장이 마련된다. 따라서 국가경제의 운영은 경세제민(經世濟民)의 원칙에 입각하여 지역적 특성에 맞는 개발과 투자가 이루어지도록 해야 할 것이다.

정치 · 경제뿐만 아니라 사회 · 문화 · 교육 · 군사적 분야에서도 지역적 특성을 살리면서도 지연 · 학연 · 혈연에 편중됨이 없도록 배려해야 한다. 한국사회에서 결속력이 강하여 오히려 세인의 눈총을 받는 것으로 호남향우회 · 해병대전우회 등과 더불어 특정 종파집단이 꼽히는 것은 우리에게 시사하는 바가 크다. 그리고 정치 분야에서는 지역정당을 극복하기 위한 다각적인 노력과 사회운동을 벌이고 사회교육을 통하여 지역갈등을 타파하는 데 정치력과 행정력을 집중하여 상대방과 상대지역을 존중하는 것이 바로 나와 우리 고장의 존중과 직결된다는 인간관계 개선의 기본원리를 피부로 느끼게 주지시켜야 한다.

선거제도는 모든 국민들이 자신의 고향사람이나 정당이 집권해도 아무런 혜택이 없다고 느끼도록 모든 정강정책이 시스템에 의해 작동되도록 만들어야 한다. 결론적으로 지역감정의 해소는 모든 분야에 있어서 가치배분의 공정성에 두어져야 할 것이다.

|참|고|문|헌|

강길부, 1985, 鄕土와 地名, 정음사.

______, 1997, 땅이름 국토사랑, 집문당.

고기석 외 5인, 2001, "한국 성인 머리너비지수의 시대적 변화," 대한체질인류학회지, 14(3) 177-185.

고흥화, 1989, 한국인의 지역감정, 성원사.

권혁재, 2007, 우리 자연 우리의 삶: 남기고 싶은 지리 이야기, 법문사.

김기빈, 1987, 한국의 지명유래, 지식산업사.

______, 2006, 600년 서울 땅이름 이야기, 살림터.

김 욱 · 김종열, 2005, 미토콘드리아 DNA변이와 한국인 집단의 기원에 관한 연구, 고구려연구재단.

김원룡, 1976, 한국문화의 기원, 탐구당.

김정배, 1973, 한국민족문화의 기원, 고대출판부.

김종연, 2000, 이천시의 동족촌 연구, 고려대학교 교육대학원 석사학위논문.

김형국,1997, 한국공간구조론, 서울대학교출판부.

김혜숙, 1988, "지역간 고장 관념과 편견의 실상," 심리학에서 본 지역감정, 한국심리학회, 37-62.

남영우, 1988, "지리학에서 본 지역감정," 지역간 손잡기, 창간호, 46-51.

노태돈, 1997. "한국민족형성시기론", 한국사 시민강좌. 20, 일조각, 179-180.

류제헌, 2002, 한국문화지리, 살림.

문석남, 1988, 지역감정의 원인과 해소방안, 경남대 극동문제연구소.

송 복, 1988, "지역갈등의 구조적 요인: 지역이동의 특성을 중심으로," 한국정치의 민주화, 법문사.

신중성, 1980, "한국도시교회의 분포유형에 관한 연구," 지리학연구, 5, 250-273.

이기문, 1967, "한국어의 형성," 한국문화사대계 Ⅴ, 고대민족문화연구소.

이숭녕, 1967, "한국방언사," 한국문화사대계 Ⅴ, 고대민족문화연구소.

이영택, 1986, 한국의 지명, 태평양.

전경배 · 한규영, 1986, "교회건축의 지역적 배치계획에 관한 연구," 국토계획, 21, 145-156.

최혜주, 2008, "朝鮮伯利紀行(1894)에 보이는 야즈 쇼헤이의 조선 인식," 한국학논집, 44, 57-94.

탁명환, 1991, 한국 신흥종교의 실상, 국제종교문제연구소.

한국지명학회, 2007, 한국지명연구, 한국문화사.

한영우, 2014, 출세의 사다리, 지식산업사.

桐原眞一 · 白麟濟, 1922, "日鮮人間ニ於ケル血液屬別百分率ノ差異及血液屬別特有性ノ遺伝ニ就テ," 朝鮮医學會雜誌東京醫事新誌, 40, 4-10.

上田常吉, 1937, "體質より見たゐ內鮮民族," 朝鮮, 260, 130-149.

矢津昌永, 1904, 韓國地理, 丸善株式會社, 東京.

椙村大彬, 1978, 地理名稱表現序說, 古今書院, 東京.

Aurosseau, M., 1957, *The Rending of Geographical Names*, Hutchinson University Library, London.

Chao Wang, C.C. and Li, H., 2013, Inferring human history in East Asia from Y chromosomes, *Investig Genet*, Published online.

Diamond, J., 2005, Guns, Germs, and Steel, 김진준 역, 총, 균, 쇠, 문학사상사.

Everett, C., Blasi, D.E. and Roberts, S.G., 2015, Climate, vocal folds, and tonal languages: Connecting the physiological and geographic dots, *PNAS*, 112(5), 1322-1327.

Karmin, M., Saag, L., Vicente, M. *et al.* (2015), A recent bottleneck of Y chromosome diversity coincides with a global change in culture. Genome Research, Cold Spring Harbor Laboratory Press, 25, 1 – 8.

Kenneth, S.L., 1945, *History of Expanism of Christianity*, Harper & Row, New York.

Sopher, D E., 1967, *Geography of Religion*, Prentice-Hall, London.

Wells, H.G., 1916, *The White Man's Burthen, What Is Coming?: A Forecast of Things after the War*, Cassell, London.

Zakharov-Gezekhus, I.A., et al. 2011, Mitochondrial DNA Polymorphism in Invasive and Native Populations of Harmonia axyridis, *European Journal of Environmental Sciences*, 1(1), 15-18.

http://en.wikipedia.org/wiki/File:Haplogrupo_C3_(ADN-Y).PNG

http://www.kbs.co.kr/1tv/sisa/historyspecial/

|연|습|문|제|

1. 다문화가정이 증가추세를 보이는 최근 상황을 염두에 두고 한민족의 정의를 어떻게 내려야 할지 생각해 보자.
2. 각자의 고향이나 향토에 예로부터 전해 내려오는 민속 가운데 타 지방과 확연히 구별될 수 있는 것을 몇 가지씩 조사해 볼 것.
3. 각 지방별 방언이 어떻게 다른지 단어별로 비교해 볼 것.
4. 종교가 한국문화에 미치는 영향을 긍정적 측면과 부정적 측면으로 나누어 고찰해 볼 것.
5. 우리들 주변에서 특색 있는 지명을 선정하여 분포도를 작성하고 그 유래를 조사해 볼 것.
6. 우리나라 지역감정의 해소방안에 대하여 나름대로 의견을 피력할 것.

| 제 3 장 |

한국의 세계유산과 지역성

세계유산은 유네스코가 지정한 유산이다. 유산은 어떤 의미가 있으며, 유네스코 지정유산은 무엇인지, 세계유산 제도의 탄생배경은 무엇인지, 그리고 세계유산 제도는 어떻게 운영되고 있는지 알아보고, 유네스코에 등재된 우리나라의 세계유산에 대하여 살펴보도록 한다. 또한 우리의 세계유산을 통하여 한민족의 정체성을 확립하고, 우리의 문화유산을 세계인에게 잘 전달할 수 있는 활용책을 다양한 기술을 접목하여 개발하며, 보존과 관리를 위해서도 우리만의 특수성을 반영한 다양한 방법을 모색하도록 해야 할 것이다.

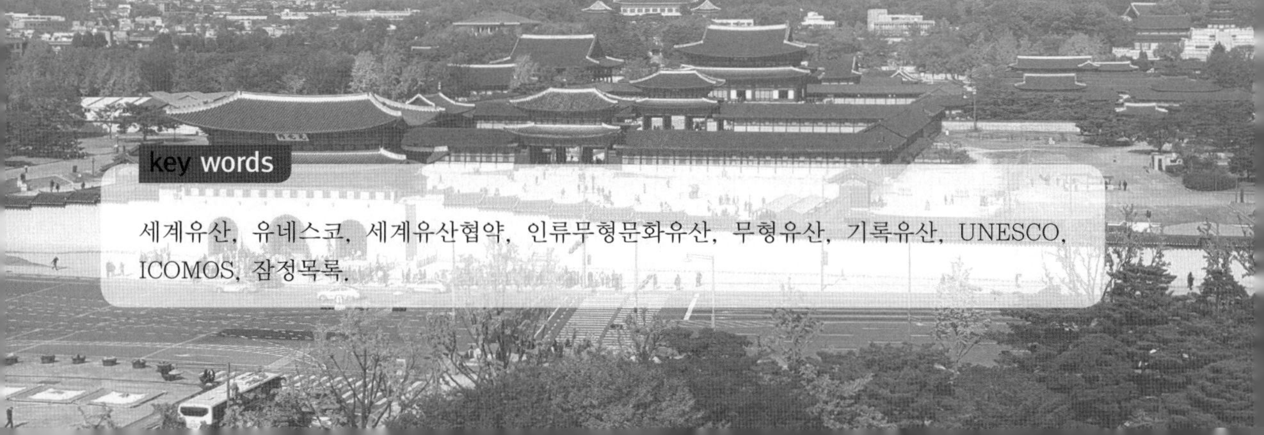

key words

세계유산, 유네스코, 세계유산협약, 인류무형문화유산, 무형유산, 기록유산, UNESCO, ICOMOS, 잠정목록.

3.1 세계유산이란?

최근 들어 남한산성과 백제역사유적지구가 연이어 세계유산으로 등재되면서 세간의 관심이 높아지고 있다. 또한, 우리 선조들이 강제노동에 동원되었던 일본의 메이지산업유산의 등재가 국제적으로 이목을 끌면서 한·일간의 외교전과 역사전쟁으로까지 비화되었다. 과연 세계유산은 무엇이기에 국내외적으로 이렇게 주목을 받는 것일까?

세계유산은 유네스코가 지정한 유산이다. 세계유산이 된다는 것은 '등재' 영어로는 inscription이라고 표현한다. 원래 inscribe란 말은 "무엇을 어디에 새긴다."라는 의미이다. 즉, 이것은 유산을 세계유산목록에 새긴다는 뜻이다. 언론 등에서 세계문화유산이라고 쓴 표현들을 많이 쓰는데, 엄격히 말하면 세계문화유산은 세계유산의 한 유형을 일컫는 말이지 그 자체가 고유명사가 아니다. 세계유산은 세계유산목록에 올라있는 유산을 지칭하는 고유명사이기 때문에 '세계유산'으로 명기해야 하며, 영어로는 World Heritage라고 적는다.

이렇게 세계유산은 세계인이 길이 기억하고 보존하는 목록에 새긴다는 의미이니 세계인이 관심을 갖게 되는 것은 당연할 것이다. 그러면, 유산은 어떤 의미가 있으며, 유네스코 지정유산은 무엇인지, 세계유산 제도의 탄생배경은 무엇인지, 그리고 세계유산 제도는 어떻게 운용하는지 알아보도록 하자.

1 유산의 의미와 유네스코 지정유산

UNESCO(United Nations Educational Scientific Cultural Organization)는 제2차 세계대전 이후인 1945년 11월 16일 교육, 과학, 문화 분야에서 국가 간의 협력을 증진하기 위해 설립한 기구이다. 유네스코 헌장에 따르면 "전쟁은 서로에 대한 풍습과 생활을 알지 못하고 의혹과 불신, 무지와 편견을 통한 인간과 인종의 불평등 때문이므로 문화를 널리 보급하고 정의 · 자유 · 평화를 인류에게 교육함으로써 모든 인류가 서로 돕고 관심을 두도록 하는 것은 신성한 의무이다. 따라서 평화는 인류의 지적, 도덕적 연대 위에 건설되어야 한다."라고 밝히고 있다. 이렇게 유네스코의 창설목적은 교육, 과학, 문화 및 소통 정보 분야의 진흥과 국제협력을 통하여 인류 복지와 국제평화에 기여하는 것이다. 유네스코는 195개 정회원과 9개 준회원이 있으며, 우리나라는 1950년 55번째로 가입했고, 북한은 1974년 133번째로 가입했다.

유산은 일반적으로 누구에게 물려받은 돈이나 부동산 등을 부르는 용어이지만, 유네스코에서는 유산(heritage)을 역사, 자원, 자연, 경관 등을 대상으로 하여, 과거로부터 물려받았지만, 현재 우리가 더불어 살아가고 미래 세대에게 물려주어야 할 전통이라고 정의한다. 유산은 과거로부터 온 모든 것이 아니라 우리가 오늘날 선택하고 가치를 증진해 후손에게 물려주어야 할 대상이며, 유산의 가치는 오늘날 우리와 관련이 있다는 것이다. 즉, 유네스코 유산은 현재의 가치를 투영하고 더 증진해 미래 세대에게 물려줄 수 있도록 보존해야 한다는 것을 강조한다.

유네스코에서 사용하는 문화유산(cultural heritage)은 유형문화유산, 무형문화유산, 기록유산을 총괄하여 유네스코 회원국에서 공통적으로 사용하는 용어이다. 유네스코에서는 유형문화유산과 관련하여 세계유산(World Heritage), 무형문화유산과 관련한 인류무형문화유산(Intangible Cultural Heritage), 그리고 세

표 3-1 유네스코 지정유산

구분	세계유산	무형문화유산	기록유산
근거	세계문화 및 자연유산 보호협약(1972)	무형문화유산 보호협약 (2003)	기록유산 보호일반협약 (1995)
발효시기	1975	2006	1992
유형	문화, 자연, 복합유산	무형적 표현 유산의 공간	기록 및 정보 정보매개물
담당	세계유산센터	무형유산과	커뮤니케이션 부서
속성	협약사업	일반→협약사업	일반사업

계기록유산(Memory of the World)제도를 운용하고 있다. 세계유산과 인류무형문화유산은 협약에 바탕을 둔 정부 간 협약사업으로 정부가 신청 주체지만 기록유산은 프로그램으로 누구나 신청할 수 있는 일반사업이라는 점이 다르다(표 3-1).

2 세계유산 제도

세계유산 제도는 이집트의 아스완하이댐 건설로 수몰 위기에 몰린 누비아 유적을 이전 보호하기 위한 국제적인 노력이 탄생 계기가 되었다. 그 과정에서 동원된 전문가들 간에 국제적인 합의가 이루어져 1965년 국제기념물유적협의회(ICOMOS)가 결성되고, 1972년 스웨덴 스톡홀름에서 개최한 인간과 환경 유엔회의에 '세계문화 및 자연유산보호 협약(세계유산협약)'이 제출되어 같은 해 11월에 세계유산 제도의 근간이 되는 '세계유산협약'이 탄생했다. 세계유산협약은 1975년 발효되었는데, 1975년에 가입국 수는 21개국이었지만, 현재에는 192개국에 이르고 있다. 한국은 1988년에 가입하고 북한은 1998년에 가입했다.

세계유산협약의 주요 내용을 보면, ① 세계문화와 자연유산의 정의, ② 유산 보호를 위한 국가적, 국제적 차원의 노력, ③ 세계유산 목록의 작성과 운영, ④ 실천적 강제성을 갖춘 세계문화 및 자연유산 보호를 위한 정부간 위원회(세계유산위원회) 및 총회, ⑤ 구체적인 보호책을 마련하기 위한 세계유산기금 설치 및 사용, ⑥ 세계유산 보호에 대한 인식증진 교육 및 정보제공 권장, ⑦ 유산 보호를 위해 위험유산의 별도 관리와 구체적인 예방조치를 요구하고 있다.

특히, 유산보호국의 주권을 존중하여 국내법상 재산권을 보장하는 반면, 인류 공동유산으로서 보호에 등재 당사국이 국제적 협력을 하는 의무와 함께 등재 당사국에게 유산의 최적, 최상 관리책임을 부여하고 있다.

이 밖에 세계유산협약에서 규정하고 있는 세계유산기금은 세계유산협약 제16조를 근거로 하여 세계유산에 대한 재정지원을 위한 것으로 당사국들의 의무

부담금과 신탁기금(Funds in Trust)을 포함한 자발적인 기부금으로 이루어져 있다. 기금은 매해 총 4백만 달러 규모로 운영되고 위원국들이 2년에 1회 납부하도록 하고 있으며, 자금은 문화유산과 자연유산의 보존과 관리 재건에 필요한 연구나 인력투입, 문화유산의 보호, 인력양성 프로그램, 장비 구입, 예외적인 상황에서의 무상보조금 지원, 저금리나 무이자 대출 등을 위해 사용하고 있다.

3 세계유산 제도의 운용

세계유산 협약과 관련한 기구로는 유네스코 총회, 세계유산위원회, 세계유산센터, 자문기구인 IUCN(세계자연보존연맹), ICOMOS(국제기념물유적협의회), ICCROM(국제문화재보존복원센터)이 있다. 유네스코 총회에서는 세계유산과 관련하여 최고의사결정기구의 역할을 하며 실무를 담당하는 세계유산위원회 위원국을 선출한다. 세계유산위원회(World Heritage Committee)는 1972년 세계유산협약에 의해 설립한 정부 간 위원회로서 각국이 제출한 자연유산과 문화유산을 보호하고, 세계유산 등재대상유산을 심의 및 공표, 세계유산 기금확보, 위험유산 선정, 보호비용과 기술지원을 담당한다. 조직과 재정으로는 7개국 대표로 이루어지는 집행이사회(의장 1명, 부의장 5명, 기록관 1명)와 임기 4년 단임의 21개 위원국을 두고 있다. 세계유산위원회는 매년 6월~7월 사이에 연 1회 개최한다.

세계유산센터는 1992년 유네스코 내에서 세계유산과 관련한 행정업무를 담당하기 위해 세계유산협약 제14조를 근거로 설치한 사무국으로 프랑스 파리에 소재한다. 세계유산센터는 세계유산의 이해 관련 조치의 조정 및 행정, 세계유산기금의 행정 관리 및 유산위원회 의장단 회기 조직, 잠정목록과 세계유산 지정을 위한 준비작업 지원, 국제지원 및 훈련과정 개설, 기술세미나 워크숍 개최, 세계유산 모니터링 활동과 세계유산협약 이행 보고서 담당, 세계유산 이슈의 홍보, 세계유산 관련 교육자료 제작 배포, 위험에 처한 유산에 대한 긴급 원조 및 관리, 세계유산 자문기구와의 협력 등의 업무를 주로 담당한다.

그림 3-1 2015 독일 본 세계유산위원회

표 3-2 세계유산제도의 운영기구

기구 명칭	주요 기능	비고
총회	최고의사결정기구 세계유산위원회 위원국 선출	
세계유산위원회	세계유산지정 세계유산 등재 기준 결정 세계유산 기금 사용 결정	세계유산협약사업 주도
세계유산센터	사무국	유네스코 사무총장 소관
세계자연보존연맹 (IUCN)	세계유산위원회 자문기구 – 자연유산 신청 현지조사 – 자연유산 분야 제반 자문	1948년 설립, 스위스 글랑소재 – 1998년 IUCN 한국위원회설립
국제기념물유적협의회 ICOMOS	세계유산위원회 자문기구 – 문화유산 신청 현지조사 – 문화유산 분야 제반자문	1965년 설립, 프랑스 파리소재 1999년 이코모스 한국위원회 설립
국제문화재보존복원센터 ICCROM	세계유산위원회 자문기구 – 문화재 보존 및 복원 지원	1959년 설립, 로마 소재 1968년 한국가입(정부간 기구)

세계유산 자문기구는 세계유산 등재와 관련한 심사와 평가, 보존에 대한 자문 등을 담당하는데, 스위스 글랑에 본부를 둔 IUCN(세계자연보전연맹)은 자연유산에 관한 심의와 자문을 담당하며, 파리에 본부를 둔 ICOMOS는 문화유산과 관련한 자문과 심의를 담당한다. 또한, 로마에 본부를 둔 ICCROM는 주로 문화재의 보존 및 복원을 자문하는 정부 간 기구이다.

한편, 세계유산으로 등재한 이후에 모니터링 제도를 통해 세계유산에 대한 정기적, 지속적 조사 및 감시기능을 수행하고, 파괴와 훼손으로부터 세계유산을 보호하고 예방하며, 세계유산의 가치를 유지한다. 모니터링 제도는 정기보고, 대응모니터링, 강화모니터링으로 구성한다. 정기보고는 세계유산협약 제29조에 근거하여 매 6년마다 이루어지며 실천적 강제성을 띤다. 대응모니터링(reactive monitoring)은 특정 세계유산에 대한 보존상태를 보고하는 것으로, 위험한 환경에 노출된 유산을 위험에 처한 세계유산 목록에 등재하거나 삭제할 수 있는 근거가 된다. 강화 모니터링(reinforced monitoring)은 유산파괴의 위험수준이 높으면 강력한 모니터링을 시행하여 효과적인 감시체계를 구축하는 방법이다. 만약 모니터링 결과가 세계유산으로서의 가치를 상실할 위험이 발생하면 위험에 처한 유산목록에 별도로 등재한다. 등재유산이 심하게 훼손되어 유산가치를 상실할 경우, 주변 공간 및 환경의 심각한 파괴가 있을 경우, 역사적 진정성이 심하게 손실되었을 경우, 전쟁, 갈등, 지진, 재해, 오염, 도시화 관광자원의 개발 등으로 심각하게 훼손될 때 위험에 처한 유산목록에 등재한다. 만약 돌이킬 수 없는 상태로 훼손되었을 때는 세계유산목록에서 삭제하는데, 현재까지 삭제된 세계유산으로는 독일의 드레스덴 엘베계곡과 오만의 아리비아 오릭스 보호구역 등 2건이다.

4 세계유산 등재

(1) 세계유산의 유형

세계유산의 등재대상은 고정된 유산으로 이동이 가능한 유물이나 유산은 등재대상이 아니다. 세계유산은 크게 문화유산, 자연유산, 그리고 복합유산으로 구성된다. 문화유산(cultural heritage)은 건축물, 조각과 회화, 동굴벽화 등의 기념물(monument), 고고학적 유적이나 지구, 문화경관을 포함하는 유적(sites), 그리고 독립된 건물이나 연속된 건축구조물을 의미하는 건조물군(buildings)으로 이루어진다. 자연유산(natural heritage)은 생물서식지, 자연경관, 자연기념물 등이며, 복합유산(mixed heritage)은 문화유산과 자연유산이 결합한 유산이다.

세계유산으로 등재되면 세계유산의 도안을 사용할 수 있는데, 세계유산의 도안은 세계유산이 지향하는 가치를 나타낸다. [그림 3-2]의 가운데 사각형은 인간의 기술 및 영감의 결과물을, 바깥의 원은 자연을 상징한다. 그리고 사각형과 원은 이어져 있어 인간이 자연과 서로 연결된 존재라는 것을, 도안의 둥근 형태는 세계를 나타내며 인류가 함께 세계유산을 보호하자는 뜻을 담고 있다.

(2) 세계유산의 등재 조건

보통 희귀하거나 하나밖에 없는 유산이면 세계유산이 될 수 있을 것이라고

그림 3-2 세계유산 로고

생각하는데, 이것은 틀린 생각이다. 세계유산으로 등재되기 위해서는 세계유산의 운영지침에 나와 있는 조건을 충족해야 한다. 가장 중요한 첫 번째 조건은 탁월한 보편적 가치를 갖추는 것이다. 탁월한 보편적 가치는 하나밖에 없는 유일한 것이거나 특정 국가에서만 나타나는 희소성이 아니라 국경을 뛰어넘어 보편성을 띠는 가치를 의미한다. 예를 들어 외적을 방어하기 위해 만들어 놓은 성곽 등은 방어의 필요성이라는 보편적 가치를 가지며, 이것이 다른 곳과 비교하여 탁월성을 가진다면 탁월한 보편적 가치인 것이다.

유네스코는 탁월한 보편적 가치에 대한 혼란을 줄이기 위해 등재기준을 제시했다. 세계유산이 되기 위해서는 최소 1개 이상의 등재기준을 충족해야 하며, 국내외 유산들과의 비교연구를 통해 탁월한 보편적 가치를 입증하여야 한다. 탁월한 보편적 가치에 대한 등재기준은 반드시 로마자로 표시하며, 크게 문화유산에 적용하는 등재기준과 자연유산에 적용하는 등재기준으로 구분한다. 등재기준 (i)~(vi)번까지는 문화유산에 적용되고, (vii)~(x)번까지는 자연유산에 적용된다. 단, 등재기준 (vi)번은 단독으로는 적용하지 못하고 반드시 등재기준 (i)~(v)번과 결합하여 적용한다.

먼저, 문화유산의 경우, 등재기준 (i)은 인간의 창조적 걸작으로서, 석굴암과 불국사가 이에 해당한다. 등재기준 (ii)는 한 문화지역 안에서 인간 가치의 중요한 교류 증거로서, 수원화성과 창덕궁, 남한산성, 백제역사지구 등이 해당한다. 등재기준 (iii)은 보존하지 않으면 사라질 유산으로서 현재나 과거 문화전통의 예외적인 증거를 들 수 있는데, 백제역사지구, 고인돌, 경주역사지구, 조선 왕릉, 하회와 양동마을, 창덕궁, 수원화성, 산사 등이 이에 해당한다. 다음으로 등재기준 (iv)는 역사의 중요한 단계를 보여주는 건축적 · 기술적 총체 사례로서, 해인사 장경판전과 종묘, 남한산성, 석굴암과 불국사, 창덕궁, 하회와 양동마을이 이에 해당한다. 등재기준 (v)는 열악한 환경에서 자연과 환경의 조화와 상호작용을 나타내는 증거이다. 문화경관 등이 대표적인 사례이며 우리나라에는 여기에 해당하는 유산이 없지만, 중국의 실크로드가 이에 해당한다. 또 단독으로는 성립할 수 없는 여섯 번째 등재기준 (vi)은 세계적으로 중요한 사건이나 전통, 문학, 예술 작품과의 직간접적 연관성을 들 수 있는데, 해인사 장경판전과 조선 왕릉이 이에 해당한다.

자연유산에 해당하는 등재기준을 살펴보면, 우선, 등재기준 (vii)은 최상의 자연미나 뛰어난 자연현상과 관련이 있다. 등재기준 (viii)은 지형학, 지질학, 자연지리학적으로 지구 역사상 주요 발전단계를 나타내며 제주도 용암동굴의 경우 이 두 가지 기준에 해당한다. 등재기준 (ix)는 생태학적 주요 진화사례를 보여 주는 것으로 케냐 국립공원을 들 수 있다. 등재기준 (x)은 생물다양성의 중요한 사례로 희귀동물이 서식하고 있는 중국 쓰촨의 자이언트팬더 보호구역이 사례이다(표 3-3).

두 번째 조건은 사실에 기반하여 거짓 없는 진실성을 의미하는 진정성(authenticity)을 입증하는 것이다. 유산의 진정성에 대한 의미는 ICOMOS가 제정한 '베니스 헌장'과 '나라 선언문'에 잘 나타나 있으며, 형태와 디자인, 자재와 구성 물질, 용도와 기능, 전통 · 기술 · 관리체계, 입지와 주변 환경, 언어와 다른 형태의 비물질적 전통, 정신과 감정을 비롯한 그 밖의 요인들로 나누어

표 3-3 세계유산의 등재기준과 사례

문화유산 등재기준	등재기준 (i) 인간의 창조적 걸작품 (석굴암과 불국사) 등재기준 (ii) 한 문화지역 내에서의 인간가치의 중요한 교류 증거 (수원화성, 창덕궁, 남한산성, 백제역사지구) 등재기준 (iii) 보존하지 않으면 사라질 현재나 과거의 문화 전통의 예외적인 증거 (백제역사지구, 고인돌, 경주역사지구, 조선왕릉, 하회와 양동, 창덕궁, 수원화성) 등재기준 (iv) 역사의 중요한 단계를 보여주는 건축적, 기술적 총체 사례 (해인사 장경판전, 종묘, 남한산성, 석굴암 불국사, 창덕궁, 하회와 양동) 등재기준 (v) 열악한 환경에서의 자연과 환경의 조화와 상호작용을 나타내는 증거 (실크로드) 등재기준 (vi) 세계적으로 중요사건, 전통, 문학 · 예술작품과의 직 · 간접적 연관성 (해인사 장경판전, 조선왕릉)
자연유산 등재기준	등재기준 (vii) 최상의 자연미나 뛰어난 자연현상 (제주도 화산섬과 용암동굴) 등재기준 (viii) 지형학, 지질학, 자연지리학적 지구 역사상 주요 발전 단계 (제주도화산섬과 용암동굴) 등재기준 (ix) 생태학적 주요 진화 사례 (케냐 국립공원) 등재기준 (x) 생물다양성의 중요한 사례 (중국 쓰촨 자이언트팬더 보호구역)

거짓 없는 정보의 출처를 밝혀 진정성을 입증하도록 하고 있다.

세 번째 조건으로는 완전성(integrity)을 들 수 있다. 완전성이란 유산의 가치를 구성하는 요소들을 모두 포함하는지에 대한 온전성(wholeness), 훼손되지 않은지에 대한 무손상성(intactness), 그리고 위협요소의 부재(absence of threats)로 정의한다. 또한, 모든 유산 구성요소를 포함하는 적절한 규모로 유산구역의 경계를 설정하고 있는지, 유산에 대한 무관심과 개발의 부정적 영향이 없는지를 모두 서술해야 한다.

네 번째 조건은 유산의 적절한 보호와 관리가 이루어지고 있는지를 입증할 수 있도록 보호 및 관리체계를 제시하는 것이다. 유산상태를 분석하여 유산구역과 완충구역의 경계를 설정하고 유산에 위협을 주는 요인을 파악하며 대비책을 제시하는 것과, 법령과 조례 등의 적절한 법적 보호수단을 갖추고 있는지를 증명해야 한다. 완충구역은 유산에 직접적인 위협이 되는 도시화의 개발압력이나 재난 등의 충격을 완화하기 위해 유산구역 밖에 일정 범위까지 설정하는 것으로 등재 필수조건 중 하나이다. 이 밖에 법적 · 관리제도에는 종합정비계획, 일상 관리체계, 소유권, 관리 재원 조달과 예산집행 현황, 전문가 활용과 보존 관리를 위한 교육상태, 방문객 시설과 인프라, 유산의 활용을 위한 제반 정책과 프로그램, 관리 인력의 전문적 수준, 유산에 대한 기록화 실적, 사진과 시청각 매체 자료, 이해 당사자 간의 이해관계 조정 등에 대한 상세한 정보를 제공하여야 한다. 이외에도 지역주민의 보존을 위한 참여 정도와 경관의 조화를 위한 노력 등도 중요한 조건이 되고 있다.

(3) 세계유산의 등재 절차

우리나라에서는 세계유산의 등재신청은 문화재청이 주관한다. 등재신청서를 제출하기 위해서는 등재 이전에 최소한 1년 이상 잠정목록에 올라있어야 한다. 잠정목록 등재는 특별한 심사절차가 없이 당사국이 세계유산 목록에 등재할 유산의 예비목록 성격을 띠며 수시로 갱신할 수 있다. 일반적으로 세계유산의 등재는 보통 5년 이상이 걸리는데, 잠정목록을 작성하여 등재하는 데 1년, 등재신청서를 쓰기 위한 기초연구를 수행하는 데 1년, 그리고 신청서를 작성하는 데 1년이 소요된다. 등재신청서는 매년 2월 1일까지 유네스코 세계유산센터에 접수하고, 같은 해 6~9월 사이에 자문기구의 현지실사와 심사를 거쳐 신청 다음 해 6월경 열리는 세계유산위원회에서 등재 여부가 결정된다. 이에 따라 총 5년이 걸리는 것이다. 국내절차로는 우선 잠정목록 신청대상으로 확정되고 잠정목록에 등재된 이후 등재신청을 위한 우선 등재대상에 선정되어야 한다.

세계유산 등재에서 자문기구는 중요한 역할을 담당한다. 문화유산은 ICOMOS에서 평가를 담당하고, 자연유산은 IUCN에서 평가를 담당한다. 복합유산은 IUCN과 ICOMOS의 전문가가 함께 평가를 담당하게 된다.

자문기구는 서류검토와 현지조사 결과를 바탕으로 하여 세계유산위원회에 등재(inscribe), 보류(refer), 반려(defer), 등재불가(not inscribe)의 권고안을 제출한다. 등재는 세계유산에 등재되는 것이고, 보류는 자료가 미비하여 다음 해까지 추가적인 자료를 제출하면 당해 또는 차기 위원회에서 등재할 수 있게 된다. 반려는 등재신청서상에 심각한 문제가 있으므로 수정이 필요하고, 현지실사를 다시 받아야 한다. 등재불가는 탁월한 보편적 가치가 없다는 평가로서 잠정목록에서도 삭제하고 같은 유산을 재신청할 수 없다.

5 세계유산의 등재 효과

세계유산의 등재현황을 보면, 국가별 · 지역별로 편재가 심각하다. 특히 전통문화와 관련 있는 유적들에 비해 유럽의 역사유적과 종교유물, 엘리트주의적 건축물들이 세계유산 목록에 과도하게 등재되어 있다. 이런 불균형과 편중 문제를 해소하기 위해, 세계유산위원회는 세계유산이 없는 국가들의 등재를 자문기구에서 돕는 세부지원 과정(upstream process)을 운영하고, 2019년부터 한 국가당 등재신청 유산 수를 1개로 제한하며, 유산 등재에 우선순위를 두었다.

그러면 세계유산으로 등재되면 어떤 효과가 있을까? 가장 먼저 관광 홍보 효과를 통한 지역 내 관광수입 증가를 들 수 있다. 세계유산으로 등재되면 유네스코 관련 홈페이지를 통해 홍보되고, 세계유산 전문 관광프로그램을 통해 외국 방문객도 늘게 된다. 유네스코에 따르면 관광홍보 효과는 매년 수십억 달러에 이르며 상당한 경제적 유발효과가 발생한다. 그러나 보존을 무시한 지나친 상업화나 과도한 활용은 경계해야 한다.

둘째, 국민과 정부의 관심이 커져 문화재 보존과 관리의 수준을 높일 수 있다. 세계유산은 국제적인 보존원칙에 따라 관리와 보존이 이루어지고 탁월한 보편적 가치를 훼손하는 어떠한 행위도 제한된다. 예를 들어 고고학 유적의 경우 추정에 의한 보수, 재건, 복원은 불허하고 있으며, 6년마다 정기보고를 통해 유산의 보존상태를 보고하여야 한다. 필요한 경우 재정적 원조나 자문기구를 통한 국제지원을 받을 수 있다. 북한의 고구려 고분벽화는 이런 국제지원의 좋은 사례이기도 하다.

셋째, 세계유산은 국가와 지역의 자부심을 높이고, 정체성을 향상하는 중요한 매개체이다. 우리 세계유산에는 이 땅에서 5천년 이상 살아온 우리 조상들의 삶의 지혜와 한민족의 정체성이 녹아있기에 세계유산을 통해 한민족의 자부심을 높일 수 있는 것이다. 세계유산을 둘러싼 가장 큰 오해는 세계유산으로 등재되면 재산권 행사나 소유권에 제약을 받는다고 알려진 것이다.

그러나 세계유산은 협약이기 때문에 국내법에 근거하여 보호가 이루어지는 것이지 국제법에 따른 규제는 없다. 세계유산으로 등재되더라도 소유권은 동일하게 유지되고 국내법의 적용을 받는다.

세계유산은 등재 이후에도 탁월한 보편적 가치와 진정성과 완전성을 계속 유지·발전시키면서 적극적인 활용정책을 모색해야 한다. 예를 들어 정체성 교육을 위해 국사, 지리, 국제이해 등의 교육자료로서 세계유산을 활용하여 자긍심을 고취하고, 문화산업에서 공연과 예술, 스토리텔링 등 디지털 문화콘텐츠 개발과 유산관광 등을 포함한 유산산업과 체험산업 등을 활성화할 수 있다. 그러나 지속적인 모니터링과 주변 환경보호, 적정수용력을 고려한 방문객 정책, 주변 환경과 조화로운 기반시설 구축, 지역주민의 참여, 이해 당사자들 간의 협력과 동반관계 구축 등도 잊지 말아야 할 것이다.

표 3-4 한국의 유네스코 지정 유산 현황

구 분	유산 명	등재 연도	등재 기준
세계유산 (2019년까지 총 14개)	해인사 장경판전	1995	(iv), (vi)
	종묘	1995	(iv)
	석굴암과 불국사	1995	(i), (iv)
	창덕궁	1997	(ii), (iii), (iv)
	수원화성	1997	(ii), (iii)
	고창 · 화순 · 강화 고인돌 유적	2000	(iii)
	경주역사유적지구	2000	(ii), (iii)
	제주 화산섬과 용암동굴	2007	(vii), (viii)
	조선왕릉	2009	(ii), (iv), (vi)
	한국의 역사마을, 하회와 양동	2010	(iii), (iv)
	남한산성	2014	(ii), (iv)
	백제역사지구	2015	(ii), (iii)
	산사, 한국의 산지승원	2018	(iii)
	한국의 서원	2019	(iii)
잠정목록 (문화유산) 13개	강진 도요지, 공주부여 역사유적지구, 중부내륙 산성군, 익산역사유적지구, 염전, 대곡천 암각화군, 낙안읍성, 외암마을, 서원, 서울 한양도성, 김해 함안 가야고분군, 고령 지산동 가야고분군, 한국의 전통산사		
잠정목록 (자연유산) 4개	설악산 천연보호구역, 남해안 일대 공룡화석지, 서남해안 갯벌, 우포늪		
인류무형 문화유산 17건	종묘 및 종묘제례악	2001	
	판소리	2003	
	강릉단오제	2005	
	강강술래	2009	
	남사당	2009	
	영산재	2009	
	제주 칠머리당영등굿	2009	
	처용무	2009	
	가곡	2010	
	대목장	2010	
	매사냥 (다국적유산)	2010	
	줄타기	2011	
	택견	2011	
	한산모시짜기	2011	
	아리랑	2012	
	김장문화	2013	
	농악	2014	

(2019년 7월 현재)

3.2 유네스코 지정 인류무형문화유산과 세계기록유산

1 인류무형문화유산

세계유산 이외에 유네스코 지정유산으로는 소멸위기를 맞고 있는 인류의 구전이나 무형유산의 보호와 보존을 위해 제정된 인류무형문화유산(Intangible Cultural Heritage)제도가 있다. 무형유산은 공동체와 집단이 자신들의 환경, 자연, 역사에 따라 끊임없이 재창조해온 지식과, 기술, 공연예술, 문화적 표현으로서, 2003년 체결된 '무형문화유산 보호협약'에 따르면, 집단과 개인이 자신의 문화유산 일부분으로 인식하는 관습, 표현, 지식 및 기술, 이와 관련한 전달도구, 사물, 공예품, 문화공간들도 모두 무형문화유산의 범위에 포함된다. 그러나 언어 그 자체나 인권에 반하는 전통은 등재대상이 아니다. 무형유산협약 제2조 1항에서는 ① 무형문화유산의 전달체로서 언어를 포함한 구전 전통 및 표현, ② 공연예술, ③ 사회적 행위, 의식, 축제, ④ 자연과 우주에 대한 지식 및 관습, ⑤ 전통적 공예 기술 등으로 무형유산을 규정하고 있다.

인류무형문화유산은 2003년 10월 17일에 정식 채택되고 2006년 4월 30일에 발효된 '무형 문화유산 보호에 관한 협약'을 근거로 한다. 내용을 보면 주요 인류무형유산 대표목록 및 긴급 보호가 필요한 무형유산 목록의 설치, 무형유산 관련 각국의 보고서 제출 의무 규정, 인류무형문화유산의 등재여부 결정과 기금의 사용 등을 결정하는 무형문화유산 보호를 위한 정부 간 위원회 설치, 그리고 국제적 인식제고 및 국제적 지원 활동 등을 규정했다.

주요 기구로는 협약에 가입한 161개국으로 이루어진 총회가 있다. 총회는 2년마다 정기적으로 열리며 위원국 선출, 협약이행 실행지침, 긴급 보호 무형유산목록과 대표목록의 등재기준, 무형문화유산 기금사용 지침, 자문기구로 활동할 비정부단체 등에 대한 최종승인 등을 담당한다. 24개 위원국이 전문가를 대표로 지명하여 4년 임기로 운영하는 정부 간 위원회는 연임을 금지하고

2년마다 12개 위원국을 새로 선출한다. 지역별 균형을 위해서 세계를 6개 지역으로 나누고 아프리카와 중남미에 5석, 아시아와 동구에 4석, 서구와 북미에 3석, 아랍에 3석씩 배정한다. 정부 간 위원회에서는 세계무형유산 목록의 등재를 결정하고, 국가보고서를 심사하여 총회에 보고하고 무형유산 보호 기금의 사용처를 결정하며, 보호 방안의 마련과 토의, 위원회 자문 비정부단체의 총회 승인을 요청하는 일을 한다.

인류무형문화유산은 크게 긴급 보호 목록과 대표목록으로 구분하여 운영한다. 협약에는 대표목록이 앞서지만, 절대적인 우선순위는 긴급 보호 목록에 있어, 국제원조는 긴급 보호 목록 보호 사업에 주로 투입한다.

세계유산과 크게 다른 점은 탁월한 보편적 가치보다 해당 유산이 무형유산의 범주에 들어가는지, 국가가 관련 보호조치를 적절히 취하고 있는지, 국가의 무형문화유산 목록에 해당 유산을 포함하고 있는지, 관련 공동체의 참여와 활동이 보장되는지의 사실 여부가 더욱 중요하다는 점이다. 신청 건수도 매년 제한이 없다. 긴급 보호 유산목록은 자문기구가 심사를 담당하고, 대표유산 목록은 위원회 내부의 소위원회에서 심사를 담당한다. 등재신청서 제출은 매년 3월 말에 마감하고 다음 해 11월에 등재 여부를 결정한다.

한국의 인류무형유산은 2019년 현재 총 20건으로 대표목록에 등재된 유산 수만으로는 중국과 일본에 이어서 세계 3위이다. 무형유산의 보호는 유산의 원상태를 지키는 것이 아니라 다음 세대에 전승하는 것이기 때문에 유산의 결과물보다는 과정이나 환경이 더 중요하므로, 무형문화유산 계승자를 지원하고, 우리 문화에 관심을 더욱 기울여 우리 전통을 후속 세대에게 전해주도록 노력해야 한다.

2 세계기록유산

세계기록유산(MOW: Momory of the World) 사업은 1992년부터 시작하여 세계기록유산의 보존을 돕고, 일반인들이 기록유산을 쉽게 접할 수 있도록 보편적 접근성을 향상하며, 기록유산의 중요성에 대한 세계적 인식을 높이는 데 의의를 두고 있다. 기록유산은 기록을 담고 있는 정보 또는 그 기록을 전하는 매개물로서, 단독기록이나 기록의 모음이 모두 등재대상이 된다. 이에 따라 구전과 관련한 것은 빼고, ① 필사본, 도서, 신문, 포스터 등 기록이 담긴 자료와 파피루스, 양피지, 야자 잎, 나무껍질, 섬유, 돌 또는 기타 기록이 남아있는 자료(정보의 내용과 그것을 담고 있는 매체), ② 그림, 프린트, 지도, 음악 등의 비문서 자료, ③ 필름, 디스크, 테이프, 사진과 같은 시청각 자료, ④ 웹사이트와 같은 가상 공간상의 기록물, ⑤ 하드디스크나 테이프 등의 매체와 전자데이터, ⑥ 수집물(컬렉션) 등을 모두 등재대상으로 한다.

세계기록유산의 등재 기구로는 먼저 세계자문위원회(IAC: International Advisory Committee)가 있다. 이 위원회는 유네스코 사무총장이 선임한 14명의 기록유산 보존전문가들로 구성되어 있으며, 2년마다 정기회의를 개최하고, 세계기록유산 등재신청서의 검토, 세계기록유산사업의 진행 경과 점검, 소위원회 · 지역위원회 · 사무국이 제출한 보고서의 검토, 소위원회와 지역위원회의 기능과 책임에 대하여 자문을 수행한다. 이어서, 전문적인 역할에 따라 기술 소위원회, 마케팅 소위원회, 등재심사 소위원회를 두고 있다. 다음으로는 세계기록유산 지역위원회를 두고 있는데, 지역 목록을 유지하고, 지역협력과 훈련 지원, 지역 인식향상과 대중화를 위한 일을 수행한다. 현재 아시아태평양 지역위원회, 라틴아메리카 지역위원회가 활동하고 있다.

세계기록유산의 등재 여부는 진정성, 유산의 독창성과 비대체성, 그리고 세계적인 중요성을 시간, 장소, 사람, 대상과 주제, 형태와 스타일 중 하나 이상을 증명하는 데 달려있다. 즉, 거짓 없는 정보출처와 진품이고, 하나밖에 없어 대체할 수 없으며, 일정 문화권에서 역사적 의미를 지닌 자료여야 한다는 것이다. 또한, 변화의 시기를 반영하는 시간성, 역사발전에 기여한 장소나 지역 관련 정보, 역사에 기여한 개인의 업적, 세계사의 주요 주제, 형태나 스타일에서 중요한 표본이 되는 경우 등을 포함한다. 그리고 추가로 독특하거나 희귀한 자료를 뜻하는 희귀성, 온전한 전체로서 보존하는 완전성, 위험요소에서 안전한가에 대한 안전성, 그리고 적절한 보존 대책에 담고 있는 관리 계획의 여부가 등재기준에 해당한다.

등재를 위해서는, 개인이나 기관이 제안서를 문화재청이나 유네스코 한국위원회에 접수한 이후, 문화재청장이 대상 유산을 선정하고, 그 후에, 짝수 해 3월 말까지 신청서를 본부에 접수하면 심사가 진행된다. 등재 소위원회의 의장은 세부검토를 위해 전문가를 선정하고, 사무국에서 문서를 전문가에게 전달하면 전문가가 평가서를 사무국에 제출한다. 이후 홀수 해 3월까지 등재 소위원회의 최종검토가 이루어지고, 회의 결과보고서와 최종권고를 작성하여 국제자문위원회에 제출한다. 다음 해에 IAC는 등재소위원회의 최종권고를 검토한 결과를 사무총장에게 보고하여 승인을 요청하며, 유네스코 사무총장이 승인한 최종 등재목록을 발표하는 것이다. 그러나 이미 등재된 유산이라도 퇴화하거나 보존상태가 위험해진 경우 또는 새로운 사실이 알려져 등재기준에 미달하면 목록에서 삭제한다. 한국은 2017년에 등재된 조선통신사 기록물을 포함하여 총 16개를 보유함으로써 아시아 · 태평양 지역에서 가장 많은 기록유산을 보유했다.

3.3 한국의 세계유산

1 석굴암과 불국사

석굴암과 불국사는 1995년에 연속유산으로 세계유산에 등재되었다. 석굴암과 불국사는 등재기준 (i)번과 (iv)번을 공통적으로 적용받았으며, '신라 전성기의 최고 걸작으로 그 조영 계획에 있어 건축, 수리, 기하학, 종교, 예술이 총체적으로 실현된 문화유산'으로 평가된다. 석굴암과 불국사의 탁월한 보편적 가치는 다음과 같다.

그림 3-3 석굴암과 불국사

불국사 자하문

석굴암의 비도와 주실

다보탑

석가탑

- **기준 (ⅰ)**: 석굴암과 불국사는 신라인들의 창조적 예술 감각과 뛰어난 기술로 조영한 불교 건축과 조각으로 경주 토함산의 아름다운 자연환경과 어우러져, 한국 고대 불교 예술의 정수를 보여 주는 걸작이다.
- **기준 (ⅳ)**: 석굴암과 불국사는 8세기 전후의 통일신라시대 불교문화를 대표하는

건축과 조각으로, 석굴암은 인공적으로 축조된 석굴과 불상 조각에 나타난 뛰어난 기술과 예술성, 불국사는 석조기단과 목조건축이 잘 조화된 고대 한국 사찰건축의 특출한 예로서 그 가치가 두드러진다.

등재기준 (i)번은 창조적 예술 감각과 기술로 만든 불교건축과 조각으로 한국 고대 불교예술의 정수이며, 경주 토함산의 아름다운 자연환경을 포함해서 보존해야 한다는 당위성을 드러내고 있다. 등재기준 (iv)번에서는 8세기라는 시기와 불국사에서의 석조기단과 목조건축의 조화를 언급하고 불국사의 목조건물은 임진왜란으로 소실된 이후인 16세기부터 수리와 보수가 이루어지면서 전통 목조기술의 발달과정을 증거한다고 밝히고 있다.

석굴암과 불국사는 8세기에 완성되었다. 석굴암과 불국사의 축조는 삼국통일 이후 왕권 강화를 꾀하고 평화와 안식이 있는 부처의 나라인 불국토를 세우고자 했던 신라인들의 기원이 반영된 것이다. 효심이 깊었던 김대성은 현생의 부모를 기리기 위해 불국사를 지었고, 전생의 부모들을 기리기 위해 석굴암을 지었다고 한다. 석굴암은 화강암을 이용해 인위적으로 쌓아 만든 석굴이고, 불국사는 석조기단을 인공적으로 쌓고 그 위에 목조건축물을 지어 만든 불교사찰이다. 석굴암의 화강암을 이용하여 새긴 조각, 그리고 불국사의 석조기단과 두 개의 탑인 다보탑과 석가탑은 8세기 동북아시아 불교예술의 최고봉으로 꼽힌다.

(1) 석굴암

석굴암은 불교의 우주관을 상징하면서 완벽한 비례와 대칭의 미를 갖추고 있다. 석굴암은 신라가 삼국을 통일한 후인 신라 경덕왕 10년인 751년에 당시 재상이었던 김대성이 짓기 시작해 혜공왕 10년인 774년에 완공되었으며 원래 이름은 석불사이다. 석굴암은 주로 화강암으로 만들어졌는데, 화강암은 서양에서 흔히 대할 수 있는 대리석과는 다르게 조각을 하거나 돌을 다루기가 쉽지 않다는 점에서 당시 신라 장인들이 얼마나 뛰어난 돌 다루는 솜씨를 가졌는지에 대한 증거이기도 하다.

석굴암은 신라가 신성시했던 오악(五嶽)의 하나인 토함산 중턱에 위치하며 동쪽을 향하고 있다. 석굴암의 화강암 벽면에는 보살, 나한, 신장 등 39개의 조각상을 배치하고, 원형의 주실 중앙에는 본존불(本尊佛)을 안치했다. 이런 석굴암의 형태와 배치 자체는 불교의 우주관과 대칭의 원리를 따르고 있다. 불교에서는 넓은 바다 한가운데 수미산이 있고, 그 주위에 4개의 대륙이 있으며 세상의 위에는 하늘이 그 아래에는 지옥이 있고, 수미산 아래에는 사람들이 고통 속에 사는 사바세계, 그 중턱에는 사천왕이 사는 사왕천이 있으며, 그 주위에 해와 달이 돌고 있다고 믿고 있다. 사왕천의 위는 제석천이 다스리는 도리천인데, '도리'는 33을 의미하고 33천이라고 부르며 인간이 갈 수 있는 마지막 단계이다. 그리고 도리천 위로 부처의 극락세계인 불국토가 자리 잡고 있다는 것이다.

이러한 불교적 우주관은 석굴암의 공간배치에 그대로 투영되어 있다. 석굴암에 들어서면 먼저 네모 형태의 전실(前室)로 들어가게 되고, 이어서 통로인 비도(扉道)를 통해 부처가 있는 원형의 주실(主室)로 들어간다. 이것은 하늘은 둥글고 땅은 네모나다는 천원지방의 우주관을 반영하며, 직사각형 모양의 전실은 사바세계를 상징한다. 전실에는 불법을 지키는 팔부신장(八部神將)이 각각 네 사람씩 양쪽 벽에 대칭으로 조각되어 있다. 비도는 전실과 주실을 이어주는 통로이고, 사왕천을 나타낸다. 비도의 입구 좌우에는 무사의 모습을 한 금강역사상(金剛力士像)이 서 있어, 사바세계에서 신들의 영역으로 들어가는 사왕천의 입구를 지키고 있다. 비도가 좁아지는 양쪽 부분으로는 좌우로 둘씩 4개의 사천왕상이 샌들로 잡귀를 밟고 있는 모습이 조각되어 있다. 원형의 주실은 부처가 있는 극락세계, 수미산이며, 주실의 입구 양쪽에는 팔각형 돌기둥 두 개가 각각 세워져 있고, 본존 불상인 석가여래불은 주실의 중앙에서 조금 벗어난 지점에 연꽃으로 장식된 단위에 '항마촉지인'의 자세로 앉아 있다. 항마촉지인은 부처가 깨달음을 얻었을 때 땅의 신인 지신을 소환하여 자신이 얻은 깨달음을 증명하는 모습을 나타내는 수인이다.

주실의 입구 양쪽 벽에는 도리천을 다스리는 범천(梵天)과 제석천(帝釋天)이, 그 위에는 문수보살과 보현보살이 좌우에 조각되어 있으며, 부처님의 십대 제자인 십나한이 좌우에 다섯씩 조각되어 있다. 또한, 본존불상 뒤의 벽 한가운데에는 자비의 보살로 알려진 십일면관음보살상(十一面觀音菩薩像)이 새겨져 있다. 그 위로는 거대한 원형 연판(蓮瓣)이 조각되어 있는데, 이 원형 연판은 정면에서 보면 마치 본존불상의 후광인 듯한 시각적인 느낌을 주고 있다. 이 연판 위쪽 벽에는 열 개의 감실들이 가로로 늘어서 있는데, 감실은 각각 보살이나 불자의 조각상이 놓여 있었지만, 현재 그 중 두 개가 없어진 상태이다. 주실의 돔형 천장을 구성하는 돌들은 주실 천장의 또 다른 연판을 향해 모이는 모습을 하고 있어 마치 기도를 위해 마음을 모으는 듯하다. 전실과 주실의 벽에 새겨진 불상들 아래 놓여 있는 돌에도 부조가 새겨져 있는데, 석굴암 창건 당시에 십일면관음보살상 앞에 있었던 대리석 사리탑은 일제강점기 때 없어졌다.

본존불상인 석가여래좌상은 3.45m 높이로 연화좌(蓮花座) 위에 앉아있다. 넓은 이마, 초승달 모양의 눈썹에 반쯤 감은 눈은 동해를 바라보고 있고, 곱슬머리의 모습으로 정수리에는 궁극의 지혜를 상징하는 육계(肉髻)가 돌기처럼 튀어나와 있다. 오른쪽 어깨에 걸쳐져 왼팔과 가슴을 덮은 모양의 법복은 섬세하고도 현실적으로 보인다. 석굴암에 조각된 모든 조각들은 세부적으로 정교하면서 자연스러움을 갖추고 있다고 평가된다.

석굴암은 원의 원리를 적용하여 완벽한 비례의 형태로 건축한 과학적인 건축물이다. 예를 들면, 네모난 전실의 너비는 주실의 원의 직경과 그 길이가 같으며, 본존불 대좌의 원의 직경은 천장 연꽃 덮개돌과 광배의 지름과 그 길이가 같다. 원래 습기 제거를 위해 바닥에 찬 샘물을 흐르게 하고, 감실이 환기를 돕고 천장의 쐐기돌은 통풍역할을 하도록 축조되었지만, 일제강점기 일본인들이 전면적 보수공사를 위해 해체한 이후에 이런 모습은 많이 훼손되었다. 그러나 석굴암이 신라 전성기의 최고 걸작이라는 것은 분명한 사실로, 주실에 먼저 본존불을 안치한 후에 벽과 천장을 세운 구조적 특징은 당시 신라인이 가졌던 완벽한 건축술에 대한 부인할 수 없는 증거이다.

(2) 불국사

불국사는 땅 위에 부처의 나라를 건설한다는 불국토사상을 구현한 것이다. 신라인은 이승에 부처의 나라를 실현하는 것을 이상으로 삼았고, 자신들의 나라가 바로 부처의 나라라고 생각했다. 불국사라는 이름은 말 그대로 부처님 나라의 절이란 뜻으로, 신라인들에게는 부처님의 나라가 현세에 실현된 이상향인 셈이었다.

불국사 경내는 이승에 실현된 불교적 이상향이라 여겨졌기에 불교의 상징체계가 여기저기에 구현되어 있다. 먼저, 석단(石壇) 위에 지어진 비로전, 극락전, 대웅전의 세 건물은 모두 석단 위에 있는 부처의 세계를 상징한다. 석단 아래는 이승으로서 청운교와 백운교, 연화교와 칠보교 두 쌍의 다리는 바로 부처의 세계와 이승의 세계를 연결하고 있다. 석가모니불이 안치된 대웅전은 현세에서 깨달음을 얻어 중생을 구제한다는 석가모니 부처의 사바세계를 상징한다. 또한, 아미타불이 있는 극락전은 깨달음을 얻고 중생을 구제하기 위해 극락에 머무는 아미타 부처의 극락세계를 의미한다. 비로전은 세상에 빛을 비추는 지혜와 광명의 비로자나 부처의 연화장세계를 나타낸다. 즉, 비로자나불의 전당인 비로전, 득도의 전당인 대웅전, 지복의 전당인 극락전으로 구성되는 경내는 대웅전이라는 현세공간과 극락전과 비로전이라는 두 개의 천상공간을 보여준다. 불국사는 석가모니불의 사바세계, 아미타불의 극락세계, 비노자나불의 연화장세계를 모두 구현하여 하나로 통합한 화엄사상의 결정체로 만들겠다는 의도의 소산이다. 화엄사상은 "하나 가운데에 모든 것이 있고, 여럿 가운데에 하나가 있어 하나가 곧 여럿이며 여럿이 곧 하나이다(一中一切多中一, 一卽一切多卽一)."라는 불교사상이다.

특히, 이질적인 비대칭이 어울려 조화로운 대칭을 완성하고 있는 원리는 불국사의 모든 건축물에 적용되어 완벽한 조화로움을 나타내고 있다. 불국사의 석축기단은 어디에도 견줄 수 없는 자연미와 인공미의 비대칭성을 보여 주며, 이 석축을 만들기 위해 창건 당시에 아주 오랜 시간이 소요되었다고 전해진다. 석축의 아래 단은 자연석을 이용하여 자연적 모습을 그대로 유지한 채 쌓은 '그

랭이질 건축양식'의 백미라고 할 수 있다. 또한 자연적인 아래 석축 위에는 손으로 깎은 인공적인 석벽을 쌓아 자연미와 인공미를 모두 갖추도록 했다.

한편, 이승과 극락을 잇는 의미를 지닌 다리인 백운교와 청운교는 홍예교 형태로 건축하여 장식적인 요소가 많으며, 좌측의 연화교와 칠보교는 작고 단순한 모양을 나타내어 대칭적인 미를 보여준다. 또한 자하문 좌우에 있는 범영루는 화려한 기둥장식인데 반해 좌경루는 단순한 장식으로 서로 대비되는 미를 나타낸다.

대웅전 앞에 세워진 석가탑과 다보탑도 비대칭의 조화로움을 표현하고 있다. 다보탑과 석가탑에는 묘법연화경의 설화가 반영되어 있는데, 석가모니가 영취산에서 설법할 때 보배로운 탑이 땅에서 솟아났고 이미 깨달음을 얻은 다보여래가 그 탑 위에 나타나 석가모니의 설법을 증명하고 다보여래와 석가모니가 함께 탑 안에 나란히 앉았다는 것이다. 석가탑은 간결하면서도 힘찬 남성미를 보이지만 다보탑은 세련되면서도 섬세한 여성미를 나타낸다. 이것은 통일신라시대 이래 사찰의 주 건물 앞에 동일한 외관을 가진 한 쌍의 탑을 세우는 관례에서 벗어난 것이기도 하다.

옛날에 불국사에는 토함산에서 흘러 내려오는 물로 만들어진 구품연지라는 연못이 있었고 수구의 흔적이 남아있다. 불국사의 목조건축물은 1592년 임진왜란 때 전란으로 모두 소실되어 1969년에서 1973년 사이에 부분적으로 재건한 것이다.

석굴암과 불국사는 모두 과학적인 건축술과 심미적인 아름다움을 나타내주고 있다. 청운교와 백운교, 연화교와 칠보교, 석가탑과 다보탑은 모두 비대칭의 조화로움을 보여 주며, 불국사의 공간배치에서는 극락전, 비로전, 대웅전을 화엄사상으로 통일하고자 했던 사상적 통일을 위한 의지도 엿볼 수 있다.

2 해인사 장경판전

해인사 장경판전은 1995년은 종묘, 석굴암과 불국사와 함께 한국 최초의 세계유산이 되었다. 법보사찰 해인사에서 팔만대장경을 보관하는 곳이 바로 장경판전이다. 해인사 장경판전은 등재기준 (ⅳ)번과 등재기준 (ⅵ)번을 인정받았다. 장경판전은 15세기에 건립되었고, 대장경목판 보관을 위해 지어진 세계에서 유일한 건축물이면서 보존을 위한 과학적인 건축술의 발달단계가 잘 보존된 건축물이기 때문에 등재기준 (ⅳ)번을 인정받았다. 목판 보존에서 중요한 온도와 습도 조절과 자연통풍을 고려하여 과학적으로 지었기 때문에 오랜 세월 동안 대장경판을 온전하게 보존할 수 있었다. 또한, 등재기준 (ⅵ)번의 적용은 팔만대장경의 위대성을 나타내고 있다. 팔만대장경판에는 몽골과 거란의 침략으로부터 고려를 지키기 위한 염원이 담겨 있다. 1232년 몽골이 침략한 첫해에 첫 목판들을 만들었고, 같은 해 강화로 천도하면서 1237년에 2종 113권을 목판에 새기는 작업을 시작해서 12년 후인 1249년 목차만 3권에 달하는 1,496종 6,568권의 대장경을 완성했다.

팔만대장경은 가장 정확한 대장경으로 인정받는다. 대장경 제작을 담당했던 수기대사가 북송관판, 거란본, 초조대장경 등과 같은 당시의 불경을 철저히 비교하여 오류를 바로잡았기 때문이다. 팔만대장경은 멸실된 다른 대장경과 달리 당시의 경전들을 모두 정확하게 담고 있다. '교정별록'에는 수기대사의 교정작업의 전 과정이 기록되어 있고, '법원주림', '일체경음의' 등의 경전은 고려대장경에만 전해 내려온다. 팔만대장경은 경남 남해에서 제작되고, 강화산성 서문 밖의 대장경판당에 보관되었다가, 1318년 강화도의 선원사로 옮겨진 후에 고려말의 외침으로부터 보호를 위해 1398년 해인사로 옮겨진 것으로 알려져 있다. 최근 팔만대장경은 일제강점기에 조사한 81,258장보다 더 많은 81,352장이 확인되었다. 장경판전은 대장경판 81,352판(국보 제32호), 고려각판 2,725판(국보 제206호), 고려각판 110판(보물 제734호) 등을 보관하고 있다.

해인사 장경판전은 1962년 문화재지정 국보 제32호로 지정되었다. 해인사는 법보사찰로서, 승보사찰인 송광사, 불보사찰인 통도사와 함께 삼보사찰로서 한국불교에서 중요한 위치를 차지한다. 장경판전은 가야산(1,430m)의 중턱인 해발 645m에 위치하며, 북쪽은 산으로 둘러싸이고 남쪽은 개방되어 있어 남쪽에서 불어오는 바람이 판전 건물을 타고 돌며 옆으로 흐르는 모양새를 띠

그림 3-4 해인사 장경판전과 팔만대장경

장경판전의 위치 법보전 내부

고 있다. 장경판전은 서남향을 바라보고 지어진 건물로서, 해인사에서는 가장 높은 곳에 자리잡고 있는데, 이는 비노자나불 부처를 안치한 대적광전보다도 더 높은 위쪽에 있어, 부처의 가르침이 그만큼 높고 소중하다는 의미를 나타낸다.

장경판전은 두 개의 긴 중심건물인 남쪽의 수다라장, 북쪽의 법보전, 동쪽과 서쪽에 작은 규모의 건물인 동·서 사간판전이 마당을 사이에 두고 서로 마주 보도록 배치된 전체적으로는 긴 네모 형태를 띠고 있다. 팔만대장경은 이들 네 군데의 건물에서 보관되고 있다. 기록에 따르면 장경판전은 1481년에 보수를 시작해 1488년에 복구를 마쳤으며, 남쪽의 수다라장은 1622년에 보수되었고, 법보전은 1624년에 보수가 이루어졌는데, 장식적 의장이 적고 간결 소박한 모습으로 조선 초기인 15세기와 16세기의 목구조 건축형식을 잘 나타내주고 있다.

장경판전이 600년이 넘도록 팔만대장경을 잘 보존할 수 있었던 것은 바람 순환의 비밀이 숨어 있었기 때문이다. 우리 선조들은 따뜻한 공기는 위로, 차가운 공기는 아래로 내려가는 대류현상을 이해하고 일정한 온도를 유지하고 습기를 통제하는 것이 목판본을 보관에 가장 중요하다는 사실을 알고 있었다.

그래서 남쪽과 북쪽 벽에 위 아래로 창을 내어 남쪽 벽은 아래 창을 위 창보다 4배나 크게 만들었고, 북쪽 벽은 위 창을 아래 창보다 더 크게 내었다. 그 이유는 남쪽 벽 아래 창에서 받아들인 건조한 공기가 실내 습기를 흡수하고 뒤로 돌아 북쪽으로 나갈 수 있도록 한 것이다. 습도 조절을 위해 판전 바닥에 숯과 소금, 석회를 섞어 다져 놓음으로써 바닥의 습기를 차단하고 쉽게 제거할 수 있도록 했다.

장경판전에는 108개의 기둥을 세우고 경판 보존장은 건물 방향으로 길게 두 줄로 만들어 대장경판을 보관했다. 기둥 수가 108개인 이유는 108 번뇌를 의미하며, 부처의 가르침으로 인간의 번뇌를 다스린다는 상징적인 의미이다. 그뿐 아니라 대장경판에는 옻칠하여 벌레가 좀이 쓸지 못하고 나뭇결이 오랫동안 보존될 수 있도록 했다. 경판 자체에도 마구리 부분에 나무를 덧끼워 손잡이로 삼았으며, 경판 사이에 틈이 생겨 공기가 잘 통하도록 옆으로 세워 보관했다. 이것은 공기가 경판 사이를 쉽게 드나들 듯이 부처의 가르침도 이렇게 중생들에게 퍼져나가 번뇌를 잠재우고 마음의 안식을 준다는 의미이다. 또 수다라장 입구 문은 종 모양으로 만들었는데, 춘분과 추분 오후 3시에만 문에 연꽃 모양이 그림자로 피어나는 것이 신비롭다. 이토록 우리 선조들은 건물 하나에도 의미를 담아 극진함과 함께 높은 정신적인 차원을 표현했다.

해인사 장경판전은 현재까지도 고려의 대장경판을 보관하고 있어 15세기 창건 당시의 원형과 경판보존의 기능을 그대로 유지하고 있다고 평가된다. 유산은 그것이 위치한 지역과 장소와 깊은 관련이 있다. 장경판전과 팔만대장경이 잘 보존될 수 있었던 것은 가야산이라는 탁월한 입지와 온도와 습도를 다스리는 선조들의 뛰어난 지혜가 결합한 덕분이었다. 그리고 무엇보다 부처의 가피[加被]를 빌려 나라를 지키고자 했던 호국의 정신이 대를 이어 계승된 결과이기도 했다.

3 종 묘

종묘는 서울의 중심부인 종로 4가에 있어, 서울의 도성 계획의 원리가 유교의 핵심개념을 따라 건설되었음을 알려준다. 중국에서는 도성을 계획할 때 주례고공기에 나오는 '좌묘우사 전조후시(左廟右社 前朝後市)'의 원칙을 따랐는데, 궁궐의 좌측에 종묘를 두고, 우측에 사직을 두며, 앞쪽에는 신하들이 근무하는 관청을 두고, 뒤쪽에는 시장을 둔다는 것이다. 이런 원리에 따라 종묘는 정궁인 경복궁의 좌측에 위치하며, 북한산에서 뻗어내린 지맥과 연결되어 조선 왕실의 복을 비는 명당풍수의 입지에 세워졌다. 한편 궁궐의 우측에는 사직단을 두었고, 현재의 세종로에는 육조를, 그리고 종로를 따라 시전과 육의전을 두었는데, 중국과 다르게 궁궐의 뒤쪽에 시장을 두지 못했던 것은 북쪽에는 북악산과 북한산이 이어져 있었기 때문이다. 즉, 우리 선조들은 중국의 유교 원칙을 받아들이면서도 우리의 지세와 사상에 맞추어 독자적으로 변형했다. 이렇게 중국의 사묘제도를 받아들이면서도 우리나라에 맞추어 독자적으로 발전시켰다는 점이 종묘의 탁월한 보편적 가치이다.

종묘는 조선시대 역대 왕과 왕비의 신위를 모시고 제사를 지내는 국가의 중요한 기반시설이었다. 또한, 죽은 혼령의 세계를 위한 건축이니만큼 건물의 배치, 공간구성, 건축의 형식과 재료 면에서도 한국인의 전통적인 가치관과 유교에서의 조상 숭배관이 독특하게 결합하여 신성함과 엄숙함, 절제감과 단아함, 그리고 영속성을 느낄 수 있도록 건축되었다. 그 결과, 종묘는 조선 왕실이 국가와 백성의 안위를 기원하기 위해 문무백관이 함께 정기적으로 제사에 참여하여 국가의 상징성과 정통성을 나타내는 공간으로써 동아시아의 유교적 왕실 제례 건축물로서의 탁월한 보편적 가치를 갖추고 있다고 평가된다. 특히, 오늘날까지도 이어지는 종묘제례와 종묘제례악은 인류무형문화유산으로 등재되었다.

종묘는 1394년 8월에 수도를 한양으로 옮기면서 그해 12월에 중추원부사 최이에게 짓도록 했으며, 그로부터 10개월 후인 1395년 완성했다. 처음에는 중국과 같이 왕의 조상과 신주를 안치한 사당 건물인 태묘라고 불렀으며, 태조의 4대 조상들의 신주를 개성에서 옮겨와 보관했다. 이후 세종 원년인 1419년에 조선의 2대 왕인 정종의 신위를 안치하기 위해 태묘의 서쪽에 별묘인 영녕전을 지었다. 처음 건축되었을 때는 중국 하 · 은 · 주 시대의 7묘 제도를 따라 태실 7개였지만, 태실이 모자라면 영녕전을 짓는 중국과는 다르게 조선에서는 태실을 증축하는 독특한 방식을 따랐다. 1395년에 종묘 창건 당시에는 태실이 7개였지만 1546년(명종) 동쪽으로 4칸을 증축하여 모두 11칸의 태실이 있었고, 임진왜란 때 완전히 소실되었다. 그러나 광해군 즉위 초에 11칸을 모두 복원하고, 1726년(영조)과 1836(헌종) 때에 각각 4칸씩을 증축하면서 오늘날과 같이 19칸의 정전을 갖추게 되었다. 한편, 영녕전은 1667년 8실이 증축되었으며, 그 이후에도 증축이 이루어져 현재 16실을 갖추고 있다. 종묘에는 등재기준 (iv)번이 적용되었다. 따라서 종묘는 시대별로 건축양식이 달라지는 모습을 잘 보여 준다. 광해군 때에는 가운데가 불룩한 배흘림기둥을 주로 사용하고, 영조 때 증축하면서 배흘림과 민흘림 기둥을 섞어서 사용했으며, 헌종 때 증축한 구간에는 모두 일자로 밋밋한 형태의 민흘림 기둥을 사용했다. 배흘림 기둥은 가운데가 불룩하고 끝으로 갈수록 가는 모양이며, 민흘림 기둥은 기둥이 모두 일정한 모습을 가진 밋밋한 모양이다.

종묘는 제향 공간과 건축물, 제향을 지원하는 부속 공간과 시설물로 구성되어 있다. 모든 건물과 시설물이 조선시대의 원형을 그대로 보존하고 있으며, 주변은 숲으로 둘러싸여 도심과 분리되어 있다. 자연 지세를 보면 낮은 산들로 감싸듯이 둘러싸이고 전통적 풍수사상에 따라 자연적 요소들이 균형을 이루고 있다. 종묘는 정전(주전), 영녕전, 그리고 제례에 사용하는 물건을 보관하는 향대청을 중심으로 하는 세 공간으로 구획된다. 먼저 정전에는 왕과 왕비의 신위 49위를 모시고, 정전의 남쪽 담장 안에는 공신 83위를 모신 공신당과 인간의 삶과 생활에 관여하는 일곱 가지 신인 칠사위(七祠位), 즉 사명(司命), 사호(司戶), 사조(司竈), 국문(國門), 공려(公厲), 국행(國行), 중류(中霤)의 신을 모신 칠사당이 있고, 서문 밖에는 제례악을 위한 악공청을 두었다. 정전은 정면 19칸, 측면 3칸으로 구성되고, 맞배지붕과 이익공(二翼工)을 갖춘 건물이다.

정전은 남문, 동문, 서문이 달린 직사각형 모양의 벽으로 둘러싸여 있으며,

그림 3-5 종묘

정전

영녕전

정면이 매우 길고 건물 앞마당과 일체를 이루는 모습을 띠고 있다. 본래의 건물에 덧붙여 계속 증축했으므로 단일 목조건물 중에 가장 긴 형태이며 건물의 장식, 굴곡, 높낮이 변화가 없이 긴 지붕의 건축물을 한눈에 바라볼 수 있도록 지어졌다. 정전은 전체적으로 대칭 구조이지만, 개별적으로 보면 동쪽과 서쪽이 비대칭 구조인데, 정전의 좌측에 있는 서월랑은 창고 형태로서 필요한 물품을 저장하는 용도로 사용되었고, 동쪽의 동월랑은 회랑으로 제관들의 이동통로로 사용되었다. 정전과 처마를 잇는 공간은 회랑으로 처리하여 빛을 차단함으로써 혼령들의 안식을 기원하고 있다. 정전은 신성불가침의 존엄함을 확보하는 공간으로서, 종묘제례를 통해 군왕의 정통성을 확보하는 곳이다. 특히, 지상과 천상의 연결구조를 상징하기도 하는 정전의 긴 회랑은 동쪽에서 서쪽으로 보면 101m의 회랑이 시각적으로 점으로 수렴하여, 마치 점으로 빨려 들어가는 느낌을 주면서 신성함을 극대화하는 효과를 나타낸다.

정전은 거친 화강암으로 만든 월대위에 놓여 있는데, 세 개의 계단이 돌 기단에서 정전을 향해 나 있으며, 작은 계단이 양옆 끝쪽에 있다. 월대에는 불규칙한 크기의 박석이 깔려 있고, 월대로 올라가는 계단에는 구름문양이 조각되어 있어 지상에서 천상으로 올라가는 것을 상징적으로 표현한다. 월대 아래에는 83인의 공신을 모신 공신당과 칠사당을 만들어 놓아 월대를 경계로 지상과 천상을 구분하고 있다. 당연히 월대를 덮은 박석은 구름이 되어 천상세계를 만드는 상징물로 해석된다. 정전에는 목조 문이 달린 내부에 19개의 묘실이 있다. 이 묘실들은 다시 여러 개의 칸으로 구분되어 신주 49개를 안치하고 있으며, 칸막이가 쳐진 작고 좁은 방이 딸려 있다. 정전의 남문인 정문은 영령들이 드나드는 곳이라고 하여 사람의 출입을 금지했고 왕은 동문으로 드나들었으며, 악사들은 더 작은 서문을 이용했다.

영녕전은 정전에 있던 왕들의 신주를 일정 기간이 지난 이후에 옮겨서 보관하는 곳으로 정전에 계속 모실 수 없는 왕들의 신주를 옮겨 모셨다. 영녕전에는 태조의 4대조인 목조, 익조, 도조, 환조의 신주와 추존왕과 왕비, 그리고 정전에 모시지 않은 왕과 왕비의 신위가 모셔져 있다. 주 건물인 태실 4칸, 좌우에 딸린 익실 각 6칸으로 구성된 16칸의 신실에는 34위의 신위가 안치되어 있다. 영녕전도 정전과 마찬가지로 문이 세 개인 직사각형 담으로 둘러싸이고 마당에는 얇은 화강암인 박석을 깔았다. 영녕전 동쪽에는 제사 도구를 보관하는 제기고를, 서남쪽엔 제례악을 준비하는 소악공청을 두었다. 정전과 영녕전의 차이는 건물형태뿐 아니라 기둥을 보면 알 수 있는데, 정전에서는 앞뒤의 기둥을 제외한 모든 기둥을 벽 속에 숨긴 데 비해, 영녕전은 원기둥을 노출하여 벽을 나누고 있다.

외대문을 통과하여 종묘의 경내로 들어서면 왼쪽에 작은 연못이 있고, 중앙으로 난 참도를 따라서 가면 오른쪽으로 작은 연못인 중지당이 자리한다. 중지당은 그 모양이 “하늘은 둥글고 땅은 모나다.”라는 의미로, 둘레는 네모로 하고 가운데 원 모양의 섬을 만들어 놓았다. 그 동쪽 편에는 제례가 거행되기 전에 왕이 대기하던 기와지붕의 목조건물인 망묘루가 있다. ‘망묘루’라는 이름에는 선왕과 종묘사직을 생각한다는 뜻이 담겨 있고, 망묘루 한편은 누각 형태로 되어 있다. 망묘루 주변에는 제례에 사용하던 향과 물품들을 보관하던 향대청이 있고, 동쪽 끝에는 태조가 고려 공민왕의 신주를 모시기 위해 지은 공민왕 신당이 있다. 이 밖에도 참가자들이 의식이 거행되기를 기다리던 재실, 제례에 사용할 물품과 예물을 준비하던 곳인 전사청, 관원들의 거처로 제례에 쓰일 예물을 검사하던 곳인 수복방 등이 있다.

종묘는 조선 왕실이 유교의 예법에 따라 왕과 왕비의 신위를 안치하고 제사를 지내던 국가의 중요한 시설로서, 동아시아의 유교적 왕실제례 건축이라는 보편성과 함께 한국의 전통적인 가치관과 유교의 조상 숭배관이 독특하게 결합한 탁월한 보편적 가치를 가지는 우리의 유산으로 평가된다.

4 창덕궁

창덕궁은 1997년에 세계유산으로 등재되었으며, 조선의 역대 왕들이 가장 오래 머문 궁궐로서 원래 동쪽으로는 창경궁, 남쪽으로는 종묘와 맞닿아 있었다. 경복궁의 동쪽에 있는 까닭에 창경궁과 더불어 동궐(東闕)이라 불렀다. 창덕궁은 비교적 궁궐 원형이 잘 보존되었고, 후원이 한국의 유일한 궁궐후원으로서 한국의 정원을 대표한다는 점에서 유산가치가 높다. 창덕궁은 북악산의 줄기인 응봉의 자연지세에 맞추어 약 58㏊의 사다리꼴 모양의 대지에 자연지형에 맞추어 건설되다.

창덕궁은 등재기준 (ii), (iii), (iv)번을 적용받아 세계유산에 등재되었다.

- 기준 (ii): 창덕궁은 유교 예제에 입각한 궁궐 건축의 기본양식을 따르면서도 건물의 배치나 진입 방식에서는 우리나라 궁궐 건축의 다양한 특성을 보여 준다. 궁궐의 정문인 돈화문은 서남쪽 모퉁이에 위치해 있으며, 정문의 진입로에서 직각으로 두 차례 방향을 틀어야 정전에 도달할 수 있는 구조이다. 지형지세에 따라 조성된 이러한 진입로의 배치는 남북방향의 일직선 중심축을 따르는 경복궁이나 중국의 궁궐과는 차이가 있다. 건물과 주변 환경이 잘 조화된 창덕궁의 궁궐 배치는 우리 나라와 중국의 궁궐 건축양식의 상호교류를 통해 이루어졌으며, 우리나라 궁궐 건축의 창의성을 보여 준다.
- 기준 (iii): 창덕궁은 전통 풍수지리 사상과 조선왕조가 정치적 이념으로 삼은 유교가 적절히 조화된 대표적인 건축물이다. 전통 풍수에 입각하여 선정된 입지와 유교이념에 따라 상징적, 기능적으로 배치된 창덕궁의 건물들은 조선시대 고유의 독특한 유교적 세계관을 보여 준다.

• 기준 (iv): 창덕궁은 원래의 자연지형을 존중하기 위해 궁궐 건축의 전통을 이탈하지 않으면서도 창조적 변형을 가해서 지어졌다는 점에서 탁월하다. 자연적인 산세와 지형을 그대로 살리기 위해 정형성을 벗어나 자유롭게 건물을 배치해 건축과 조경을 하나의 환경적 전체로 통일시킨 훌륭한 사례이다

즉, 등재기준 (ii)번은 한국과 중국의 궁궐 건축양식의 상호교류와 궁궐 건축의 창의성, 등재기준 (iii)번은 풍수사상과 유교의 조화를 이룬 유교적 세계관의 증거, 등재기준 (iv)번은 자연적 지세를 살린 창조적 변경으로 건축과 조경 조화로움으로 요약된다.

궁궐은 궁과 궐이 만나서 이루어진 말로서, 궁에는 왕과 왕실 가족이 거처하는 집이란 뜻이 있고, 궐에는 궁을 지키는 군사가 근무하는 망루라는 뜻이 있다. 즉, 궁궐은 왕가가 사는 경계가 삼엄한 곳이란 뜻으로, 창덕궁은 서울의 5개 궁궐인 경복궁, 창덕궁, 경운궁, 경희궁, 창경궁 중의 하나이다. 그런데 창덕궁만이 세계유산이 될 수 있었던 이유는 다른 궁궐과 다르게 창덕궁이 중국에서부터 지켜왔던 궁궐 건축의 원칙에서 벗어나 자연 지세를 따라 독창적으로 건축되었기 때문이다.

창덕궁은 중국의 궁궐 건축 원칙인 주례고공기에 따라 앞에는 신하들의 공간인 관청을 두고 뒤에는 시장을 짓는다는 전조후시, 세 개의 문과 세 개의 궁궐이라는 삼문삼조의 원칙을 따랐다. 이 삼조제도(三朝制度)는 궁궐의 앞쪽에 신하들의 공간인 외조(外朝)를 두고, 중앙에 임금이 정무를 보는 치조(治朝)를 두며, 뒤에는 왕의 처소와 왕비의 처소인 연조(燕朝) 또는 침조를 둔다는 원칙이다. 궁궐 건물을 보면 정전, 편전, 침전을 중심축을 따라 일직선으로 배치하고, 각각을 담과 문으로 구분하는 원칙을 따른다. 경복궁과 창경궁, 경희궁이 이런 삼문삼조의 중심축에 따른 정형적인 규범에 충실했다면, 창덕궁은 대칭과 정형성에서 벗어나 자연환경 속에 건축과 조경을 조화롭게 배치한 비정형성의 아름다움과 자연환경과의 조화를 보인다.

경복궁과 창덕궁의 건물배치를 보면 그 차이는 더욱 뚜렷하다. 경복궁은 정문인 광화문과 구중궁궐의 침전인 교태전까지 중심축을 따라 일직선으로 건

그림 3-6 창덕궁

창덕궁 돈화문

창덕궁 인정전

창덕궁 대조전

부용지의 주합루와 어수문

애련지와 애련정

옥류천 각서

물이 배치되어 있다. 즉, 광화문-홍례문-영재교-근정문-근정전-사정전-강녕전, 교태전이 모두 남북축 상에 일직선으로 축을 따라 있는 대칭성을 보인다.

반면에 창덕궁은 자연지형에 맞추어 여러 축의 건물을 배치했다. 정문인 돈화문은 남향이고, 돈화문을 들어가 동쪽으로 금천교를 건너면, 북쪽에 인정전이 있으며, 다시 동쪽으로 향하면 편전과 침전이 있는 모양이다. 특히, 창덕궁의 후원은 자연과 조화로운 배치가 두드러진 궁궐에서 제일 큰 공간으로서, 자연 그대로의 아름다움과 자연에 깃들어 사는 인간의 모습을 잘 표현한다. 후원에는 여러 개의 정자가 있으며, 그 중에서 규장각 건물이었던 주합루는 하늘과 땅, 인간이 하나가 되는 곳이란 뜻이다.

창덕궁은 전통적 풍수사상에 의해 선정된 입지와 조선왕조 유교 이념에 따라 상징적 · 기능적으로 배치된 건물이 유교적 세계관을 나타낸다. 우리 선조들의 지혜와 백성에 대한 사랑 등과 같은 수많은 정신문화의 요소들이 창덕궁의 공간적 배치 속에 녹아 있다. 언뜻 보면 건물들이 무질서하게 배치된 것 같아도 자세히 보면 주변의 자연 지세와 조화를 이루고 배산임수의 풍수형국을 갖추고 있다. 또한, 구중궁궐에 걸맞게 건물들이 겹겹이 둘러싸고 있으며, 공적인 공간을 앞에 두고 후원이나 침소를 뒤에 두는 전조후침의 원칙을 따르고 있다. 유교 이념에 따라 검소하고 질박한 건축적 아름다움을 잘 나타낸 유산이 바로 창덕궁인 것이다.

창덕궁 뒤쪽에는 응봉이 있어 평탄한 곳이 거의 없는 구릉인 까닭에 궁궐 건물을 남쪽에 배치하고, 북쪽 언덕에는 후원을 조성했다. 이렇게 자연 지세를 이용해 건물을 지었으므로, 비록 삼문삼조의 원칙을 벗어났지만 주변 환경과 뛰어난 조화를 이루었고, 작은 계곡과 언덕 사이사이에 정자와 누각을 지음으로써 조용하고 아늑한 분위기를 자아낸다.

서울로 천도했던 1405년 정궁인 경복궁은 왕자의 난으로 피를 흘린 장소이자 정도전이 지은 곳이었기 때문에, 태종은 이궁인 창덕궁을 건축하여 머물렀다. 창덕궁은 이후 임진왜란으로 소실되었지만, 광해군 때에 궁궐 중에 가장 먼저 중건되어 조선 후기 250년 동안 조선왕조의 정궁 역할을 했다. 궁궐의 건축을 위해 만든 궁궐조성도감(宮闕造成都監)에 의해 창덕궁은 전면의 궁궐, 후면의 비원, 세 개의 문과 더불어 정사, 주거, 의전을 위한 여러 건물을 갖추었다. 주요 건물들로는 인정전, 선정전, 희정당, 대조전 등이 1405년에 완공되었으며, 이후에 다른 건축 요소들이 계속 지어졌다. 1411년(태종 11)에 진선문과 금천교, 이듬해에 돈화문에 이어 여러 전각이 차례로 들어서게 되었다. 1462년에는 북서쪽으로 궁궐 영역이 확장되었다. 그러나 임진왜란으로 한성부의 주요 건물들과 함께 궁궐도 소실되면서 7년 동안의 전쟁이 끝난 후 창덕궁은 폐허로 변했다. 선조는 1607년에 궁궐 재건에 착수했으며, 1610년 선조의 왕위를 이은 광해군 때 공사를 끝내, 창덕궁은 궁궐로서 다시 통치의 중심지이자 왕실의 거주지가 된다. 그러나 인조반정으로 궁궐 대부분이 다시 소실되었는데, 1647년에 궁궐을 재건하면서 후원에 여러 정자와 연못을 조성했다. 1704년(숙종 30) 12월에 대보단을 조성했고, 정조는 인정전에 품계석을 세우고 후원에 부용지를 중심으로 부용정, 주합루, 서향각을 세우고, 국내외 서적을 보관하기 위하여 규장각을 만들었다. 이후 순조의 아들 효명세자는 의두합과 연경당을 지음으로써 오늘날 보는 후원의 모습을 마무리했다. 헌종은 짧은 재위기간이었지만 낙선재, 석복헌, 수강재를 지었다. 조선 말기에는 서구의 문물을 도입하면서 서양식의 전등이나 차고를 창덕궁 내에 설치했고, 1907년에는 순종이 대한제국 황제로 즉위하면서 황궁이 되었다.

한편, 일제강점기에 일제는 돈화문 앞에 오늘날 율곡로를 만들면서 창덕궁과 종묘의 지맥을 훼손하고, 궁궐의 여러 전각을 헐어내었다. 또한, 조선 왕실의 권위를 짓밟기 위해 1912년부터 창덕궁의 후원과 인정전 등의 중심부와 낙선재 등을 창경궁과 함께 일반에 공개했다. 불행하게도 1917년에는 대조전과 희정당 등의 핵심 전각이 화재로 소실되자, 조선총독부는 1918년에 경복궁 교태전, 강녕전과 그 앞의 행각을 헐어 창덕궁으로 옮겨와 대조전 등을 다시 지었다. 1921년에 일제는 임진왜란 때 군대를 파병한 명나라 신종에게 제사를 지냈던 대보단을 없애고 그 자리에 새로운 선원전을 지었다. 해방 이후 창덕궁은 한동안 그대로 방치되면서 주변에 민가와 학교, 대형 건물이 들어섰다. 창덕궁의 복원작업은 1990년대 이후에 들어와서야 진행되었으며, 마침내 1997년 조형미와 주변 환경과의 조화를 인정받아 유네스코 세계유산으로 등재되었다.

오늘날 남아있는 창덕궁에 있는 주요 건물들로는 가장 오래된 궁궐 정문인 돈화문, 1411년 태종이 놓은 금천교, 중요한 국가의식을 치르던 인정전과 조정, 왕이 일상 업무를 보던 선정전, 왕의 침전인 희정당, 왕과 왕비의 침전이었던 대조전, 수라간, 경훈각, 세자의 교육장이자 일제강점기 때 내의원으로 쓰였던 성정각, 서고와 도서실로 사용했던 칠분서, 6각 누각인 삼삼와, 그리고 승화루 등이 있으며, 다시 복원된 건물로는 궐내각사와 선원전이 있다.

창덕궁 후원은 자연미에 인위적인 손길을 더한 절묘한 경치를 자랑하고 있다. 후원은 부용지, 애련지, 관람지, 옥류천의 4개의 골짜기로 구성되며, 깊숙이 들어갈수록 개방감에서 그윽함으로, 인공미에서 자연미로 바뀌는 변화를 느끼게 한다. 특히, 1826~1828년경으로 제작연대가 추정되는 '동궐도'는 창덕궁과 창경궁을 조감도 형식으로 그린 조선 후기의 대표적인 궁궐 그림으로 마치 사진을 찍은 것처럼 당시의 모습을 세밀하게 그려놓아 창경궁의 원래 모습을 이해하는 데 중요한 자료가 된다.

창덕궁은 258년 동안 조선왕조의 역대 제왕이 가장 오랫동안 정사를 보살폈던 궁궐이며 우리 역사의 휘돌아 치는 구비를 모두 목격했던 역사의 공간이었다. 예종, 연산군, 효종, 숙종, 현종, 영조, 순조, 철종, 고종 등의 즉위식이 열렸고, 근세에는 임오군란, 갑신정변, 경술국치의 역사적 사건이 일어났던 장소였다. 즉, 시대별 아름다운 건축 유산뿐 아니라 고기가 물이 없는 것과 같이 백성이 없으면 임금도 살 수 없다는 왕조의 애민사상이 배어있는 조선 왕실의 정통성과 권위가 구현된 공간이 바로 창덕궁이었다.

5 수원화성

수원화성은 1963년 사적 3호로 지정되었고, 1997년 세계유산으로 등재되었다. 화성 성곽의 길이는 5.744km, 높이 4~6m, 성안의 면적은 130ha에 이른다. 세계유산으로 등재된 유산구역은 성을 따라 선 모양으로 정해져서 성안의 행궁 등은 유산구역이 아니다. 수원화성은 옹성, 성문, 암문, 산대, 체성, 치성,

적대, 포대, 봉수대 등을 모두 갖추고 있어 조선의 성곽 건축기술을 집대성한 유산으로 평가된다. 정조는 아버지 사도세자의 묘를 화산으로 옮기고 영혼을 달래기 위한 용주사를 세우면서 당시의 신도시인 수원화성을 축조했다. 화성의 축조는 정조의 효심을 바탕으로 하여 당시의 당파 정치를 뿌리 뽑고 강력한 왕도정치를 실현하기 위한 정치적 포부가 담긴 일이었으며, 수원 유수부를 화성에 설치하여 도성 방위력을 높이기 위한 군사적 목적도 가지고 있었다.

유네스코에서 인정한 수원화성의 세계유산 가치는 등재기준 (ii)과 (iii)번을 적용하여 "화성은 18세기 군사 건축물을 대표하며, 유럽과 동아시아 성의 특징을 종합한 독특한 역사적 중요성을 지니고 있다."라고 요약된다.

- 기준 (ii): 화성은 그 이전 시대에 조성된 우리나라 성곽과 구별되는 새로운 양식의 성곽이다. 화성은 기존 성곽의 문제점을 개선했을 뿐만 아니라 외국의 사례를 참고해 포루, 공심돈 등 새로운 방어시설을 도입하고 이를 우리의 군사적 환경과 지형에 맞게 설치했다. 특히 이 시기에 발달한 실학사상은 화성의 축조에 큰 영향을 끼쳤다. 실학자들은 우리나라와 중국, 일본, 유럽의 성곽을 면밀히 연구하고 우리나라에 가장 적합한 양식을 결정했다. 화성축조에 사용된 새로운 장비와 재료의 발달은 동서양 과학기술의 교류를 보여 주는 중요한 증거이다.
- 기준 (iii): 화성은 분지로 이루어진 터를 둘러싸고 산마루에 축조된 기존의 우리나라 성곽과는 달리 평탄하고 넓은 땅에 조성되었다. 전통적인 성곽 축조기법을 전승하면서 군사, 행정, 상업적 기능을 담당하는 신도시의 구조를 갖추고 있다. 화성은 18세기 조선사회의 상업적 번영과 급속한 사회 변화, 기술 발달을 보여주는 새로운 양식의 성곽이다.

즉, 계획적으로 신축한 성곽, 읍성과 방어용 산성을 합한 성곽도시, 실학을 바탕으로 한 전통적인 축성 기법과 동서양의 과학적 지식과 기술 활용, 다양한 방어용 시설 설치, 주변 지형과의 조화 등이 수원화성의 탁월한 보편적 가치인 것이다.

수원화성은 18세기 후반인 1794년(정조 17)에 짓기 시작하여, 1796년(정조 19) 9월에 완공했는데, 정약용이 동서양 기술서를 참고해 만든 '성화주략'

그림 3-7 수원화성

화홍문

장안문

서북공심돈

북서 포루

팔달문

화서문

(1793)이라는 기술서를 지침서로 하여 재상인 채제공의 총괄 감독과 조삼태의 지휘로 축조했다. 성을 쌓기 위해 당시에는 신기계인 거중기, 녹로, 유형거 등을 사용했으며, 성과 함께 부속 시설인 화성 행궁, 중포사, 내포사, 사직당 등을 세웠다. 그러나 일제강점기와 6.25전쟁을 거치면서 성곽의 대부분과 시설물이 파괴되고, 행궁의 일부였던 낙남헌만 남게 되었다. 현재의 모습은 1975년 이후 복원공사를 거친 결과이다.

그렇다면 원형이 아닌 그 뒤에 보수와 복원을 한 성곽이 어떻게 세계유산으로 등재될 수 있었을까? 그 비밀은 바로 1801년에 간행된 화성 준공보고서인 『화성성역의궤(華城城役儀軌)』에 있다. 여기에는 축성계획, 제도, 법식뿐 아니라 동원된 인력의 인적사항, 재료의 출처 및 용도, 예산 및 임금계산, 시공기계, 재료가공법, 공사일지 등의 상세한 기록과 함께 화성축조의 전 공사과정이 수록되어 있어 성곽을 복원할 수 있었고 국제적으로 가치를 인정받았다.

수원화성은 18세기 당시의 유럽과 동아시아 성의 특성을 종합하여 방어와 거주에 적합하도록 축성했는데, 기존의 전통 성들이 화강암을 이용한 석성이었던 반면, 수원화성은 벽돌을 이용해 축조되었다. 벽돌을 사용한 이유는 실학자들이 당시에 화포의 발달로 인해 화강암보다는 화포의 충격을 완화할 수 있는 우수한 축성 자재라고 인정했기 때문이다. 수원화성 축성에는 강제노역이 아닌 임금을 받은 백성들을 동원했으며, 도성 방위의 거점으로 수원 유수부를 설치하고 그 안에 관청, 주택, 시장을 계획적으로 건설했다.

또한, 수원화성에는 정조가 지향한 미래 사회상이 반영되어 있다. 정조 당시는 상품 화폐경제가 발달하고, 상민과 노비계층의 신분 상승이 이루어졌으며, 실학사상이 발달하는 등의 많은 사회적 변화가 일어났던 시기였다. 정조는 수원화성을 물자의 교류와 시장의 활성화를 통한 경제중심지로 만들려는 포부를 가지고 있었다. 수원화성 4대문 문루에 붙인 이름을 보아도 장안문 "길게 평안하다.", 팔달문 "모든 곳과 사통팔달로 통한다." 등과 같이 근대사회로 나아가려던 조선의 모습을 찾을 수 있다. 영조와 정조가 다스렸던 18세기 서양에서도 Rousseau의 사회계약론(1762), 영국의 산업혁명(1770년대), 미국의 독립선언(1776), 프랑스 혁명(1789) 등이 발발한 사회개혁의 시대이기도 했다. 그러나 안타깝게도 정조대왕의 큰 꿈은 1799년 갑작스러운 죽음으로 막을 내리지만, 더 잘사는 나라의 꿈으로 후손들에 의해 이어지고 있는 것은 분명하다.

수원화성은 동쪽의 평지와 서쪽의 팔달산을 결합하여 쌓은 평산성이다. 성벽은 외측만 쌓아 올리고 안쪽은 자연 지세를 이용해 흙을 돋우어 메우는 외축내탁의 편축성이기도 하다. 실학사상의 영향을 받아 벽돌과 돌을 적절히 혼합하여 축성한 전석혼축성이며, 목재와 벽돌의 조화, 거중기의 이용, 현안과 누조의 고안 등에서 동양 성곽 축성술의 결정이며 수작으로 평가된다. 성곽의 시설물로는 문루(4), 수문(2), 공심돈(3), 장대(2), 노대(2), 포(舖)루(5), 포(砲)루(5), 각루(4), 암문(5), 봉돈(1), 적대(4), 치성(9), 은구(2) 등 48개의 시설물이 있으나 아쉽게도 수해와 전란으로 7개 시설이 사라졌다. 그러나 축성 때와 같은 골격을 유지하고 있는데, 수원천이 그대로 성내로 흐르고 남쪽의 팔달문과 북쪽의 장안문, 행궁과 동쪽의 창룡문을 잇는 가로망은 축성 때와 같다.

성곽의 중요 구성요소인 성벽, 4대문 그리고 각종 방어용 시설은 잘 남아있어 군사시설이자 주거지역으로서의 화성의 모습은 충분히 확인된다. 팔달문(남문)과 장안문(북문)은 석재를 기본으로 하는 2층 목조건물로 측면에는 군사들이 머무는 공간이 있고, 벽돌로 만든 반달형 V자형의 보루들이 이를 보호하고 있다. 화서문(서문)과 창룡문(동문)은 1층 건물로 비슷한 구조를 보인다. 또한, 수문인 북쪽의 화홍문에는 홍예교를 설치하고 누각을 두어 아름다운 경치를 자랑하며, 남수문은 홍예를 갖추고 포혈과 여장을 설치했다. 성곽을 조망하며 군사를 지휘하는 지휘소인 장대(將臺)는 동장대와 서장대 두 곳에 설치하고, 성 가운데에서 쇠뇌를 쏠 수 있는 노대(弩臺)를 각각 서노대와 동북노대 두 곳에 설치했다.

공심돈은 수원화성에서 독특하게 나타나는 군사시설물로서, 서북공심돈과 동북공심돈, 남공심돈의 세 곳에 설치했다. 이것은 내부를 비워 둔 망루 건물로서 안에는 포와 총을 설치하여 적을 공격할 수 있었다. 이 밖에 숨겨진 5개의 암문과 누각을 세워 경계와 함께 휴식 등의 다기능을 할 수 있는 각루가 네 군데 설치되었다. 특히, 동북각루는 방화수류정이라고 부르며 아름다운 풍광을 자랑한다. 또한, 봉화 신호를 보내는 봉돈, 포병용 진지인 5개의 포루(砲樓), 치성 위 보병용 진지인 5개의 포루(鋪樓), 그리고 행궁과 종각인 여민각 등의 시설물을 갖추었다. 즉, 수원화성은 조선의 신도시였고, 정조의 꿈이 배어있던 개혁의 중심지로서 당시에는 과학기술과 도시 건축술을 모두 결집해서 만든 최첨단 도시였던 셈이다.

6 고창·화순·강화 고인돌

고인돌은 영국의 스톤헨지, 프랑스의 카르나크 열석, 칠레 이스터 섬의 모아이 등과 같은 거석문화의 일종이다. 고창 · 화순 · 강화의 고인돌군은 사라진 문명에 대한 예외적인 증거를 의미하는 등재기준 (iii)번을 적용하여 2000년에 등재되었다. 세계유산 등재 권고안에서는 "고창, 화순, 강화의 고인돌 유적은 기원전 1000년에 만들어진 것으로, 장례 및 제례를 위한 거석문화 유산이다. 이 세 지역의 고인돌은 세계의 다른 어떤 유적보다 선사시대의 기술과 사회상을 생생하게 보여준다."라고 서술하고 있다. 고인돌은 청동기시대의 무덤으로 동북아시아에 널리 분포하고 있으며, 특히 한반도에 8만여 기가 분포하고 있다. 흥미롭게도 고인돌의 분포지는 옛 고조선의 강역과 비슷하다. 우리 민족은 예전부터 하늘에 제사를 지내는 전통이 있었고, 지금도 강화도 마리산 참성단에서 제천의식을 행하고 있다. 그래서 어떤 학자들은 고인돌을 무덤이기보다는 제사유적으로 해석하기도 한다.

동아시아의 고인돌은 그 규모와 형태로 크게 탁자식과 바둑판식으로 나눈다. 탁자식은 북방식이라고 하며, 두 개 또는 네 개의 돌을 귀퉁이에 세우고 그 위에 넓고 판판한 덮개돌을 올려놓은 형태이다. 바둑판식은 남방식이라고도 하는데, 석벽 또는 적석벽으로 된 무덤방을 땅 밑에 만들고, 덮개돌은 땅 위에 놓는 돌무지에 의해 지탱하는 방식이다. 이 밖에 개석식이라고도 부르는 형태가 있는데, 땅에 묻은 돌 위에 바로 덮개돌을 올려놓는 형태이다. 고인돌은 조성될 당시의 기술과 문화, 정신세계를 파악할 수 있는 중요한 실마리를

그림 3-8 강화 · 화순 · 고창 고인돌군

강화 북방식 고인돌

화순 남방식 고인돌

고창 고인돌군

고창 개석식 고인돌

제공한다. 예를 들어 고인돌을 만들기 위해 많은 인원을 동원할 수 있는 정치권력이 있어야 하며 식량을 위한 경제력이 바탕이 되어야 한다. 그러므로 고인돌이 많다는 것은 그만큼의 경제력과 정치력을 가진 군장급 지도자와 안정된 부족공동체 사회체제를 이루었다는 의미인 것이다.

(1) 전북 고창의 고인돌

고창군 죽림리와 도산리 일대에는 약 447개에 달하는 고인돌은 고창천이 흐르는 해발고도 15~65m 언덕을 따라 동서 방향으로 열을 지어 분포하고 있다. 이들 죽림리 고인돌은 B.C. 7세기에서 B.C. 3세기경에 조성되었으며, 탁자식, 바둑판식, 지상석곽식이 같이 모여 있는 고인돌의 박물관이다. 좁은 지역에 이렇게 많은 고인돌이 밀집 분포하는 것은 이곳이 청동기시대에 농사에 유리한 평야와 하천, 낮은 언덕으로 이루어진 최적의 생활공간이었음을 말해준다. 발굴조사에 따르면 청동기시대 마을에서 죽은 사람들의 공간은 산 사람들의 공간과 엄격히 분리되어 있었다. 고인돌이 있는 '죽은 자들의 공간'은 하천 너머 평야에 있는 산 자들의 공간인 마을과 분리되었다.

(2) 전남 화순의 고인돌

전남 화순의 고인돌들은 화순군 도곡면 효산리 일대에 158기, 그리고 대산리 일대에 148기가 분포하며, 다른 곳과 달리 100톤 이상의 대형 고인돌 수십 기가 있다. 화순 고인돌 유적은 고창과 유사하게 지석강을 따라 야트막하게 이어진 언덕의 능선에 위치하며, 고창보다는 약간 늦은 B.C. 6~5세기 사이에 만들어진 것으로 추정된다. 특히, 돌을 캐낸 채석장이 감태바위의 고인돌 군 근처에서 발견되어, 무거운 돌을 멀리 옮기기보다는 채석장 인근에 고인돌을 집단적으로 조성했다. 화순의 고인돌에서는 간돌검, 간돌화살촉, 석재 가락바퀴, 갈판돌, 민무늬토기 조각, 붉은 간토기 조각 등이 출토되었다.

(3) 인천 강화의 고인돌

강화도 고인돌 군은 강화도 고려산 주위에 150여 기가 분포하며, 이 중에서 보존상태가 좋은 약 70기가 세계유산으로 등재되었다. 강화도 고인돌은 탁자식이 대부분이지만, 개석식과 탁자식이 섞여 있어 남방식에서 북방식으로 변화하는 과정을 보여 준다. 또한, 고창과 화순 고인돌과 비교하여 군집을 이루지 않고 여러 곳에 분산했고, 주변보다 높은 곳에 세워져 있다.

고창 · 화순 · 강화의 세 지역에는 수백 기 이상의 고인돌이 밀집하여 분포하며 다양한 형태와 유형의 고인돌을 찾아볼 수 있어 거석문화 발전사를 엿볼 수 있다. 또한, 고인돌의 기원과 성격을 비롯해 고인돌 변천사를 규명하는 데 중요한 자료가 되고 있다. 그러나 동아시아의 한반도 일대에 왜 고인돌이 많이 분포하는지 우리 민족의 고대 정신세계와 종교와 관련하여 지속적인 연구가 필요하며, 전국에 남아있는 고인돌에 대한 보호책을 강구할 필요가 있다.

7 경주역사유적지구

경주는 천년왕국 신라의 수도로서 2000년에 경주역사유적지구라는 명칭으로 세계유산으로 등재되었다. 등재기준 (ii)와 (iii)번을 적용받았는데, 등재기눈 (ii)번과 관련하여 "경주역사지구에는 불교건축 및 생활 문화와 관련된 뛰어난 기념물과 유적지가 다수 분포해 있다." 등재기준 (iii)번과 관련해서는 "신라 왕실의 역사는 1,000년에 이르며, 남산을 비롯해 수도 경주와 그 인근 지역에서 발견된 유물과 유적은 신라문화의 탁월함을 보여 준다."라고 세계유산 가치를 설명하고 있다. 즉, '불교건축과 생활문화', 그리고 '천년의 역사와 신라문화의 탁월함'이 주요한 가치가 되고 있다. 경주역사지구에는 조각, 탑, 사지, 궁궐지, 왕릉, 산성을 비롯해 신라의 뛰어난 유적이 집중적으로 분포하고 있다. 특히, 신라가 삼국을 통일했던 6~10세기 사이의 유적이 많아 신라 고유의 탁월한 미적 감각과 예술성을 잘 나타낸다.

경주역사지구는 유산의 성격과 지리적인 접근성에 따라 5개의 유산지구로 구성된다. 여기에는 다양한 불교 유적을 포함하고 있는 남산지구, 옛 왕궁터였던 월성지구, 고분이 모여 있는 대릉원지구, 불교 사찰 유적지인 황룡사지구, 그리고 방어용 산성인 명활산성이 포함되며, 신라의 성지, 왕궁과 왕릉, 사찰, 방어 유산 등을 망라한다.

먼저, 남산지구에는 신라의 출발인 박혁거세의 탄생설화와 관계된 나정, 신라의 전신인 진한의 6촌의 시조를 안치한 양산재, 경애왕이 죽음을 당한 포석정지를 비롯하여 150개의 절터와 130개의 석불, 그리고 100여 개가 넘는 석탑이 있다. 특히, 경주 남산은 1985년 사적 제311호로 지적되었으며, 신라문화의 보고, 불교의 성지, 한국 최대의 야외박물관 등으로 불린다.

남산 석탑과 석불 중에서 마애불이 가장 많으며, 산 위로 갈수록 석탑의 크

그림 3-9 경주역사유적지구

월성지구 안압지

분황사 모전석탑

대릉원 지구

명활산성 지구

황룡사 지구

남산 지구

기가 작아지는 특징이 있다. 신라인들에게 남산은 부처가 있는 수미산이었기 때문에 남산의 석탑과 불상은 바위를 하층 기단으로 삼아 땅 위에 바로 조성했다.

월성지구에는 선덕여왕이 만든 천문관측소였던 첨성대, 그 모양에 따라 '반월성'이라고 불렸던 신라왕궁터인 월성, 경주 김씨 시조인 김알지가 태어난 계림, 그리고 문무왕이 만든 동궁과 임해전지로 알려진 월지가 있다. 『삼국사기』에는 101년(파사왕 22)에 성을 쌓고 도성을 금성에서 월성으로 옮겼다는 기록이 나온다. 월성의 성벽은 약 1.8km 길이로 동 · 서 · 북쪽은 흙과 돌로 쌓고 인공 해자를 조성했으며, 남쪽은 남천을 자연 해자로 삼아 절벽을 방어물로 이용했기에 성벽 높이가 낮다. 성안에는 1741년에 월성 서쪽에서 이곳으로 옮겨온 석빙고가 남아있다.

대릉원지구는 신라 왕들의 무덤으로 알려진 20개의 고분이 산재한 곳이다. 천마도가 출토된 천마총, 표주박 모양의 2개의 고분이 연결된 황남대총, 신라 김씨 왕의 시조인 미추왕릉(죽장릉), 박혁거세의 무덤으로 알려진 오릉 등이 있다.

황룡사지구에는 황룡사와 분황사가 있다. 황룡사는 553년(진흥왕 14) 황룡이 나타났다고 하여 궁궐 대신 절을 지어 17년 만에 완성했다. 황룡사 9층 목탑은 선덕여왕이 자장율사의 권유로 세운 탑으로서 몽골침략 당시 화재로 소실되었다. 9개의 적국이 신라에 복속되기를 염원한 신라인의 마음이 서려 있는 곳이다. 또한, 한때 원효와 자장이 머물렀던 큰 사찰인 분황사에는 현재 분황사 모전 석탑만이 남아있다.

모전 석탑은 벽돌 모양의 돌로 쌓은 석탑인데 한 변의 길이가 13m에 이른다. 기단 위에는 화강암의 사자상과 물개 상을 2구씩 세워 바다와 육지로 뻗어나가고자 했던 신라인의 기상을 대변하며, 신라의 세 마리 호국용이 살았다는 삼룡변어정 우물이 남아있다.

산성지구에는 수도방어의 보루 명활산성이 있다. 명활산성은 명활산 위에 둘레 6km로 축조한 산성으로 선덕여왕 때 비담이 반란을 일으킨 곳으로 알려져 있으며 신라의 수도를 지키는 중요한 요충지였다.

지리적으로 경주는 동쪽에 토함산, 남쪽에 남산, 서쪽에 선도산으로 둘러싸인 분지에 자리 잡고 있고 천년 세월 동안 신라의 수도였다. 신라의 모태인 사로국의 강역이 현재의 경주였고, 신라로 발전하면서 경주는 그대로 왕경이 되고 주변의 소국들이 지방이 되었다. 그러므로 경주는 처음부터 계획도시가 아니라 신라의 발전과 함께 차차 화려한 모습을 갖추게 된 도시였다. 5세기 이전에는 월성을 중심으로 시가지가 형성되고 왕족과 귀족의 무덤들이 시가지에 섞여 있는 모습이었을 것이다. 460년 자비왕 때에는 격자형 구획을 나누는 방리제가 정비되고, 487년 소지왕 때에 경주를 중심으로 한 도로망이 정비되면서 고대 왕경도시로 성장했다. 그 결과 6세기 이후의 왕릉은 경주 중심가를 벗어나 외곽지대에 축조되었고, 나성이 없었기 때문에 삼국통일 이후에는 북천과 남천을 넘어서 시가지 확장이 이루어졌다.

『삼국유사』에 따르면 신라 왕경(王京)은 바둑판처럼 구획되었고, 178,936호가 360방에 살고 있었으며, 1방의 규모는 160m×140m의 크기로 알려져 있다. 신라 경주는 북천 너머 경주 동천동까지 주거지와 도로 흔적이 발견될 만큼 큰 도시였고, 금을 바른 금입택 주택이 40채에 달했다. 또한, 기와집이 지붕을 맞대어 들어서고 숯으로 밥을 지었던 해상 실크로드의 종착점이었다.

8 제주 화산섬과 용암동굴

제주 화산섬과 용암동굴은 자연유산으로서 2007년 세계유산에 등재되었다. 유산은 거문오름 용암동굴계, 한라산 천연보호구역, 그리고 성산일출봉 응회환의 3개 구역으로 이루어져 있다. 유산구역과 완충지역을 합치면 총면적이 188.4㎢로 제주도 전체 면적의 10.3%를 차지한다. 제주 화산섬과 용암동굴에 적용된 등재기준은 등재기준 (vii)번과 (viii)번이다. 등재기준 (vii)번은 최상의 자연현상이나 뛰어난 자연미를 갖춘 미학적 중요성이고, 등재기준 (viii)번은 지형발달에서 중요한 지질학적 발달, 자연지리나 지형학적 발달단계에 대한 증거를 의미한다. 탁월한 보편적 가치에 대한 서술문은 다음과 같다.

- 기준 (vii): 전 세계에서 이와 유사한 동굴계 중 가장 우수한 것으로 평가되는 거문오름 용암 동굴계는 이런 종류의 용암동굴을 이미 본 적 있는 사람조차 빼어난 시각적 효과에 감탄한다. 동굴 천장과 바닥에는 형형색색의 탄산염 생성물이 장식되어 있으며, 탄산염 침전물은 어두운 용암 벽에 벽화를 그린 것처럼 군데군데 덮여 있어 독특한 볼거리를 연출한다. 요새 형태의 성산일출봉 응회암은 벽면이 바다 밖으로 솟아나와 경관이 극적이다. 또한 계절에 따라 색과 모습이 달라지는 한라산은 폭포, 갖가지 모양으로 형성된 암석, 그리고 주상절리 절벽, 분화구에 호수가 있는 우뚝 솟은 정상 등이 경관과 미적 매력을 더해 준다.
- 기준 (viii): 제주도는 세계에서 보기 드물게 움직이지 않는 대륙 지각판 위 열점

그림 3-10 제주화산섬과 용암동굴

한라산 천연보호구역

성산 일출봉

용암동굴의 2차 생성물

용암동굴 유산구역(만장굴)

> (熱點)에 생성된 대규모 순상화산으로 특별한 가치를 지닌다. 거문오름 용암 동굴계는 전 세계적으로 보호받는 용암 동굴계 중 가장 인상적이고 중요한 동굴로 동굴생성물(speleothem)이 다양한 형태로 장관을 이루며 늘어서 있다. 이는 다른 용암동굴 안에서는 흔히 볼 수 없는, 종유석같이 부수적으로 생겨난 탄산염 동굴 생성물이다. 성산일출봉 응회암은 구조적인 특성과 퇴적 특성이 드러나는 이례적인 곳으로서 얕은 바다에서 수중 폭발한 서치형(Surtseyan-type) 화산폭발 과정을 알 수 있게 해주기 때문에 세계적으로 가치를 평가받는다.

즉, IUCN의 평가에서는 제주도를 “전례가 없는 시각적 충격을 주고, 극적이며 뛰어난 경관을 자랑하고, 경관적으로 심미적 매력을 뿜어내며, 순상화산의 특징적인 가치가 잘 나타내면서 가장 중요하고 인상적인 용암동굴을 갖추고 있어, 전 세계 어디에도 찾아볼 수 없는 장관을 연출하는 곳, 그리고 화산분출의 이해를 위한 세계적인 가치를 갖춘 곳”이라고 그 탁월한 보편적 가치를 밝히고 있다.

(1) 검은오름 용암동굴계

제주도는 약 180만년 전부터 역사시대까지 화산활동에 의해 만들어진 섬으로 마치 방패를 엎어 놓은 모습의 순상화산이다. 현무암이 빚어 만든 화산지형의 보고는 제주도를 따라 다니는 수식어로서 제주도에는 ‘오름’이라고 불리는 기생화산(측화산)이 무려 360개가 넘는다. 이 중에서 검은오름 용암동굴계는 숲이 우거져 검게 보이므로 ‘거문오름’이라는 이름을 얻은 곳으로 제주시 조천읍 선흘리에 있는 말굽형 분화구에서 분출한 용암이 북동쪽으로 바다까지 흐르면서 만든 용암동굴들로 이루어져 있다. 검은오름은 약 10만 년에서 30만 년 사이에 화산이 폭발한 이후에 오랜 세월에 걸친 침하작용으로 만들어진 것으로 추정되며, 2005년에 국가지정문화재 천연기념물 제444호로 지정되었다. 거문오름 용암동굴계의 동굴들은 독특하고 복잡한 구조와 함께 규모와 길이, 그리고 용암지형의 보존 수준과 접근성 측면에서 세계적인 수준으로 평가받는다. 거문오름 외에 뱅뒤굴, 당처물동굴, 만장굴, 김녕굴, 용천동굴의 5개 용암

동굴이 세계유산에 등재되었다.

첫째, 뱅뒤굴은 만장굴 서쪽에 있으며, 길이가 4,481m로 만장굴에 이어 우리나라 용암동굴 중 두 번째로 길다. 나뭇가지형의 미로를 연상시키는 복잡한 통로 형태를 보이고, 70개가 넘는 용암 석주를 비롯해 동굴광장, 용암 석순, 용암교 등이 있으며, 사방으로 연결된 미로와 같은 크고 작은 구역들을 통해 용암동굴의 생성과 형태, 지형, 발달과정을 살펴볼 수 있는 곳이다.

둘째, 만장굴은 총 길이 7,416m, 최대 폭 23m, 최대 높이 30m로 세계적인 규모의 동굴이다. 만장굴 인근의 김녕굴과 덕천굴, 발굴, 절굴, 게우샛굴 등은 원래 만장굴의 일부였지만 침하작용이 진행되어 천장이 무너지면서 각기 다른 동굴이 된 것이다. 굴 안에는 다양한 용암 종유석, 용암에서 떨어진 물이 만든 용암 석순, 용암과 용암이 연결된 용암 다리, 용암 폭포 등의 2차 생성물이 발견된다. 특히, 만장굴의 개방구간 끝에 있는 약 7.6m의 용암 석주는 세계에서 가장 큰 규모로 알려져 있다.

셋째, 김녕굴은 만장굴 아래쪽에 있는 S자 모양의 길이 705m 굴로서, 뱀이 기어가는 모습과 비슷하다고 '사굴'이라고도 불린다. 북서 방향으로 용천동굴과 연결되고, 동굴 주변에는 패사 퇴적층이 있으며, 내부에는 다량의 모래가 유입되어 있다. 미로형 동굴 안에는 용암동굴 형성과정을 밝히는 증거로서, 용암이 낮은 지형을 따라 흐른 흔적인 용암선반, 용암 폭포 등이 남아있다.

넷째, 용천동굴은 2005년에 전신주 교체작업을 하다가 우연히 발견되었다. 동굴 안 깊이 12m 넘는 호수가 용틀임하는 모양이어서 용천이라고 불린다. 동굴은 길이 3.6㎞ 정도이고, 용암동굴과 종유석과 석순, 석화, 유석 등 석회동굴의 특징을 함께 지니고 있어 학술 가치가 높다. 동굴 안에서 패각류와 함께 통일 신라시대의 토기와 철기류, 돌무더기가 함께 발견되어 이목을 끌었다.

다섯째, 당처물동굴은 길이가 110m에 불과하고 높이도 1.5~2.5m로 작지만, 현무암 바닥에 석회동굴처럼 종유석과 같은 탄산염 동굴생성물이 발달하고, 다양한 2차 생성물이 있어서 마치 석회동굴 같은 느낌을 준다. 당처물동굴과 용천동굴은 모두 용암동굴에서는 찾아볼 수 없는 종유관, 종유석, 석순, 석주, 휴석, 커튼, 동굴산호 등의 다양한 석회질 2차 동굴생성물이 발달한 동굴이라는 학술 가치가 있다. 그 이유는 일차적으로 화산활동에 의해 용암동굴이 형성된 다음에, 동굴 위를 덮고 있던 패사층의 사구에서 석회질의 지하수가 녹으면서 땅 밑의 동굴 천장으로 스며들어 탄산칼륨 성분의 이차적인 동굴생성물을 만들었기 때문이다.

(2) 한라산 천연보호구역

한라산은 "은하수를 끌어당길 수 있다."라는 뜻으로, 조선시대부터 서울의 삼각산, 백두산과 함께 우리나라를 대표하는 3대 영산이었다. 한라산 천연보호구역은 1966년에 천연기념물, 1970년에는 국립공원, 2002년에서 유네스코 생물권 보전지역, 2007년 세계유산, 2010년에는 유네스코 세계지질공원으로 지정되면서 유네스코 자연과학 분야에서의 모든 타이틀을 보유하고 있다.

한라산 천연보호구역은 한라산의 600~1,300m 이상의 산악지역과 일부 하천을 아우르는 지역이며, 한라산 정상부의 화구호 백록담, 물장올, 소백록담, 어승생악 등의 여러 호수, 그리고 정상부의 구상나무 숲 등을 포함한다. 여기에는 동물 1,179종, 식물 1,565종이 자생하고 있어 우리나라를 대표하는 생태계의 보고이기도 하다. 녹조류에 해당되는 한국산 관속식물(관다발식물)의 약 절반이 제주도에 자생하며 약 200여 종의 한국 특산종이 제주도에 분포한다.

제주도는 바다에서 곧장 높은 산으로 이어져 있어 고도에 따라 다양한 동식물이 살 수 있는 서식환경이 조성된다. 바다에서 600m 지대까지는 아열대성 난대림 식물대가 형성되어 있고, 600~1,400m 지대에는 온대성 식물군락지, 그리고 1,400m부터 정상까지는 한대림 식물군과 구상나무 등의 한라산 고유의 자생식물들이 분포한다. 또한, 한라산에는 식물만큼이나 많은 종류의 동물들이 서식하고 있어 가히 거대한 자연박물관이라고 할 수 있다.

(3) 성산 일출봉

제주도 서귀포시 성산읍에 위치하는 성산 일출봉은 수중화산의 폭발로 형성된 전형적인 응회환(tuff ring)이다. 파도의 침식작용으로 지층이 그대로 드러나 해저 수성 화산의 탄생과 지형발달에 대한 학술 가치를 지닌 곳이다. 응회환은 얕은 수심의 해저에서 분출한 수성 화산이 함몰되어 만들어진 웅덩이를 지칭하는 용어이다. 약 4만~12만 년 전에 형성되었고, 바다에서 바라보면 왕관의 모양으로 해발 182m의 정상에 있는 지름 600m에 달하는 분화구를 중심으로 작은 바위 봉우리가 둘러싸고 있는 모습이다. 삼면이 절벽으로 이루어져 거대한 성의 모습과 같다고 하여 성산(城山), 정상에서 바라보는 일출 광경이 뛰어나 일출봉이라고 부른다. 제주도 본섬과는 사주로 연결되어 있다.

9 조선 왕릉

조선 왕릉은 조선왕조(1392~1910) 518년 동안 조성된 42개의 왕릉 중에서 북한에 있는 태조의 왕비릉인 제릉과 2대 정종의 후릉을 제외한 40개가 2009년 세계유산에 등재되었다. 조선 왕릉은 1408~1966년까지 5세기에 걸쳐 왕실의 권위와 안위를 위하고 선조의 업적을 기리기 위해 조성되었다. 일반적으로 조선 왕실의 무덤은 신분에 따라 능, 원, 묘로 구분하는데, 그 수가 모두 119기에 달한다. 이 중에서 능이 42기, 원이 13기, 그리고 묘가 64기인데, 왕과 왕비의 무덤이 능이다.

조선 왕릉은 등재기준 (iii), (iv), (vi)번을 적용받았으며, 그 탁월한 보편적 가치는 "조선 왕릉은 유교문화의 영향 아래 중요한 장례 전통과 풍수사상을 간직하고, 그 건축과 경관은 동아시아 무덤 건축 발전의 중요한 단계를 보여주며, 현재까지도 왕릉제례가 열리고 있다."라고 요약된다.

등재기준 (iii)번과 관련하여 "조선 왕릉은 오랜 세월 동안 동아시아를 지배해 왔던 불교, 도교 및 토착 사상이 조화를 이루고 당대의 예술관과 기술력이 집약된 유산으로서, 조선왕조 특유의 자연관과 세계관에 의해 다른 유교문화권 왕릉들과는 다른 독특한 장묘문화를 갖추고 있다."고 평가했다. 즉, 인위적인 건축 요소를 최소화하고 자연환경을 최대한 고려하면서 제례공간으로서 상징성과 위엄을 갖추었다는 점을 인정받았다.

등재기준 (iv)번에서는 500년이 넘는 기간 동안 시기별로 규모와 건축양식,

그림 3-11 조선왕릉

왕릉의 공간구조(태릉)

봉분에서 본 정자각

정자각에서 본 봉분

참도와 정자각

외 홍살문

석물

석물의 사용과 규모 등에서 차이가 확연하여 당시의 사상, 정치사, 예술관을 반영하고 시대별 발달단계를 잘 나타내는 증거라는 것이다. 석물은 전체적인 유형과 배치에서는 크게 달라지지 않았지만, 형태와 크기는 시기별로 다르다. 예를 들어 15세기 초에서 중반까지는 능묘를 언덕 위에 조성하고 석마를 두었는데, 15세기부터 16세기 후반까지는 석물의 크기가 커지며, 17세기 초부터 18세기 초까지 후기로 갈수록 석물의 크기가 작아지는 경향을 보인다. 또한, 18세기 중반부터 20세기 초까지는 무덤의 단을 세 개 대신 두 개로 조성했다.

등재기준 (vi)번에서는 조상숭배의 전통이 이어지고 있는 살아있는 유산으로서의 조선 왕릉의 가치를 인정받았다. 지금까지 정기적인 제향이 이어지고, 종묘제례는 유네스코 인류무형유산으로 등재되었다. 조선 왕릉에는 유교적 사상에 바탕을 둔 내세관과 위민사상이 잘 나타나 있다. 유교에서는 사람이 죽으면 혼백이 분리되어 혼은 하늘로 돌아가고 백은 땅에 남아있다고 여겼다. 제례는 분리된 혼백을 불러 모아 합하는 의식으로서, 혼백이 함께 합체하면 신이 되고 후손들이 바치는 제물을 흠향하고 자손들에게 복을 빌어주는 것으로 믿었다.

조선 왕릉의 규모가 크지 않는 것은 유교적 위민사상을 실천한 결과였다. 백성을 위하라는 유교적 가르침을 존중하여 과대한 규모로 능을 조성하지 않았으며 백성의 원성을 받지 않기 위해 노력했다. 남성우위 유교 사회였던 조선 왕조이지만, 왕릉은 왕과 왕비에 대한 격식을 동등하게 조성했다. 국장도감의궤, 빈전도감의궤, 산릉도감의궤, 천릉도감의궤, 혼전도감의궤, 부묘도감의궤 등이 조선 왕릉 조성과 관련한 기록으로 남아있다. 특히, 산릉도감의궤는 왕릉의 조성 당시의 모든 내용을 기록하고 있는 대표적인 기록물이다. 이 기록에 따르면 능의 조성에는 5개월이 걸렸고, 동원하는 인원은 6천 명에서 1만 명 정도였다.

왕릉의 입지는 풍수지리를 기반으로 하여 기본적으로 지형을 거스르지 않는 원칙을 고수했기 때문에 자연 친화적이며 주변 환경과 잘 어울린다. 배산임수의 형태로 대부분 왕릉을 한강 북쪽의 한북정맥과 남쪽의 한남정맥을 사이에 도성에서 멀지 않은 거리 안에 조성함으로써 국왕의 능 참배를 쉽게 했다.

왕릉의 봉분은 명당의 혈처에 해당하며 봉분이 자리한 언덕인 강(岡)은 땅의 기운을 저장하고, 능의 뒤쪽에 봉긋하게 솟아오른 잉(孕)은 땅의 기운을 혈처에 주입해 주는 역할을 했다. 지형을 살리면서 두둑하게 보토를 하여 강을 만들고, 잉의 주변에는 나무를 심었고, 강과 잉 사이에 봉분을 두어 주변 자연과 조화를 이루었다. 봉분의 정면은 남쪽에 두어 전체적으로 밝고 아늑한 느낌을 주었다.

왕릉의 공간구성은 진입 동선을 중심축으로 진입공간, 제향공간, 능침공간으로 구분된다. 진입공간은 제향을 준비하는 공간으로 수목을 심거나 연못을 조성하고 명당수를 건너는 금천교를 놓아 성역임을 알렸다. 입구에는 홍살문을 설치하여 속세와 공간구분을 했고, 그 옆에는 참배할 수 있도록 돌을 깔아 판위를 만들었다. 제향공간은 산 자와 죽은 자가 만나는 공간으로서 영혼의 길인 신도와 왕의 길인 어도로 이루어진 참도로 이어진다. 제례를 올리는 정자각을 중심으로 비각, 수라간, 수복방을 두었다, 정자각은 월대 위에 두어 천상의 공간을 상징했고, 능침을 높게 조성해 쉽게 천상을 볼 수 없다는 의미를 두었다. 정자각 뒤에는 소각시설인 예감과 산신에게 예를 표하는 산신석을 마련했다. 능침공간은 봉분을 중심으로 죽은 자가 머무는 곳으로 봉분 주위에는 곡담을 두르고 소나무를 심었다. 국조오례의에 따르면 봉분의 직경은 약 18m, 높이 약 4m이지만, 후대로 갈수록 직경이 줄어서 평균 11m 정도이다. 봉분의 앞쪽에는 3단으로 높낮이를 두어 조성했고, 봉분이 있는 단에는 혼유석, 망주석, 석양, 석호, 난간석을, 다음 단에는 문인석과 석마, 제일 아랫단에는 무인석과 석마를 설치했다. 이런 석물의 배치에는 문관 우위와 남성우위의 유교적 가치관이 투영되었고, 크기에서는 애민사상, 연꽃 문양에서는 불교의 영향, 그리고 동물 배치에는 도교의 영향을 엿볼 수 있다. 지대가 낮은 왕릉의 전면부에 오리나무를 심어 물로 인한 피해를 줄이도록 했다.

조선 왕릉은 봉분의 조성형태에 따라서 봉분을 단독으로 조성한 단릉, 왕과 왕비의 봉분을 나란히 조성하고 하나의 곡장으로 둘러싼 쌍릉, 왕과 왕비를 하나의 봉분에 합장한 합장릉, 하나의 정자각을 두고 두 줄기 언덕에 봉분을 별도로 배치한 동원이강릉, 언덕의 위와 아래에 왕과 왕비의 봉분을 조성한 동원상하봉릉, 왕과 왕비 계비의 세 봉분을 나란하게 배치한 삼연릉 등의 여러 형태가 있다.

중국 왕릉은 대체로 평지에 인공적으로 조성되고 제례가 단절되었으며, 일본은 7세기 이후 왕릉의 규모가 축소되고 불교의 영향을 받아 석탑 등 형태로 조성된 점과 비교하면, 조선 왕릉은 자연환경을 최대한 원형 그대로 유지하고, 현재까지 산릉 제례를 지속하는 살아있는 유산이며, 한 왕조의 능묘가 온전히 남아있는 세계에서도 희귀하고 드문 사례에 해당한다.

⑩ 한국의 역사마을: 하회와 양동

'한국의 역사마을인 하회와 양동'은 2010년에 세계유산으로 등재되었다. 이 두 마을은 14~15세기에 조성된 씨족 마을인 동족촌으로서 산을 마을 뒤에 두고, 마을 앞으로 강과 농경지를 바라보는 곳에 있으며, 조선 초기의 유교적 양반문화를 대표하는 공통점이 있다. 하회마을은 강변에 있고, 양동마을은 산기슭에 있어 마을입지가 대조적이지만, 주변 환경으로부터 물질과 함께 정신적인 안정을 취할 수 있는 공통점이 있다. 두 마을에는 양반 종가와 목조가옥, 정자와 정사, 서원과 사당, 평민가옥인 흙집과 초가집이 잘 남아있다.

하회와 양동은 등재기준 (iii)번과 등재기준 (iv)번을 적용받았다. 각각의 등재기준에 따른 서술문은 다음과 같다.

- 기준 (iii): 하회마을과 양동마을은 가장 잘 보존되어 있고 대표적인 씨족 마을의 예로서, 조선시대 초기의 특징인 촌락의 형태를 유지하고 있다. 마을의 입지 및 배치와 가옥의 전통에서 두 마을은 500여 년 동안 엄격한 유교의 이상을 따라 촌락이 형성되었던 조선시대의 유교 문화를 가장 잘 보여 주고 있다.
- 기준 (iv): 하회와 양동 두 마을은 한반도의 발전에 가장 큰 영향을 끼친 조선왕조의 영향이 반영되어 있다. 특히 양반과 평민가옥들의 전체적인 배치와 개별적 배치의 조화는 조선왕조의 힘과 영향력이 문학과 철학적 전통뿐만 아니라 사회

구조와 문화적 전통에도 배어 있음을 의미한다.

즉, 조선시대 유교문화의 증거, 그리고 조선왕조의 역사적 발달과 사회구조, 문화전통의 변화상을 반영하는 점에서 세계유산 가치를 인정받았다.

하회와 양동마을이 위치한 영남지방은 조선을 통치했던 양반들의 문화가 꽃핀 곳이다. 안동의 하회마을과 경주의 양동마을은 90㎞ 정도 떨어져 있다. 모두 14~15세기에 씨족 마을로 조성되어 18~19세기 후반에 마을 규모가 커졌다.

씨족 마을은 성과 본관이 같은 부계 혈연집단과 다른 성씨의 배우자들로 구성되며, 소수의 씨족이 주민 다수를 차지하고 마을의 주도적인 의사결정을 한다. 씨족 마을은 고려 말기에 시작하여 조선 후기에 이르러서는 전체 마을의 약 80%가 씨족 마을로서 전통을 이어오고 있다.

(1) 안동 하회마을

하회마을은 풍산 류씨가 주민 다수인 씨족 마을이다. 하회마을에는 고려 말에 김해 허씨와 광주 안씨, 그리고 가장 늦게 들어온 풍산 류씨 성의 세 씨족이 살았다. 풍산 류씨는 13세기에 시조인 류종혜가 이주하면서 마을이 이루었고, 17세기 중엽 이후 류씨가 점점 번창하면서 나머지 두 성씨가 마을을 떠나고 하회마을은 풍산 류씨의 씨족 마을이 되었다. 류씨들은 16세기 이후로 류중영과 그의 두 아들인 서애 류성룡과 겸암 류운룡 등 걸출한 학자를 배출했다. 원지정사, 빈연정사, 겸암정사, 옥연정사 등의 유교시설과 종가를 갖추면서 유교 경관의 마을로 확대되었다. 류중영의 종가인 양진당과 서애파의 종가인 충효당은 하회마을을 이끄는 두 개의 중심점이다. 자손이 늘어 분가가 일어나면서 18세기 말에는 남촌댁을 중심으로, 19세기 말에는 북촌댁을 중심으로 마을 영역이 확대되면서 오늘날의 모습을 띠게 되었다.

하회마을은 낙동강의 상류 지역으로 낙동강이 화산을 감돌면서 만든 넓은 퇴적 평야가 발달하여 논농사에 적합한 조건을 갖추고 있다. 하회라는 지명은 물이 굽이친다는 뜻으로 풍수적으로는 '산태극 수태극'의 길지, 연꽃이 물 위

그림 3-12 하회마을

안동 하회마을 전경

안동 하회마을 가옥배치

에 떠 있는 모양과 닮았다고 해서 '연화부수형', 그리고 배 모양과 같다고 해서 '행주형'이라고도 해석한다. 낙동강을 건너 부용대, 원지산, 남산, 병산 등 산줄기가 마을을 겹겹이 둘러싸 주변과 격리되어 있고, 마을과 화산 사이에는 넓은 농경지, 화산 너머에는 풍산들이 펼쳐져 마을의 경제적 기반이 되었다.

하회마을은 평탄해 보이지만, 실제로 마을 중앙에 해당하는 대종가인 양진당은 불룩하게 솟아 있다. 이 자리는 연꽃으로 보면 꽃술에 해당하는 위치이고, 양진당 옆에 당산수는 마을에서 가장 높은 곳에 있으며 신성한 공간을 구성한다. 마을의 중심이 되는 양진당과 충효당에 이르는 중심도로를 따라 마을의 중요 가옥들이 분포하며, 여기에서 다시 마을 길이 사방으로 뻗은 형태를 보인다. 마을의 중앙에 모여 있는 주요 가옥들은 당산수를 향으로 삼고 있다.

마을 서북쪽 백사장에 있는 소나무 방풍림은 16세기에 류운룡이 원지산에서 부용대로 이어지는 공간이 허한 것을 비보하기 위해 조성한 숲이다. 소나무숲은 홍수 때 수해를 막아주고 세찬 북서풍을 막는 역할도 하며, 부용대 바위가 마을에서 보이지 않게 가리는 역할도 한다. 유교 문화시설로는 정사, 정자, 서원 등이 있는데, 주로 마을 북쪽의 부용대를 볼 수 있는 곳이나 부용대 주변에 자리 잡았다. 서애 류성룡 선생을 배향하는 병산서원은 마을의 반대쪽에 위치하며 화천과 병산을 바라보고 있다.

(2) 경주 양동마을

양동마을은 월성손씨와 여강이씨가 형성한 씨족 마을이다. 조선 전기에는 아들이 없으면 외손자가 제사를 잇는 외손 봉사의 풍습이 있었기 때문에 시조인 손소가 1457년에 처가에 들어와 자리를 잡으면서 마을로 성장했다. 손소는 이시애의 난을 평정한 공으로 공신이 되었으며, 그의 아들 손중돈도 과거에 합격하여 중앙 정계에 나아가 활약했다. 손소의 딸이 여강이씨 이번과 혼인하면서 이번의 후손 역시 양동마을에 거주하게 되는데, 이번의 아들이 조선의 대표적인 유학자 이언적이다. 월성손씨와 여강이씨는 손소, 손중돈, 이언적 등의 유명 학자와 정치가를 연이어 배출했고 마침내 양동마을은 영남 유림의 중심 세력으로 자리 잡았다.

양동마을에서 가장 먼저 지어진 건물은 손씨 종가인 서백당과 이씨 종가인 무첨당이다. 월성손씨는 4개 파로, 여강이씨는 6개 파로 갈라지면서 각 파종가를 중심으로 마을 영역이 확장되었다. 16~17세기에 마을의 성장은 서백당과 무첨당 종가와 관가정, 향단, 수종당, 낙선당, 독락당 등 파종가를 중심으로 이루어졌으며, 고지대에서 시작하여 저지대로 마을이 확장되었다.

양동마을은 마을 서북쪽에 있는 설창산과 남쪽에 있는 성주봉 사이로 양동천이 북에서 남으로 흐르는 곳에 배산임수를 하고 있다. 두 산이 만든 능선의 서쪽 절벽 아래로는 안락천이 흐르고, 그 너머에는 안강 들판이 펼쳐져 마을의 경제적 기반이 된다. 마을이 위치하는 능선과 골짜기 들은 물(勿)자와 닮았다고 하여 물자형 풍수형국으로 해석한다. 물자는 '깨끗하다'라는 의미로, 기운이 흐르는 산줄기를 지키기 위해 마을의 집들이 모두 능선 사이의 골짜기에 자리 잡고 있다. 산과 강으로 둘러싸인 경치 좋은 경승지는 유학자들이 학문과 수양에 몰두할 수 있는 자연적인 조건이 되었다. 특히, 옥산리 계곡은 경치가 수려하여 옥산서원과 독락당이 그곳에 있다.

양동마을의 가옥들은 대부분 5부에서 7부 능선 사이에 일정하게 걸쳐 있으며 주민들의 생활영역은 골짜기에 의해 구분되는데, 같은 문중의 집들이 대체로 같은 골짜기 안에 있어 각각의 생활영역을 형성한다. 아랫말과 웃말, 남촌과 북촌으로 마을을 나누는데, 아랫말은 이씨 종가인 무첨당이, 웃마을은 손씨 종가인 서백당이 중심이며, 북촌은 주로 생활영역을 구성하고 남촌은 정자와 서당들이 모인 의식영역을 구성한다. 마을 골짜기를 따라 나뭇가지 모양으로 길이 나 있는데, 길을 따라 주택이 형성되어 골짜기별로 일정한 생활영역을 형성한다. 높은 고지대에는 양반집이, 그 아래로는 상민들의 살림집이 자리 잡고 있다. 양동마을에서 가장 오래된 손씨 종가인 서백당은 마을의 제일 안쪽에 있으며 이씨 종가인 무첨당은 그 옆 골짜기에 있다. 손씨 문중의 관가정과 이씨 문중의 향단은 마을 입구에 안강 들판이 바라보이는 서쪽 골짜기에 나란히 위치한다.

양동마을에는 두 씨족에 속하는 서당과 서원이 별도로 있다. 손씨 문중의 안락정은 마을 입구 근처에 있고, 이씨 문중의 강학당은 좀 더 마을 안쪽에 있다. 또한 이씨 문중의 옥산서원은 독락당 바로 앞에 있고, 손씨 문중의 동강서원은 마을에서 동쪽으로 떨어진 곳에 있다. 이렇게 두 성씨의 종가, 살림집, 정

그림 3-13 양동마을

자, 서당, 서원 등이 마을을 중요한 지점을 차지하면서 균형을 이루고 있다.

하회와 양동마을의 살림집은 'ㅁ'자 모양의 평면형태를 보인다. 그 이유는 영남지방이 연중 기온 차가 심한 대륙성기후의 산악지대여서 폐쇄형 가옥이 유리했고, 양반을 과시하기 위해 서울과 경기도의 'ㄱ'자 집이나 궁궐과 유사한 모양으로 집을 지으려고 했던 것에서 찾을 수 있다. 기와집은 두 마을이 모두 비슷하지만, 초가집은 위도가 더 높고 추운 하회마을이 더 폐쇄적이고 그 수도 많다.

이 밖에도 무형유산으로 마을공동체와 관련한 민속과 의례, 의식, 문중조직이 잘 전승되고 있다. 하회마을은 기제, 차례, 모제, 불천위 제사, 서원향사 등의 전통 제례의 모범이 되고 있고, 우리나라에서 가장 많은 6위의 불천위 제사를 모시고 있다. 양동마을도 손중돈과 이언적의 불천위 제사를 지내고 있다. 또한, 하회마을은 8마당으로 구성된 별신굿 탈놀이나 선유줄불놀이와 같은 마을공동체 놀이가 유명하다. 이들 놀이는 엄격한 당시 신분 사회를 해학적으로 비판하면서 구성원 간의 갈등을 극복하기 위한 공동체 의식이기도 했다.

11 남한산성

남한산성은 2014년 등재기준 (ii), (iv)번을 적용받아 세계유산으로 등재되었다. 남한산성은 '조선시대 전란을 대비한 임시수도'라는 탁월한 보편적 가치를 인정받았으며, 등재기준에 따른 진술문은 다음과 같다.

- 기준 (ii): 남한산성의 산성체계는 16세기와 18세기에 이르는 기간 동안 동아시의 한국과 중국, 일본 간의 산성건축술이 상호교류한 중요한 증거이다. 특히, 17세기에 국제 전쟁을 통해 동아시아 무기발달과 축성술이 상호 교류한 탁월한 증거가 되며, 극동지역에서 발달한 방어적 군사공학 기술의 총체를 구현하고 있다. 남한산성은 중국과 한국의 성제를 재검토한 결과이자 서구로부터 유입된 새로운 화기의 위협을 방어하기 위해 축성된 산성이다. 남한산성은 한국의 산성설계에

있어 중요한 분기점을 이루었으며, 축성된 이후에는 한국의 산성 건설에 지속적으로 영향을 미쳤고 유사시의 임시수도로서 기능할 수 있도록 계획적으로 축조된 유일한 산성도시이다.

• 기준 (iv): 남한산성은 험한 지형을 활용하여 성곽과 방어시설을 구축함으로써 요새화된 도시를 보여주는 탁월한 사례이다. 남한산성은 7세기부터 19세기까지 축성술의 시대별 발달단계와 무기 체계의 변화상을 잘 보여준다. 17세기 조선시대에 비상시 임시 수도의 기능을 하도록 계획 · 건설된 도시로서 불교 승군에 의해 축성되었으며 산성의 방어 역시 승군이 담당했다.

즉, 17세기 군사방어시설의 총체, 화약 무기 등장 이전과 이후의 산성 설계의 분기점, 요새화된 도시, 그리고 조선시대의 비상시 임시수도, 승군에 의한 축성과 방어라는 가치를 찾을 수 있다.

남한산성은 원래 통일신라의 주장성을 원형으로 인조 때인 1624~1626년에 보강하여 축성한 곳이다. 1636년 병자호란을 거치면서 당시 신무기였던 홍이포의 위력을 실감한 조선은 전쟁이 끝나면서 화약 무기에 대응할 수 있도록 새로운 축성술을 남한산성에 적용했다. 그 결과 화약 무기 이전의 전통적인 축성술부터 화약 무기 도입 이후의 전돌 여장, 포루와 같은 축성술의 변화상을 모두 남한산성에서 볼 수 있다.

남한산성은 본성과 외성인 봉암성과 한봉성, 그리고 본성에서 떨어진 신남성 돈대로 구성된 연속유산이다. 서울에서 약 25km 떨어져 있어 유사시에 피난 수도로서 항전에 쉬우며, 한강과 경안천이 자연 해자 역할을 하고, 청량산, 벌봉, 한봉 등의 산줄기로 둘러사인 성 안의 평균 고도가 해발 460m에 이르러 방어에 유리한 조건을 갖추었다. 전체 길이는 본성이 약 9km, 외성이 약 2km로 12km에 달하는 초대형 산성이고, 성안 분지는 유사시 병력과 주민을 충분히 수용할 수 있었기 때문에 전란을 맞아 조선 왕실의 임시수도 역할 수행을 할 수 있었다. 그 결과 남한산성은 하늘이 내린 성이란 뜻의 '천작지성'이라고도 불렸다. 남한산성에는 왕실과 조정의 보장처로서 임시수도의 기능을 하는 행궁과 부속시설(내행전, 외행전, 내삼문, 한남루, 재덕당), 좌전과 우실 등 시설물을 모두 갖추었다.

남한산성의 내부는 '주례동관고공기"의 '좌묘우사 전조후시'의 원칙을 따르면서도 지형을 따라 창의적으로 변형하여 독창적으로 건물을 배치했다. 행궁은 수어장대에 위치한 청량산 아래에 임금의 권위가 하늘, 산, 궁궐로 이어지도록 동향으로 배치했고, 종묘의 구실을 하는 좌전은 행궁의 왼쪽에, 사직의 역할을 하는 우실은 우측의 좀 떨어진 곳에 두었다.

남한산성 성벽은 새로운 화포와 무기에 효과적으로 대항하도록 축성했다. 처음에는 들여쌓기 수법으로 쌓다가 나중에 수직으로 성벽을 세우는 굽도리식으로 쌓아 방어력을 높였고, 등고선을 따라 곡면으로 성벽을 수축하여 사격의 사각지대를 없앴다. 남한산성의 축성은 중국의 병서인 기효신서, 무비지 등을 참고하여 중국의 성제를 조선의 자연 지세에 맞추어 창조적으로 적용하여 방어력을 극대화한 결과이다. 1607년(선조 40)에 이시발은 『수성조약(守城條約)』을 저술하여 중국의 성제를 조선의 지세에 맞추는 방안을 정리했는데, 중국 성제인 옹성, 현안 등을 조선의 지세에 맞추어 남한산성과 강화도 등에 우선 적용했다. 중국의 척후 거점인 돈후를 변형하여 남한산성의 신남성에 돈대를 설치했으며, 양마장을 변형하여 제1, 2, 3의 남옹성을 축조했다. 특히, 남한산성의 1, 2, 3 남옹성은 '남한등록'에 나온 고유한 용어로서, 성문을 감싸고 있는 반월형 방어시설인 일반 옹성과 달리 전진 부대가 미리 앞으로 나가서 본성에 대한 공격을 방어하는 양마장과 포루의 기능을 종합한 특별한 방어시설이다.

또한, 화포와 총을 사용하고 방어에도 응용하기 위해 옹성, 포루, 총안(현안), 치, 돈대 등을 적극적으로 도입하여 설치했다. 성벽 위에 몸을 숨기고 적과 교전할 수 있는 시설인 여장(성가퀴)을 전돌로 만든 점은 화포의 충격을 완화할 수 있다는 실학파의 의견을 반영한 것이다. 여장의 구조적 지지력을 높이기 위해 마사토와 강회, 동유를 섞은 모르타르를 전돌을 함께 사용하고, 여장에 근총안과 원총안을 만들어 놓았다. 성에는 4개의 성문인 동문(좌익문), 서문(우익문), 남문(지화문), 북문(전승문)과 함께 은밀하게 성을 드나드는데 사용했던 암문이 16개소, 방어시설로써 5개의 옹성인 연주봉 옹성, 장경사신지 옹성, 제1, 2, 3 옹성, 성벽에 돌출시켜 적을 공격할 수 있도록 한 5군데의 치

그림 3-14 남한산성

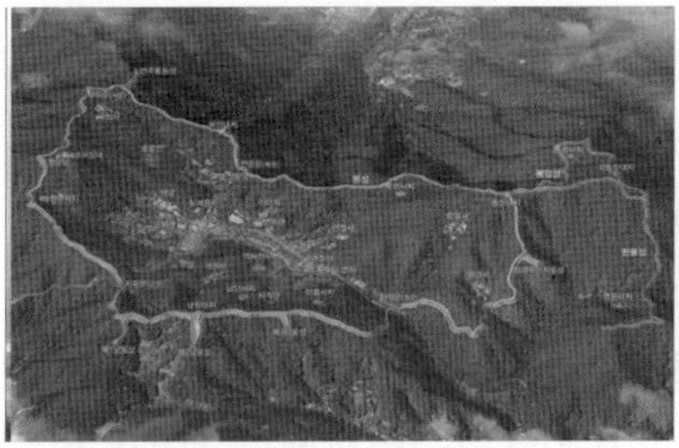

남한산성 지형조감도

남한산성 사진(1910년경)

제1, 2, 3, 남옹성

연주봉 옹성

성벽과 여장

포루

수어장대(서장대)

승영사찰의 위치

가 있다. 오늘날 수어장대 한 곳만 남아있지만, 5개의 장대, 7개의 포대, 28개소의 수구, 그리고 군포지가 확인된다.

남한산성에는 축성술의 시대별 발달단계가 잘 나타난다. 신라 때 축성한 구간의 성 돌은 옥수수 알 모양으로 길쭉한 화강암이며, 인조 때 축조 구간은 전통적인 퇴물림 방식에 따라 정방형과 장방형의 돌을 20단 이상 쌓아서, 옆에서 보면 하단에서 위로 올라갈수록 직선에서 뒤로 굽어지는 굽도리식 형태를 보인다. 숙종 이후 축성한 성벽 하단에는 대형 석재와 암반을 사용하여 성벽의 지지력을 높여 화포 공격에 무너지지 않도록 축성했다. 18세기 영조와 정조 때에는 석재의 중간에 작은 돌을 끼워 넣어 성벽의 지지력을 높였다. 군사방어술과 무기체계를 축성에 반영해 당시 화포인 불랑기의 사거리를 고려하여 제1, 2, 3, 남옹성을 앞으로 나오도록 건설하고, 옹성 내부에는 격벽을 갖춘 독립 포대 진지를 만들었으며, 건너편 검단산에 있는 신남성과 동시에 사격하여 적의 공격로를 십자포화 화망에 들어가도록 했다.

한편, 남한산성은 산성 도시로서 17세기부터 4,000명 이상의 인구를 가진 행정 · 군사 · 생활의 중심지 역할을 했다. 18세기 도성 방어를 위해 군사와 행정을 결합한 광주 유수부를 남한산성에 설치한 것은 산성수축론, 읍성강화론, 산성거주론이 융합되어 실현된 결과였다. 행궁 이외에 광주 유수의 집무실인 좌승당, 객사인 인화관터, 내아터, 행정관청이 있던 이아터(제승헌), 일장각, 지수당과 연지가 오늘날에 남아있다.

남한산성은 병자호란 이후 유교 통치이념의 상징공간이자 북벌론의 중심이었다. 오늘날까지 삼학사(홍익한, 윤집, 오달제)와 김상헌, 정온의 충의를 기리는 현절사 제향과 온조대왕을 모신 숭렬전 제향을 봉행하고 있다. 19세기 초에는 천주교 순교지였으며, 일제강점기 1930년에 주민들이 경기도 남부에서 가장 큰 소나무 군락지를 조성하고, 조선 최초의 배달음식인 효종갱 등을 배달하는 등 무형유산의 가치도 뛰어나다.

또한, 남한산성은 팔도도총섭, 승영사찰 제도를 통해 호국불교사상이 발현한 증거이다. 승병들이 10개의 승영사찰에 상주하면서 상비군의 역할을 했다. 10개의 승영사찰은 일제강점기에 모두 파괴되었고, 그 중에서 장경사, 망월사,

개원사, 국청사 일부는 복원이 이루어졌지만, 옥정사, 한흥사, 천주사, 남단사, 동림사, 영원사 등은 터만 남아있다. 이 밖에도 남한산성에는 축성 설화와 관련하여 민간신앙의 중심지인 이회 장군을 모신 청량당, 석조물로서 제2 남옹성의 축성과정을 기록한 남옹성무인비, 봉암성의 축조를 기록한 봉안산성병인비, 정조때 수어사 서명응의 산성 중수를 기록한 내용인 병암남성신수비, 소설 남한산성에도 서날쇠란 이름으로 등장하는 실제 인물인 서흔남의 묘비, 수어사대 각서, 옥천정 암각문, 반석 암각문, 주필암 등의 다양한 문화유산이 남아있다.

⑫ 백제역사유적지구

백제역사유적지구는 2015년 세계유산으로 등재되었으며, 공주시, 부여군, 익산시의 3개 지역에 분포한 8개의 고고학 유적지로 이루어져 있는 연속유산이다. B.C. 18~A.D. 660년에 이르는 백제의 700년 역사에서, 공주와 부여에 도읍을 정한 A.D. 475년~660년 사이의 후기 웅진 시대(475~538)와 사비 시대(538~660)의 공산성과 송산리 고분군, 부여 관북리 유적과 부소산성, 정림사지, 능산리 고분군, 부여 나성, 그리고 익산의 왕궁리 유적, 미륵사지 등 8개가 등재되었다. 이들은 백제 후기 당시 중국의 도시계획원칙과 건축기술, 예술과 종교, 묘제 등을 수용하여 고유한 백제 문화로 발전시키고 세련된 백제의 문화를 이웃인 신라와 일본, 더 나아가 동아시아 지역으로 전파한 사실들을 증거한다.

백제역사유적지구의 탁월한 보편적 가치는 등재기준 (ii)번과 (iii)번을 충족한다.

- **기준 (ii)**: 백제역사지구의 고고학 유적과 건축물은 한국과 중국 및 일본의 고대 왕국들 사이에 있었던 상호교류를 통해 이룩된 백제의 건축기술의 발전과 불교 확산에 대한 증거를 보여준다.

- 기준 (iii): 백제역사지구에서 볼 수 있는 수도의 입지, 불교 사찰과 고분, 건축학적 특징과 석탑 등은 백제 왕국의 고유한 문화, 종교, 예술미를 보여주는 탁월한 증거이다.

건국설화를 보면 백제는 고구려 주몽의 부인 소서노가 비류와 온조 두 아들을 데리고 남하하여 세운 나라이다. 미추홀에 나라를 세운 비류가 죽으면서 온조와 나라를 합쳐서 기원전 18년 하남위례성에 도읍을 정하고 백제를 개국했다. 이후 백제는 주변 마한의 세력들을 통합하면서 한반도 서남부의 패자로 등장한다. 그러나 서기 475년 고구려 장수왕의 공격으로 개로왕이 전사하고 하남위례성이 함락되면서 문주왕을 왕으로 세우고 지금의 공주인 웅진으로 천도했다. 공주는 이후 약 63년간 백제의 수도로서 지속하다가 538년 성왕 때 지금의 부여인 사비로 수도를 옮겼고, 그 후 660년 나당연합군에 의해 멸망 당했다. 백제는 678년 역사 동안 동아시아의 여러 국가와 교류하면서 세련되고 발달 된 문화유산을 남겨 놓았다. 백제역사유적지구에는 후기 백제를 대표하는 유적이 남아있으며 독특하고도 세련된 문화유산을 자랑한다.

공주는 63년간 백제의 도읍이었다. 공주의 북쪽에는 차령산맥이 동서로 뻗어 있고 동부는 계룡산이 남북으로 펼쳐져 있으며 서부에도 산이 많아 방어에 유리하다. 하남위례성과 공주와 부여가 모두 북편에 강을 띠처럼 두르고 있는 것은, 강을 자연 해자로 두면서도 교통로로 이용한 상업과 교역에 중시한 해상왕국이었다는 사실을 말해준다. 그러나 공주는 좁은 마름모꼴의 분지라는 공간적인 제약이 있어 성왕은 538년 사비성, 오늘날 부여로 수도를 이전했다.

부여, 사비도성은 백제 중흥을 위한 성왕의 꿈이 깃들어 있는 곳이다. 부여 역시 북쪽에 강이 두었으나 중앙에 넓은 분지가 발달하여 더 개방적인 모습이었다. 성왕은 사비성을 계획도시로 건설하고 적극적인 대외정책과 교역에 중점을 두었다. 백마강을 자연 해자로 삼아 부소산에 산성을 쌓았고, 부소산성의 동쪽과 남쪽은 나성을 쌓아 외곽의 방어선을 만들었다. 저지대 습지였던 현재의 부여 시가지에는 신도시를 건설했다. 관북리 일대에서 남북 대로와 동서 소로, 동일한 가옥구조가 발굴되어, 사비성이 방리제와 조방제를 적용하고 격자

그림 3-15 백제역사유적지구

공산성 판축토성구간

송산리 고분군

관북리 유적

정림사지 5층 석탑

부여 나성

익산 미륵사지

형 도로로 구획된 계획도시였음을 알 수 있다. 『삼국유사』에는 부여의 지형과 관련하여 “삼산이 있는데 그 이름은 일산, 오산, 부산이요. 백제국이 전성할 시기에는 이들 삼산 위에 신선이 살며 서로 날아 왕래함이 아침저녁으로 끊임이 없었다.”라고 서술하고 있어 도교적 영향을 받았다는 점도 알 수 있다. 그러나 역사의 아이러니는 이런 자연 해자의 역할을 하던 백마강이 당나라의 수군에 의해 공격로로 이용되고 나성을 넘어 동쪽에 신라군이 쳐들어오면서 지형적 이점이 적에게 포위당하는 불리함으로 작용했다는 것이다.

익산은 사비 도읍기에 무왕의 별궁이 있어 백제의 부도(副都) 역할을 했다. 무왕은 자신의 지역기반인 익산에 머물면서 평야의 농업생산력을 이용하여 신라를 공격하는 전초기지로 삼았다. 익산시 왕궁면에 왕궁리 유적은 주변이 모두 평탄한 농경지이며 미륵사와는 약 4.5km 떨어져 있다.

백제역사유적지구의 8개 유적지구는 왕성, 왕실묘제, 도성 방어시설, 종교시설, 그리고 왕실의 별궁등을 망라한다. 왕성은 공산성 대벽 건물지와 관북리 대형 건물지를 보듯이 화려하고 웅장하게 조성했다. 왕릉은 송산리와 능산리 고분군에서 보듯이 도읍지의 밖에 배치했다. 사비성의 나성은 자연 지세를 활용하여 판축으로 성을 쌓은 후에 바깥쪽에 돌을 둘러서 방어력을 강화한 토석혼축성이다. 불교사찰인 정림사지와 미륵사지는 도읍지의 중앙이나 상징성이 있는 곳에 건립했다.

첫째, 공산성은 길이가 2.6km에 이르는 포곡식 산성으로, 백제의 유적으로 왕궁지와 성안마을 유적, 토성 벽, 연지 등이 있으며, 조선시대의 유적으로 중군영지, 영은사, 공북루, 광복루, 쌍수정, 석축의 성벽 등이 남아있다. 웅진성 또는 고마성이라고도 불렀다. 성안에서 높고 평탄한 곳에서 정면 7칸, 측면 1칸의 대형 건물터와 목곽고, 석축 우물, 와당, 삼족토기 등의 여러 유물이 발굴되었다. 특히, 동쪽 산정에 있는 임류각지는 삼국사기에 동성왕이 후원으로 조성했다는 기록과 일치한다. 백제 시대 판축으로 축조한 토성의 일부 구간이 동남쪽에 남아있다.

둘째, 송산리 고분군은 공산성에서 서쪽으로 800m 정도 떨어진 송산 남쪽에 13기의 무덤과 2개의 제단 시설이 있는 곳이다. 7기의 횡렬식 석실묘, 2기의 석곽묘, 2기의 전축묘가 발견되었다. 특히, 묘지석이 발견된 무령왕릉과 벽화가 그려진 송산리 6호분은 백제의 전통적인 석실분 대신에 벽돌을 재료로 한 전축분이며, 터널형으로 축조되어 중국 묘제의 영향을 받은 증거이다.

백제의 묘제인 횡혈식 석실분은 1번부터 5번에 해당하며 수혈식 석곽묘는 7호분에서 8호분에 해당한다. 1971년에 발굴된 무령왕릉은 온전한 상태로 108종 4,687점의 유물과 묘지석이 발굴되어 무덤 편년을 밝힐 수 있는 귀중한 자료이며, 무령왕릉에서 발굴된 자기, 오수전, 금동신발, 청동다리미, 일본산 금송 목관은 당시 동아시아 교류를 알려준다.

셋째, 관북리 유적과 부소산성을 보면, 부소산성은 금강 이남에 있는 포곡식 산성이라는 점에서 공산성과 비슷하지만 왕성의 기능을 관북리와 나누어 맡았다. 전체 길이는 약 2.5km 이고, 판축으로 토성을 쌓았으며, 4개의 성문과 2개소의 치성, 장대지 두군데가 확인되었다. 관북리 유적에는 기단의 규모가 동서 35m 남북 18.5m에 이르는 대형 건물지와 남북방향의 폭이 9m인 대로, 동서방향의 폭이 4m인 소로, 목곽과 석곽 저장시설과 공방, 목곽수조와 기와 도수관로의 상하수도 시설, 그리고 수부라고 찍힌 기와 등이 발굴되었다.

넷째, 정림사지는 부여읍 동남리에 있으며, 사비 시대에 건립된 정림사지 5층 석탑은 국보 제9호로서 부여 시내의 정중앙에 있다. 정림사는 중문-탑-금당-강당을 일직선으로 배열한 1탑 1금당 양식으로 백제 사비 시대의 가람 양식을 대표한다. 백제사찰에서 가장 중요한 건물인 강당의 좌우에서는 동서 회랑 터와 승방 터가 발굴되었으며, 중문과 탑 사이에는 연못이 있었던 것으로 추정된다. 정림사지 5층 석탑의 1층 탑신부에는 660년 백제를 멸망시킨 당군의 승전기록을 새긴 '대당평백제국비'라는 명문이 새겨져 있는데, 고대 아시아에서 최대 규모의 석탑으로서 목탑에서 석탑으로 변화되는 특징을 보여 준다. 또한, 기와로 기단을 만든 '와적기단'은 정림사지와 동일한 1탑 1금당 양식의 일본의 시텐오지[四天王寺], 아스카테라[飛鳥寺], 호류지[法隆寺] 등에도 남아 있다.

다섯째, 능산리 고분군은 나성 밖에 위치하며 16기의 고분은 중앙과 좌우의 고분군으로 나누어진다. 남쪽 경사면 중앙 고분군은 앞줄에 3기, 뒷줄에 3

기, 그리고 가장 높은 곳에 있는 1기가 복원되어 있다. 앞줄 가운데 있는 중하총은 터널형 무덤으로 성왕의 능으로 추정하며, 동쪽 아래에 있는 동하총에는 사신도가 그려져 있고 성왕의 아들인 위덕왕의 능으로 추정한다. 1993년에 나성과 고분군 사이에 있는 능사터를 발굴하면서 백제금동대향로가 출토되었으며, 1995년에는 창왕, 즉 위덕왕의 명복을 비는 사리감이 출토되었다.

여섯째, 부여 나성은 부소산성의 동쪽에서 동북쪽으로 연결되는 북나성과 청산성에서 동남쪽을 거쳐 백마강까지 연결되는 동나성이 확인되며, 백마강이 흐르는 남쪽과 서쪽은 자연제방이 나성을 대신했다. 나성은 판축공법과 부엽공법을 사용하여 축조했다. 판축이란 판자로 틀을 만들고 흙을 다져서 압착시켜 한단 한단씩 계단형으로 성벽을 쌓는 방법이고, 부엽공법은 판축을 하면서 나뭇잎을 섞어서 더욱 압축력을 높이는 당시로서는 신기술 공법이었다.

일곱째, 익산 왕궁리 유적을 살펴보면, 『구당서(舊唐書)』에 "백제에 왕이 거주하는 곳에 동서 양성이 있었다."라는 기록으로 미루어 사비성과 익산 왕궁성이 양성에 해당하는 것으로 추정된다. 익산 왕궁리 유적에서는 수부라는 명문이 새겨진 기와, 그리고 동쪽에서 왕을 호위하는 신을 모시는 제석사지가 발굴되어 왕궁이었음 뒷받침하고 있다. 왕궁리 유적은 4개의 석축으로 이루어져 있고 북쪽과 뒤쪽의 지형이 더 높다. 전면부에서는 동서 32m 남북 16m에 이르는 대형 건물지와, 후면부에서는 정원과 후원 시설이 발굴되어, 중국 궁성의 전조후원의 원칙을 적용한 것으로 추정된다. 후원에는 중국 남조의 영향을 받아 굽은 물길을 갖춘 연못과 화려한 정원석을 갖추고 있다. 왕궁지를 빙 둘러서 방어와 경계선을 위해 높은 담장인 궁장을 쌓았는데, 동벽과 서벽은 약 490m, 남벽과 북벽은 240m 내외의 길이로 축조하여 그 비율이 중국 북위의 낙양성과 남경의 건강성의 비율과 비슷해 백제와 중국과의 교류가 활발했음을 알 수 있다.

마지막으로 미륵사지는 왕궁리 유적에서 4km 정도 떨어져 있으며, 뒤편에 미륵산이 있다. 미륵사의 창건설화에 보면, 무왕과 그의 부인이 미륵산 중턱에 있는 사자사에 행차할 때 용화산 연못에서 미륵삼존이 나타나 이곳에 사찰을 세울 것을 건의했고, 지명법사의 도움으로 연못을 메우고 미륵법상 삼존과,

전탑, 낭무를 세 곳에 세우고 미륵사라고 했다고 한다. 발굴조사 결과도 설화와 거의 일치하며, 연못을 메운 것이 확인된다. 미래불인 미륵불은 세 차례의 설법으로 용화세계로 인도하는데, 백제에서 미륵신앙을 구현한 곳이 미륵사이다. 미륵사지의 가람 배치는 3탑, 3금당 양식으로 중문-탑-금당을 가로 축선에 맞춰 3개소에 병행하고 중원과 동서원에 회랑을 두르고 뒤편으로 대형 강당과 승방을 배치했다. 현재 동탑은 재건되었고 서탑도 해체 복원공사를 마치고 재건했다.

13 산사, 한국의 산지 승원

산사는 등재기준 (iii)번을 적용받아 2018년에 세계유산으로 등재되었다. 산사는 연속유산으로 통도사, 부석사, 봉정사, 법주사, 마곡사, 선암사, 대흥사의 7개 사찰로 이루어져 있다. 이들 7개 사찰은 불교 출가자와 신자의 수행과 신앙, 생활이 이루어지는 종합 승원으로서 창건 이후에 오늘까지 온전하게 승가공동체를 지속하고 종교활동이 이어져 온 성역이라는 점에서 세계유산 가치를 인정받았다. 특히, 7개 사찰은 산사의 형성과 진전 과정을 가장 잘 보여주면서 창건 연대순으로 구성한 연속유산으로 평가된다.

표 3-5 산사의 사찰 특성

산사	창건	사상	신앙전통	입지	지역
영축산통도사	646년	계율	종합	곡저형 다원식	경상남도 양산시
봉황산부석사	676년	화엄	미타	경사형단축식	경상북도 영주시
천등산봉정사	677년	화엄	미타석가	경사형다축식	경상북도 안동시
속리산 법주사	8C중반	법상	미륵 석가	곡저형일원식	충청북도 보은군
태화산마곡사	9C후반	선	석가 화엄	계류형이원식	충청남도 공주시
조계산선암사	9C후반	선	석가	곡저형다원식	전라남도 순천시
두륜산 대흥사	9C후반	선	석가 호국	계류형 이원식	전라남도 해남군

산사는 산기슭에 계류를 끼고 있어 주변 자연을 경계로 삼는 개방형 구조를 보인다. 이것은 중국의 산지사찰이 폐쇄형 담장으로 둘러싸인 것과는 전혀 다르며 인공적인 조경을 한 일본의 산지 사찰과도 다른 점이다. 한국의 산사는 자연 지세에 순응하면서 사역을 확장하고 지형에 맞춘 가람의 구성으로 평지형 사찰과 달리 좌우 대칭에 구애받지 않는 비대칭적이고 비정형적인 모습을 보인다. 사찰의 건물은 마당을 가운데에 두고 하나의 축을 갖거나 여러 개의 축을 구성하고 있으며, 마당의 수에 따라 단원식, 이원식, 다원식 등으로 나누어 볼 수 있다.

산사의 일주문을 거쳐, 계류를 건너, 문과 누각을 차례로 통과하면서 주불전이 있는 중심영역에 이르기까지, 사찰로 들어가는 진입로에서 점차 주불전으로 향하면서, 시각이 확대되는 점승적 구조로 동선을 구성하며, 원지형 훼손을 최소화하면서 마당 중심으로 건물을 유기적으로 연결했다. 이런 자연 친화적 입지와 경관은 산사만의 독특한 특징이다. 즉, 인간과 자연이 공존해야 한다는 통합 생명의 원리에 따라 가람 배치를 지형과 일체화했으며, 자연 식생과 조화를 고려한 경관을 만들고, 건물의 배치 또한 자연 지세와 조화를 이루도록 했다. 또한, 경국대전에서 "사원을 새로 짓는 것을 금하며, 오직 옛터에 중수하는 것만 허락한다."라는 원칙에 따라 임진왜란 이후에도 같은 자리에서 중창과 중수를 거쳐 오늘에 이르러왔기 때문에 종교적 성역을 그대로 유지할 수 있었다.

산사는 한국불교의 역사와 변화를 대표한다. 수행과 신앙, 문화의 전당으로서 창건 이래 1,500년 동안 지속된 역사적 유구성을 갖추고 있다. 수행에 적합하면서도 민가에서 멀리 떨어져 있지 않은 산기슭에 자리 잡음으로써, 산악숭배와 함께 문화의 거점으로서도 역할을 해 왔다. 또한, 도선 대사의 풍수비보설의 영향을 받아 국토 운영에 도움이 되는 장소에 수행과 신앙의 성지로 건립되었다. 조선 전기 이후 불교계의 축소로 종파적 성격이 약하며 사찰 안에 다양한 불교 신앙 대상을 둠으로써 한국 불교만의 종합불교적 성격을 대표한다,

산사는 불교사상의 연마와 수행 실천, 불교 신앙 활동와 의식 집행의 성지로서 신앙공동체를 형성했다. 신도들의 시주와 지원에 의한 중창 중수와 왕실

및 상류층의 지원은 전란 이후 사회안정을 도모하는 사회적 기능을 수행했으며, 수행처이면서도 신앙의 전당으로서 문화적 사회성을 대변한다. 그 결과 산사는 전통문화의 원형을 계승한 목조건축과 불상, 불화와 같은 유형문화재 보고로서의 가치를 갖는다.

현재 산사의 모습은 조선 후기 사원의 특징인 마당과 사동중정형(四棟中庭形) 구조를 기반으로 한다. 진입부에서 누각을 거쳐 마당으로 들어서면 사방에 중심 전각과 누각을 배치한 모습이다. 생활과 수행의 공간인 좌우 요사채와 승방, 선방은 필요에 따라 확장이 이루어졌다. 대웅전의 중심영역을 먼저 건립하고 부차적인 전각인 지장전이나 관음전, 산신각, 칠성각 등으로 확장한 것이다. 요사채도 ㅡ자형에서 ㄱ자형과 ㄷ자형으로 거쳐 ㅁ자형까지 확장이 이루어졌다.

조선 후기로 들어오면서 신자들에 의해 사찰계와 사찰의 후원이 활발해지면서 사원 경제가 확대되었다. 18세기부터 승려 저술과 문집 간행이 성행했

그림 3-16 사동중정형 마당구조(봉정사)

으며, 강학이 성행하면서 불서 간행 작업, 불전 중건과 불상 제작 등의 불사가 활발했다. 특히, 사원 경제의 확대는 불전을 단순한 예배 공간에서 벗어나 법회와 의식을 거행하는 공간의 중심으로 만드는 복합불전화와 대형 괘불을 걸고 마당에서 법회 의식을 거행하는 마당의 대법회 등의 변화를 가져왔다.

첫째, 양산 통도사는 646년 자장율사가 창건하고 불보신앙의 원천인 부처의 진신사리를 보관한 금강계단이 있는 곳이다. 곡저형 지형에 맞게 금강계단이 있는 상로전, 중로전, 하로전의 삼로전 체제로 구성한 다원적 사찰 구조를 갖춘 불보사찰이다. 또한, 통도사는 대웅전, 대광명전, 영산전 등의 다양한 신앙요소가 전개된 한국불교의 종합 신앙을 대표하며, 풍부한 기록유산과 다양한 유형 유산을 보유하고 있다.

둘째, 영주 부석사는 676년 의상대사가 창건했다. 미타 신앙의 성지인 무량수전을 중심으로 산기슭의 경사를 활용하여 사역을 다단으로 조성함으로써 빼어난 사찰 경관을 조성했다. 다단인 석축은 미타 구품왕생과 화엄 십지 수행을 상징하며, 본전인 무량수전은 아미타 신앙을 계승하면서도 조형적인 아름다움을 자랑한다. 경사면을 따라 배치한 건물은 차례로 상승하는 화엄 사상의 수행과 교리에 따른 사찰 구성을 대표한다. 부석사는 자연경관에 전통 건축의 아름다움과 사상과 신앙을 조화시킨 대표적인 사례이다.

셋째, 안동 봉정사는 677년 능인이 창건한 사찰이다. 극락전은 고려 전기인 12세기 주심포 양식으로 지은 한국에서 가장 오래된 목조건물이다. 또한, 대웅전은 고려말에 건립된 다포식 건물이며, 화엄 강당은 조선 후기의 익공식 건물로서 목조건축의 보고라고 할 수 있다. 대웅전과 극락전이 마당에 나란히 조성되어 각기 석가 신앙과 미타 신앙을 대표하며, 산기슭 경사를 따라 두 개의 축을 병렬하여 배치했다. 사동중정형 사찰 구조의 정형적인 특징과 함께 자연 지세와 연계한 수려한 경관을 자랑한다. 안동권 유교 사대부 문집이 봉정사에서 간행되고 목판본을 보관하는 등 종교 간 공존의 사례이다.

넷째, 보은 법주사는 8세기 중반에 진표와 영심이 미륵신앙의 전당인 산호전을 중심으로 창건했다. 대웅보전과 미륵대불이 각각 축을 구성하는데 이 축이 교차하는 지점에 목탑형식의 중층법당 건물인 팔상전이 있다. 전체적으로 계류를 낀 곡저형 입지에 마당을 중심으로 야외 예불 공간이 펼쳐져 있다. 법주사는 대대로 왕실 신앙을 지속한 곳으로 18세기 영조의 비이자 사도세자의 생모인 영빈이씨를 모신 선희궁 원당이 조성되었다. 또한, 신라부터 내려온 석조물과 조선 목조건축물이 아름답게 조화를 이루고 있다.

다섯째, 공주 마곡사는 9세기 선종사원으로 창건되었다. 계류를 건너 사찰의 영역이 확대되었기 때문에, 석가 신앙의 대웅보전과 화엄 신앙의 대광주전이 북원에 있고, 계류 건너 남원에는 선 수행 공간인 영산전이 있다. 진입공간인 해탈문과 천왕문은 자연계류를 따라 비스듬히 진입하게 되어 있어 자연과 조화를 이룬 사찰 구성을 보인다. 불교 문화의 전통을 계승하는 불모다례재와 생활문화를 보여 주는 고방 건물, 13세기 티벳 불교와 교류의 증거인 오층석탑 상륜부 등이 남아있다.

여섯째, 순천 선암사는 9세기 도선이 비보 사찰로 창건했고, 17세기에 중창이 이루어졌으나 1820년대 화재로 대부분이 소실된 후에 다시 중창하여 현재 모습에 이른다. 선종사원으로서 숲으로 둘러싸인 곡저형의 터에 대웅전과 마당을 중심에 둔 사찰 구조를 만들고, 이 틀을 다시 네 겹으로 중첩해 각각의 용도를 완성한 복합 승원이다. 사찰은 대웅전, 원통전, 응진당, 각황전의 네 영역으로 구성되며, 각 영역은 독립적이고, 생활영역에 따라 6방 체제로 마치 마을과 같이 독자적인 생활영역으로 구성했다. 차 문화, 범패, 불화 등의 불교 문화를 계승하면서 수리 변형이 적어 가장 전형적인 전통 산사의 면모를 간직하고 있다.

일곱째, 해남 대흥사는 9세기 도선이 비보 사찰로 창건한 선종 사찰이다. 대웅전이 있는 북원 구역에서 계류를 건너 천불전, 표충사, 대광명전이 있는 남원구역으로 사역을 확대했다. 서산대사를 기리는 표충사는 호국 신앙을 계승한 상징이며, 18세기와 19세기 선교 교학 사상을 대표하여 12대 종사와 강사를 배출했다. 사찰 안에 50여 개의 승탑과 탑비는 이런 전통의 증거이다.

⑭ 한국의 서원

한국의 서원은 9개의 서원이 연속유산으로서 등재기준 (iii)번을 적용받아, "한국의 성리학과 관련한 문화적 전통을 대표하는 예외적인 증거"로서 2019년 7월 세계유산에 등재되었다. 한국의 서원은 돈암서원(충남), 소수서원, 도산서원, 병산서원, 옥산서원(경북), 무성서원(전북), 도동서원(대구), 필암서원(전남), 남계서원(경남) 등 6개 지자체에 분포한 9개의 서원으로 구성되었다. 한국의 서원은 조선시대 명현을 배향하고 인재 교육을 위한 사설 교육 지관으로, 16세기 중반부터 17세기 중반에 건립되어 유가 사림의 활동 기반이자 교육기관으로서 유교 문화의 핵심이 된 양반사회의 정신문화가 담겨 있다. 성리학 교육을 통해 전국으로의 성리학 전파에 이바지하고, 동아시아에 전파된 성리학이 한국에서 지역화되면서 독특하게 변형되는 과정을 반영한다. 또한, 서원 건축을 정형화함으로써 독특한 문화전통이 만들어졌고, 강학, 제향, 교류를 위한 강당, 사우, 누각 등의 건축물을 적절하게 배치했다.

조선시대 서원은 제향 공간, 강학 공간, 교류와 유식 공간을 필수적인 요소로 한다. 제향 공간에는 사우와 위패, 전사청 등이 있고, 강학 공간에는 강당과 재사, 도서관, 편액 등이 있으며, 회합과 유식 공간에는 누각과 주변 경관, 지형 등이 중요하다. 9개 서원은 진입공간을 알리는 하마비와 홍살문, 온돌, 마루 등 전통 목조건축의 공통적 요소를 공유하면서도 창의적으로 주변 환경과 연계하여 성리학의 이상을 이해하는 개별적인 성격을 나타낸다. 특히, 서원의 입지, 공간구성과 건물배치는 주변의 자연경관과 어우러지는 특징이 있다. 마을 부근의 한적하면서 산과 하천을 끼고 있는 곳에 세워져 주택과 사원, 정자의 건축이 서로 조화를 이루는 아름다움을 지닌 것으로 평가된다.

서원에는 학문적으로 뛰어난 성현(1439~1504)을 배향했고, 선현에 대한 제사와 운영에서 독자성을 지닌 특색이 있다. 소수서원은 1543년 주세붕이 안향을 배향하기 위해 세운 백운동서원이 소수서원으로 사액서원이 된 곳으로, 중심축이 없는 특징이 있다. 남계서원은 정여창(1450~1504)을 배향한 서원으로 강당 영역을 전면에 배치하고, 제향, 강학, 유식 공간을 유기적으로 배치함

표 3-6 한국의 서원

서원 명	창건 연도	특징	소재지
소수서원	1542	주세붕 주도로 조선최초로 건립된 서원 한국의 성리학 시조인 안향(1243~1306) 배향 강당인 강학당과 문성공묘는 보물 지정	경북 영주
남계서원	1552	2번째 서원으로 정여창 제향(1450~1504) 16세기 경남 의병활동 주도 강당 영역을 전면에 둔 서원 배치의 전형 1605년 재건, 1779, 1849 증축	경남 함양
옥산서원	1572	존재론을 탐구한 이언적(1491~1553) 배향 경관과 조화를 위해 서향으로 중심건물 배치 누마루 건축물을 처음으로 서원에 도입 김부식 '삼국사기' 등 장서 보유	경북 경주
도산서원	1574	퇴계 강학처 도산서당을 사후에 재건, 퇴계 이황 배향 도산서원 목판은 2015년 세계기록유산 등재 장서 최다 보유한 조선 성리학 보고	경북 안동
필암서원	1590	왕실의 스승 김인후(1510~1560) 배향 평지 서원 건축 대표 사례 임진왜란 의병 본거지 전소 후에 재건하며 1672 현재 위치 이전	전남 장성
도동서원	1605	실천윤리의 대가 김굉필(1454~1504) 배향 보로동 서원으로 건립, 1607 도동서원으로 사액 경사지 지형에 자연친화적 입지 중정당, 사당 보물 지정	대구 달성
병산서원	1613	징비록 저자 류성룡(1542~1607) 배향 만대루는 서원 누마루 건축 최고 경지 장식을 배제한 골계미로 자연과 조화	경북 안동
무성서원	1615	최치원(857~?) 정극인(1401~1481) 등 배향 향촌민의 학문부흥을 목적, 마을 가운데 세움 입구 지나 제향공간을 잇는 황토흙길 일본의 식민지배에 반발한 병오창의 거병 중심지	전북 정읍
돈암서원	1634	예학의 선구자 김장생(1548~1631) 배향 충남지역 학문 주도 및 여론 공론화 중심지 응도당은 서원 강당에서 가장 큰 규모, 1881 이전	충남 논산

으로써 이후 서원 배치의 정형을 이루었다. 옥산서원은 이언적(1491~1553)을 배향한 서원으로 경관의 조화를 도모하려고 서향으로 중심건물을 배치했다. 서원 건축의 초기 단계를 나타내며 주변 자연을 감상할 수 있는 이층 누각과 제향, 강학, 교류 공간을 선형 축에 두고 경사면을 따라 수직적인 위계를 구성했다. 도산서원은 퇴계 이황(1501~1570)이 제자들을 가르친 도산서당을 모체로 사후에 건립하여 퇴계 이황을 배향한 서원이다. 조선 성리학의 보고답게 장서를 최다 보유했다.

필암서원은 김인후(1510~1560)를 추모하기 위해 1590년에 평지에 세워진 서원 건축의 전형으로서 성리학의 이념을 건축적으로 반영했다. 도동서원은 김굉필(1454~1504)을 추모하기 위해 세운 사원으로 산지에 위치하여 입구부터 점차 고도가 상승하는 정형적인 건물 배치를 보인다. 병산서원은 징비록의 저자인 서애 류성룡(1542~1607)을 배향한 서원으로 1613년 설립되었다. 누각인 만세루는 골계미의 아름다움으로 누마루 건축의 경지를 보여주며, 장식을 배제하고 자연경관과 조화를 이룬 서원 건축으로 평가된다. 무성서원은 1615년 향촌민의 교화를 목적으로 마을 가운데 세워진 서원으로 최치원과 정극인 등을 배향했으며, 1696년 무성서원으로 사액을 받았다. 입구와 제향공간을 잇는 황토흙길이 특징적이며, 일제강점기 식민지배를 반발한 병오창의 의병운동의 중심지였다. 돈암서원은 1634년 예학을 집대성한 김장생(1548~1631)을 배향하기 위한 서원으로 1660년 사액서원이 되었다. 충남지역의 여론 공론화와 학문의 중심지였으며 응도당은 서원의 강당 중에서 가장 큰 규모이다.

3.4 한국의 지역성과 세계유산

유산이란 과거로부터 내려온 유형과 무형의 전통으로서 오늘날 사는 사람들에게 가치가 있고, 다시 미래 세대에게 전해주는 것이다. 세계유산은 한 나라가 제시한 탁월한 보편적 가치를 세계인이 인정하고 인류가 공동으로 보존하여 미래세대에 물려주고자 하는 유산이라고 할 수 있다. 세계유산은 국가와 지역을 기본으로 하지만 지리적 범위를 세계로 확대하여 유산가치를 인정받는 유산이다. 따라서 세계유산에는 유산이 위치한 지역의 지리적 역사적 환경, 사람과 환경이 상호작용한 결과로 나타나는 지역성과 장소성이 녹아있게 마련이다. 또한, 유형유산에 내재한 무형유산과 정신문화를 이해해야 한다.

1 지리적 환경과 세계유산

한국의 세계유산에는 한국의 지리적 환경이 반영되었다. 반도국이므로 끊임없이 대륙세력과 해양세력의 충돌이 일어나는 전략적 요충지가 되었다. 중위도 온대와 냉대지역에 위치하여 유목민족과 농경민족이 만나는 경계면이 속했다. 유독 고인돌 유적이 고조선의 옛 강역인 한반도와 만주 일대에 주로 분포하고 있는 것은 유목문화를 기반으로 한 대륙세력권이 한반도 남부에까지 이르렀다는 증거이다. 특히, 북방식 고인돌과 남방식 고인돌의 경계면이 강화도인 점을 생각해 보면 이런 북방문화와 남방문화가 공존하는 경계면이 바로 한반도임을 짐작할 수 있다. 북방의 유목문화와 남방의 농경문화는 서로 조화를 이루고 갈등을 빚기도 하면서 독특한 융합 문화를 형성했다.

삼면이 바다인 까닭에 예로부터 해양 진출의 능력이 있었던 시기에 한민족은 한반도를 벗어나 해양과 대륙으로 그 기세를 뻗어 해양강국일 수 있었지만, 바다를 잃었던 시기에는 한반도에 주저앉아 침체기를 보내고 주변 국가의 눈치를 볼 수밖에 없었다. 산으로 둘러싸인 분지 지형이 많아 안온한 환경을 만들면서도 외부에 배타적인 성격으로 이어지는 경우가 많았다. 지방색을 따지던지 본관과 성씨를 중요하게 여기는 폐쇄적 농경문화는 그 결과이기도 하다. 이런 농경문화는 협업과 마을 중심의 문화를 만들었고 지금까지 동족 부락, 씨족 마을의 전통으로 남아있다.

고대 교통이 발달하지 못했던 시기에 이런 분지 지형은 읍성 국가를 만들었고 강과 산에 의해 분리되어 정치세력이 형성되는 결과로 이어졌다. 특히, 한반도에서는 한강 유역이 가장 큰 유역 분지이기에 한강 유역을 차지한 국가가 가장 삼국에서 강력한 국가로 성장했다. 백제가 한강 유역을 차지하고 있을 때 백제는 동아시아의 교역국 또는 해상강국으로 성장했고, 고구려가 한강 유역을 차지할 때는 장수왕 시대의 군사적 영토 확장기와 문화적 황금기를 맞이했다. 신라는 진흥왕 이후 백제와 고구려와의 전쟁에서 승리하고 한강 유역을 차지하면서 삼국통일을 위한 전기를 마련했다. 남한산성의 전신인 주장성은 바로 이런 시기에 당나라와의 전쟁을 치르기 위해 쌓았던 전진기지이자 군사기지였다.

산과 분지가 많은 지리적 환경은 한반도에 유사 이래 931번이라는 잦은 전쟁을 초래했다. 분지에서는 자원이 제한적이었으므로 생존 자원확보와 고대왕국으로 발전을 하기 위해서는 넓은 배후지를 확보하기 위한 전쟁이 필연적이었다. 대륙세력과 해양세력과의 전쟁도 끊임없이 이어졌다. 외적이 쳐들어오면 산이 많은 지형의 이점을 이용하여 들을 비우고 산성을 쌓고 들어가서 추운 겨울까지 기다렸다가 적이 후퇴할 때 배후를 기습 섬멸하는 '청야입보(淸野入保)' 전술은 한반도의 자연환경을 이용한 것이었다. 그러므로 전쟁을 대비하기 위한 성곽유산이 많은 것은 당연하다.

한국의 세계유산 중에는 방어라고 하는 보편적 가치를 반영한 성곽유산이 많다. 고구려의 환도산성, 경주 명활산성, 삼국시대의 접전지였던 중부내륙산성 군, 공산성과 부여 나성, 부소산성도 남한산성 등은 세계유산이 된 성곽유산이다. 성곽유산은 아니지만, 전쟁으로부터 팔만대장경을 보관하기 위해 바다와 육지에서 모두 접근이 어려운 가야산 깊숙한 해인사에 장경판전을 지었다. 높은 산지에 세워져 난공불락이라고 여겼던 남한산성은 대륙세력인 청에 대항하여 조선왕조의 대피 성이며 임시수도로서 기능을 수행했다. 수원 화성은 당시 발달한 화포술에 대비하여 축성한 방어시설로서 세계유산으로 등재되었다. 이렇게 산악이라는 독특한 지리적 환경과 국가방어라는 보편적 가치로 말미암아 한국의 독특한 산성과 성곽이 세계유산으로 탄생했다.

지질학적으로 한반도는 아주 복잡한 지질구조를 보인다. 석탄을 생산한 고생대층이 분포하고, 북한에는 시생대 층도 나타나며 한반도 서남해안에는 중생대층이 널리 분포한다. 남해안 공룡 화석지에는 아시아에서 드물게 중생대 백악기에 살았던 공룡 화석과 보행 발자국 흔적들이 발견된다. 또한, 순상화산인 화산섬 제주도에는 한라산, 거문오름 용암동굴계, 성산 일출봉 등 자연유산이 뛰어난 미적 경관을 자랑하며 화산지형의 보고가 되고 있다. 한반도에 널리 분포하고 있는 화강암은 차별 침식을 받아 수려하고 빼어난 설악산과 금강산과 같은 독특한 자연경관을 만들어 놓았다.

2 한국의 세계유산과 정신문화

지형으로 인한 고립성과 배타성은 국가통합에 중요한 장애 요인이다. 이를 극복하고자 삼국통일 이후 분열된 귀족 중심의 사회를 불교사상으로 통일하기 위해 신라인은 불국토를 찾았고, 그런 신라인의 염원이 석굴암과 불국사라는 찬란한 문화유산을 낳았다. 한국의 역사에서 세계 어디에서도 찾아볼 수 없는 5백 년 이상 왕조들이 유지되었던 것은 불교와 유교 등 보편적 사상이 근간이 되었다. 한국의 산사, 산지 승원은 신라 시대부터 현재까지 1,500년 지속한 수행과 신앙, 문화의 전당으로서의 7개 산사의 역사적 유구성을 대표하는 유산이다. 한국불교는 다양한 불교 신앙대상을 융합하면서 정신문화로 승화시킨 결과인 것이다.

또한, 동아시아의 보편 철학인 유교의 안분지족과 경천애인, 충효 정신을 생활 속에 구현했던 조상들의 지혜로움이 유산에서 배어난다. 주어진 신분의 위계질서 속에서도 백성을 걱정하고 사랑하는 애민정신을 갖추었던 조선왕조의 사상이 담긴 공간이 조선 왕릉이었다. 도성으로부터 100리 안에 왕릉을 두었던 이유는 자주 부모의 묘소를 찾아서 참배해야 한다는 충효 사상의 본보기를 위한 것이었다. 조선왕조는 1392년 개국부터 1910년까지 518년을 지속한 왕조였다. 창덕궁과 종묘에서 그 이유를 찾을 수 있다. 창덕궁 주합루와 어수문에서는 백성과 함께 호흡하고자 했던 왕조의 철학을 찾아볼 수 있고, 조상들의 신위를 임금의 목숨만큼 중요시했던 조상 경모 사상을 종묘에서 발견할 수 있다. 현재에도 매년 봉행하는 종묘제례는 사람을 공경하고 하늘을 두려워하는 경천애민 사상이 왕가의 생활 속에 담긴 살아있는 전통이다. 이런 지식과 실천을 분리하지 않았던 전통은 왕가뿐 아니라 일반 마을에도 반영되어 지리적 고립성과 함께 동족 취락, 씨족 마을이 형성되었다.

한국의 전통마을인 안동 하회마을과 경주 양동마을, 외암마을과 낙안읍성에서도 이런 유교의 신분질서와 위계, 자연과 인간의 조화로움, 그리고 씨족 마을의 전통을 볼 수 있다. 씨족 마을은 외세가 이 땅을 침입해 왔을 때 나라를 위해 기꺼이 일어난 의병운동의 배경이다. 혈연으로 뭉쳐 있는 마을을 하나로 이끈 것은 유교를 바탕으로 한 선비정신이었다. 나라를 지키자고 나아가는 농민군은 사실 두려움의 대상은 아니지만, 가족을 적에게 잃게 되었을 때 그들이 내 쏟는 분노는 어떤 무기로도 막을 수 없었을 것이다. 그런 유교의 이념과 철학을 양반 지배층과 백성 교육에 보급했던 중심에는 사림의 중심이었던 성리학 교육기관 사원이 있었다.

산악국가로 산과 더불어 삶을 영위했던 우리 민족에게 자연은 정복할 대상이 아니라 조화를 이루면서 살아야 했던 삶의 터전이었다. 그래서 우리 민족은 자연과 조화로움을 중요하게 여겼다. 창덕궁은 자연 지세에 순응하여 지었던 궁궐이며, 그 배경은 조화로움을 강조하며 좋은 터를 잡는 법이던 풍수 사상이었다. 남한산성의 행궁 터에도 풍수를 고려한 흔적이 남아있고, 조선 왕릉, 종묘, 안동 하회마을과 경주 양동마을 등의 입지선정에서 적용한 원칙이 풍수사상이다. 이런 풍수사상의 전통은 오늘날에도 도시계획과 주택건설에서 자연과 조화로움에 대한 사고로 반영되고 있다. 일제강점기 조선총독부가 간행한 조선의 풍수』, 『조선의 취락』은 한민족의 역사에서 풍수와 씨족 마을의 중요성을 간파한 결과였다.

한국의 오 천년 역사는 단군왕검이 나라를 세운 B.C. 2333년을 기준으로 하기 때문으로, 서기 2020년은 단기 4353년이 된다. 오 천년 역사 동안 기록에만 무려 931번의 전쟁을 치르면서 500년 동안 지속한 왕조를 유지해온 것은 축적된 문화 코드가 대를 이어 왔다는 의미이다. 한국의 세계유산에서 가장 많이 적용한 등재기준은 (iii)번이고, 다음은 등재기준 (iv)번은 장구한 역사를 가진 덕분일 것이다. 분열보다 혁명적 파국보다 역사적 현실을 지혜로움으로 직시하고 다양한 갈등과 의견을 조정하고 사상적으로 함께 이끌어 가는 명분과 설득을 중시한 정신문화가 오랜 왕조 유지의 비밀이었다. 명분이란 남을 설득할 수 있는 논리이다. 더 우세한 명분을 갖춘 집단이 백성 앞에 떳떳할 수 있었다. 조선시대의 붕당정치를 일제강점기에는 당파싸움이라고 부정적으로 평가하지만, 붕당과 당파는 사실 이견을 조정하기 위한 민주적인 절차로 볼 수 있다. 이견 조정에 오랜 시간이 걸리지만, 합의를 바탕으로 국론을 통일해 추진하는 것이 명분론이었다.

세계유산에는 그런 정신적 토양이 무형의 가치로 담겨 있다. 청동기시대 고인돌 유적은 산 자와 죽은 자의 공간을 구분했고, 단순한 무덤이라기보다는 인간을 넘어선 신적인 존재에게 제사를 지내는 제단이었다. 신적인 존재에 대한 경외감으로 현실의 어려움을 초월하고, 죽음에 대한 철학적 사유를 생활에 반영했다. 죽음에 대한 신적인 권위는 지배층의 권위였으며 무당을 뜻하는 단군이 제정일치의 지도자가 되었다. 가야 고분군에서는 죽음의 공간이 삶의 공간을 위에서 내려다보고 죽음 후에 생전과 같은 모습을 띠도록 한 계세사상(繼世思想)이 나타난다. 상무 정신을 중요시했던 삼국시대에는 화랑오계 등에서 보듯이 죽음에 대한 의연함과 철학이 엿보인다. 신라는 불교사상으로 삶과 죽음을 넘어 영원한 불국토를 구현하고자 했다. 경주 남산지구의 천불상, 불국사와 석굴암에서 보이는 조화와 대칭의 미 등은 유한한 현세에서 영원을 추구했던 풍부한 정신문화를 대변한다.

풍수사상에서는 자연과 조화와 균형을 중요하게 여겼고, 조선왕릉, 하회마을과 양동마을의 입지에서는 풍수 사상을 읽을 수 있다. 불교는 한민족의 정신세계에 중요한 사상적 기반이다. 남한산성의 승영사찰에서는 국난을 극복하기 위해 적극적으로 불살생의 계율에도 불구하고 나라를 지켰던 호국불교 정신을 읽을 수 있다. 불교의 해탈과 깨달음의 가르침은 미륵사와 정림사지, 그리고 한국의 산사에까지 이어진다. 유교는 고려 말 이래 충효사상을 기본으로 동아시아의 보편적 이념뿐 아니라 조선왕조의 사상적 기반이었다. 지행합일과 조상숭배, 신분질서와 위계, 충효 정신은 역사 마을과 궁궐, 한국의 서원 등에서 발견되며, 한국 정신문화의 핵심을 이룬다.

세계유산은 한민족의 자연환경과 정신문화와 불가분의 관계를 맺고 있다. 세계유산은 지리적 환경과 역사적 환경을 반영하며, 한 시대의 사상과 무형 가치가 반영된 결과이다. 그러므로 세계유산의 의미와 가치는 우리 국토와 도시에서 늘 만들어 가는 진행형이라는 사실을 잊지 말아야 한다.

|참|고|문|헌|

계명대학교 한국학연구원, 2014, 세계유산등재과정과 가야고분군의 탁월한 보편적 가치, 대가야 세계문화유산 학술총서 4, 경상북도 문화재과.

김의원, 1997, 국토이력서, 도서출판 북스파워.

김종명, 2008, 한국의 세계불교유산: 사상과 의의, 아산재단 연구보고서 제116집, 집문당.

내셔널지오그래피 편집위원회 편, 2014, 유네스코 세계유산, 파주: 느낌이 있는 책.

문화재청, 2005, 제주 화산섬과 용암동굴 세계유산등재신청서.

______, 2007, 청소년과 함께 하는 세계유산.

______, 2008, 조선왕릉 세계유산 등재신청서.

______, 2008, 한국의 백악기 공룡해안 세계유산 등재신청서.

______, 2009, 한국의 역사마을: 하회와 양동, 세계유산 등재신청서.

______, 2012, 남한산성 세계유산 등재신청서.

______, 2014, 백제역사유적지구 세계유산 등재신청서.

______, 2015, 문화재연감 2014.

박현철, 2014, 세계일주보다 재미있는 세계문화유산 100대 일화, 서울: 삼성출판사.

송명석 · 박재호 · 김은주, 2013, 우리나라의 세계문화유산 1: 유네스코 선정편, 서울: 반석출판사.

이혜은, 2011, "지리학자의 관점에서 본 세계유산," 한국사진지리학회, 21(3), 65-74.

임근욱 · 이혁진 · 윤병국 · 이승곤, 2012, 유네스코 세계문화유산과 관광, 서울, 새로미.

조효상, 2013, 세계유산협약의 기초개념 연구: 탁월한 보편적 가치, 진정성, 완전성에 관하여, 한남대학교 대학원 문화재학과 석사학위논문.

최재헌, 2015, "세계유산의 제도적 특징과 전망," 세계유산저널, 1(1), 건국대학교 세계유산연구소, 1-12.

최재헌 · 이혜은, 2012, "세계유산으로 등재된 성곽유산의 활용: 중국 핑야오성과 원상도(Xanadu)유허지를 중심으로," 한국도시지리학회지, 15(3), 1-12.

______, 2013, "세계유산적 가치의 관점에서 본 산성도시 남한산성의 경관분석," 한국도시지리학회지, 16(1), 1-18.

최재헌 · 남영우, 2014, "용산 미군기지의 문화유산 가치와 도시발전방향," 한국도시지리학회지, 17(2), 1-14.

하일식, 2000, 경주역사기행: 역사를 알면 유물이 보인다, 서울: 아이북스토어.

Bertacchini, E. and D. Sacone, 2012, Toward a political economy of World Heritage, *Journal of Cultural Economics*, 36, 327-352.

Cassel, S.H. and A. Pashkevich, 2013, World Heritage and tourism innovation: institutional frameworks and local adaptation, *European Planning Studies*, 22, 1625-40.

Jokilehto, J. and C. Caeron, 2008, *The World Heritage List what is OUV? Defining the outstanding universal value of cultural World Heritage properties*, Berlin, Bassler.

Labadi, S. and C. Long, eds., 2010, *Heritage and Globalization*, 19-44.

Labadi, S., 2013, UNESCO, *Cultural heritage and outstanding universal value*, Walnut Creek, CA, AltaMira Press.

Meskell, Lynn, 2014, *States of conservation: protection, politics and pacting within UNESCO World Heritage Committee*, 87(1), 217-244.

Meskell, Lynn, 2015, Transacting UNESCO World Heritage: gifts and exchanges on a global stage, *Social Anthropology*, 23(1), 3-21.

UNESCO, 2014, *World Heritage Sites: A complete guide to 981 UNESCO World Heritage Sites*, 5th edition, Firefly Books.

Winter, T. 2014, Heritage conservation future in an age of shifting global power, *Journal of Social Anthropology*, 14, 319-339.

World Heritage Center, 2011, *Preparing World Heritage Nominations*.
______, 2014, *Operational Guideline for the Implementation of World Heritage Convention*.

세계유산센터 홈페이지 http://whc.unesco.org/en
문화재청, http://www.cha.go.kr
유네스코 한국위원회, http://heritage.unesco.or.kr
국제기념물유적협의회, http://www.icomos.org
세계자연보전연맹, http://www.iucn.org
국제문화재보존복구연구센터, http://www.iccrom.org

|연|습|문|제|

1. 한국의 잠정목록에 등재된 유산의 특징과 탁월한 보편적 가치를 알아보자.
2. 세계유산이 되기 위한 요건에 비추어 주변에 있는 문화유산이 어떤 세계유산적 가치를 가지고 있는지 평가해 보자.
3. 우리나라와 유사한 중국과 일본의 세계유산을 찾아서 우리의 세계유산과 비교해 보자.

II

| 한국의 도시와 국토 |

도시와 도시사회 이해하기

| 제 4 장 |

국토의 도시화와 도시발달

영장류가 직립보행을 시작하면서 인류의 역사가 시작되었다. 인류가 지구상에 남긴 유물 가운데 가장 위대한 산물이 도시이다. 도시는 시대에 따라 변질되어 왔으며, 특히 우리나라의 도시는 한국적 특징을 가지면서 발달해 왔다. 본 장에서는 인류의 문명을 꽃핀 고대도시의 성립배경을 살펴보고, 우리나라의 고대도시로부터 중세도시와 근대도시가 발달해온 과정을 파악해보기로 한다. 아울러 우리 민족의 정신적 구심점으로서의 역할을 해온 서울의 변천과정을 더듬어 보고, 세계화에 따른 도시의 변화와 개발전략에 대해서도 고찰하기로 한다.

key words

진화, 고대도시, 도시문명, 도시, 도시화, 도시구조, 도시구조이론, 세계화, 세계체제, 세계도시, 세계도시-권역.

4.1 도시의 성립과 발달

1 고대의 도시형성

(1) 인류의 진화

인류가 지구상에 출현하기 시작한 것은 약 300만 년 전이라는 학설부터 600만 년 전이라는 학설에 이르기까지 다양하지만, 최근 아프리카 중부의 차드공화국에서 지금까지 발견된 원인(原人) 화석 중 가장 오래된 700만 년 전의 두개골 화석이 발견된 바 있다.

인류의 탄생을 둘러싸고 진화론과 창조론이 첨예하게 대립되어 있다. 과연 인류기원의 진실은 무엇일까? 이에 관해서는 수세기 동안 학자들은 물론 일반인과 종교인 사이에도 논쟁이 거듭되어 왔다. 기독교에서는 『구약성서』에 근거해 창조론을 신봉하고 있다. 특히 미국 테네시 주의 어느 과학교사가 학교에서 진화론을 가르치다가 법정으로까지 번진 1925년 '스콥스 재판(Scopes trial)' 이래 진화론과 창조론은 서로 대립되어 왔다. 여기서는 조물주가 진흙을 빚어 아담이라는 최초의 인간을 만들었다는 『구약성서』의 내용은 유보하기로 하고 진화론에 관해서만 살펴보기로 하겠다.

인류는 원숭이와 비슷한 유인원(類人猿)으로부터 서서히 진화되어 현생인류의 조상인 호모 사피엔스로 진화되어 왔다. 모든 원숭이류의 동물들이 유인원은 아니다. 이족직립보행(二足直立步行)이 항시 가능한 영장류라야 유인원이라 불린다. 최초의 직립보행은 약 7백만 년 전 사헬란트로푸스 차덴시스에 의해 시작되었고, 뒤를 이어 뗀석기를 사용하기 시작한 것으로 추정되는 오스트랄로피테쿠스 아파렌시스와 오스트랄로피테쿠스 아프리카누스가 출현했다(그림 4-1). 이들의 두뇌 크기와 구조는 유인원의 단계였으나, 치아의 찢어발기는 기능이 소멸될 정도로 송곳니가 축소되어가는 과정에 있었다. 특히 아프리카

그림 4-1 인류의 진화

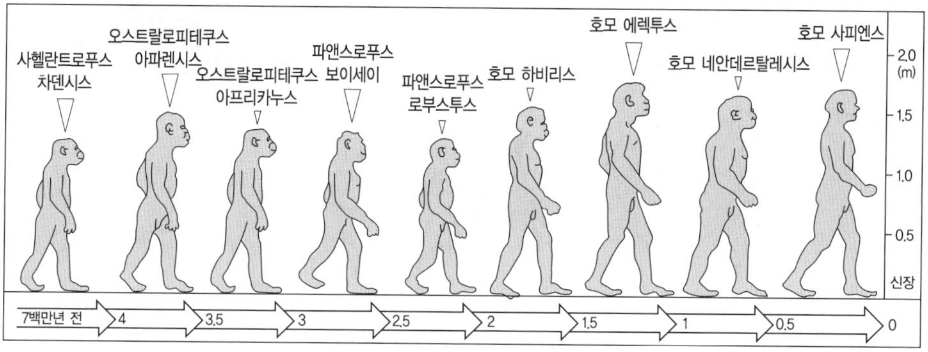

누스는 약 300~200만 년 전에 남아프리카에서 서식했는데, 신장은 약 130cm 이고 체중은 수컷 56kg, 암컷 32kg으로 큰 차이가 난다.

그들과 거의 비슷한 시기의 파앤스로푸스 보이세이와 파앤스로푸스 로부스투스는 형태상 동일한 종류의 유인원으로 추정된다. 이들은 폭넓은 골반을 갖고 있어 직립보행한 흔적이 뚜렷하다. 양자의 차이점은 다만 보이세이가 동아프리카, 로부스투스가 남아프리카에서 발견된다는 차이점뿐이다. 치아의 상태로 보아 그들은 건조기후에 적응한 흔적이 역력하며, 신장은 150~175cm, 체중은 50~60kg으로 추정된다.

이상에서 언급한 유인원은 호모속(屬)에 해당하는 호미니드(사람)로 분류되는데, 이들이 석기를 사용했는지의 여부는 확실하지 않다. 부수고 자르는 기능을 가진 도구로서의 석기는 호모 하비리스에 의해 사용되었다는 연구결과가 있다. 영국의 고고학자들은 파키스탄의 라왈핀디 남쪽 소완계곡에서 도구로 사용되던 석기들을 발견한 바 있다. 이것을 감정한 결과 약 200만 년 전에 호모 하비리스들이 사용했던 것으로 밝혀졌고, 유인원 가운데 맨 처음 이주하기 시작한 것은 종전의 학설처럼 호모 에렉투스가 아닌 호모 하비리스임을 밝혀냈다. 원래 하비리스는 동아프리카에서 기원했으므로 파키스탄에서도 발견되었다는 것은 그들이 이주했음을 뜻하는 것이다. 지금까지는 아프리카에서 나

그림 4-2 영장류의 진화

전인류(前人類) 오스트랄로피테쿠스 아프리카누스 호모 하비리스

타난 호모 에렉투스가 약 백만여 년 전 지구 곳곳으로 이주하여 약 16만 년 전부터 호모사피엔스 이달투를 거쳐 10만 년 전 전부터 현생인류인 호모 사피엔스 사피엔스로 진화했다는 이론이 정설로 받아들여졌다.

그러나 중국의 과학자들은 1984년에 현인류와 유사한 두개골을 중국에서 발견했으며, 이를 조사한 결과 최소한 20만 년 전의 호모 사피엔스로 판명되었다고 주장했다. 이는 전 세계 각지에서 발견된 호모 사피엔스의 두개골보다 10만 년 이상 더 오래된 것이다. 이 과학자들의 주장은 인류의 조상이 기존의 정설보다 훨씬 전에 아프리카를 떠났다는 것이다. 또한 미국과 인도네시아의 공동연구팀은 자바섬에서 발견된 호모 에렉투스의 두개골 화석의 연대측정 결과 기존 학설보다 100만년 더 오래된 200만 년 전의 것이라고 밝힌 바 있다. 이 연구는 호모 하비리스보다 정교한 도구를 사용했던 호모 에렉투스가 기존 학설보다 수십만 년 전에 그들의 고향인 아프리카를 떠나 아시아 쪽으로 이주했음을 밝혀낸 것이다. 그리고 이들 에렉투스는 두 개의 다른 인종, 즉 아프리카 인종과 아시아 인종으로 진화하는 데 상당한 시간이 소요되었다는 것이다. 그러나 아시아계의 에렉투스는 새로운 환경에 적응하지 못해 멸종하고, 현인류의 조상인 호모 사피엔스는 아프리카계의 에렉투스가 전 세계로 퍼지면서 진화했다는 주장이 아직은 대세인 듯하다.

그림 4-3 호모 에렉투스(좌)와 네안데르탈인(우)의 상상도

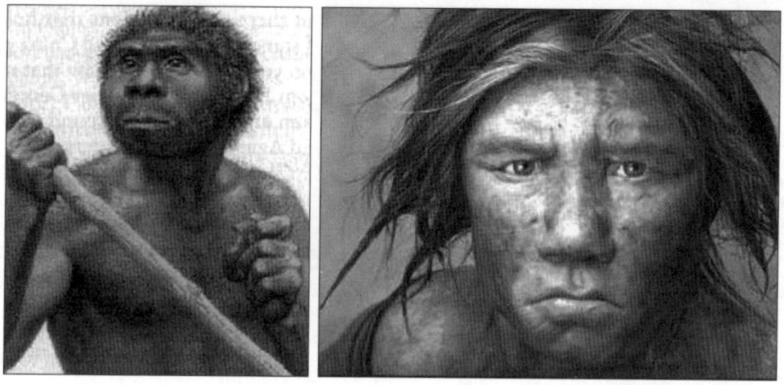

출처: 독일 막스프랑크 진화연구소.

이상에서 설명한 인류의 진화과정 중 현인류와 유사해지기 시작한 시기는 호모 하비리스 또는 호모 에렉투스에 해당하는 160만년 전후일 것으로 추정된다. 하비리스는 뾰족한 도구를 사용하여 찌르거나 후벼 판 흔적이 있고, 수렵생활로 육식화(肉食化)가 진행되고 건조기후에 적응했다. 호모 하빌리스(Homo habilis)란 도구를 사용하는 사람이란 뜻에서 유래되었다. 에렉투스는 육식으로 단백질을 섭취해 두뇌활동이 활발해지고 지식을 서로 나눠 갖는 원시적 교육행위를 했던 것으로 추정된다. 호모 에렉투스(Homo erectus)란 직립한 사람이란 뜻에서 유래된 학명이다. 얼굴의 모습과 두뇌 역시 [그림 4-2]의 아프리카누스에 비해 [그림 4-3]에서 보는 것처럼 안면각이 좁아지면서 사람다운 모습을 하고 있다. 그들은 고도로 조직된 사회를 발달시켰으며, 어른이 안된 미숙상태에서도 출산이 가능하여 현인류의 특징을 지니고 있었다. 하비리스의 뒤를 이어 등장한 호모 에렉투스는 전술한 것처럼 처음으로 이주를 시작한 인간으로서, 그들은 조직적인 수렵활동과 계획적인 석기제작이 가능했다. 또한 에렉투스는 광역적 이동능력을 가진 초유의 인간이었지만, 그 범위는 유럽과 아시아 대륙에 미치는 정도였다.

지금으로부터 약 50만 년 전, 인류의 화석은 두개골이 점점 커지고 둥글어

그림 4-4 인류의 기원과 이동

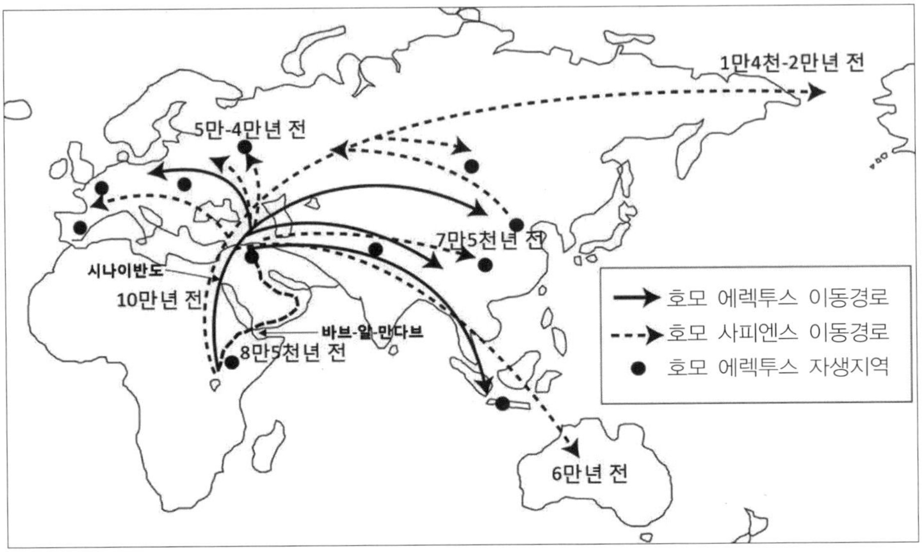

지며 각진 부분이 줄어들면서 그보다 오래 된 호모 에렉투스의 유골로부터 분기되었다. 그 당시 아프리카와 유럽 인류의 두개골들은 현대인의 그것과 상당히 유사하므로 호모 에렉투스가 아니라 '생각하는 사람'이란 뜻의 현생인류와 같은 종인 호모 사피엔스(Homo sapiens)로 분류된다. 물론 호모 에렉투스가 호모 사피엔스로 진화한 것이므로 그와 같은 구별은 사실상 자의적일 수밖에 없다.

인류는 과거 호모 하빌리스가 그랬던 것처럼 8.5만년 경에 홍해 끝자락의 아덴만 근처 바브-알-만다브를 통해 아시아로 이주했다(그림 4-4). 호모 네안데르탈렌시스의 뒤를 이어 약 5만 년 전부터 크로마뇽인과 같은 호모 사피엔스가 등장해 현생인류(호모 사피엔스 사피엔스)에 도달함으로써 인류의 진화는 종지부를 찍었다. 정확히 표현하면 진화가 멈춰진 것이 아니라 진화에 대한 설명이 끝났다는 것이다. 우리는 그것을 '인류역사의 대약진'이라 부른다.

지금도 인류는 부단히 진화하고 있다고 보아야 한다. 이스라엘의 역사학자

Harari(2014)는 그의 저서 『사피엔스』에서 지구상의 유일한 승자인 인류는 유전공학과 생명공학 기술 덕분에 인간의 생리기능, 면역계, 수명뿐 아니라 지적 · 정서적 능력까지 크게 변화시킬 수 있게 될 것"이라고 예측했다.

구석기시대에 인류는 신대륙 아메리카와 호주로 이주함으로써 전 대륙에 퍼져 살게 되었다. 인류가 최초로 신대륙 아메리카에 발을 디딘 것은 약 1.4만 년~2.0만년 전의 일이다. 그들은 빙하기에 매머드와 같은 대형 포유류를 따라 신대륙으로 건너간 것이다. 그들은 알래스카를 거쳐 캐나다를 지나 북아메리카의 평원지대에 이주해 아메리카 인디언의 조상이 되었다고 추정된다.

최초의 이족직립보행자였던 사헬란트로푸스 차덴시스는 주로 나무열매를 따먹고 사는 채집생활을 영위했다. 그와 같은 생활은 파앤스로푸스 로부스투스까지 계속된 것으로 추정된다. 그러나 지구의 기후환경에 변화가 도래하자 건조기후 하에서의 채집생활은 어렵게 되었다. 호모하비리스는 나무에서 내려와 수렵생활을 영위해야만 했다. 그들의 손이 유인원과 거의 비슷한 것으로 보아 자주 나무에 올라가 휴식을 취하거나 채식을 겸했던 것으로 생각된다. 그로부터 인류는 채식과 육식을 병행하는 잡식성이 되었고 팔의 길이도 짧아지기 시작했다. 수렵활동은 남자와 여자의 역할을 달리하는 계기가 되었을 뿐만 아니라 유인원의 인류화를 촉진하는 결과를 초래했다.

채집경제에서 수렵경제로의 이행은 손재주의 향상과 더불어 사냥도구의 제조, 가족단위의 구성, 협동의 필요성, 무모화(無毛化)의 진행, 유치하나마 언어의 발달을 촉진시켰고, 나아가서 지리정보의 축적에 의한 공간개념의 발달, 지능향상, 치밀한 계획의 수립능력, 남녀분업에 따른 식량분배체계의 정립 등을 가져왔다. 또한 수렵에 의한 고단백질의 섭취는 인구증가를 유발해 인류화를 촉진하는 계기가 되었다. 그리고 약 100만 년 전부터 시작된 불의 사용은 음식물을 굽거나 익혀서 먹는 방법을 터득시켰고, 불에 의한 음식물의 가공은 토기의 제작을 필요로 하여 신석기시대의 도래를 맞이하게 했다.

불의 사용과 더불어 도구의 제작은 인류를 동물과 차별화되도록 만든 원동력이었다. 도구의 제작은 비록 원시적이나마 약 330만 년 전부터 오스트랄로피테쿠스에 의해 시작되어 오늘날까지 지속적으로 발달해 왔다. 인류학자

D.W. Anthony(2010)는 청동기시대에 말 · 바퀴 · 언어의 3요소가 문명을 창출했다고 주장한 바 있는데, 이는 우리가 인류문명을 이해함에 있어서 유념해 두어야 할 사항이다.

(2) 고대도시의 성립배경

식량채집과 사냥기술은 약 100만 년 전부터 50만 년 전까지의 장기간에 걸쳐 꾸준히 개선되어 온 경험축적의 결과였다. 그러나 인류생존에 있어 가장 획기적인 사건은 식물의 작물화와 동물의 가축화일 것이다. 수렵대상인 동물의 감소와 1/29에 불과한 사냥확률은 가축화를 가속시켰고, 가축화는 지구의 환경파괴로 이어졌으며, 이와 동시에 인류는 증가하는 인구를 부양하기 위해 경작법을 터득하게 되었다. 문명이란 것이 형성되기 시작한 것이다.

인간이 야생동물을 길들여 가축으로 기르기 시작하면서 동물에 기생하는 미생물이나 병충과 접촉할 기회가 많아짐에 따라 신석기시대 이래 질병이 널리 퍼지게 되었다. 즉 인간의 질병 가운데 상당수가 동물의 질병과 밀접한 관계가 있다. 예를 들면, 인간은 소와 똑같은 천연두에 걸리고 우역(牛疫)과 관계가 깊은 홍역에도 걸린다. 결핵과 디프테리아도 소에서 기원하며, 문등병은 물소로부터 발생했다. 인플루엔자는 사람과 돼지가 함께 앓고, 감기는 사람과 말이 함께 걸린다. 가축화 이래 동물과 함께 살아온 인간은 개와 65종, 소와 50종, 양 및 염소와 46종 등의 많은 질병을 공유하게 되었다. 최근 세계적 공포의 대상이 된 AIDS 역시 원숭이로부터 감염된 것이다.

가축의존도가 높았던 서남아시아 · 중앙아시아 · 유럽 등지의 주민은 유목농업보다 곡물농업의 비중이 높았던 동아시아와 아메리카 주민들, 16세기까지 외부세계와 고립되어 있었던 오스트레일리아 주민들에 비해 월등히 많은 질병을 지니고 있었다. 스페인 군대가 1532년 페루를 침략해 잉카제국을 몰락시킨 원인도 소가 없어 면역력을 기르지 못한 남미의 잉카인들에게 천연두를 감염시킨 때문이었다. 유럽인들이 가져온 질병으로 죽어간 아메리카 원주민의 수는 콜럼부스 이전 인구의 95% 수준으로 추정된다. 고대 그리스 신화에 등장하는 판도라 상자는 목축문화가 질병의 전파에 영향을 주었다는 사실과 무관하지 않을 것이다.

수렵채집경제에서 농업경제로의 변화와 이동생활에서 정착생활로의 주거형태 변화는 신석기시대에 일어났다. 이 변화는 노동활동과 사회조직의 변화에도 큰 영향을 미쳤다. 수렵생활을 영위하기 위해서는 10명 내외의 성인 남자가 필요하므로 약 15세대 규모의 작은 취락이 형성되었으나, 농업생활은 더 많은 인구를 필요로 하여 취락의 규모가 커지게 되었다. 당시에는 하나의 취락이 자체 인구의 출산력을 높이고 주변지역에 대해 인구흡인력을 발휘하게 되기까지에는 잉여생산물이 전제되어야 가능했다. 그리하여 고대사회에 주민 간의 협력, 공동노력의 이용, 식량의 생산과 저장, 잉여생산물의 교환 등에서 개개인의 사회적 역할에 대한 전문화가 이루어지게 되었다.

새로운 사회 · 경제적 관계의 발달은 한정된 장소에 더 많은 사람들이 거주할 수 있는 가능성을 만들어주게 되었다. 규모의 경제(scale economy)가 작용하여 주민들이 더 많은 잉여식량을 생산하게 되자, 그들은 잉여분을 다른 산물과 교환할 수 있었고 또 그것을 관리하는 계급이 형성될 수 있게 되었다. 즉 지배계급 · 상인계급 · 농민계급과 같은 사회계층의 분화가 진행된 것이다. 이에 따라 생산지와 취락 간 또는 타 취락 간의 교통로가 만들어지고 각 사회계층의 주거지역과 교통로, 왕궁 · 신전 · 성곽 · 상점 · 창고 등의 시설이 건설되면서 도시가 형성되기에 이른다. 인간은 공간을 극복하기 위해서 말에 이어 낙타를 가축화하고 바퀴를 발명했다.

이러한 일련의 변화는 신석기혁명(neolithic revolution)이라고 불리며, 이 혁명은 결국 농업혁명으로 발전했고 또 도시혁명으로 이어지게 되었다. 인류 최초의 고대도시는 B.C. 6000~B.C. 5000년 사이에 메소포타미아에서 등장했다. 그러나 이 시기에 출현한 도시가 과연 도시다운 면모를 갖춘 도시였을까? 이런 의문은 고대도시를 정의함으로써 명확해진다.

고대도시(古代都市)란 수천 명 이상의 주민이 집단적으로 거주하는 비교적 큰 규모의 취락이며 주로 비농업적 기능, 즉 상업 · 공업 · 정치 · 종교 · 군사적 기능을 보유하거나 부분적으로는 농업중심지로서의 기능도 보유한 취락을 가리킨다. 일반적으로는 취락에 대다수의 주민이 비농업적 직업에 종사하고 일련의 통합된 건축물들이 존재하며, 단일 정부에 의해 통치되고 그 영향력이나 지배력이 주변지역까지 확대될 경우, 그 취락의 규모와 상관없이 고대도시로 확대해석한다.

그러나 역사학자 J.M. Roberts(1998)와 달리 도시사회학자 G. Sjoberg는 이완되지 않고 고도로 조직된 사회에서만 도시가 형성되므로 문자사용이 전제되어야 한다고 강조했다. 그는 도시를 문자를 읽고 쓸 줄 아는 엘리트를 포함해 농업 이외의 직종에 종사하는 전문가가 존재하는 커뮤니티라고 정의했다. 문자의 유무는 문명과 미개의 단계를 구별하는 기준도 된다. 문자의 존재는 사회질서 속에서 수많은 전문분야의 분화가 발생하도록 유도하는 원동력이다. 그러므로 아직 문자사용의 흔적을 찾아내지 못한 아나톨리아 고원의 차탈휘위크와 잉카의 도시들은 도시라 불릴 수 있는 조건을 갖추지 못했다고 보아야 한다.

(3) 고대도시의 등장

위에서 언급한 고대도시의 정의에 부합되는 도시는 신석기시대로부터 청동기시대로 이행한 B.C. 3500년경에 메소포타미아 지방에서 출현했다. 인류의 역사에서 최초의 정착주거형태는 곡물의 경작과 함께 나타났으며, 도시적 취락은 잉여식량이 충분히 확보되면서 발생한 것이다. 식량생산에서 최초의 성공적 경험은 서남아시아에 있는 퍼타일 크레슨트(Fertile Crescent)지대에서 얻게 되었다. 이 지대는 현재의 이라크 남부에서 시리아를 거쳐 이스라엘에 이르는 초승달 형태의 비교적 비옥한 지역이며, 주변지역에 비해 강수량도 많은 편이다. 이 지대는 종종 나일강 하류지역까지 포함시키기도 한다. 퍼타일 크레슨트 지대에서 인류 최초의 도시가 등장한 것은 이곳이 구대륙의 지리적 중심부에 해당하는 지역으로, 아프리카 · 유럽 · 아시아 문화가 교차하며 접근성이 양호하기 때문으로 풀이된다(그림 4-5).

농경에서 퍼타일 크레슨트 지대의 유리한 점은 지중해성 기후지역에 속해 건조기에도 살아남았다가 다시 비가 내리면 재빨리 성장을 재개할 수 있는 품종을 선택할 수 있었는데, 특히 곡류와 콩류는 인간에게 유용한 쪽으로 적응했다. 또한 이 지대에는 야생 조상의 식물군이 이미 풍부하고 생산성이 높은 경

그림 4-5 퍼타일 크레슨트 지대의 주요 고대도시의 분포

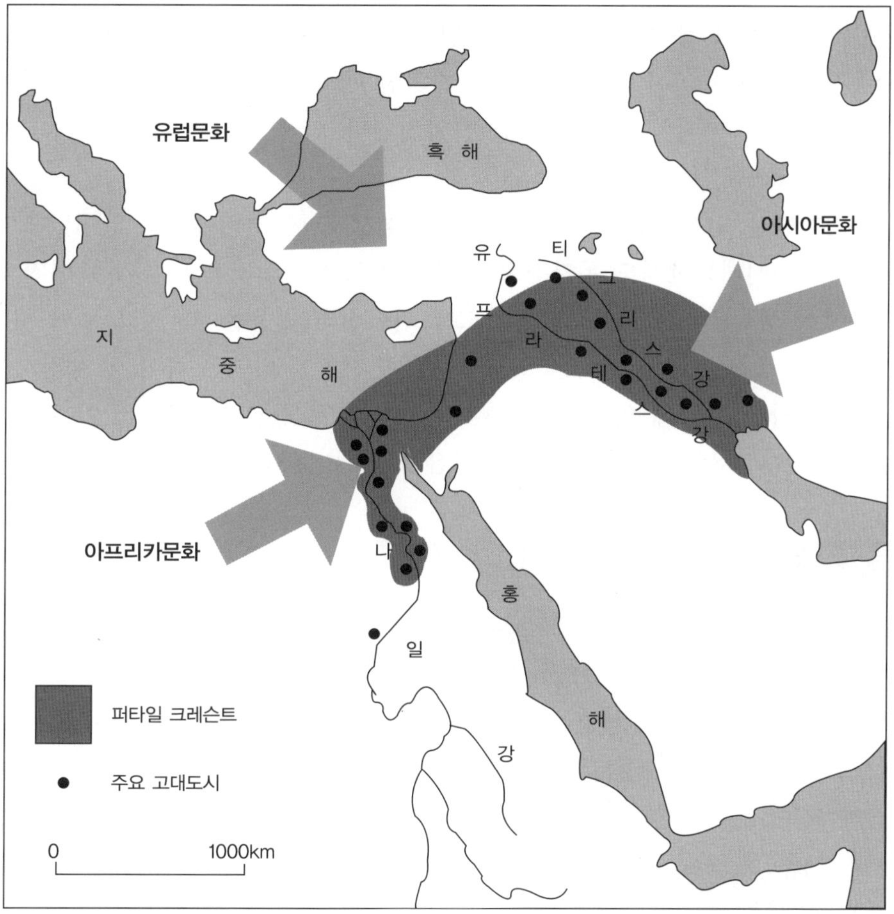

우가 많았다는 점이다. 밀은 벼와 옥수수에 비해 단백질 함량이 높다. 그리고 퍼타일 크레슨트 지대는 지절률이 높은 까닭에 환경이 다양하여 농작물의 잠재적 조상인 야생 식물도 다양하고 상이한 문화가 발달할 수 있었다. 이 지대의 고도차, 즉 수직지절률이 다양함은 곧 수확기가 각기 상이했음을 의미한다. 높은 고도에서 자라는 식물들은 낮은 고도에서 자라는 식물들에 종자를 늦게

생산했다. 그리하여 수렵 채집민들은 곡물이 익는 속도에 따라 산비탈을 올라가면서 수확을 할 수 있었다. 작물화가 시작되자 산비탈에서 불규칙한 비에 의존해 자라던 야생 종자를 최초의 농경민들이 물이 풍부한 하천 유역으로 옮겨 심는 것은 간단한 일이었다. 특히 충적지대인 메소포타미아에서는 광물자원과 목재의 구득이 어려워 멀리 떨어진 산악지대나 외국으로부터 들여오게 되어 일찍부터 교역이 발달할 수 있었다.

농업혁명은 인더스강과 황하 유역을 중심으로 한 지역에서도 일어났으며, 아메리카의 신대륙에서도 독자적으로 발생했다. 농업혁명은 인류가 주어진 환경 속에서 생활을 영위하는 데 알맞도록 기술상의 적용을 자극함으로써 일어난 것이다. 특히 퍼타일 크레슨트 지대는 주변지역에 비해 수목이 잘 생장하는 비옥한 토양인 까닭에 잉여생산이 빠른 시기에 달성될 수 있었다. 이 일대의 주민들은 B.C. 8500년경에 그들이 채집하고 사냥하던 동식물의 서식범위를

그림 4-6 고대도시의 발생지역

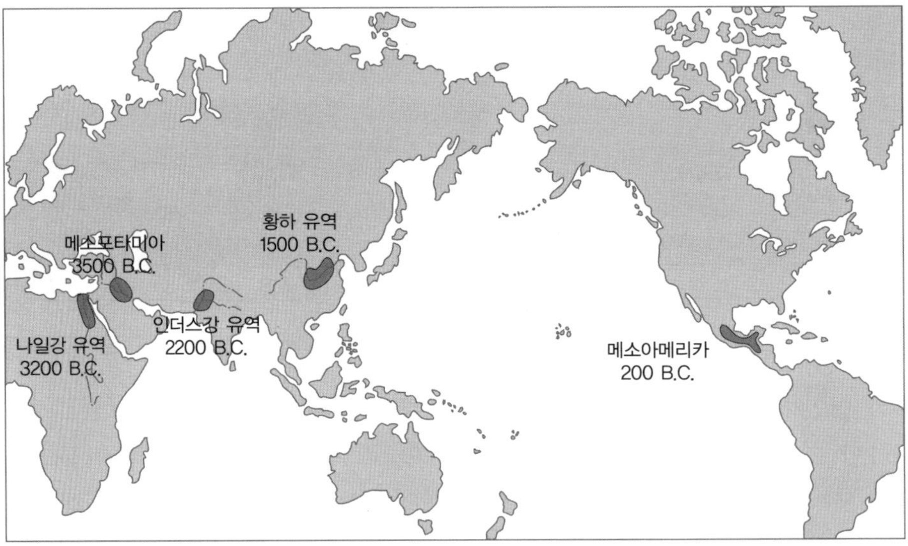

출처: M. Pacione(2005), p.42.

잘 알게 되어 점차 작물화하고 가축화하기 시작했다. 그들은 겨울과 봄에 흡족히 내리는 비를 이용하여 밀 · 보리 등의 화본과식물(禾本科植物)뿐만 아니라 개 · 염소 · 양 · 돼지 · 소 · 말 · 낙타 등에 관한 많은 지식을 축적했다. 일반적으로 가축화는 습윤지역보다 건조지역의 주민들이 그 필요성을 더 느낀다. 왜냐하면 건조지역일수록 미생물의 부족으로 유기질의 분해속도가 느려 지력의 회복이 늦어지기 때문이다. 따라서 가축화와 작물화는 상호작용을 하여 잉여식량을 증대시켰다.

지금으로부터 약 5,000~8,000년 전 지구상에 커다란 기후변동이 있었다. 특히 사하라 일대가 사막화됨에 따라 이 지역의 정착민들은 대하천 주변으로 이동하게 되었다. 아랍어로 'sahara'는 불모의 땅이란 뜻이다. 그곳으로부터의 이주민들을 받아들인 하천 유역의 토착민들은 식량증산을 위하여 관개기술을 개발하거나 유입민을 노예화하여 잉여식량의 창출을 꾀했다.

퍼타일 크레슨트 지대의 농업혁명은 잉여식량을 낳았고, 이를 바탕으로 고대도시의 성립을 보게 되었다. 인류는 농사를 짓기 시작하면서 계획적인 식량소비나 파종할 종자의 비축 등과 같은 지적 계획(知的計劃)이 필요함에 따라 논리적 사고를 전개할 수 있게 되었고 나아가서 과학기술의 필요성을 느끼기 시작했다. 또한 농경민은 일단 거처가 고정되므로 그때부터는 출산 간격을 단축시킬 수 있기 때문에 인구밀도가 높아지게 된다. 유랑생활을 하는 수렵 채집민들은 수유기의 무월경, 금욕, 유아 살해, 낙태 등을 통하여 4년 정도의 터울을 유지한다. 이와 대조적으로 정주형 사회에서는 어린아이들을 데리고 다니는 문제로 고민할 필요가 없으므로 제대로 먹일 수만 있다면 얼마든지 출산할 수 있다. 농경민족의 산아 간격은 약 2년으로 수렵 채집민의 절반에 불과하다. 많은 인구가 집단적으로 모여 살게 되면 문화수준이 향상되어 문명을 발달시키기 마련이다. 뒤를 이어 인류문화는 인더스강 유역, 황하 유역, 중앙아메리카에서도 꽃피웠다. 여기서 우리는 중앙아메리카를 제외하고 고대도시의 발생지가 고대문명의 발상지와 일치함을 알 수 있다. 이는 결국 인류문명이 도시에서 비롯된 것임을 시사하는 것이다.

고대도시는 세계 여러 곳에 걸쳐 형성되기 시작했다. 학자에 따라 고대도시가 집중적으로 형성된 지역이 상이하지만, 대체로 메소포타미아를 비롯한 상기 5개 지역 이외에도 중앙안데스 일대 · 나이지리아 남서부 · 아라비아 페릭스 등으로 요약될 수 있다. 그 가운데 Sjoberg가 선정한 고대도시의 발생지는 메소포타미아 · 나일강 유역 · 인더스강 유역 · 황하 유역 · 메소아메리카의 다섯 지역인데, 이들이 도시문명을 꽃피운 가장 유력한 지역으로 간주되고 있다.

(4) 세계의 주요 고대도시

메소포타미아(Mesopotamia)는 그리스어로 '강 사이의 땅'이란 뜻으로 티그리스강과 유프라테스강 사이의 지역, 특히 저지대의 습지와 소택지가 분포하는 이라크의 남부지역을 가리킨다. 이들 두 하천은 겨울에 발생하는 저기압이 지중해상을 동쪽으로 이동하면서 하천의 발원지인 아르메니아 산지와 아나톨리아 고원에 지형성 강우를 일으켜 그곳의 녹은 물이 페르시아 만으로 흘러내린다. 눈 녹은 물은 식물의 성장에 도움이 되지만, 5월경이 되면 홍수가 발생하여 예로부터 관개시설의 필요성이 대두되었다. 메소포타미아 남부에 위치한 수메르 지방은 토양이 비옥하여 건조지방임에도 불구하고 잉여생산물을 얻기 쉬웠으나, 과도한 토지이용으로 염분이 증가하여 불모지로 변했다. 그것이 메소포타미아의 고대도시들을 쇠퇴하게 만든 요인이었다.

B.C. 3500년경 메소포타미아에 발생한 최초의 도시는 유프라테스강 하류에 위치한 에리두와 우르였다. 그 중 우르는 B.C. 2300~B.C. 2180년에 걸쳐 수메르제국의 수도였으며, 전성기에는 36ha 면적에 35,000명의 인구가 거주했다. 성곽 밖의 배후지 인구를 합치면 그 규모가 25만 명에 달하는 도시국가였다. 농업과 어업이 주된 경제활동이었던 우르와 에리두는 바빌로니아에 정복당했다.

한편, 나일강 유역의 비옥한 충적평야에는 멤피스, 테베 등의 고대도시가 발생했다. 초기의 이집트인들은 B.C. 6000~B.C. 5000년에 서남아시아로부터 농작물이 들어오면서 나일강을 따라 충적지에 농사를 지었다. 하천을 따라 발달한 도시들은 홍수를 조절하기 위한 수로공사 때문에 서로 협력하지 않으면 안 되었다. 정착농경생활로 인해 성립된 취락들은 결국 B.C. 3200년경에 도시로 발전했다. 초기의 취락들은 대체로 농촌취락의 특징을 지니고 있었다. 나일 강 유역에 입지한 도시들의 정치적 특색은 처음에는 불분명했으나, 정치적 기능이 중시됨에 따라 이집트의 도시들은 대부분 국가의 수도이거나 지방행정의 중심지로서 기능하게 되었다.

서남아시아에서 기원한 작물이 B.C. 7000~6000년에 서쪽으로 전파되어 이란을 거쳐 가축화와 작물화가 시작된 지역은 인더스강 유역이었다. 이곳에 발달한 고대도시는 모헨조다로와 하라파였다. 두 도시는 B.C. 2200년경에 모두 계획적으로 설계된 도시였기 때문에 공간구조 · 사회구조 · 경제구조가 거의 동일했다. 인더스 강 유역의 도시들은 문자 · 바퀴달린 수레 · 성채 축조 등의 면에서 볼 때 메소포타미아 도시문명의 영향을 받은 것으로 추정된다. 그러나 이 지역의 도시는 메소포타미아의 도시와는 상이한 형태로 발달했으며, 도시의 기능 역시 메소포타미아 또는 나일 강 유역의 도시들과는 달랐다.

황하 유역의 평야지대는 기후가 농업에 부적당했지만, 이 일대의 황토는 매우 비옥하여 고대 중국문명의 발상에 근간이 되었다. 황하 유역에는 강 언덕에 정착농경이 시작되면서 취락이 발생한 것은 B.C. 4000년경부터이며, B.C. 2000년경까지 이 지역에는 수천 개에 달하는 번영된 농촌사회가 존재했다. 강물은 관개에 이용되었고 비옥한 황색 충적토는 농업발달의 기초를 이루었으며, 자연제방은 대규모 취락이 입지할 수 있는 장소를 제공했다. 그러나 그때까지 중국 최초의 도시는 아직 발생하지 않은 상태였다.

황하 유역에 최초로 고대도시가 발생한 곳은 안양[安陽]과 정조우[鄭州] 등으로 상나라 때인 B.C. 1500년경의 일이다. 이 지역에 도시가 발생한 것은 다른 지역에 비해 약 1,000~2,000년 정도 뒤늦은 시기였다. 이는 일찍부터 황하 유역에 많은 사람들이 취락을 형성하여 거주해 왔으나, 정착생활은 영위하지 않고 유목생활을 한 사람들도 많았기 때문인 것으로 추측된다. 중국의 도시문명사에서 상조(商朝) 또는 은조(殷朝)는 중요한 역할을 담당했다. 중국의 초기 도시들은 상나라의 문화를 기초로 황하 유역에 발달했으므로, 상조문화의 핵심인 청동기문화를 기반으로 도시가 형성된 것으로 생각된다.

중국의 고대도시는 농업경제의 시작과 함께 나타났으며 결국 작은 마을들이 통합되어 형성된 것이다. 이들 도시들은 사원이 있는 곳으로서, 잉여농산물의 저장장소로서, 유목민의 침략에 대항하는 요새로서의 기능을 지니고 있었다. 그뿐만 아니라 당시의 도시들은 잉여생산물의 교환, 즉 무역과 방어를 위한 성곽도시의 형태로 발달한 것이다. 상조에 시작된 청동기의 사용은 원시적이던 주민들의 생활을 변화시켰으며, 이는 중국의 초기 도시발달에 원동력이 되었다. 중국의 도시가 상업을 중심으로 기반기능을 확보하기 시작한 것은 송(宋)이 건국된 이후의 일이다. 당(唐)의 도시구조는 폐쇄적이었던 반면에 송나라의 도시구조는 개방적이었다.

중앙아메리카는 북미대륙과 남미대륙을 연결하는 비교적 좁은 띠 모양의 형태를 취하고 있는 지역이다. 이 지역 가운데 멕시코 남부에서 과테말라에 이르는 지역을 메소아메리카(Mesoamerica)라고 부른다. 메소아메리카에는 가장 먼저 발생한 올메크문명이 멸망된 후 테오티우아칸과 마야에 고대도시가 형성되었다. 멕시코 고원지대에 발달했던 테오티우아칸은 도시국가로 발달한 이 지역 최고의 도시였으며, 마야지역에는 종교의식의 중심지였던 티칼과 마야판 등의 도시들이 많이 발달했다.

B.C. 200~500년에 걸친 시기에 가장 번성한 테오티우아칸은 23.5㎢의 면적에 12.5만~20만 명의 인구가 거주했던 것으로 추정되는 신대륙 최대의 계획도시였다. 아즈텍문명보다 빠른 시기에 번창했던 테오티우아칸문명이 이곳에서 발달한 요인은 잉여식량의 확보 이외에도 흑요석 산지가 가까운 곳에 있었고 멕시코분지의 교역로상에 위치했으며 관개와 용천수에 의한 집약적 농업이 가능했다는 사실을 꼽을 수 있다. 열대우림기후의 저지대에 발달했던 마야의 도시들은 많은 인구를 부양하고 있었으며, 이들의 주식은 테오티우아칸과 마찬가지로 옥수수와 콩이었다. 마야에 발달했던 고대도시들은 종교적 건물 이외의 건축물이 다수 존재했고, 성직자들 외에도 많은 인구가 거주했다. 그러나 마야의 도시에는 종교적 기능을 제외한 다른 기능은 미약한 편이었다. 결국 마야문명의 고대도시는 종교적 기능에 기초해 발달한 것으로 볼 수 있다.

메소아메리카에 도시가 형성되고 찬란한 문화가 꽃필 수 있었던 것은 주민들의 주식이 타 대륙과 달리 옥수수였다는 점에서 찾아야 할 것이다. 옥수수는 다른 농작물에 비하여 많은 노동력을 필요로 하지 않고도 손쉽게 잉여식량을 확보할 수 있어서 유휴노동력을 도시건설에 할애할 수 있다. 가장 오래된 옥수수는 자루 길이가 1~2cm에 불과했지만, 1500년경 멕시코의 인디언 농경민들은 이미 15cm나 되는 옥수수를 개발했다. 이 지역의 도시발생은 다른 고대도시의 발상지보다 늦었지만, 타 대륙과 다른 특징을 지니고 독립적으로 발달했던 것이다.

(5) 수렵 · 채집경제로부터 농업경제로의 전환 요인

지리학자인 J. Diamond(1998)는 수렵 · 채집경제로부터 농업경제로의 전환 이유에 대하여 다음과 같은 결론을 도출했다. 그는 지상의 모든 사람들이 수렵채집민이었을 때가 있었는데, "왜 식량생산을 시작하게 되었을까?"라는 의문을 가졌다. 왜 퍼타일 크레슨트 지대의 지중해성 생식지에서는 B.C. 8500년경에 시작되었고 기후나 구조적 측면에서 그와 유사한 지중해성 생식지인 유럽 서남부에서는 그보다 3,000년 후에 비로소 시작되었으며, 또한 비슷한 지중해성 생식지인 캘리포니아, 오스트레일리아, 남아프리카 공화국의 희망봉 등지에서는 왜 토착적인 식량생산이 아예 시작되지도 못했을까? 그리고 퍼타일 크레슨트 지대의 주민들은 왜 더 빠른 시기에 식량생산자가 되지 못하고 B.C. 8500년경까지 기다려야만 했을까?

현대인의 시각에서 바라본다면 그와 같은 의문들은 어리석은 질문처럼 보인다. 그것은 수렵 채집생활에 따르는 불리한 점들이 명백하다고 여겨지기 때문이다. 고고학자들이 밝혀낸 바에 따르면 여러 지역에서 최초의 농경민들이 수렵 채집민들을 교체했지만, 그들은 수렵 채집민보다 체격이 작고 영양상태도 좋지 않았으며 심각한 질병을 더 많이 앓았고 평균수명이 짧았다. 사실 식량생산은 우리가 얼핏 생각하듯이 발견도 아니었고 발명도 아니었다. 농업경제와 수렵 채집경제 중에서 의식적으로 어느 쪽도 선택하지 않은 경우도 많았다. 엄밀히 말해서 지구상의 각 지역에서 처음으로 식량생산을 시작한 사람들은 의식적으로 농경을 선택하거나 농경을 목표로 의식적인 노력을 기울일 수 없었음이 분명하다. 그들은 농경을 본 적이 없었고 그것이 어떤 것인지도 몰랐기 때문이다. 오스트레일리아 원주민들도 비록 종자식물을 재배하는 단계에까지 이르지는 못했지만 농경의 몇 가지 요소를 활용할 줄은 알고 있었다.

식량생산은 그처럼 수렵 채집민들이 이미 실행하고 있던 전 단계부터 서서히 발전해 나아갔다. 그들은 야생 먹을거리에 전적으로 의존하다가 그것이 없어질 때까지는 수천 년의 세월이 필요했다. 식량생산의 초기단계에서 사람들은 야생 먹을거리를 수집하는 일과 경작된 농작물을 재배하는 일을 동시에 병행했다. 채집활동은 농작물에 대한 의존도가 증가함에 따라 차츰 그 중요성이 줄어들었다. 인류역사를 통틀어 농경민들은 언제나 수렵 채집민들을 원시적이라는 이유로 경멸했고, 이와 반대로 수렵 채집민들은 농경민들을 무지하다면서 경멸했으며, 목축민들은 둘 다 경멸했다. 그러나 식량생산과 수렵 채집은 서로 경합하는 대안적 방법이었다고 보아야 한다. 그러므로 수렵 채집경제와 농업경제는 서로 경합했고, 단일경제와 혼합경제도 경합관계에 있었다. 혼합경제끼리도 어떤 비율로 병행해야 식량생산이 높은지에 따라 경합했다. 그 결과, 지난 10,000년 동안 수렵 채집경제보다 농업경제가 유리하다는 판단을 내리게 된 것이다. 왜 인류는 그런 판단을 내렸을까?

이에 대한 해답이 명확하게 내려진 것은 아니지만, 대체로 ① 야생 먹을거리의 감소, ② 수렵 채집생활의 보상이 감소하고 작물화에 따른 보상의 증가, ③ 식량생산에 필요한 농업기술의 발달, ④ 인구증가와 식량생산의 상호적 관계의 네 가지 요인으로 요약될 수 있다. 이들 요인을 종합해 보면 퍼타일 크레슨트 지대에서 식량생산이 왜 B.C. 8500년경에 시작되었는지 이해할 수 있다. 상기한 ①, ②시기에는 아직 수렵 채집 쪽이 초기 단계의 식량생산보다 더 보상이 컸던 것이다. 왜냐하면 그때까지는 야생 포유류는 풍부했던 것에 비해 야생작물은 풍부하지 않았기 때문이다. 또한 사람들은 곡물을 채집 · 가공 · 저장하는 데 필요한 발명품들을 만들어내지 못했고 단위 면적당 더 많은 열량을 수확하는 일에 중점을 둘 만큼 인구밀도가 조밀하지 않았기 때문이다.

농업경제로의 전환에 작용했던 마지막 ④시기 요인은 수렵 채집민과 식량생산자들의 지리적 영역을 결정짓는 데 중요한 역할을 했다. 식량생산자들은 인구가 훨씬 조밀해졌기 때문에 순전히 숫자만 가지고도 수렵 채집민들을 몰아내거나 물리칠 수 있었다. 그 결과, 수렵 채집민들은 이웃의 식량생산자들에 의해 쫓겨나든지 스스로 식량생산을 받아들여야만 살아남을 수 있었던 것이다. 그리하여 로마시대에 이르러서는 이미 오늘날의 주요 농작물들이 거의 대부분 세계 어느 지역에선가는 재배되고 있었다. 고대 농경민들은 작물화할 만한 가치가 있는 식물이라면 거의 빠짐없이 발견해 작물화했던 것이다.

2 대륙의 교류축을 따라 회전한 역사의 수레바퀴

(1) 대륙의 축

우리는 문명발달의 핵심적 요소인 농업이 유라시아가 아메리카 원주민이나 사하라 이남의 아프리카에 비해 더 빠르게 전파되었음을 잘 알고 있다. 그 이유는 신대륙에 비해 유라시아의 문자, 야금술, 기술 등이 아프리카나 아메리카 대륙보다 더 신속하게 확산되었기 때문이었다.

[그림 4-7]에서 보는 것과 같은 세계지도에서 각 대륙의 형태와 방향을 비교해 보면, 아주 분명한 차이를 발견하고 놀라게 될 것이다. 남북아메리카는 남북의 길이가 동서보다 훨씬 길다. 그러므로 아메리카 대륙의 주요 축은 남북방향이라 할 수 있다. 아메리카 대륙보다는 덜 극단적이지만 아프리카의 경우도 마찬가지이다. 이와는 대조적으로 유라시아 대륙의 주요 축은 동서 방향이다. 그렇다면 각 대륙 축의 방향에서 나타나는 이러한 차이는 인류 역사에 과연 어떤 영향을 미쳤을까? J. Diamond(1997)는 다음과 같이 해석했다.

대륙의 축 방향은 농작물과 가축은 물론이고 문자와 바퀴 등과 같은 발명품들의 전파 속도에도 영향을 주었을 것이다. 그 결과, 이러한 기본적인 지리적 특성은 지난 500년 동안 아메리카 원주민, 아프리카인, 유라시아인 등이 각각 전혀 다른 경험을 하게 되었던 중요한 요인으로 작용했다. 각기 다른 경험은 인류의 교류로 공유되면서 한 차원 더 높은 문화로 발달해 나아갔을 것이므로, 대륙의 축은 교류의 축으로 간주할 수 있다.

그림 4-7 각 대륙의 교류축

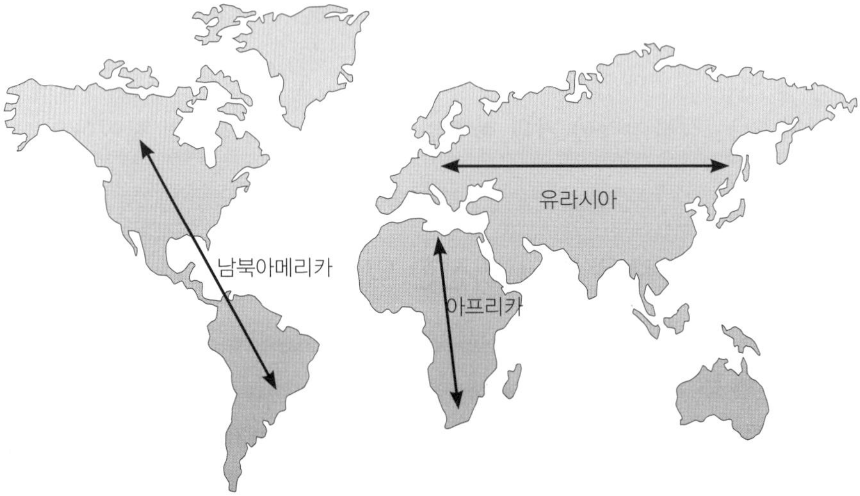

출처: J. Diamond(1997), p.261.

식량생산이 전파되었던 주요 경로를 살펴보면, 먼저 서남아시아로부터 유럽, 이집트와 북아프리카, 에티오피아, 중앙아시아, 인더스강 유역으로, 사헬지대와 서아프리카로부터 동남아프리카로, 중국에서 동남아시아, 인도네시아, 한국, 일본으로, 또한 중앙아메리카로부터 북아메리카로 전파되었다. 선사시대에 식량생산이 전파된 지역들도 그 전파속도와 시기는 상당한 차이를 보였다. 식량생산이 가장 신속하게 전파된 경우는 남북축이 아닌 동서축이었다. 가령, 서남아시아에서는 유럽과 이집트 등처럼 서쪽으로 전파되었고 인더스강 유역 등처럼 동쪽으로 전해졌다. 퍼타일 크레슨트 지대의 농작물이 다른 지역에 비해 전파속도가 빨랐던 이유는 유라시아의 동서축에 있었던 때문이었다. 동일한 위도 상에 동서로 늘어서 있는 지역들은 계절의 변화도 똑같고 낮의 길이도 똑같다. 그리고 정도의 차이는 있지만 강우량의 추이, 생식지나 생물형태 등도 서로 비슷하다.

이와 같이 농작물이 이리저리 옮겨지고 확산되는 전파 가능성이 용이한가와 어려운가를 가름하는 난이도가 지리적 환경에 따라 달라지는 현상을 선제적 작물화 또는 동물의 경우 선제적 가축화(preemptive domestication)라고 일컫는다. 농작물의 조상이었던 야생식물들은 대부분 지역에 따라 유전적 차이를 보인다. 이것은 각 지역의 조상식물이 각기 다른 돌연변이의 과정을 거쳤기 때문이다. 동물들도 위도와 관련된 기후적 특성에 적응하고 있으므로 야생동물 또한 마찬가지이다.

그리하여 유라시아 대륙의 동서축 덕분에 퍼타일 크레슨트 지대의 농작물들은 아일랜드에서 인더스강 유역까지 걸친 온대성 위도대에 농업을 촉발시킬 수 있었고, 동아시아에서 독립적으로 발생한 농업을 더욱 보강해 줄 수 있었다. 그리고 퍼타일 크레슨트로부터 멀리 떨어져 있지만 동일한 위도대에 위치한 지역에서 처음 작물화된 유라시아의 농작물들도 반대로 퍼타일 크레슨트로 전파될 수 있었다.

(2) 대륙 축을 따라 전파된 문명

지금까지는 세계지도만 보아도 금방 확인할 수 있는 위도 문제를 집중적으로 설명했다. 그 이유는 위도가 기후, 성장조건, 식량생산 전파의 난이도 등을 결정하는 주된 요소이기 때문이었다. 그러나 물론 위도만이 그와 같은 결정요소였던 것은 아니며, 어떤 두 지역이 동일한 위도 상에 인접해 있다고 해서 낮의 길이는 동일할 수밖에 없지만 반드시 기후환경이 동일하지는 않을 것이다. 각 대륙에 따라 정도의 차이는 있겠지만, 지형적 · 생태적 장애물도 각 지역에서 확산과 전파를 방해하는 중요한 걸림돌로 작용했다.

예를 들면, 미국 동남부와 서남부는 동일한 위도 상에 놓여있지만 두 지역 사이의 농작물 확산은 매우 느리고 선택적이었다. 그것은 두 지역 사이에 끼여 있는 텍사스 및 대평원 남부가 건조하고 농업에 부적당한 땅이기 때문이었다. 유라시아에서 유사한 사례를 찾는다면, 퍼타일 크레슨트 지대의 농작물에 존재했던 동진의 한계선을 들 수 있겠다. 이 농작물들은 서쪽으로 대서양까지, 그리고 동쪽으로 인더스강 유역까지는 별다른 장애물 없이 신속하게 전파되었다. 그러나 인도 동북부의 갠지스강 평야 일대에서는 또 다른 농작물과 농경기술이 필요해지므로 인더스강 유역으로부터 농업의 확산속도가 훨씬 늦어졌다.

각 대륙에 따라 상이했던 축의 방향은 식량생산의 확산뿐만 아니라 여러 기술이나 발명품의 확산에도 영향을 미쳤다. B.C. 3000년경 서남아시아 일대에서 발명된 바퀴는 동서로 신속하게 전파되어 불과 수세기 동안 유라시아의 여러 지역으로 퍼져 나아갔다. 이와 마찬가지로 B.C. 1500년 이전에 퍼타일 크레슨트 서부에서 개발된 알파벳의 원리도 약 1,000년 동안 서쪽으로 카르타고까지, 또 동쪽으로는 인도 아대륙까지 전파되었다. 이처럼 바퀴와 문자는 위도나 낮의 길이 등과 직접적인 관계가 없지만 간접적인 관계는 있다. 특히 식량생산의 체계와 결과가 매개물 역할을 했을 것이다. 일반적으로 식량생산과 관련하여 농작물 · 가축 · 기술 등의 교환이 활발하게 이루어지는 사회일수록 그 밖의 교환도 활발하게 이루어졌다. 나아가서 교환경제의 발달은 도시의 발생을 촉진했다.

이상에서 살펴본 바와 같이 각 대륙의 지리적 차이에 따라 기술 발전의 격차는 더 크게 벌어졌다. 기술은 자가 촉매작용을 하기 때문이다. 따라서 유라시아는 처음부터 상당히 유리한 입장에 있었지만, 중세에 접어들어서면서 더욱 앞서게 되었다. 그것은 유라시아인들의 지능이 탁월해서가 아니라 유라시아의 지리적 요건이 탁월했기 때문이었다고 풀이하는 것이 옳다.

3 우리나라 도시의 발달

(1) 고대도시의 발생

우리 민족이 대륙으로부터 한반도로 이동하여 정착하게 된 역사는 앞서 언급한 것처럼 구석기시대까지 거슬러 올라간다. 그러나 그들이 장구한 세월에 걸쳐서 원시공동사회나 부족사회를 형성하고 생활하던 시대에는 도시가 발생하지 않았다.

[그림 4-8]에서 보는 비파형 동검 문화권은 랴오닝 지방 및 쑹화 강 유역과

그림 4-8 비파형 동검(銅劍)의 출토지와 고조선의 강역(疆域)

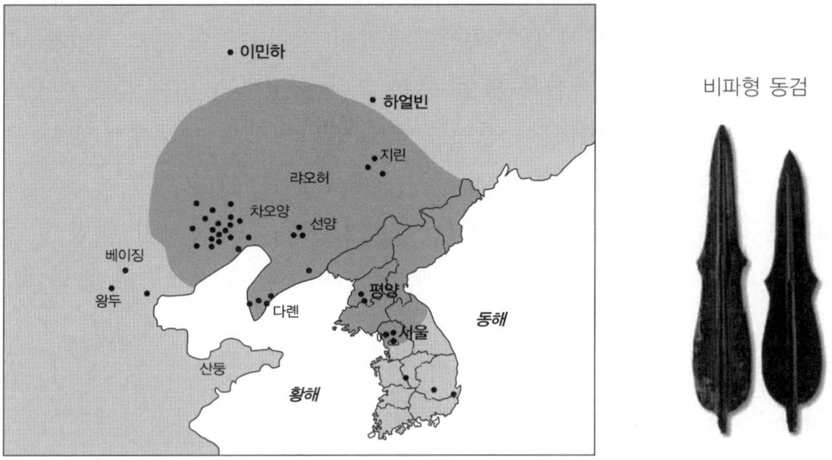

출처: 오강원(2006)의 것을 수정.

한반도를 포함하며, 이는 우리 민족을 이룬 주류 가운데 하나인 예맥족의 세력 범위와 거의 일치한다. 이 일대에서 우리 민족 최초의 국가인 고조선이 등장했다. 고조선은 B.C. 2세기까지 둥베이평원과 랴오둥반도로부터 한반도에 걸쳐 지배권을 장악하고 아사달(阿斯達)에 도읍한 우리 민족 최초의 국가이다. '아사달'은 아사(朝)+달(땅 · 산 · 국토)의 합성어로 '신성한 아침의 나라, 즉 '朝鮮'이란 의미를 갖는 고어이다. 아사달의 위치는 오늘날 둥베이평원 남쪽의 차오양[朝陽]으로 비정하는 학설이 유력하다.

고조선의 수도를 둘러싸고는 시대에 따라 이동했다는 이동설, 고조선이 멸망할 때까지 변하지 않았다는 고정설로 나뉜다. 고정설은 다시 비파형 동검의 출토범위와 고인돌의 분포지를 근거로 비정하는 랴오둥 소재설과 고조선 초기부터 고고학적 유물을 근거로 추정하는 평양 소재설로 구분된다. 한편 삼국유사의 기록에 의하면, 환웅이 무리 3천명을 거느리고 태백산 꼭대기 신단수 아래에 내려와 그곳을 신시(神市)라 했다고 기록되어 있으므로, 역사적으로는 신시가 우리나라 최초의 도시가 될 것이다.

신시 및 아사달과 왕검성이 동일한 것인지 별개의 도시인지는 불분명하지만, 고조선의 수도였던 왕검성이 우리나라 최초의 도시였을 것으로 추정할 수 있다. 물론 이보다 앞선 시기에 부족연맹사회의 정치조직이 형성되었을 때에도 도시적 취락이 발생한 사실은 있었으나, 그것은 정복과 지배의 근거지로서 지배계급의 주거시설과 방어시설 정도를 갖춘 취락이므로 서두에서 밝힌 고대도시의 정의에 부합되지 않기 때문에 도시로 규정할 수 없다.

왕검성은 그 위치와 규모 등이 밝혀지지 않았으나, 연나라와 대립한 이후 B.C. 4~B.C. 3세기 경 더욱 발달된 도시시설을 비롯하여 교통망과 관료 및 군사체계를 갖추게 되었다. 왕검성은 한나라가 무력으로 점령할 생각을 하지 못한 것으로 보아 우수한 방어시설과 군사력을 보유했던 것으로 추정된다. 우리의 『삼국유사』와 중국의 『삼국지』 위지(魏志)에 이르기를 단군왕검이 아사달에 도읍을 정하고 조선을 건국했는데 요(堯)나라와 동일한 시대였다고 기록한 것으로 보아 고조선의 수도는 규모가 결코 작지 않았을 것으로 짐작된다. 그럼에도 불구하고 왕검성은 고고학적 발굴이 뒤따르지 않아 우리 민족 고유의 도시로 간주하기에는 불충분하다.

한민족 고유의 도시로서 가장 오래된 유적지로는 고구려 초기의 수도였던 국내성을 들 수 있다. 졸본성에 이어 고구려 두 번째 수도인 국내성은 압록강 북안의 지안[集安]에 위치한 고대도시로 한사군이 설치되었을 때 현도군의 고구려현이 위치하던 지역으로 추정된다. B.C. 4~2세기경에 건설된 국내성에는 약 6m의 석축 위에 왕이 살던 궁궐이 있었고, 이 도시는 소위 선만식산성(鮮滿式山城)의 전형적인 형태를 갖춘 성곽도시였다. 이와 같이 우리나라의 고대도시는 방어를 목적으로 성벽을 둘러쌓고 유사시에 대비하여 부근의 산지에도 산성을 축조했다. 이러한 형태의 도시는 산지가 많은 우리나라와 만주지방에서 발달했다.

고조선시대의 한강 이남에는 마한 · 진한 · 변한의 삼한으로 일컫는 수십 개의 부죽국가가 있었으나, 아직 인구규모도 크지 못했을 뿐더러 부족연맹사회의 정치조직이 강력하지 못하여 도시형성 역시 미약했다. 이와 같은 요인으로 도시의 발생은 한강 이북지역보다 이남지방이 지체될 수밖에 없었다.

그림 4-9 국내성 유적지가 위치한 지안

출처: 구글어스.

고구려 · 백제 · 신라의 삼국은 A.D. 5세기를 전후하여 중앙집권적 정치체제를 확립했고, 왕권이 강화됨에 따라 수도와 지방행정중심지에 관아 및 군인과 그들에 예속된 노비와 상공인이 모이고 시장을 열게 되자 성곽을 축조함으로써 정치 · 행정중심의 도시가 형성되기에 이르렀다. 오늘날에도 존재하는 지방도시들 가운데 최근에 조성된 신도시나 신흥공업도시를 제외하고는 대부분이 삼국시대에 태동된 것으로 보아도 무방할 정도이다. 즉 삼국을 통일한 신라는 당나라의 주군제도(州郡制度)를 모방하여 전국을 9주(州)로 구분하고 5개의 소경(小京)을 두어 지방의 중심도시를 형성케 했다. 소경은 중원(충주), 서원(청주), 북원(원주), 남원, 금관(김해)에 두고 9주는 상주, 양주(양산), 강주(진주), 한주(광주), 삭주(춘천), 웅주(공주), 명주(강릉), 전주, 무주(광주)이며, 이들 도시는 오늘날에 이르기까지 지방중심도시로 발달한 곳이 많다.

(2) 중세의 도시발달

1) 고려시대

태조 왕건은 철원에 도읍지를 둔 궁예의 태봉국(泰封國)을 멸하고 통일신라의 뒤를 이어 918년에 고려를 세워 1392년까지 약 500년간에 걸쳐 지속된 고려왕조를 건국했다. 왕건은 그 이듬해 철원으로부터 풍수상 명당인 송악으로 도읍지를 옮기고 개경이라 칭했다. 고려는 당나라의 군현제도를 도입해 전국을 12목(牧)으로 구분했다가 그 뒤 5도호부(都護府)와 8목으로 개편했다.

이들 도시는 안남(수주~부평), 안서(해주), 안북(영주), 안동, 안변을 위시하여 광주, 충주, 청주, 진주, 상주, 전주, 나주, 황주로 군사적 거점을 겸한 지방행정의 중심지였다. 그 후, 14세기 초에는 수도인 개경 외에 서경(평양), 남경(한양), 동경(경주)의 3경(京)을 두었다. 이들 3경 · 5도호부 · 8목의 도시들은 정치와 군사의 중심지로서 대개의 경우 성곽도시의 형태를 갖추었다.

한편, 개경에는 경시(京市)를 두어 농업기술과 수공업이 발달했고, 지방도시와 교통의 요지에는 향시(鄕市)가 발달했다. 향시는 상설시장이 아닌 정기시장으로 알려지고 있으나, 정기시장은 임진왜란 이후에 생겨난 것이므로 당시의 향시는 소규모 상설시장이었던 것으로 이해함이 타당할 것이다. 그러나 차츰 전업적 시장상인이 다수 등장함에 따라 많은 상점이 생겨나 시장규모는 조금씩 커지게 되었다. 시장의 발달은 결국 도시형성의 주된 요인으로 작용했다.

개경의 입지는 풍수적 원리에 따라 백두산에서 내려오는 산줄기를 이어받은 송악산을 주산으로 하고 오공산과 지내산 등이 청룡과 백호를 이룬다. 개경은 왕성(궁성 및 황성) · 내성 · 나성으로 구성된 성곽도시인데, 특히 나성은 23km에 달할 정도로 큰 규모였다. 당시 개경은 중국의 영향을 받아 '누각의 도시'라 불릴 정도로 누각이 많았고 사찰도 많았다. 나성 내부는 간선도로를 따라 시전(市廛)의 행랑이 즐비하여 상업지역을 이루었으며 신분에 따른 주거지분화도 진행되었다.

2) 조선시대

조선왕조를 건국한 태조 이성계는 1394년 수도를 개경으로부터 한양으로 옮기기 위해 도시건설을 서둘렀다. 한양의 도시계획은 주례식(周禮式) 원리인 좌묘우사 전조후시(左廟右社 前朝後市)에 입각하여 설계되었다. 즉 궁궐을 중심으로 그 왼쪽에 종묘, 오른쪽에 사직을 배치하고, 궁궐의 전면에는 조정의 6조를, 후면에는 시장을 배치했으나 공간이 협소하여 종로로 옮겼다.

지방제도는 태종 때에 일대개혁을 단행하여 전국을 8도로 구분하고, 그 아래에 부, 목 , 대도호부, 군 , 현 등과 같이 약 330개의 행정구역으로 구분했다. 이들 지방행정중심지는 취락에 따라 규모의 차이는 컸으나, 적어도 대도호부 이상의 취락은 정치적 기능으로 보아 도시적 성격이 강했다. 그 이하의 행정중심지도 교통과 시장기능이 부가됨에 따라 훗날 지방중심도시로 성장한 곳이 많다. 특히 조선왕조 후반에 이르러 상공업과 농업을 위시한 기타 산업이 발달

그림 4-10 해미 읍성

하게 되어 시장을 중심으로 하는 상업적 기능이 커짐에 따라 서서히 상공업의 요인에 의한 도시성장이 진행되어 갔다. 그러나 조선왕조가 붕괴되기까지 우리나라 도시는 정치적 기능을 기반으로 하는 전산업적 소비도시로 머물러 있었으며, 상공업 등의 경제적 기능에 의한 근대적 도시로의 발달은 20세기 이후에 시작되었다.

우리나라는 예로부터 '성곽의 도시'로 불릴 만큼 성곽도시가 많았으며, 중세의 지방행정중심지는 대부분이 성곽도시였다. 성곽은 군사적 방어용인 동시에 읍치(邑治)를 위한 행정용 시설물로서 근대 이전까지 부 · 목 · 군 · 현의 청사소재지에도 설치되었다. 소규모의 자연발생적 취락이 읍성취락(邑城聚落)으로 옮겨가면서 이들 읍성은 생활중심지로서 행정 · 군사 · 교역의 거점기능을 보유하게 되었다. 일반적으로 읍성은 진산(鎭山)을 등지고 양지바른 산록 끝자락의 평지에 터를 잡았다. 읍성의 입지에도 음양오행과 풍수지리사상이 영향을 미쳤다.

읍성의 규모는 200척 미만의 소규모로부터 2만 척 이상의 대규모에 이르기까지 다양하다. 대체로 인구규모가 크거나 북방의 변경에 가까울수록 성곽의 규모가 컸고 임진왜란 이후에 개축된 성곽일수록 규모가 컸다. 또한 영남내륙지방의 읍성은 서울로 향하는 도로 주변에 밀집하여 분포하고, 서해안 지방의 읍성은 규모가 크지 않았다는 특징이 있다. 그러나 왜구의 침입이 잦았던 시기의 해안지방 읍성들은 규모가 큰 편이었다. 조선시대의 읍성은 총 194개 중 68개의 폐성을 제외한 126개소에 달했다.

19세기 말에는 상위 행정구역으로 10부 · 20목 · 5대도호부가 설치되었으며, 이들은 행정 · 군사적 요지를 차지하고 있었다. 10부 가운데 한성부 주변의 수원부 · 광주부 · 개경부 · 강화부 등은 소위 4진(鎭)으로서 수도방위의 요충지였고, 전주부 · 경주부 · 함흥부 · 평양부 · 의주부 등은 지방의 요충지를 이루었다. 그리고 20개의 목은 경기도의 여주 · 파주 · 양주, 충청도의 충주 · 청주 · 홍성 · 공주, 경상도의 상주 · 진주 · 성주, 전라도의 광주 · 능주 · 나주 · 제주, 강원도의 원주, 함경도의 길주, 평안도의 안주 · 정주 등이며, 이들은 각 지방의 행정중심지였고 성곽도시였다. 또 대도호부는 안동 · 창원 · 강릉 · 영흥 · 영변에 두어 군사적 요충지로 삼았다. 그밖에 75도호부 · 77군 · 148현도 지방행정중심지로서 미약하나마 도시적 중심성을 보유하고 있었다. 그러나 이들 지방도시의 규모와 인구는 보잘 것 없는 정도였으며, 전산업시대였기 때문에 도시내부에도 농업인구가 상공업인구보다 더 큰 비중을 차지하고 있었다.

이 밖에 시장 · 역원 · 무역 · 군사 등의 기능을 바탕으로 하여 성장한 도시들도 있다. 조선왕조 말엽에 이르러서는 경시와 향시 외에도 전국에 천여 개의 시장이 생기고 상공업이 점차 성하여 상공인들의 사회적 지위도 약간 향상되어 갔다. 그러나 그것은 오늘날과 비교할 수 없을 정도의 미미한 상태였다. 우리나라에서는 오랜 동안 정치 · 군사 · 시장 등의 기능을 기반으로 도시가 형성된 것은 사실이나, 상공업을 어용화(御用化)하고 상공인을 천시했을 뿐만 아니라 쇄국정책으로 인하여 외부로부터의 자극도 없었기 때문에 근대도시의 발달이 지연될 수밖에 없었다. 더욱이 교환경제의 낙후성은 교통로의 발달을 지연시켰고 지역 간의 교류를 저해했으며, 나아가 도시발달을 촉진시키지 못했다.

(3) 중세도시의 분포적 특징

고려왕조를 거쳐 조선왕조에 이르면서 읍성을 포함한 우리나라의 취락들은 대체로 80리 간격으로 분포하는 경향을 보였다. 이는 함경도와 강원도 등의 산악지대를 제외한 평균 간격이다. 실제로는 취락 간의 간격이 80리 이상이거나 그 이하인 경우도 있다. 고대 나일강 유역과 메소포타미아에서도 취락 간의 간격이 대체로 30km임이 밝혀진 바 있다. 운송수단이 육상교통의 경우 수레에 의존하던 시대에는 곡물이나 물자수송에 있어 70~80리 내외의 거리가 임계치였기 때문이다.

Vidal(1922)의 『인문지리원리』에 의하면, 도시는 일반적으로 어떤 장애물이 나타나거나 새로운 조건과 타협하지 않으면 안 되는 장소에 발생한다. 가령, 산악지대로부터 벗어나는 출구, 하천의 도하지점, 사막의 관문, 육지와 해안과의 접촉점 등과 같이 새로운 교통수단을 이용해야 하는 곳에 도시가 형성될 가능성이 높다.

한민족의 활동무대가 한반도로 좁혀지면서 한반도가 순수 한국화되고 한민

그림 4-11 조선시대 한반도의 주축과 부축

한반도의 주축은 의주로와 영남로, 부축은 경흥로와 호남로를 중심으로 고착되었으며, 이들 교류축의 접점은 우리 민족의 구심점이 되어 왔다.

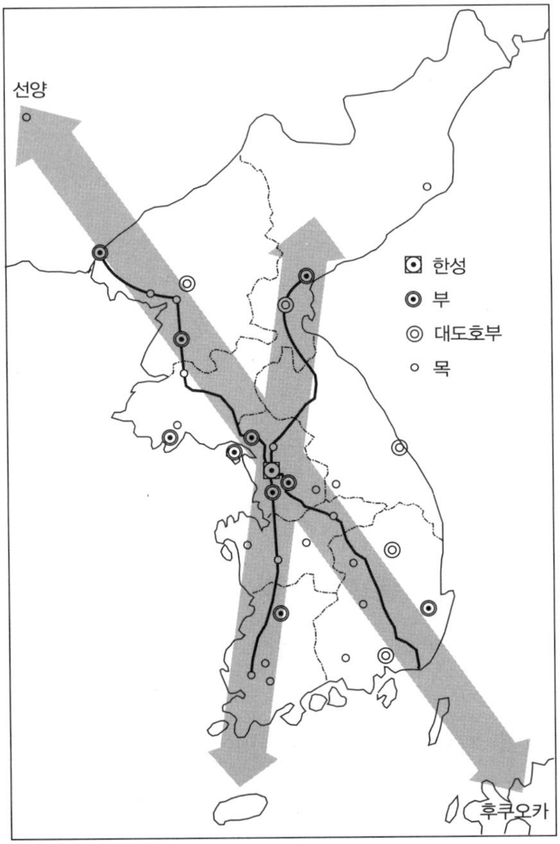

족의 성격이 명확해지게 된 시대의 도시분포를 살펴보면 우리는 재미있는 사실을 발견할 수 있다. 즉 당시의 도시가 대부분 전산업도시이긴 했지만, 대도호부 이상의 도시적 성격을 갖는 취락의 7할 정도와 그 이하의 촌락적 성격을 갖는 취락의 7할에 가까운 부분이 [그림 4-11]에서 보는 바와 같이 X축에 걸쳐 분포했다는 사실이다.

구체적으로 X축이라 함은 조선시대 6대로 가운데 서울-의주 간의 의주대로(서로), 서울-동래 간의 영남대로(동로), 서울-경흥 간의 경흥대로(북로), 서

그림 4-12 영남대로의 모습(경남 밀양시 삼랑진읍 검세리)

울-해남 간의 호남대로(남로)에 인접한 지대를 가리킨다. 이 축은 오랜 기간에 걸쳐 형성된 것으로, 상기한 4대로 가운데 의주대로와 영남대로가 한반도의 주축(主軸)에 해당하며, 경흥대로와 호남대로가 부축(副軸)에 해당한다고 볼 수 있다. 당시의 대로는 우리가 생각하는 만큼의 규모는 아니었다. [그림 4-12]에서 보는 것과 같이 수레가 한 대 겨우 지나갈 수 있는 만큼의 폭에 불과했다.

이들 X자형의 주축과 부축은 우리나라 도시의 집중적 분포지역일 뿐만 아니라 교류축이었던 것으로 간주된다. 교류축의 접점, 즉 주축과 부축이 교차하는 위치는 한강 하류지역에 해당되며, 이곳은 한반도의 지리적 중심인 까닭에 접근도가 가장 높은 지역이기도 하다. 그리하여 예로부터 우리나라에는 "한강 유역을 지배하는 자는 한반도를 지배한다."라는 말이 전해내려 왔다. 조선왕조의 태조 이성계가 한강 하류지역 가운데 지금의 서울로 수도를 정해 중앙집권적 정치체제를 강화했던 사실은 바로 그와 같은 시각에서 조명해볼 필요도 있다. 따라서 지금의 서울은 교류축의 중심지로서 수백 년 동안에 걸쳐 우리 민족의 정신적 구심점이 되어왔다고 할 수 있다.

이러한 맥락에서 오늘날 한민족의 정통성은 북한이 아니라 남한에, 평양이 아니라 서울에 있음이 확실해진다. 분단국가의 통일은 바로 민족적 정통성의 소재에 의거하여 순리에 따라 이루어져야 할 것이다. 이와 같은 수도 서울이 지닌 위치적 중요성을 무시하고 함부로 수도를 이전하는 행위는 민족의 정통성을 스스로 포기하는 행위가 됨을 명심해야 한다. 한반도가 다시 통일이 되어 하나의 국가로 거듭 태어날 경우에는 통일 수도를 검토할 수 있을 것이다.

한반도에 교류상의 주축과 부축이 형성된 것은 J. Friedmann의 이론인 중심-주변지역모델(center-periphery regional model)을 원용함으로써도 설명될 수 있다(그림 4-13). 도시발전의 제1단계는 많은 수의 소규모 자족적 중심지가 농업지역에 균등하게 분포되어 있고, 이들 각 중심지는 그 주변지역에 약간의 서비스를 공급한다. 각 중심지의 배후지는 결절성이 미약하므로 좁은 지역에 한정되어 있으며, 중심지 간의 교류는 거의 없는 상태이다. 제2단계는 종주적 도시체계로 국토공간이 조직된다. 종주도시는 일반적으로 수도인 경우가 대부분이며, 그 종주성(宗主性)은 중앙집권적 정치체제 하에서는 더욱 강력해진다. 또한 종주도시는 국토 전역에 걸쳐 정치적 영향력을 행사할 뿐만 아니라, 정치권력은 도시내 소수의 엘리트들에게 집중된다. 그리하여 입신출세를 꿈꾸는 정치지망생들은 종주도시에 몰려들지 않을 수 없다.

제3단계는 공간조직의 과도기적 단계로서 아직도 어느 정도의 종주성은 남아 있으나, 점차 주변지역의 도시가 부차적 중심지로 발달함에 따라 종주도시

그림 4-13 중심-주변부 간의 공간조직과 발전단계

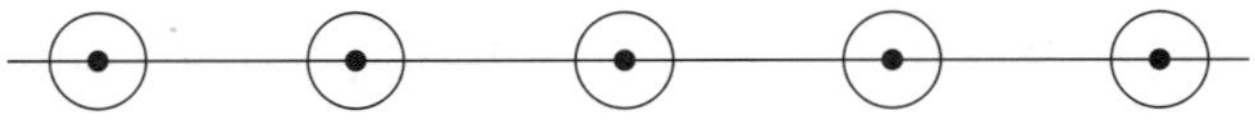

제1단계: 독립적인 지역중심지

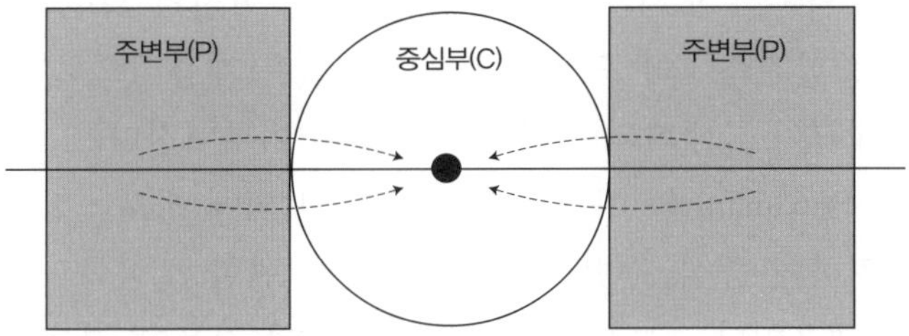

제2단계: 강력한 단일중심지의 형성

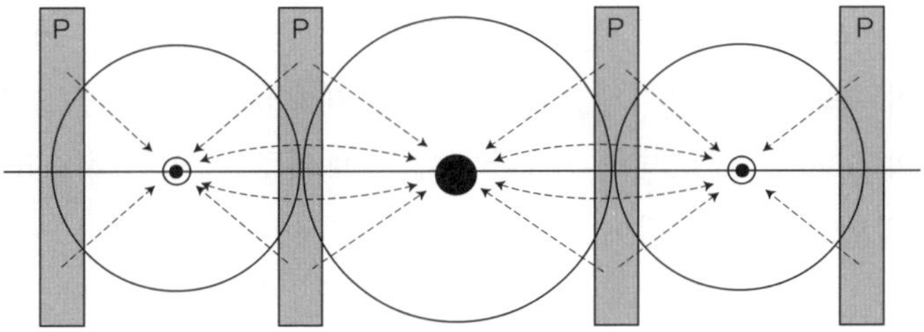

제3단계: 단일중심지와 부차적 중심지의 등장

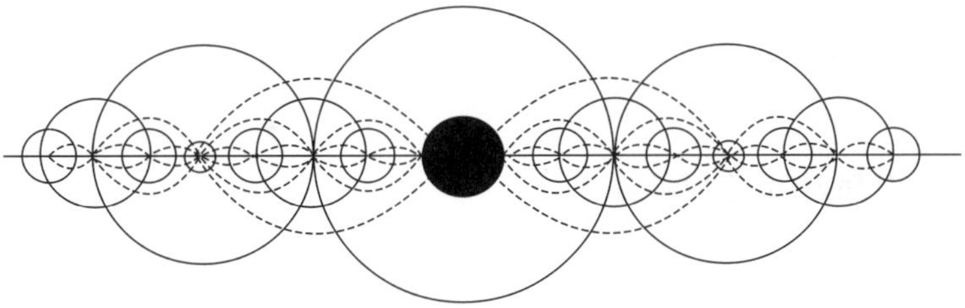

제4단계: 상호의존적 도시체계의 형성

출처: J. Friedmann(1966).

의 배후지에 대한 지배력이 약화된다. 이 경우에는 주변국으로부터 새로운 자원과 기술에 바탕을 둔 혁신적 생산과정이 도입됨으로써 경제성장의 잠재력은 커진다. 그러나 아직 종주도시와 몇 개의 부차적 중심도시 사이에 낙후지역이 존재하며, 공간구조는 여전히 불안정한 상태에 있다. 도시발전의 제4단계는 도시의 계층화가 이루어진 단계로서 고도로 구조화된 공간조직이 나타나며, 기능적으로 상호의존적 도시체계가 형성된다. 즉 혁신의 확산과 새로운 주변 엘리트에 의한 중심권력에의 도전을 통해 도시들은 계층적으로 발전하게 되고 경제성장의 잠재력이 극대화되며 지역적 균형이 이루어진다.

결론적으로, Friedmann의 이론은 경제적 요인 외에 사회 · 정치적 요인까지 포괄적으로 고려하여 중심-주변부의 공간체계에 관한 조직화과정을 단계별로 설명한 포괄적 내용이다. 그의 이론을 우리나라에 적용할 경우에는 유용성을 인정할 수 있겠으나, 중심-주변부 간의 공간이 조직되어가는 단계는 식별될 수 있어도 그 시기는 불명확하다. 우리나라의 도시는 조선왕조 500년간 그 규모에서 도시발전의 제1단계를 벗어나지 못했으며 정치적으로는 제2단계에, 오늘날에 이르러 공간적으로는 제3단계를 지나 제4단계에 접어들고 있다. 아무튼 우리나라의 도시는 예로부터 제1단계에서 보여주는 평면적이고 선적인 공간조직이 두 방향으로 진행됨에 따라 전술한 X축이 형성되었다고 볼 수 있다. 그러나 한반도의 분단으로 그와 같은 공간조직은 지속되지 못하고 있다. 국토의 분단은 공간조직과 도시체계에도 결정적 영향을 미친다.

4 근대도시의 발달

(1) 일제 강점기의 도시발달

일제는 1920년까지 무단정치를 감행하면서 통치기구의 확립, 행정구역의 개편, 도시의 기초조사 등과 같은 식민통치를 수행하기 위한 기반을 구축했다. 행정구역은 전국을 13도로 구분하고 이것을 다시 12부 218군 2,391면으로 개

그림 4-14 일제하 동양척식회사의 분포

1908년에 창립된 동양척식회사는 식민지 수탈의 상징으로 우리 민족의 원성을 사게 된 원인 중의 하나였다(樋口節夫, 1981).

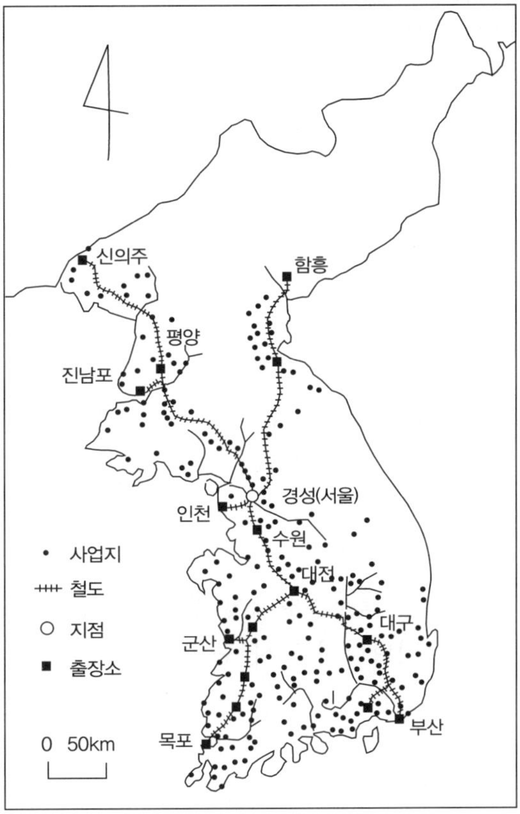

편했다. 부(府)는 인구 2만 이상의 도시, 군(郡)은 대개 인구 5~10만 명을 기준으로 정하여 예로부터 내려온 행정구역을 통폐합했다. 식민지시대의 전반기에는 일본 자본이 주도하는 상공업이 있었으나, 일제의 기본정책은 한국을 군국주의 일본의 식량 및 병참기지화 하려는 데에 주안점이 두어졌다.

이에 따라 삼남지방의 곡창지대를 비롯한 중부와 관서지방의 평야지대에 쌀의 집산지와 적출항구를 중심으로 교통로가 개설되고 미곡의 거래와 정미업의 기업화에 의해 도시가 성장하게 되었다. 그리하여 호남지방의 중심도시인 전주와 광주, 쌀의 집산지인 이리(익산)와 정읍, 쌀의 적출항구인 군산과 목포 등이 활기를 띠었다(그림 4-14). 또한 금강유역의 대전 · 청주 · 조치원 · 논산, 영남지방의 대구 · 김천 · 밀양 · 진주 등의 도시가 쌀의 집산지로 발달했고, 남해안의 부산과 마산이 쌀의 적출항으로서 크게 성장했다. 북부지방의 경우는 평양 · 함흥 · 신의주 · 사리원 · 선천 등이 쌀의 집산지로 성장했고, 남포 · 원산 · 성진 · 청진 등의 항구도시들도 인구가 크게 증가했다. 이들 도시에는 한반도에서 생산된 농산물을 수탈하기 위해 동양척식회사의 지점 · 출장소 · 사업지 등이 설치되었다.

세계적인 경제불황과 일본의 중국침략 등으로 한반도에 대한 일제의 식민지정책은 일대 전환을 가져왔다. 1930년대에 접어들자 일본은 우리나라의 미개발상태에 있는 임산 · 수산자원과 전력 및 지하자원을 개발하기 위하여 많은 자본을 투자했다. 또한 일본은 중화학공업을 비롯하여 식료품공업과 방직공업 등의 근대공업에도 투자를 했다. 1937년의 중일전쟁으로 인한 전시경제체제로의 전환은 우리나라의 공업을 중화학공업에 치중케 만들었다. 이에 따라 각종 자원이 풍부한 북부지방에 공업도시와 광업도시가 발달하게 되었다.

이 무렵, 우리나라의 도시 수는 1929년에 50개이던 것이 1937년에는 80개로 증가했다. 도시 수는 북부지방보다는 남부지방에 많이 분포하여 그 비율은 1:2 정도였다. 8.15해방 직전의 도시 수는 130개로 급증하는 추세가 여전했으며, 특히 함경도 해안지방의 원산 · 흥남 · 함흥 · 북청 · 성진 · 길주 · 청진 · 나진 등이 광공업도시로 성장했고, 평안도의 평양 · 남포 · 송림 · 신의주 · 사리원 · 해주 · 강계 등도 광공업도시로 크게 성장했다. 중부와 남부지방에서도 서울 · 인천 · 대전을 비롯하여 전주 · 대구 · 마산 · 진주 등의 도시가 지방중심도시로서 비교적 성장한 편이었으나, 호남지방과 영남지방의 중심도시들은 대체로 정체된 상태에 있었다.

일제강점기의 한반도에는 조선시대에 형성된 전통도시 외에도 개항장 혹은 철도교통요지에 신흥도시가 출현했다. 간선철도망으로부터 소외된 공주 · 충주 · 상주 등은 성장을 멈추게 되었다. 당초 전통도시에는 정치적 중추관리기능, 신흥도시에는 경제적 중추관리기능만이 입지하는 이중적 체계를 띠었으며, 서울[京城] 이외에는 정치 · 경제의 양쪽 중추관리기능이 모두 집적하는 도시는 거의 찾아볼 수 없었다.

전시경제체제하의 1940년대 전반에는 북부지방의 도시들이 공업화함에 따라 경제적 중추관리기능이 강화되고 광역적 관할구역을 갖는 새로운 정부기관의 입지에 따라 도시 상호간의 관할관계가 복잡해졌다. 정치적 중추관리기능의 집적이란 측면에서는 전통도시가 신흥도시보다도 우위를 점하는 경향에는

그림 4-15 한국의 지역연결체계(2012년)

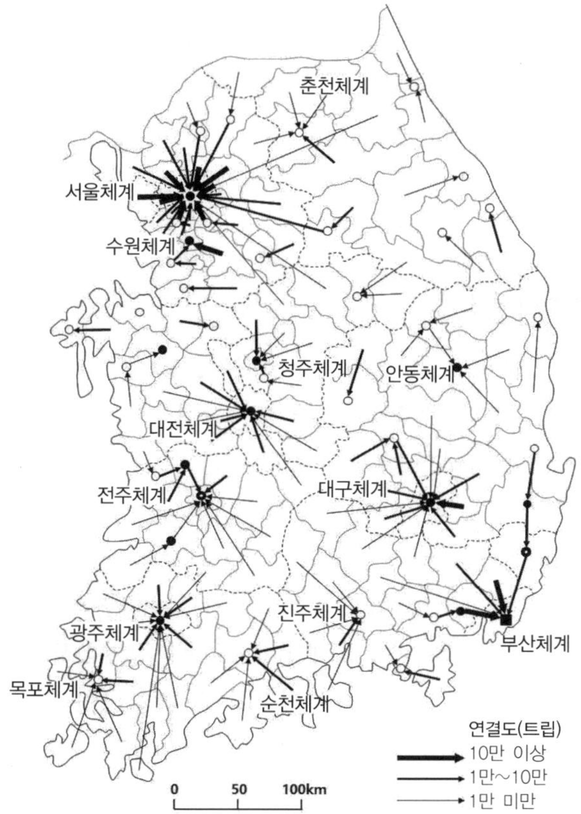

출처: 손승호(2015), p.208.

큰 변화가 없는 것이 사실이나, 1910년대에 볼 수 있었던 이중적 체계는 이 무렵에 더욱 후퇴했다. 이러한 상황 속에서 중추관리기능이 탁월한 서울을 제외하고는 북부지방의 평양과 남부지방의 부산·대구가 1920년대에는 불완전하나마 광역중심도시로 등장하기에 이르렀다. 특히 평양은 전시경제체제 하에서 북부지방의 광역중심도시로서 지위를 더욱 굳혀 나아갔다. 반면에 공주는 쇠퇴하고, 전주와 광주는 각각 군산과 목포에 중심기능을 빼앗기는 현상이 나타났다.

이와는 달리 오늘날 우리나라 시군간의 인구이동량을 토대로 국토공간구조의 변화 양상을 파악하기 위해 하루 단위로 이루어지는 일상적 인구이동으로 지역연결체계가 도출된 통행권은 곧 생활권의 개념으로 인식해도 무방할 것이다. [그림 4-15]에서 보는 바와 같이 오늘날 한국도시 간 지역연결체계는 수도권에 입지한 도시간의 상호작용이 공고하여 서울의 종주성이 매우 강하며, 서울의 직접적인 지배를 받는 도시는 공간적으로 광역에 걸쳐 있음을 알 수 있다. 이 범위가 바로 수도권에 해당한다.

(2) 도시빈민촌의 형성

우리나라에서 최초로 도시빈민이 형성되기 시작한 시기는 일제에 의해 자본주의가 도입되어 식민지수탈을 위한 도시화현상이 일어나고 농업부문에서 상당수의 소작농이 몰락하면서 도시로 이주하기 시작한 일제강점기였다. 그 후, 도시빈민의 주거지는 8·15해방과 6·25전쟁을 거쳐 오늘에 이르기까지 전국에 걸쳐 형성되었다.

일제는 효과적 수탈을 위한 도시화와 토지사업을 통하여 일본인 지주나 일부 친일파 지주가 토지점유권을 부정한 방법으로 강탈하도록 허용했다. 이에 따라 소작농은 농지에 대한 권리를 상실하고 소작료 또한 인상되자 농촌을 이탈하기에 이르렀다. 그들 중 도시로 유입한 사람은 최저임금을 받는 노동자가 되거나 실업자로 전락했다. 이들이 바로 도시빈민의 시초가 되면서 공유지에 무허가주택이나 사유지에 움막과 토막을 짓고 집단으로 거주하게 되었다. 이들의 대표적인 주거지는 서울의 홍제동·돈암동·아현동·신당동 등이다(그

그림 4-16 일제하 서울의 토막분포(1940년)

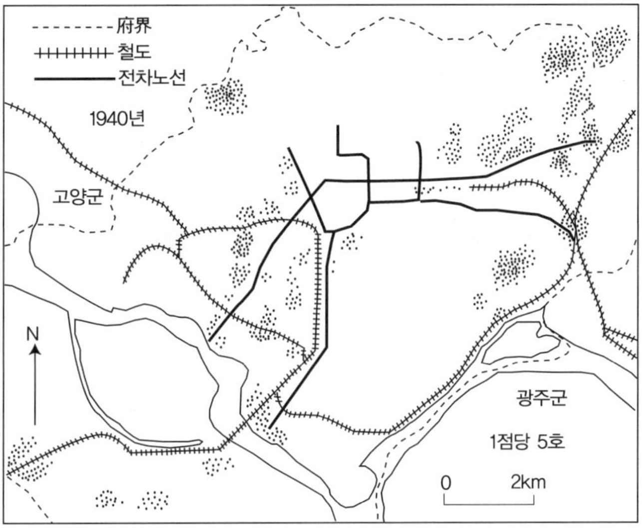

출처: 남영우(1989), p.45.

림 4-16).

토막민(土幕民)의 생활수준은 전반적으로 낮은 편이지만, 그 가운데에도 주택은 비교적 양호한 기와집으로부터 매우 조잡한 헐거와 유사한 움집에 이르기까지 다양하다. 가장 원시적인 토막은 기둥과 벽이 없어 거적으로 만든 지붕만을 직접 땅위에 얹어놓은 형태로 온돌조차 없는 경우도 있다. 이런 유형의 주택은 인간의 주거시설로는 최저의 수준이며, 주로 교각 밑에서 볼 수 있는 토굴에 버금가는 주택이다.

8 · 15해방 후에도 도시빈민은 양산되었으며, 게다가 해외동포의 귀환과 6 · 25전쟁으로 인한 피난민들도 상당수 도시빈민화했다. 농촌출신의 빈민은 도시생활이 아무리 어려워도 농촌생활보다 나을 것이라는 판단 하에 도시로 집중했다. 그들은 기존의 빈민들과 어울려 주로 도심 주변과 도시외곽에 집단적으로 거주하여 도시슬럼을 형성했다. 이와 같은 도시슬럼(urban slum)의 입

그림 4-17 도시슬럼의 입지

도시슬럼은 이질적인 토지이용이 교차하는 점이지대에서 발생할 가능성이 높다(W. Firey, 1946).

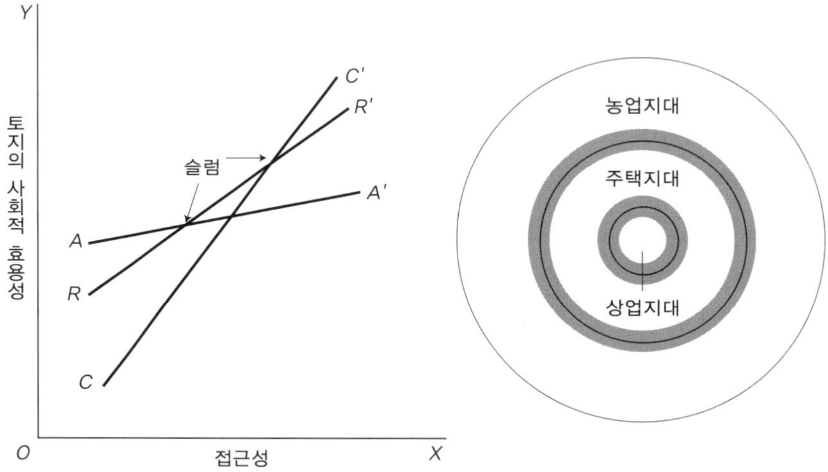

출처: 남영우(1991), p.128.

지는 W. Firey의 이론으로 설명될 수 있다. 즉 [그림 4-17]의 Y축은 토지의 효용성이며, X축은 도심에 대한 접근성을 가리킨다. 그러므로 Y축은 지가나 지대에 비례하며, X축은 도심과의 거리에 반비례한다고 생각하면 된다.

일반적으로 접근성에 가장 민감한 토지이용은 상업지대이며, 반대로 가장 둔감한 토지이용은 도시외곽의 농업지대일 것이다. 그리고 주택지대는 중간 정도에 해당한다. 따라서 직선의 기울기는 그림의 CC′, RR′, AA′ 순으로 가파르게 그려진다. 여기서 슬럼은 상업지대(CC′)와 주택지대(RR′)가 교차하는 곳, 그리고 주택지대와 농업지대(AA′)가 교차하는 곳에 발생할 가능성이 높다는 것이 Firey 이론의 요지이다. 전자는 중앙슬럼지역(central slum area), 후자는 도시주변슬럼지역(rurban slum area)이라 부른다. 요컨대 슬럼은 토지이용의 점이적 성격이 짙은 지역에 발생할 가능성이 높음을 시사하고 있다. 우리나라 대도시에는 1980년대까지 '달동네'라 불리는 도시빈민의 주거지역이 곳곳에 분

표 4-1 우리나라 빈민의 분포 추이

(단위: %)

연 대	도 시	농 촌	계
1940년대	16	84	100
1960년대	36	64	100
1980년대	62	38	100
2000년대	89	11	100

포했으나, 대부분 재개발사업에 의해 소멸되거나 '쪽방촌'과 같은 다른 형태로 바뀌었다.

슬럼은 주거시설이 노후화하고 불안전하며 비위생적인 지역으로 도덕관·윤리관이 타락한 사람들이 밀집하여 거주하는 지역이라 정의될 수 있다. 그러나 토굴촌→토막촌→판자촌→달동네→쪽방촌으로 변화해온 우리나라의 슬럼은 외국의 그것에 비해 주거시설이 양호한 편이며 정신적 가치관이 건전한 편이다. 그러므로 무분별한 도시슬럼의 재개발은 지양되어야 하며 도시재생에서 해결책을 모색해야 한다. 우리나라의 경우, 빈민은 〈표 4-1〉에서 보는 바와 같이 과거 대부분 농촌에 거주했으나, 오늘날에는 대부분이 도시에 거주하고 있다. 반세기만에 농촌빈민이 도시빈민으로 바뀐 셈이다.

우리나라 6대 대도시의 빈곤층이라 할 수 있는 기초생활 수급가구의 분포를 관찰해보면 두 가지 입지적 경향을 도출해낼 수 있다. 하나는 각 도시의 빈곤지역 중 일부는 공통적으로 기존의 도심에 입지하고 있다는 것이며, 다른 하나는 상대적으로 도시의 외곽지대에 빈곤층이 밀집하여 분포한다는 것이다. 이것으로 과거 번화했던 도심부의 개발이 지연되면서 노후화함에 따라 그곳의 저렴한 주택에 빈곤층이 집중적으로 거주하고 있음을 알 수 있다. 그리고 상대적으로 외곽지대에 입지한 빈곤지역은 도시의 외연부가 급격한 확장이 진행되는 시기에 형성된 지역으로 주로 저렴한 영구임대아파트 단지가 입지한 곳이다(이영아, 2015). 이러한 사실은 앞에서 설명한 [그림 4-17]과도 일치하는 현상이다.

(3) 교통로와 도시발달

이상에서 개관한 우리나라의 도시발달은 그 하부구조의 하나인 교통로의 발달과 관련이 깊다. 특히 철도는 근대국가를 형성함에 있어 정치 · 경제 · 사회 및 군사기능의 측면에 걸쳐 필수불가결한 인프라인 동시에 경제발전과 도시발전의 혈관 역할을 담당한다. 19세기 말부터 세계열강은 일찍이 철도시설을 완비함으로써 도시와 경제발전의 기틀을 다져 놓았으나, 그렇지 못한 나라는 선진국의 자본과 기술로 철도가 부설되고 그나마 운영권을 외국에게 빼앗겨 철도행정의 주체성을 상실했다. 그런 나라들은 철도를 부설한 나라에 의해 정치 · 경제 · 군사적 주권을 농락당함으로써 서서히 식민지화의 길을 걷게 되었다.

이와 같은 현상은 일제의 침략을 받은 한국과 중국, 서구열강의 지배를 받았던 아프리카와 남아메리카의 여러 나라에서 발견할 수 있다. 특히 유럽의 냉량하고 다습한 기후와 척박한 토양조건 하에서 식량생산의 불리함은 일찍부터 유럽인들을 상업에 전념케 하거나 타 대륙으로 눈을 돌리게 하는 계기가 되었다. 더욱이 유럽인의 주식인 밀은 쌀에 비해 절반 정도의 인구부양력 밖에 갖고 있지 못하므로 유럽열강들은 경제적으로 낙후된 국가를 상대로 각종 자원을 수탈하기 위해 교통로를 개설하고 식민도시를 건설했다. 그와 같은 사례에 바탕을 두어 가나 · 나이지리아 · 브라질 · 말레이시아 등의 식민통치를 받은 경험이 있는 저개발국가를 대상으로 고찰한 Taaffe, Morrill and Gould(1963)의 이론인 교통로발달의 4단계설을 소개하기로 한다.

우선 해안을 끼고 있는 특정 지역을 상정해 보자. 제1단계는 저개발국의 해안지역에 소규모의 항구 혹은 어항이 산재해 있는 상태이다(그림 4-18ⓐ). 각 항구는 내륙 쪽으로 규모가 작은 배후지를 가지며, 가끔 어선이나 부정기적인 무역선이 왕래하는 것을 제외하고는 해안에 면한 각 항구 간의 교류는 거의 찾아 볼 수 없다. Taaffe 등은 나이지리아와 가나의 경우 유럽인들의 무역기지 주변에 토착민들이 집단을 이루어 거주하던 15~19세기를 이 단계로 설정했다. 제1단계에서 백인들의 무역기지는 사실상 저개발국의 자원을 수탈하기 위한 전초기지이며, 저개발국의 교통망은 극히 빈약하고 경제도 자급수준을 벗

그림 4-18 교통로발달의 4단계 모델

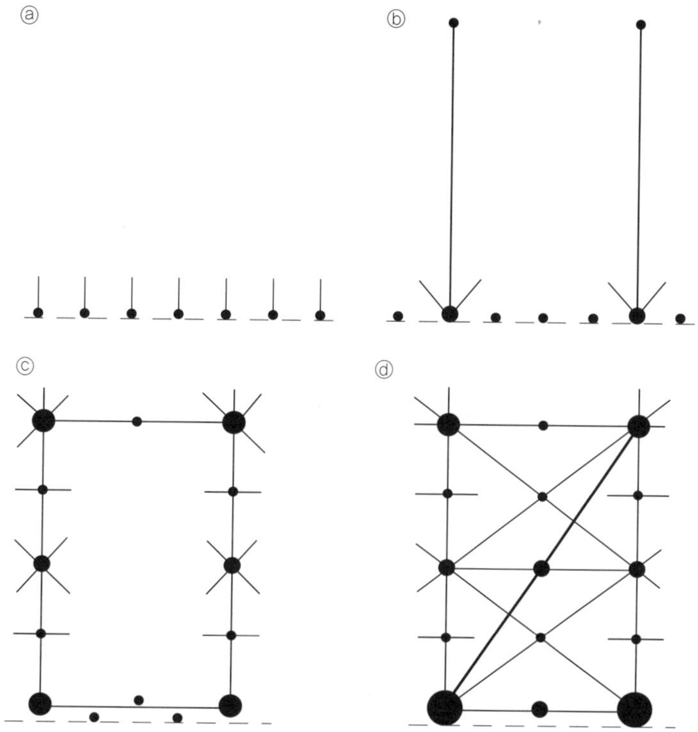

출처: E.J. Taaffe, R.L. Morrill and P.R. Gould(1963), p.504.

어나지 못한 상태이다.

제2단계에서는 몇몇의 주요 교통로가 내륙 깊숙이 연결되고 그곳에 무역중심지가 성장하게 된다. 해안의 항구가 내륙과 연결됨으로써 지역발전에 격차가 발생하기 시작한다(그림 4-18ⓑ). 항구의 성장에 수반하여 국지적이던 배후지도 확대되고 지선교통로(feeder route)가 항구를 향하여 집중되기 시작한다. 바꿔 말하면, 가나와 나이지리아의 경우에서 제2단계는 내륙 쪽으로 간선교통로(trunk route)가 발달한 시기에 해당한다.

제3단계에서는 지선교통로가 발달하고 종횡으로 교차되는 교통로가 개설되기 시작한다(그림 4-18ⓒ). 지선교통로가 발달함에 따라 교역상의 경쟁이 발생하고 차별성장이 나타난다. 해안과 내륙의 양쪽 종착점 중간에 새로운 중심지가 발생한다. 이 단계는 1920년대 이후 가나와 나이지리아의 도로망에 있어서 관입로선(penetration line)과 개발로선(exploitation line)이 서로 연결되어 가는 상태를 보여주고 있다. 사실 이들 교통로는 지역개발보다는 식민지의 자원착취를 꾀하여 개설된 것임은 물론이다.

제4단계에서는 교통로의 연결과 집중이 반복되어 가장 규모가 크거나 중요한 중심도시 상호간에 직접 연결되는 상위교통로(priority linkage)가 발생한다(그림 4-18ⓓ). 즉 출발지와 도착지 간을 우회하지 않는 최상위의 포장도로 · 간선철도 · 항공로 등과 같은 교통로의 계층화가 일어난다.

영국의 지리학자 P. Haggett는 이상에서 설명한 교통로발달의 4단계 모델은 아프리카의 서부, 브라질의 남동부, 말레이시아 등과 같이 저개발국이면서 열강의 식민통치를 경험한 나라에서 나타난다고 보았다. 제국주의를 표방한 유럽열강은 자국의 식민통치를 원활히 하기 위해 식민지에 교통로를 건설했다. 예를 들면, 유럽인들은 아시아의 식민지경영을 목적으로 1869년 수에즈운하를 건설했다. 이 운하는 식민지에서 발생하는 원주민의 저항을 제어하는데 필요한 병력 · 무기 · 함정 등을 신속히 수송하고 식민지에서 수탈한 재화를 본국으로 운반하는 데 기여했다.

유럽의 대도시들 가운데 런던 · 파리 · 리스본 · 마드리드 등이 성장한 배경에는 식민지 경영의 도움이 매우 컸다. 즉 제국주의를 표방했던 영국 · 프랑스 · 포르투갈 · 에스파냐 등의 열강은 식민지로부터 많은 재화를 받아들여 자국의 수도건설에 투자한 것이다. 식민통치를 경험한 국가의 교통로가 4단계를 거쳐 발달한 것처럼, 열강들의 식민화단계는 탐험대→성직자→군대의 파견에 이어 자국의 종교를 전파하고 문화를 확산시키는 과정을 거친 것이다.

이와 같은 현상은 일제의 식민통치를 경험한 우리나라의 교통로에서도 관찰될 수 있다(그림 4-19). 특히 우리나라의 철도는 한반도의 치안유지와 일제의 대륙침략정책을 뒷받침하기 위한 군사철도로서의 기능과 자원수탈을 위한 수단으로 출발했다. 일제에 의한 철도부설은 우리나라가 마차시대 혹은 도로

그림 4-19 우리나라 철도망의 발달

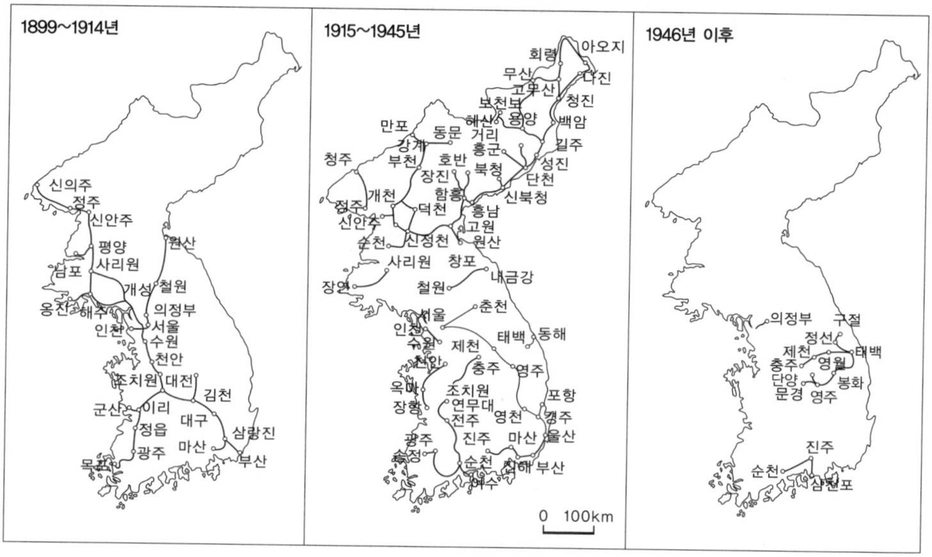

교통시대를 거치지 않고 바로 철도교통시대로 돌입케 함으로써 오늘날 보는 바와 같은 지역격차를 유발시키거나 한반도의 공간조직을 왜곡시키기도 했다. 또한 한반도의 철도부설로 많은 자원을 일본에 수탈당하기도 했으며, 그것은 국유철도였으므로 국가자본주의의 발달이 민간자본주의의 발달보다 선행함으로써 경제발전과정에 파행성과 비정상적 도시발달을 초래하기도 했다.

우리나라 자동차 교통의 발달은 뒤늦게 시작되었다. 1909년 2월 20일자 영국의 〈그래픽(*The Grafic*)〉에 실린 기사를 보면 당시 자동차를 처음 본 한국인들의 경이감을 생생하게 묘사했다. 서양세계와 접촉이 전무했던 우리나라의 상황을 엿볼 수 있다.

대로변을 지나다가 자동차를 처음 본 조선 사람들은 혼비백산해 사방으로 흩어졌고, 들고 가던 짐도 팽개친 채 숨기에 바빴다. 어떤 사람들은 이 쇳덩이 괴물로부터 자신을 보호해 달라고 간절히 기도하기도 했다. 짐을 싣고 가던 소와 말도 놀라 길가의 상점이나 가정집으로 뛰어 들었다.

(4) 해방 후의 도시발달

8.15해방 후 인구는 도시로 집중하여 어느 때보다 급속한 도시성장을 보였다. 그러나 1950년에 6.25전쟁의 발발로 우리나라의 도시는 일찍이 유례를 찾아볼 수 없는 막대한 피해를 입었다. 수많은 피난민들은 대거 부산 일대로 몰려들었다. 토지공간이 부족한 부산에는 전국 각지에서 피난 온 사람들이 구릉지에도 주택을 지었다. 전쟁이 끝난 후에는 피난민들이 서울을 비롯한 대도시로 집중되었다. 그 당시에 구릉지의 산비탈은 물론 하천부지와 철도부지에까지 판자촌(板子村)이나 천막촌이 형성되었다. 한국전쟁이 종료된 후 전재복구사업과 경제재건은 1960년대까지 계속되었다.

1960년대 전반기 우리나라의 경제는 제1차 경제개발 5개년계획으로 연평균 8.3%의 높은 성장률을 보였고, 산업구성도 제1, 2, 3차 산업이 각각 37.8%, 19.2%, 42.2%로 바뀌어 도시적 산업이라 할 수 있는 제2, 3차 산업 종사자의 비율이 높은 근대적 산업구조를 띠기 시작했다. 이러한 도시산업의 발달은 곧 도시경제의 확충으로 이어져 인구의 이촌향도(離村向都)를 유도하게 되었다.

우선 공업화의 성장거점이 된 울산이 1962년 시로 승격되고, 1963년에는 의정부 · 속초 · 천안 · 안동이 시로 승격되었다. 1949년에 서울이 특별시로 승

그림 4-20 부산과 서울 구릉지대에 형성된 피난민의 판자촌과 천막촌(1950년대)

출처: 부산시, 서울시.

격된 데 이어 1963년에는 부산이 직할시가 되었고, 총인구에 대한 도시인구율은 42.6%에 이르렀다. 지역적으로는 서울과 그 주변도시를 위시하여 부산 · 대구 · 인천 · 광주 · 대전 등의 지방중심도시, 울산 · 묵호(동해) · 장성(태백) 등의 광업도시, 제천 · 영주 · 천안 등의 교통도시는 급격한 인구증가를 보였고, 동두천 · 의정부 · 원주 등의 군사도시도 괄목할 만한 인구증가를 보였다. 그러나 전주 · 충주 · 경주 · 여수 등의 인구는 정체상태를 벗어나지 못했으며, 마산은 오히려 인구감소를 보였다.

1960년대 후반은 전반에 비해 한국경제가 더 큰 고도성장을 이룩함에 따라 도시성장과 도시화의 진전속도 역시 더욱 빨라졌다. 도시인구율은 1970년에 50%를 상회하게 됨으로써 도시와 농촌의 인구는 각각 절반씩 거주하는 셈이 되었다. 1960년대 후반에서 주목할 만한 것은 인구 50만 명 이상의 비교적 규모가 큰 도시의 인구증가율이 높았다는 점이다. 특히 서울은 연평균 14.1%, 부산 7.9%, 대구 6.9%의 높은 인구성장을 보임으로써 3대 도시의 인가증가율은 전국의 그것보다 더 높았다. 그리고 서울의 위성도시들과 울산 · 포항 · 마산 등의 공업도시와 제천 · 영주 · 춘천 · 안동 등의 지방도시도 이 기간 중에 비교적 큰 성장을 보였다.

1970년대에 들어와서도 도시화의 추세는 여전했으며, 1970년대 전반에 서울의 위성도시인 안양 · 부천 · 성남이 시로 승격되고 33개의 읍이 신설되어 1975년에는 시급도시가 36개, 읍급도시가 122개에 달하여, 우리나라의 도시인구율은 59.4%로서 연평균 11.9%의 증가율을 나타냈다. 1970년대 후반에는 동해 · 제천 · 영주 · 창원 등이 시로 승격하여 1980년에는 시급도시가 50개, 읍급도시가 187개에 이르렀다.

1980~1985년 사이에 인구증가율이 40%를 상회하는 도시는 부천(106.0%), 안양(42.6%), 천안(41.1%) 등이며, 반면에 동해 · 삼천포(사천) · 영천의 세 도시는 인구가 오히려 감소했다. 시급도시의 인구가 총인구에서 차지하는 비중이 1980년에는 57.3%이던 것이 1985년에는 65.4%로 증가했다. 이와는 달리 경북 · 전북 · 강원 · 충북 · 전남은 같은 기간에 5.3~0.8%씩 감소했다. 이는 한국경제의 고도성장기에 도시와 농촌 간의 인구재배치현상이 극심했음을 시사

하는 것이다. 또한 그 기간 중에 진행된 한국의 도시화는 모든 도시에서 진행된 것이 아니라 주로 시급도시에서 진행되었음에 주목할 필요가 있다. 따라서 구미의 도시화가 도시지역을 중심으로 한 'urbanization'이었다면, 한국의 도시화는 시급도시를 중심으로 한 'Sibanization'이라고 할 수 있다.

1990년대에 들어와서도 도시화율은 1980년대와 다름없이 매년 약 1%씩 증가하는 추세가 지속되어 2000년에는 79.7%에 달하던 것이 2010년에는 90.9%로 증가했다. 2015년의 수도권 인구는 총인구의 49.5%를 차지하여 수도권 인구의 비중이 지속적으로 커지고 있다. 그러나 경기도 인구가 서울을 추월해 서울인구의 공동화가 진행되기 시작한 반면, 이들 감소인구가 수도권 도시로 이동하는 J-턴 현상이 나타나고 있음을 알 수 있다. 이러한 현상은 수도권이 광역화하고 있음을 의미하는 것이다. 2010~2015년 기간 중 인구증가를 보인 광역시는 인천 · 서울 · 부산 · 대전 · 울산 등이었고, 시급도시 중에서는 김포, 광주, 파주, 화성의 순으로 증가율이 높았다.

4.2 국토의 도시화

1 도시화의 시대

(1) 도시화(都市化)의 개념

도시화란 도시발전과 그에 따른 취락 혹은 지역의 변화과정을 뜻한다. 여기서 도시발전이란 의미를 도시화와는 별개의 개념으로 인식하자는 의견, 농촌지역(rural region)이 도시지역(urban region)으로 변화하기까지의 과정만을 일컫자는 협의적 해석, 그리고 상대적으로 덜 도시적인 지역으로부터 더욱 도시적인 지역(more urban region)으로 변화하는 과정도 도시화에 포함시키자는 광의적 견해 등이 제기된 바 있다. 오늘날에는 도시화의 개념을 중단 없는 도시화현상까지 포함하여 포괄적으로 정의하는 것이 일반적이다. 따라서 도시화는 도시적 요소가 가미되는 모든 과정을 의미하는 것으로 해석할 수 있다.

도시화의 지역적 전개과정은 크게 두 유형으로 구분된다. 첫째는 기능적 도시화로, 여기에는 근교에서 도시산업과 제1차 산업과의 겸업화가 나타나거나 농지를 도시민이 소유하는 것 등이 포함된다. 둘째는 경관적 도시화로, 도시적 용도로 농지전용이 발생하는 경우가 전형적 사례이다. 지리학에서는 도시화현상을 파악할 경우에 기능적 도시화와 더불어 경관적 도시화의 두 측면을 입체적으로 고찰하는 데 비하여, 사회학 · 경제학 분야에서는 기능적 측면의 분석에 중점을 두는 경우가 많다. 예를 들면, 사회학에서는 주민의 사고방식이 농촌적인 것으로부터 도시적인 것으로 변화하는 과정도 도시화의 한 현상으로 간주하는 경향이 있다.

인구학자 H. T. Eldridge는 인구가 도시에 집중되는 과정을 도시화라고 정의했다. 여기서 그 과정이라 함은 도시 수의 증가와 도시인구의 증가라는 두 측면에서 진행됨을 의미한다. 한편 지리학에서는 전술한 것처럼 취락 또는 지역에 도시적 요소들이 점차 확대되는 과정을 도시화라고 규정했다. 아무튼 도시화를 정의한 학자는 많지만, 그 내용에 있어서 공통점은 도시화가 도시적 현상이 진행된 결과를 의미하는 것이 아니라 진행되고 있는 과정이라는 점이다.

과거 1960년대 서울로 상경한 시골출신은 우선 과일가게에서 감을 사먹고 서울의 물가에 대한 감을 잡았다. 한국인들이 예로부터 가장 친근하고 잘 아는 과일이 감이었기 때문이다. 우리나라 농촌 마을에는 울타리에 심은 나무 중 감나무가 가장 많으므로 누구나 감에 대해서는 잘 알고 있다는 생각을 가지고 있다. 물론 이런 현상은 한국적인 것이었다.

도시를 영어로 urban 또는 city라고 표기한다. 그러나 city는 시급도시인 경우에만 해당하므로 도시화를 urbanization으로 표기함은 타당하다. urban은 명사와 형용사로도 쓰이는데, 형용사로서의 urbane은 원래 "점잖은, 품위 있는, 세련된, 정중한, 예의바른" 등의 뜻을 내포하고 있는 단어이다. 그러므로 도시민과 도시화된 사람들은 점잖고 품위 있으며 세련된 사람이라고 할 수 있다.

고향을 달리하는 사람들이 도시에 모여 공동체를 이루어 살면 새로운 가치관, 새로운 관습, 상대방에 대한 이해를 바탕으로 새로운 질서를 만들어가는 과정에서 품위가 생겨나고 세련되며 예의가 바르게 되는 모양이다. 인류의 문명이 도시에서 창출된다는 점을 감안한다면 충분히 수긍이 가는 측면이 있다. 그러므로 도시는 용광로와 같은 존재라 할 수 있다.

금세기 최고의 문명국임을 자부하는 미국이 "우리나라에는 촌사람이 없다."고 자랑하는 것은 농촌주민이라 하더라도 모두 시민권 소지자이며 정신적으로 도시화된 시민들만 있을 뿐이라는 뜻에서 나온 말이다. 고대 그리스의 철학자 Socrates(B.C. 470~B.C. 399)는 "도시 밖에서는 인간의 관심을 끄는 어떤 일도 일어나지 않는다."라고 일갈하며 촌사람을 무시했다. 또한 독일의 사회학자 M. Weber(1864~1920)는 "도시는 지적(知的)으로 최고의 도달점이라 할 수 있으나, 시골은 보수적일 뿐만 아니라 오해와 편견으로 충만한 곳"이라고 평가했다. 미국의 시인 H.W. Longfellow(1807~1882)가 말한 것처럼 "도시에 살다보면 타인에 대한 판단이 관용적이고 관대해진다."라고 지적한 것처럼 도시민은 포용적이다. 우리나라도 하루속히 국민의 의식수준이 높아져 주민등록증을 소지하고 주민권을 행사하는 것보다 품위 있고 세련되게 시민등록증을 소지하며 시민권을 행사하는 날이 왔으면 좋겠다.

(2) 도시화의 시대

현대의 세계는 '도시화의 시대'라고 한다. 이제 도시화는 세계 모든 나라가 직면하고 있는 화두 중 하나이다. 1960년대 이후 한국경제의 고도성장과정은 세계적으로 일고 있는 도시화의 진전으로 특징지을 수 있다. 한국경제는 지난 1970~2000년에 걸친 40여 년간 무려 320% 성장했다. 이는 연평균 8% 성장에 해당하는 눈부신 경제성장인 셈이다. 이러한 성장률은 19세기부터 20세기 중에 걸쳐 서유럽국가들이 150년간 이룩한 성장률보다 높은 것이다.

산업화와 정보기술 산업을 수반한 고도성장은 우리나라의 산업구조는 물론 지역구조를 크게 바꿔 놓음으로써 국토를 변모시켰다. 즉 도시화는 대도시로의 자본과 인구를 집중시켰고 도시공간의 확대를 수반케 했다. 이러한 현상은 도심과 부도심에 중추관리기능을 집적시키고 상주인구를 감소케 했으며, 한편 도시의 외곽에는 신도시 건설과 근교화가 부단히 진행되었다.

우리는 지금도 도시화가 진행 중인 사회에 살고 있다. 특히 우리나라는 교환경제의 낙후와 쇄국정책, 뒤늦은 산업화 등으로 말미암아 도시화가 20세기에 들어와 비로소 본격화되기 시작했다. 영국에서 시작된 산업혁명의 여파가 한국에 도달하는 데 무려 200년이나 걸린 셈이다. 우리나라의 도시는 1960년대에 접어들어 공업화를 주축으로 하는 고도성장에 힘입어 역사상 유례없는 급격한 도시화를 초래했다.

이와 같이 도시에 인구가 집중하여 도시인구가 급격한 증가를 보이기 시작한 것은 세계적인 현상이라고 할 수 있다. 세계적으로 도시화에 불을 댕기기 시작한 것은 19세기 초부터의 일이다. 이 시기는 유럽을 중심으로 산업혁명이 진행되던 시기였으며, 도시에서의 공업생산이 급속한 성장을 보임에 따라 노동력이 농촌으로부터 도시로 이동하던 시기이기도 했다.

1800년에는 세계인구가 불과 9억 명 정도이던 것이 1900년에는 16억에 달했다. 제2차 세계대전 이후 세계의 인구증가율은 더욱 가속화되어 1950년에 25억을 넘어서고 2000년에는 61억, 2010년에는 70억에 근접했다. 고도로 산업화된 사회일수록 기술수준이 향상되고 사회집단의 조직화가 진전되면 인구부양력이 한층 높아지게 된다. 19세기 전반에 세계인구의 연평균증가율은 0.58%에 지나지 않았으나, 최근의 연평균증가율은 2.00%를 넘어서 인구증가의 속도가 얼마나 급속한지 가히 짐작할 수 있다. 그러나 세계의 인구증가율은 1970년의 2.05%를 정점으로 하여 그 이후에는 1.0%대로 감소하는 추세에 있다. 21세기 초의 세계인구증가율은 1.1% 수준이다.

이와 같은 인구증가의 결과, 인류는 어떤 지역에 집단을 이루며 살게 되었을까? E. E. Lampard의 계산에 의하면, 1800년의 시점에서 인구 10만 이상의 도시에 거주하는 도시인구가 전체에서 차지하는 비율은 불과 1.7%에 지나지 않았다. 이것은 인구가 그 당시에는 도시에 거주하는 비율이 적고, 지역적으로는 비교적 분산된 상태에서 살고 있었음을 의미하는 것이다. 그러나 인구증가에 따라 도시인구율은 높아지게 되고, 인구 10만 이상의 도시에 거주하는 비

그림 4-21 도시인구의 증가추이: 세계와 한국

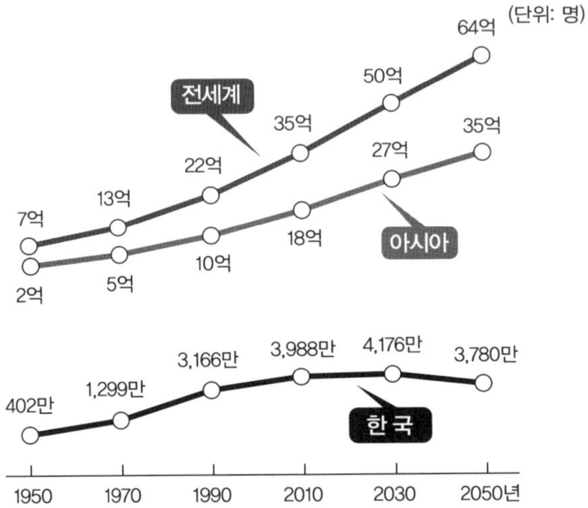

출처: UN 경제사회국 인구분과(2005).

율은 절반을 상회했다.

인구가 도시에 집중하는 경향은 19세기 전반에 유럽에서 먼저 나타나고, 19세기 후반 이후는 북미대륙으로 옮아갔다. 최근에 들어와 인구증가율이 높고 도시인구율이 높은 대륙은 아시아와 아프리카 등의 저개발국이다. 20세기에 들어와 이미 도시화가 진전된 선진국의 도시인구는 21세기에 들어서서도 둔화되고 있는 반면에 저개발국의 도시인구는 급증하고 있다. 현재 세계에는 약 35억 명이 넘는 인구가 도시에 거주하고 있으며, 그 중 아시아의 도시인구는 약 18억 명으로 5할 이상을 차지하고 있다(그림 4-21).

저개발국은 높은 출생률과 사망률의 급속한 저하로 인구의 자연증가율이 급상승하고 있으며, 농촌의 인구부양력이 낮은 까닭에 대도시로의 인구이동이 계속되고 있다. 저개발국은 공업화 또는 산업화의 진전속도보다 훨씬 빠르게 도시화가 진행되는데, 이것을 유사도시화(pseudo-urbanization) 라고 부른다.

(3) 도시인구의 급격한 증가

저개발국의 도시는 농촌으로부터 유입해 온 인구, 즉 사회적 인구증가로 그 규모가 확대되는 경우가 일반적이다. 도시와 농촌 간의 인구이동은 산업화는 물론 기술의 발달과 사회 · 문화적 변동 등과도 밀접한 관계를 가지고 있다. 일반적으로 도시와 농촌 간의 인구이동을 유발하는 요인으로서는 ① 농촌지역의 배출요인, ② 도시의 비농업적 경제구조에서 기인되는 흡인요인, ③ 교육 · 사회 · 문화적 접촉 기회 등과 같은 사회 · 문화적 요인, ④ 정부의 인구정책에 근거하여 인위적으로 발생하는 정책적 요인, ⑤ 도시의 서비스시설 및 입지거리와 기타 자연환경적 요인 등을 꼽을 수 있다.

그러나 근대산업사회의 인구이동은 경제적 동기가 지배적이다. 농촌지역에서의 인구배출요인으로서는 ① 토지의 소작제도, ② 농경지의 영세화, ③ 농촌인구의 과잉에 기인한 빈곤한 생활조건 등을 들 수 있고, 반면에 도시지역의 인구흡인요인으로서는 ① 공업화된 사회가 갖는 도시의 높은 고용기회, ② 농업부문보다 수익성이 높은 비농업부문의 보수, ③ 도시의 비교적 안정되고 지속적인 고용형태, ④ 도시의 생활수준과 문화수준이 상대적으로 높다는 점 등을 들 수 있다.

이와 같은 인구의 배출 · 흡인요인은 '도시의 매력'으로 인식되어 이촌향도라는 인구이동의 강력한 동기가 된다. 이 밖에도 인기연예인의 활동장소, TV 드라마의 배경무대, 로데오 거리와 동대문디자인플라자, 홍대 거리, 카페 촌 등도 서울을 동경하는 젊은이들에게는 매력으로 작용한다. 매력 있는 도시의 삶은 마약과 같은 효과가 있어 도시생활에 젖어본 사람은 도시를 떠나도 다시 회귀하기 마련이다. 도시주민보다 농촌주민이 더 많았던 1970년대 전반만 하더라도 한국인의 가치척도와 문화의 중심이 농촌에 있었지만, 국민의 대부분이 도시에 살게 된 오늘날은 상황이 많이 바뀌었다.

앞으로도 많은 농촌주민들이 도시의 매력에 끌려 농촌을 버리고 도시로 또 소도시에서 대도시로 유입될 전망이다. 농촌주민이 도시로 들어왔다고 하여 금방 도시화되는 것은 아니다. 처음에는 문화적 충격을 받고 새로운 생활양식에 익숙해지면서 도시질서에 적응하는 데에는 상당한 기간이 요구된다. 특히 노년층은 몸은 도시에 있어도 농촌적 생활양식은 그대로 간직하는 경우가 많다. 도시는 유입인구를 맞아들일 수 있는 고용기회의 창출, 주택건설 및 교통시설 등의 인프라 정비가 이루어져야 혼란을 예방할 수 있다. 21세기에는 과거 우리나라에서 볼 수 있었던 도시인구의 급격한 증가는 없을 것으로 전망된다.

2 한국의 도시화

(1) 도시화의 단계

도시화의 정도는 국가별로 다양하지만 대체로 공통적인 도시화경향을 보인다. 도시화과정에서 공통적 경향이라 함은 도시화가 세 단계를 거쳐 진행된다는 것이다. 즉, 도시화는 [그림 4-22]에서 보는 바와 같이 초기단계, 가속화단계, 종말단계를 거치면서 S자형의 성장곡선을 그리며 진행된다.

첫 번째 단계는 도시화의 초기단계(initial stage)로서, 대부분의 인구가 농촌지역에서 제1차 산업에 종사하고 있는 전통사회를 벗어나지 못한 시기이다. 그러므로 도시인구율은 25% 미만인 경우가 대부분이며, 현재 아프리카의 대부분 국가와 타이 · 캄보디아 · 네팔 등의 동남아시아 국가 등이 이 단계에 속하고 있다. 우리나라는 1960년대까지 도시화의 정도가 초기단계를 벗어나지 못했다. 산업혁명의 진원지인 영국은 19세기 말에, 미국은 20세기 초에, 일본은 1930년대에 이 단계를 벗어나기 시작했다. 이와 같이 도시화는 국가와 지역에 따라 유사한 과정을 거치지만, 그 시기는 국가별 상황에 따라 달리 나타난다.

두 번째 단계는 가속화단계(acceleration stage)로 국가의 전체인구 중 도시지역에 거주하는 인구의 비율이 급속히 증가해 도시화의 곡선이 가파르게 상승하는 시기이다. 이 단계에서는 총인구의 25%를 밑돌던 도시인구율이 최고

그림 4-22 한국의 도시화(1955–1995년)와 도시화단계의 일반 모델

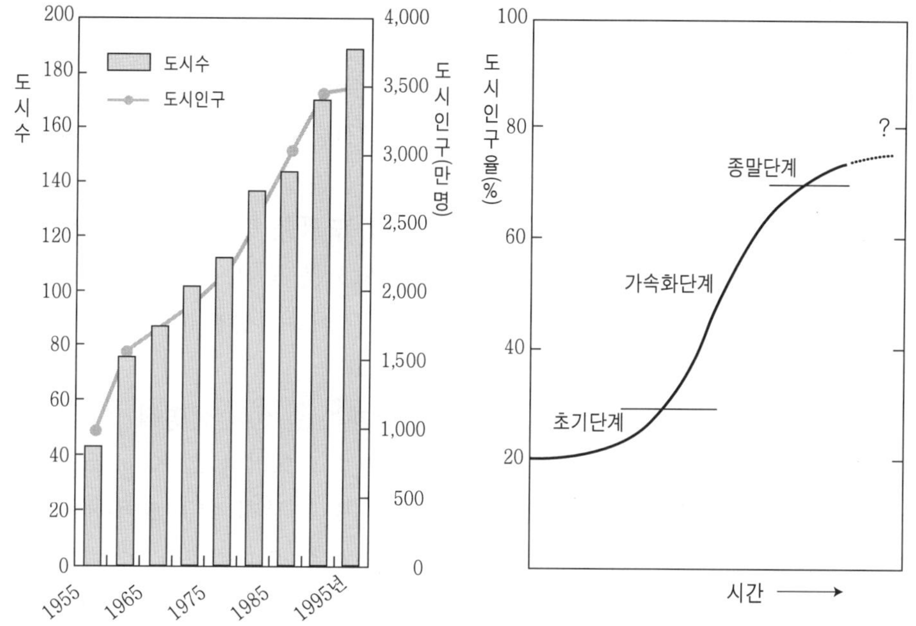

70% 정도에 달하는 두드러진 인구재분배가 발생한다. 가속화단계는 인구뿐만 아니라 경제활동 역시 집적이 현저해지고 제2차 산업과 제3차 산업이 탁해해 도시의 산업구조도 고도화되는 단계이다.

마지막 세 번째 단계는 종말단계(terminal stage)로서 전체인구 중 70% 이상이 도시지역에 거주하는 시기이다. 도시화가 종말단계에 접어들면 도시화의 곡선은 점차 둔화되어 완만한 경사를 보이게 된다. 실제로 영국의 경우 도시인구율이 80%에 도달한 1900년경 이래로 이 곡선은 매우 완만하게 나타났다. 그러나 이 곡선이 장차 어떤 양상을 보일런지는 알 수 없다. 왜냐하면 아직까지 지구상의 어떤 국가도 도시국가를 제외하고는 도시인구율이 100%에 가깝거나 도달해본 경험이 없기 때문이다.

도시화가 우리나라보다 일찍 진행된 영국 · 미국 등의 구미 국가나 일본과

같은 공업선진국에서는 이른바 인구의 J-턴 현상이나 P-턴 현상에 따른 탈도시화(exurbanization)와 U-턴 현상에 따른 역도시화(counter-urbanization)가 진행되고 있다. 역도시화란 인구가 도시의 근교나 외곽지대로 분산되는 탈도시화와 달리 인구가 도시의 원교나 농촌지역으로 분산되는 상태로의 변화를 의미한다. 미국의 경우는 1820년 이래 인구의 도시집중이 계속되어 왔으나, 최근에 들어와서는 그와 정반대의 현상인 도시탈출이 일게 되었다. 이와 동시에 도시내부의 재개발로 주거환경이 좋아짐에 따라 도시를 탈출했던 인구가 다시 유입되는 재도시화(reurbanization) 현상도 거대도시를 중심으로 나타나고 있다. 이와 같이 종래에 볼 수 없었던 전혀 새로운 인구이동현상은 1970년대 초기부터 일부 선진국을 중심으로 두드러지기 시작했다.

〈표 4-2〉에서 보는 것과 같은 도시화의 단계는 순전히 설명적 일반화이기 때문에 어떤 예측적인 내용을 포함하고 있지 않다. 그러나 L. Berg 등의 이론의 중요한 가치는 국가적 규모에서나 도시내부 및 외부적 수준 모두에서 인구분포의 장기적 변화를 일반화했다는 점에서 찾을 수 있다. 또한 이 이론은 서구도시의 경험에 기초한 것이므로 서구의 도시정책을 벤치마킹하는 발전도상

표 4-2 일상도시생활권(DUS)의 도시화 단계

발전단계	인구의 집중·분산 유형	인구 변화의 특성			비고
		핵심부	주변부	DUS	
I 도시화	1. 절대적 집중	++	−	+	총체적 성장 (집중)
	2. 상대적 집중	++	+	+++	
II 탈도시화	3. 상대적 분산	+	++	+++	
	4. 절대적 분산	−	++	+	
III 역도시화	5. 절대적 분산	−−	+	−	총체적 감소 (분산)
	6. 상대적 분산	−−	−	−−−	
IV 재도시화	7. 상대적 집중	−	−−	−−−	
	8. 절대적 집중	+	−−	−	

출처: L. Berg *et al.*(1982, p.36)을 Clark(1996, p.53)가 수정.

국에게도 유용한 개념적 틀을 제공해줄 것이다.

우리나라의 도시인구율은 이미 90% 선을 넘어섰다. 그러므로 우리나라의 도시화는 완전한 종말단계에 이르러 이촌향도의 인구이동이 둔화되고 인구의 U-턴 현상과 J-턴 현상이 나타나 대도시 주변의 인구증가가 두드러지고 있다. 이와 같은 현상은 이미 서울과 부산 등의 거대도시에 기능적으로 종속된 위성도시와 주변지역에서 시나브로 나타나고 있다.

(2) 종말단계의 도시화

위에서 설명한 바와 같이 우리나라의 도시화는 가속화단계의 말기에 와있다. 도시화의 정도는 총인구에 대한 도시인구의 비중, 즉 도시인구비율로 나타낼 수 있다. 이것은 도시인구율 또는 도시화율로도 불리며 산업구조나 경제발전을 시사해주기 때문에 국제적 비교가 될 수 있는 지표이기도 하다. 그러나 도시화율을 산출할 때에 시급도시만을 포함시키는 경우와 읍급도시도 포함시키는 경우가 다를 것이다. 우리나라의 읍 인구는 총인구의 약 8%에 불과하며 농업인구도 많이 포함되어 있으므로 여기서는 시 인구만을 분석대상으로 했다.

8.15해방 이후, 우리나라 도시의 인구규모별 순위는 상위권 도시들의 변화보다 중 · 하위권 도시들 간의 변화가 컸다. 즉 1946년 이후부터 2004년에 이르기까지 서울, 부산, 대구, 인천의 4위까지 순위는 변화가 거의 없었으나, 그 이하의 순위에는 변화가 많았다. 1946년에 목포, 광주, 대전이 각각 5, 6, 7위였던 것이 1949년에는 광주, 대전, 목포의 순으로 그 순위가 바뀌었다. 그 후, 도시인구의 순위는 1~6위인 서울, 부산, 대구, 인천, 광주, 대전까지 전혀 변화가 없었으나, 2000년대에 들어와 인천이 대구를, 대전이 광주를 앞질러 각각 3위와 5위 도시의 지위를 굳히기 시작했다.

다음으로 7~9위는 전주, 마산(현 창원), 목포의 세 도시가 1949년부터 1970년까지 그 지위를 고수했다. 그러나 1975년부터 서울 철거민의 이주와 공업단지의 조성으로 급성장한 성남이 9위로 부상했고, 많은 공업시설이 들어서 기업도시(company town)로 성장한 울산은 10위권 내에 진입했다. 1980년대에 들어와 울산은 마산 · 전주 · 성남을 제치고 7위 도시로 부상하게 되어 서울의 위성도시인 부천과 함께 급성장한 도시의 표본이 되었다.

1990년대 후반에는 분당 신도시 주민이 입주를 완료하여 성남은 백만도시에 육박하게 되었고 뒤이어 일산 신도시의 성장으로 고양도 이에 가세했다. 종주도시인 동시에 수위도시인 서울 인접부에 너무 많은 거대도시가 밀집되는 것은 결코 바람직하지 않은 현상이지만, 2000년대에 들어와서는 인천의 상승과 수원의 도약이 주목할 만하다. 세계화에 따라 세계도시가 등장하게 되자 특정 지역으로의 인구집중이 재평가되기 시작했다. 즉 인구의 도시집중은 도시의 경쟁력을 제고시키므로 인구의 도시유입을 억제할 필요가 없다는 뜻이다.

3 한국 도시화의 특징

(1) 도시의 거대화와 연담화

수도 서울의 폭발적인 인구팽창은 많은 도시문제를 발생시켜 범국민적 관심을 모으고 있다. 우리나라의 급속한 도시화는 서울을 중심으로 일어났고, 인구의 서울 집중은 우리나라의 도시화를 주도해 왔다고 해도 과언이 아니다. 1942년 백만도시가 된 서울은 지속적인 인구증가로 1970년대 중반에 700만 명을 넘어 메가시티(mega-city)가 되었고 1988년에 1천만 명이 되어 불과 40년간에 약 10배 증가했다. 그러나 최근에 이르러 서울의 인구는 정체 또는 감소 추세를 보이기 시작했다.

서울은 1977년까지 여러 차례에 걸쳐 인구밀도가 ㎢ 당 만 명이 넘는 주변 지역을 서울시로 편입시키면서 행정구역을 확장시켜 왔다. 즉 서울시와 인접한 경기도의 고양군 · 시흥군 · 김포군 · 양주군 · 광주군 등의 면(面)을 편입시킨 바 있다. 그러나 서울시의 면적이 605㎢에 이르자 정부의 기구개편 없이 행정구역만 넓힌다는 것이 무리임을 깨닫고 1977년 이후부터는 계속적으로 팽창되어가는 인접지역의 고밀도 주거지나 시가지를 새로운 시로 승격시켜 왔다. 서울의 위성도시인 안양 · 부천 · 광명 · 구리 · 과천 · 성남 · 의정부 등은 행정구역상 서울특별시와는 별개의 것이나, 사실상 서울시에 기능적으로 종속되어 있기 때문에 독립적인 도시로 보기는 어렵다.

한편, 상술한 서울의 광역화에 따라 도심기능이 상업 · 업무용 고층건물이나 오픈 스페이스(open space)를 필요로 함에 따라 상주인구(常住人口)의 감소라는 도심의 공동화현상(emptying phenomenon)이 발생했다. 도심인구의 '도넛현상'이라고도 불리는 이런 현상은 비주거용 건물의 증대로 1960년대 중반부터 중구와 종로구에서 나타나기 시작해 용산구와 서대문구 등으로 확산되어 갔다. 이와 같은 현상은 부산을 위시하여 인천 · 대구 · 대전 · 광주 등의 대도시에서도 발생하고 있다.

증가하는 인구와 근교로 이주한 인구의 상당수는 도심에 있는 취업기회를 찾아 직장을 얻게 되므로, 주거지와 직장과의 거리는 더욱 멀어지게 되었다. 이런 현상은 도심에 중추관리시설 · 상업시설 · 각종 공공시설이 잠식해 들어옴으로써 가용면적에서 차지하는 택지면적의 비중이 작아질 뿐만 아니라 인구의 수용능력이 감소됨으로써 비롯된 것이다. 도심인구의 공동화현상이 이런 추세로 지속된다면, 장래에는 도심뿐만 아니라 서울의 거의 모든 지역에서 공동화현상이 나타날 가능성을 배제할 수 없을 것이다. 이것은 결국 서울시민의 주거지 이전 · 시가지의 확대 · 주택의 고층화 · 근교화의 촉진이라는 현상을 불러일으키게 될 것이다.

도시의 거대화와 인접 도시 간의 연담화는 서울 · 부산 · 대구 등의 거대도시에서 나타난다. 대도시의 시가지가 충진되고 외곽부와 주변도시가 확대가 진전되면서 코너베이션(conurbation)을 형성한다. 두 개 이상의 도시가 연결되는 연담도시화는 서울을 중심으로 한 주변도시와 양산–부산–김해–창원, 대구–경산, 공주–세종–청주, 여수–순천–광양 등지에서도 관찰할 수 있다. 특히 서울 주변의 연담도시화, 즉 코너베이션은 서울–부천–인천 방면과 서울–안양–수원 방면이 그러하며, 서울–의정부–동두천, 서울–구리–남양주, 서울–성남–용인에서 잘 나타난다. 최근에 이르러 서울–성남–수원–안양–서울 방면과 서울–안양–군포–안산–인천–부천–서울 방면으로 이어지는 이른바 회랑적 코너베이션(corridor conurbation)이 형성되고 있다. 금세기 중에는 고속도로와 고

그림 4-23 KTX 개통 후 도시간 통행시간의 변화

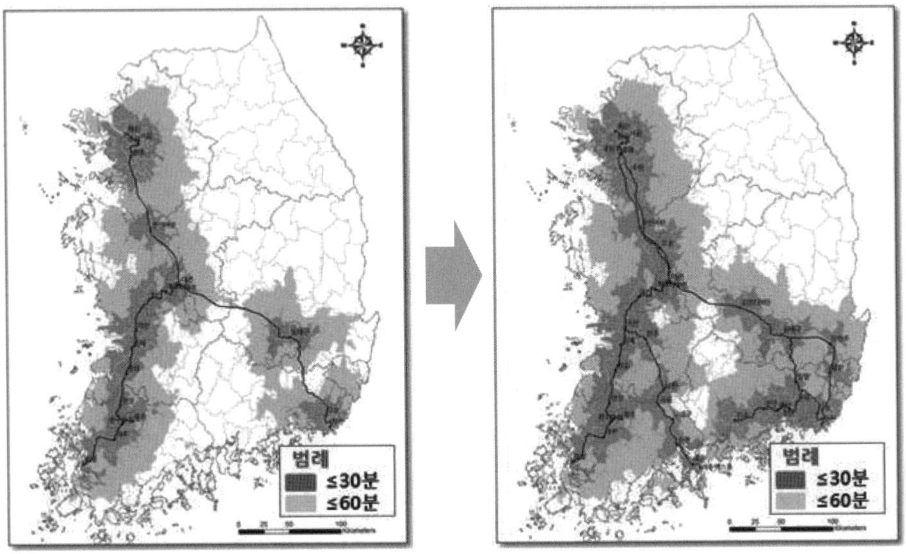

[2004년] [2014년]

출처: 한국교통연구원(2015).

속철도의 개통에 힘입어 서울-수원-천안-대전-구미-대구-밀양-양산-부산으로 이어지는 메갈로폴리스(Megalopolis)의 등장이 전망된다.

우리나라의 대표적인 철도 노선인 경부선은 대한민국 전체 철도 여객의 60% 이상을 수송하는 노선으로, 경제가 빠른 속도로 발전하기 시작한 1970년대부터 철도 용량의 포화가 예측되어 왔다. 그리하여 1980년대부터 정부 차원에서 경부고속철도가 추진되었다. 이후 정부는 1989년 경부고속철도 건설방침을 수립하여 2004년 개통했고, 뒤이어 2015년 호남고속철도의 완전 개통 후 KTX로의 전환율이 항공교통과 고속버스에서 높게 나타남에 따라 고속버스 공급축소 및 항공노선의 감축으로 이어지고 있다. 주요 도시간 거리가 30~60분 이내로 축소됨에 따라 우리나라 도시의 거대화와 연담화가 더욱 촉진될 전망이다. 특히 서울을 위시한 대전, 대구, 부산, 광주의 인접도시간 코너베이션이 진전될 전망이다.

'코너베이션'이란 사회생물학자 P. Geddes가 1913년 집적의 의미로 처음 사용한 것을 1932년 지리학자 C. B. Fawcett에 의해 지리학 용어로 사용되기 시작했다. Fawcett는 코너베이션의 조건으로 발생적 측면에서 별개로 성장한 다수의 도시가 교통로를 따라 나란히 분포해야 하며 일정한 수준 이상의 시가지 밀도가 전제되어야 한다고 지적했다. 그러므로 흔히 코너베이션으로 지목되는 전주-익산-군산, 대구-경주-포항과 평양-남포는 위의 조건을 만족하지 못하므로, 이를 대신해 N. Björsö는 보완도시화(inter-urbanization)라는 별도의 용어를 제시했다. 보완도시화는 인접한 별개의 도시들이 연담되어 있지 않더라도 전주 · 익산 · 군산처럼 서로 기능적으로 보완적 관계를 맺고 있는 경우의 연담도시화를 의미한다.

도시성장과 경제성장은 토지수요를 증대시켜 농지와 삼림을 잠식하게 된다. 농지와 산림은 인간에게 공기를 제공하고 토사의 유출을 방지하며 물을 저장해 주는 등 많은 기능을 담당하고 있다. 산림계거(山林溪居)를 몸으로 실천한 퇴계 이황은 산림의 중요성에 대해 "현명한 사람은 산림에서 반드시 행하는 바가 있을 것이며, 반드시 얻는 바도 있을 것이다. 또한 산림을 지킴으로써 편안케 하는 것이 반드시 있을 것이다."라고 역설했다. 이는 인간생활에 산림이 확보되어 있어야 자연과 인간이 합일하여 이어질 수 있음을 의미하는 것이다.

(2) 주거지의 교내화

예로부터 도시의 영향력이 미치는 배후지를 '교(郊)'라 불렀다. 우리나라와 중국에서는 도성 주변 100리 이내를 교내(郊內)라 하고, 특히 50리를 근교(近郊)와 원교(遠郊)의 경계로 삼는다. 따라서 도시지역의 외곽지대는 교지역(郊地域)이 존재하기 마련인데, 교의 범위를 교내(郊內)라 하고 그 밖을 교외(郊外)라 불러야 마땅하다. 옛날에는 교내를 교기(郊畿)라 불렀다. 조선시대에는 천지에 올리는 제사뿐만 아니라 능묘의 봉공 등과 관련하여 왕의 행차가 잦았던 지역이다. 왕실의 능묘는 교내지역에 널리 분포했으며, 특히 남교(南郊)보다는 북교(北郊)와 동교(東郊)에 많았다(그림 4-24). 교내지역은 왕의 출입이

그림 4-24 교내지역과 제단 · 행궁 · 능묘의 분포

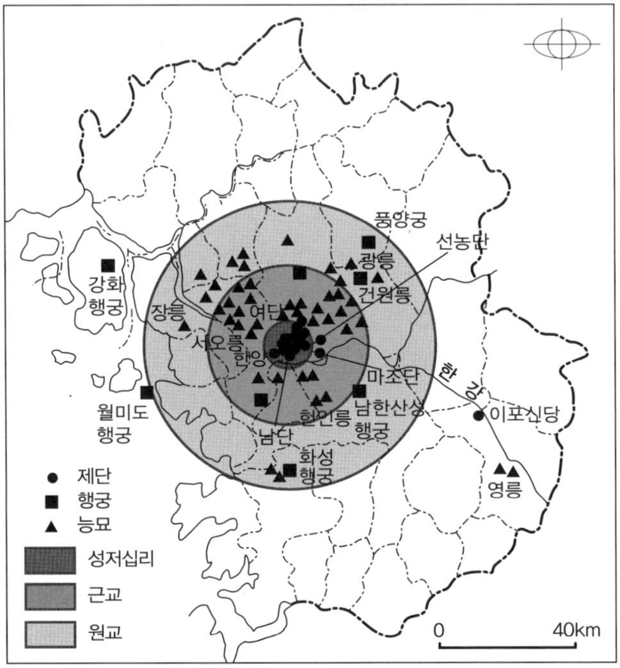

출처: 최영준(1997), p.290.

잦은 곳이었으므로 행궁(行宮)과 이궁(離宮)이 많이 분포했다.

조선시대의 교내지역은 왕실의 비용을 충당하는 궁원전(宮院田)과 조정의 경비를 충당하는 공해전(公廨田)이 있었다. 따라서 당시의 교내지역은 왕실의 권한이 행사될 수 있는 지역적 범위를 의미하는 것이었다. 그러나 오늘날에는 도시의 영향력이 미치는 배후지의 개념으로 사용되고 있다. 여기서 교내지역은 영어로 'suburb'와 동일시되지만 엄밀히 본다면 다소 개념적 차이가 있다. 즉 교내는 모도시(母都市)의 영향을 강하게 받는 근교(suburb)와 비교적 적게 받는 원교(exurb)로 세분된다. 교내지역의 양상이 복잡한 일본의 경우는 근교와 원교 사이에 중교(中郊)를 추가하기도 한다. 교내지역을 벗어난 교외지

그림 4-25 대도시권의 교내지역과 교외지역의 공간구조

도시 주변은 그림에서 보는 바와 같이 근교와 원교를 포함한 교내지역과 배후농촌지대인 교외지역으로 나누어진다.

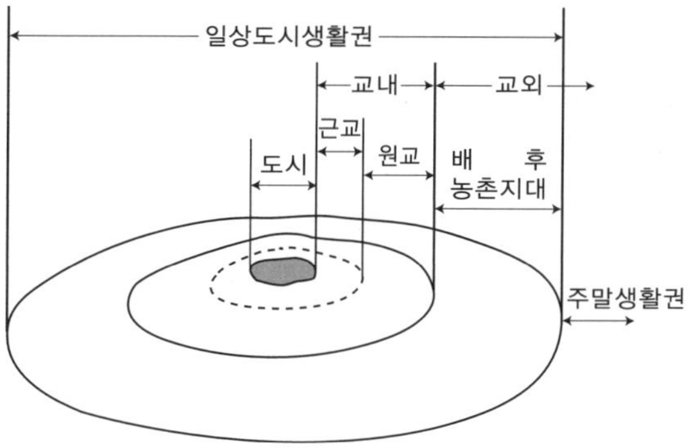

역은 모도시의 영향력이 미약한 배후농촌지대와 주말생활권을 포함한다(그림 4-25).

일반적으로 국내 여러 분야에서 오역되고 있는 '교외화'란 용어는 영어의 'suburbanization'의 번역어로 오용되고 있다. 마치 교외화는 교내화의 반대어처럼 인식되기 쉽다. 교내화는 도시외곽의 근교와 원교에서 일어나는 도시화를 일컫는다. 그러므로 모도시 외곽지대인 교내지역이 먼저 도시화된 후에 교외지역이 도시화되는 것이 논리적일 것이다. 과거 suburb라는 외래어가 우리나라에 유입되기 전부터 우리는 교(郊)의 범위를 정확히 인식하고 있었다.

앞서 설명한 도시의 거대화와 연담화는 도시주변의 활발한 도시화에 의해 진행된다고 볼 수 있다. 특히 대도시 외곽지대의 근교에서 관찰할 수 있는 도시화는 주로 택지화현상이며, 이것은 주거지 교내화라고도 불린다. 즉 주거지 교내화란 도시주변지역에 도시적 주거환경이 진전되는 과정을 일컬으며, 이런 현상이 탁월하게 진행된 지역을 주거교내지역(residential suburb)이라 부른다.

우리나라의 경우, 현재의 추세대로 도시화가 진전되어 도시화율이 90% 선을 훨씬 상회한다고 가정하면 그 때의 총인구를 약 5,300만 명으로 추산해 보더라도 약 1,000만 명 이상의 인구가 새롭게 도시로 유입될 것이라고 추정 할 수 있다. 오늘날의 상황으로 보아 이들 중 상당수가 대도시와 그 주변의 위성

도시로 집중할 것이라고 예상하는 것은 그리 어려운 일이 아니다. 이런 현상은 광역시를 비롯한 대도시와 그 주변지역에서 진행되고 있다. 주거지교내화는 일반적으로 도시의 주거지 수용한계가 포화상태에 이르거나 지가상승으로 주택구입이 어려워짐에 따라 발생하게 된다. 그러면 그들 주민들은 대도시를 탈출해 연담적(spillover)으로 또는 비지적(leap frogging)으로 교내지역을 향해 뻗어나가 주택을 마련하게 될 것이다.

대도시의 교내지역에는 도시산업 특히 제조업체의 입지에 따라 취업기회가 증대되고 대도시에 비해 저렴한 주택지가 형성되어 있으며, 상대적으로 쾌적한 주거환경이 마련되어 있다. 또한 광역버스와 전철과 같은 대중교통시설의 개선과 확충에 따라 주민들의 기동성이 증대되는 등의 여러 가지 요인이 개별적으로 또는 복합적으로 작용함으로써 교내화가 이루어지고 있다. 그리고 대도시에 직장을 두고 주택만 교내지역으로 옮겨놓은 채 모도시로 통근하는 주거지교내화현상이 나타나고 있다.

한편, 서울과 같은 대도시 주변지역에 거주하는 주민의 취업구조는 비농업구조로 전환되고 있으며, 그 가운데 주요 부문은 생산노무직이다. 이들 노무직 근로자가 고용되어 있는 대도시 주변지역의 생산업체들은 대부분 중심도시인 모도시에 본사나 지사를 두고 있다. 따라서 대도시의 주변지역에서는 본사는 대도시에 두고 공장만 그곳에 입지해 고용기회가 창출됨으로써 공장 부근에 근로자층 위주의 주거지역이 형성되는 이른바 고용교내화현상이 전개되고 있다.

서울시 주변지역의 경우, 서울-부천-인천을 잇는 경인공업지대와 서울-안양-군포-수원 내지는 수원-기흥-용인을 잇는 경수공업지대, 그리고 이들 양축 사이에 위치한 안산 · 시흥 등을 중심으로 공업교내화가 탁월하게 진행되고 있다. 이들 공업교내화가 탁월한 지역에는 취업기회를 얻어 생활하고 있는 근로자층의 주거지역이 형성되었다.

마지막으로, 근교농업화의 요인으로 진행되는 교내화현상은 서울에서 20~50km권내에 위치한 고양시 · 파주시 · 양주시 등의 지역과 30~50km권내에 위치한 용인시 · 화성시 · 이천시 등과 같은 서울의 남북방향에서 탁월하게 나타난다. 이들 지역 외에도 김포시와 시흥시를 비롯하여 상수원보호구역으로 지정된 남양주시 · 광주시 · 여주시 · 양평군의 일부에서도 이런 유형의 교내화 현상이 탁월하다.

(3) 신흥공업도시의 급성장

현대도시는 산업혁명을 계기로 공업화와 도시화가 촉진되면서 도시로의 인구집중이 가속화되어 백만도시가 도처에 나타났다. 이에 따라 주택난 · 교통난 · 환경오염 등의 도시문제가 등장하게 되었고, 도시문제를 해결하기 위한 방안의 하나로서 전원도시운동이 전개되기 시작했다. E. Howard는 1898년 전원도시론(田園都市論)을 주창하고, 이듬해에 영국전원도시협회(British Garden City Association)를 결성해 20세기 초에 런던 부근에 두 개의 전원도시를 건설하게 되었다. 이들 전원도시가 신도시(new town)의 효시가 되었으며, 그 후 영국의 신도시는 대도시로부터 인구와 공업시설을 분산시키기 위한 목적으로 건설되었다.

우리나라는 1960년대 이후 급속한 경제성장으로 인한 도시의 양적 팽창으로 대도시문제가 대두되기 시작했고, 이 무렵부터 신도시의 건설문제가 주목을 끌기 시작했다. 신도시 건설의 주요 목적은 무엇보다도 대도시에서 인구와 산업, 특히 공업의 집중을 완화함으로써 대도시의 혼잡과 무질서를 해결하고 나아가서는 건전하고 쾌적한 도시환경을 조성하려는 데 있다.

이와 같은 도시의 급성장의 배경에는 한국경제의 고도성장이 있었다. [그림 4-26]에서 보는 것처럼 우리나라의 경제성장 속도는 타의 추종을 불허할 만큼 매우 빨랐다. 선진국으로 진입하던 시기의 영국과 미국은 물론 스페인 · 네덜란드 · 일본의 성장속도에 비해 우리나라는 1960~2012년간에 무려 35.2배의 경제성장을 이룩한 것이다. 이는 서유럽 국가들이 150년간에 걸쳐 이룩한 성장률을 앞지른 실적이다. 세계 각국은 이를 두고 '한강의 기적'이라 불렀다.

한국경제의 고도성장은 급속한 도시화를 촉발하여 대도시로의 인구집중을 억제하는 정책을 취했다. 그것이 바로 신도시 건설정책이었다. 우리나라의 신도시는 대도시로의 인구집중을 막기 위한 신도시와 공업시설을 유치하기 위한

그림 4-26 주요 국가의 경제성장 속도(단위: 백만 달러, 실질 GDP기준)

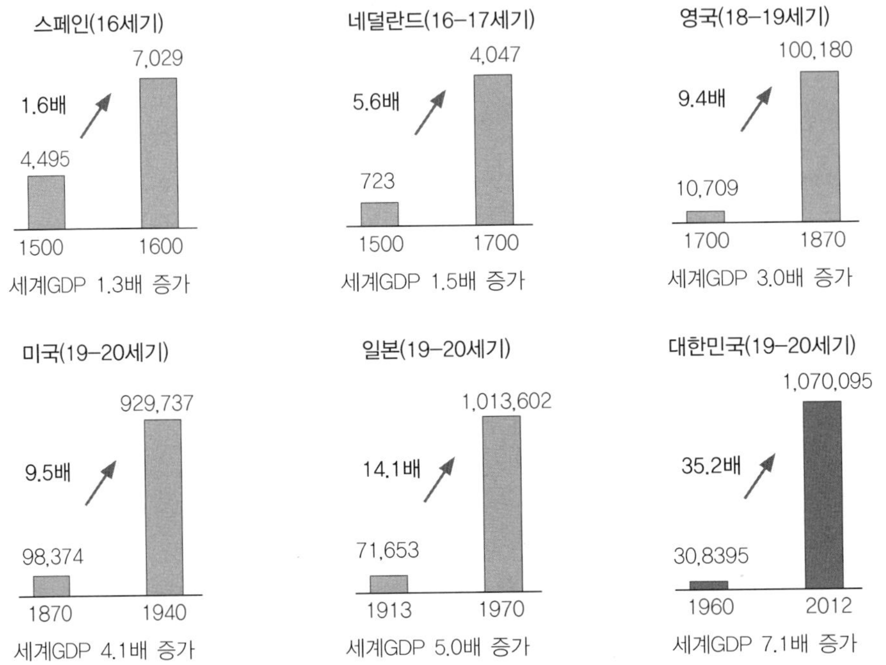

출처: Madison, A.(2013), *Historical Statistics of the World Economy*를 참조.

신도시가 주된 유형을 이루며, 행정기능과 연구기능을 유치하기 위한 신도시도 있다. 대도시의 인구를 분산하기 위한 신도시는 침상도시(bed town)로서의 기능만을 보유하는 경우가 대부분으로, 1960년대에 개발된 신도시가 이에 해당된다. 공업시설을 유치하기 위한 신도시는 1970년대 후반에 접어들어 산업기지의 조성과 성장거점도시를 건설할 목적으로 계획된 울산 · 포항 · 창원 · 여수 · 안산 등이 해당된다. 그밖에 행정기능을 유치하기 위한 신도시와 연구기능을 유치하기 위한 신도시들도 있다. 전자는 과천이, 후자는 대덕연구단지가 그 예이다. 2000년대에 들어와서는 공기업을 이전해 건설하려는 혁신도시와 중앙부처의 수도기능을 이전하는 행정중심복합도시의 건설이 추진되어 세종특별자치시의 탄생을 보게 되었다.

(4) 소도시의 정체

도시의 자격을 논할 경우에 흔히 인구규모를 기준으로 삼게 된다. 우리나라의 경우는 인구 5만을 시급도시의 기준으로 정하고 있긴 하지만, 사실상 명확한 기준은 되지 못한다. 결국 도시기준의 상한은 없어도 하한은 있게 마련인데, 그 하한이 모호하다는 것이다. 우리나라의 경우는 군청소재지 혹은 읍 소재지 규모에 해당하는 읍급도시와 그 이상의 규모에 해당하는 시급도시로 구별하나, 읍급도시는 약 2천 명에 불과한 도시로부터 약 5만 명에 달하는 도시까지 인구규모가 다양하다. 이들은 도시라 부르지 않고 '소도읍'이라 부르기도 한다. 소도읍(小都邑)은 학술적 용어라기보다는 행정적 개념을 포함한 용어이다. 행정자치부는 소도읍정책의 중심을 읍급도시에 두기로 함으로써, 사실상 소도읍은 읍급도시를 지칭하는 용어로 사용되게 되었다.

우리나라의 면 단위의 인구는 1966년 총인구의 57.4%를 차지한 데 비해 읍 단위의 인구는 9.1%에 불과했다. 1966년에는 91개이던 읍이 2015년에는 216개로 증가했으나, 그 인구는 자연증가를 약간 상회하는 정도로 총인구의 8.6%에 불과해 큰 변화는 없었다. 그러나 면 인구가 30년간 전체의 57.4%에서 9.5%로 감소된 것에 비하면, 결국 우리나라의 도시화는 면 인구의 감소량이 시 인구의 증가로 이어진 것임을 알 수 있다.

읍의 전국평균 인구규모는 1966년부터 1975년에 이르기까지 3만 명이던 것이 1985년에는 1.4만 명으로 작아졌다가 2010년에는 2만 명으로 다시 증가했다. 이것을 지역별로 보면, 산지가 많은 강원도와 전라북도의 읍 규모는 1만 명을 약간 상회하는 데 비하여 경기도는 3.5만 명 이상으로 증가하여 지역간 차이가 크다는 사실을 확인할 수 있다.

1960년대에 접어들어 인구이동은 1950년대와 달리 전국적으로 급속히 진행되었다. 서울로의 인구집중은 1960년대 후반 총인구의 자연증가분 가운데 91%를 흡수하여 서울의 비대화를 재촉했다. 반면에 농촌인구가 감소함에 따라 읍 인구의 절대적 감소현상이 진행되었다. 1970년대 이래 정부는 농촌의 활성화를 위해 새마을운동을 위시한 지역개발정책을 추진했으나, 경제정책의 구조적 모순으로 농촌인구의 감소는 물론 읍 규모의 소도읍에 상주하는 절대인구는 필연적으로 감소할 수밖에 없었다. 그러나 농촌인구가 감소한다고 하여 그 자체가 문제될 것은 없다. 사실 우리나라의 농촌인구가 전체의 약 10%를 차지하고 있다는 것은 한국경제에 커다란 부담이 아닐 수 없으며, 농촌경제의 회생과 농촌개발을 위해서는 경쟁국 수준인 5~8% 정도의 농촌인구율로 끌어내릴 필요가 있다.

절대인구의 감소를 보인 소도읍은 전라남도에서 경상남도 서부에 이르는 남해안 일대, 전라남도와 전라북도의 도경계 부근의 일부 읍, 경상북도 북부와 강원도 동북부해안, 그리고 광산지대에 분포한 읍들이다. 이들 대부분의 소도읍은 대도시와의 접근도가 낮은 해안이나 산간지방에 위치하여 배후지가 협소한 인구과소지역 또는 폐광이 속출하는 광산촌의 읍들이다.

4.3 한국의 도시개념

1 도시개념의 재인식

우리나라에도 도시가 고대부터 존재해 왔음은 앞서 설명한 바와 같다. 실체로서의 도시는 오래 전부터 존재한 것이 사실이지만, 그것을 지칭하는 용어로서의 '도시'는 과연 언제부터 사용되기 시작했는지 궁금한 사안이 아닐 수 없다. 과거 도시를 무엇이라 불렀건, 도시의 개념이 어떠하든지 간에 도시의 존재는 역사 속에 있어 왔고 또 현재에도 실재하고 있다.

도시는 시간과 공간을 초월하여 존재하는 것이 아니라 시간의 흐름 속에서 지역적 여건의 차이에 따라 다양한 형태로 나타난다. 따라서 도시의 개념은 고대 · 중세 · 근대 · 현대의 시간적 흐름에 따라 상이하며 국가에 따라서도 차이를 보이기 마련이다. 도시를 지칭하는 용어는 결국 시대적 · 지역적 도시개념이 포함되어 있다고 볼 수 있다. 대부분의 경우, 도시라는 용어가 생겨나기 이전의 도시들을 지칭할 때에 도시를 가리키는 용어가 각기 다른 이유는 오늘날 도시가 갖는 의미와 다를 수 있기 때문이다. 그러나 시대와 상관없이 모든 취락을 도시라고 부르는 경우도 많다.

도시라는 용어는 근대적인 상황 속에서 만들어진 것으로서 근대도시를 뜻하며 근대의 시대적 배경과 개념을 담고 있다. 그럼에도 불구하고 과거 역사상의 도시들이 모두 근대도시의 개념에 부합되는 것처럼 도시란 용어를 사용하여 혼돈을 일으키게 하는 경우도 많이 있다. 이러한 개념적 혼돈이 도시를 보는 시각과 인식을 혼란시킬 염려가 있다. 그러므로 현대인들이 인식하고 있는 사고의 틀로 과거의 도시를 이해하는 데에는 다소 무리가 따를 것이다. 가령 현대도시의 이미지를 갖고 삼국시대의 도시를 이해하려 하거나 고려시대의 도시를 파악하려고 시도하는 것은 역사적 배경을 무시한 처사일 것이다. 조선시대의 도시 역시 전산업형도시(前産業型都市)로서 현대도시와는 기능 및 구조적 측면에서 현격한 차이를 보인다.

② '도시'라는 용어의 기원

도시(都市)라는 용어가 중국문헌에 나타나는 것으로 보아 상당히 오래된 것임이 분명하다. 도(都)는 보통 군주의 거처인 왕도(王都)를 뜻하는 글자이지만, 원래의 뜻은 사람들이 많이 모이는 곳을 가리킨다. 그러므로 중국문헌에 나타나는 도시는 일반적으로 사람들이 많이 모여 상업이 번성한 곳을 나타내는 장소로 사용되었다.

『주서(周書)』에는 백제의 관직명칭 중 도시부(都市部)가 있었다는 기록이 전하는데, 이는 상공업 분야를 관장하거나 시장업무를 담당했을 것이므로 시장과 관련된 업무를 담당하는 관직이었을 것이다. 그러므로 백제의 도시부는 중앙행정부에 속한 도성의 시장관련 업무를 관장한 셈이다. 따라서 그 당시의 도시는 도읍지(수도)를 의미하는 '都'와 시장을 의미하는 '市'를 합쳐 놓은 단순한 명칭이었을 것으로 생각된다.

이와 같이 고대의 우리나라와 중국에서 사용된 '도시'란 용어는 오늘날과 같이 도시(city) 그 자체를 가리키는 말이 아니라 도읍지의 시장 혹은 시장이 형성되어 번성한 장소를 나타내는 말로써 지금의 도시와는 다른 것이었다. 도시를 뜻하는 용어로 중국의 성시(城市)와 한국의 도시는 사용하기 시작한 시기가 그리 오래된 것이 아니다. 금세기 초까지 도시란 용어를 사용한 기록이 전혀 보이질 않는 것으로 보아 금세기 시작 무렵까지도 도회지(都會地), 대처(大處), 읍내(邑內), 성내(城內) 등의 용어를 사용했을 것으로 생각된다. 최근에는 시내(市內)란 말로 오용해서 사용하는 경향이 있다.

20세기 초엽의 한국은 일본의 식민지화가 진행되면서 각 도시에 군사기지가 건설되고 있었다. 1910년에는 한반도가 완전히 식민통치하에 놓였으며, 1913년부터는 시구개수사업(市區改修事業)에 의한 도시개조가 본격화되기 시작했다. 이 사업은 서구의 영향을 받은 도시계획사업이었으나, 이때까지만 하더라도 도시라는 용어는 사용되지 않았다. 메이지[明治]유신을 단행한 일본은 1919년부터 도시계획법을 비롯하여 건축기준법 · 토지구획법 등에 기초한 근대적 도시계획을 시행하기에 이르렀다. 이때에 일본에서는 처음으로 도시라는 용어가 공식적으로 사용된 것이다. 일본은 서양어의 city를 '도시'라 번역한 것이다.

우리나라에서는 1921년에 '경성도시계획연구회'라는 민간단체가 조직됨에 따라 도시라는 용어가 처음 사용되었고, 그 이듬해부터 신문지상에 도시라는 용어가 오르내리기 시작했다. 1920년대는 도시계획에 대한 관심이 고조되던 시기였다. 이와 같은 시대적 상황 속에서 도시라는 용어도 도시계획이라는 용어와 함께 자리잡을 수 있게 되었다.

4.4 도시구조이론과 한국의 도시구조

1 도시구조의 개념

(1) 지역과 지역구조의 개념

1) 지역의 개념

지역(地域)이란 지표의 한 부분을 가리키는 지리적 용어이지만 그것을 구성하고 있는 내용과 형식에 따라 여러 종류의 개념으로 구분된다. 다양한 지역개념을 구별할 수 있어야 지역에 대한 올바른 이해가 가능하다. '지역(region)'은 서구의 지리학 학술용어가 일본을 거쳐 한국에 도입되면서 생겨난 용어이다. 따라서 과거에는 지역이란 단어가 존재하지 않았다.

전통적으로 지지연구(地誌研究)가 활발한 프랑스의 E. Julliard는 지역개념의 중요성에 대해 설명하면서 지역의 통일성에는 두 가지 원리가 존재함을 지적했다. 하나는 등질성, 즉 경관이나 토지이용을 지표로 하는 것이며, 또 하나는 중심지의 통합적 활동에 기초한 기능적 연결을 지표로 들었다. 전자를 등질지역, 후자를 기능지역이라 불렀다. 다시 말해서 등질지역(homogeneous region)은 Vidal 이래 전통적 지역개념으로 동일한 특성을 가진 지표면의 등질성에 기초한 지역적 범위를 뜻하며, 기능지역(functional region)은 중심지에 기능적으로 종속되는 관계적 활동에 의해 획정되는 지역적 범위를 가리킨다. 기능지역은 중심지가 보유한 영향력의 정도에 따라 중심부와 주변부가 지배-종속의 관계를 형성하므로 결절성(nodality)의 개념을 기반으로 한다. 그런 까닭에 기능지역은 종종 결절지역(nodal region)이라고도 불린다. 그러나 1970년대부터 기능지역과 결절지역은 엄격하게 구별되어 사용되기 시작했다.

등질지역은 학자에 따라 부르는 용어의 명칭이 상이하다. 즉 균등지역 혹은 균질지역(uniform region)이라 부르기도 하고, 형식지역(formal region) 또는 실질지역(substantive region)이라 부르는 경우도 있다. 그리고 기능지역은 결절지역 외에도 통일지역(integrated region)이라 부르는 경우도 있다.

등질지역과 기능지역 외에도 인지지역(image region)이란 새로운 개념이 1960년대에 제기된 바 있다. 인지지역은 사람들이 공유하는 장소에 대한 주관적 이미지의 산물이며 인간이 지각하고 인지하는 내면적 상징체로 이해되는 지역을 뜻한다. 이러한 유형의 지역을 문화적 특성이 등질적이라는 관점에서 문화지역(culture region)으로 부르기도 한다. 문화지역은 종종 등질지역적 측면에서 등질문화지역으로, 기능지역적 측면에서 기능문화지역으로 세분되기도 한다. 문화지역 중 하나인 인지지역은 인간이 지역에 대하여 머릿속에 그린 이미지의 공간적 범위를 의미한다. 인간이 주변 환경을 어떻게 인지하고 생활양식과 일상적 행동 속에서 적응해 나아갈 것인가의 문제는 지리학 분야뿐만 아니라 심리학과 문화인류학 분야에서도 중요한 연구과제가 된다.

이상에서 설명한 것처럼 지역에는 여러 종류의 용어가 있으나, 가장 중요한 것은 역시 등질지역과 기능지역의 개념을 정확히 파악하는 일이다. 지역이란 용어를 등질지역의 관점에서 사용할 경우에는 지역구분의 기준이 되는 지리적 지표가 무엇인가에 따라 도시지역 · 농촌지역, 밭농사지역 · 논농사지역, 주거지역 · 상업지역, 건조지역 · 습윤지역 등으로 명명해야 한다. 그러나 지역구분의 지표가 될 수 없는 행정구역명을 붙여 경기도지역 · 전라도지역 등으로 부르는 것은 곤란하다. 지역을 기능지역의 관점에서 사용할 경우에는 더욱 주의를 기울여야 한다. 가령 서울지역이라고 할 경우, '서울'은 행정구역명칭이므로 기능지역으로 간주해야 한다. 기능지역(또는 결절지역)에서는 중심지의 영향력이 미치는 공간적 범위를 의미하므로 '권' 혹은 '권역'이라는 용어를 사용하는 것이 일반적이다. 따라서 '서울지역'은 '서울권'으로 명명하는 것이 옳다. 그러면 등질지역과의 혼동도 발생하지 않을 것이다.

2) 지역구조의 개념

지표면은 여러 가지 특성에 따라 다수의 지역으로 구분된다. 이들 지역 가운데 몇 개의 작은 부분지역인 하위지역(sub-region)이 모여 하나의 지역

(region)을 구성하게 되므로 다수의 소지역이 모여 하나의 대지역을 구성하는 셈이다. 또한 모든 대지역이 모여 지표면의 전체를 망라하는 세계를 구성하게 된다. 이와 마찬가지로 가옥의 지붕 · 기둥 · 벽 · 굴뚝 · 문 등의 요소들이 모여 그들 각 부분적 요소가 각각의 기능을 다함으로써 부분이 전체가 되어 가옥이라는 의미 있는 존재를 이루게 된다. 이처럼 다수의 부분지역이 모여 각기 주어진 기능을 다함으로써 보다 큰 전체지역을 구성하여 한 차원 높은 기능을 발휘하게 될 경우에 이것을 지역구조(regional structure)라 부른다.

그런데 여기서 우리가 주의해야 할 것은, 하나의 지역 가운데 그 지역을 구성하는 자연적 · 경제적 · 사회적 요소들의 결합관계에 의하여 만들어지는 통합체는 그 자체가 지역일 뿐 그것을 지역구조라고 볼 수 없다는 점이다. 하나의 부분지역은 자연적 요소로 구성된 자연구조, 경제적 요소로 구성된 경제구조, 사회적 요소로 구성된 사회구조 등이 복잡하게 유기적으로 결합해 전체로서의 통합체를 이루는 것으로 볼 수 있다. 그러나 그것이 곧 지역구조를 뜻하는 것은 아니다.

지역구조를 구성하는 부분지역은 서로 아무런 기능적 관계를 맺지 않은 채

그림 4-27 지대지불능력과 토지이용

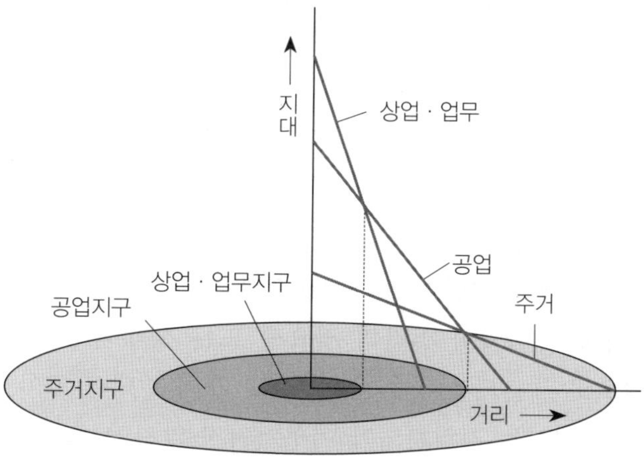

로 결합되지 않는다. 각 부분지역은 독립적으로 존재하는 것이 아니라 기능적 연결이 되어 있어야 지역구조를 이룰 수 있다. 예를 들면, 도시지역의 경우 일반적으로 중심부에 각종 상점 · 회사 · 관청 등의 이질적인 시설들이 밀집해 있고 주변부에 주택들이 중심부를 둘러싸고 있으며 그 외곽부에는 농경지가 전개되어 있다. 부분지역에 해당하는 이들의 토지이용은 접근성에 기초한 지대지불능력(地代支拂能力)에 따라 배열되고 분화되어 조직된 것이므로 도시의 지역구조를 형성하고 있다고 볼 수 있다. 지대지불능력이란 임대료나 지가를 지불하고 입지할 수 있는 능력을 뜻한다.

지역구조를 구성하는 부분지역은 등질지역이라도 좋고 결절지역이나 기능지역이라도 무방하다. 또는 양자를 동시에 고려하여 지역구조를 파악할 수 있다면 더욱 이상적인 연구방법이 될 것이다. 등질지역은 지역적 특성을 반영하는 토지이용이나 인구구성에 관한 통계자료를 이용해 파악될 수 있으며, 결절지역은 사람 · 재화 · 정보 등의 유동상태에 관한 통계자료를 이용하여 분석될 수 있다. 하나의 도시지역 속에는 다수의 등질지역과 결절지역이 존재하기 마련이다. 물론 하나의 도시를 광역적 또는 국가적 수준에서 볼 때에는 그 도시 자체가 하나의 등질지역이거나 결절지역이 될 것이지만, 하나의 도시를 미시적으로 관찰하면 그곳에는 여러 개의 등질지역과 결절지역이 존재하고 있음을 알 수 있다. 부분지역인 각각의 등질지역이나 결절지역이 서로 기능적 관계를 가지고 여하히 결합하여 전체지역을 이루게 되는지에 대한 결합방법이 지역구조이며, 그와 같은 것을 분석하는 작업이 곧 지역의 구조를 파악하는 일이 된다.

(2) 도시구조의 개념

도시의 지역구조 혹은 공간구조를 흔히 도시구조라고 간략하게 표현한다. 도시구조는 도시지역이 이질적 토지이용으로 분화되어야 형성된다. 지역분화(地域分化)란 하나의 지역이 인간의 필요성 또는 생태적 요인에 따라 성격을 달리하는 지역으로 세분되는 것을 뜻한다. 몇 개의 주택이 모여 취락을 형성하게 되는 초기단계에서는 지역분화가 이루어지지 않지만, 그 규모가 커지면 공간의 효율적 이용을 위해 지역분화가 발생한다.

도시내부에는 각기 성격을 달리하는 여러 종류의 지역이 존재하고 있다. 상업지역 · 공업지역 · 업무지역 · 주택지역 등이 그것이다. 이들 토지이용을 달리하는 각 부분지역이 모여 하나의 도시지역을 구성한다. 과거에는 도시구조가 도시내부에 국한되어 형성되었으나, 근교의 개발로 도시가 광역화되어 도시구조가 의미하는 범위가 넓어졌다. '도시구조'란 용어는 명확한 정의 없이 사용될 때가 많지만, 도시의 내부와 외부를 포함하는 지역구조로 이해하면 될 것이다. 이것은 일반적으로 도시지역을 구성하고 있는 요소들과 전체와의 관계를 의미하는 용어이다.

이상에서 설명한 개념규정만으로는 아직 이해하기 힘들 것이다. 도시구조의 개념은 '도시지역구조'와 유사하게 '도시공간구조'라 표현되는 용어도 빈번하게 사용되고 있다. 이들 두 용어는 종종 혼동하여 사용되기도 하지만, 용어가 갖는 의미는 약간 다르다. 도시지역구조는 도시지역을 구성하고 있는 부분지역 또는 요소의 배열상태 내지 배열패턴을 의미하는 동시에 배열된 각 요소와 전체와의 관계를 뜻하는 것이다. 이와는 달리 도시공간구조는 부분공간 또는 요소의 배열 및 공간적 위치뿐만 아니라 요소 자체의 패턴 · 거리 · 형태 등과 같은 기하학적인 특징까지도 포함하여 사용될 때가 많다.

그러나 양자의 공통된 점은 도시가 여러 요소들에 의하여 지역적 또는 공간적으로 조직된 하나의 전체라는 점이다. 여기서 도시를 구성하고 있는 요소라 함은 도시지역에 존재하는 등질적인 부분지역을 가리킨다. 아무튼 지역구조와 공간구조는 약간의 차이가 있으나 엄밀하게 구별하기는 어렵다. 전자가 경험적이며 현실적이라고 한다면, 후자는 추상적이며 이론적인 경우에 쓰이는 예가 많다. 계량적 분석법이 개발된 후부터는 공간구조라는 용어를 선호하는 경향이 생겨났다. 우리는 두 용어를 모두 포함해 '도시구조'란 용어로 표현하며, 이것은 도시내부에 한정되던 것이 최근 들어 도시근교를 포함하는 구조로 파악하기에 이르렀다.

2 도시구조이론

(1) 동심원지대이론

E. W. Burgess는 1925년 "도시의 성장"이란 연구논문에서 도시의 발달과정에 비춰본 도시구조는 동심원지대로서 파악될 수 있다는 획기적인 이론을 제기했다. 동심원지대이론(concentric zone theory)은 미국이 농촌사회로부터 도시사회로 이행하는 시기에 시카고의 실태조사로부터 얻은 자료에 입각해 도출된 것으로, 대도시의 성장은 반드시 외연적 확대를 수반하며, 그 확대과정은 5개 지대로 구성된 동심원상의 형태로 가장 잘 설명될 수 있다는 것이다. 도시성장의 일반적 과정은 생물의 유기체와 같이 집심(concentration)과 이심(decentration), 전문화(specialization)와 분화(segregation)의 과정을 포함하고 있으며 도시내부에 독특한 지대(zone)가 형성된다. segregation은 인위적 또는 제도적으로 주거지가 제한될 경우에 '격리'라 번역되기도 한다. 또한 이 이론은 이질적 요소가 각 지대로 스며드는 침입(invation)과 그 요소들이 시간의 추이에 따라 변해가는 천이(succesion)라는 메커니즘에 의해 동심원상으로 도시가 확대되어 간다는 생태학적 설명이 주된 내용을 이루고 있다.

1) 제 I 지대

CBD(Central Business District), 즉 중심업무지구는 도시가 확대되어 가는데 있어서 초점이 되는 핵심부이다. 이 지구는 경제 · 사회 · 시민생활의 초점이 되기도 하며, 그 핵심부에는 백화점 · 사무실 · 고급소매점 · 호텔 · 은행 · 극장 등의 각종 시설이 집중되어 있다. 그러므로 보행자들의 통행량이 많고 지가와 임대료가 가장 비싸다. CBD는 학술용어이므로 일반인들은 다운타운(downtown)이라 부르지만, 우리들이 부르는 도심(都心)과는 약간 상이하다.

2) 제II지대

점이지대(zone in transition)는 CBD를 둘러싸고 있으며, 이 지대는 CBD에 입지해 있던 업무시설이나 경공업이 비집고 들어와 주택지대로서의 주거환경

그림 4-28 동심원지대이론의 모식도

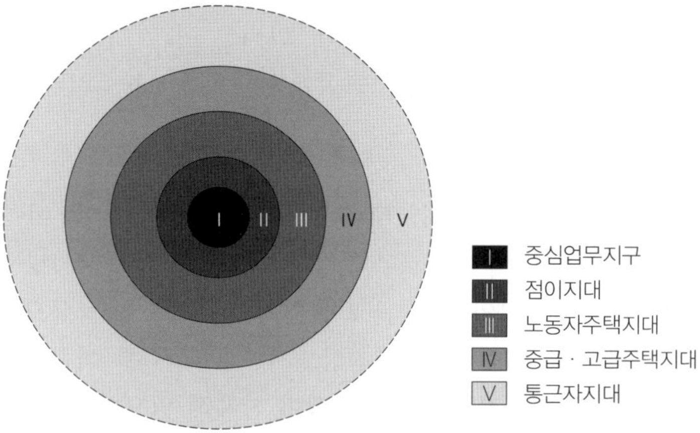

을 악화시킴으로써 형성되는 곳이다. 이 지대의 내측에는 공장지구가 있으며, 외측에는 악화일로에 있는 주택지구가 있으므로 점이지대라 불러 타당할 것이다. 또한 이 지대의 주거지역은 대체로 저급주택과 빈민가의 발생으로 슬럼(slum)이 형성되기도 한다. 그러므로 이곳에 거주하는 주민들 가운데 생활수준이 향상되면 제Ⅲ지대로의 이주를 시도하는 사람이 많다. 우리가 흔히 말하는 도심은 제Ⅰ지대와 제Ⅱ지대를 포함하는 범위이다.

3) 제Ⅲ지대

노동자주택지대(zone of workingmen's homes)는 제Ⅱ지대로부터 이주해 온 공장노동자의 주택지대이다. 그들은 직장에 출근하기 쉽다는 접근성의 유리함 때문에 이곳에 거주하게 되었다. 1920년대 미국의 여러 도시에서는 이민 2세들이 이 지대에 많이 모여 살고 있는 편이었으며, 흔히 저급주택지대라고 불린다. 시카고의 경우 점이지대의 대부분은 당시 2층 아파트가 대부분이었다.

4) 제Ⅳ지대

주택지대(residential zone)는 주택의 질적 수준에서 고급주택지대와 중급주택지대를 포함한다. 즉 이 지대의 내측에는 중급주택지대가 있으며, 외측에는 고급주택지대가 위치해 있다. 이곳에는 미국 태생의 중산층에 속하는 주민들이 단독주택이나 공동주택에 거주하고 있다. 그리고 이 지대 가운데 교통조건이 양호하여 접근성이 유리한 곳에는 부도심에 해당하는 sub-CBD가 형성된다.

5) 제V지대

통근자지대(commuter's zone)는 주택지대의 외측에 있으며, 이 지대는 도시의 경계선을 넘어 중심업무지구로부터 승차시간이 30~60분 가량 소요되는 통근범위 내에 위치한다. 이와 같이 근교에 입지한 위성도시는 규모에 있어 소도시라 할 수 있거니와, 이들은 주로 침상도시(bed-town)를 이룬다. 통근자지대 가운데 고속도로에 면한 곳에는 고급주택이 산재해 있으며, 이 지대에 거주하는 주민들은 대부분이 출퇴근시에 정기권을 사용하는 사람들로 낮에는 CBD에서 일하고 밤에는 귀가한다.

(2) 선형이론

H. Hoyt는 1939년 "미국도시에 있어서 근린주택지구의 구조와 성장"이라는 연구논문에서 도시의 내부지역에서 주택지역의 구조가 부채꼴 모양의 선형구조(扇形構造)로서 파악될 수 있다는 이론을 제기했다. 그것이 곧 선형이론(sector theory)으로, 미국도시에 자가용 자동차가 보급되던 시기에 Hoyt는 142개 도시에 대한 상세한 주택관련 자료를 수집하여 이를 토대로 선형이론을 제안한 것이다.

전술한 바 있는 Burgess의 동심원지대이론에서는 도시구조를 파악하기 위해 주택 · 업무 · 경공업을 들어 토지이용의 패턴을 분석했다. 이에 대해 Hoyt는 주택지역만을 분석지표로 삼고 도시내부에서 가장 넓은 면적을 차지하는 주택지역을 다시 하위지역(sub-area)으로 재구분해야 한다고 생각했다. 재구분하는 지표로서 Hoyt는 가옥의 임대료, 즉 지대(rent)를 선정했다.

주택지역에 있어서 각 블록의 평균지대(平均地代)는 그 블록의 성격을 잘 반영하므로, 지대의 분포패턴은 주택지역의 구조를 파악할 수 있는 지침을 제

그림 4-29 선형이론의 모식도

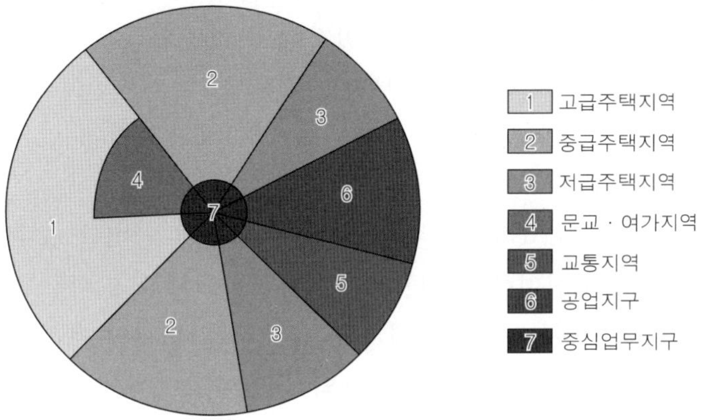

공해주는 것으로 간주된다. Hoyt는 편의상 도시내부를 내대 · 중간대 · 외대의 3개 동심원과 방향별로 일련의 섹터로 나누어 블록별 평균지대의 분포패턴을 정리했다. 각 블록은 고지대지역(high rent area) · 중지대지역(middle rent area) · 저지대지역(low rent area)으로 구분되는데, 이것은 각각 고급주택지역 · 중급주택지역 · 저급주택지역에 해당한다.

이들 지대지역(rent area)의 분포패턴은 저급주택지역이 CBD에 가깝고 고급주택지역이 도시 주변부에 위치한다는 동심원상의 패턴이 아니라 교통로에 의해 그 패턴이 왜곡되어 나타난다는 사실을 Hoyt가 지적했다. 즉 도시지역은 전체적으로 볼 때 원형을 이루지만, 그 중심으로부터 방사상으로 교통로가 뻗어있으면 도시인구가 증가함에 따라 주택지는 이들 교통로를 따라 확대해 나아간다. 이 과정에서 동일한 수준의 주택이 집합하여 점차 외곽지대를 향해 이동한다. 이들 유사한 주택끼리 집합하여 형성된 지역은 일정한 섹터 내에서 외측으로 이동한다는 것이 선형이론의 골자이다.

만약 Burgess의 동심원지대이론에 따른다면, 내대로부터 중간대 그리고 외대로 갈수록 주택지역의 지대는 상승할 것이다. 그러나 실제로는 그와 같은 방향을 따라 지대가 상승하지는 않는다. 왜냐하면 각 섹터마다 지대상 차이가 심하기 때문에, 도시구조는 동심원상의 패턴보다 선형상의 패턴으로 파악해야만 한다는 것이 Hoyt의 주장인 것이다. 두 이론 간에 차이는 있으나, 선형이론은 동심원적 패턴의 존재를 부분적으로 인정했으므로 수정동심원지대이론 또는 선형 · 동심원이론으로 이해하여도 무방할 것이다.

(3) 다핵심이론

C. D. Harris와 E. L. Ullman은 1945년 "도시의 본질"이란 연구논문에서 도시구조가 수 개의 핵심지를 중심으로 하여 형성되므로 도시구조는 다핵심구조로서 파악될 수 있다는 이론을 제기했다. 그들은 도시의 토지이용패턴을 동심원 · 선형 · 다핵심의 각 패턴이 결합되어 있다고 보았다. 그러나 Harris와 Ullman도 도시토지이용의 모식적 패턴으로서는 동심원지대의 관점이 융통성이 풍부하다는 장점을 지니고 있으며, 주택지역의 외측이동이라는 점에서는 섹터의 관점이 동심원지대의 관점보다 더 식별력이 크다는 사실을 인정했다.

동심원지대이론과 선형이론 모두가 하나의 도시핵을 전제로 하여 제기된 이론이다. 그렇지만 중심핵에 모든 기능이 집중한다는 것은 물리적인 측면에서 불가능할 뿐더러, 도시내부에는 도시기능을 분리시키려는 요인이 작용하고

그림 4-30 다핵심이론의 모식도

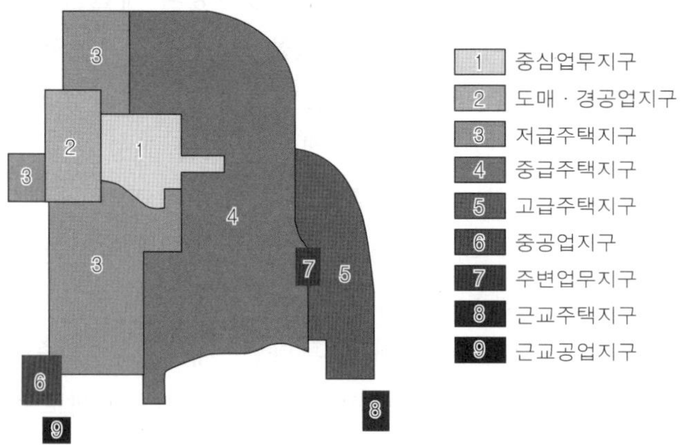

있다. 그 분리요인으로 Harris와 Ullman은 ① 핵심부가 고지대(高地代)인점, ② 도시활동의 중심은 시외교통과 토지공간의 형편 등에 따라 좌우되는 경우가 있다는 점, ③ 각기 다른 도시활동은 분산되며, 유사한 기능들은 한 곳에 집중하는 편이 유리하다는 점을 지적했다. 그들은 이와 같은 요인 때문에 도시지역에 여러 개의 핵이 형성된다고 생각했다. 바로 그와 같은 점이 전술한 바 있는 동심원지대이론이나 선형이론과 다른 점이다.

이상에서 설명한 바와 같이, Harris와 Ullman은 미국이 제2차 세계대전을 치르면서도 풍요로운 사회를 달성한 도시를 대상으로 토지이용이 수 개의 핵심지를 중심으로 전개된다는 점에 착안하여 다핵심이론(multiple nuclei theory)을 제기했다. 그들은 도시토지이용의 핵심이 되는 곳으로서 다음의 여섯 가지를 들고 있다.

첫째, 중심업무지구는 도시의 교통기관이 모이는 초점에 입지한다. 중심업무지구는 지형이나 기타 조건에 따라 도시의 중심부에 위치하지 않는 것이 보통이다. 중심업무지구는 도시 내에서 가장 교통이 편리하여 접근성이 양호하고 지가가 비싼 곳에 위치한다. 중소도시의 중심업무지구는 금융시설과 사무실이 상점가에 혼재하지만, 대도시에서 금융가는 타 지역과 분리되어 입지한다. 중심업무지구 가운데에서도 가장 교통이 편리한 곳에는 고급소매상점이 입지하며, 일반적으로 사무실과 행정기관은 그 근처에 입지한다.

둘째, 도매업지구와 경공업지구는 도시 중에서 시외교통기관의 초점이 되는 곳에 접근하여 입지한다. 이들 두 지구는 교통이 편리한 철도의 연변에 집중하는 경향이 있으며, 철도역은 중심업무지구에 인접해 있는 것이 보통이다.

셋째, 중공업지구는 현재 또는 과거의 도시주변부이던 곳 근처에 입지한다. 도시주변부는 토지의 확보가 용이할 뿐만 아니라, 도로나 철도의 순환선이 지나거나 간선도로가 교차하는 곳은 도심 근처보다 오히려 양호한 교통서비스를 받을 수 있다. 그리고 공장의 소음 · 악취 · 폐기물 등의 공해와 화재의 위험성 등도 중공업을 도시주변부로 입지하게 만드는 요인이 된다.

넷째, 일반적으로 고급주택지역은 배수가 양호한 고지대에 입지하며, 소음 · 악취 · 매연 등의 각종 공해와 철도로부터 멀리 떨어진 곳에 입지하는 경우가 대부분이다. 이와는 반대로 저급주택지역은 도시내의 공장지대나 철도연변에 형성되기 쉬우며, 도시중심부의 낡은 주택지역에는 저소득층의 주민들이 침투해 들어오기 쉽다.

다섯째, 소핵심지(minor nuclei)는 문화센터 · 공원 · 근린상업지구 · 주변업무지구 또는 소규모 공업중심지에 형성된다. 대학은 준독립적인 지역사회의 핵을 형성한다. 공원과 레크리에이션 지구는 고급주택지의 핵이 되는 경우가 있다. 소규모의 시설이나 경공업은 도시 전역에 흩어져 있으므로 결코 지역의 핵이 되는 경우는 없다.

여섯째, 근교는 주택지역이나 공업지역을 불문하고 대부분의 미국 대도시에서 볼 수 있는 특징 중의 하나이다. 대도시 주변의 근교화 내지 탈도시화는 자동차의 보급과 근교철도의 개선으로 촉진되기 시작했다. 또한 위성도시는 중심도시로부터 수 마일 떨어진 곳에 위치해 있는 까닭에 일반적으로 중심도시와의 사이에 통근자가 적지만, 위성도시의 경제활동은 중심도시의 경제활동과 밀접한 관계를 맺고 있다는 점에서 근교 및 원교와 구별된다. 원교 외곽지대는 도시의 영향력이 미치지 않는다.

이들 핵심지는 도시의 규모가 크면 클수록 수가 많으며 전문화한다. 그러므로 동일한 핵심지일지라도 그 기능과 성격적 측면에서는 각기 상이하다. 다핵심이론은 이들 핵심지가 접근성 · 집적의 이익 · 집적의 불이익 · 지대지불능력의 4개 요인이 복합적으로 작용하여 형성되는 것으로 설명하고 있다.

(4) 사회지역분석과 인자생태

사회지역분석(social area analysis)은 1950년대 E. Shevky와 W. Bell을 비롯한 여러 학자들에 의하여 정립된 이론이다. 이 이론은 도시지역을 사회계층(경제적 지위) · 도시화(가족적 지위) · 인종별 주거지분화(인종적 지위)의 3개 구성개념으로 구조화한 것이다(그림 4-31). 이것이 바로 사회지역(social area)이라 하는 것인데, Shevky와 Bell은 사회지역은 일반적으로 동일한 생활수준, 동일한 생활양식, 동일한 민족적 배경을 가진 사람들을 포함하고 있으며, 특정 유형의 사회지역에 거주하는 사람들은 다른 유형의 사회지역에 거주하는 사람들과 비

그림 4-31 사회지역분석의 개념도

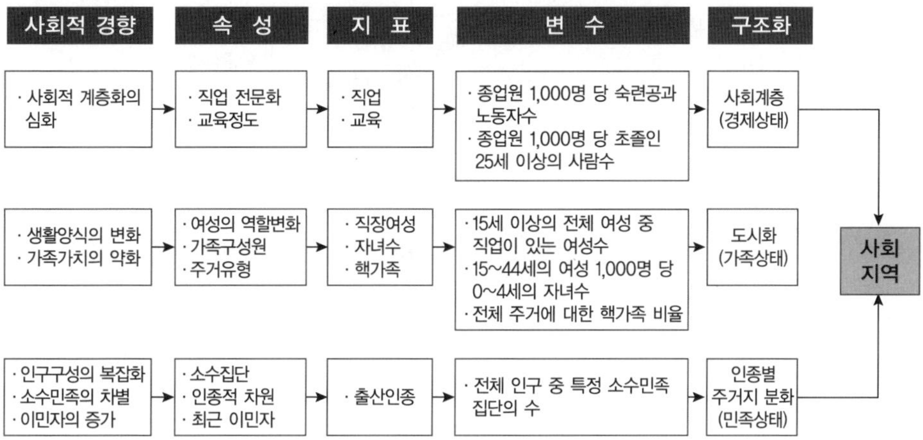

출처: M. Pacione(2005), p.370.

교하여 태도와 행동의 특징이 서로 다른 것이라 설명했다. 이와 같은 분석결과에도 불구하고 사회지역분석은 여러 가지 관점에서 비판을 받았다.

이에 대하여 J. W. Simmons는 1965년 "도시의 토지이용에 관한 기술적(記述的) 모델"이란 연구논문에서, 또 R. Murdie는 1969년 "토론토 대도시의 인자생태"라는 연구논문에서 각각 사회지역분석의 암묵적 가정을 증명하기 위해 인자생태적 접근을 시도했다. 그 결과, 도시구조는 3차원에서 각기 다른 구조로 파악될 수 있다는 사회지역분석을 뒷받침하는 이론을 제기했다. 그러므로 사회지역분석과 인자생태연구는 같은 뿌리에서 파생된 동일한 도시구조이론이라고 할 수 있다.

Murdie는 사회지역의 3개 구성개념을 인종상태(ethnic status), 가족상태(family status), 경제상태(economic status)라 부르면서, 이들 3개 차원은 사회공간(social space)의 내부를 설명하는 중요한 차원이라고 해석했다. 이에 대해 Simmons는 3개 차원을 Murdie와 달리 사회계층(social rank), 도시화(urbanization), 인종별 주거지분화(segregation)라 불렀다. 각기 부르는 호칭은 달

그림 4-32 인자생태의 모식도

인종별 소수집단의 분포는 다핵패턴, 가족상태별 분포는 동심원패턴, 사회 · 경제상태별 분포는 선형패턴을 이룬다.
이들 3차원으로 구성된 공간을 사회공간(social space)이라고 부른다(R. A. Murdie, 1969).

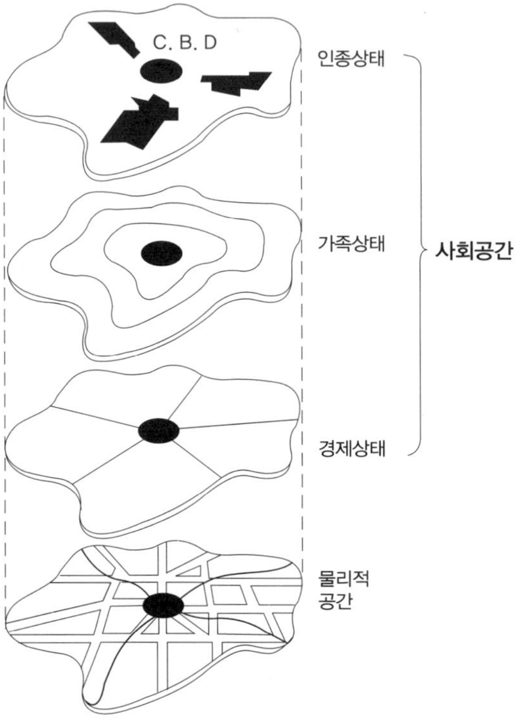

라도 그 내용은 동일하다.

[그림 4-32]에서 보는 바와 같이 인종상태의 패턴은 도시민의 인종구성에서 볼 때 소수민족이 각기 별개의 커뮤니티를 형성하여 다핵심의 형태로 조직된다. 가족상태의 패턴은 동심원지대를 형성하는데, 구체적으로는 가족수 · 자녀수 · 연령 · 여자노동력 비율 등을 포함하는 차원이다. 가령, 대가족 세대는 도시주변부에, 소가족 세대는 도시중심부에 분포하거나, 청년층 세대는 도시주변부에, 노년층 세대는 도시중심부에 거주하는 경향이 있다. 그리고 경제상태의 패턴은 소득수준 · 교육정도 · 직업 등을 포함하는 것으로, 이것은 일정한 섹터를 따라 고급주택지역과 저급주택지역으로 분화되는 차원이다.

이상에서 설명한 3개의 구성개념(차원 또는 패턴)은 서로 밀접한 관련을 맺으면서 도시공간상에 조직되어 있다. 이것은 도시의 전체적인 사회적 특성의 표출이므로 사회지역 또는 사회공간이라 할 수 있다. 그러나 사회지역분석이나 인자생태와 같은 이론이 모든 나라의 도시에 적용될 수 있는 것은 아니다. 예컨대, 라틴아메리카와 인도의 도시에서는 오늘날에도 사회 · 경제적으로 최고의 계층이 도심과 가까운 위치에 거주하며, 도심과 멀어짐에 따라 그 계층의 정도는 낮아진다. 이에 대하여 북미의 도시에서는 고급주택의 외곽이동이 현저하여 고소득층이 도시화의 최전선에 나서지만, 우리나라와 같은 준주변부 혹은 주변부국가의 도시는 저소득층이 도시화의 최전선에 나서는 것이 일반적이다.

3 한국의 도시구조

(1) 도시구조의 개관

도시구조는 도시의 기능 및 역할의 변화와 함께 구조적 특성이 결정지어지며, 아울러 인구성장 및 교통 · 통신수단의 발달에도 적응할 수 있는 형태를 취한다. 또한 도시기능을 제고하기 위해 마련된 도시계획이나 교통체계 그리고 지형여건 · 그린벨트와 같은 것도 모두 토지이용에 영향을 주어 도시구조를 좌우하는 요소가 된다.

현재 한국의 도시구조를 종합적으로 설명할 수 있는 일반적 모델이나 기본적 틀은 사실상 마련되어 있지 않은 형편이다. 그러나 지난 40여 년간 급속한 도시성장을 경험하는 과정에서 알 수 있는 것은 전통적 도시로부터 시작하여 거대도시 내지 대도시로 성장하면서 형성된 단핵구조형 도시가 탁월하다는 것이다. 단핵구조형 도시의 특성은 인구의 급격한 성장으로 인해 지역분화가 도시마다 불규칙하게 진전되었으나 개략적인 변화과정에서 공통점이 많다는 것이다. 즉 서울과 부산은 1960년대까지만 하더라도 도심이 분화되지 못한 채

불량주택과 함께 상업지와 주거지가 혼재된 상태에서 서서히 도시의 중심부에서부터 지역분화가 나타나 중심업무지구의 출현을 보게 되었다. 또한 주택지역에서도 사회 · 경제적 여건에 따라 계층 간에 고급 · 중급 · 저급주택지로 분화하는 이른바 주거지분화(residential segregation)가 진전되었고, 도심 일대의 주민이 외곽지대의 신흥주택단지로 이주하는 현상이 발생했다.

이와 같은 불량주택을 개량하기 위한 주택개량 재개발사업과 도심기능의 제고를 위한 도심재개발사업 역시 도시구조의 재편성에 많은 영향을 미쳤다. 도시토지이용의 효율성과 기능제고, 주민편익 · 도시정비라는 다목적 도시재개발사업과 토지구획정비사업은 그 개발과정에서 지역 · 지구단위별 개발이익의 차이와 접근성의 차이, 상습적 투기현상으로 인한 주거지의 고립화 등을 유발하여 이들 개발지역이 기존 도시와 하나의 구조적 통합을 이루지 못했다. 더욱이 이들 사업은 도시의 내부와 외부지역에서 파상적으로 시간적 차이를 두고 실시되었기 때문에, 그와 같은 현상은 더욱 심화될 수밖에 없었다. 따라서 도시구조는 도심을 핵으로 하여 서로 다른 특성을 지닌 다수의 개발구역이 각기 독자적인 기능을 발휘하는 것처럼 평면적으로 연계된 판구조(板構造) 혹은 선형구조(扇形構造)와 흡사한 특성을 이루고 있다.

이러한 구조적 특성은 서울 · 부산 · 인천 · 대구 · 대전 · 광주 등과 같은 대도시에서 공통적으로 관찰될 수 있으며, 이러한 도시구조가 자가용 승용차의 대중화로 예기치 못한 도시문제를 야기시키고 있다. 특히 지하철이 건설된 서울과 부산을 비롯하여 인천 · 대구 · 광주 · 대전은 각각의 도시가 안고 있는 구조적 문제에 얼마나 대응할 것이며 투자된 예산에 상응한 효과가 얼마나 나타날 것인지 지켜볼 필요가 있다. 이들 대도시는 지하철 건설효과로 구도심(원도심)이 쇠퇴하는 현상이 일어나고 있다.

우리나라의 대도시 가운데 서울과 부산은 1970년대에 부도심의 출현으로 다핵화되었으며, 인천 및 대구와 대전 역시 단핵구조에서 다핵구조로 전환되고 있다. 특히 인천은 신도시의 개발이 완성되면 다핵구조로 바뀔 것이다. 도시에 따라서는 도심보다 부도심의 기능이 더 활성화된 경우도 있다. 그 밖의 전형적인 단핵구조의 도시들은 한동안 우리나라의 거대도시가 경험한 도시구조의 특성을 물려받으리라 전망된다. 그러나 중소도시의 경우 신도시를 개발하여 다핵화를 시도할 경우 기존의 구도심이 쇠퇴할 공산이 크다.

우리나라 도시구조상 또 다른 특성 중 하나는 창원 · 구미 · 안산 · 과천 등과 같이 도시계획과정에서 사전에 용도지역을 지정하여 개발하는 용도지역제(zoning system)에 의거해 신도시를 건설했다는 점이다. 이들 신도시의 건설목적이 공업기능 혹은 행정기능을 기반으로 했기 때문에 다른 도시에서 관찰되는 것과는 달리 대부분의 주거지역은 배후도시라는 개념 하에 공간적으로 편재하도록 설계되었다는 점에 특징이 있다. 그러므로 전통적인 중소도시나 대도시에서 보는 도시구조와는 발전과정 자체에서 다르다. 현재로는 도시계획상에 제시된 용도지역이 100% 활용되지 않은 까닭에 이들 신도시의 구조적 특성이 장차 인접지역과의 관계 및 기능변환과 관련하여 어떻게 변화할 것인지 예측하기 어렵다.

1960년 이후 시로 승격된 도시들 가운데 울산 · 나주 · 동해 · 태백은 기존의 읍 중심지를 핵으로 하여 그 주변에 역사적으로 오래된 중심촌락과 자연부락들을 하나로 묶어 시급도시가 되었다. 그러므로 이들은 하나의 시역 내에서 행정구역의 통합 이전의 구읍(舊邑)인 다수의 읍 소재지를 중심으로 도시성장이 유도된다. 또한 이들의 도시기능도 하나의 구조에 통합되지 못한 채 산재적으로 발휘되고 있다. 이러한 도시구조는 자연발생적인 것이 아니라 단핵도시에서 발생되는 도시문제를 극복할 수도 있으며 건전한 다핵구조로 발전시켜 나아갈 수 있는 장점을 지니고 있다.

또 다른 도시구조의 특성은 한국도시의 내부구조가 오랜 시간을 통해 형성된 것이므로 화석화되어 도시형성의 초기에 고착된 구조를 크게 탈피하지 못했다는 점이다. 이것은 D. I. Scargill이 주장한 바와 같이 도시의 토지이용은 변화에 저항하고 등질성을 유지하려는 성향 탓으로 화석화되었기 때문이다. 그러므로 현재의 도시구조는 과거의 도시구조로부터 영향을 받았다는 생각에서 한국의 도시구조를 살필 필요가 있다. 지리학에서는 지표상에 존재하는 공간질서(spatial order)를 규명하기 위하여 공간패턴(spatial pattern)으로부터 공간구조(spatial structure)를 도출하고, 또 그것의 성립배경을 파악하기 위해 공간과정(spatial process)을 살피는 것이 지역연구의 패러다임으로 굳어졌다.

(2) 대도시의 구조

남영우(1983)는 "공간적 상호작용으로 본 거대도시 서울의 지역구조"라는 연구논문에서 우리나라 대도시의 구조를 고찰했다. 이 연구에서 도시구조는 여러 가지 사회 · 경제적 속성으로 이루어진 도시구성요소의 공간적 배열양식이며, 또한 그들 각 요소가 기능적으로 조직된 공간적 통합체로서 인식되는 것으로 파악되었다. 바꿔 말하면, 전자는 등질지역구조로서, 후자는 결절지역구조로서 인식될 수 있다는 것이다.

위에서 소개한 바 있는 도시구조이론들—동심원지대이론 · 선형이론 · 다핵심이론 · 사회지역분석—은 모두 서구의 도시들을 고찰하여 탄생한 이론이었다. 따라서 이들 도시이론은 우리나라의 도시상황에 부합되지 않는 측면이 너무 많은 것이 사실이다. 최근에 이르러 아시아의 개발도상국이나 제3세계의 대도시에 관한 관심이 고조되고 있긴 하지만, 이들 도시구조에 관한 이론은 정설로서 받아들여질 만한 것이 아직 없는 실정이다.

여기서 소개하려는 한국의 도시구조이론은 '공간적 행동의 일반적 장이론(general field theory of spatial behavior)'이라고 불릴 수 있는 것으로, 도시구조를 지역적 특성(즉 등질지역)과 공간적 상호작용(즉 결절지역)이라는 양 측면에서 파악한 이론이다. B. J. L. Berry에 의해 고안된 이 이론은 물리학에서 제기된 장이론(場理論)을 K. Lewin이 사회과학에 응용한 것에 착안해 수립된 것이다. 구체적으로, 지표공간상에서 인간이나 물류 및 정보 등이 이동하면서 상호작용하는 것은 지표상에 분포하는 상이한 사회 · 경제적 속성이 메커니즘으로 작용했기 때문이란 것이다. 따라서 공간이동과 공간속성은 표리일체의 관계에 있다고 볼 수 있으며, 결절지역과 등질지역은 동전의 양면과 같은 이형동종(異形同種)으로 간주될 수 있다.

이 이론의 내용은 [그림 4-33]에서 보는 바와 같이 공간적 상호작용의 패턴에 의해 설정되는 결절지역(A)과 지역적 속성에 의해 설정되는 등질지역(B)이 서로 밀접한 관계를 맺고 형성된다는 것이다. 즉 결절지역은 그 속에 여러

그림 4-33 우리나라 대도시의 도시구조

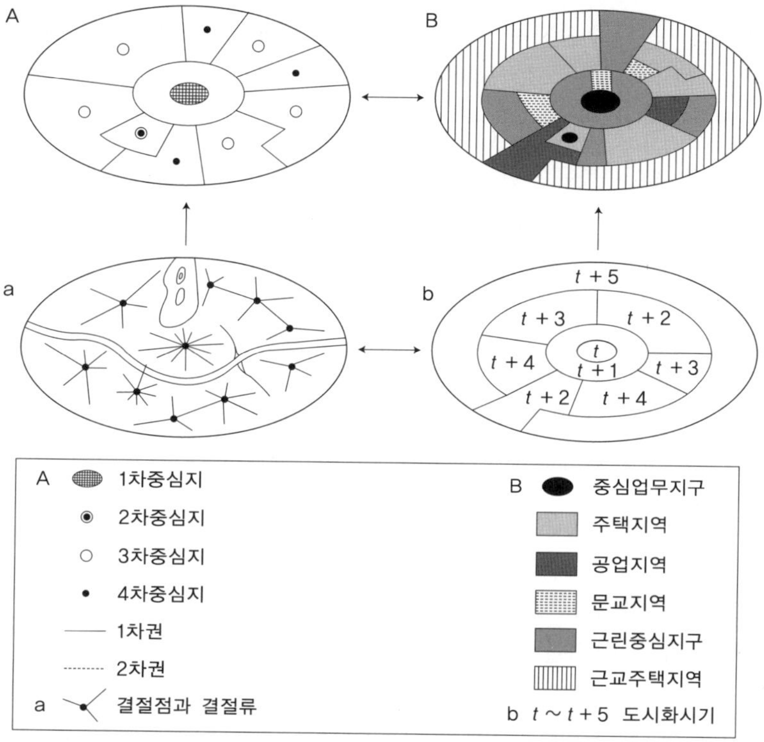

출처: 남영우(1985), p.198.

가지의 지역성을 지닌 등질지역들로 이루어져 있으며 모자이크의 형태로 '이질적 공간의 집합체'라고 할 수 있다. 이러한 현상은 새로운 도시화지역에 비해 오래된 기성시가지(inner city)에서 현저하게 나타난다. 또한 각 결절지역의 중심지는 도심권과 부도심권의 경우 CBD로서의 특성을 가지며, 그 밖의 중심지는 여러 기능이 복합된 혼합지역으로서의 특성을 보인다. 그리고 각 지역 간의 상호작용은 각각의 지역이 지닌 특성과 기능에 따라 차이가 있다. 그러므로 지역 간의 상호작용은 각 지역이 갖고 있지 못한 기능들을 서로 보완하기 위하여 발생하는 것이다.

한편, 등질지역은 저급주택지역 · 중심업무지역 · 공업지역이 도시구조의 가장 중요한 부분을 차지하며 그 밖에 전통적 주택밀집지역 · 신흥고급주택지역 · 문교지역 · 근린중심지구 · 근교주택지역 등으로 구성되어 있다. 이들 각 등질지역은 각기 상이한 분포패턴을 보이는데, 주택밀집지역과 근교주택지역에 동심원상의 패턴이, 공업지역과 근린중심지구에 섹터상의 패턴이, 그 밖의 지역은 다핵상 혹은 불규칙한 분포패턴이 관찰된다. 이들 패턴 가운데 섹터상의 패턴이 현저하다. 이러한 패턴의 골격은 그 대부분이 [그림 4-33]의 b에서와 같이 시가지의 확대방향 또는 도시화의 진행방향에 따라 형성된 것이다. 이 결과는 우리나라의 도시가 판구조를 이룬다는 전술한 내용과 같은 맥락에서 이해될 수 있을 것이다.

시가지의 확대와 도시화의 진행방향은 대체로 과거 도성이었던 구시가지로부터 사방으로 진행되거니와 여기에는 지형과 교통체계가 결정적 영향을 미친다. 그리고 주민들의 유동패턴(a)도 역시 마찬가지이다. 결국 [그림 4-33]의 a와 b는 각각 A와 B를 규정짓게 하며, a와 b 간에 서로 밀접한 관련이 있듯이 A와 B도 상호관련성이 있다는 것이다.

이상의 결과에 비춰볼 때, 한국의 도시구조는 서구도시의 그것과 다른 양상을 보인다는 점과 W. Christaller의 중심지이론은 도시지역의 경우 아무런 수정 없이 적용될 수 없다는 사실이 판명되었다. 왜냐하면, Christaller는 상위계층의 중심지는 하위계층의 중심지가 보유하는 모든 기능을 포함한다고 주장했으나, 사실은 결절지역을 구성하는 각 부분지역은 기능적으로 상이하며 서로 보완적 관계에 있기 때문이다.

(3) 도시구조의 변화

도시는 시간의 경과에 따른 인구증가와 도시확대를 수반하는 것이 일반적이다. 인구의 증가에 따른 도시의 입체적 · 평면적 확대는 자연히 도시구조에 변화를 일으키는 요인으로 작용하기 마련이다. 그러나 도시구조는 도시를 구성하는 각각의 부분지역이 등질성을 고수하고 이질성을 배제하려는 속성 때문에 좀처럼 변화하지 않는 것도 사실이다. 결국 각 지역에서 일어나는 약간의

그림 4-34 도시구조의 변화과정

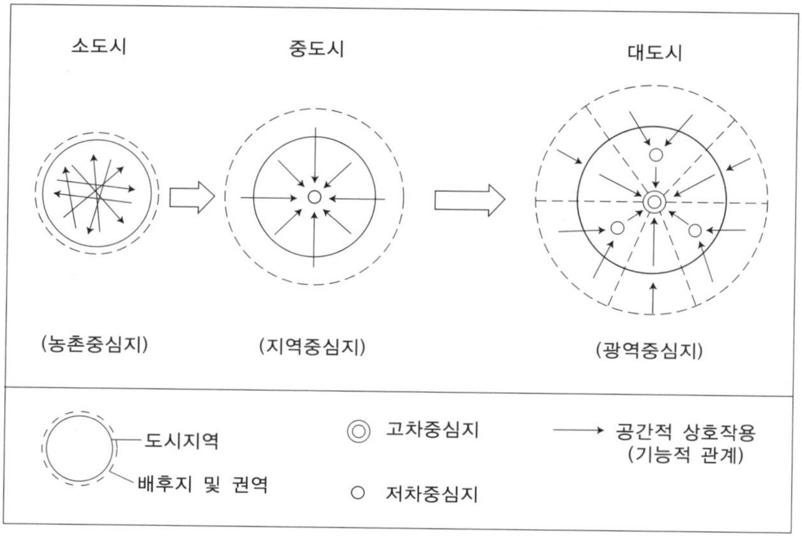

변화가 서서히 누적되어 도시 전체의 변화를 유도하게 된다. 물론 도시의 내부와 외부지역에 물리적 변화가 가해져 단기간에 도시가 급격한 변화를 맞게 되는 경우도 간혹 있을 것이다. 그러나 우리나라에서 일반적인 도시구조의 변화는 [그림 4-34]에서 보는 것과 같은 공간적 과정을 거치는 것이 보통이다.

먼저 농촌중심지로서의 소도시는 읍급도시 정도의 규모로 도시내부의 지역분화가 발생하지 않은 상태이이며 도시화의 정도 역시 미진하다. 소도시의 내부는 지역의 미분화는 물론 결절점이 될 만한 일정한 중심지도 존재하지 않는다. 따라서 높은 중심성을 가진 도시시설이 거의 없는 까닭에 배후지가 좁을 뿐더러 공간적 상호작용으로 표현되는 도시주민의 지역간 이동 또한 무작위적으로 발생한다.

소도시가 성장하여 중도시를 이루게 되면 도시기능의 핵이 되는 도심이 형성된다. 도심은 대체로 그 도시의 중심상점가를 이루며 이를 둘러싸고 주택지역이 위치한다. 그리고 주택지역은 사회 · 경제적 특성에 따라 고급주택지와 저급주택지 등으로 분화되기 시작한다. 도시기능은 더욱 고도화되어 주변지역에 대한 견인력이 강해짐에 따라 배후지의 범위가 확대되어 지역중심지의 역할을 수행하게 된다. 또한 공간적 상호작용은 중심지와 배후지 간의 기능적 관계에 기초하여 도심을 지향하는 패턴을 이루지만, 중심업무지구는 서구도시와 달리 형성되지 못하는 것이 보통이다.

중도시가 대도시로 성장하면 도시기능의 핵이 되는 도심공간이 고도로 밀집하여 상업 · 업무 · 행정기능이 분화되면서 중심업무구역이 형성된다. 그리고 도심공간이 포화상태에 이르면 그 주변부에 도심기능을 분담하는 부도심 또는 그에 준하는 중심지가 교통의 요지에 형성되어 시민들의 통행거리를 단축시켜 준다. 따라서 단순하던 도시구조는 복잡화하여 부도심을 중심으로 하는 다수의 배후지가 형성되면서 하나의 도시지역에 여러 개의 권역이 형성된다. 대도시의 도심 및 부도심 기능은 그 영향력을 더욱 강화하여 보다 넓은 범위의 배후지를 지배함으로써 광역중심지의 지위를 굳히게 된다. 서울의 영등포(여의도) · 강남과 부산의 부전동, 인천의 송도, 대전의 둔산동은 부도심의 대표적 예이다. 그리고 도심과 부도심을 중심으로 둘러싼 주택지역은 사회 · 경제적 특성에 따라 더욱 분화될 뿐더러 도시외곽으로 이동하게 된다.

이상에서는 우리나라 도시구조의 변화과정을 모식적으로 살펴보았지만, 현실적으로는 이보다 더욱 복잡한 양상을 보인다. 왜냐하면 각 도시마다 사회 · 경제 · 역사 · 문화 · 자연환경 등의 요인이 지역적으로 다르기 때문이다.

4.5 서울의 도시구조

1 서울의 성립과 발전

(1) 한성부의 도시계획

“한강유역을 지배하는 자는 한반도를 지배한다.”란 말이 오래 전부터 전해 내려오고 있다. 이 말은 한강유역이 한반도의 중앙부라는 전략적 가치를 지니고 있기 때문에 생긴 것이다. 이 지역을 둘러싸고 고대국가 간에 치열한 전쟁이 일어난 바 있다. 한강유역은 구석기시대부터 인류가 거주하기 시작하여 백제의 도읍지로서 약 500년간 지속된 곳이다. 현존하는 풍납토성 · 몽촌토성 · 이성산성 등의 유적지는 한성백제의 수도인 위례성 또는 하남위례성으로 비정되는 곳이다. 통일신라가 망하고 고려왕조가 개국되면서 도읍지는 철원으로 정해졌고 얼마 후 개성으로 천도되었다.

철원과 개성은 한반도의 중앙부에 해당한다고 볼 수 있으나 한강유역에는 미치지 못했다. 태조 왕건도 그 사실을 알고 있었을지 모른다. 다만 한강유역이 과거 백제의 도읍지였다는 사실이 싫었을지도 모른다. 왕건의 백제에 대한 감정이 좋지 않았기 때문이다. 그 후, 고려가 이성계의 역성혁명(易姓革命)으로 멸망하고 조선왕조가 개국하게 되었다.

1394년 11월 26일에 개성을 떠난 조선왕조는 3일 후인 11월 29일 한양에 도착해 고려왕조의 남경(南京)이었던 이궁(離宮)에 여장을 풀었다. 새로운 한성부의 시대가 시작된 것이다. 당시 한양(漢陽)은 풍수지리상 최상 · 최고의 명당자리였던 것이다. 개국공신들은 계룡산 자락에 이미 공사가 시작된 새 도읍지란 뜻의 ‘신도안’을 물리치고 한양의 최길지(最吉地)에 궁궐을 만들고 이를 중심으로 왼쪽에 역대 왕과 왕비의 위패를 안치한 종묘(宗廟), 오른쪽에 국토신과 오곡신을 안치한 사직단(社稷壇)을 세웠으며, 궁궐 앞에 행정부에 해당하는 조정을 두어 육조거리를 만들고 그 뒤에 시장을 조성했다. 이른바 주례식 도시계획원리인 '좌묘우사 전조후시'의 원칙이 도읍지의 건설에 적용된 것이다.

한양부는 1395년 한성부(漢城府)로 지명이 바뀌었고, 이듬해에는 지형을 살려 18km가 넘는 성곽을 축조했다. '한양'이란 지명은 통일신라 경덕왕 16년(757년)에 한양군을 두었던 것에서 비롯되었다. 한자식 지명에서는 산이 북쪽에 위치하고 강이 남쪽에 있을 경우에는 '양(陽)'이라 하므로 크다는 뜻의 '한(漢)'과 접목시켜 한양이라 부른 것이다. 한양이 한성으로 개명된 것은 성곽공사가 한창일 때의 일이었다. 이에 따라 한양은 도읍을 정한 지명인 셈이 되었고, 한성은 새 나라의 수도 명칭으로 굳어지게 되었다.

한성부의 도시계획은 주로 도성 내에 국한하여 설계되었다. [그림 4-35]에서 보는 바와 같이 지형을 살려 축조된 도성은 남북방향으로 긴 타원형이지만, 북쪽과 남쪽은 산지이거나 산 사면이므로 택지화될 수 없는 까닭에 사실상 동서방향의 타원형을 띠었다고 보아야 한다. 도성을 출입할 수 있는 대문이 동서남북에 만들어졌고 대문 사이에 소문을 두었다. 사람과 우마차가 통행하는 간선도로는 타원형 시가지의 장축에 해당하는 위치에 건설되었고, 그 다음 단축

그림 4-35 한성부 도시계획의 원리

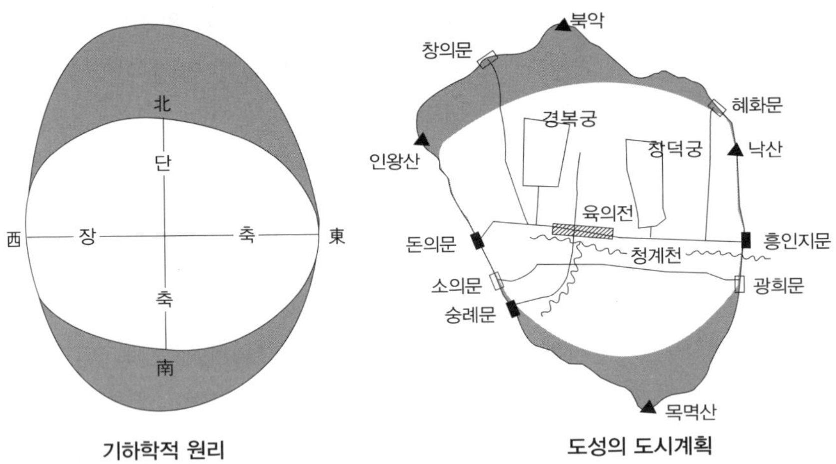

에 해당하는 위치에 건설함이 효율적이다. 그러나 북쪽과 남쪽은 산이 가로막고 있으므로 남대문(숭례문)의 위치를 남서쪽으로 방향을 틀어 만들게 되니 도로의 방향도 달라질 수밖에 없었다. 북대문(숙정문)은 풍수상의 이유와 지형적 제약으로 거의 사용되지 않았다. 이들 대문을 연결하는 도로가 종로와 남대문로이다.

종로는 타원형상의 장축에 해당하고 남대문로는 단축에 해당한다. 다만 남대문로는 청계천 지류를 따라 굽어졌는데, 이는 가능한 하천을 가로지르지 않도록 하여 교량을 적게 건설하기 위한 방책이었다. 교량은 건설비와 공사기간을 고려할 때 적을수록 유리하기 때문이다. 이와 같은 도성내부의 틀이 짜여진 상태에서 전술한 바 있는 '좌묘우사 전조후시'의 원칙이 적용된 것이다. 이들 기반시설은 무려 70~80년에 걸쳐 완성된 것이었으니, 이는 실로 정성과 끈기로 이룩한 도시건설이었다.

그 후, 한성부는 임진왜란과 병자호란 등의 큰 전란을 겪으면서 많은 변화를 거듭했다. 우선 첫째는 활발한 토목사업과 건축공사에 의한 도시의 경관적인 변화를 들 수 있다. 경희궁을 비롯해 균역청 · 규장각 등의 새로운 건물이 1680~1780년의 100년간에 걸쳐 준공되고, 도성과 북한산성의 수축에 아울러 청계천 준설도 1700~1760년까지 대대적으로 추진되었다. 준설로 인한 토사는 비보로서 동쪽에 쌓아올려 성동원두(城東原頭)라 불렀다. 이와 같은 공공건물의 신축과 더불어 민간건물의 신축과 증축도 성행했다.

둘째는 반상(班常)의 계급에 관계없이 한성부의 모든 주민들이 조금씩 자아를 각성하기 시작했다는 점이다. 부분적이나마 신분제도가 붕괴되기 시작했고, 비록 소수에 불과하지만 시민층이 형성되어가고 있었다. 그와 같은 움직임을 주도한 것은 물론 실학자들이었다.

셋째는 제조업과 상업의 발달을 들 수 있다. 제조업의 발달은 16세기로 접어들면서 관장제(官匠制)가 사장제(私匠制)로 바뀐 것에 기인하고, 상업의 발달은 독점권을 가진 특권상인에 도전하는 일반상인의 활동이 신장되었기 때문이다. 그리고 넷째는 서강 · 마포 · 용산 · 두모포(옥수동) · 송파 등의 한강변 포구에 중견상인 계급이 자생해 크게 번창한 결과 한강변에 비교적 큰 규모의 취락중심지가 입지하게 되었다.

(2) 한성부의 도시구조

정도한 1394년부터 임진왜란이 일어난 1592년까지 약 200년에 걸친 조선 전기의 한성부 인구는 약 10~13만 정도의 규모였다. 왜군의 서울 함락으로 1593년 5월 한성의 인구는 남자 14,062명, 여자 25,869명으로 모두 39,931명에 불과했다. 그 후, 한양의 인구는 회복되어 10만 명대의 규모를 유지했다. 일시적으로는 20만 명을 넘는 경우도 있었으나, 대체적으로 약 250년 간 거의 변화가 없었다. 18세기 중엽에는 도성 안의 인구보다 도성 밖의 인구증가가 높아 7할 정도의 인구가 도성 밖의 성저십리(城底十里)에 살고 있었다. 그러나 〈표 4-3〉에서 보는 것처럼 통계상으로는 성 밖의 인구가 전체의 40.6%에 불과한 것으로 집계되어 있다. 이는 한강 부근의 주민들 상당수가 유동인구인 까닭에 호적에 입적되지 않았기 때문이다.

그림 4-36 조선 말엽 한성부의 지역구조

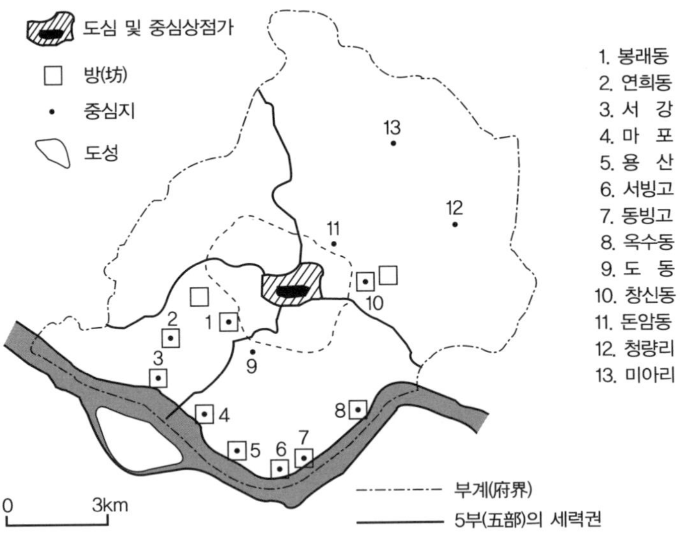

5부(部)로 구획된 한성부 가운데 서부는 전체의 36.1%에 달하는 인구가 밀집되어 있는 곳이었다. 도성 밖의 인구가 증가함에 따라 벌목과 벌석을 금지하는 구역의 범위를 확대하기에 이르렀다. 영조 때에 확장된 사산금표(四山禁標)의 범위는 한성부의 행정구역인 성저십리를 포함하는 지역까지 넓어졌다. 금산의 범위가 확장된 것은 한성부의 산줄기 일대가 주민들에 의해 훼손되고 있었기 때문이며, 이를 제도적으로 보호하지 않으면 안 될 정도로 도성 밖에 인공적 시설물들이 들어서고 있었음을 뜻하는 것이다.

18세기 후반의 한성부는 인구밀도가 755명/㎢였던 것으로 추정된다. 1세기 동안 인구는 오히려 감소하여 인구가 기하급수적으로 증가한다는 맬더스 법칙을 무색케 했다. 한성의 인구는 산술급수적으로도 증가하지 않았던 것이다. 여기에는 물론 인구통계의 부정확성에 기인하는 바도 있었을 것이다. 이와 같이 인구가 약간의 증가에 머물렀던 사실과 함께 주목되는 것은 한성의 행정구역이 20세기 초의 그것과 비교해 볼 때 거의 변동이 없다는 점이다. 고려의 개경부제도를 모방한 한성부제도는 조선 초기부터 말기까지 큰 변동 없이 계속되었다. 행정구역의 틀은 오부제도(五部制度)가 채택되었는데, 5부는 다시 52방(坊)으로 분할되어 동부 12방, 남부 11방, 서부 11방, 북부 10방, 중부 8방이 설치되었다. 또한 방의 하부조직으로서 계(契)를 두어 시대에 따라 다소

표 4-3 한성부의 인구분포(1789년)

부 명 (部名)	성 안		성 밖		계	
	호구	인구	호구	인구	호구	인구
중부	4,082	20,168	-	-	4,082	20,186
동부	3,950	18,141	3,752	11,569	7,702	29,710
남부	6,898	37,566	3,072	9,218	9,970	46,784
서부	3,830	20,187	12,541	48,007	16,371	68,194
북부	3,334	16,291	2,470	7,988	5,804	24,279
계	22,094	112,371	21,835	76,782	43,929	189,153
	50.3%	59.4%	49.7%	40.6%	100.0%	100.0%

출처: 정조 13년 호구총수를 참고.

그림 4-37 조선 말엽의 서울 행정조직

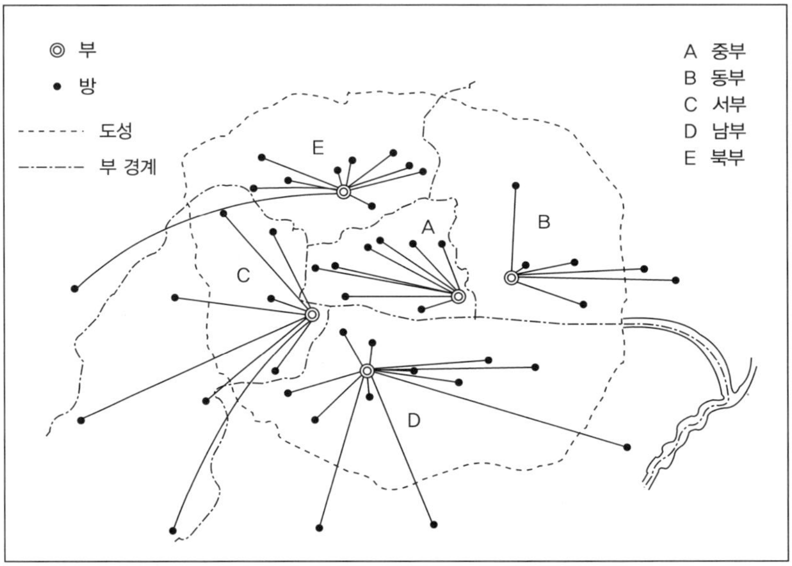

부(部)와방(坊)을 연결하는 선은 행정상의 통합관계를 나타냄.

의 차이가 있으나, 1867년의 한성 5부는 47방 340계를 두게 되었다. 오늘날의 행정구역과 대비하면 '부'가 구(區)에 해당되며 '방'이 동(洞), '계'가 번지에 해당될 것이다.

취락중심지는 그 대부분이 방의 설치장소와 일치한다. 조선왕조실록(세조)에는 방의 입지에 대하여 지역간 교류가 원활하게 행해지도록 각 부로부터의 접근성을 고려하여 방을 설치한 것으로 기록되어 있다. 그러나 부의 입지는 반드시 그렇지 않다. 예를 들면, 중부 · 서부 · 동부의 경우는 각 방으로부터의 접근성을 고려하지 않았다. 이는 '부'라는 행정관청을 가능한 도성 내에 설치하려 했기 때문에 생긴 현상일 것이다.

한성부의 도시구조에서 나타나는 특징은 도성과 성저십리를 불문하고 지역분화현상이 뚜렷했다는 점이다. 특히 도성은 비교적 엄격한 사회적 신분에 따른 주거지분화가 존재하고 있었다. 북쪽 산록은 귀족계급의 주거지역이었고, 남쪽 산록은 그들의 별장지대였으며, 중앙부인 종로와 청계천 일대에는 중인(中人)이라 불리는 상인계급의 주거지역이 형성되었다. 임진왜란 이후 남쪽 산록에는 은퇴했거나 관직에 아직 등용되지 못한 선비들의 주거지역으로 바뀌었다.

이른바 '남주북병(南酒北餠)'은 북촌의 부귀영화와 남촌의 가난함을 나타내주는 말이다. 상품유통의 거점이었던 육의전(六矣廛)이 지금의 종로1가로부터 종로3가에 이르는 곳에 설치되었고, 대부분의 중추관리기능은 지금의 세종로인 육조(六曹)거리를 위시한 북촌에 집중되었다. 육의전과 함께 남대문 · 동대문 · 서대문 일대에는 조시(朝市)가 열렸으며, 종로와 남대문로에 면한 시전(市廛)에도 상품은 물론이고 사람들의 교류가 많았다. 종로의 이면도로인 피맛골은 최근까지 존재했었으나 재개발로 변형되었다. 피맛골은 말을 타고 종로를 행차하는 양반들을 피하기 위해 서민들이 쓰던 길이라 알려졌지만, 사실은 고관대작을 피해 하관들이 말을 골목길로 돌린다는 의미에서 유래되었다. 피맛길은 정도전(1342~1398)이 한양 도성을 설계할 때 신속성을 염두에 두고 하관과 백성을 배려하는 차원에서 만든 길인데, 이를 통해 정도전의 민본사상을 엿볼 수 있다.

한편, 도성 밖의 상황에 관해서는 『한경지략(漢京誌略, 1834년)』에 잘 묘사되어 있다. 그 당시에는 청파동과 왕십리의 미나리밭이 유명했고, 왕십리와 살곶이벌의 무밭과 훈련원의 배추밭을 제일로 꼽았다. 혜화문 밖에는 복숭아 등의 과수원이 많았으며, 동대문과 남대문 밖에는 채소재배를 중심으로 한 근교농업이 성했다. 한성부 주민들의 분뇨는 근교농업에 비료 대신 이용되기도 했다. 뚝섬 일대는 암말을 기르고, 마장동 일대는 숫말을 사육하는 목장이 있었다. 도성 주민이 필요로 하는 땔감은 한강 상류와 하류에 있는 나무장수들이 배로 운반해 강뚝에 내려둔다고 묘사되어 있는 것으로 보아 한강수로가 빈번하게 이용되었음을 알 수 있다.

(3) 경성부 · 서울특별시의 성장

한국의 도시성장은 자본주의경제의 도입에 따른 사회 · 경제적 구조의 변화

그림 4-38 조선말 한성부 전경

출처: 서울학연구소.

가 요인이 되었다. 1876년 강화도조약의 체결을 계기로 조선왕조는 강압에 의해 약 500년간에 걸친 쇄국정책을 버리고 새로운 외래문물과 자본을 받아들이게 되었다. 그리하여 우리나라는 1883년에 일본을 비롯하여 미국 · 영국 · 독일, 1884년에 러시아 · 이탈리아, 1886년 프랑스와 통상조약을 맺어 자의반 타의반 개방정책을 취했다. 주요 항구와 도시는 열강국에 개방되어 이를 개항(開港) 또는 개시(開市)라 불렀다. 개방된 항구와 도시에는 외국인의 상점가와 거류지가 형성되었다. 일본은 여러 금융기관을 설치하여 상업자본의 근거지로 삼았다. 현재의 남대문로 부근에 입지한 은행가는 이를 계기로 하여 형성된 것이다.

한성부의 도시성장은 주로 일본상인과 청국상인으로 이루어진 외국상인들의 진출에 따라 자극받은 바가 컸다. 양국 상인은 자신들의 세력을 강화하기 위해 상업활동의 확대에 힘을 기울였다. 일본상인은 진고개 일대의 충무로를

그림 4-39 일제강점기 경성부의 중심지

출처: 서울시.

거점으로 하여 양쪽에 상점가를 형성했다. 처음에는 청국상인의 세력이 강했으나, 청일전쟁에서 일본이 승리하게 되자 그 후로는 일본상인의 세력이 강해져 남대문로는 일본상인의 활동무대가 되었다. 이에 따라 청국상인은 남대문로에서 소공동을 거쳐 서소문동 방향으로 후퇴하게 되었다. 이와 같은 청일 양국 간의 지배권 쟁탈은 한성부의 도시구조를 크게 변화시키는 계기가 되었다. 구체적으로, 한성부의 중심상점가는 한국인의 전통적 시전가인 종로1~3가와 충무로에서 남대문로까지의 일본인 상점가, 소공동에서 서소문로에 이르는 청국인 상점가를 합쳐 모두 세 곳에 중심상점가가 형성된 것이다.

일제강점기에 한성부는 공식적으로 경성부(京城府) 혹은 영문 Keijo로 개명되었다. 그러나 우리 민족은 신라 건국부터 오늘에 이르기까지 '서울'을 수도라는 의미로 사용해 왔다. 어원적으로는 서라벌〉서벌〉셔블〉서울의 과정을 거쳤다. 서울은 순수한 우리말이지만, 때로는 한자로 '徐蔚' 또는 '徐菀'로 표기되거나, 고려 초기 궁예(869~918)가 건국한 태봉국의 수도처럼 이두식으로

그림 4-40 서울의 인구변천

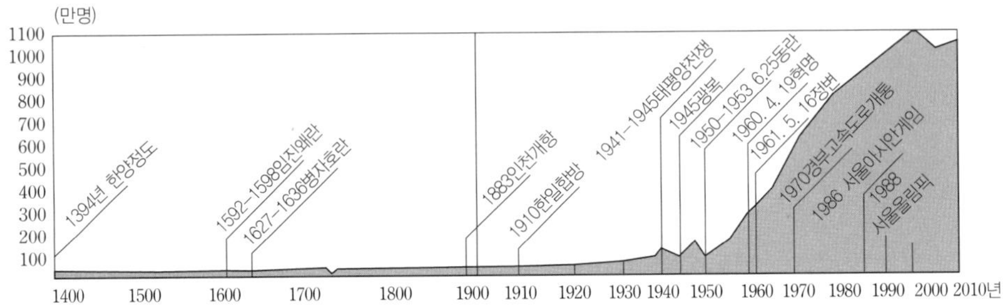

'鐵原'이라 표기하고 '쇠벌'로 부른 적도 있다. 조선시대에는 한양 · 한성 · 서울이 혼용되어 불렸을 것이다.

경성부의 인구는1935년을 전환점으로 하여 급격히 증가했다. 이러한 인구증가는 경성의 공업지역의 형성에 따른 노동력의 수요와 일본정부의 대한이민정책(對韓移民政策)에 따른 일본인의 경성이주에 기인한 것이었다. 경성부는 1942년 역사상 처음으로 백만도시가 되었다. 그 당시, 경성부의 평면적인 도시확대는 도성을 중심으로 청량리 · 왕십리 · 용산 · 신촌 · 마포 등의 방향으로 현저하게 이루어졌다. 제2차 세계대전 후 일본인들은 서울을 떠났지만, 서울의 인구는 더욱 증가할 뿐이었다. 6.25전쟁 중에는 일시적으로 서울의 인구가 감소한 때도 있었으나, 그 후로는 지속적으로 증가했다. 이러한 인구증가의 대부분은 자연증가가 아닌 사회증가에서 비롯된 것이었다.

서울은 1949년에 특별시로 지정되었고 시역도 대폭적으로 확장되었다. 그러나 1950년에 발발한 6.25전쟁으로 인하여 시가지와 주요 산업시설이 막심한 피해를 입었다. 1950년대 후반에는 파괴되었던 도시의 대부분이 재건되었으나, 이 전쟁은 서울의 도시구조를 바꾸어 놓은 전기를 마련한 셈이었다. 바꿔 말하면, 1940년대에서 1950년대까지의 서울은 Sjoberg의 도시분류에 의하면 전통적인 전산업형 도시(preindustrial city)에 속했으나, 1960년대 이후부터는 서서히 근대적인 도시구조로 탈바꿈한 것이다. 이 배경에는 인구의 급속한 도시집중 · 교통수단의 개선 · 도시역의 확장 · 건축기술의 발달 등과 같은 여러 요인이 작용하고 있었으며 또한 '한강의 기적'이라 불리는 한국경제의 고도성장이 기반을 이루고 있었다. 현재 서울은 인천(295만) · 부천(85만) · 성남(95만) · 하남(23만) · 안양(58만) · 구리(20만) · 의정부(43만) · 고양(104만) · 김포(35만) 등의 위성도시를 갖는 메가시티(megacity)를 넘어 메가리전(mega-region)으로 성장했다.

[그림 4-41]은 서울시 행정구역의 변화과정을 보여주고 있다. 즉 서울의 시역은 한성부시대에 속하는 조선 초기 1394년에서 을사늑약이 단행된 1905년까지 변화가 전혀 없었음을 알 수 있다. 일제강점기 초기인 1913년에 일시적으로 서울의 행정구역이 축소되었으나, 1936년에는 한강 이남인 영등포 일대까지 확장되었다. 서울이 특별시로 지정된 1949년에는 한강 이남의 잠실까지 서울시의 행정구역으로 편입되었다. 이는 한강의 수로가 변함에 따라 일어난 일이었다. 1970년까지 행해진 서울시 경계의 확대과정은 서울의 도시성장을 반영해주는 것이 될 것이다.

한편, 서울시 내부의 도시생태적인 지역분화는 1960년대 초기에는 이미 진행되고 있었다. 즉 1960년대의 서울은 도시화의 진전에 따라 중심부와 주변부의 지역적 성격이 다르며, 주택지를 예로 들면 주민의 사회 · 경제적 특성에 따라 분화가 진행되고 있었다. 이에 대하여 도심은 상점가와 업무가 또는 관청가로 분화되고 있었다. 이러한 지역분화의 골격은 이미 조선시대의 한성부와 일본식민지 통치하의 경성부에 걸쳐 오랜 시간을 두고 형성되어온 것이다. 예컨대, 상점가는 한성부시대의 육의전과 19세기 말엽의 일본과 청국 상인의 상점가가 입지하고 있었던 곳이며, 관청가는 조선시대의 궁궐 및 관아와 식민지시대의 통치기관 및 은행가가 입지하고 있었던 곳이다. 이들 지역은 서울의 성장과 더불어 규모뿐만 아니라 질적 변화도 보이긴 했으나 도시구조를 바꿔놓을 만한 큰 변화는 없었다. 이와 같은 도시지역의 분화는 1970년에 들어와 더욱 명확해지고 또 복잡해지게 되었다.

이상에서 우리는 서울의 도시구조의 형성과정에 관하여 고찰해 보았다. 이것을 모식적으로 지도화하면 [그림 4-42]에서 보는 바와 같다. 즉 서울은 조선

그림 4-41 서울시 행정구역의 변화

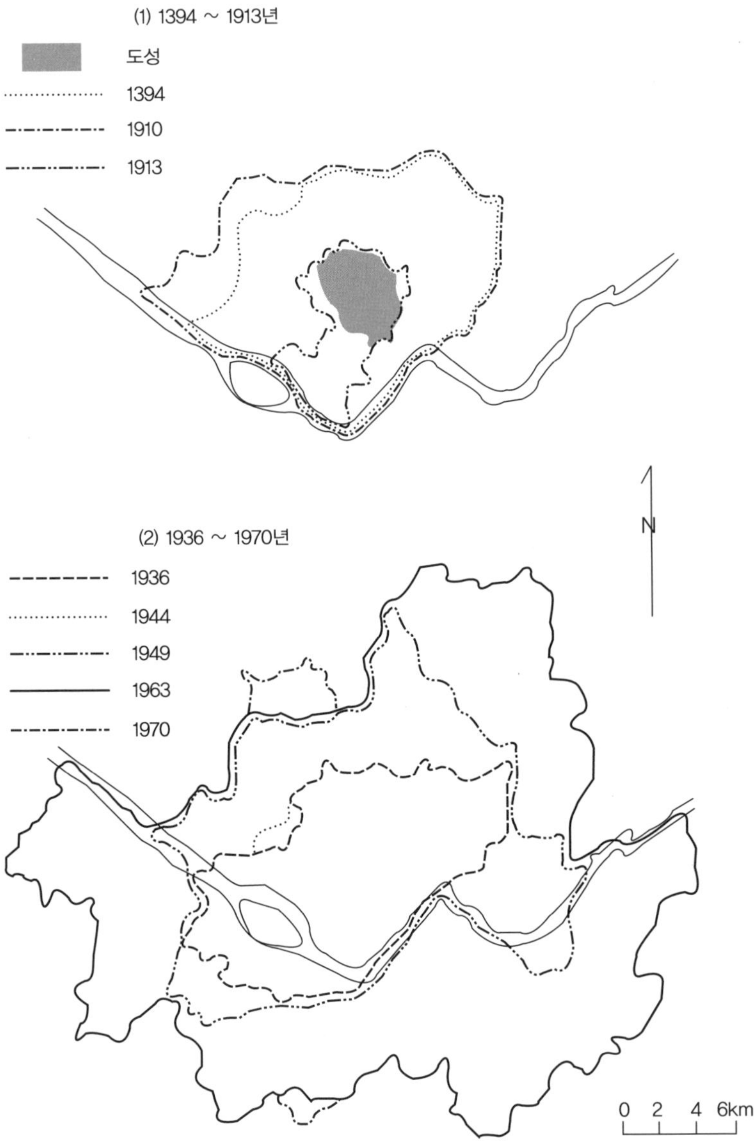

그림 4-42 서울의 도시구조 형성과정의 모식도

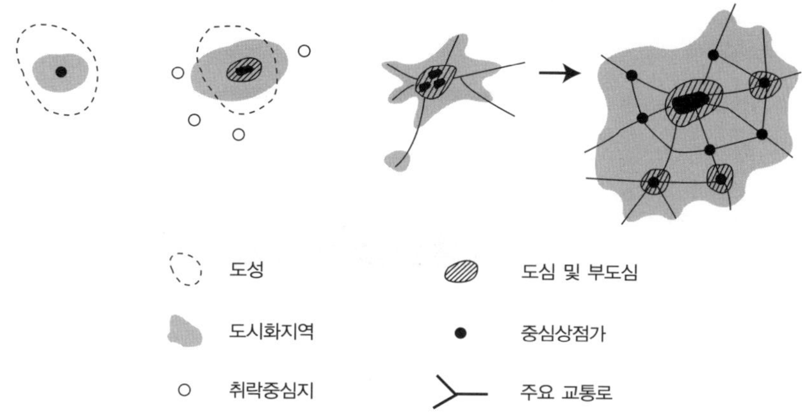

왕조의 건국으로 개성에서 현재의 서울로 옮겨와 성곽을 완성하고 난 후 중세의 도시적 경관을 갖추기 시작했다. 17세기를 전후하여 한성부시대의 인구는 10만을 돌파했고, 도시화지역은 성곽을 넘어 그 범위를 확대해 나아갔다. 그리고 도성의 주변에는 한성의 위성도시의 기능을 가진 취락중심지가 산재해 있었다.

그 후, 서울의 성장은 상업자본의 도입으로 인한 중심상점가의 형성과 교통기관의 발달에 따른 대중교통수단의 출현으로 인해 촉진되었다. 20세기 전반에는 공업지역이 형성됨에 따른 노동력의 수요와 일본인의 이주 등이 요인이 되어 경성부시대인 1942년에 서울은 백만도시가 되었다. 1950년에 발발한 한국전쟁은 서울의 도시구조를 변화시키는 계기가 되었으며, 서울은 1960년을 기점으로 하여 전근대적 도시로부터 근대적인 도시구조로 변모했다. 이것은 도심의 확대 · 부도심과 근린상점가의 출현 · 도시역의 확장 등에서 볼 수 있는 것이며, 서울이 발전한 배경에는 한국경제의 고도성장이 밑바탕을 이루고 있었다.

오랜 세월이 흐르면서 서울의 모습은 상전이 벽해될 정도로 많은 변화가

그림 4-43 랜드마크적 건축물 아이콘(icon)으로 본 서울의 도시경관 변화

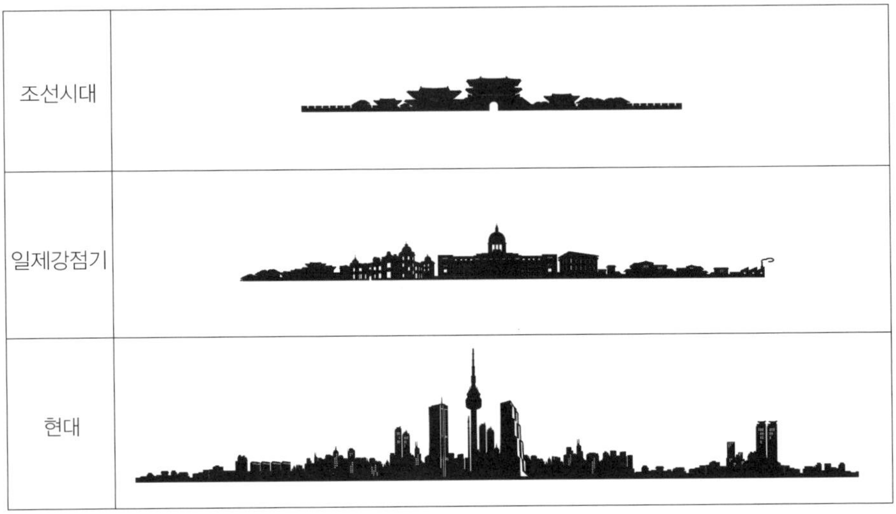

출처: 이경택(201), p.598.

있었다. 특히 경관상 변화는 획기적인 차이를 보였다. 600년이 넘는 장구한 기간의 변화를 요약해 보면, 조선시대의 입체적 도시경관은 도보교통의 제약으로 평면적 확대는 물론 건축학적 제약으로 수직적 확대 역시 낮은 경관을 보일 수밖에 없었으며, 일제강점기에 들어서면서 근대적 교통수단과 건축기술의 도입으로 평면적·수직적 확대가 가능하기에 이르렀다. 6.25전쟁 후에 진행된 복구사업과 경제성장에 따른 국부의 축적은 서울의 평면적·수직적 확대를 수반했다. 이를 랜드마크적 건축물 아이콘으로 모식화하여 나타내면 [그림 4-43]과 같이 표현될 수 있을 것이다. 이 그림에서 보는 것처럼 시대의 변천에 따른 서울의 경관은 지형적 제약을 완전히 극복할 수는 없었으나 어느 정도 직선화 및 평탄화 과정을 거치면서 공간적으로 확대될 수 있었다. 이는 수평적 확대는 물론 수직적 확대를 모두 수반하는 것이었다. 분지형 지형과 하천의 존재는 서울의 도시경관을 물리적으로 양분시켰을 뿐만 아니라 경관적으로 이질화시키는 요인으로 작용했다.

2 서울의 도시발달을 저해한 요인과 문제점

(1) 한성부의 발달을 저해한 요인

산업사회로 접어들기 이전의 서울은 우리 민족의 정신적 구심점이었을 뿐만 아니라 정치 · 사회 · 문화적 측면에서도 중심적 역할을 수행했다. 지구상에 분포한 많은 봉건도시들 가운데 우리나라의 수도 서울은 한성백제시대부터 오늘에 이르기까지 당당한 모습을 자랑했다. 그러나 근대사회로 접어들면서 시대의 변화에 걸맞게 일신하지 못한 서울은 더 이상 당당할 수도 없고 자랑스러울 수도 없게 되었다.

동아시아의 격동기였던 19세기 말 한국을 다녀간 오스트리아 여행가 E. von Hasse-Wartegg(1854~1918)은 그의 저서 『조선, 1894년 여름』에서 "서울은 아마 호텔과 찻집이 없는 지구상 유일한 수도일 것이며, 땅바닥과 거의 구분이 안 되는 납작한 황토빛 초가집 투성이에 도로와 고층건물도 없고 나무들과 정원도 없었다."라며 서울의 초라함과 남루함을 기술했다. 이처럼 조선왕조 500년을 통틀어 지방도시는 물론 서울이 발달하지 못한 요인은 매우 다양하다. 그들 요인은 서울의 발달이 지체된 요인인 동시에 한국근대화가 늦어진 요인과 중복될 수도 있다.

첫째 요인은 우리나라를 비롯한 중국 · 일본 등의 유교문화권이 대부분 유교적 가치관으로 형성된 사회였다는 점에서 찾을 수 있다. 유교적 가치관을 가진 동양사회는 각종 터부(taboo)와 씨족제가 도시의 다양화를 저해하고 있었기 때문에 서양사회와 달리 개개인이 신분제도에 얽매여 있었다. 이질적인 사람들이 모여 사는 도시는 봉건사회에서도 화폐경제 하의 영리수단에 따라 부자유적 신분으로부터 자유신분으로 상승해가는 장소였다. M. Weber(1958)가 "동양사회는 시민계급의 자각이 없었다."라며 지적한 것처럼 평등적 시민의식이 약한 사회에서는 도시형성이 어려울 수밖에 없다. "도시의 공기는 모든 사람을 자유롭게 한다."란 말처럼, 자유는 도시의 내부와 외부를 매개로 하여 도시에 활기를 불어넣는 중요한 요인이 된다. 특히 동양에서도 유교적 전통이 가장 강한 우리 사회는 장유유서(長幼有序)로 요약되는 수직적 질서 속에서 평등적 시민사회의 형성을 허락하지 않았다.

둘째 요인은 거시적 관점에서 볼 때 한반도가 유럽 · 아시아 · 아프리카의 구대륙 중 주변적 위치에 놓여 있었다는 점을 꼽을 수 있다. 우리는 구대륙의 중앙적 위치인 메소포타미아 지방에서 처음으로 도시문명이 발생한 사실을 기억하고 있다. 한반도는 구대륙의 중앙부인 서남아시아와는 물론 그리스 로마 문명의 발상지와 멀리 떨어져 위치한 까닭에 문명전파의 비교우위에서 절대적으로 불리했다. 보행 · 우마차 · 해상수송에만 의존했던 시대에는 한반도가 실크로드와 같은 다국간 육상교통로에 인접해 있거나 그 종점이었다면, 혹은 동양항로의 출발지였거나 도착지였다면 선진문물을 훨씬 더 빨리 흡수해 개발할 수 있었을 것이다. 우리 민족은 보유하고 있는 뛰어난 유전인자를 계발하여 발휘할 기회를 잡지 못한 것이다.

셋째 요인으로는 교환경제의 낙후성을 꼽을 수 있다. 오래 전부터 우리나라는 자급자족의 경제체제를 굳혀온 까닭에 지역간의 교환경제가 발달하지 못해 교통로의 건설이 대단히 미흡했다. 교통로의 건설은 오히려 외적의 침입을 도와주는 꼴이 된다고 생각하여 억제되기까지 했다. 육상교통이 미흡한 우리나라는 물자의 이동을 수상교통에 의지했지만, 한성부로 운반되던 물자가 강화도 손돌목의 급류로 난항을 겪기도 했다. 손돌(孫乭)이란 지명은 고려시대 왕이 몽골의 난을 피해 강화도로 피신할 때 바람이 잦아지면 건너겠다고 하여 왕명을 어겨 억울하게 죽어간 전설 속의 뱃사공 이름에서 유래되었다.

우리나라는 전체가 폐쇄된 사회였을 뿐 아니라 각 지역이 폐쇄적인 자급자족의 경제체제를 이루었다. 고려 및 조선시대의 월경지(越境地)가 그것의 전형적 사례이다. 이는 군현의 행정구역이 다른 읍의 경계 안에 위치한 지역을 뜻하므로 비지(飛地)라고도 불린다. 이는 중국에서는 찾아볼 수 없던 우리나라만의 독특한 행정구역이다. 고려의 지방제도에서 유래된 월경지는 조선시대에 들어와서도 1개 군현이 특산물의 산지와 도서지역 등을 독점하지 못하도록 분할해주거나 부담을 나누어 주기 위한 제도였다. 또한 조운제(漕運制) 유지를 위해 해안이나 강을 접하지 않는 군현에서 다른 군현 내에 월경지를 두는 경우도 있다. 박제가(1750~1805)는 그의 저서 『북학의』에서 "나라를 세운 이래 400년간 단 한척의 외국선박도 들어온 적이 없는 상태에서…"라며 우리의 폐쇄적 국민성을 개탄했고, 그 저서의 서문을 썼던 박지원(1737~1805)은 그의 소설 『허생전』에서 "조선은 배가 외국과 통하지 못하고 수레가 국내를 두루 다니지 못하므로 온갖 산물이 나라 안에서 생기고 나라 안에서 사라진다."라고 지적하면서 폐쇄적 체제 속에서 자급자족하는 경제가 얼마나 취약한 것인가를 날카롭게 비판했다.

넷째 요인은 빈번한 외세의 침입이다. 우리나라는 역사상 몽골의 침입·임진왜란·정유재란 등의 크고 작은 외세의 침략을 자주 받아 왔다. 그때마다 국토의 생태시스템이 파괴되었을 뿐더러 도시의 파괴도 막대했다. 특히 임진왜란 중에는 서울의 경우 3개 대궐과 종묘가 모두 소실되었고 민가는 온전한 집이 별로 없을 정도였다. 그 당시의 참상을 상세하게 기록한 유성룡(1542~1607)은 그의 저서 『징비록』에서 왜군의 방화로 말미암아 종로 북쪽의 건축물로서 남아 있는 것이 하나도 없다고 기록하면서 사대부들의 주거지역인 북촌(北村)의 참상을 표현했다. 우리나라의 건축물은 목조가 대부분이므로 전쟁이 아니더라도 화재에 취약했으며 건물의 수명이 길지 못했다. 또한 역대 왕조가 바뀔 때마다 전 왕조의 도시는 몰락하기 일쑤였다.

다섯째 요인은 숭유억불(崇儒抑佛)정책에서 찾아볼 수 있다. 고려왕조와 달리 조선왕조는 유교를 지나치게 숭상한 나머지 그 밖의 가치관이나 윤리관은 모두 배척된 탓으로 도시내에 종교적인 요소가 싹틀 수 없었다. 신라의 수도 경주는 사찰의 건립으로 건축 붐이 일어나 도시시설이 정비되었고, 로마는 성피터 사원과 바티칸 궁전의 건설을 계기로 2천년 이상 영화를 누렸으며, 예루살렘·바그다드·메카·카이로·도쿄 등도 종교적 건축물이 도시에 미친 영향이 지대했다. 유교를 숭상한 조선시대의 사대부들은 자신의 주장이 관철되지 않으면 관직을 헌신짝 버리듯 팽개치고 낙향하곤 했다. 그리하여 도시에 훌륭한 인재가 머무르지 않아 건전한 도시발달이 저해될 수밖에 없었다. 또한 크고 화려한 건물을 선호하지 않는 선비사상 역시 도시화를 가로막는 요인 중의 하나였다.

이상에서 열거한 도시발달의 저해요인 외에도 전산업시대 서울의 발달을 가로막은 요인들이 더 있다. 가령 협소한 국토와 과다한 산악지대는 교통로의 형성과 도시입지의 폭을 좁혔고, 작은 인구규모는 중심지이론에서 말하는 도시성립을 위한 인구의 최소요구값(threshold)을 만족시키지 못한 점을 들 수 있다. 특히 우리나라의 도시는 분지형 입지로 대규모 인구의 수용과 시가지확대에 제약을 받고 있다. 또한 강력한 중앙집권제는 봉건적 지방분권제와 달리 지방도시의 성장을 저해하는 요인이 되었다.

(2) 현대도시 서울의 문제점

프랑스의 파리지앵들은 파리를 사랑하고, 미국의 뉴요커들은 뉴욕을 좋아하며, 일본의 에토코[江戶子]들은 도쿄를 자랑스럽게 생각한다. 이에 대해 서울시민은 그들의 향토인 서울을 애정 어린 마음으로 바라보는 것 같지 않다. 서울시민은 외국의 대도시 시민들에 비해 정주의식과 향토애에서 뒤지는 것 같다. 이는 우리의 국민성에도 기인하는 바가 있겠지만, 그보다는 서울이 안고 있는 각종 도시문제가 미친 영향이 큰 것으로 생각된다. 호남출신들이 광주를 생각하고 영남출신이 대구와 부산을 바라보는 시각은 서울출신 시민과 사뭇 다르다.

가령 프로야구에서 서울시민들의 연고지 팀에 대한 응원태도는 기아 타이거즈나 삼성 라이온즈 또는 롯데 자이언츠와 다름을 언제나 목격할 수 있다. 서울은 각 지방출신 사람들이 모두 섞여서 살고 있기 때문이라고 치부하기에는 설명부족이다. 왜냐하면 출신지방의 동질성이 없기는 파리 · 뉴욕 · 도쿄 역시 마찬가지이기 때문이다. 미국의 아메리칸 리그와 일본의 센트럴 리그에서 각각 뉴욕 양키즈와 요미우리 자이언츠를 향한 응원모습을 보면 그들의 향토애를 알 수 있다. 우리나라의 경우는 어느 팀이 홈팀이고 어느 팀이 어웨이 팀인지 분간할 수 없을 정도이다.

이탈리아의 시인 A. Dante(1265~1321)는 "고향을 사랑하지 말라! 재능 있는 인간이 모여 사는 곳이 바로 고향이다."라 역설했다. 그는 피렌체 귀족 출신으로 교황의 간섭으로부터 벗어나기 위한 피렌체의 독립투쟁에 가담한 죄로 고향에서 영구적으로 추방되어 20여 년 동안 유랑생활을 한 바 있다. 그가 느낀 것은 태어난 고향보다 정 붙이고 사는 향토가 더 소중하다는 사실이었을 것이다.

서울시민들의 향토애, 즉 향토를 사랑하는 자세의 결핍을 여기서는 도시문제에 초점을 맞춰 생각해 보기로 한다. 산적해 있는 서울의 문제점을 일목요연하게 지적하기란 결코 쉬운 일이 아닐 것이다. 도시문제가 발생한 배경을 여러 가지 측면에서 지적할 수 있겠으나, 중요하다고 생각되는 배경만을 골라 설명하기로 하겠다.

먼저, 도시정책과 도시계획에 대한 인식부족에서 파생된 문제를 들 수 있다. 국가적 차원의 큰 틀에서 크게 벗어나지 않는 도시정책이라면 주민참여를 통한 도시계획의 수립이 민주적이다. 사실 도시정책의 입안자들은 도시계획에 대한 기본원칙을 경시하거나 안목부족으로 도시문제를 자초하는 경우도 발생한다. 도시개발에 의한 환경파괴 및 도시빈민의 양산과 도시경관의 저해는 현실을 도외시한 대폭적인 건축법 완화조치와 재개발정책에 귀결되지만, 정책심의과정에서 그와 같은 무분별한 개발행위가 엄격하게 저지되고 선별될 수 있는 제도적 장치가 마련되어야 한다. 무책임한 도시정책은 정책실명제를 도입함으로서도 저지되는 효과가 있을 것이다. 그 동안 얼마나 많은 도시정책의 실패로 흉물이 되거나 무용지물이 되어버린 시설과 제도가 많았던가.

서울과 같은 거대도시는 다핵화되어야 도시기능이 원활해질 수 있다. 서울시는 1970년대 한강 이남을 개발하면서 다핵구조로 바꿀 수 있는 절호의 기회를 놓치고 말았다. 즉 서울시는 강남3구의 도시계획을 수립함에 있어 노선형으로 간선도로변만을 상업지역으로 지정하는 우를 범했다. 도산대로 · 테헤란로 · 강남대로 · 언주로 등의 간선도로를 따라 길게 지정된 상업지역은 주거전용지역과 인접하여 상업시설의 침입으로 주거환경을 악화시킬 뿐만 아니라 부도심과 같은 중심지 형성에 매우 불리하다. 부도심의 형성은 상업 · 업무지역을 블록 전체에 걸쳐 지정해야 가능하다.

이와 같은 토지이용의 관성과 메커니즘을 간과한 상업지역의 지정은 간선도로의 교통체증을 더욱 악화시킨 결과를 초래했다. 더욱이 교통행정가들은 서울의 교통문제를 보행자나 대중교통수단의 이용보다는 자가용 승용차의 이용에 중점을 두어 해결하려는 전근대적 발상에서 벗어나지 못했었다. 최근 들어 버스전용차로제를 도입하거나 보행자 도로를 넓히는 등의 정책이 시행되기 시작한 것은 바람직한 발상으로 평가받을 수 있다. 가령 횡단보도를 지상이 아닌 육교나 지하도로 만든 것은 전형적인 자동차 중심의 정책이었다. 도시교통문제는 도시구조의 합리화와 도시기능의 적정배치, 적정한 밀도의 토지이용, 대중교통의 역할분담 등 거시적이고 종합적인 관점에서 해결방안이 모색되어야 한다.

다음으로, 근시안적 도시정책과 도시계획제도의 미비로 인해 발생한 도시문제를 들 수 있다. 1970년대 이후 추진되어 온 강북의 개발억제책과 강남3구의 개발촉진책은 강북의 기성시가지를 낙후지역으로 전락시키는 결과를 초래했다. 그뿐만 아니라 강북의 도시기반시설과 공공시설이 노후화되고 주거환경이 악화되어 인구공동화현상이 날로 확산되어가고 있다. 특히 도심의 경우는 기능이 상대적으로 쇠퇴해 강남구의 부도심에 도심기능을 넘겨주고 있는 실정이다. 1980년대에 서울시민들에게 회자되었던 "아직도 강북에 사십니까?"란 말은 위의 사실을 뒷받침하는 것이다. 강남3구 일대는 다른 지역에 비해 40대 중반 이상의 중산층 및 부유층이 거주하고 집중됨에 따라 주거지분화가 현저해졌다.

주거지역의 분화를 심화시킨 요인은 강북 학교의 강남 이전 가운데 특히 고등학교의 이전에서 찾아볼 수 있다(그림 4-44). 이른바 한국의 명문고라 불리던 고등학교가 강북의 도심으로부터 집중적으로 강남3구로 이전함에 따라 오늘날 보는 바와 같은 폐쇄적 공동체(gated community)의 형성이 촉진된 것이다. 원래 폐쇄적 공동체란 구미와 아시아의 도시에서 보는 것과 같이 격리된 공간이나 사설경비시설이 갖춰진 중산층 이상의 고급주택지역을 가리키는데, 강남3구의 경우는 그것과 의미는 약간 다르지만 일반 서민들이 이주하기에는 부동산가격의 현격한 차이로 사실상 빗장이 채워진 것과 다를 바 없다는 것이다. 특히 명문학교가 밀집된 학군과 유명 학원가의 형성은 주택가격의 차이를 만드는 요인으로 작용하여 서민의 진입을 제어하고 있으므로 '빗장도시'라 불

그림 4-44 서울 도심부 고등학교의 이전

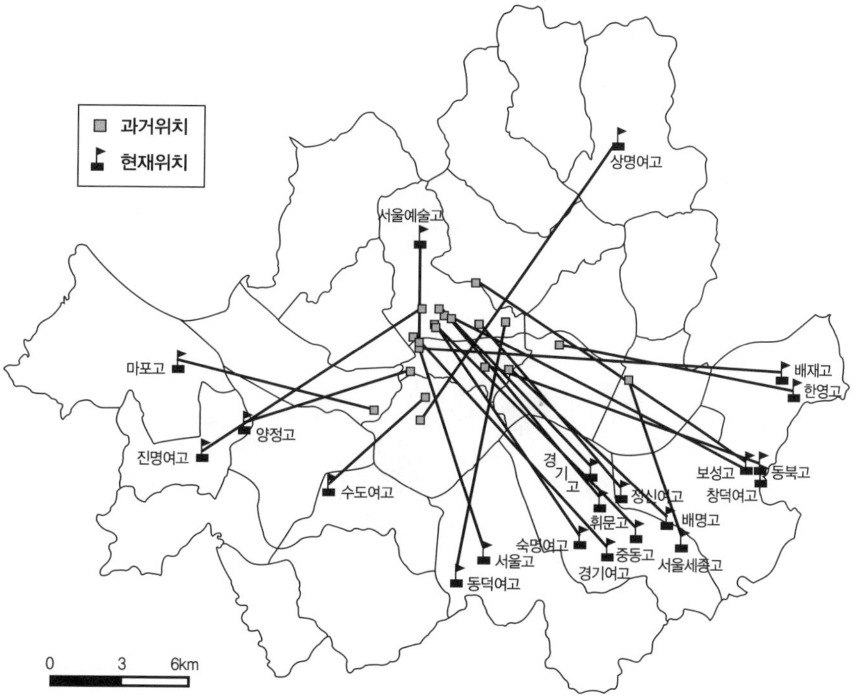

출처: 최은영(2003)

리기도 한다.

서울시에 거주하는 고위공직자의 분포를 보더라도 서초구를 위시한 강남구와 송파구에 집중되어 있음을 알 수 있다(그림 4-45). 즉 저명인사의 상당수가 서초동 · 반포동 · 방배동 등의 서초구와 압구정동 · 대치동 · 역삼동 · 논현동 · 개포동 등의 강남구에 집중되어 있으며, 잠실동 · 신천동 등의 송파구에도 많이 거주하고 있다. 이 밖에 영등포구의 여의도동과 종로구의 평창동, 성북구의 성북동 등지에도 많은 고위공직자들이 거주하고 있으나, 강남3구에 비하면 적은 편이다. 이와는 달리 은평구 · 노원구 · 도봉구 · 동대문구 · 중랑구 · 성동구 등의 강북 일대와 강서구 · 관악구 · 구로구 등의 외곽지대는 1%에도 못 미

그림 4-45 고위공직자의 분포

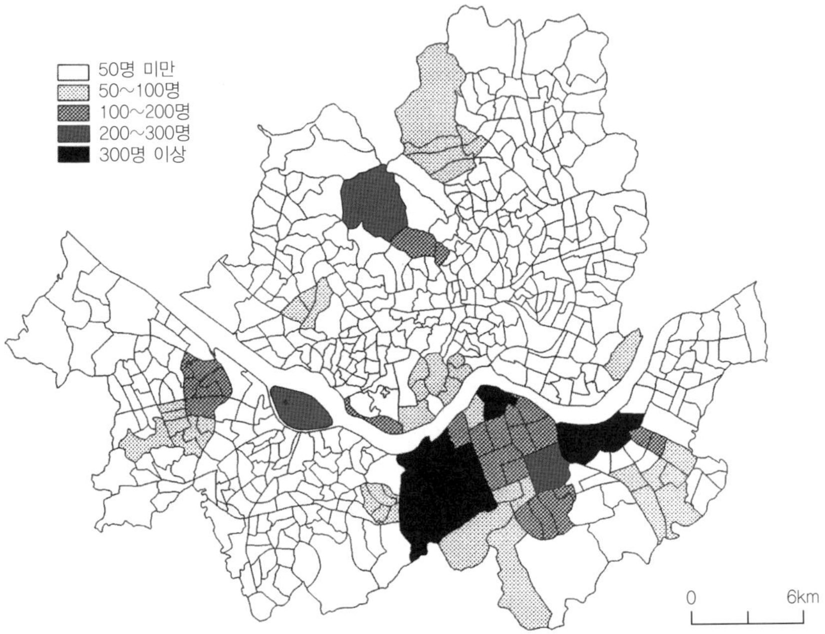

출처: 박정윤(2000).

쳐 극심한 대조를 보이고 있다. 이는 이른바 '8학군병' 또는 강남선호현상에서 비롯된 결과이다.

대부분의 도시는 하천을 끼고 입지하기 때문에 어느 도시나 강북과 강남 또는 강서와 강동으로 시가지가 나누어진다. 프랑스의 파리는 센강을 중심으로 지성의 중심으로 알려진 강남(River gauche)과 상업의 중심인 강북(River droite)으로 구별되는데, 파리지앵들은 이를 두고 "강북에서 돈을 쓰고 강남에서는 머리를 쓴다."고 표현한다. 일본의 후쿠오카는 나카가와[那珂川]를 중심으로 상업 · 업무의 중심인 후쿠오카와 전통적 상업 · 주거의 중심인 하카다로 구분되고, 헝가리의 부다페스트는 다뉴브강을 중심으로 구릉지대의 주택지 부다(Buda)와 평야지대의 상업 · 행정중심지 페스트(Pest)로 대별된다.

이러한 도시내부의 지역차는 여러 요인에 의해 발생하게 된다. 이런 경우, 우리들은 갈등과 마찰보다 차이를 인정하는 데에 초점을 맞춰야 한다. 지표상에 전개되는 사회의 다양화는 생태학적으로 지극히 자연스러운 현상이다. 이와 같은 현상을 지리학 및 사회학에서는 지역분화 또는 주거지분화라 하고, 건축학에서는 공간분화 또는 공간특화라 부른다. 동물과 식물도 동일한 개체끼리 집단적으로 군락과 무리를 이뤄 유유상종(類類相從)하듯이, 인간은 사회 · 경제 · 종교적 차이에 따라 주거지를 달리하기 마련이다.

2000년대에 들어서면서 강남 일대의 부동산 급등으로 상대적 박탈감을 느낀 주민들로부터 반강남(反江南) 정서가 위험수위에 다다르고 있다. 강남구와 서초구에 사는 사람들이라 하여 모두 부자는 아니며, 모두 부동산 투기꾼은 더욱 아니다. 또한 강남구에 사는 사람들이 작당모의해 집값을 올린 것은 더더욱 아니다. 상대적 박탈감에서 비롯된 '부자동네 강남'에 대한 무차별적 적개심을 해소하기 위해서는 폭넓은 정부의 대책이 요구된다. 오늘의 결과는 방만한 역대 정부에 일차적 책임이 있다. [그림 4-45]에서 본 것처럼 정책결정권을 가진 고위공직자들이 그곳에 살고 있으니 제대로 된 해결책이 나올 리 만무하다. 빈부격차와 지역격차를 줄이기 위한 정부 차원의 노력은 물론 가진 자들의 겸손과 사회적 의무 등이 어느 때보다 절실하다.

우리 사회는 프랑스어로 귀족의 의무를 의미하는 노블레스 오블리주(noblesse oblige)의 정신이 요구된다. 원래 노블레스 오블리주는 프랑스와 영국 간에 백년전쟁(1337~1453)이 발발했을 때 유래된 말이다. 노블레스는 '닭의 벼슬'을 의미하고 오블리주는 '달걀의 노른자'라는 뜻이다. 이 두 단어를 합성해 만든 노블레스 오블리주는 닭의 사명이 자기의 벼슬을 자랑함에 있지 않고 알을 낳는 데 있음을 말해 주고 있다. 다시 말해서 사회 지도층의 도덕적 의무를 뜻하는 말로 사회로부터 정당한 대접을 받기 위해서는 자신이 누리는 명예(노블레스)만큼 의무(오블리주)를 다 해야 한다는 의미이다.

정부가 시행한 종래의 주택정책은 주택보급률의 해소에 중점을 두어 획일적이며 양적인 주택공급만으로 다양한 수요에 대응해 왔다. 이러한 대증요법은 단기간에 이루어져 부실공사 · 인건비상승 · 물가상승 등의 악영향을 미쳤다. 주택정책을 주택보급률에 집착하기보다는 민간차원의 임대주택까지 포함하여 1인당 주거면적 및 주거시설비 등을 포함한 주거환경의 질적 향상에 역점을 둔 정책으로의 전환이 필요했었는데 말이다. 이와 더불어 무분별한 도시재개발과 재건축은 지양되어야 할 것이다. 주택지에 대한 재개발은 서민의 생활공간이 점차 소멸되어 저소득층의 주택재고가 감소됨에 따라 전세 · 월세 임대료에 영향을 주었고, 서민들이 서울의 외곽지대나 위성도시로 이주하게 되어 통근거리가 멀어지는 결과를 초래함으로써 사회 · 경제적 손실이 커졌다.

한편, 지역성을 무시한 획일적 도시정책 및 제도가 낳은 도시문제 역시 산적해 있다. 구체적으로, 주택촉진법의 일률적인 적용은 고밀화 개발을 조장했고 불량주택지구를 재개발할 때에는 원주민의 생활수준을 무시한 중 · 대형 평수의 건설로 그들의 입주포기를 강요했다. 그리고 무분별한 탈서울화정책은 인구 · 공장 · 기업 등이 무차별적으로 서울을 빠져나가 공동화현상의 심화와 도시형 산업의 유치를 곤란케 하여 국제경쟁력이 약화되는 결과를 초래했다.

마지막으로 도시계획의 운용과정에서 발생한 문제에 대해 언급하기로 하겠다. 먼저, 새로운 변화에 대처하지 못한 도시행정의 사례로는 현실과 괴리된 용도지역지구제, 경직된 도시계획, 불충분한 오픈 스페이스로 미래에 대한 대처능력의 부족 등을 꼽을 수 있다. 현재 서울의 용도지역지구제는 1970년대 중반 이후부터 도시발전과 상황변화에 따른 재조정이 이루어지지 않은 까닭에 현실적으로 불합리한 곳이 많다. 도시의 기본계획을 수립한 후에도 지속적으로 수정하거나 보완하는 자세가 필요함에도 손질을 가하지 않아 새로운 변화에 유연하게 대처하기 어려운 실정이다. 또한 중앙정부의 현실감이 없는 권위주의적 발상과 관련부처 간의 협조체제 미흡으로 발생하는 도시문제도 간과할 수 없다. 중앙정부는 정책과 제도를 만드는 부서인 만큼 선진사례에 대한 부단한 연구와 검토가 뒤따라야 함에도 불구하고 그렇지 못하여 일선 행정부서가 집행하는 데 어려움이 따른다. 이와 반대로 자치단체장이 선거를 의식한 포퓰리즘 정책은 물론 지방정부의 미숙한 도시정책과 개발 역시 많은 문제를 노출하고 있다.

한편 행정편의주의와 권위주의로 인한 도시문제로는 행정소홀과 행정미숙에서 비롯된 교통체증과 교통사고, 대규모 택지개발사업 추진 시에 선행되어야 할 기반시설정비의 지체 등을 꼽을 수 있다. 이 밖에도 행정가의 도시경영 능력부족, 공무원의 비리, 부처 간 밥그릇 싸움, 특정 지역 출신자의 인사상 특혜와 빈번한 인사이동으로 행정의 일관성 유지곤란 등이 있다. 또한 최근에는 도시정책을 둘러싼 각종 시민단체와 이익집단의 부적절한 개입이 문제가 되기도 하며, 반대로 그들의 의견을 무시하는 시정(市政) 역시 문제가 되는 경우도 있다. 가령, 정책결정권자가 간과하기 쉬운 장애인 · 노인 · 여성을 고려하는 도시정책이 그것이다. 최근에는 자치단체장 선거에서 후보자들 간의 과잉복지 공약이 뜨거운 감자로 부상되고 있다.

이상에서 살펴본 바와 같이 서울의 발전을 저해하는 요인은 다양하다. 서울의 도시계획은 수도권과 한국의 핵심부로서 뿐만 아니라 동북아시아 나아가서 세계의 중심지로서 21세기에 걸맞는 정보화도시로 설계되어야 할 것이다. 공업화는 선진국에 뒤졌어도 정보화는 앞서야 한국이 경쟁력을 갖출 수 있다. 세계화 · 정보화의 추세에서 서울이 발전하려면 국제경쟁력을 갖춘 도시로 발돋움해 나아가야 한다. 서울시민이 쾌적한 주거환경에서 안락하게 생활하고 양호한 도시기반시설에서 활력 있게 생산하며 높은 문화생활을 구가할 수 있는 '도시 만들기'에 시민 · 서울시 · 정부가 지혜를 모아야 한다. 교량이 붕괴되고 백화점과 아파트가 무너지며 싱크홀이 꺼지고 도시가스가 폭발하는 불안한 환경 속에서 서울시민들은 꼬박꼬박 세금을 내기에는 어딘가 억울한 생각이 들 수밖에 없다.

4.6 평양의 도시구조

1 평양의 개관

(1) 평양의 역사

'평양'이란 지명이 역사문헌에 처음 등장한 것은 고구려 동천왕 21년(247)의 일이다. 평양은 관서지방의 중앙적 위치에 입지한 역사도시이며 현재 북한의 수도이다. 고구려 장수왕은 수도를 국내성으로부터 이곳으로 천도하여 멸

그림 4-46 평양성의 성곽배치

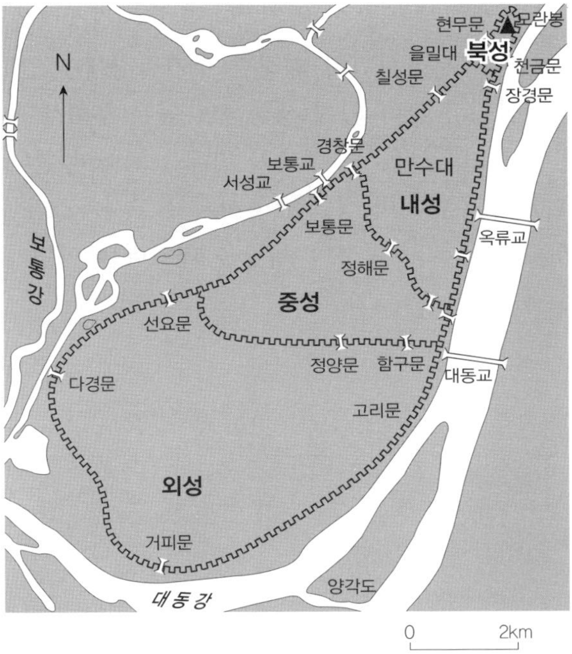

망할 때까지 고구려의 수도로 번영했다. 평양은 협소한 국내성에 비해 토지가 비옥하여 농업의 적지이며 서해로 통하는 대동강이 흐르고 있어 수륙교통의 요지였다. 평양성은 413년부터 본격적으로 건설되어 대성산성을 보강해 도성을 완성하고 안학궁(安鶴宮)을 조성했다. 6세기 중엽 무렵에는 평양성의 방어를 위해 [그림 4-46]에서 보는 바와 같이 만수대를 배경으로 대동강과 보통강을 끼고 총연장 23㎞에 달하는 외성, 중성, 내성, 북성의 4개성을 축조했다.

대동강의 고지명은 패수(浿水)라 불렸는데, '패'는 평양의 고지명인 '부루나'의 이두식 표기이다. 대동강의 대동(大同)은 '한들'의 이두식 표기인데, '한'은 크다는 뜻이며 '들'은 평양의 고지명 '부루'에서 유래되었다. 즉, 부루〉불〉벌(들)의 변화를 거쳤다. 평양에는 예로부터 버드나무가 많아 류경(柳京)이라고도 불렸다.

고려의 태조 왕건은 고구려의 멸망으로 황폐해진 평양을 부흥시키기 위해 황해도 일대의 백성을 이곳으로 옮겨 대도호부를 설치하고 서경(西京)으로 개명했다가 고려 말 공민왕 때 평양부(平壤府)라 명명했다. 조선시대에는 감영

그림 4-47 평양 내성과 을밀대

(監營)을 설치함에 따라 평양의 중요성이 높아졌다. 일제의 패전으로 한반도가 분단되고 북한에 조선민주주의인민공화국 정권이 들어서자 북한정권은 처음 그들의 수도를 서울로 정했으나 남한의 대한민국 수도와 겹치자 헌법을 개정해 평양으로 바꿨다. 북한 정권도 한민족의 정신적 구심점이 서울에 있음을 알았기 때문이었을 것이다.

(2) 일제강점기

일제강점기 평양은 행정적 기능뿐 아니라 상업기능의 중심지로 성장했으며 식민지배와 관련한 공업기능도 발달하면서 인구가 증가하고 광역중심지로서 역할을 담당하게 되었다. 행정기능은 일반 관공서와 하위 관서가 서울 다음으로 많았다. 경의선의 개통으로 정치적 중추관리기능을 위시하여 경제적 중추관리기능이 집적하여 한반도 유수의 광역도시로 성장했다. 특히 한반도 종단철도인 경의선의 이용이 본격화함에 따라 물자집산지로서 지위를 강화해 1940년대 전반의 전시체제 하에서도 평양은 경제적 · 정치적 중추관리기능 모두 북부지방을 배후지로 하는 광역중심도시로서의 지위를 확립해 나아갔다.

일제강점기에 들어서면서 평양으로 유입된 일본자본은 공업발달을 촉진했다. 대부분의 공장들은 원료를 바탕으로 하거나 군수산업이 주류를 이루었다. 공업발달과 더불어 상업발달도 촉진되었으며, 전통적으로 소비도시적 성향이 강했던 평양이 1920~30년대 소비재공업의 발달로 상품판매의 중심지로 성장했다.

평양은 교육과 종교적 측면에서도 북부지방의 중심지 역할을 담당했다. 1945년 해방 당시 평양에는 전문학교 2개, 중등학교 18개, 초등학교 9개, 기타 학교 9개, 신학교 및 성경학교 4개가 있었다. 교육기관 중 절반 이상이 사학기관이었고, 일제가 강요한 신사참배 거부로 폐교 당한 학교도 다수 있었다. 사학기관 중에는 장로교 및 감리교 또는 선교사들에 의해 설립된 학교가 많아 평양이 '한반도의 예루살렘'이라 불릴 만큼 기독교의 중심을 이루기도 했다.

2 평양의 도시구조

(1) 도시구조의 형성

구한말 일본인들의 평양거주는 1899년 개시(開市)를 통해 합법화되었지만, 한국인들의 반일감정으로 일본인의 평양정착은 쉬운 일이 아니었다. 러일전쟁의 특수를 노린 일본상인들이 평양으로 몰려들고 전쟁에서 승리하면서 그들의 거주가 안정적으로 이루어졌다. 일본상인들은 평양역을 중심으로 구시가지를 차지하고 공장을 설립하기 시작했다. 초기에는 간장 · 제과 · 정미 · 술 공장 등이 입지하고 일제강점기에는 병기제작소를 설치해 각종 무기를 제조하기 시작했다. 그 뒤를 이어 은행과 동양척식회사가 죽전리를 중심으로 한 구시가지와 혼마치[本町]를 중심으로 한 신시가지에 들어섰다. 대동강 북쪽의 시가지는 1923년 전차의 부설과 1930년의 노선연장에 힘입어 북쪽과 동쪽으로 확대되었다.

해방 후, 북한에 사회주의 국가가 수립되면서 수익성과 효율성에 기초한 자본주의 도시와 달리 계급별 차이를 철폐하기 위한 직주근접의 원칙에 입각한 도시건설이 시도되었다. 소비에트의 도시계획가 N. Miliutin(1975)에 의해 고안된 선형패턴 도시계획(linier pattern planning)은 철도노선을 주축으로 생산시설을 배치하고 외곽에 녹지대와 주거지역을 조성하는 평등적 도시구조를 지향했다. 그 계획은 도시내부에 CBD와 같은 중심지가 없는 까닭에 현대도시계획의 전략적 측면으로는 비현실적 기법이었다. 그럼에도 불구하고 북한정권은 사회주의 건설에 부합되는 상기한 도시계획기법을 도입했으나, 실천과정에서 여러 가지 굴절을 경험하게 되었다. 구체적으로 식민잔재의 무리한 청산과정과 주체사상에 입각한 도시계획으로 사회주의의 이상과는 거리가 먼 도시를 건설했다. 이른바 '주체형 도시계획'이란 자주적 개발, 통치자의 현지교시, 상징적 공간조성으로 요약될 수 있는 도시계획을 가리킨다.

(2) 도시구조

평양 시가지는 1950년대 말부터 전후 복구사업과 병행하여 본격적인 개발이 시작되었다. 1950년대 말부터는 대동강 남쪽의 중심을 남북으로 관통하는 청년거리가 개발되었고, 그 이후부터 1960년대에 걸쳐서는 개선문거리와 모란봉거리가, 1970년대에는 천리마거리와 낙원거리가 개발되었다. 이 무렵은 남북대표단이 회담을 위해 상호 교류가 시작된 시기로 서울과 평양 간의 고층빌딩 경쟁이 불붙기 시작했다. 1980년대에 들어서면서 평양의 고층화는 창광

그림 4-48 평양의 도시구조(1960년대 말)

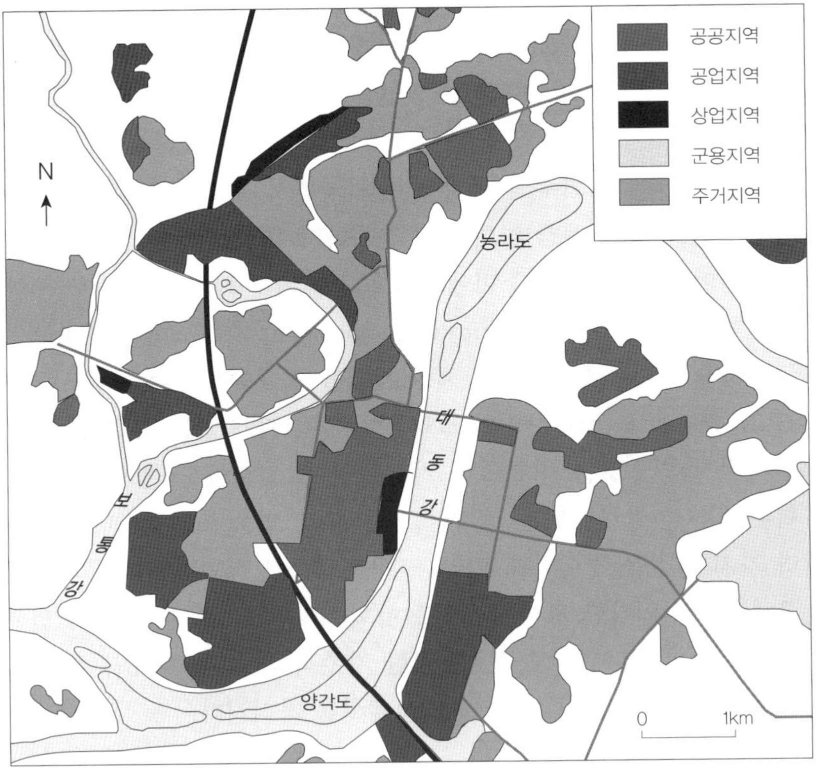

출처: 유경호(2007), p.59.

거리와 경흥 거리를 비롯하여 광복 거리, 청춘 거리에서 더욱 박차를 가했다. 고층아파트의 1층은 대부분 상점이 설치되어 있다.

평양과 마찬가지로 북한의 도시들은 토지이용이 국가 주도로 배치되는데, 그 특징은 ① 도시의 정치적 · 이데올로기 상징물은 중심부를 비롯하여 주요부에 설치되며, ② 주거기능은 간선도로변에 배치된다는 점이다. 평양의 도시계획을 보면, 공공기관을 제외하고는 일정한 중심지가 없이 주거지역이 초급봉사단위, 소구역봉사단위, 구역봉사단위와 같은 소구역계획방법으로 설계되는데, 1960년대 후반부터는 그 방법이 조금씩 변화했다. 즉 상업기능은 상기한 구역 단위별로 배치되며, 하위서비스 기능은 중심부에 입지시켰다. 이와는 달리 공업지역은 주거지역과 분리시켜 주로 평천구역과 선교구역을 중심으로 입지하는 것을 원칙으로 정했다.

평양은 본평양(중구역, 평천구역, 보통강구역, 모란봉구역), 동평양(대동강구역,

그림 4-49 인민대학습당 주변의 관청가

선교구역, 동대원구역), 서평양(만경대구역)의 3개 권역으로 구분된다. 이중 동평양은 대동강 남쪽을 가리킨다. 공공지역은 본평양의 중구역과 동평양의 대동강구역에, 상업지역은 중구역의 승리거리 및 서성구역 일대에 형성되어 있다. 공업지역은 평천구역과 선교구역 일대에, 주거지역은 중구역과 보통강구역을 중심으로 만경대구역, 대동강구역, 동대원구역 일대에 형성되어 있다.

평양시의 주요 거리는 천리마 거리 · 창광 거리 · 문수 거리 · 청년 거리 · 주체탑 거리 · 문수 거리 · 낙원 거리 등 30여개가 있는데, 이들 중 창광 거리는 북새 거리와 더불어 평양에서 가장 호화스러운 거리이며, 최근 건설된 창전 거리는 '평양의 맨해튼'이라 불릴 정도로 매우 인기가 좋은 고위간부들과 신흥부자들의 주거지역으로 꼽힌다. 전기사정이 열악한 평양의 겨울에는 보통 오전 5시부터 7시 사이, 오후 6시부터 11시 사이에만 불이 들어온다.

자본주의 국가의 고층빌딩은 지대지불능력이 큰 장소에 집약적 토지이용을 위해 건설되지만, 북한의 도시는 도시경관을 웅장하고 화려하게 보여 그들의 역량을 한껏 과시하려는 의도에서 건설되고 있다. 북한정권은 평양시를 혁명과 사상의 중심지로 조성하기 위해 중앙부를 기념비적 건조물과 공원이 조성된 상징적 공간으로 만들고 있다. 주요 교통수단은 궤도전차 및 무궤도전차, 지하철, 버스 등이 이용되고 있으나 수요에 비해 공급이 부족한 편이다. 평양은 사회주의 도시에서 나타나는 것처럼 지역분화가 생태적으로 이루어지지 않고 계획적으로 진행된 도시이다.

4.7 세계화와 세계도시의 등장

1 세계화의 도래와 세계체제의 성립

(1) 세계화의 도래

현대자본주의는 1970년대에 불어 닥친 심각한 경제불황을 겪으면서 새로운 국면으로 전환되었다. 이 전환은 주로 경제분야를 중심으로 진행되었으나 공간적 관점에서 보면 세계화(globalization)의 과정으로 요약될 수 있다. 그후, 세계화는 경제뿐만 아니라 정치 · 문화 · 환경 등의 분야로 확산되어 각기 다양한 방식으로 전개되기에 이르렀다. 종래의 국제화라는 개념은 국경을 초월하여 사회 · 경제적 활동이 전 세계적으로 행해진다는 의미를 지니므로 세계화와 구별 없이 사용되어 왔다. 그러나 엄밀히 구분하면, 세계화는 국제화가 더욱 진전된 초국제화의 형태로 인식할 수 있다. 특히 경제의 국제화가 국경을 초월한 경제활동의 지리적 확장을 의미한다면, 세계화는 국제화된 경제활동 위에 기능적으로 통합된 초국적기업들이 생산체계를 글로벌하게 구축함으로써 세계시장이 단일화 되어가는 현상을 의미한다.

교통 · 통신의 발달은 지구의 공간적 거리를 축소해 놓았다. 이에 따라 세계는 공간적 거리가 극복되면서 국경을 초월한 지구적 통합이 이루어지게 되었다. 세계화시대에는 국가단위의 통제력과 조절능력이 국제기구나 지방정부로 이전되며, 도시집중과 지방화가 교차하여 대도시의 성쇠가 차별적으로 전개된다. 세계화된 도시사회에서는 정보와 관련된 선진지식과 기술이 필요하기 때문에 정보의 중심지가 경쟁력을 갖게 된다. 3개 이상의 중심지가 각각 하위 도시를 거느리며 별개의 도시권을 형성하면서 연계되어 있을 경우는 네트워크 도시(network city)라 부른다. 이런 허브 앤 스포크(hub and spoke) 형태의 도시체계는 보완적 관계에 있으므로 도시권 간의 연계에서 이른바 터널효과(tunnel effect), 즉 시너지 효과가 발생한다.

거리극복으로 공간이 축소되면 국가간의 연계성이 증대되며, 인류는 자신이 속한 국가와 민족문화만을 최고로 생각하던 문화적 폐쇄성을 벗어나 다양한 문화와 접하는 문화적 개방성의 시대에 살게 되었다. 지역의 고유성에 기초한 문화가 세계성을 가질 때 다양성이 공존하는 세계화의 과정 속에서 글로벌 문화로 자리매김하게 되는 것이다. "세계화는 곧 지방화이다."라는 말은 이를 두고 일컫는 말이다. 이것은 세계화가 되면 자동적으로 지방 구석구석까지 세계화가 된다는 뜻이 아니다. 가령, 서울은 우리나라를 대표하는 도시지만, 동시에 글로벌 도시네트워크 속에서 동북아시아의 하위 시스템을 담당하는 하나의 도시에 해당한다는 뜻이다.

이상에서 설명한 바와 같이 세계화의 진전에 따라 인간을 둘러싼 삶의 환경은 과거와 비교하여 달라지고 있다. 우리가 겪고 있는 삶의 변화는 상술한 것처럼 축소지향적 세계, 상호연결된 세계, 다원화된 세계의 세 방향에서 나타난다. 이러한 변화는 정보 · 통신기술과 첨단과학기술의 발달에 따라 인간 삶의 방식이 변화하고 있다는 전제에 기초를 두고 있다. 우리나라는 1977년 가을에 아무런 예고도 없이 맞이하게 된 IMF 금융위기로 우리 의지와 관계없이 세계경제에 편입되었다. 한국정부는 금융위기를 극복하기 위하여 IMF가 제시한 세계경제체제에 편입되는 각종 조치를 취할 수밖에 없었다.

1970년대 이후부터 진행되어온 자본주의의 재편과정은 광범위한 실업사태의 발생과 저소득층의 형성, 신보수주의적 정치구조, 초국적기업과 생산의 다국적화, 그리고 이를 가능케 만든 정보통신기술의 급속한 발달로 요약될 수 있다. 이들 중 초국적기업의 영향력 증대와 생산의 다국적화, 정보통신기술의 발달은 공간적으로 도시체계와 도시구조의 변화를 요구하기에 이르렀다. 그 결과, 기존의 폐쇄적인 국가별 도시체계에서 벗어나 글로벌 규모의 세계도시체계가 형성되고, 그 체계의 정점에서 통제와 조정의 역할을 수행하는 세계도시가 등장하게 되었다.

(2) 세계체제의 성립

세계체제를 설명하는 이론이 세계체제론(world systems theory)이다. 세계체제론은 미국의 사회학자 I. Wallerstein(1974)이 그의 저서 『현대 세계체제』에서 제기한 이론이다. 사회과학은 국민사회 · 국민경제와 같이 분석단위를 국가로 하는 것이 일반적이나, 이 이론에서는 국가가 아닌 세계체제를 분석단위로 한다는 점에서 그 특징을 찾을 수 있다.

Wallerstein은 '자본주의 세계경제'를 하나의 시스템으로 간주하고 그 성립 시기인 15세기로부터 오늘에 이르기까지 변천과정을 추적했다. 인류역사상 지구상에는 호혜 · 교환적인 '미니 시스템'과 '세계 시스템'의 두 체제가 존재해 왔다. 이 가운데 세계 시스템, 즉 세계체제는 하나의 정치체제만을 인정하는 '세계제국'과 시장경제에 기초한 '세계경제'로 나누어진다. 미니 시스템 · 세계제국 · 세계경제는 역사적으로 많이 존재했으나, 세계경제는 그 후 확대되어 다른 시스템을 모두 흡수했다. 오늘날에는 지구의 대부분이 자본주의 세계경

그림 4-50 Wallerstein의 세계체제 모델

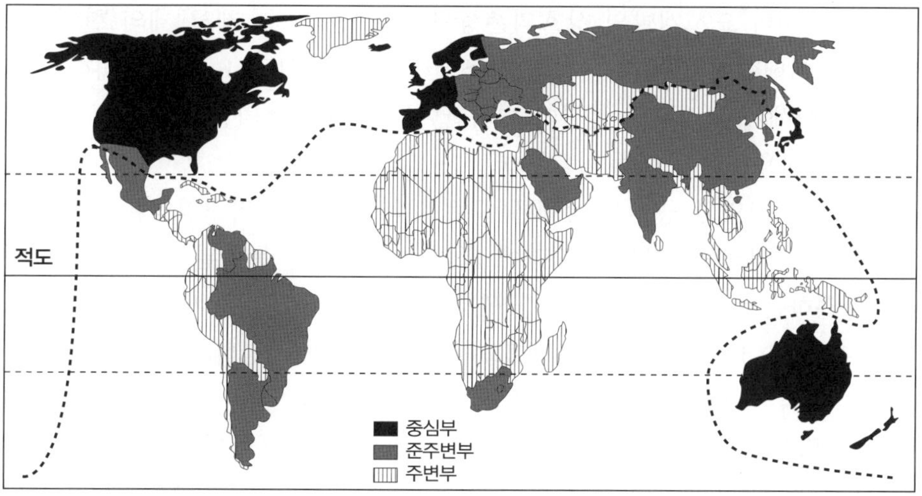

출처: M. Pacione(2005), p.456.

제로 뒤덮여 있다.

세계경제는 단일시장과 다수의 국가들로 구성되어 있는 중층적 공간을 형성케 만들었다. 세계경제를 구성하는 각 영역은 일률적으로 동일한 생산물을 산출하는 것이 아니라 영역별로 전문화되어 있다. 그 결과, 생산성의 격차에 따른 비교우위가 발생함에 따라 세계경제를 구성하는 각 영역은 중심부 · 준주변부 · 주변부의 3지대로 계층화한다(그림 4-50).

중심부(core)란 고임금과 첨단기술을 수반한 영역이며, 주변부(periphery)는 저임금에 낙후된 기술을 수반한 영역을 의미한다. 그리고 준주변부(semiperiphery)는 중심부와 주변부의 중간에 위치하면서 중핵에 종속됨과 동시에 주변을 착취한다. 이와 같이 세계경제는 3개의 중층적 지대구조로 구성되어 있으며, 중심부가 세계경제 전체의 잉여분을 수탈하는 형식으로 세계적 분업이 이루어진다는 것이 세계체제론의 요지이다.

세계체제론은 초기의 종속이론과 달리 세계 각국의 상대적 지위는 변화하며 주변부의 저개발은 영원히 운명지워진 것이 아니라는 내용을 담고 있다. 또한 각 도시들의 규모 · 역할 · 특성 등은 세계체제에서 그 사회의 위치를 반영하는 것이다. 제3세계의 개발과 도시화에 관한 세계체제론의 가장 중요한 결론은 ① 경제와 도시개발의 상호의존성에 대한 인식, ② 제3세계의 현대도시지리학을 이해함에 있어서 역사적 구조에 관한 접근의 필요성을 인식하게 만들었다. 제3세계 도시화의 본질이 변화한다는 사실을 논의할 경우에는 이상에서 언급한 내용을 수용해야 할 것이다.

이상에서 설명한 중심부(중핵부) · 주변부 · 준주변부의 3영역은 세계화의 진전에 따라 세계도시라는 결절점에 의해 연계되거나 통합된다. 이는 세계경제를 구성하는 각 영역의 중심지가 세계도시(global city)임을 시사하는 것이다. [그림 4-51]은 J. Friedmann이 세계도시의 계층성을 설명하기 위하여 제시한 것이다. 그의 주장에 따르면, 세계도시 간의 계층적 결합관계는 아시아 · 아메리카 · 유럽의 3개 하위체계로 편성되어 있으며, 뉴욕 · 런던 · 도쿄가 중핵부의 상위계층(제1차 도시)을 이룬다. 서울은 준주변부의 하위계층인 제2차 도시로 분류되어 있다. 이는 서울이 한국을 대표하는 유일한 세계도시이며 글로벌

그림 4-51 Friedmann의 세계도시 계층성

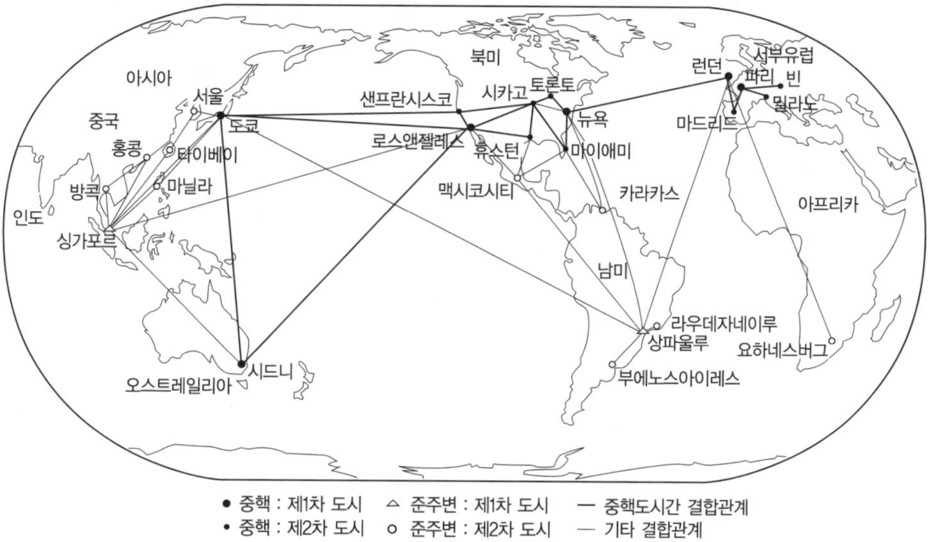

출처: J. Friedmann(1986).

중추기능이 취약하다는 사실을 의미하는 것이다.

2 세계도시의 등장배경

1980년대에 들어오면서 사회학과 지리학분야에서 세계도시론에 관한 연구가 성행하게 된 배경에는 1960년대부터 1970년대에 걸쳐 나타난 탈도시화(deurbanization)와 역도시화(counter-urbanization)의 조류 속에서 쇠퇴해질 수밖에 없었던 뉴욕 · 런던 · 도쿄 등의 거대도시가 세계도시화의 기치를 내걸고 도시재생을 시도했던 시대적 상황이 있었다.

제2차 세계대전 직후부터 1970년까지 유럽과 북미의 대도시는 도시내부의 기능 · 인구 · 자본 등이 원심력을 받아 도시외곽으로 빠져나가게 됨에 따라 기

그림 4-52 세계도시의 등장과정

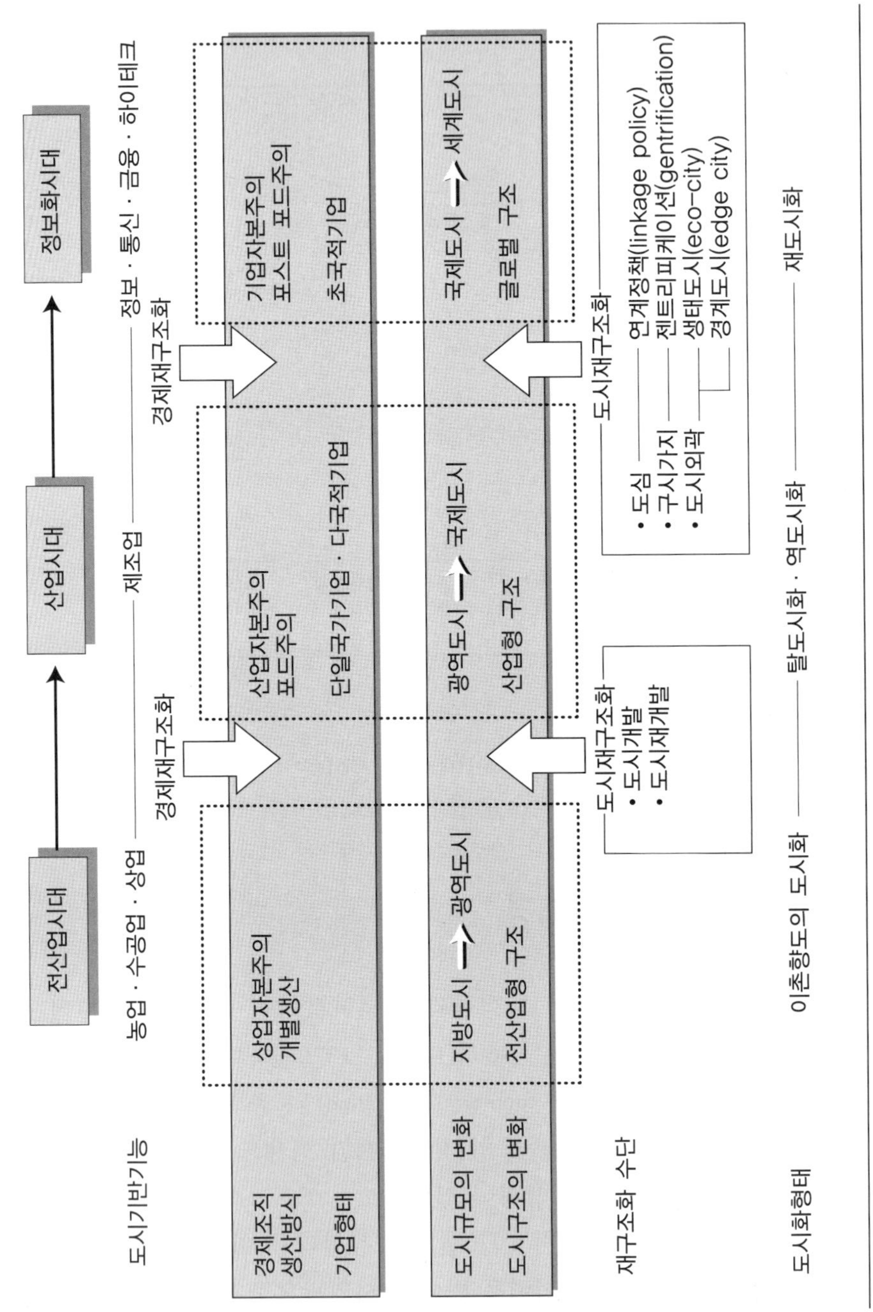

성시가지(inner city), 특히 도심의 공동화현상이 발생하고 도시내부가 쇠퇴하는 국면을 맞이하게 되었다. 그러나 1980년대를 전후하여 구심력의 작용을 받아 재도시화의 징후가 보이기 시작했는데, 이와 같은 일련의 움직임은 도시의 쇠퇴국면을 반전시킨다는 의미에서 도시재생(urban regeneration)이라 부르기도 하고 지대(地代)격차에 따른 중산층의 유입과 빈곤층의 전출이란 관점에서 젠트리피케이션(gentrification)이라 부르기도 했다. 그렇지만 쇠퇴한 도심 일대의 재도시화가 도시 전체의 르네상스를 의미하는 것은 아니었다. 오히려 도시의 부분적 재구조화는 도시의 양극화현상을 심화시킬 따름이었다. 다시 말해서, 세계도시화전략으로 재생된 도심과 그로부터 소외된 지역간의 격차를 심화시켰다는 것이다(그림 4-52).

사회적 불평등과 공간적 불균형은 시장 메커니즘이 작용하는 한 피할 수 없는 현상이겠지만, 이제까지는 공적 부문(公的部門)의 활동과 역량에 의해 완화되어 왔다. 그러나 1980년대의 도시재구조화와 기성시가지에 필요한 공공투자는 재정적자 등의 이유로 삭감되었고, 2010년대에 들어와 추진된 혁신도시의 조성이 추진되었다. 이와 같은 상황 속에서 이원도시(dual city)라 불리는 도시지역의 양극화는 충분히 예상된 일이었다.

3 세계도시의 개념과 전략

(1) 세계도시의 개념

세계도시(global city)란 용어는 우리나라에서도 1990년대에 들어와 귀에 익은 용어가 되었다. 이 용어는 독일의 문호 J. W. Goethe(1749~1832)가 처음 만든 'Weltstadt'에서 유래된 것이다. 그는 문화적 탁월성을 지닌 로마와 파리를 가리켜 세계도시라 지칭했다. 1960년대 이후, 정치 · 경제적 세계시스템이 실현되면서 세계도시란 용어는 몇 개국 언어로 사용되기에 이르렀다. 지리학자 P. Hall과 역사학자 A. J. Toynbee는 그들의 저서에서 세계도시라는 용어를 사용한 바 있다.

그들과는 달리 대도시의 재활성화 또는 재구조화와 관련지어 세계도시를 경험적 토대 위에 연구한 학자는 J. Friedmann이었다. 1980년대 이후에 대두된 세계도시론의 담론은 대부분 그의 이론에 기초한 것들이었다. 그는 기존의 국제적 대도시란 개념과 달리 자본주의 세계경제의 재구조화과정에서 세계도시를 인식했으며, 이를 바탕으로 제시한 '세계도시가설'은 도시에 대한 이론이거나 일반론이 아니라 세계도시에 관한 문제들을 집약해 놓은 것이다.

Friedmann에 의하면, 세계도시는 ① 글로벌 자본을 제어한 결과로 발생한 도시간의 결합관계를 통하여 복잡한 공간적 계층구조를 이루며, ② 글로벌 중추관리기능이 지닌 생산과 고용부문의 구조와 역동성에 직접적 영향을 받고, ③ 글로벌 자본의 공간적 집중과 축적이 실현되는 중심적 장소인 동시에 국내는 물론 해외이민이 몰려드는 노동자의 도착지라는 것이다.

그밖에 A. D. King을 비롯해 S. Sassen과 D. Clark 등에 따르면, 세계도시는 세계경제의 의사결정 장소이며 글로벌 자본이 집중되는 장소라 정의될 수 있다. 그리하여 세계도시는 글로벌 기업 · 금융 · 정보 · 무역 · 정치 · 문화기능이 결합한 기능을 보유한다. 그러므로 세계도시는 세계적 도시체계의 중추적 결절점의 역할을 담당하게 된다. 이와 같은 기능과 역할을 하는 세계도시는 초국가적 자본에 의해 조직되고 통제되므로 도시계층에서 최상위 계층에 자리매김된다.

(2) 세계도시전략

세계화는 미국을 비롯한 몇몇 소수 선진국의 이익을 극대화하기 위한 체제라는 비판이 있긴 하다. 그러나 세계화의 진전은 국가 간의 공간적 차이를 좁혀갈 것이며, 모든 국가는 장차 세계체제 속에서 하나의 방향으로 통합되어 나아갈 것이다. 따라서 모든 국가는 21세기의 생존전략으로 세계도시를 하나 정도는 보유해야 한다는 강박관념 속에서 세계도시전략을 수립하지 않을 수 없게 되었다. 세계도시화전략은 정보 인프라의 구축을 포함하여 글로벌 기업을 육성하거나 글로벌 자본을 유치하는 일이 포함될 수 있다.

세계화시대에는 무엇보다도 세계화가 지닌 다원성과 다양성이 경쟁력강화전략의 기저에 놓여 있어야 한다. 세계화시대의 경쟁력은 과거 근대화과정의 그것과는 다른 의미를 함축하고 있다. 이러한 경쟁력의 의미변화는 경쟁의 본질적 속성이 변화한 탓이다. 세계화가 근대화와 본질적으로 다른 점은 모든 규칙과 질서를 표준화하면서도 통일된 가치척도를 거부한다는 데 있다. 세계화과정에서 국가는 더 이상 경쟁의 단위가 아니다. 이제는 국가간 경쟁으로부터 도시간 경쟁으로 바뀐 것이다. 21세기는 다양한 활동단위가 지구를 무대로 경쟁할 것을 요구하고 있다. 가령, 서울의 경쟁상대는 부산이나 대구가 아니며, 거꾸로 부산의 경쟁상대는 서울이나 대구가 아니다. 이들 도시의 경쟁상대는 도쿄 · 홍콩 · 싱가포르이거나 상하이 · 후쿠오카 · 고베인 것이다. 그럼에도 불구하고 우리나라는 세계화전략을 수립하지 못하고 국내정치와 연계되어 지역이기주의에 편승하고 있다.

세계화시대에 경쟁력을 갖춘 도시를 만들기 위해서는 효율성 · 쾌적성 · 지속가능성의 준거 틀에 입각한 도시정책이 추진되어야 한다. 이들 준거 틀은 세계화과정에서 한국도시가 추구해야 할 경쟁력 있는 삶터를 조성하는 데 유용하게 쓰일 것이다. 세계도시는 현대자본주의 사회의 거시적 구조조정을 통해 변화하는 상징적 공간임과 동시에 그와 같은 변화를 견인하는 공간이기도 하다. 이러한 맥락에서 세계도시는 세계화가 초래한 모순과 긴장 · 분쟁 등이 집중적으로 발생하는 공간이라고도 볼 수 있다.

(3) 세계도시전략으로서의 도시재구조화

경쟁력 있는 도시를 만들기 위해 정부는 도시성장전략으로서 세계도시의 건설에 모든 지혜를 짜내야 한다. 미국 · 영국 · 일본 등의 선진국들은 이미 1980년대를 전후하여 세계도시전략을 추진해 오고 있다. 세계도시화는 기본적으로 ① 세계화 · 지방화, ② 세계도시전략, ③ 세계사회의 지구촌화라는 세 측면에서 추진되어야 한다. 구체적으로, 세계화 및 지방화는 글로벌 관리기능이 공간적 양극화현상을 보임에 따라 일정한 도시에만 집중되어 이루어지고, 세계도시전략은 도시성장의 수단으로서 정책결정자에 의해 의도적으로 선택

그림 4-53 세계도시의 형성과 도시재구조화

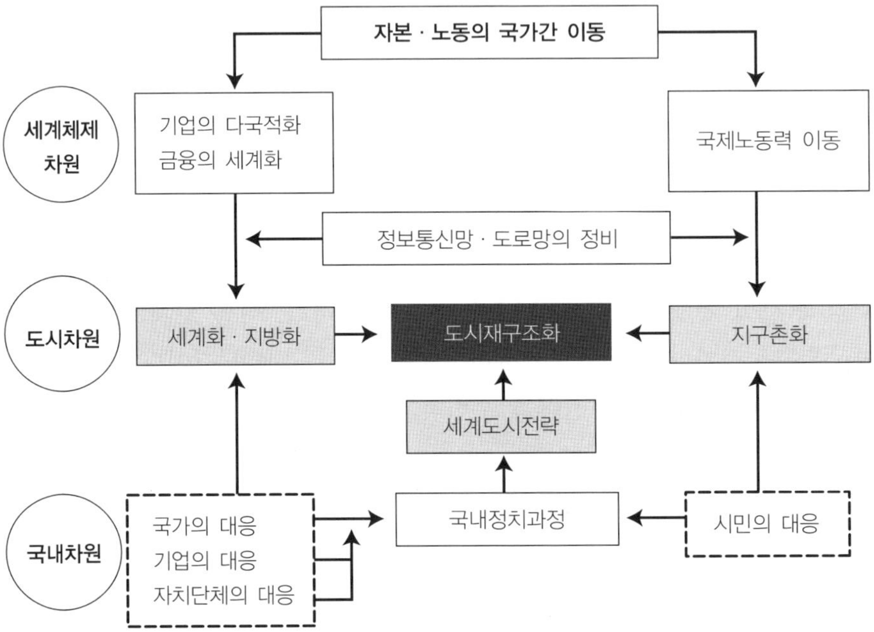

출처: 남영우 · 이희연 · 최재헌(2000), p.314.

된 전략적 측면을 가리키며, 세계사회의 지구촌화는 정보통신 및 교통의 발달에 기초해 이루어진다. 이들 세 측면은 정합적이라는 보장이 없으므로 서로 상충하거나 비동시적인 경우도 적지 않다(그림 4-53).

세계도시의 형성은 세계체제와 국가차원에서의 여건이 조성되면 상술한 세 측면에서 세계도시에 걸맞는 구조가 도시에 투영되어 나타나는 과정을 밟게 된다. 세계화와 세계도시전략 간의 접합점에서 전개되는 도시재구조화(urban restructuring)는 세계사회의 지구촌화라는 사회적 변동과 조우하면서 주로 도시 내부에서 진행된다. 세계사회의 지구촌화는 정보통신과 교통발달로 거리마찰이 감소되면서 만들어지는 축소되는 세계를 의미한다. 그러므로 정부는 한국의 도시 간 공간적 거리를 축소시킬 수 있는 교통 · 정보통신의 인프라가 완비되도록 투자해야 한다.

4 세계화에 따른 국민국가체계의 변화

(1) 국민국가체계의 변화

세계체제가 성립됨에 따라 그 구성요소인 각국의 조직은 국민국가로 변질되어가고 있다. 국민국가(nation state)란 공통의 언어와 문화를 갖는 민족에 의해 형성된 국가를 일컫는다. 사회학자 A. Giddens는 기존의 전통적 국가를 경계가 설정되지 않은 분단사회라 간주하고 근대국민국가를 경계가 설정된 권력용기(權力容器)라 정의한 바 있다. 오늘날의 국민국가체계는 영토라는 '용기로서의 국가'라는 것이다. 용기는 무언가를 담는 그릇인데, 이 그릇 안에는 권력 · 부(富) · 문화 · 사회 등을 담을 수 있으므로 용기의 개념은 권력용기 · 부의 용기 · 문화용기 · 사회용기로 확대될 수 있다.

국가를 단위로 하는 국제사회가 성립된 이래, 국가는 20세기 중엽까지 권력 · 부 · 문화 · 사회의 용기를 가득 채워왔다. 그것은 동질적 국민과 균형적 국토공간을 형성하려는 시도인 동시에 국민국가체계의 실현이었다. 그러나 현실적으로는 20세기 후반에 접어들면서부터 국민국가는 그 내부에 다양한 이질성이 생겨나고 국지적 규모의 하위영역이 형성되기에 이르렀다. 동질성으로부터 다양성이 인정되고 존중되기에 이른 것이다.

국가라는 요소가 지닌 글로벌 자본을 중심으로 한 공간재편성이 진행되는 와중에서 군사 · 경제 · 문화 · 사회 등의 각 기능이 상호작용하면서 변질되어왔다. 이들 기능이 충실하게 채워진 국가는 오늘날 국제사회에서 여전히 선진국으로 자리매김하고 있다. 세계화에 따라 국가기능의 저하라기보다는 여전히 국가기능의 일부가 변질되고, 이로 인하여 국가영역 자체는 한층 강화되며 중층적 공간을 형성하기에 이른 것이다. 이러한 측면에서 볼 때, 국경의 의미가 상대적으로 약해지는 무국경화(無國境化)가 진행되면서도 국경에 의한 분단은

그림 4-54 세계화에 따른 국민국가의 변화

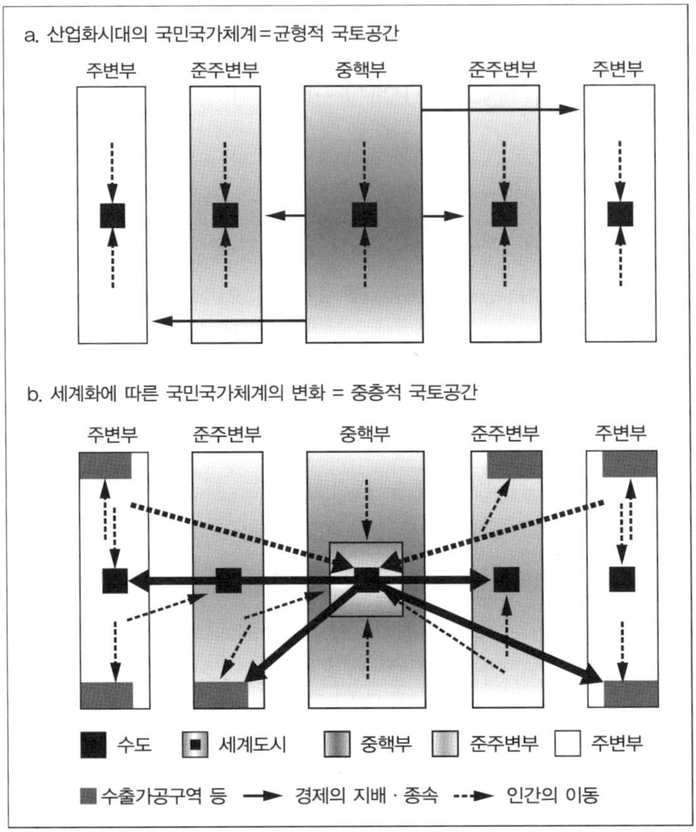

출처: 高木彰彦(2002), p.125.

양상을 달리하면서 더욱 강화되어 나아갈 것이다.

오늘날 목청 높여 외치고 있는 세계화라는 글로벌 공간의 재편성은 지금도 진행 중에 있다. 세계주의(globalism)는 글로벌 차원에서 국가들을 하향평준화시켜 국가의 쇠퇴를 가져올 것인가? 그렇지 않으면 세계주의에 의해 국가가 경쟁단위로서 강화되어 오히려 글로벌 영역의 중층적 체계의 구성요소로 작용할 것인가? 이러한 의문에 대해 일본의 지리학자 다카기(高木彰彦, 2002)는 다음과 같은 이론을 제시했다.

그는 [그림 4-54]에서 보는 바와 같이 세계화에 따른 국민국가체계의 변화를 도식적으로 요약했다. 즉 종래에 전개되어 온 세계경제에서의 국민국가체계에서는 국토의 균형발전을 이룩한 국가만이 중핵부로부터 주변부까지 통합될 수 있었다. 이에 대하여 오늘날의 세계화는 여전히 국가를 기본단위로 하여 그 연대가 깊어지며 균형적 국토공간이 아닌 중층적 국토공간으로 구성된 글로벌 공간을 만들어간다는 것이다. 결국 세계화시대의 국토공간은 불균형적 발전을 감수해야 할 것이다.

(2) 국토개발 패러다임의 변화

지리학에서는 공간조직의 편성원리로 등질공간과 결절공간이라는 두 개의 개념을 제시하고 있다. 등질공간이란 탁월한 중심지나 거점이 존재하지 않는 상태에서 동등한 규모의 중심지가 등간격 · 등방향적으로 연결된 네트워크의 공간을 뜻한다. 반면, 결절공간이란 하나의 탁월한 중심지를 허브로 하고 그곳으로부터 방사상으로 교통 · 통신망이 퍼져나가 기능적으로 연계되어 중추적

그림 4-55 공간통합을 위한 두 종류의 네트워크

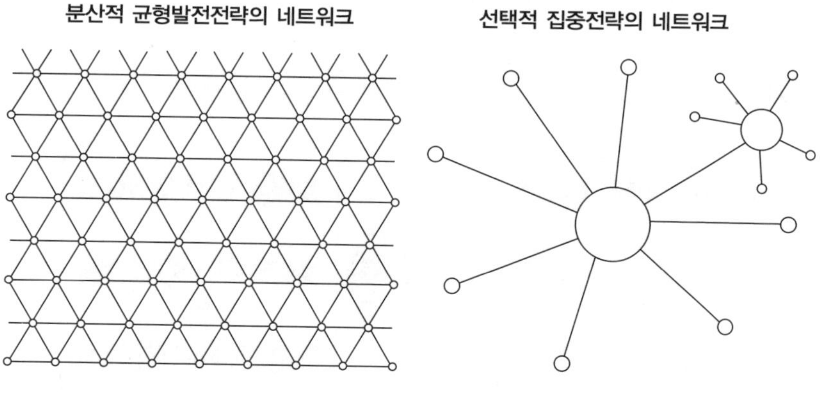

출처: 水内俊雄(2002), p.131.

허브가 주변을 통제하는 공간을 의미한다.

이러한 두 종류의 상황은 [그림 4-55]에서 보는 것과 같이 공간조직의 효율성에서 커다란 차이가 발생한다. 즉 등질적 공간통합 네트워크는 분산적 균형발전전략의 네트워크이므로 이상적으로 보일 수도 있으나 과잉 · 중복투자가 예견되며 효율성이 떨어져 유지비가 다량 소요된다. 이와는 달리 결절적 공간통합 네트워크는 허브 앤 스포크 구조를 이루고 있으므로 능률적이며 적정투자가 가능하여 유지비가 절약된다. 이것이 바로 선택적 집중전략의 네트워크이다. 국토개발의 패러다임이 바뀐 것이다.

국토개발의 패러다임은 세계화시대에 돌입하면서 변화되었으며, 세계화시대의 공간통합에 있어서 효율성의 산물이라고 볼 수 있다. K. Olds(2001)가 지적한 것처럼 과거의 산업화시대와 달리 정보화시대는 정적인 장소(place)의 재편성이 아니라 동적인 흐름(flow)의 재편성으로 바뀌고 있다(그림 4-56). 그와 같은 이유로 세계화 · 정보화시대에서는 선택과 집중전략이 주목을 받게 된 것이다. 과거 공업중심의 산업화를 지향하던 개발의 시대는 '평등과 분산의 시대'였으나, 오늘날 정보화를 지향하는 세계화시대는 '선택과 집중의 시대'인 것이다.

과연 분산적 균형발전전략과 선택적 집중전략 중 어느 정책이 현 상황에서 우리에게 필요한 전략인지 확신을 가지기 어려운 측면도 있다. 이에 대해

그림 4-56 산업화시대와 정보화시대의 비교

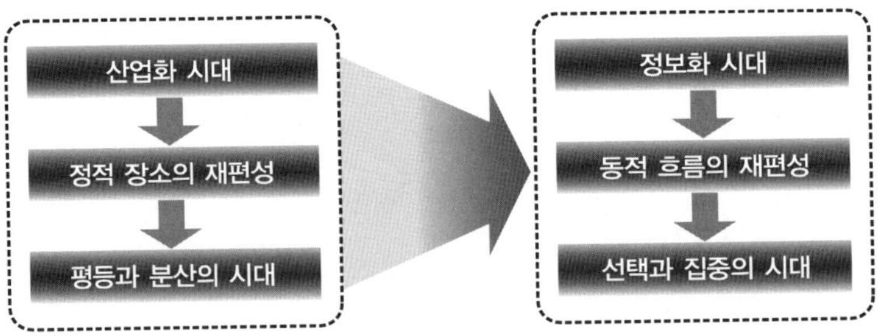

출처: K. Olds(2001)을 재작성.

Sassen(2001)은 도시개발에 있어 분산보다 집중이 유리한 세 가지 논거를 다음과 같이 제시했다.

첫째는 사회적 연계성 및 중심지기능의 중요성에서 찾을 수 있다. 새로운 통신기술의 개발로 시스템의 통합성을 해치지 않으면서도 경제활동의 지리적 분산이 용이해졌지만, 통신기술의 발달은 기업과 시장에 대한 조절기능과 공동기능의 중요성을 증대시키는 효과를 가져왔다. 주요 글로벌 중심지들은 자원의 집중에 따라 통신기술상의 이익을 극대화했고 전 세계에 영향을 미치는 조건들을 통제 · 관리할 수 있게 되었다. 외부조건이란 물적 자원과 인적 자원에 속하는 인텔리전트 빌딩 · 최첨단 기술 · 연결망을 극대화할 수 있는 사회적 연계망 등의 인프라를 의미한다.

두 번째 논거는 국경을 초월한 네트워크인데, 특히 글로벌 금융시스템은 글로벌 자본을 원활하게 활용하기 위하여 금융중심지들로 구성된 초국경 네트워크(cross-border network)의 존재를 필요로 할 정도로 광역화 · 복잡화했다. 그러나 이들 네트워크는 과거 초창기의 국제금융시스템과는 점차 다른 모습을 띠게 되었다. 과거 폐쇄적인 국가금융시스템에서는 세계 각국이 자국의 국가경제를 운영함에 있어서 필요한 기능을 한정된 범주로 제한했으나, 금융시장의 글로벌 통합은 주변에 널려있는 불필요한 시스템들을 제거하도록 압력을 가하는 한편, 시장 간의 협력문제를 복잡하게 만들었다.

셋째는 글로벌 기업에 종사하는 엘리트들이 국가의 간섭을 벗어나고 있으며 국가의식도 희박해져 가고 있다는 점이다. 세계를 대상으로 하는 기업과 그 고객에게 애국심을 요구하는 것은 큰 의미를 지니지 못한다. 프랑스계 은행들조차도 글로벌 업무수행을 위하여 런던에 지점을 개설하는 것은 불과 십여 년 전만 하더라도 상상할 수 없는 일이었다. 오늘날에도 프랑스의 국민감정으로는 도저히 받아들일 수 없는 현실이다. 아직 세계화에 익숙하지 못한 한국인들은 외국기업의 적대적 인수합병이나 외국인 소유와 통제에 대한 강한 거부감을 지니고 있다.

[그림 4-57]은 경제협력개발기구(OECD)가 2004년에 발간한 『글로벌 경제에서의 도시경쟁력』이란 보고서에서 각 세계도시가 해당국가에서 경제성장

그림 4-57 소득비교를 통해 본 글로벌 도시경쟁력

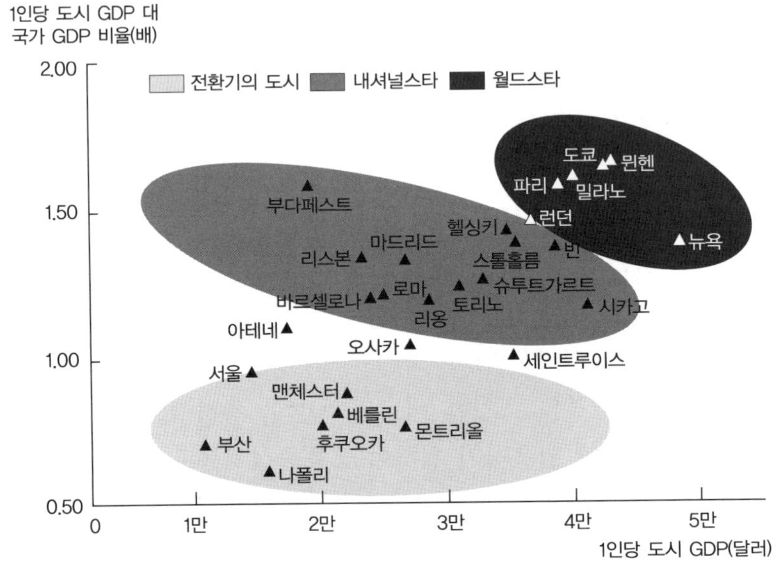

출처: OECD(2004), *Regional Review.*

의 동력으로서의 역할을 하고 있는가를 알아보기 위해 도시의 1인당 국민소득과 전체 국민소득 대비 도시민의 1인당 소득의 비율로 분석한 그래프이다. 이것으로 알 수 있는 것은 글로벌 도시경쟁력을 키우려면 1인당 도시GDP도 향상시켜야 하지만, 무엇보다 1인당 도시GDP대 1인당 국가GDP 비율을 높여야 한다는 것이다. 이는 인구 또는 자본의 집적을 의미하는 것이다. 이제 세계화 시대의 거대도시는 더 이상 취약점이 아니다.

오늘날 21세기의 국토개발 패러다임은 평등적 분산인가? 선택적 집중인가? 이 보고서에서는 서울을 하위권에 속한 '전환기의 세계도시'로 분류하면서, 서울을 비롯한 베를린 · 몬트리올 · 후쿠오카 등의 도시들은 글로벌 경쟁력을 키우지 못하면 급속히 쇠퇴할 수 있다고 경고한 바 있다. 이런 위기상황에서 벗어나려면 인적 자원과 경제력을 더욱 집중시켜야 한다는 것이다.

(3) 글로벌 공간조직의 변화

종래의 도시체계는 독일의 지리학자 W. Christaller가 지적한 중심지체계(central place system)에 입각하여 조직되었다. 그 방식의 공간조직이 가장 효율적인 것으로 인식되어 왔으나, 세계화·정보화가 진행됨에 따라 중심지체계는 서서히, 지역에 따라서는 급속히 변화하기 시작했다. 세계화의 수단은 환경변화에 적응하고 외부환경의 장점을 극대화하기 위한 네트워크체계(network system)의 구축에 있었다.

이와 같은 새로운 체계의 구축으로 글로벌 공간은 기존의 형태가 무너지고 네트워크 조직으로 변형되어가고 있다. 이 네트워크 조직에는 동일한 네트워크에 속해 있으면 경제적·정치적 거리가 0에 가깝고 네트워크 밖에 있으면 지리적으로 바로 인접한 위치에 있어도 무한대 거리가 된다는 '포함과 배제의 속성'이 내재되어 있다. 이는 동일한 국가의 도시라 할지라도 서로 다른 나라의 도시와 밀접한 기능적 관계를 맺는다는 뜻이다. 또 하나의 속성은 현격

그림 4-58 중심지체계와 네트워크체계의 비교

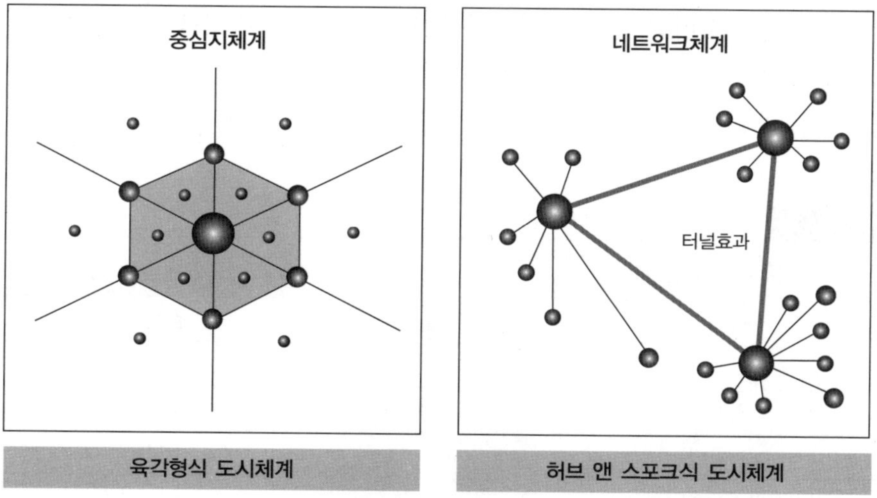

출처: K. Olds(2001), p.153을 재정리.

한 상호작용의 격차로 다른 네트워크와 연결될 수 있으나 경쟁력을 갖기 위해서는 소속된 네트워크 체계에 의존하는 이른바 '자율과 종속의 속성'이 그것이다. 이는 독자적인 고립적 시스템보다는 상위 시스템과의 연결이 유리함을 뜻하는 것이다.

이와 같은 배경에서 전혀 새로운 도시체계로서의 네트워크 도시(network city)가 등장한 것이다. 세계화의 전개과정을 면밀히 살펴보면 도시적 기능들이 분산적 과정의 증대를 보이면서 다른 한편으로는 분산과정을 효과적으로 제어하기 위한 통제강화과정이 뒤따랐음을 목격할 수 있다. 이러한 모순적 과정이 지닌 문제를 효과적으로 해결할 수 있는 조직양식이 바로 네트워크란 것이다.

선진국의 도시체계는 중심지와 배후지 간의 전통적 계층원리에 입각한 Christaller의 육각형 분포패턴에서 벗어나고 있다. 네트워크의 도시체계는 자본의 세계화와 정보통신기술의 발전에 기반하고 있다(표 4-4). 네트워크 체계에서는 전자통신과 교통기술의 발달에 따른 시공간 축소로 일종의 시너지 효과라고도 할 수 있는 터널효과가 발생하게 된다. 따라서 네트워크 도시체계는 명실상부한 글로벌 통합경제를 지향하므로 힘의 논리에 기반하고 있으며 도시간 상호보완성에 따라 협업적 메커니즘이 작용한다는 특징을 지니고 있다. 여기서 우리는 국토의 중심핵인 도시정책을 도시의 비계층적 지배구조로 구성되는 네트워크에 초점을 맞춰 수립해야 함을 인식해야 한다.

표 4-4 중심지체계와 네트워크체계의 대비

중심지 체계	체계	네트워크 체계
중심성	입지결정	결절성
규모 의존성	규모	규모 독립성
종주성	지배구조	유연성(보완성)
교통비	비용	정보비
가격차가 있는 완전경쟁	경쟁유형	가격차가 없는 불완전경쟁

(4) 글로벌 경제화에 따른 세계도시 간 네트워크

영국의 지리학자 Graham과 Marvin(1996)은 과거의 도시체계가 Christaller의 중심지이론에 입각한 것이었으나, 정보화시대인 오늘날의 그것은 네트워크 도시로 전환되어가고 있음을 지적한 바 있다. [그림 4-59]에서 보는 바와 같이 세계도시들은 그들의 기능을 보완하기 위해 주변의 도시와 연계하여 세계도시-권역을 형성하며, 이들 권역은 종종 국경을 넘어 타 세계도시 또는 타 세계도시-권역과 네트워크로 연결되기도 한다. 세계도시-권역은 기존의 세계도시보다 규모가 더 큰 광역적 배후지를 갖는 일종의 도시시스템이다.

글로벌기능으로 무장된 각 세계도시-권역 간에는 고도로 발달된 텔레커뮤니케이션과 교통수단으로 연결되어 시공(時空)의 압축화로 이른바 터널효과가 발생한다. 그것은 이들 네트워크에 편입된 세계도시 간의 교류와 그 밖의 도시

그림 4-59 세계도시-권역 간의 네트워크

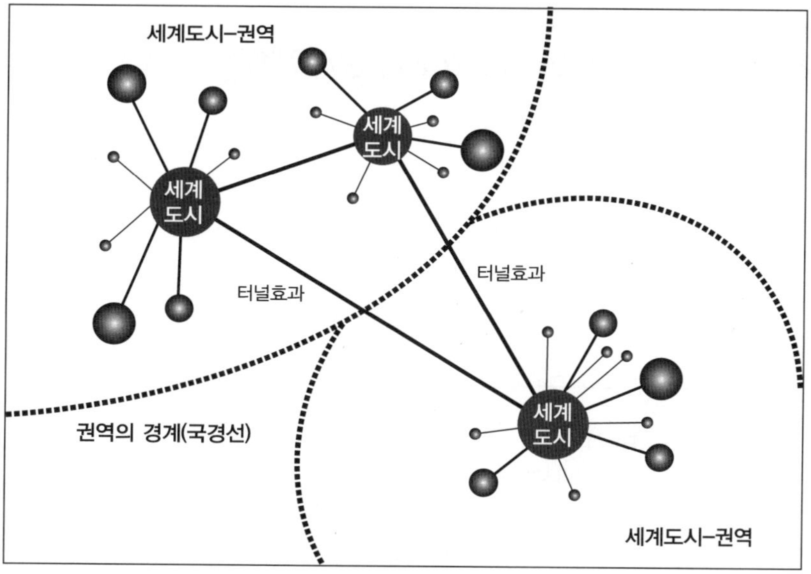

출처: 남영우(2006), p.230.

에서 발생하는 기회간섭효과 때문이다. 이 효과를 Graham과 Marvin은 공간간섭(intervening space)이라 불렀다. 구체적으로 표현하자면, 경계를 초월한 세계도시 간의 기능적 연계는 시너지 효과를 발생시킬 수 있다는 뜻이다. 이러한 원리를 염두에 두고 국경을 초월한 환황해권과 같은 초광역권이 등장한 것이다.

이상에서 설명한 것처럼 세계화의 진전에 따라 도시간 경쟁이 치열해지게 된다. 글로벌 도시들은 서로 무한경쟁에서 우위를 점하기 위해 유수의 기업과 자본을 유치하고 도시규모의 몸집을 키우기 위해 인텔리전트 빌딩을 앞 다퉈 건설함에 따라 도시경관의 변화를 초래한다. 그 결과, 도시경관은 포스트 모던한 경관이 형성되고, 도시는 우수한 글로벌 인재들을 끌어들이기 위해 쾌적한 주거환경을 조성하는 데 역점을 둔다. 이와 같은 일련의 노력에도 불구하고 전체적인 도시경관은 문화적 배경을 유지하여 각각의 경관적 특징을 표출하게 된다.

[그림 4-60]은 세계 각지의 문화권별 입체적 경관을 모식화한 것이다. 각 도시의 입체적 경관은 자연환경과 경제수준 및 세계화의 진전 정도에 따라 각기

그림 4-60 문화권별 도시의 입체적 경관

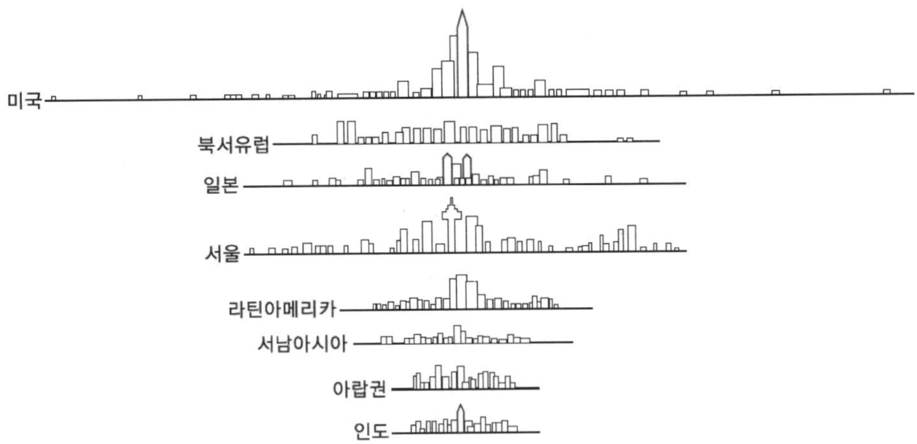

출처: 이경택(2011), p.600.

상이한 경관을 형성한다. 미국과 같은 신대륙의 도시는 평면적 확산과 초고층화를 특징으로 하며, 건조지역 및 저개발국은 조밀한 경관을 보여주고 있다. 우리나라 대도시는 그들 중간 수준의 도시경관으로 자리매김할 수 있을 것이다.

5 세계화의 비판과 우리의 대처방안

(1) 세계화의 비판

1997년 가을에 아무런 예고도 없이 금융위기를 맞이하게 된 한국정부는 그 위기를 극복하기 위해 IMF(International Monetary Fund)가 제시한 세계경제와의 통합으로 가는 각종 조치들을 말대꾸 한번 제대로 못해보고 실행에 옮기기 시작했다. 한국경제가 세계경제체제에 편입되기 시작한 것이다. 이를 계기로 우리나라는 경제세계화와 금융세계화의 마지막 열차에 편승하게 되었고, 그것이 도시공간에 투영되어 도시의 세계화를 진전시키는 계기가 되었다.

우리나라는 타의에 의해서 세계화를 강요받은 셈이 되어버렸다. 금융위기를 얼추 탈출한 듯한 시점에 2008년 뉴욕발 금융위기를 또 겪게 됨에 따라 많은 사람들이 세계화에 대하여 회의를 느끼거나 반대의견을 내세우게 되었다. 우리는 한때 글로벌 금융업을 적극 유치하면 미국이나 영국 · 아이슬란드처럼 더 잘살 수 있을 것이라 믿었다. 그러나 그것은 신기루와 같은 것이었다.

세계화는 이제 정보화와 더불어 일상적 용어가 되었다. 1995년에 출범한 WTO(세계무역기구)를 출발점으로 UR(우루과이 라운드)에 이어 NR(뉴 라운드)은 세계화를 강요하게 만들었다. 세계화는 세계를 무한경쟁시대에 돌입하도록 강요했고, 그 경쟁은 생산적 경쟁이 아닌 파괴적 무한경쟁으로 내몰았다. 또한 세계화의 견인차이며 주역인 세계도시는 내부적 분열과 양극화의 극복이라는 과제를 안게 되었다.

세계화도 좋고 지방화도 좋으며 세계도시도 좋긴 하지만, 과연 그것이 최선책이며 비켜갈 수 없는 외길인지 회의를 느낄 때가 많다. 지구촌 어디를 가나 가는 곳마다 비슷비슷한 공항에다 엇비슷한 호텔 거리, 별다른 개성도 없는 레스토랑 거리를 보면 어지럽기만 하고, 더욱이 투숙하는 호텔은 한결같아 이제는 모든 감각이 무뎌질 정도이다. 이러한 세계화에 대한 비판적 시각은 독일 언론인 Hans-Peter와 Harald(1996)가 저술한 『세계화의 덫』에 기술되어 있다.

서울에서 아침식사를 하고 홍콩에서 점심식사를 하면서 바이어를 만난 후, 저녁식사를 도쿄에서 하면서 용무를 마치고 다시 서울로 돌아오는 범지구적 기동력은 마치 미래의 방향성을 제시하는 듯하다. 인터넷이 온 지구를 씨줄과 날줄로 빽빽이 엮어주고 있고, 디지털 위성전화망이 곳곳의 사람들을 휴대폰으로 연결해주고 있다. 또 항공사와 공항들은 온갖 서비스를 제공하고 있으며, 세금이 면제된 산업박람회장들이 주요 도시에 진을 치고 있어 지구 곳곳은 더욱 긴밀히 연결될 것이다. 그리하여 지구촌에는 800만~2,500만 명 규모의 거대도시들이 약 30개 정도 형성되어 지구의 모습은 지금과는 상당히 다르게 변모할 것이다.

Hans-Peter와 Harald는 '세계화의 덫'이 마침내 먹이를 완전히 포획한 것처럼 보인다고 지적하면서, 세계에서 가장 부유하고 강력한 국가들은 마치 자신이 놓은 덫에 단단히 걸려든 듯이 일체의 진로수정을 용납하지 않는 세계화의 포로가 된 것 같다고 비꼬았다. 공교롭게도 자본주의 반혁명의 모국인 미국의 국민들이 그 영향을 가장 격심하게 겪고 있다.

세계 각국은 자국에 유리한 세계 공통의 잣대를 만들려고 시도하고 있다. 특히 미국과 EU가 그러하다. 그들은 사실을 은폐하거나 왜곡시켜서까지 각종 조약과 기구를 만들려고 획책할 것이다. 물론 세계차원의 조약 중 지구환경보호협약이나 핵확산금지조약 등은 반드시 실현되어야 할 긍정적 조약이다. 그러나 세계차원의 조약이 제대로 실천되기 위해서는 미국이 솔선수범하여 행동에 나서야 할 것이다. 미국이 앞장선다고 모두 성공한다는 보장은 없다. 왜냐하면 러시아 · 서유럽 · 개발도상국의 주요 국가들이 문제제기를 하면서 제동을 걸 수도 있기 때문이다. 그러나 최소한 미국이 복지부동하면 아무것도 실현되지 못하는 것은 분명하다. 이것은 미국의 거대한 시장과도 일정한 관련이 있다.

세계화시대의 주권국가로서 자국 고유의 주권을 별다른 장애물 없이 행사할 수 있는 유일한 나라는 미국이다. 경제 · 무역 · 금융정책 · 통화정책 등의 분야에서 세계화와 관련된 질서를 만들어 낼 수 있는 나라는 미국뿐이다. 이제는 식민지 종주국의 막강한 힘도 군사력의 우위도 아닌, 단지 미국경제의 막강한 규모 자체가 미국으로 하여금 세계화시대에 유일한 질서 유지자로 등장하게 만들었다. '글로벌 스탠더드'라 불리는 세계 공통의 잣대 역시 미국 중심의 눈금이 새겨진 잣대가 될 공산이 크다. 바로 이런 까닭에 마지막 순간에 이르러 미국이, 그리고 미국정부가 '세계화의 덫'으로부터 빠져나올 수 있는 유일한 최초의 국가가 될지도 모른다. 그런 맥락에서 미국식 모델, 즉 모든 것을 시장의 힘 아래로 종속시키는 세계화가 다른 어느 곳보다도 미국에서 비판받고 있는 것이다. D. Trump 미국 대통령의 미국우선주의 정책이 바로 그것이다.

(2) 후기 팍스아메리카시대의 도래

제2차 세계대전 이후, 주요 자본주의국가들은 거의 대부분 강력한 중앙정부에 의해 관리되었고 국가경제가 지방의 지역경제보다 중시되었다. 이들 국가는 경제관련 규제를 통한 브레튼우즈 체제 · 세계은행 · IMF · GATT 등의 국제협약 네트워크로 이른바 팍스아메리카(Pax America)의 틀 내에서 정치적 블록을 형성했다. 이것으로 국제무역과 투자의 흐름은 확대되었으나, 국민국가의 자격을 유지하는 데에는 아무런 지장도 주지 않았다.

1990년대에 접어들면서 북미와 유럽 각국은 세계화만이 인류가 살길이라는 판단 하에 세계도시전략을 수립하고 있다. 세계 각국이 경쟁함에 있어 공통의 잣대가 필요하다고 생각한 선진국들은 각기 NAFTA(북미자유주의무역협정)와 EU를 결성하여 몸집을 불린 후, UR과 WTO에 이어 뉴UR이라는 잣대를 만들어가고 있다. 그들의 속셈은 전 세계적으로 모든 관세를 완전히 철폐해야 한다는 것이다. WTO는 궁극적으로 2020년까지 블록수준의 모든 조약들을 폐기하고 세계 전체를 자유무역지대로 만들 것을 회원국 정부들을 향해 촉구하고 있다. 이는 도시민의 고용위기를 부추길지도 모르는 위험한 발상임에도 불구하고, 미국의 경제정책가들은 이러한 세계화구상에 집착하고 있다.

팍스아메리카는 오늘날 미국이 막강한 경제력과 군사력을 바탕으로 경찰국가로서 세계의 평화를 수호하겠다는 명분을 내세워 세계를 지배하겠다는 주장에서 제기된 논리이다. 이는 과거 로마제국이 막강한 영향력을 주변국에 행사해 평화가 오래 지속될 수 있었다는 팍스로마(Pax Roma)에서 유래된 말이다. 팍스아메리카의 틀 속에서 세계질서가 유지되는 것은 그만큼 미국의 기반이 탄탄하다는 의미가 포함되어 있다. 미국이 세계 최강국으로 부상할 수 있었던 것은 서부개척으로 확보한 자원과 그들의 기술력을 동원해 산업혁명과 자본주의를 발 빠르게 수용하면서 제국주의적 정책을 펼쳤기 때문이었다. 그밖에도 미국의 성장은 민주주의를 모범적으로 실현한 행정부와 국민의 자국에 대한 자긍심 등의 긍정적 요소도 작용했을 것이다. 그러나 D. Trump 정부는 미국중심의 정책을 펴면서 세계화에 역행하고 있다. 16세기 이후의 콜럼버스 시대는 유럽화가 세계화였지만, 20세기 이후의 세계화는 미국화를 뜻하는 것이었는데도 말이다.

지난 2007년부터 미국에 휘몰아친 금융위기는 미국뿐만 아니라 세계경제를 강타했다. 미국경제는 몇 번의 위기를 맞이할 때마다 자본주의의 변형이 있어왔다. 즉 16~17세기에 유럽에서 탄생한 초기 산업자본주의는 19세기 후반 제국주의적 자본주의로 변형되었다. 1930년대의 대공황은 정부개입확대 · 주요 산업 국유화 · 금융규제 강화 등을 골자로 하는 수정자본주의로 노선을 변경케 만들었다. 그리고 1973년과 1979년의 2차에 걸친 석유파동은 글로벌 금융자유화를 근간으로 하는 신금융자본주의의 정책을 도입케 한 바 있다. 2007년부터 발생한 미국발 금융위기는 신금융자본주의에 대한 반작용으로 금융규제강화 · 부실 금융회사의 위기에 대한 국제공조를 필요로 했다.

기존의 글로벌 자본주의는 미국이 패권을 장악한 일극체제의 미국식 자본주의였으나, 이에 대한 반성으로 경제패권이 미국뿐만 아니라 유럽 · 중국 · 일본 등과 같은 경제 강국들의 다극체제로 바뀌게 되었다. 종래에는 세계경제를 G7 정상들이 모여 의논하던 방식에서 G20 정상들이 모여 국제공조를 다지며 협력하지 않으면 효과가 나타나지 않는 시대로 변한 것이다. 특히 '슈퍼차이나'라 불릴 만큼 중국의 급성장은 주목할 만하다. 중국의 국력이 급성장함에 따라 '팍스 시니카(Pax Sinica)'란 말이 등장했다. 이는 중국주도의 평화시대가

그림 4-61 기존의 글로벌 자본주의와 신 글로벌 자본주의의 비교

구 분	기존의 글로벌 자본주의		신 글로벌 자본주의
글로벌 금융	규제 완화로 번성	➡	규제 확대로 위축 가능성
글로벌 불균형	무역 역조 방치, 자본 순환으로 해결	➡	무역확대를 통한 발전적 해결
경제 패권	미국의 단일 패권	➡	미국 · 유럽 · 일본 · 중국 등 경제 강국들의 다극 체제
국가 경제 · 금융 정책	자율성 강조	➡	국제 공조와 협력 강조
초국가적 경제 조정기구	- 국가의 주권 침해 소지 - 개별 국가의 이해와 불일치	➡	위기관리를 위한 최종 해결자 필요

도래할 것으로 예상됨에 따라 등장한 것이다. 즉, 경제대국이 된 중국에 의해 세계 질서를 재편하게 된다는 것이다. 팍스 시니카는 세계의 중심축이 서서히 중국으로 쏠리고 있음을 함축하고 있다. 서구 언론들은 세계은행(IBRD)의 보고서를 근거로 2020~2030년이 되면 중국(타이완 포함)이 세계 최대 경제대국이 될 것으로 전망하고 있다. 즉, 미국의 GNP가 9조7천억 달러인 데 비해 중국은 9조 8천억 달러에 달할 것이라고 예측하고 있다. 한편 로마제국 시대는 '팍스 로마나', 19세기 영국 전성시대는 '팍스 브리타니카(Pax Britanica)'라고 불렀다.

(3) 우리의 대처방안

한국정부는 신자유주의 원칙을 바탕으로 한 범세계적 무한경쟁의 통상활동과 디지털 및 인터넷으로 대표되는 정보통신을 세계화의 주된 양상으로 인식하고 그 분야에 주력하고 있는 듯했다. 바꿔 말하면, 통상과 통신 영역에서 세계화를 인식하고 그 물결을 타기에 급급했던 것이다. 세계화가 비단 통상과 통신 분야에서만 일어나는 것이 아니라 모든 분야에 걸쳐 일어나는 복합적인 현상인 것을 모른 채, 우리는 세계화시대를 맞이한 것이다. 세계화는 지구촌화이

며, 지구촌화는 세계 각국이 자국의 문을 활짝 여는 것을 의미한다. 문을 열면 들어오는 것과 나가는 것이 있고, 또 그것에는 좋은 것과 나쁜 것들이 섞여있게 마련이다. 이런 점에서 세계화는 양면성을 지닌 야누스의 얼굴에 비유된다.

지금까지 경험한 바에 의하면, 세계화의 속도가 빠른 나라일수록 경제성장 속도 역시 빠르며, 세계화가 느린 나라일수록 경제성장도 괄목할 것이 못 된다는 사실이다. 그러나 세계화의 정도가 높은 나라일수록 소득분배의 불평등 정도가 심각하다는 문제점이 있다. 세계화가 지지부진한 나라의 소득분배는 비교적 고르다는 아이러니이다. 우리는 여기서 어느 쪽 토끼를 잡아야 할지 당황하게 된다.

우리를 당혹케 만드는 연구보고가 있다. 즉 세계화는 소득분배의 불평등을 초래하지만, 세계화의 과정으로 인한 성장의 가속화는 소득분배의 불평등으로 야기되는 문제를 극복해준다는 사실이다. 이는 세계화가 양극화를 심화시키는 것이 사실이지만, 세계화로 인한 성장은 주변부의 삶의 질을 높여준다는 것을 의미한다. 아무리 그렇다고 하더라도 세계화의 부정적 측면이 그것만으로 정당화될 수는 없을 것이다. 세계화가 정치적 자유와 인권과도 정비례한다고는 하지만, 지금 지구촌에는 세계화를 명분으로 자유와 인권을 속박하는 비도덕적 국가도 있다. 세계화가 진전될수록 사회의 부정부패는 더욱 심각해진다. 또한 세계화시대의 자유로운 인구이동과 교역에 따른 범죄 및 마약문제, 매춘문제, 전염병문제 등이 지구촌 사회를 병들게 할 것이다.

세계화란 한마디로 세계시장의 거대한 힘이 자유롭고 글로벌하게 뻗어나가는 것을 뜻하며, 따라서 각 민족국가들이 자국의 경제적 주권을 더 이상 행사하지 못하게 되는 것을 의미한다. 바로 이러한 물결은 문명의 충돌을 빚으면서도 이제 거의 모든 나라를 뒤덮고 있어 어떤 단일국가도 이 물결에서 빠져나가기란 매우 힘들어졌다. 사실상 이러한 세계화의 물결은 미국의 입장에서 그들의 정치 · 경제적 영향력을 글로벌하게 확대시키는 과정에 있다고 할 수 있다.

오늘날의 인류문명을 '멀티미디어의 시대'라 표현한다면, 세계화는 다양한 얼굴을 가진 멀티페이스라 할 수 있다. 세계화는 온화한 얼굴과 험상궂은 얼굴, 미소 짓는 얼굴과 음흉한 얼굴, 천사의 얼굴과 악마의 얼굴을 동시에 지니고 있다. 세계화의 긍적적 측면은 우리로 하여금 파랑새의 꿈을 갖게 하고, 세계화의 부정적 측면은 우리로 하여금 차단벽을 높이 쌓도록 유도할지도 모른다. 그렇다고 하여 세계화를 두려워 할 필요도 없고 환상에 젖을 필요도 없다. 무관심하거나 냉소적인 태도는 더욱 위험하다. 아무리 세계화가 야누스와 같은 존재일지라도 우리가 '윈윈 작전'을 강구하면 지혜롭게 극복할 수 있다. 즉 세계화의 긍정적 측면을 극대화하고 부정적 측면을 최소화하는 작전이 그것이다.

세계화가 거역할 수 없는 조류라면 좋든 싫든 받아들이는 수밖에 없다. 우리나라의 입장에서는 경쟁국보다 일찍 대비하는 것이 상책일 수 있다. 이를 위해서는 각종 제도와 경영방식 등의 소프트웨어를 갖추는 것도 필요하겠지만, 세계화를 구체적으로 실현할 수 있는 각종 인프라와 같은 하드웨어를 구비하는 것이 더욱 중요하다고 생각된다. 왜냐하면 소프트웨어를 바꾸는 일은 단기간에 가능하지만, 하드웨어를 구비하는 일은 많은 시간이 소요되기 때문이다. 또한 한국인의 능력과 사회구조는 소프트웨어를 쇄신함에 있어 잠재력이 강하다. 미국이 21세기 후반까지도 세계 최강국으로 군림할 수 있을지는 분명치 않지만, 미국의 국력이 급속히 쇠약해질 것으로 볼 수도 없을 것이다.

우리나라는 인간세계를 널리 이롭게 한다는 단군의 홍익인간(弘益人間)이란 건국이념 하에 세워진 나라이다. 우리 민족만 잘 먹고 잘 살자는 것이 아니라 모두 함께 잘 살아보자는 의미이다. 글로벌 스탠더드에 부합하는 이러한 건국이념은 우리 민족이 오늘날의 세계화시대에 잘 적응할 수 있는 토양이 될 수 있을 것이라 기대해 본다. 건국이념의 관점에서 보았을 때 우리나라가 인류평화를 위해 건국된 국가라 한다면 지나친 비약일까?

|참|고|문|헌|

권영덕, 1994, “서울이 고민하고 있는 도시계획문제,” 서울시정개발연구원 개원 2주년 기념워크숍, 1-25.

김 걸, 2007, “서울시 젠트리피케이션의 발생원인과 설명요인,” 한국도시지리학회지, 10(1), 37-49.

______, 2008, “젠트리피케이션의 연구동향,“ 한국도시지리학회지, 11(1), 75-84.

김 인, 2005, 세계도시론, 법문사.

김형국, 1983, 국토개발의 이론연구, 박영사.

남영우, 1985, 도시구조론, 법문사.

______, 1989, “日帝下 京城府의 土幕村 形成,” 문화역사지리, 창간호, 39-52.

______, 1991, “리마 都市貧民 住居地 바리아다의 形成과 그 敎訓”, 都市行政學報, 4, pp.115-130.

______, 2006, 글로벌시대의 세계도시론, 법문사.

______, 2007, “메소아메리카 테오티우아칸의 기원과 성쇠,” 한국도시지리학회지, 10(1), 1-13.

______, 2015, 도시공간구조론, 법문사.

______, 2018, 땅의 문명, 문학사상.

남영우 · 박성근, 1998, “세계도시전략과 도시재구조화,” 한국도시지리학회지, 1, 15-30.

남영우 · 이희연 · 최재헌, 2000, 경제 · 금융 · 도시의 세계화, 다락방.

박정윤, 2000, 서울시 저명인사 주거지의 공간적 분포와 변화: 1979-1999년, 고려대학교 교육대학원 석사학위논문.

北田晃司 · 남영우, 1997, “일제하 한국도시의 중추관리기능의 입지,”사대논총, 21, 36-56.

손승호 · 남영우, 2006, 서울의 도시구조 변화, 다락방.

손승호, 2014, “서울대도시권 인구이동장의 사회 · 경제적 속성,” 한국도시지리학회지, 17(1), 125-138.

______, 2015, “일일인구이동으로 본 국토공간의 도시체계 변화: 2005년과 2012년,” 대한지리학회지, 50(2), 203-216.

손정목, 1994, "서울 600년의 발자취," 도시와 역사, '94 서울학 국제 심포지움, 21-40.

양보경, 1993, "서울의 공간확대와 시민의 삶," 현대서울의 뿌리: 조선후기 서울의 재발견, '93 서울학 심포지움, 27-46.

오강원, 2006, 비파형동검문화와 요녕지역의 청동기문화, 청계.

유경호, 2007, 평양의 도시발달과 지역구조의 변화, 고려대학교 교육대학원 석사학위논문.

윤 웅, 1995, 북한의 지리여행, 문예산책.

이경택, 2011, 서울의 都市景觀 形成과 變化에 관한 動因 硏究, 고려대학교 대학원 박사학위논문.

이상구, 1993, "한국의 도시개념에 대한 소고," 도시행정연구, 8, 17-32.

이영아, 2015, "한국의 빈곤층 밀집지역 분포 및 형성과정 고찰," 한국도시지리학회지, 18(1), 45-56.

이태진, 1993, "조선시대 서울의 도시발전단계," 현대서울의 뿌리: 조선후기 서울의 재발견, '93 서울학 심포지움, 7-26.

이혜은, 1983, "도시의 기원," 지리학회보, 19, 1-15.

이호상, 2003, "지리학 용어로서의 '지방'에 관한 역사적 고찰," 대한지리학회지, 38(2), 224-236.

전종한, 2011, "도시 뒷골목에 담긴 '장소 기억': 종로 피맛길," 역사지리학 강의, ㈜사회평론, 295-313.

정성화 역, 2008, 서양인의 조선살이, 1882-1910, 푸른역사.

정현규 역, 2012, 조선, 1894년 여름, 책과함께.

정현주, 2005, "젠트리피케이션의 이론과 쟁점: 비교연구를 통한 맥락적 분석," 지리교육논집, 49, 321-335.

최영준, 1997, "조선시대 한양의 교(郊)지역," 국토와 민족생활사, 한길사, 263-302.

최은영, 2003, 서울의 거주지분리 심화와 교육환경의 차별화, 서울대학교 대학원 박사학위논문.

최재헌, 1998, "세계화시대의 도시지리연구를 위한 글로벌 패러다임의 쟁점과 동향," 한국도시지리학회지, 1, 31-46.

______, 2009, "초광역권 개발 전략의 이론적 고찰과 평가: 초광역개발권을 중심으로," 한국도시지리학회지, 12(2), 19-29.

高木彰彦, 2002, "世界システムと國家領域," 經濟・社會の地理學, 有斐閣, 東京, 101-128.

木內信藏, 1978, 地域槪論: その理論と應用, 東京大學出版會, 東京.

南榮佑, 1981, "ソウルにおける結節地域の構造とその特性," 地理學評論, 54, 637-659.

水內俊雄, 2002, "ネットワークによる空間の統合," 水岡不二雄 編, 經濟・社會地理學, 有斐閣, 東京, 129-209.

樋口節夫, 1981, "日本人朝鮮拓植在來農業變化," 大阪教育大學紀要, 30, 1-12.

Anthony, D.W., 2010, *The Horse, the Wheel, and Language: How Bronze-Age Riders from the Eurasian Steppes Shaped the Modern World*, Princeton University Press, Princeton.

Batten, D., 1995, Network cities: creative urban ghetto, *Traffic Quarterly*, 27, 431-449.

Bell, W., 1958, "Social choice, life styles and suburban residence," in Dobriner, W.(ed.), *The Suburban community*, Geo. Putnam, New York, 225-247.

Clark, D., 1996, *Urban World / Global City*, Routledge, London.

Cox, O.C., 1964, "e preindustrial city reconsidered," *The Sociological Quaterly*, 5, 133-144.

Diamond, J., 1997, *Guns, Germs, and Steel*, 김진준 역,, 1998, 총, 균, 쇠, 문학사상사.

Friedmann, J., 1966, e World City Hypothesis, *Development and Change*, 17, 69-83.

Graham, S. and Marvin, S., 1996, *Telecommunication and the City: Electronic Spaces, Urban Places*, Routledge, London.

Hall, P., 1966, *The World Cities*, Weidenfeld and Nicolson, London.

Hans-Peter, M. and Harald, S., 1996, *Die Globalisierungsfalle*, Rowohlt Verlag, Hamburg.

Harris, C.D. and Ullman, E.L., 1945, "e Nature of Cities," *AAAPSS*, 242, 7-17.

Harari, Y.N., 2014, *Sapiens: A Brief History of Mankind*, 조현욱 역, 2015, 사피엔스, 김영사.

Knox, P. and Pinch, S., 2010, *Urban Social Geography: An Introduction*, 6th edition, 박경환・류연택・정현주・이용균 역, 2012, 도시사회지리학의 이해, 시그마프레스.

Madison, A., 2013, *Historical Statistics of the World Economy*, IMF World Economy Outlook.

Miliutin, N.A., 1975, *Sotsgorod: The Problem of Building Socialist Cities*, The MIT Press, Boston.

Murdie, R.A., 1969, *The Factorial Ecology of Metropolitan Toronto: 1950 and 1961*, University of Chicago, Research Paper, 116.

Olds, K., 2001, *Globalization and Urban Change: Capital, Culture, and Pacific Rim Mega-Projects*, Oxford University Press, New York.

Pacione, M., 2005, *Urban Geography: A Global Perspective*, Routledge, London.

Roberts, J.M., 1998, *Eastern Asia and Classical Greece*, 櫻井萬里子 譯, 2003, 世界の歷史: 古代ギリシアとアジアの文明, 創元社, 東京.

Sassen, S., 1991, *The Global City: New York, London, Tokyo*, Princeton University Press, Princeton.

______, 2001, Global Cities and Global City-Regions: A Comoarison, in A.J. Scott(ed.), *Global City-Regions: Trends, Theory, Policy*, Oxford University Press, New York, 78-95.

Shevky, E. and Williams, M., 1949, *The Social Areas of Los Angeles: analysis and typology*, University of Calfornia Press, Berkely and Los Angeles.

Simmons, J.W., 1965, "Descriptive models of urban land use," *Canadian Geographer*, 9, 170-174.

Sjoberg, G., 1973, "The origin and evolution of cities," *Cities: Their Origin, Growth and Human Impact*, W. H. Freeman and Co., San Francisco.

Taaffe, E.J., Morrill, R.L. and Gould, P.R., 1963, "transport Expansion in Undeveloped Countries," *Geographical Review*, 53, 503-529.

Toynbee, A.J., 1970, *Cities on the Move*, University Press, New York.

Vidal de la Blache, P., 1922, *Principles of Human Geography*, New York.

Weber, M., 1958, *The City*, The Free Press, New York.

|연|습|문|제|

1. 8.15해방 후부터 현재까지 도시 수와 도시별 인구를 조사하여 그래프와 지도에 옮겨보자.
2. 한반도 통일 후 우리나라의 수도를 옮기자는 천도론이 대두되었다고 가정하고 각자의 찬반의견을 피력할 것.
3. 배낭여행의 경험을 바탕으로 한국도시와 외국도시의 경관적 차이점을 비교해 볼 것.
4. 우리들 주변에 있는 이른바 '달동네' 혹은 '쪽방촌'이라 불리는 지역의 분포를 살펴보고 이에 대한 대책을 생각해 보자.
5. 평등적 분산정책과 선택적 집중정책의 장단점을 비교해 보고, 우리나라에는 어느 정책이 적합한지 판단해 보자.

| 제 5 장 |

우리 삶의 공간이 마주한 현실

우리 국토는 1960년대 이후 경제성장에 따른 도시화와 공업화를 경험하면서 비약적으로 발전했다. 그러나 그 이면에는 국토공간의 불균형문제가 심화되면서 지역간 발전의 격차가 점점 증폭되는 양상을 나타내기도 했다. 이 뿐만 아니라 우리 국토는 가시적 · 비가시적인 변화를 겪어 왔다. 본장에서는 현재 우리나라 사람들이 거주하는 삶의 공간이 직면한 현실을 정리해 보았다. 저출산과 고령화의 심화 및 외국인 이주자의 증가에 따른 국토의 변화를 비롯하여 개발논리에 편승하여 무분별하게 파헤쳐지는 국토, 전 지구적인 기후환경 변화가 우리 한반도에 미치는 영향 등이 우리의 국토 공간에서 어떠한 모습으로 전개되는지를 알아보도록 한다.

key words

국토불균형, 수도권, 낙후지역, 다문화사회, 주거지분화, 고령사회, 난개발, 지구온난화, 아열대기후.

5.1 심화되는 불균형 성장

1 지역불균형의 의미

특정 지역에 인적 · 물적 · 사회적 자원이 편중되는 현상을 일컫는 지역불균형의 문제는 국토의 효율적 이용과 개발을 통해 어느 정도 해결할 수 있으며, 지금까지의 지역개발 정책에서도 긍정적인 해결이 가능하다는 관점이 지배적이었다. 일찍이 공업화를 통해 경제성장을 달성한 영국에서는 산업혁명 이후에 공업도시와 농촌간의 경제적 불균형 문제가 대두되고 낙후지역 또는 침체지역이 등장함에 따라, 지역개발 사업이 본격적으로 시작되었다. 경제적 불균형으로 야기된 국토문제는 국가적 차원에서 해결되어야 할 과제이기에 국토의 균형발전문제는 국가정책에서 매우 중요한 부분을 차지한다. 불균형은 집단이나 계층간에 발생하는 사회적 불균형과 지리적 공간상에서 발생하는 지역적 불균형으로 구분할 수 있지만, 국토공간을 대상으로 하는 본서에서는 지역간의 불균형에 주안점을 두기로 한다.

그림 5-1 개발도상국과 선진국의 총비용 및 총수입 관계

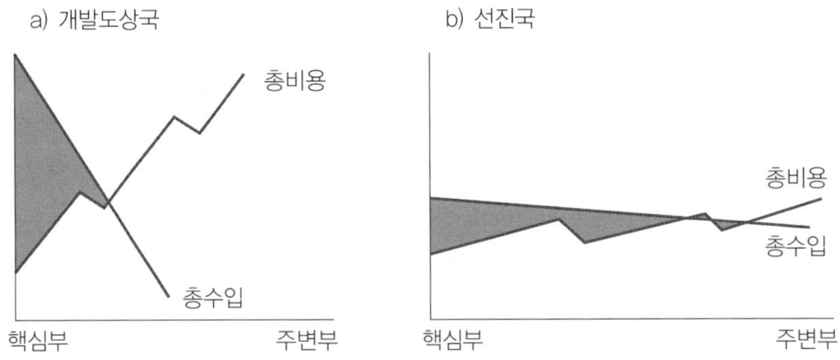

출처: B. E. Coates *et al.*(1977).

지역간 불균형 문제는 국가 내에서 이루어지는 개발행위가 다양한 경제활동이 집중된 하나의 대도시권을 중심으로 이루어짐에 따라, 핵심지역과 주변지역 간에 이중경제(dual economy)의 성격을 띠는 경우에 흔히 발생한다. B. E. Coates 등(1977)은 개발도상국과 선진국을 대상으로 도시의 산업발달에 따른 비용과 수익의 측면에서 이를 설명했다(그림 5-1). 이에 따르면 개발도상국에서는 대부분의 경제활동이 주요 대도시권의 핵심부에 인접한 곳에서 발달함에 따라, 경제공간은 교통 · 정치적 권력 · 기술 채택 · 자본 · 기업가 정신 등에서 공간적 불균형을 보여줄 수밖에 없다. 즉 국가의 경제발전 수준이 낮은 개발도상국일수록 핵심부에서는 총수익이 총비용을 월등히 초과하는 반면, 일정 수준 이상의 발전을 이룬 국가에서는 핵심부에서 총수익과 총비용의 차가 크지 않고 주변지역에서도 총비용과 총수익이 거의 균형 상태를 유지하기 때문에 개발효과가 주변지역까지 파급될 수 있다. 지역균형(regional equilibrium)이란 지역간 수익과 비용이 균등화된 평형상태이거나 평형상태로 수렴하는 과정이다.

노벨 경제학상을 수상한 Myrdal은 시장 메커니즘이 지역간 균형을 유도하기보다는 불균형을 확대한다는 주장을 펼쳤다. 즉 특정 장소에서의 개발효과가 주변지역으로 퍼져나가는 분산효과(spread effect)와 개발 중심지로 여러 요소를 유인하는 역류효과(backwash effect)가 누적적으로 반복되면서 지역격차가 커진다는 것이다. 이에 반해 Hirschmann은 분산 형태보다 집중 형태의 개발을 통해 산업간 또는 지역간 성장을 유발할 수 있으므로, 누적효과(trickle down effect)가 분극효과(polarized effect)를 앞지른다는 균형발전론을 전개했다.

최근에는 지역불균형의 문제가 국가의 경제발전 단계나 경제체제에 무관하게 발생하고 있다. 특히 선진산업국가에서는 도시지역과 농촌지역간의 지역불균형을 비롯하여 기존 산업지대와 신산업지대간의 지역불균형 문제가 끊임없이 제기되면서, 이러한 문제를 지역격차의 개념에서 접근하는 경우가 있다. 지역불균형이 개방경제 및 세계화와 밀접하게 연결되어 있다는 주장도 있고, 이와 대조적으로 세계화의 진행으로 저소득 국가는 새로운 성장동력을 얻을 수 있게 되었다는 주장도 있다.

지역불균형을 인식하는 관점은 다양하게 전개되어 왔다. 지역불균형에 대한 주요 관점은 사회자본 · 민간자본 · 생활시설 등 기반시설에서의 격차, 또는 생활수준 · 지방재정수지 · 성장률 · 산업구조의 차이에서 발생한 지역간 격차를 해석하는 것이다. 또 다른 관점은 지역간 경제지표 · 생활지표 등에 존재하는 차이를 의미하기도 하고, 지역별 자연적 여건 및 부존자원의 상이성과 공공투자의 지역편중에서 야기되는 개발수준의 차이를 지역불균형으로 인식하기도 한다.

한 지역이 다른 지역보다 더 부유하거나 경제적으로 나은 여건을 보유하고 있다고 언급하기 위해서는 지역간의 격차를 표시하는 지표가 적절히 정의되어야 한다. 지역발전의 개념은 매우 다원적이지만, 일반적으로 지역발전의 정도는 고용 · 생산 · 소득지표 등으로 나타낼 수 있으며 지역 격차는 이들 지표의 격차로 인식된다. 지역불균형 성장은 지역간 격차는 물론 지역내 격차를 유발하기도 한다. 지역내 격차는 도시지역과 농촌지역, 성장지역과 쇠퇴지역, 원도심과 신도심 등의 격차를 포함한다.

우리나라에서 1995년부터 지정되기 시작한 도농복합시(도농복합형태의 시)에서는 도시지역에서의 개발효과가 농촌지역으로 파급되는 사례가 일부 있지만, 대부분의 도농복합시에서는 도시지역 위주로 도시성장이 집중되는 역류현상이 심화된 경우가 대부분이다. 일례로, 2000년대 이후 대단위의 신도시가 개발된 경기도의 화성시에서는 기존 도시지역과 신도시 개발지역으로 인구 및 경제활동의 쏠림현상이 매우 심화되었으며, 도시지역과 비도시지역의 지역격차가 커지고 이원적 도시공간이 고착화하는 양상을 보인다. 한편 원도심은 도시의 중심지 역할을 수행해오다가 새로운 중심지가 형성됨에 따라 인구 및 사업체가 감소하면서 쇠퇴하지만, 새롭게 조성된 신도심은 그 반대 현상이 나타난다. 신도심의 등장으로 원도심이 쇠퇴한 경험을 가진 주요 도시로는 부산 · 인천 · 대전 등이 있는데, 이들 도시에서는 원도심을 활성화하기 위한 다양한 방안을 모색하여 원도심의 도시환경 개선을 도모하고 있다.

2 우리나라의 지역불균형

지역불균형에 관한 일련의 연구에 의하면, 우리나라의 지역불균형은 경제개발계획이 본격적으로 추진된 1960년대 초반에 지역별 인구비중 · 소득 수준의 측면에서 지역 격차가 증가한 것으로 알려져 있다. 그러나 경제발전 시기인 1960년대 후반에 진입하면서 소득 증가율 · 산업구조의 변화 · 지역간 인구이동의 측면에서는 지역 격차가 완화되었다는 진단이 있었다. 이후 1970년대에 접어들면서 지역불균형은 점차 완화되는 양상을 나타내어 지역간 격차 또는 지역불균형의 문제가 큰 관심을 끌지 못하기도 했다.

1970년대 이후 고도의 경제성장 및 그에 따른 문제점이 부각되면서 소득분배의 관점에서 지역간 분배의 격차 문제가 대두되기 시작했다. 특히 국토종합개발계획을 수립하고 시행한 결과, 중앙정부가 자리한 수도권을 향해 인구 및 산업의 집중이 가속화하고 비수도권의 침체현상이 지속됨에 따라 1980년대 들어 지역불균형의 문제가 본격적으로 대두되기 시작한 것이다. 우리나라의 지역불균형 문제는 경제력 · 산업구조 · 산업생산 · 재정구조 · 정보 · 금융 · 문화 · 복지 등의 다양한 부문에서 발생하는 지역간 격차로 설명할 수 있다.

먼저 경제력의 측면에서 지역불균형을 살펴보도록 하겠다. 지역내총생산(GRP; gross regional product)은 1960년대 중반까지 안정적이고 비교적 고른 분포를 나타내었지만, 그 이후부터 수출지향적 공업화가 활발하게 진행됨에 따라 지역간 격차가 심화되었다. 이는 우리나라 공업 분포의 특성과 밀접한 관계를 가진다. 1960년대 이전까지만 해도 원료산지나 동력자원이 풍부한 지역을 찾아 전국 각지에 공업이 분산입지했으나, 공업정책이 정부주도하에 수출지향형으로 바뀜에 따라 당시에 건설된 신규공장의 입지패턴이 특정지역 집중형으로 변화한 것이다.

대도시가 보유하고 있는 중추관리기능, 전국적 · 세계적 소비시장을 연결시켜 주는 교통기구, 대도시의 시장기능, 노동력 공급조건 및 관련 기업체의 입지 여부 등이 공업생산에 직접적인 영향력을 행사함에 따라, 공장의 입지는 대도시 주변으로 이전하게 되었다. 1970년대에 들어서는 중화학공업이 주요 정부정책으로 채택됨에 따라 공업입지 조건이 유리한 대규모의 산업단지가 조성되었으며, 그 결과 포항·울산·구미·창원·여수 등 동남해안지역의 공업비중이 크게 증가했다. 이처럼 대도시권과 동남해안지역에서 공장입지가 활발해짐에 따라 지역불균형의 문제가 표면적으로 등장하기에 이르렀다.

정부에서는 지속적으로 균형발전 정책을 추진했지만, 우리나라의 1인당 지역내총생산(GRDP; gross regional domestic product) 격차는 더욱 심화되었다. 2000년 이후 우리나라의 1인당 지역내총생산은 꾸준히 증가하는 경향을 보이고 있다. 2017년 기준으로 울산(6,441만원)과 충남(5,149만원)에서 전국 평균(3,375만원)을 크게 웃돌았지만, 가장 낮은 대구(2,436만원)를 위시하여 대도시인 광주·부산·대전, 농촌적 성격이 강한 전북·제주·강원은 전국 평균에 미치지 못할 정도로 낮은 값을 기록했다. 2011년에서 2016년 사이 경제협력개발기구(OECD)에 속한 국가에서는 전반적으로 1인당 지역내총생산의 지역간 격차가 완화되는 추세를 나타내었지만, 우리나라는 그 반대로 지역간 격차가 심화되었다. 1인당 지역내총생산 격차의 확대는 소득과 고용기회가 일부 특정 지역에 집중해 있음을 의미하는 것으로, 이러한 현상의 고착화는 지방자치의 근간을 위협하는 요소이기도 하다.

산업구조의 관점에서 지역불균형을 논의해 볼 수 있다. 국가의 산업생산 및 산업구조는 경제발전이 이루어질수록 제1차 산업의 절대적 감소와 제2·3차 산업의 증가로 이어진다. 1970년대 이후 중앙정부에 의한 공업화정책의 추진은 지역간 산업구조의 격차를 더욱 심화시킨 것으로 평가된다. 이러한 현상은 수도권과 부산권에서 특히 심화되었는데, 경기도와 경남에서는 공업화 초기인 1970년대에 제1차 산업의 급격한 감소와 제2차 산업의 눈부신 성장을 경험했다. 이는 앞서 설명한 바와 같이 공업입지가 대도시권 또는 동남해안지역에 집중됨에 따른 현상이다. 최근에도 산업구조의 지역불균형은 유지되고 있어, 서울을 포함하는 수도권에서는 서비스업의 비중이 월등히 높은 반면, 전라남북도와 경상남북도에서는 농림어업의 비중이 상대적으로 높다.

경제단위의 재정적 견실성을 보는 지표로 흔히 사용되는 재정자립도의 관점에서도 지역불균형을 논할 수 있다. 재정자립도는 지방자치단체가 자율적인

표 5-1 우리나라 자치단체별 재정자립도의 변화

(단위: %)

구 분	전국 평균	특별시/광역시	도	시	군	자치구
2008년	53.9	66.9	34.8	40.7	17.2	37.1
2012년	52.3	69.1	34.8	37.1	16.4	36.0
2015년	50.6	61.2	30.3	31.1	11.6	25.8
2018년	53.4	62.9	38.9	34.2	16.7	29.7

출처: 국가통계포털.

지역발전 계획을 추진할 수 있는 가장 기본적인 요소가 된다. 재정자립도는 지방세입에 대한 예산규모의 비율을 의미하는 것으로 우리나라 지방자치단체의 평균 재정자립도는 1970년대 중반에 70%대를 유지했으나 2000년에는 59.4%로 감소했고 이후로도 지속적으로 낮아지는 추세이다. 서울을 비롯한 특별시와 광역시 등의 대도시는 재정자립도가 상대적으로 높은 수준이지만, 중소도시의 재정자립도는 1991년 71.5%였던 것이 2000년에는 50.6%로 낮아졌으며, 2018년에는 34.2%를 기록했다. 지방자치단체의 낮은 재정자립도는 결국 중앙정부로부터 수입이전에 의존하는 경향을 강화시킨다. 산업기반이 미약한 군(郡) 단위 지역에서는 2018년의 재정자립도가 16.7%에 불과하여, 재정적 측면에서 대도시 및 도시지역과의 격차가 매우 크다(표 5-1). 재정자립도는 자치단체별로 산출되기 때문에 광역단체의 재정자립도가 높다고 해서 그 안에 포함된 기초자치단체의 재정자립도가 반드시 높은 것은 아니다.

2018년의 재정자립도는 서울이 84.3%로 가장 높았다. 광역시에서는 인천(67.0%)과 광주(49.0%)간의 격차가 가장 컸으며, 도 단위에서는 경기(69.9%)와 전남(26.4%)간의 격차가 크게 형성되었다. 도시 가운데에서는 경기 화성시(64.2%)와 전북 남원시(11.7%)의 격차가 가장 크고, 군에서는 울산 울주군(44.8%)과 전남 구례군(8.5%)의 격차가 가장 큰 것으로 나타났다. 한편 특별시나 광역시의 자치구에서는 서울 강남구(67.9%)가 전국의 모든 기초자치단체 가운데 재정자립도가 가장 높아, 대전 동구(13.5%)와의 격차가 현격하게 나타났다.

시도별 재정자립도에서는 서울의 재정자립도가 가장 높은 가운데 시도별 격차가 크게 존재하고 있음을 볼 수 있다. 7대 대도시는 도에 비해 높은 재정자립도를 기록한 반면, 전남 · 전북 · 강원의 재정자립도는 특히 낮다. 경기도의 재정자립도가 서울을 제외한 6개 대도시보다 높아, 수도권의 재정자립도가 높음을 알 수 있다(표 5-2). 2018년의 재정자립도가 2008년에 비해 증가한 광역자치단체는 모두 도(道)단위로 구성되었다. 특별시와 광역시는 모두 재정자

표 5-2 우리나라 광역자치단체별 재정자립도의 변화

(단위: %)

구 분	2008년	2012년	2015년	2018년
전국 평균	53.9	52.3	54.0	53.4
서울특별시	88.3	88.7	80.4	84.3
부산광역시	60.5	52.9	46.8	58.7
대구광역시	59.5	47.6	42.7	54.2
인천광역시	71.0	70.4	57.5	67.0
광주광역시	52.6	41.1	39.0	49.0
대전광역시	66.4	52.7	43.4	54.4
울산광역시	69.9	63.6	56.1	66.0
세종특별자치시	–	–	43.9	69.2
경기도	76.3	72.6	60.7	69.9
강원도	28.2	26.9	21.5	28.7
충청북도	34.2	34.2	28.1	37.4
충청남도	37.8	35.5	30.4	38.9
전라북도	22.6	26.0	22.1	27.9
전라남도	21.4	21.4	17.8	26.4
경상북도	28.7	28.3	24.3	33.3
경상남도	39.4	43.3	37.4	44.7
제주특별자치도	26.3	28.5	30.3	42.5

출처: 국가통계포털.

립도가 감소한 반면, 제주 · 전북 · 경남 · 경남 · 경북 등지에서 재정자립도가 증가하는 경향을 보였다. 재정자립도의 악화는 2000년대 초반에 상대적으로 높은 자립도를 나타내었던 광역시에서 현저하게 나타났다. 대전의 재정자립도 악화가 가장 두드러졌으며, 그 뒤를 이어 대구 · 부산 · 울산 등지에서도 악화 현상이 나타났다. 행정중심복합도시가 들어선 세종특별자치시는 2012년 시 승격 이후 재정자립도가 꾸준히 향상되어가고 있다. 충남은 2012년 이후 악화하는 경향을 보이다가 최근 들어 여건이 개선되었다.

이상에서와 같이, 우리나라의 지역불균형 문제는 공업화가 본격적으로 진행되기 시작한 1970년대부터 현재에 이르기까지 심화되는 양상이다. 국토공간에서 나타나고 있는 지역불균형의 원인은 여러 측면에서 검토될 수 있을 것이며, 그 가운데 성장위주의 정부정책과 성장기반의 낙후 등을 주요한 원인으로 꼽을 수 있겠다.

1960년대 이후 강력한 중앙집권적 통치가 이어지면서 정부는 직간접적인 개입을 통해 정부주도형 경제개발전략을 채택했으며, 이는 공업단지를 비롯한 주요 정부투자의 지역편중 현상을 초래했다. 그리고 수출위주의 성장정책은 사회간접자본이 잘 갖추어진 특정 공간에 경제성장을 집중시킴으로써, 외국자본 및 기술을 수위도시에 집중시키게 되었고 결과적으로 서울을 포함한 수도권에 거대한 집적경제가 자리하게 되었다. 수위도시의 성장이 주변지역으로부터 인구와 산업을 흡수하여 공간적으로 부익부빈익빈 현상을 가속화한 셈이다.

우리나라에서 지역간 불균형은 구조적 · 정책적 원인에 따라 남북간 불균형 또는 동서간 불균형 현상이 뚜렷하게 나타난 바 있다. 남북간 불균형의 예로는 서울의 강남과 강북 간 불균형 문제, 경기도의 침체된 북부와 성장하는 남부의 문제, 대구의 성장하는 남부권 등이 있다. 동서간 불균형은 산지로 구성된 전북 동부권의 쇠퇴 심화, 춘천과 원주를 포함하는 강원 영서지방의 발전, 해운대를 중심으로 하는 부산 동부의 성장, 경남 동부의 창원과 양산 등지에 산업단지 건설에 따른 인구집중과 같은 사례로 설명된다. 지역불균형 문제는 국가적 차원에서만 나타나는 현상이 아니다. 우리나라의 각종 기능이 집중해 있는 수도권에서의 지역격차가 존재하는 것은 물론 거대도시내에서의 지역격차도 심화되고 있는 실정이다. 특히 도시내에서의 지역불균형은 신시가지와 구시가지에서 현저하게 나타난다. 이는 곧 특정지역으로의 집중을 가속화함으로써 양극화 문제를 유발하기도 한다.

지역불균형 문제를 해결하고 지역격차를 해소하기 위하여 시행된 각종 정부정책은 과밀지역의 성장을 억제시키는 한편 낙후지역의 개발을 도모하는 균형발전을 목표로 설정했다. 그러나 정부의 정책이 지나치게 경직되어 있고 일관성이 결여되어 있을 뿐만 아니라 투자재원이 부족한 문제점 등이 대두되면서 정부 정책은 지역 격차의 완화에 별다른 기여를 하지 못했고 오히려 역효과만을 노출시켰다.

사회간접자본을 비롯한 성장기반의 낙후성은 지역내에서 규모의 경제와 집적의 이익을 실현하는데 걸림돌이 되고 있다. 도로 · 상하수도 · 도시시설 등의 사회간접자본과 인프라가 적절하게 구비되어 있지 못하며, 구매력 수준이 낮고 시장규모가 협소한 것도 침체지역에서의 경제활성화를 억제시키는 요인으로 작용하고 있다. 이는 결국 Myrdal이 순환적-누적적 인과관계(circular cumulative casual relation) 모형에서 제시한 것과 같이 성장지역의 산업 집중은 산업 상호간의 생산 및 공급관계, 승수효과(multiplier effect), 규모경제, 혁신과 같은 누적적 인과관계를 형성시키는 반면, 주변지역은 생산요소를 핵심지역에 지속적으로 빼앗기게 되면서 침체를 누적시킨다. 이러한 역류효과는 성장지역과 쇠퇴지역간의 성장격차를 지속시킬 뿐만 아니라 규모에 따른 수확체증에 의해 격차를 더욱 확대시키게 된다.

순환적-누적적 인과관계란 한 요소의 성장이 다른 요소의 성장을 유도하면서 성장이 누적적으로 이루어진다는 것이다(그림 5-2). 성장산업의 입지는 고용과 인구증대로 이어지고 연관산업을 유인한다. 지역이 성장하면 인구 및 산업발달을 유지시키기 위한 사회간접자본이 발달하게 되며, 산업발전과 고용확대는 구매력을 증대시키면서 누적적으로 자본과 기업가를 끌어들인다. 이를 토대로 발전하게 되는 서비스산업과 지역시장의 확대는 복지수준을 향상시키면서 재정확대를 가져오고, 이는 다시 사회간접자본에 투자되어 성장지역은 누적적인 인과관계를 토대로 더욱 성장하게 된다는 것이다. 즉, 성장산업의 집

그림 5-2 순환적-누적적 인과관계

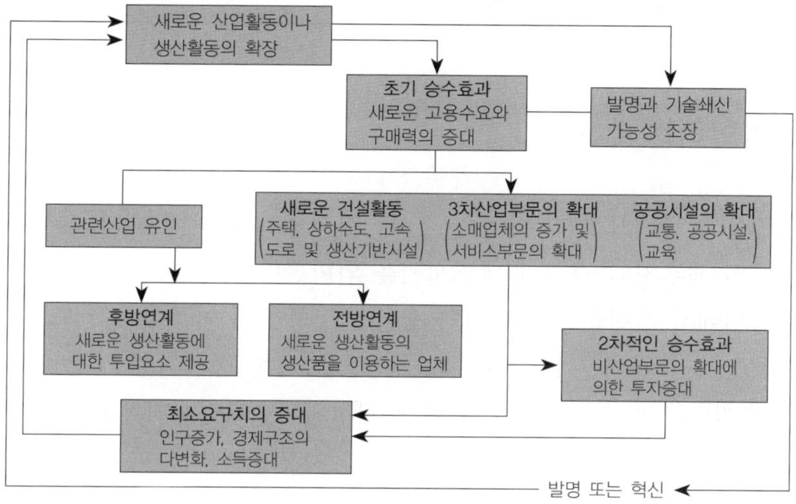

중과 집적은 네트워킹을 통한 승수효과를 가져오고, 이는 집적경제를 발전시키는 메커니즘을 형성시키면서 누적적인 지역혁신을 유도한다.

우리나라에서 서울을 중심으로 하는 수도권과 부산을 중심으로 하는 부산권이 다른 지역에 비해 발전한 이유 역시 1960년대부터 시작된 경제개발계획에서 서울과 부산을 중심으로 역류현상이 심화된 때문이다. 이후 고도의 경제성장기를 지나면서 수도권과 부산권의 산업발전과 고용확대가 두드러지면서 지역불균형의 문제가 태동했다. 그러나 우리가 살고 있는 현대사회는 공업화를 통해 경제발전 및 지역개발을 달성하는 사회가 아니다. 과학기술 수준의 발달과 함께 기술혁신이 이루어지고 산업발전이 가능해진 사회이다. 따라서 세계화를 선도할 수 있는 과학기술산업의 입지를 통해 지역불균형의 문제를 해결할 수 있는 대안적인 방안을 모색하는 것도 필요하다. 지금까지의 국토발전정책이 중앙정부 차원에서 특정지역에 대한 규제완화, 낙후지역의 개발사업 추진 등 물리적 개선을 중심으로 하는 하향식 정책으로 추진됨에 따라 실질적인 삶의 질을 개선하는 데에는 한계가 있었음을 간과해서는 안 될 것이다.

5.2 수도권의 과밀화

1 광역화하는 수도권

수도권은 일반적으로 한 나라의 정치 · 경제 · 사회 · 문화의 중심지이며, 수도가 주변의 배후지와 결합한 대도시권을 의미한다. 대도시권에서는 토지이용이라는 측면에서 주변의 위성도시와 생활권의 통합이 이루어지고 도시 기능이 광역화함에 따라 지역문제의 협동적인 해결을 위한 종합적인 성장 관리가 필요하다. 우리나라의 수도권은 1982년에 제정된 「수도권정비계획법」에서 지정한 서울특별시 · 인천광역시 · 경기도의 3개 시도를 의미하며, 수도인 서울과 그 주변지역으로 구성된 공간적 범위에 해당한다. 즉 수도권은 서울이 중심지로 기능하며, 서울의 주변에 분포하고 있는 지역이 기능적인 측면에서 서울의 배후지역에 포함되고 계층적 위계질서를 형성함으로써 하나의 통합된 결절지역을 형성하고 있다.

우리나라에서 수도권 집중문제는 다양한 균형발전 정책의 실시에도 불구하고 여전히 공간정책의 중요한 이슈로 남아 있다. 미래의 국가 발전을 좌우할 것으로 간주되는 문화산업 및 연구개발 부문 등 창조산업 분야가 수도권에 집중함에 따라 장래에는 새로운 지역불균형 양상이 심화될 가능성도 배제할 수 없다. 서울은 축적된 경험과 지식이 집적해 있으며 자원의 우위로 인해 경제적 · 사회적 · 문화적 기회가 상대적으로 많은 도시이다. 이러한 특징은 사람과 자본을 수도 서울로 집중시키는 요인으로 작용한다. 우리 국토에서의 지역격차는 수도권-비수도권 간의 격차가 가장 심각한 것으로 알려져 있다. 그 뒤를 이어 도시-농촌 간 격차, 대도시-중소도시 간 격차, 광역시도간 격차가 심화되었다. 지역 격차를 심화시킨 첫 번째 요인은 산업경제 부문이었고, 그 다음으로 기회여건이나 사회기반 시설의 차이 등이 있다.

우리나라에서 1960년대 초반부터 시작된 경제개발계획은 서울과 인천을 축으로 하는 공업지대를 형성시켰다. 한편 경인지방을 중심으로 산업입지가 가속화하고 공업화 및 도시화가 급속히 진행됨에 따라 서울과 연결관계를 형성하는 지역의 공간범위가 광역화했고, 수도권이라는 용어가 본격적으로 사용되기에 이르렀다. 이 과정에서 급속한 공업화와 도시화가 진행됨에 따라 수도 서울로의 인구 및 산업집중은 더욱 가속화되었다.

1970년대에 들어서면서 서울로의 집중도가 더욱 증가함에 따라 서울 내부에서도 환경문제 · 토지문제 등을 비롯한 여러 문제점이 발생하고 수도권과 비수도권간의 격차가 확대되었다. 이에 따라 서울에 입지하고 있는 일부 기능을 서울 이외의 지역으로 이전했는데, 이로 인해 기능이 이전해 간 도시는 서울과의 기능적 연계가 오히려 강화되기도 했다. 게다가 고속도로 건설을 통해 지방도시와의 접근도가 개선됨에 따라 서울의 지배하에 놓이게 된 수도권의 범위는 외연적으로 더욱 확대되기에 이르렀다. 수도권은 공간적 확대뿐만 아니라 기능적인 측면에서도 점차 비대해지고 있다. 1970년대 이전까지만 해도 서울로의 집중이 우리 국토의 문제로 인식되었지만, 지금은 서울의 영향력 확대와 수도권의 광역화로 인해 그 문제의 영역이 수도권으로 확대되었다.

우리나라의 수도권 집중현상은 1970년대 이후부터 매우 빠른 속도로 진행되었다. 수도권에는 국가공공기관을 비롯하여 인구 · 각종 경제활동 · 중추관리기능 · 지식기반산업 · 취업기회 등이 집중되어 있으며, 이는 수도권과 비수도권간의 기회격차를 일으키는 중요한 원인이 되었다. 따라서 전술한 바 있는 우리나라의 지역불균형 현상은 수도권의 과밀화 현상으로도 일부가 설명될 수 있다.

2 비대해지는 수도권

수도권의 집중 현상을 가장 잘 보여주는 지표는 아마도 인구의 집중도일 것이다. 수도권의 범위를 명확하게 설정하기는 어렵지만, 여기에서는 수도권의 범위를 전술한 서울 · 인천 · 경기도로 한정하여 인구규모의 변화를 살펴보기로 한다. 수도권의 인구규모는 1960년만 해도 519만 명으로 전국 인구의 20.8%에 지나지 않았다. 그러나 공업화와 산업화가 진행되고 수도 서울을 중심으로 개발이 본격화함에 따라 1980년대에는 수도권에 거주하는 인구규모가 1,438만 명으로 증가하여 전국에서 차지하는 비중이 38.4%로 증가했다. 그리고 2000년에는 2,135만 명이 거주함에 따라 전국 인구 대비 46.3%가 수도권에 집중되어 있는 양상을 나타내었다. 수도권의 인구는 2010년에 실시되었던 인구주택총조사 자료에 따르면 전국 인구의 49.2%를 차지했던 것이 2015년에는 49.5%로 상승했다(그림 5-3), 2015년 말 기준으로 수도권의 인구는 2,527만 명을 기록했다. 수도권의 인구증가로 인해 당초에는 2011년이 되면 수도권의 인구가 전국 인구에서 차지하는 비중이 50%를 상회할 것으로 예측된 바 있다.

행정중심복합도시를 비롯하여 혁신도시와 기업도시가 비수도권에 입지함에 따라 수도권의 주요 기능을 비수도권으로 분산시키게 되었고, 이로 인해 수도권의 인구 비중은 증가 속도가 완화되었다. 우리나라에서 수도권 과밀화를 해소하기 위하여 비수도권에 기업도시 및 혁신도시를 건설하여 분산화 정책을

그림 5-3 수도권 인구 비율의 변화

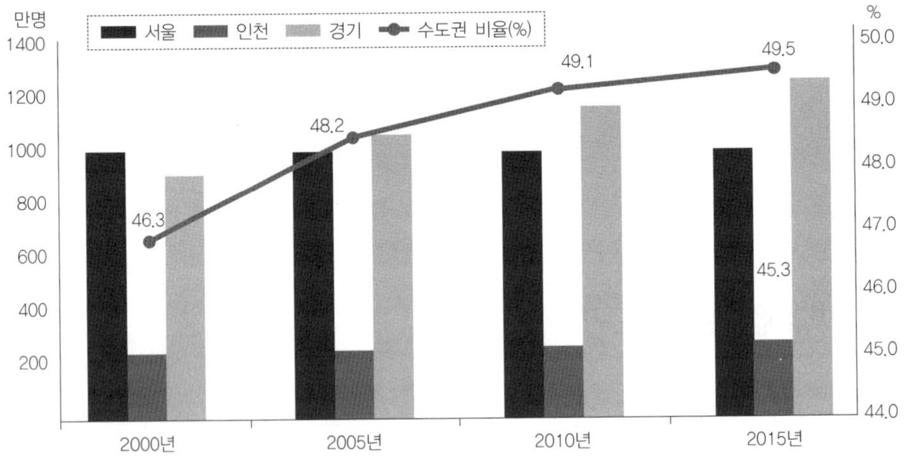

출처: 통계청(2016).

실시했음에도 불구하고, 수도권의 인구집중도는 꾸준히 증가하는 아이러니가 발생한 것이다. 수도권에서 서울의 인구가 감소하는 반면 인천과 경기도의 인구는 증가 추세를 보이는 점도 특징적이다. 대도시 주변지역에서 주거지 교내화 현상이 진전됨에 따라 서울에서 유출되는 인구가 인천이나 경기도로 유입된 것도 서울의 인구감소를 설명해주는 요소이다. 그럼에도 수도권의 면적이 우리나라 국토 면적의 11.8%에 불과한 것을 고려한다면, 수도권으로의 인구집중도가 대단히 큰 것임을 짐작할 수 있다. 인구의 수도권 집중현상이 심한 것으로 알려진 일본에서는 도쿄를 중심으로 하는 수도권의 인구 비중이 27.8%, 런던을 중심으로 하는 영국에서는 26.0%, 파리를 중심으로 하는 프랑스에서는 19.0%인 것을 감안하면, 우리나라 수도권의 인구집중도가 매우 크다는 것을 알 수 있다.

수도권으로의 인구집중 현상이 지속된 것은 인구의 자연적 증가 보다는 사회적 증가에 기인한다. 즉 비수도권에서 수도권으로 이주해 오는 전입자의 규모가 매년 크게 증가했기 때문이다. 1960년부터 2015년 사이에 우리나라의 인구는 2,499만명에서 5,107만명으로 약 2,708만 명이 증가했다. 같은 기간 동안 수도권의 인구는 519만 여명에서 2,527만 여명으로 약 2천만 명이 증가했다. 즉 55년 동안 수도권에서 증가한 인구규모는 출생과 사망에 따른 자연적 증가만으로는 설명이 불가능하며 비수도권에서 수도권으로 전입해 온 사회적 증가와 더불어 설명이 가능하다. 비수도권에서 수도권으로 이주하는 인구집단의 특징은 교육수준이 높을수록, 이전 주거지에서의 평균소득이 낮을수록, 연령이 낮은 미혼자일수록 이주경향이 강한 것으로 알려져 있다. 수도권으로 이주해온 사람들의 평균적인 주거 수준은 수도권에 계속 거주하던 사람들의 그것보다 훨씬 낮다는 연구도 있다. 그리고 수도권에서 멀리 떨어진 호남지방이나 영남지방일수록 수도권으로의 이주경향이 낮아진다. 인천으로 이주해오는 내국인 이주자들은 비수도권에서 출생하여 서울이나 경기도에 일시적으로 거주하다가 인천으로 이주하는 사람이 많다.

수도권의 인구집중은 각종 경제활동 및 생활기반의 집중과 연관된다. 경제기능과 정보기능은 모두 수도권 집중도가 70%를 넘어섰고, 국제화기능도 80%

표 5-3 주요 지표의 수도권 집중도

구 분		전국 (A)	수도권				집중도 (%) B/A
			합계(B)	서울	인천	경기	
면적(㎢)[2]		100,411	11,818	605	1,041	10,172	11.8
인구(명)[2]		51,826,059	25,797,418	9,765,623	2,954,642	13,077,153	49.8
산업	취업자(천명)	26,822	13,445	5,080	1,575	6,790	50.1
	실업자(천명)	1,073	592	254	70	268	55.2
	지역총생산 (십억원)	1,731,544	870,508	372,110	84,059	414,339	50.3
제조업[1]	사업체(개)	69,790	33,677	4,225	4,711	24,741	48.3
	종업원(명)	2,966,221	1,203,693	104,080	181,499	918,114	40.6
	출하액(십억원)	1,515,028	505,642	31,325	71,659	402,658	33.4
서비스업	사업체(개)	2,862,642	1,339,874	609,803	133,245	596,826	46.8
	종업원(명)	11,714,064	6,372,736	3,332,052	521,875	2,518,809	54.4
	매출액(십억원)	2,041,511	1,312,453	779,218	102,448	430,787	64.3
대학교[2]	학교수(개)	229	87	44	6	37	38.0
	학생수(명)	2,065,646	799,865	516,337	45,513	238,015	38.7
금융[2]	예금(십억원)	1,384,987	979,887	728,762	44,338	206,787	70.8
	대출(십억원)	1,600,280	1,043,602	607,389	85,660	350,553	65.2

주 1: 제조업은 종업원 10명 이상의 사업체만 포함.
주 2: 면적, 인구, 대학교, 금융은 2018년 기준. 그 외는 2017년 기준.
출처: 대학교는 대학알리미. 그 외는 국가통계포털.

이상이 수도권에 집중되어 있다. 취업자 · 제조업 사업체 및 종사자 · 서비스 사업체 및 종사자 등의 수도권 집중도는 40%를 넘어섰다(표 5-3). 서비스 매출액 · 예금 및 대출은 전국의 60% 이상이 수도권에 집중해 있다. 이와 함께 공공청사의 수도권 집중도는 80%를 훨씬 웃돌았지만, 행정중심복합도시와 혁신도시의 건설을 계기로 집중도가 다소 완화되었다. 대부분의 고부가가치 산업이 수도권에 집중해 있고 노동력과 자본이 수도권으로 유입됨에 따라, 비수도권에서는 발전 잠재력을 서서히 상실해가는 양상을 보이기도 한다. 이러한 현상은 수도권에 우리나라 인구의 절반이 모여 있기 때문에 당연한 것일지도 모른다.

2019년 기준으로 우리나라의 상장기업 2,281개사 가운데 수도권에 소재하는 기업은 서울 919개, 인천 81개, 경기 627개 등 모두 1,627개로 전체의 71.3%를 기록했다. 특히 서울로의 집중도는 40.3%를 기록하여, 서울은 물론 수도권으로 상장기업 집중도 역시 매년 상승 추세를 보인다. 상장기업의 시가총액을 기준으로 살펴보면 수도권에 입지한 상장기업의 시가총액이 1,216조원으로 국내 상장기업 전체의 시가총액 1,444조원의 84%를 상회했다.

수도권 집중은 비수도권 대학의 황폐화에도 큰 영향을 미쳐, 소위 지방대학의 정원 미충원 문제를 비롯하여 학생들의 중도 이탈 현상도 현저해졌다. "말은 제주로 보내고 사람은 서울로 보내라."는 말처럼 우수 인재의 유출은 지방대학 황폐화의 주범으로 자리 잡아 가고 있다. 지방대학의 공동화는 지역사회의 자생력을 약화시키는 요인이다. 수도권에 인구가 집중하는 원인으로는 교육문제 · 경제적 이유 · 생활의 편리함 · 문화적 혜택 등이고, 지방에서 인구가 유출되는 원인은 취업기회 부족이 가장 큰 비중을 차지하고 그 뒤를 이어 문화체육시설 부족 · 교육문제 등이다. 고임금, 대기업 일자리 등 양질의 일자리 비중은 수도권이 가장 높다. 금융보험 및 방송통신 등을 포함하는 고임금 산업의 일자리 가운데 수도권이 차지하는 비중은 59%에 달하며 매년 증가 추세를 보인다. 종업원 300명 이상의 대기업 일자리 역시 수도권에 58%가 몰려 있다.

경제성장과 그에 따른 산업구조의 변화 및 기업구조의 변화는 국민 생활양식에 커다란 변화를 유발했으며, 경제성장에 따른 산업구조의 고도화는 지방도시에 거주하는 인구의 이동가능성을 높이는데 영향을 미쳤다. 인구 이동은 대도시권으로의 이동이 주요한 흐름이며, 이는 서울로의 일극집중과 대도시권에의 기능 및 인구집중을 가속화시켰다. 이러한 흐름은 탈공업사회 · 서비스경제화 등을 촉진시켰지만 다른 한편으로는 비수도권에 입지한 도시의 인구감소는 물론 과소화와 핵가족화를 유발하기도 했다.

③ 과밀화의 문제 해결 방안

수도권의 과대성장은 비수도권 국민들로 하여금 상대적 박탈감과 소외감을 안겨 주기에 충분하다. 중앙정부의 수도권 집중억제 정책과 비수도권에 대한 정책적 지원에도 불구하고 수도권 집중의 문제는 여러 부문에 걸쳐 심화되고 있다. 수도권 집중의 문제는 사회적 균열을 심각하게 초래할 수 있는 문제로 인식되기도 한다. 수도권과 비수도권 간 각종 격차의 문제는 기회의 차이에서 비롯되었다. 국가내의 대부분 자원과 정보가 서울을 중심으로 형성된 수도권에서 집중적으로 생산되고 수도권 주민을 중심으로 분배되기 때문이다. 수도권 중심의 분배구조 하에서 비수도권 주민들과 수도권 주민들 간 기회의 불평등이 발생하게 되며 기회의 불평등은 다시 각종 사회 · 경제적 불평등 구조를 강화시키고 있다. 수도권으로의 집중을 방지하기 위해서는 비수도권에 더 많은 일자리가 창출되고 생활여건의 개선을 통해 수도권으로의 이주를 감소시키는 것이 급선무일지도 모른다.

2000년대 후반 들어 지역균형발전이라는 명분으로 수도권의 투자를 억제하고 비수도권 투자에 인센티브를 제공하는 제도가 시행됨에 따라, 일자리의 수는 수도권보다 비수도권에서 더 많이 증가하기도 했다. 그럼에도 경제부문, 사회 · 인프라 부문, 혁신부문에 걸쳐 수도권과 비수도권의 격차는 심화되었다. 양적인 측면은 물론 질적인 측면에서도 수도권으로의 지나친 쏠림현상을 막을 수 있는 방안을 강구해야 할 것이다. 그러나 이것이 수도권에 집중해 있는 기능을 비수도권으로 이전해야 함을 의미하는 것은 아니다. 혁신도시를 건설하여 수도권에 집중된 공기업을 지방으로 이전시킴으로써 국가 균형발전을 달성하겠다는 사고는 현재와 같은 세계화시대의 흐름에 역행하는 것이기 때문이다. 많은 쪽에서 덜어내어 부족한 쪽을 채워주는 균형이 아닌 많은 쪽에서 덜어냄이 없이 부족한 쪽을 채워줄 수 있는 방안이 필요하다.

수도권으로 각종 기능이 집중함에 따라 사회적 비용 발생의 문제가 생겨난다. 수도권으로 집중하는 기능을 수용하기 위한 개발 행위가 무분별하게 이루어짐에 따른 난개발의 문제가 발생하고 있으며, 이는 곧 환경비용의 증대를 유발했다. 이에 따른 사회적 비용도 매년 증가하는 경향을 보인다. 수도권은 정치 · 행정 · 문화 · 사회 등 모든 분야의 중심지로서 중추관리기능 및 정보 · 사회서비스업 등의 다양한 경제활동 여건이 양호하여 입지수요가 증가하는 곳이다. 이에 따라 교통시설, 환경시설 등에 대한 추가적인 기반시설 수요가 발생하고, 교통정체와 공해문제 등을 해소하기 위한 사회적 비용의 발생이 불가피하다.

거점도시 미발달로 인한 국가전체의 효율성 저하의 문제도 고려해야 할 것이며, 수도권의 과도한 집중에 따른 외부 불경제현상이 발생을 막을 수 있는 방안도 마련해야 한다. 국토 면적의 11.8%에 불과한 지역에 전국 인구의 과반수가 집중하고 생산요소들이 과밀화게 모여드는 반면 비수도권은 발전 수준이 낮을 뿐만 아니라 인구유출로 인한 과소화 현상이 우려된다. 수도권의 자원배분과 경제력 집중에 따른 지역 격차 확대는 지역불균형과 지역 소외감 및 상실감을 확산시키고 국민통합에 장애물로 작용함으로써, 사회 전반적인 효율성 저하를 초래할 것이다.

침체의 악순환으로 지방경제권이 붕괴위기에 직면하는 문제에도 유연하게 대처할 수 있어야 한다. 수도권에 일자리가 집중되고 비수도권에서 벌어들인 소득의 대부분이 수도권에서 소비되면서 수도권과 비수도권 간 사회 · 경제적 집중도의 간극이 더욱 확대되고 있다. 고향에서 취업기회를 얻지 못한 청년들이 수도권으로 몰리면서 지방도시에서 대졸이상의 고급인력 유출은 심각한 수준이며, 중소기업 인력난, 혁신역량 저하 등이 초래된다.

우리나라가 균형발전을 이루지 못하고 불균형상태를 이어 오는데 가장 큰 영향을 미친 요인은 수도권 집중과 수도권의 대도시문제에 있을 것이다. 이미 살펴본 바와 같이 서울을 비롯한 수도권의 대도시문제는 세계 여러 나라의 수도권 문제와 유사한 맥락에서 접근할 수 있다. 우리나라의 수도권 정책은 다양하고 강력한 분산화 정책에도 불구하고 실효성 있는 정책이 되지 못한 게 현실이다. 수도권 규제정책은 지속적인 규제완화 과정이었으며 장래에도 수도권의 규제를 통하여 과밀을 억제하면서 균형발전을 달성할 것이라고 기대하기는 어려울 것이다.

2000년대 들어 정부에서는 수도권 과밀화를 해소하고 국가균형발전을 실현하기 위한 계획의 일환으로 신행정수도 건설 계획, 행정중심복합도시 건설, 공공기관의 지방이전을 통한 혁신도시 건설, 민간부문의 투자를 활성화하는 기업도시 건설, 지방대학의 역량강화 사업(NURI사업) 등을 실시했다. 2008년 이후에는 광역경제권 및 초광역개발권을 설정하여 개발계획을 수립함으로써 수도권과 비수도권의 격차를 해소하고 균형발전을 도모하고 있다. 이러한 사업들은 기존의 국가주도형 경제발전전략에서 지역의 개별역량 강화와 지방의 잠재력 발굴을 촉진하는 정책으로 전환되면서 국가 발전의 근간으로 채택되었다.

그 동안 우리나라에서는 수도권 집중을 억제했음에도 불구하고 이에 상응하는 균형발전정책이 연계되지 못하여 실효성 있는 정책을 실현하지 못했다. 지방의 발전을 촉진할 수 있는 내생적인 발전전략이 마련되지 않은 상태에서 집적의 이익이 존재하는 수도권에 대한 물리적인 규제만으로는 균형발전의 효과를 기대하기 어렵다. 이에 따라 수도권 정책은 규제의 대상이었지만 결과적으로는 수도권 규제를 완화하면서 수도권 집중현상을 유발하게 된 것이다. 수도권 분산화 정책의 실패 원인은 공간적이고 물리적인 수도권 규제정책의 실패뿐만 아니라 분권화 정책의 실패에서도 그 원인을 찾아볼 수 있다.

근래에 일각에서는 수도권 규제에 대한 비판의 움직임이 일어나기 시작하였고 국제경쟁력 강화를 위해서는 수도권 개발을 촉진시켜야 한다는 논리가 등장했다. 국가적으로는 국제경쟁력 강화에 관심이 집중되었고 동북아 경제중심국가 전략, 외국인 투자지역 및 경제자유구역 지정 등 수도권 억제정책과는 상반되는 일련의 시책이 대두되기 시작했다.

따라서 균형발전을 달성하기 위해서는 첫째, 전국토의 성장잠재력을 극대화할 필요가 있다. 둘째, 신성장동력을 발굴하여 지역의 특화발전을 도모해야 한다. 지역발전을 견인할 수 있는 선도프로젝트를 추진하거나 전략산업 분야간 연계를 통한 신산업 창출이 이루어져야 한다. 셋째, 중앙정부의 권한을 지방에 이양하여야 한다. 지방자치단체에 행정적 · 재정적 권한을 이양하고 지방분권을 강화하는 것이 지역발전이 초석이다. 넷째, 수도권과 비수도권이 동반하여 상생 발전을 도모하여야 한다. 지방발전과 연계하여 점진적으로 수도권의 규제를 개선하고, 지방에 기업유치 및 투자유치를 확대가 필요하다.

5.3 생활환경이 열악한 낙후지역

1 저조한 개발수준

낙후지역(distressed area)이란 성장과 발전이 이루어지는 지역에 대한 반대의 개념으로 이해할 수 있으며, 핵심기능의 입지에 따라 지속적인 성장을 경험하고 있는 성장지역에 대비되는 표현이기도 하다. 그러나 낙후지역을 명확하게 정의하기는 어려운 일이다. 낙후지역이란 용어는 침체를 보이는 침체지역 또는 쇠퇴지역, 성장 자체가 거의 없었던 저개발지역, 성장이 느린 농촌지역, 고립되어 있는 산간오지 등에 두루 사용되고 있다. 일반적으로는 L. H. Klaassen(1965)이 제시한 개념이 알려져 있는데, 그는 낙후지역을 경제적 측면에서 고용과 소득수준이 다른 지역 또는 국가 전체 수준에 비해 상대적으로 불리한 처지에 있는 지역이라 정의했다. 즉 낙후지역의 개념은 상대적이고 가변적인 것이다.

우리나라에서 낙후지역에 대한 법적인 개념 정의는 2009년에 사라졌다. 공식적으로 낙후지역이란 용어를 사용하지 않음으로써 때로는 낙후지역의 개념에 대한 모호성을 증가시키는 문제가 발생하기도 한다. 기존에 정의된 개념에 따르면 낙후지역은 오지, 개발대상도서, 접경지역, 개발촉진지구에 해당하는 지역이다. 여기에 인구변화 · 재정상황 · 소득수준 등의 지표를 종합적으로 평가하여 생활환경이 열악하고 개발수준이 현저하게 저조한 지역이 낙후지역에 포함된다.

법령의 규정과는 별도로 일반적으로 논의되는 낙후지역의 개념은 다양하다. 여기에서는 몇 가지만 소개하기로 하겠다. 첫째, 여타지역에 비해 소득수준이 현저히 낮고 자력으로 성장동력을 창출하기 어려워 성장이 정체되거나 다른 지역과의 성장격차가 확대된 지역을 낙후지역으로 정의하는 것이 일반적이다. 둘째, 기초수요가 전국 최소수준에 미치지 못하여 주민들이 누리는 삶의 질이 저하된 지역을 낙후지역으로 정의하기도 한다. 마지막으로 발전지역에 대한 상대적인 개념으로 파악하여 발전지역에 비해 경쟁력이 떨어지는 지역, 인구가 유출되고 경제기반이 부족하여 활력이 없을 뿐만 아니라 재정이 취약한 지역으로 정의하는 견해도 있다.

우리나라는 지난 50여 년 간의 짧은 성장기간 동안 효율성에 입각한 국토발전전략을 추진했다. 그 결과, 대도시를 중심으로 하는 도시권의 과밀현상은 심화된 반면 농산어촌을 포함한 비도시지역은 인구감소, 생활환경 및 복지기반의 취약, 노령화 진전 등으로 지역의 활력이 크게 저하되는 낙후지역으로 변모해가고 있는 실정이다. 우리나라는 고속성장을 경험하는 과정에서 서울을 중심으로 하는 수도권, 부산과 임해지역을 중심으로 하는 동남권, 서울에서 부산으로 이어지는 경부측 등의 거점개발방식에 의한 지역개발을 실시했다. 개발정책은 국토공간의 불균형적인 성장을 심화시키는 동시에 지역개발에서 소외된 지역을 낙후시키는 요인으로 작용했다. 우리나라에서 소외지역을 개발하기 위한 낙후지역 개발정책이 1970년대부터 시작된 것도 이러한 연유에서이다.

〈표 5-4〉에서 알 수 있는 바와 같이, 우리나라에서는 성장촉진지역과 특수상황지역을 낙후지역으로 간주한다. 이들 두 유형에 포함되는 시군은 서울에서 부산으로 이어지는 경부축에 어긋나는 비경부축에 집중적으로 분포한다. 제4장에서 살펴본 바 있는 것처럼, 지방소도시의 정체 현상을 보여주는 지역들이라 해도 무방하다. 대부분 지역이 강원 동북부에서 시작하여 강원 남부와 경북 북부를 지나 충북 남부, 전라남북도, 경남 서부에 걸쳐 있다. 1960년대부터 본격적으로 진행되었던 경부축 위주의 개발이 그로부터 소외된 지역을 낙후시키는 원인이 되었다.

성장촉진지역은 국가적 차원에서 다른 지역에 비해 인구밀도와 소득수준이 낮고 접근성이 불량하여 인구가 감소하고 있는 지역으로 상대적 개념의 낙후지역이다. 2009년의 「국가균형발전특별법」 시행령에 따라 수도권과 제주특별자치도를 제외한 7개 도의 70개 시군(11시 59군)이 성장촉진지역으로 지정되었다. 2009년에 성장촉진지역에 포함되었던 전남 무안군은 2014년에 지정 해제된 반면 충남 태안군이 새롭게 지정되어 70개 시군에는 변화가 없다. 2019

표 5-4 우리나라의 성장촉진지역과 특수상황지역

시도	성장촉진지역	특수상황지역	
		접경지역	도서지역
인천		강화군 옹진군	중구 강화군 옹진군
경기		고양시 파주시 김포시 포천시 동두천시 양주시 연천군	안산시 화성시
강원	태백시 삼척시 횡성군 영월군 평창군 정선군 양양군	춘천시 철원군 화천군 양구군 인제군 고성군	
충북	보은군 영동군 괴산군 단양군 옥천군		
충남	서천군 금산군 부여군 청양군 예산군 태안군		보령시 서산시 당진시 태안군 홍성군
전북	남원시 김제시 정읍시 진안군 무주군 장수군 임실군 순창군 고창군 부안군		군산시
전남	나주시 담양군 곡성군 구례군 고흥군 보성군 화순군 장흥군 강진군 해남군 함평군 장성군 완도군 진도군 신안군 영광군		목포시 여수시
경북	상주시 문경시 영천시 영주시 군위군 의성군 청송군 영양군 영덕군 청도군 고령군 성주군 예천군 봉화군 울진군 울릉군 영천시 영주시		
경남	밀양시 의령군 창녕군 고성군 남해군 하동군 산청군 함양군 거창군 합천군		창원시 통영시 사천시 거제시
제주			제주시 서귀포시
합계	70개 시군	15개 시군	19개 시군구

출처: 행정안전부.

년 기준 우리나라의 기초자치단체에 해당하는 군이 82개인데, 광역시와 경기도에 자리한 8개를 제외하면 농촌적 성격을 보이는 군의 대부분이 성장촉진지역으로 지정됨 셈이다. 성장촉진지역에 포함된 11개의 도시는 도시지역과 농

촌지역이 공존하는 도농복합형태의 도시이다. 수도권이나 부산권에 입지한 도농복합시는 발전양상을 보이기도 하지만, 그 이외의 지역에 자리한 도농복합시는 전체적인 침체현상을 경험하고 있다. 또한 도농복합시내에서는 도시지역으로의 쏠림현상이 심화되면서 농촌지역의 침체현상은 더욱 심화되고 있다. 이들 지역에 대해서는 기존에 이루어지던 정부주도의 하향식 지원을 지양하고 소규모의 주민밀착형 사업을 실시한다. 또한 주민참여형 상향식 지원을 통해 지방자치단체간 자발적 경쟁을 유도함으로써 지역발전을 도모한다.

우리나라 중앙정부에서는 성장촉진지역의 발전을 지원하기 위하여 대규모의 사회간접자본(SOC) 사업 위주의 개발정책을 실시했지만, 근래에는 주민들의 실생활과 밀접한 소규모의 하드워에-소프트웨어 융복합 사업을 지원함으로써 주민의 생활 불편을 해소하는 정책을 추진하기 시작했다.

특수상황지역은 남북분단 및 접경이라는 특수한 상황으로 인해 규제를 받거나, 섬이라는 특수성으로 인해 접근성이 불량하여 발전수준이 낮은 지역이다. 특수상황지역에는 비무장지대 및 해상의 북방한계선에 접해 있는 15개 시군이 접경지역으로 분류되었고, 섬 가운데 성장촉진지역에 포함되지 않은 19개 시군구의 186개 도서가 포함된다. 이들 지역에서는 기초생활 기반확충사업을 비롯하여, 지역소득증대, 지역경관개선, 지역역량강화 등의 사업이 국고와 지방비의 지원을 받아 실시된다. 그러나 성장촉진지역에 포함된 시군보다 낙후되지 않았음에도, 특수상황지역이라는 이유만으로 일부 도시를 낙후지역으로 정의하는 것은 현실적으로 논란의 여지를 남긴다.

낙후지역에서 볼 수 있는 가장 두드러진 특징은 인구감소에 따른 지역 변화이다. 낙후지역의 연평균 인구증가율이 전국 평균에 미치지 못하는 것은 말할 필요도 없고, 인구가 증가하는 지역이 거의 없다. 경제침체로 인한 인구감소는 양질의 인적자원을 타 지역으로 유출시키면서 노년층의 비율을 상승시키는 요인으로 작용한다. 인구증가율은 지역내 사업체수 및 종사자수 증가와도 매우 유의미한 상관관계를 가진다. 낙후지역은 경제활동인구에 해당하는 연령층에서 인구가 감소함에 따라 자연스럽게 고령화가 심화되었다. 낙후지역 전체의 노인인구비율은 우리나라 전체의 노인인구비율을 두 배 이상 앞지른다.

게다가 낙후지역은 다양한 요소가 지역발전의 걸림돌로 작용하면서 스스로 자립할만한 재정기반을 확충하지 못한 실정이다.

② 성장 잠재력의 극대화 방안 모색

낙후지역이 주는 가장 큰 문제점은 저개발지역이 독자적으로 낙후성을 쉽게 해소할 수 없다는 점이다. 낙후지역에 대한 성장정책이 추진되지 않는 국가가 거의 없을 정도로 낙후성 극복을 위한 노력이 전개되어 왔으나, 성장지역과의 격차를 쉽게 해소하지 못하고 있다. 낙후지역의 개발에서는 제로섬(zero sum)의 논리가 작용하는 것으로 볼 수 있다. 국가적 측면에서 불균등한 발전은 어쩔 수 없는 현상이다. 일부 낙후지역에 대한 집중적인 육성에 따라 그 낙후지역의 발전은 이루어지나, 다른 성장지역의 침체가 나타나게 되고 또한 지속적으로 낙후성을 보이는 지역의 침체는 더욱 심화되게 된다.

낙후지역의 개발은 낙후지역의 주거환경개선, 소득증대 등 삶의 질을 향상시키기 위한 물적 · 인적 투자와 제반 노력을 의미하고, 개발의 필요성은 형평성의 관점과 효율성의 관점에서 고찰할 수 있다. 형평성의 관점에서는 국토공간의 균형발전과 이를 통한 지역주민의 균등한 복지향상이 필수적이다. 국토의 불균형 발전은 개발에서 소외된 지역에 거주하는 주민들의 복지수준 저하로 이어지며, 이는 결국 인적 · 물적 자원을 성장지역으로 유출시키는 요인이 된다. 즉 낙후지역은 개발 잠재력이 지속적으로 유출됨에 따라 자체적인 성장동력의 창출을 기대하기 어려운 실정이다.

효율성의 관점은 국가가 보유하고 있는 자원의 효율적인 활용과 관계되는 것으로 낙후지역의 토지와 같은 자연자원 및 관광자원 등의 장소자산을 적극적으로 활용하고 이용하는 것이다. 낙후지역이 보유하고 있는 장소자산을 적극적으로 활용함으로써 낙후지역의 소득증대는 물론 주민들의 삶의 질 향상도 기대할 수 있게 된다. 한편 발전지역의 과도한 밀집은 오히려 비효율적이라는 입장이다. 특정 지역에서 집중적으로 이루어지는 성장은 인구 및 산업의 집중을 유발하여 각종 혼잡비용을 유발하게 되고, 과밀로 인한 물류비용, 공해 처리에 소요되는 환경비용, 노동력 수급 문제, 주택난 등 각종 문제를 유발하기 때문이다. 성장잠재력이 외부로 유출되는 악순환 고리를 끊고 낙후지역의 수준을 향상시킬 수 있는 정책이 필요한 것도 이러한 이유 때문이다.

거점개발 및 대도시 위주의 지역발전이 진행되는 과정에서, 우리 국토에는 다양한 유형의 낙후지역이 등장하게 되었다. 정부에서는 낙후지역의 생활수준을 향상시키고 성장지역과의 격차를 최소화하기 위하여 1990년대에 접어들면서 본격적으로 낙후지역 개발사업을 추진해 왔다. 낙후지역 개발사업은 1986년에 당시 농림부에서 추진한 '농어촌정주개발사업'을 효시로 시작되었으며, 제3차 국토종합개발계획이 추진되면서 다양하게 전개되었다. 우리나라의 중앙정부에서 추진하는 낙후지역 발전정책의 중심은 기초생활권 정책에 연계하여 성장촉진지역 및 특수상황지역을 개발하는 것이다.

기초생활권은 지역 주민의 기본적인 삶의 질 향상을 효율적으로 추진하기 위하여 주민의 일상생활이 이루어지는 범위를 토대로 설정한 권역을 의미한다. 여기에는 성장촉진지역, 특수상황지역, 도시활력증진지역, 일반 농산어촌 등의 4가지 유형이 포함된다. 일반 농산어촌의 일부 시군이 성장촉진지역이기 때문에, 성장촉진지역으로 지정된 시군은 모두 일반 농산어촌에 해당한다. 사업 내용에는 지역발전을 위한 물리적 기반시설 구축뿐만 아니라 소프트웨어와 관련한 토대 조성도 포함되어 있다. 관광진흥, 특화상품 개발, 주민역량 강화를 비롯하여 신활력지원과 같은 부문은 소프트웨어의 성격이 강하다. 낙후지역 개발을 위해 필요한 구체적인 사업부문으로는 지역특화산업 육성, 첨단산업단지 및 물류단지 조성, 관광 및 숙박단지 조성, 문화 및 생태마을 조성, 지역생활환경 개선 등으로 우선 순위를 부여할 수 있겠다.

물리적 기반을 구축하는 것만으로는 낙후지역에 대한 기업투자 활성화, 일자리 창출, 지역경제 회생, 인구감소 완화와 같은 효과를 기대할 수 없다. 무엇보다도 낙후지역에서의 취약계층 및 그에 준하는 계층의 증가를 억제하면서 일자리와 소득원을 창출하고 공급하는 것이 중요하다. 이에 대해 일각에서는 낙후지역을 기반으로 하는 사회적기업의 육성이 필요하다는 주장도 제기되고 있다. 사회적기업은 취약계층을 배려하고 지역발전을 추구하는 사업조직이므로, 지역발전과 함께 그 효과가 취약계층에까지 파급되는 것을 전제로 한다는 점에서 내생적 지역발전 전략과도 흡사하다.

낙후지역 개발정책의 추진에서 나타나는 문제점도 간과할 수 없다. 사업의 추진 부처가 각기 다르게 구성되어 있을 뿐만 아니라 중앙정부와 지방정부간의 협력적 추진체계가 제대로 구축되어 있지 않다는 것과 재정적 문제점이 크게 대두된다. 따라서 지역개발 정책을 총괄적으로 조정하는 기능이 구비되어야 하고, 수립된 계획을 실행 가능하도록 해주는 재정적 뒷받침도 강화되어야 한다. 지방정부의 자율성과 책임성을 강조하는 동시에 지역특성을 반영한 지역개발이 추진될 필요가 있다.

낙후지역 개발 사업이 소규모의 행정구역 단위로 이루어지는 것이 경우에 따라서는 투자의 효율성을 저하시키면서 지역간 불필요한 경쟁을 유발할 개연성이 있다. 최근의 지역발전 정책이 행정경계를 크게 고려하지 않는 것처럼, 낙후지역 개발사업도 행정구역 단위의 발전에서 탈피하여 기능지역 단위의 발전을 추구해야 할 필요가 있다. 이러한 방법은 규모의 경제, 범위의 경제, 크기의 경제를 창출하는데 유익하다.

낙후지역의 발전을 위해서는 낙후지역의 낙후성에 대한 재인식이 요구된다. 절대적인 빈곤수준에서의 낙후성인지, 성장지역에서의 상대적인 낙후성인지에 대한 기준을 마련하는 것도 필요하다. 국민소득이 1만 달러 이상인 국가의 경우 대체로 상대적인 의미에서의 낙후지역에 해당한다. 낙후성을 극복하기 위해서 우선적으로 필요한 것은 물리적인 개발사업의 추진이 아닌 낙후지역 주민의 인식변화이다. 낙후성이 일시적인 개발 사업을 통해 극복되는 것이 아니므로, 장기적인 관점에서 지역 발전을 유인할 수 있는 지역만들기가 이루어져야 한다. 지역사회의 노력을 통한 이미지 개선과 지역정체성 확립은 낙후성을 점진적으로 탈피하고 소규모의 성장을 통한 지속적 발전을 도모하는 최선의 방법이 될 것이다. 지역의 역사와 문화에 토대를 둔 지역정체성은 지역주민의 협력과 참여를 바탕으로 이루어진다. 긍정적인 이미지로 구체화되는 지역정체성은 장기적인 측면에서 지역발전을 가져오는 핵심 요소로 작용하면서 지속가능한 발전의 토대를 형성한다.

지속가능한 발전은 경제적 효율성, 분배의 형평성, 환경의 지속성 등을 강조한다. 낙후성은 일시적인 현상이 아니라 장시간에 걸쳐 누적되어 형성된 것이므로 장기적이고 지속적인 개발효과를 인내하고 기다리는 마음도 필요하다. 지역사회가 능동적으로 참여하게 되면 자생적 발전을 통한 낙후성의 극복이 가능해진다. 지역의 문제를 해결하고 장소자산을 최대한 이용하는 방안을 모색할 필요도 있다. 여기에 낙후지역의 발전을 지속가능하게 해 주는 제도적 환경의 구비도 요구된다. 지역주민의 화합과 참여를 유도하는 제도적 환경이 조성될 때 발전가능성이 증대되기 때문이다.

2015년부터 우리나라의 중앙정부에서는 성장촉진지역과 특수상황지역의 개발을 지원하는 정책에 의해 투자선도지구라는 제도를 추진하기 시작했다. 투자선도지구는 발전 잠재력이 있는 지역의 전략사업을 발굴하여 집중적으로 지원함으로써 민간투자를 활성화하고 지역의 성장을 선도하여 낙후성을 극복하도록 하고자 하는 정책이다. 투자선도지구는 낙후지역을 부흥시킬 수 있는 핵심 엔진으로 인식된다. 일례로, 성장촉진지역에 해당하는 경남 고성군이 무인기 종합타운으로 지정된 사례 또는 전남 나주시가 빛가람 에너지클러스터로 지정된 사례가 있으며, 특수상황지역인 충남 보령군의 원산도가 해양관광 단지로 지정되었다.

5.4 다문화사회로의 진입

1 세계화와 다문화사회

오늘날의 세계는 다원화된 세계로 일컬어진다. 장소간의 거리 극복이 용이해지고 국가간 연계가 활발해짐에 따라 여태껏 자기 문화만을 고집하던 문화적 폐쇄성에서 벗어나 다른 문화를 접하는 개방성의 시대를 맞이한 것이다. 현대의 세계문화는 교통의 발달과 정보화의 진전에 힘입어 세계 도처에서 혼성 문화체가 형성되는 것을 촉진하고 있다. 지역의 고유성에 기초를 둔 문화가 세계적으로 퍼져나가면서 다양성이 공존하는 세계 문화로 자리하게 된 것이다.

특정 집단의 성원들이 오랫동안 공동생활을 하면서 형성시키는 문화는 특정한 자연환경과의 상호작용 속에서 기원했고 주변지역으로 공간적 확산을 이어간다. 문화가 특정지역에서 형성되었다면 그것은 시간의 흐름에 따라 새로운 시대적 조건과 환경적 변화에 적응하여 변화의 과정을 겪게 되는데, 이를 문화진화론이라고 한다. 우리 전통문화의 맥은 꾸준히 이어지지만 세부적 내용이 조금씩 변해가는 것이 한 예이다. 세계의 모든 문화는 세계화가 진행되면서 문화적 섞임 현상이 자연스럽게 발현된다.

특정 지역의 문화가 다른 지역의 문화와 접촉함으로써 생겨나는 문화변동의 속성은 크게 3가지로 고찰할 수 있다. 첫째, 문화제국주의는 문화의 지배-종속 관계에서 특정 문화가 토착문화를 대체하여 이식시키는 현상이다. 이는 세계 자본주의를 지배하던 미국의 다국적기업에 의해 주로 발생했으며, 지금은 세계적인 문화로 굳어지게 되었다. 도시의 젊은이들이 즐겨 찾는 맥도날드의 패스트푸드와 스타벅스의 커피를 예로 들 수 있다. 둘째, 문화민족주의는 문화제국주의에 대한 반발로서, 전파되어 온 문화의 수용에 완강히 저항하면서 토착문화를 보호하는 것이다. 이는 전통문화나 언어에 의해 만들어진 국가적 정체성에 초점을 맞춘다. 무슬림 국가에서 서구문화의 영향을 막기 위해 국제적 TV 방송을 제한하는 것이 대표적이다. 셋째, 문화혼합주의는 토착문화와 전파되어온 문화가 적절하게 절충되거나 혼합되면서 국가의 문화와 세계의 문화가 뚜렷한 경계를 형성하지 못하는 현상이다. R. Robertson(1992)은 이를 세계화라고 지칭했다. 우리나라 국민이 즐겨먹는 자장면이 문화혼합주의의 사례에 해당한다. 그 이유는 자장면은 중국의 음식문화와 우리나라의 음식문화가 혼합되어 만들어진 음식이기 때문이다.

다문화는 여러 나라의 생활양식이라는 의미이다. 이 용어가 처음으로 사용되기 시작한 시기는 1960년대 후반 캐나다에서이며, 캐나다는 1971년에 세계에서 처음으로 다문화주의(multiculturalism)를 채택한 국가이다. 캐나다 국민들의 인종이나 민족적 기원, 언어, 종교 성향 등을 고려하지 않고 모든 사람들의 가치를 존중해준 것이다. 그 후 다문화주의는 전 세계로 퍼져나가기 시작했으며, 모든 사람이 보편적 권리를 가지며 삶의 방식이 존중받아야 한다는 관점하에, 문화적 정체성, 사회적 평등, 경제적 효율성 등을 추구하기에 이르렀다. 다문화주의는 세계화가 진행됨에 따라 단일의 민족국가가 가지고 있던 문화를 서로 인정하고 교류하는 과정에서 필수적인 요소이다. 급속하게 통합되어 가는 현대의 세계사회에서 여러 국가의 문화를 이해하고 자유롭게 접할 수 있는 문화의 다양성을 살리기 위해 상호 존중과 문화적 차이에 대한 관용이 요구된다.

단일민족이라는 의식을 가지고 있는 우리나라는 자유주의적 다문화주의가 적용되기 어려운 환경을 가지고 있는 실정이다. 21세기 들어 활발하게 전개되고 있는 이주민 공동체의 활동이 다문화주의의 토대가 될 수 있지만, 우리나라의 이주민 공동체 활동은 활발하게 이루어지지 못하고 있는 실정이다. 우리나라는 인종 · 언어 · 문화 등이 다른 국가에 비해 상대적으로 동질적이다. 그러다 보니 외국인이나 이민자들은 나름의 차별을 받기도 하고, 한국 사회의 주류에 포함되는 것이 쉽지 않아 그들 스스로 주변화하는 경향도 나타난다. 그렇지만, 최근 들어 한국 사회에서도 다문화주의라는 용어가 자주 사용되고 있다. 우리 사회는 외국인 이주자가 증가하면서 단일민족의 틀을 벗어나 다민족 사회로 변화하고 있으며, 정부에서도 사회적 흐름에 순응하여 다문화주의에 근접한 사회정책을 펼치고 있다.

한국 사회가 오래전부터 직면했던 과제가 다문화주의 사회로 전환될 것인지를 결정하는 것이었다면, 급격히 변화하는 현재의 우리나라는 경제적 · 인구적 수요를 충족시키기 위해 어떠한 형태의 다문화사회를 채택할 것인가의 문제에 직면해 있다. 우리나라는 2010년이 지나면서 외국인이 100만 명을 넘어, 새로운 다문화주의 시대를 맞이하고 있다. 우리나라에 체류하는 외국인의 규모는 2014년에 150만 명을 넘어섰으며, 매년 5% 이상에 달하는 증가율을 기록하여 2018년에는 230만 명을 상회했다. 2018년 충청남도의 인구가 212만여 명임을 고려하면, 우리나라에 체류하는 외국인의 규모가 결코 작은 수준은

그림 5-4 서울시 이태원의 이슬람 성원

아니다. 외국인은 취업을 목적으로 이주해오는 경우가 가장 많으며, 그 뒤를 이어 결혼과 학업 등을 이유로 우리나라에 이주해 온다.

다문화주의가 펼쳐지는 다문화사회를 알아볼 수 있는 방법은 여러 가지가 있겠지만, 그 가운데 가장 쉬운 방법은 한 국가 또는 도시에 거주하는 외국인의 규모를 산출해 보는 것이다. 본서의 앞에서 살펴 본 세계도시를 측정할 수 있게 해주는 준거에 사회 · 문화적 준거가 포함되는데, 이는 주로 외국인 이주자의 규모나 비중을 통해 파악한다. 다문화를 기반으로 세계도시로 성장한 런던에 거주하는 외국인이 런던 전체 인구의 1/3 수준을 보이거나, 파리에서는 인구의 15% 가량이 외국인으로 구성되어 있다. 그러나 서울에 거주하는 외국인의 비중은 서울 인구의 3%를 조금 넘는 수준에 불과하다. 이러한 수치만으로도 서울을 비롯한 우리나라는 아직 다문화사회로 진입하지 못했음을 짐작할 수 있다. 외국인이 많아야 무조건 다문화사회를 이루는 것은 아니지만, 서로 다른 국적의 사람들이 한 공간에 어우러지는 것이 다문화사회의 필요조건임은 분명하다.

다문화사회를 확인할 수 있는 또 다른 방법은 가시적 경관을 통하는 것이다. 외국인은 동일한 국적 또는 종교를 지닌 집단끼리 그들만의 공동체를 형성하면서 특징적인 경관을 연출한다. 그림 5-4에 제시된 서울시 이태원의 이슬람 성원을 중심으로 형성된 지역의 도시경관이나 프랑스 출신들이 모여 사는 서래마을 등이 대표적이다. 최근에는 중국 국적의 이주가 활발해지면서 서울의 대림동이나 자양동을 중심으로 중국인으로 이루어진 외국인 공동체가 형성되었다. 외국인은 그들끼리의 사회적 네트워킹을 통해 사회적 거리 또는 사회적 관계를 형성하고 공간 점유을 통한 영역화를 시도하며 그 영역내에 존재하는 기존의 공간질서를 재편하기도 한다. 이러한 것을 가장 쉽게 확인할 수 있는 것은 도시경관이라 할 수 있다. 그리고 이주여성의 결혼 증가도 또 다른 다문화사회의 모습을 표출한다.

2 증가하는 외국인 이주자

현대도시에서는 세계화의 직접적인 영향을 받아 인구이동이 활발해짐으로써 자국인의 비중이 감소하면서 외국인의 비중이 증가하는 경향을 보인다. 비록 국가별로 또는 도시의 특성에 따라 외국인이 차지하는 비중에는 다소의 차이가 나타나지만, 공통적인 사항은 외국인의 비중이 증가추세에 있다는 점이다. 이러한 현상은 글로벌 경제활동의 확산에 의해 세계도시로 성장하고 있는 도시에서 현저하다. 세계화의 진행과 함께 국가간에는 다양한 유형의 인구이동이 발생하고 있다. 국가간 인구이동에는 여행이나 업무처리와 같은 일시적인 인구이동을 비롯하여, 영구적 또는 반영구적 인구이동이 포함된다. 국제적 인구이동이 증가하면서 우리나라에서는 1990년대 중반 이후 외국인 이주자의 수가 크게 증가했다.

인구의 국제적 이동은 세계 경제환경의 변화에 따른 노동력의 수요와 공급, 세계 노동시장의 양극화에 따른 이중적 노동시장 형성, 세계체제의 형성에 따른 중심부와 주변부간의 노동력 이동, 개별 가구의 이주 등에 의해 발생한다. 또한 국제결혼에 의한 결혼이주를 비롯하여 외교 · 공무 · 협정 · 단기방문 · 유학 · 산업연수 등에 의해 국가간 인구이동이 이루어짐으로써, 외국인 이주자 규모는 매년 증가하고 있다. 이에 따라 대부분의 선진국은 다원화된 다문화사회로 변화하고 있다.

국제적 인구이동이 증가하고 우리 사회의 여건이 변화하면서, 우리나라에서는 1990년대 중반부터 외국인의 증가 현상이 뚜렷해졌다. 우리나라에 거주하는 외국인은 1999년에 20만 명을 상회했을 정도로 그 규모가 크지 않았으나, 2014년에 150만 명을 넘어섰으며 외국인이 전국 인구에서 차지하는 비율이 3.0%를 상회했다. 외국인이 차지하는 비율은 2000년대 중반까지만 해도 1.5%에 미치지 못했지만, 외국인수가 100만 명을 넘어선 2009년에 2%를 돌파했다. 2010년대 들어서는 외국인의 증가현상이 두드러지면서 그 비중도 빠른 속도로 상승하고 있다. 외국인의 증가 추이는 정부 정책의 변화에 따라 다소 차이가 발생하는데, 외국인 노동자의 방문취업제 기간이 만료되면 증가폭이 낮은 반면 해외 동포에 대한 재외동포 자격 대상을 확대하게 되면 증가폭이 커진다.

우리나라에 체류중인 외국인의 국적은 중국이 가장 큰 비중을 차지하고 그 뒤를 이어 베트남, 미국, 필리핀 순이다. 중국 국적을 가진 외국인의 비율은 2007년부터 50%를 넘기 시작했으며, 중국 국적 가운데 70% 이상은 조선족으로 알려진 한국계가 차지한다. 성별 구성에서는 성비 108로 남성이 여성보다 많다. 한국 국적을 취득하지 않은 사람 가운데 외국인 근로자는 남성의 비율이 월등한데 반해, 결혼이민자는 여성의 비율이 매우 높다. 한국 국적을 취득한 사람은 여성의 비중이 아주 높은데, 특히 혼인귀화자의 95% 이상이 여성이라는 점은 주목할 만하다.

외국인 이주자의 분포를 살펴보면, 전체 외국인의 30% 이상이 경기도에 거주하고 있으며, 서울에 거주하는 외국인도 전체의 25%를 넘는다. 즉 수도권에 거주하는 외국인이 전체의 60%를 상회할 만큼 외국인의 수도권 집중 현상도 뚜렷하다. 기초자치단체인 시군구 단위에서 외국인의 수가 전체에서 차지하는 비중이 10%를 넘는 곳은 경기도 안산시와 시흥시, 전남 영암군 등이다. 특히 안산시는 외국인수가 8만 명을 넘어 시군구 단위에서 외국인 규모가 가장 큰 도시이다. 안산시와 경계를 맞대고 있는 시흥시에도 4만 5천여 명의 외국인이 있는데, 이들 두 도시는 1970년대 말부터 조성된 반월국가산업단지와 시화공업단지 등지에 많은 제조업체가 입지하고 있다.

외국인의 증가 요인에는 외국인 노동자의 유입이 있다. 경제의 세계화가 진행되고 세계도시의 산업재구조화가 수반됨에 따라 고차의 생산자서비스 계열에서 전문직 종사자가 증가했고 다른 한편으로는 제조업 부문을 비롯한 단순노무직에서도 외국인 노동자의 규모가 크게 증가했다. 60만 명을 상회하는 이주노동자가 한국 제조업의 버팀목이라는 말이 있을 정도이다.

한편 국제결혼에 의한 결혼이민자의 증가는 2003년부터 두드러졌으며, 우리나라 국민의 외국인 배우자수는 15만 명을 넘어섰다. 국제결혼을 통해 우리나라에 들어온 외국인의 85%가 여성이다. 외국인 아내를 맞이하는 사례가 2000년대 들어 심화되면서 여성 외국인의 유입이 증가했고, 이로 인해 결혼이민자 집단에서 여성의 비율이 갈수록 높아지고 있다. 국제결혼의 증가와 외국인 가족의 등장으로 우리나라에서도 다문화가족이 점진적으로 증가하고 있다.

다문화사회로 진입하면서 외국인 범죄 문제가 점차 심각해지고 있다. 외국인 범죄는 2004년 9,103건이었던 것이 2013년에는 2만 4,984건으로 증가했다. 내국인에 비해 범죄 발생률은 낮지만 5대 범죄(살인, 강도, 강간, 절도, 폭력)의 경우 외국인 범죄의 증가 추이는 우려스러운 수준에 달했다. 경기도 안산시, 서울시 구로구 · 용산구 · 영등포구 등지에서 외국인 범죄가 많이 발생했다는 것도 외국인 밀집지역에서의 범죄 발생 빈도가 높다는 사실을 반영한다. 충청남도 천안시에는 외국인 범죄자가 증가함에 따라 외국인 수형자에 대한 전문적인 처우를 목적으로 외국인 전담 교도소가 세계 최초로 2010년에 설립되었다.

3 국적에 따른 주거지분화

이주자들이 지니고 있는 속성을 토대로 고유의 주거공간이나 커뮤니티가 형성됨으로써, 인종이나 국적을 비롯한 다양한 사회경제적 특징에 따라 도시내 주거공간이 재편성되면서 주거지분화 현상이 나타난다. 제4장에서 고찰한 바 있는 주거지분화는 사회계층에 따른 소득수준에 의해서만 생겨나는 것이 아니다. M. Pacione(2005)은 도시내 주거지분화를 사회적 계층에 따른 주거지분화, 생활양식에 따른 주거지분화, 그리고 인종집단별 주거지분화의 세 가지를 중첩시켜 인식했다. 이 가운데 인종별 주거지분화는 일반적으로 소수인종집단(ethnic minority group)에 의하여 나타나며, 최근 국가간 인구이동이 활발해지면서 세계도시를 비롯한 대도시에서 외국인 이주와 관련하여 주목받고 있는 현상이다.

인종이나 국적에 따른 주거지의 재배치는 유사한 지위나 속성을 지닌 집단끼리 공동구역으로 집중하려는 경향을 반영한다. 재배치의 개념은 곧 도시내에서 다른 집단과의 분리라는 개념으로 변화했는데, 이는 사회적 영역 또는 공간적 영역의 구분을 의미한다. 전통적으로 주거지분화는 경제적 불균형과 공동체 관계의 문제로 각인되었으나 최근에는 동일한 인종이나 국적 보유자들이 각기 나뉘어 거주함에 따라 소수집단이 그들만의 주거지를 특정 장소로 집중시키는 경향으로 인식되고 있다. 따라서 인종집단에 따른 주거지역의 분화는 도시라는 물리적 공간을 공유하지만 공동체를 공유하지 않기 때문에, 살아 있는 평행선의 개념으로 묘사되기도 한다.

도시내에서 국적에 따라 주거공간이 분리되는 현상은 일찍이 식민지를 경험한 우리나라의 주요 개항장 도시에서도 발생했다. 인천에서는 개항장을 중심으로 일본인의 주거공간이 형성되었고, 그에 인접한 곳에는 청나라에서 온 이주자들이 밀집거주하는 주거공간이 형성되었다. 이들 외국인이 거주하는 곳에 한국인이 혼거하는 경우는 그리 흔하지 않았기 때문에, 일제강점기 근대도시 인천에서도 국적에 따른 주거지분화 현상은 뚜렷하게 진행되었다. 청나라 사람들이 거주하던 곳이 지금의 인천 차이나타운이다.

도시내 주거지분화는 최근 몇 십 년에 걸쳐 전 세계적으로 대두되고 있는 주요한 사회적 문제로 부상했고, 사적인 주거공간의 분리는 그들이 공유하는 공적인 도시공간의 분리로 확대되었다. 주거지분화는 장소의 분리라는 공간개념으로 파악할 수 있다. 사회적 속성에 따른 주거지분화의 공간적 차원은 사람들이 점유하는 공간과 사회적 현상간의 상호작용에 기반을 둔다는 논리로 파악된다.

외국인 이주자는 주류에 속하지 못하면서 주변화하는 과정에서 주변부에 속하는 자신의 위치를 인식하고 그들만의 특정 장소를 중심으로 사회적 관계를 형성시킴으로써 그 장소를 특정 이주자 집단의 장소로 변화시킨다. 이렇게 함으로써 이주자는 주류를 형성하는 다수집단과 분리된 특정 공간에 집중하면서 주거공간을 분리시키게 된다. 미국에서는 도시내부에 거주하던 백인들이 외곽으로 이전하기 시작하면서 유색인종과 백인집단 간의 주거지분화가 나타나기 시작했다. 즉 대도시의 근교로 백인들의 이주가 시작되면서 도시내부에서는 유색인종의 증가와 백인인구의 감소가 진행되어 서로 다른 속성을 가진 집단 간의 분리현상이 진행된 것이다.

외국인 이주자의 증가와 더불어 우리나라에서는 외국인에 대한 사회적 거리감이 증가하면서 배타적 태도가 강화되고 있다. 사회적 거리감은 모든 외국인에 대하여 동일하지 않고 출신 국적에 따라 상이하게 전개되는데, 일본을 비롯한 아시아계에 대해서는 부정적인 태도가 지배적이지만 유럽이나 미국인에 대해서는 그렇지 않다. 이주노동자는 물론 전문직 이주자는 우리나라의 기본 활동 공간에서 모국인과의 유대관계가 더 강하기 때문에 그들의 주거공간 형성에도 모국인의 영향을 더 크게 받는다. 외국인은 사회경제적 제약과 동일 민족간 집중을 통해 초기에 형성된 거주공간의 영역을 확장시킴으로써 그들만의 커뮤니티를 형성한다.

도시가 확대되고 도시지역이 부분별로 분화하는 과정에서 집중과 분산, 그리고 응집현상이 나타남으로써 궁극적으로는 분화현상까지 진행된다. 이 과정을 달리 표현하면 소수집단의 도시외곽 이전(suburbanization), 소수집단 구성원들의 클러스터 형성(clustering), 그에 따른 주거지분화(residential segregation)의 3단계 과정으로 설명할 수 있다. 서울에서도 규모가 큰 중국 국적이나 대만 국적의 외국인 주거지는 소수집단의 주거지분화 과정에서 나타나는 3단계를 거치고 있는 것으로 분석되었다. 도시 중심부에 집중적으로 분포하던 소수집단

그림 5-5 경기도 안산시 국경없는 마을의 이정표

의 주거지가 서서히 도시외곽으로 이전해나가고 그들만의 집단적 주거지를 형성함으로써, 주거지분화를 진행시키고 있는 셈이다. 선진국 국적의 외국인 주거지는 대체로 서울의 도시 중심부에서 활발하게 형성되었지만, 개발도상국 국적의 외국인 주거지는 서울시 도심으로부터 벗어난 곳에서 발달한 점도 특징적이다.

이와 대조적으로 국내에 거주하는 외국인이 늘어나면서 한국인과 외국인이 한 곳에 어우러져 사는 문화가 확산되기도 하는데, 이는 포린후드(foreignhood)라 불리는 공간을 생산해 낸다. 외국인의 활동공간이 직장 · 학교 · 종교 등에 따라 다변화하면서 포린후드가 생겨난 것이다. 포린후드는 특정 국적을 중심으로 형성되기도 하지만, 여러 국적의 이주자들이 함께 거주하면서 형성시키기도 한다. 제조업을 기반으로 성장하여 여러 나라에서 이주해온 근로자가 거주하고 있는 안산시의 다문화공간인 '국경없는 마을'이 대표적이라 할 수 있다(그림 5-5). 서울에서도 30여 곳에 달하는 포린후드가 형성되어 있으며, 외국인과 한국인이 함께 어우러져 생활하고 있다. 서울의 포린후드는 중국 국적이 주로 거주하는 차이나타운을 비롯하여 전문직종에 종사하는 외국인이 많이 거주하는 다국적 타운, 대학교 주변에서 유학생들에 의해 만들어진 캠퍼스 타운, 종교 시설을 매개로 형성된 외국인 거리 등 다양한 형태로 존재한다. 외국인의 구성이 다양해짐에 따라 포린후드도 증가하는 경향을 보인다. 다양한 국적의 외국인이 다양한 문화를 만들어 경쟁력을 갖춘다면, 서울의 도시 경쟁력을 높여주는 훌륭한 자산이 될 것이다.

또한 외국에 오랫동안 거주하다가 우리나라로 귀환한 동포들도 유사한 속성을 지닌 그들끼리 주거공간을 집적시킴으로써 일반적인 도시경관과는 차별화된 경관을 형성한다. 특히 러시아의 연해주에 거주하다가 중앙아시아로 강제이주 당하여 삶을 영위해온 사람들과 그들의 후손이 우리나라로 귀환하여 거주하는 고려인 마을도 국내 여러 곳에 형성되어 있다. 경기도 안산시의 땟골마을, 광주광역시 광산구의 고려인 마을, 인천광역시 연수구의 함박마을 등이 대표적인 고려인 마을이다.

5.5 심화되는 저출산과 고령화

1 감소하는 출산율

지난 40여 년간 세계 주요 국가의 실질적인 출산율은 감소했다. '저출산의 덫(low-fertility trap)'이라는 표현을 사용한 W. Lutz 등(2006)은 장래에 저출산 국가의 출산율이 향상되지 않을 것이라는 점을 지적했다. 그들에 따르면 인구의 관점에서 가임여성과 출생아의 수가 줄어들고 사회적 관점에서 기혼부부의 희망 자녀수가 감소하며 경제적 관점에서 미래의 기대소득이 젊은 사람들의 소비수준에 미치지 못함으로써 저출산의 덫에 빠져들게 되었다는 것이다. 즉 인구 · 사회 · 경제적 부문의 악순환이 국가발전을 저해하는 요소로 작용한다는 논리이다. 우리나라에서도 가임여성과 출생아의 수가 감소하고, 기혼부부가 2명 이하의 자녀를 원하며, 청년층의 상당수가 비정규직으로 고용불안 상태가 지속되는 동시에 소비수준은 높지만 학력에 맞는 일자리를 찾기 어려워 자발적 실업상태가 증가하고 있음을 고려하면 저출산 문제는 단기간에 해결될 수 없을 것이다.

주민들의 의식이나 생활양식의 변화는 인구 변화에도 영향을 미쳤다. 특히 출산율이 낮아지면서 발생한 저출산 문제는 국가의 건전한 발전을 저해하는 요소로 등장했다. 우리나라의 출산율은 점점 낮아지고 있으며 OECD 국가들 가운데 10위권에 머무는 수준이다. 이는 일본이나 서유럽과 같이 경제적으로 진보한 세계체제의 중심부 국가들에게서 나타난 저출산 현상과 유사하다. 일본의 지방도시에서는 저출산이 고령화 문제와 결부되면서 도시의 경쟁력이 약화되기도 했다.

우리나라는 OECD 국가 가운데 가장 오랫동안 초저출산 상태를 이어가고 있다. 유엔에서는 여성 1명이 가임기 동안 갖게 될 평균자녀수를 의미하는 합계출산율을 토대로 저출산을 규정한다. 합계출산율은 가임 여성 1명이 평생 낳을 것으로 예상되는 평균 출생아의 수로, 1보다 낮아지면 여성 1명이 평균적으로 평생 1명 미만의 출생아를 낳는다는 의미이다. 저출산이란 합계출산율이 인구대체 수준인 2.1명 이하로 낮아진 것을 의미하고, 출산율이 1.5명 이하로 낮아지면 초저출산으로 분류한다. 우리나라의 합계출산율은 1960년에 6.0명을 기록했지만, 세계에서 유래를 찾아보기 힘들 정도로 급속히 감소하여 1983년 이후 인구대체 수준 미만으로 하락했다. 선진국의 경우처럼 우리나라의 1인당 국민소득이 높아지기 시작하면서 출산율이 크게 낮아진 것이다. 2000년대 초반부터 1.3명 이하를 기록했으므로 유엔의 기준대로라면 초저출산보다 심각한 수준이다(그림 5-6). 이는 미국, 프랑스는 물론 저출산으로 고민하는 일본이나 독일보다도 낮은 수준이다. 이러한 추세가 이어지면 2100년 우리나라 인구는 지금의 절반 수준으로 감소하고 2500년경에는 한민족이 지구상에서 사라질 수도 있다는 전망이 나온다. 출산율이 1.5명 이하로 낮아진

그림 5-6 합계출산율과 출생아수의 변화

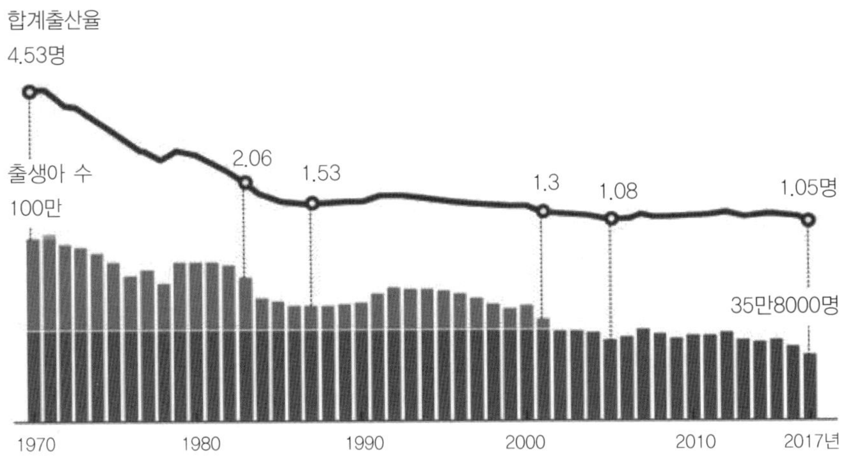

출처: 통계청.

국가의 출산율이 다시 상승하기는 매우 어렵다는 보고도 있다.

우리나라에서 합계출산율은 도시화가 진전된 지역일수록 낮은 값을 나타낸다. 자치단체별로 살펴보면 군의 평균출산율이 1.4명으로 가장 높고, 시는 1.3명, 구는 1.1명을 기록했다. 합계출산율은 서울이 0.84명으로 전국에서 가장 낮고, 세종특별자치시가 1.67명으로 가장 높은 값을 기록했다. 서울의 합계출산율은 이미 2013년부터 1.0명 이하로 감소했고, 부산이 합계출산율도 2016년부터 1.0명 이하로 줄어들었다, 서울을 비롯하여 부산 · 대구 · 광주 등의 광역시에서 전국 평균에 미치지 못하는 출산율을 기록했다. 반면 세종특별자치시, 제주특별자치도, 전남, 충남, 울산 등지에서는 상대적으로 높은 값을 기록했다. 2000년 이후 출산율의 감소폭이 두드러진 곳은 경기도와 강원도가 대표적이다. 시군구 단위에서 출산율이 인구대체 수준을 넘어선 지역은 점점 줄어들어 2017년 기준으로는 전라남도 해남군의 합계출산율이 2.1로 인구대체 수준과 비슷한 정도이며, 나머지 지역에서는 모두 2.0 이하의 합계출산율을 기록했다.

합계출산율의 지역적 분포 역시 나름의 특징을 보여준다. 대도시에서는 울산의 합계출산율이 가장 높았으며, 울산 동구는 구 단위에서 가장 출산율이 높았다. 시급도시 가운데에서는 당진시, 광양시, 거제시 등지에서 높게 나타났다. 울산을 비롯하여 합계출산율이 높은 시급도시는 대체로 제조업이 발달하고 젊은 연령층이 상대적으로 많이 거주하는 특징이 있다. 반면, 부천시, 고양시, 성남시 등 서울대도시권에서 교내화가 진행됨에 따라 인구규모가 증가한 도시에서는 합계출산율이 하위권에 자리했다. 농촌적 성격이 강한 군 가운데 합계출산율이 높은 곳은 상기한 해남군을 비롯하여 영암군, 연천군, 인제군, 진안군 등 전라남북도와 강원 북부이다. 반면 괴산군, 남해군, 청도군, 단양군 등 경상남북도와 강원 남부, 충북 남부에서의 합계출산율은 낮았다.

전쟁 이후 인구감소가 심했던 1950년대에는 5명의 자녀를 권장했다. 그러나 우리 정부에서는 1960년대 이후 인구증가가 심화되면서 가족계획을 강화

그림 5-7 출산장려 포스터

시켜 1970년대부터는 2명의 자녀를, 1980년대에는 1명의 자녀를 권장하기도 했다. 지금은 다시 저출산 및 인구감소가 국가적 문제로 대두되었다. 중앙정부는 물론 지방정부에서도 인구감소로 인한 국가적 · 사회적 위협요인을 줄이고 저출산 문제를 해소하기 위하여 다각적인 노력을 기울이고 있다. 저출산으로 인한 노동력 부족 및 고령화 심화 등의 사회적 문제가 대두되거나 예상됨에 따라 1990년대부터는 2명 이상의 자녀를 권장하는 방향으로 정책이 변화했다(그림 5-7). OECD의 발표에 따르면, 가족정책에 대한 정부지출이 차지하는 비율과 출산율은 정의 상관관계를 가진다. 프랑스와 스웨덴 등 서유럽과 북유럽 주요 국가는 출산율의 감소로 인구감소 문제에 직면했지만 정부가 복지정책에 적극적으로 개입함으로써 출산율이 다시 상승했다.

정부에서는 출산을 장려하기 위하여 장려금 지급, 세제 혜택, 출산용품 지원, 양육시스템 개선 등의 다양한 사업을 추진했지만, 실질적은 출산율은 크게 변화하지 않았다. 저출산 문제를 해결하기 위해서는 저출산 문제를 국가적 차원의 문제로 간주하여 자녀 출산 및 가족 형성에 정부가 적극적으로 개입할 필요성이 있으며, 개별 정부부처의 차원을 넘어서 범정부적 지원 제도 및 기구를 구축해야 할 것이다.

2 고령사회로의 진입

최근 우리 사회에서 회자되는 이슈 가운데 하나가 고령화 현상의 심화이다. 의학기술의 발달에 따른 사망률의 감소는 인간의 평균수명을 연장시킴으로써 65세 이상의 고령인구는 매우 빠른 속도로 증가했다. 이에 더해 저출산 현상이 심화되면서 고령인구가 전체 인구에서 차지하는 비율 역시 점진적으로 증가하고 있다. 즉 고령인구의 수가 늘어나는 동시에 그들이 전체 인구에서 차지하는 비율도 늘어난 것이다. 지금까지의 인구구성 변화를 보면 우리나라는 머지않아 초고령사회로 진입할 것이며, 이에 대해서는 아무도 의심하지 않는다.

유엔에서는 65세 이상 고령인구의 비율을 토대로 사회의 성숙도를 구분한다. 고령인구가 전체 인구에서 차지하는 비중이 4%에 미치지 못하면 유년인구국, 4-7%인 국가는 성숙인구국, 7% 이상인 국가는 노년인구국에 해당한다. 노년인구국은 고령인구의 비율이 7-14%이면 고령화사회(aging society), 14-20%이면 고령사회(aged society), 20%를 상회하면 초고령사회(suoer aged society) 또는 후기고령사회(post aged society)로 불린다. 이와 같은 기준을 적용하여 각 나라의 상황을 진단할 수 있지만, 각 나라가 처한 상황을 고려하면 이러한 분류체계를 모든 나라에 일률적으로 적용할 수는 없다.

인구문제에 관심을 가진 전문가들은 지구에서의 폭발적인 인구증가에 대하여 농업혁명과 산업혁명이 인구성장의 혁명적 계기가 되었다고 경고하면서 새로운 성장이 불러 올 인구혁명에 대하여 대안을 모색해 왔다. 그러나 새로운 인구혁명은 급속한 인구성장에서 나타난 것이 아니라, 인구구성 자체의 내적 변화로부터 나타났다. 고령인구의 증가는 인구성장 없이 인구구성의 변화로부터 일어난 인구혁명이라 할 만 하다.

우리나라에서는 인구분포의 지역간 불균형 현상이 두드러지게 나타났다. 특히 비수도권의 농촌지역에서 전개되는 현저한 출산율 감소와 청장년층 인구의 유출은 농촌지역의 고령화를 촉진했다. 도시지역에서의 고령화 현상은 도시기능과 토지이용의 분화 정도 그리고 거주자의 사회 · 경제적 상태 등이 복합적으로 결합하여 나타나기 때문에, 도시 전체적으로는 고령화가 심각한 사회문제로 대두되지 않는다. 미국에서는 대도시내에 형성된 고령층의 밀집 거주공간을 그레이 게토(gray ghetto)라 부르기도 했으나, 우리나라의 대도시에서는 고령층의 집중현상이 탁월하지 않다.

고령인구 비율의 기준을 적용하면 우리나라는 2000년에 고령화사회에 진입했으며, 2017년에 고령인구 비율 14.2%를 기록하면서 고령사회에 진입했고 2018년에는 14.8%를 기록했다(그림 5-8). 일본은 이미 1970년에 고령화사회, 그리고 2007년에 초고령사회에 진입했다. 우리나라는 이제 막 고령사회에 진입했지만, 지금처럼 사망률이 감소하고 저출산 현상이 심화된다면 초고령사회에 진입하는 것도 시간문제이다. 우리나라는 늦어도 2030년에 초고령사회에 진입할 것이라는 전망이 지배적이다. 1980년대에는 농촌지역에 거주하는

그림 5-8 우리나라 고령인구 비율의 변화

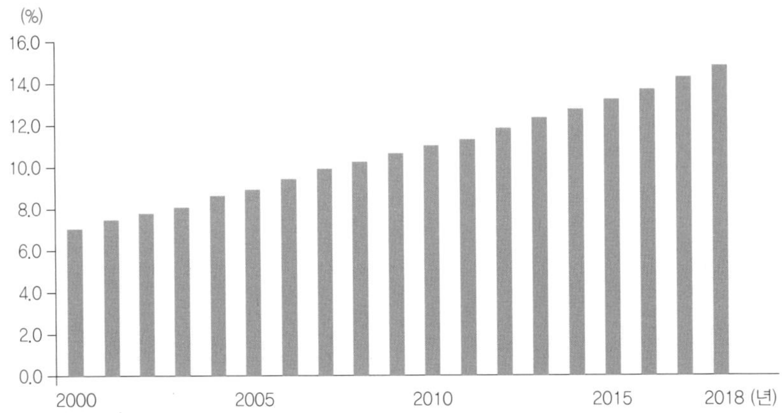

고령인구의 규모가 도시지역에 거주하는 고령인구에 비해 컸으나, 1990년에 들어서면서 도시에 거주하는 고령인구가 농촌의 고령인구보다 많아지기 시작했다.

고령인구가 많은 지역은 서울시와 경기도를 비롯하여 총인구가 많은 부산, 경남, 경북, 전남 등지이다. 고령인구의 증가는 대도시에서 더욱 뚜렷하게 진행되었다. 고령인구가 많다고 해서 고령화가 심화되었다고 단정지을 수는 없다. 유소년층의 감소현상이 두드러질수록 고령화는 심화된다. 1990년대 후반부터 본격적으로 진행된 고령화는 출산율과 사망률의 감소에 편승하여 더욱 두드러지기 시작했다. 우리나라에서의 고령화는 지역차가 뚜렷하다는 특징도 가진다. 농촌적 성격이 강한 지역일수록 고령화 현상이 뚜렷하지만, 거대도시권을 형성하고 있는 수도권과 부산권에서는 고령화의 진행속도가 상대적으로 느린 편이다.

인구주택총조사가 실시되었던 2015년을 기준으로 고령인구의 비율이 15%를 상회한 광역단체는 전남(20.5%)을 비롯하여 전북 · 경북 · 강원 · 충남 등지이다. 고령화 현상은 강원에서 전남에 이르는 축에 포함되는 경북 · 충남 · 충북 · 전남 · 전북 등 농촌지역이 많이 포함된 곳에서 현저했다(그림 5-9). 이에

그림 5-9 우리나라 노인인구비율의 변화

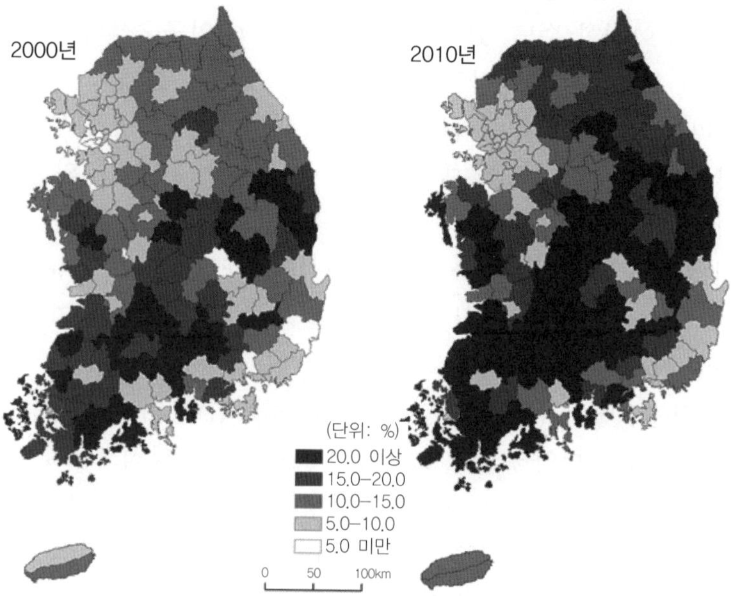

반해 울산(8.9%)의 고령인구 비율은 전국의 시도 가운데 유일하게 10%에 미치지 못했으며, 인천 · 대전 · 광주 · 세종에서도 상대적으로 낮은 값을 나타내었다. 2000년 이후 고령화가 가장 빠른 속도로 진행된 곳은 전남이고, 부산과 강원에서도 고령인구 비율의 증가가 두드러졌다. 전남은 2002년에 이미 고령사회에 진입했으며, 경북을 비롯한 전북 · 충남은 2005년에 고령사회에 들어섰다. 울산은 고령인구 비율이 전국에서 가장 낮을 뿐만 아니라 고령화의 진행속도 역시 가장 더딘 도시이다.

대도시에서는 도시 중심부에 고령인구가 많이 거주한다. 이러한 현상은 부산의 전통적인 중심지 역할을 해 온 중구와 동구의 고령인구 비율이 20%를 넘는 것을 비롯하여 서울의 도심에 해당하는 중구와 종로구의 고령인구 비율이 15%를 상회하는 것을 통해 확인할 수 있다. 그러나 시가지의 역사가 오래되지 않은 서울의 송파구와 강남구, 대전의 서구와 유성구 등지에서는 고령인구 비율이 10%에도 미치지 못했다.

고령화 현상의 심화는 결국 생산성의 저하로 이어지며 국가 전체의 사회·경제적 문제를 야기할 수도 있다. 이 문제는 단순히 인구구성의 변화만을 가리키는 것이 아니라 사회 전반적인 문제와도 직결된다는 점에서 중요성이 크다. 고령화에 따른 노인부양비 증가는 사회가 부담해야 할 재정적 부담을 증대시킬 것이며, 기존의 복지제도에 대한 개선을 요구한다. 고령인구의 증가에 따른 고령화 지표, 그리고 유소년인구와 고령인구간의 비율을 의미하는 노령화지수는 지역의 쇠퇴를 진단하는 핵심지표로 인식되기도 한다. 그 이유는 고령인구의 증가가 지역의 정체성 및 활력의 정도를 의미하는 사회·경제적 성장잠재력과 역동성을 저해시키는 요소로 작용하기 때문이다.

국민의 평균수명이 늘어나고 고령인구가 증가함에 따라 노년층이 필요로 하는 서비스는 매우 다양해졌다. 노년층의 요구수준이 양적으로나 질적으로나 다양화함에 따라, 이를 충족시켜주고 노인생활의 문제를 전문적으로 해결해줄 수 있는 주체의 필요성이 대두되었다. 국가에서 제공하는 서비스는 한계가 있기 마련이고, 일정 수준 이상의 서비스를 개별적으로 구입하는 노년층이 증가함에 따라 실버산업의 성장도 확인할 수 있다. 우리 사회에서도 고령화의 진전과 맞물려 실버산업이 등장한지 20여년의 세월이 흘렀다.

일선 경제활동에서 물러난 노년층은 경제력이 다소 뒤쳐져, 우리나라에서는 전체 노년층의 20% 가량이 빈곤인구로 분류된다. 빈곤인구 또는 빈곤가구는 가구의 종류, 가구의 구성, 취업상태, 직업유형, 경제력, 건강, 교육 등의 측면에서 상대적으로 박탈감을 가지고 있는 집단이다. 이에 반해 실버산업에 접근할 수 있는 집단은 양호한 경제력을 보유하고 있다. 노년층에서 빈곤인구의 비율이 감소하는 추세를 보이고 있기는 하지만, 사적 영역인 실버산업에서 제공하는 서비스를 누릴 수 있는 집단은 그리 많지 않다. 실버산업에 대한 노인들의 접근가능성을 분석함으로써 노년층의 사회적 양극화 현상에 대한 접근도 가능하다.

고령화의 역사가 빠른 미국·스웨덴·영국과 같은 서구 선진국에서는 이미 1970년대부터 복지재정의 한계에 직면했다. 복지재정의 한계를 초래한 가장 큰 이유는 노년층의 급속한 증가에 따른 노인복지 부문의 예산 증가 때문이다. 따라서 이들 국가에서 경제력에 여유가 있는 노년층은 개인의 욕구 충족을 위한 서비스를 국가에 의지하고 않고 경제시장에서 스스로 해결하도록 하는 방향으로 정책의 전환이 불가피했다. 우리나라에서도 이러한 현상은 유사하게 나타나고 있으며, 조만간 복지재정의 한계상황에 직면하게 될 가능성이 농후하다. 노인복지를 위한 국가의 서비스는 기초적인 수준을 크게 벗어나기 어려울 것이고, 노년층의 다양한 욕구에 대응하는 질 높은 서비스를 개인적으로 시장에서 충족할 수밖에 없다. 우리나라에서는 1990년대 이후 경제력이 양호한 노년층을 대상으로 하는 실버산업이 본격적으로 등장했다. 실버산업에는 주거 · 의료보건 · 여가 · 금융 · 생활 부문이 포함되며, 주거 부문에서 대표적인 것이 실버타운이다.

5.6 무분별한 난개발과 산림파괴

1 토지이용 규제 완화가 불러온 난개발

도시로 인구가 집중하는 현상이 심화되고 도시문제가 나타나기 시작함에 따라, 도시주변에서 개발행위를 최소화하고 전원적인 생활을 즐길 수 있도록 제도화된 것이 그린벨트이다. 현대적 의미의 그린벨트는 Howard가 구상한 전원도시에서부터 시작했다고 볼 수 있으며, 영국에서는 런던 주변에 그린벨트를 설정하여 도시 시가지의 무분별한 수평적 팽창을 억제했다. 그린벨트를 지정하는 목적은 도시의 무분별한 성장을 억제하는 동시에 인접도시간의 연담화를 방지하고 역사적으로 중요한 장소 및 전통을 보존하는 데 있다.

그린벨트는 우리나라에서 개발제한구역으로 더 잘 알려져 있다. 1971~1974년에 걸쳐 전국적으로 지정되었다가 1999년부터 부분적으로 해제되기 시작했고, 2000년에는 「개발제한구역의 지정 및 관리에 관한 특별법」이 제정되면서 개발제한구역의 해제가 본격화했다. 개발제한구역으로 지정된 지역은 토지이용에서 상당한 제약을 받거나 그 과정이 까다로워, 사실상 모든 개발행위가 금지된다고 해도 과언이 아니다. 건축물의 건축 및 용도변경, 가옥의 개축이나 신축, 공장 신설 등이 모두 금지되는 것은 물론 공작물의 설치, 토지의 형질변경, 벌채, 토지의 분할과 같은 행위와 도시계획사업이 원칙적으로 금지된다.

개발제한구역이 설정됨에 따라 대도시 주변지역의 개발행위가 어느 정도 제한되었던 것은 사실이다. 이를 달리 생각하면, 개발제한구역으로 인해 도시의 무질서한 팽창이 억제된 동시에 자연환경의 보전도 가능했다고 볼 수 있다. 그러나 1970년대부터 급격한 도시화가 진행됨에 따라 도시내에서의 개발 가능용지는 점진적으로 감소했다. 이에 정부에서는 도시용 토지공급을 늘려 땅값을 안정시키고 효율적인 개발을 유도하는 방향으로 정책을 전환하기에 이르렀다. 도시용 토지는 상업용지와 주거용지가 대표적이다.

한국의 도시용 토지이용률이 국토 전체적으로 보면 선진국에 비해 크게 낮은 수준이므로 지가 불안정을 초래한다는 지적이 생기면서, 도시용 토지이용률을 선진국 수준으로 상승시킬 수 있도록 토지이용제도를 개선하는 정책이 시행되었다. 이에 따라 우리 국토의 일부 지역에서는 규제 위주의 경직된 토지이용관리가 이루어지기도 했고 일관성이 결여된 토지이용에 따른 난개발의 문제가 불거지기도 했다.

도시인구율이 50%를 상회하고 급격한 도시화가 진행되어 도시의 수용능력이 한계에 달함에 따라, 무분별한 토지개발이 자행되면서 난개발이 시작되었다. 난개발은 지역 주민의 삶의 질과 주변환경을 악화시키는 동시에 소수에게 막대한 이익을 주는 반면, 다수에게는 엄청난 사회적 비용의 부담을 안겨 준다. 난개발은 사전에 수립된 계획없이 무계획적으로 이루어지는 경우와 계획의 존재 유무에 상관없이 친환경적이지 못한 개발행위를 가리킨다. 한적한 농촌에서 홀로 서 있는 아파트 단지를 볼 수 있다면, 이 또한 난개발에 따른 결과물로 생각해도 좋을 것이다.

난개발의 유형으로는 ① 기반시설이 구비된 기성시가지에 인접한 농지나 산지에 형성된 기존 시설에 자연스럽게 연담하여 개발함으로써 기성시가지의 기반시설 용량을 초과하여 바람지하지 않은 외부효과를 유발하는 형태, ② 새롭게 개발되는 대규모 단지 자체에 서비스하는 기반시설과 공공시설은 갖추었지만 주변의 양호한 녹지를 훼손함으로써 주변지역과 연계되는 생태축을 단절시키거나 또는 광역교통망이나 광역적 수계의 수용 용량을 초과하는 형태, ③ 양호한 자연환경과 교통접근성을 활용하여 농지 및 산지에 점적으로 시설이 난립하여 환경이나 경관을 훼손하는 형태, ④ 기성시가지 내에서 저밀도의 노후주택을 고밀 · 고층 아파트로 재건축함으로써 토지이용 밀도가 기반시설의 용량을 초과하여 부정적인 외부효과를 유발하는 형태, ⑤ 바람직하지 않은 용도의 시설이 입지함으로써 기반시설에 과도한 부하를 유발하는 형태 등이 있다.

난개발은 이미 도시화가 진행된 기성시가지보다 도시화의 진행이 미비하여 개발의 여지가 충분한 대도시 주변의 농촌지역에서 주로 발생했다. 이는 원칙적으로 농림어업의 진흥과 산림보전을 위해 이용하되, 개발용도로 이용할 수 있는 준농림지역에 대한 개발행위가 가능해짐에 따라 나타난 현상이다. 도로나 학교와 같은 기반시설이 부족한 농촌지역의 준농림지역에 시가지 개발이 이루어지면서 보전되어야 할 국토가 개발이라는 미명하에 마구잡이로 훼손됨에 따라 난개발은 사회적 화두로 등장했다.

2 난개발의 문제점과 대응

농촌지역의 준농림지역이 마구잡이로 개발되면서 여러 가지 문제점이 대두되었다. 도시지역의 경우 종합적인 토지이용계획이 포함된 도시계획을 수립하고 용도변경을 엄격하게 제한한 반면 준농림지역에 대해서는 종합적인 개발계획을 수립하지 않은 상태에서 개발사업을 진행했기 때문이다. 난개발로 인해 드러난 문제점은 다음과 같이 정리할 수 있다.

첫째, 기반시설이 제대로 충족되지 못하는 문제이다. 규모가 크지 않은 주택단지가 기성시가지로부터 떨어진 곳에 개발됨으로써 도로를 비롯한 상하수도와 같은 기반시설의 확보가 어렵기 때문이다. 또한 규모의 경제를 가능하게 해 주는 여러 생활편의시설도 부족하여, 결국에는 주민의 불편으로 이어지기 마련이다. 1990년대 중반 이후 본격적으로 시가지 조성사업이 진행되었던 용인시 서북부의 죽전지구 개발사업이 대표적인 사례이다.

둘째, 주변 환경과 어울리지 않는 건축물로 인한 경관훼손의 문제이다. 기성시가지에 연담하지 않고 독자적으로 건설된 소규모의 고층아파트는 농촌지역의 경관과 조화를 이루기 어렵다. 농촌적 경관이 지배적인 곳에 도시적 경관이 혼재하는 양상을 나타내기 때문이다. 수도권 주변에 자리한 도농복합시에서 흔히 볼 수 있는 장면이다.

셋째, 준농림지역에 입지하는 제조업체에 의한 환경오염의 문제이다. 소규모의 제조업체가 무계획적으로 입지함에 따라 산업폐수의 발생과 같은 환경오염이 유발되어 주민과의 마찰도 빈번하다. 준농림지역에 개별 제조업체가 자유롭게 입지할 수 있도록 규제를 완화함으로써 도시 주변지역에서 상대적으로 지가가 저렴한 장소에 공장을 설치하는 것이 훨씬 용이해졌다. 기업가의 입장에서는 투입비를 최소화할 수 있다는 점에서 제조업 공장의 개별입지를 선호할 수밖에 없다. 화성시에서는 평탄한 지형에 농경지와 개별 공장이 산발적으로 분포하고, 500여개의 업체가 도로변에 난립하여 농경지의 훼손은 물론 환경을 악화시키기도 했다.

넷째, 생산가능한 농경지가 줄어드는 문제이다. 도시화가 진전되고 농경지가 잠식됨에 따라 정부에서는 농업진흥지역을 지정하여 농업용 시설과 사회간접자본을 제외한 다른 용도로의 전용을 제한했다. 그럼에도 농지의 전용은 지속되었다. 산지에 비해 개발비용이 적게 소요되는 농지가 다른 용도로 전용되는 경향이 훨씬 강했다. 대도시 주변지역뿐만 아니라 농촌지역에서도 농업용지가 주거용 · 공업용 등으로 전용된 사례는 많다. 수도권에서는 공장이나 주택을 건설하기 위하여 농지전용이 이루어지는 경우가 대부분이다. 이와 같은 추세가 이어지면서, 우량 농경지가 감소하는 현상이 지속되고 있다.

이러한 문제를 해결하기 위해서는 난개발의 온상이었던 준농림지역 제도를 폐지하고 선계획-후개발 제도를 도입함으로써 개별입지에 대한 규제가 강화되어야 한다는 견해가 대두되었다. 이에 준농림지역은 국토계획법 시행 이후 관리지역으로 변경되었다. 국토공간의 무분별한 개발 및 훼손을 억제하기 위해서는 제조업체 입지는 물론 주택단지 건설도 계획입지를 중심으로 이루어져야 할 것이다.

2018년 기준으로 우리 국토에서 보전을 목적으로 하는 동시에 도시지역의 인구와 산업을 수용하기 위한 개발의 목적까지 가진 중간적 성향의 관리지역이 차지하는 비중은 25.6%에 달하는데, 이는 2000년대 들어서서 지속적으로 증가한 것이다. 관리지역이란 「국토의 계획 및 이용에 관한 법률(국토계획법)」에 따라 지정된 용도지역 가운데 하나이다. 무분별한 개발행위를 방지하기 위하여 도시지역에서 관리지역으로 지정된 면적이 증가했고, 일부 농촌지역에서도 관리지역으로 지정된 면적이 확대되고 있음은 다행스러운 일이다. 도시지역에서 관리지역이 차지하는 비중은 전국 평균을 웃돌아 2005년에 29.0%에서 2012년에는 30.5%로 상승했다. 서울 · 부산과 같은 대도시에서는 관리지역이 전혀 지정되어 있지 않은 반면, 농촌지역을 많이 포함하고 있는 인천은 전체 면적의 27%가 관리지역에 해당한다. 제주특별자치도와 세종특별자치시를 비롯하여 충남, 전북, 충북의 관리지역 비중이 30%를 상회한다. 이렇게 본다면 대도시보다는 중소도시의 시가화지역을 관리지역으로 지정하여 도시의 무분별한 개발행위를 억제하는 동시에 계획적인 국토개발이 이루어질 수 있는 방향으로 토지이용이 이루어지고 있음을 짐작할 수 있다.

③ 야산개발과 산림파괴

도시화의 진행과 함께 농경지에 대한 난개발이 화두로 등장했다면, 근래에는 무분별하게 이루어지는 산림파괴가 중요한 논쟁거리로 등장했다. 우리나라의 개간사업이 정부에 의해 본격적으로 추진된 시기는 1962년 「개간촉진법」이 제정된 이후의 일이다. 당시에는 전국의 유휴야산을 효율적으로 농경지화하기 위한 개간사업이 주로 진행되었다. 초기에는 보리 · 콩 · 고구마 같은 식량작물을 많이 재배했지만, 시간이 지남에 따라 담배 · 고추 · 채소 등 수익성이 높은 경제작물의 재배면적이 증가했다.

개간사업은 주로 산지를 대상으로 이루어졌으며, 해발고도가 높지 않고 기복이 완만한 야산이 농경지로 개간하는데 최적이었다. 야산이란 들도 아니고 산도 아닌 지형, 즉 기복이 작고 사면의 경사가 완만한 산을 가리킨다. 야산은 우리나라 서부지방에 널리 분포한다. 1970년대에는 정부에서 막대한 예산을 투입하여 야산을 개간하고 농경지로 전환시키는 정책을 실시하기도 했다. 그러나 지속적인 야산개간에도 불구하고 도시화로 인한 시가지 개발사업이 추진됨에 따라 1980년대 들어 전체적인 농경지 면적은 감소했다. 야산개발에서 성과를 가장 크게 올린 곳 중의 하나가 전북 고창군이다.

그러나 1990년대의 야산개발은 농경지 확보와는 무관한 방향으로 진행되었다. 여가생활 및 관광을 즐기는 생활패턴이 보편화하면서 전국의 주요 야산 가운데 경관이 좋은 곳은 관광개발이라는 미명하에 마구잡이로 파헤쳐졌다. 설악산국립공원의 북쪽에 자리한 세계잼버리대회행사장이 부대시설까지 포함하여 49.6㎢ 규모로 조성되면서 주변의 삼림을 파괴한 대표적인 사례이다. 2018년에 개최된 평창동계올림픽 경기장 건설을 위해 삼림이 마구잡이로 파헤쳐진 것도 난개발에 따른 산림파괴에 해당한다. 경기장을 건설하기 위해 일시적으로 산림을 제거했지만, 경기장을 없애고 기존의 산림을 회복하기 위해서는 아주 긴 시간이 소요될 수밖에 없으며 과거의 자연환경으로 온전하게 돌아갈 수 있을지도 미지수이다. 특히 가리왕산에서는 500년 이상된 원시림이 사라져 버렸다. 이 정도의 개발사업은 주변지역의 생태계를 회복불능의 상태로 빠뜨리기도 한다.

산지를 개간하여 농경지로 이용한 것은 고려시대부터 시작되었으며 조선시대와 일제강점기를 거치며 점차 증가했다. 원시적 약탈농업방식으로 알려진 화전(火田)이 그것이다. 그러나 화전은 산림을 황폐화시키는 것은 물론 산사태를 유발하기도 하고 호우시 수해의 원인이 되었다. 조선시대에는 한강의 상류에서 흘러 내려온 토사로 인해 하천 바닥이 높아지고 수심이 얕아져 수운교통이 제한을 받기도 하고 산사태가 심해짐에 따라, 화전을 금지시키기도 했다.

우리나라의 화전은 1973년부터 실시된 화전 정리사업으로 인해 1980년부터는 더 이상 조성되지 않았다. 강원 영서지방의 고랭지로 화전이 확산된 것도 이 시기이다.

우리의 국토는 산지가 약 7할을 차지할 정도로 산림이 풍부하다. 자손만대에 물려줘야 할 자연자원이 편법 및 불법을 동원한 대규모의 골프장, 스키장, 호텔, 눈썰매장, 관통도로 건설 등의 허가로 인해, 지금은 원시림까지 위협받고 있는 실정이다. 1990년대에는 자연자원을 보호하고 유지해야 할 정부에서 대규모 환경파괴 사업허가를 내주면서 산림파괴에 앞장서기도 했다. 1990년대 이전에는 골프장 건설에 따른 산림파괴가 많았지만, 이후부터는 공장부지 확보와 광산개발을 위한 산림훼손이 크게 늘어났다. 도로 개설 및 군사시설 공사를 위한 산림훼손도 무시할 수 없다.

무분별한 개발사업은 한반도의 척추 구실을 하는 백두대간을 가장 심각하게 훼손시켰다. 지리산 일대에 건설된 양수발전소는 생태계를 파괴시킨 동시에 주변지역의 미기후에도 영향을 미쳤다. 덕유산에는 스키장과 리조트가 건설되면서 주목과 구상나무의 군락지를 훼손시켰으며 하천의 오염도가 증가했다. 속리산에서는 온천을 개발하여 남한강 상류의 수질오염을 심화시켰다. 태백산에는 전투기 훈련장을 건설하여 야생 동식물의 서식지가 훼손되었고, 강릉의 자병산은 석회석 광산개발과 함께 자연생태계와 자연경관이 돌이킬 수 없는 상태가 되었다. 이 밖에도 송전탑 건설, 양수댐 건설 등으로 산림과 함께 자연이 파괴된 현장을 백두대간에서 쉽게 목격할 수 있다.

낙동정맥은 강원 태백시의 매봉산에서 동해안을 따라 부산 다대포에 이르는 구간이다. 낙동정맥은 천연기념물을 비롯하여 한반도에서 멸종위기에 놓여 있는 야생동물의 대규모 서식지이기도 하다. 그러나 정부가 주관하는 임업도로 · 수종갱신 · 산불방지 공사 등의 대규모 건설사업이 마구잡이식으로 진행되는 바람에, 수려했던 산림이 흉측한 몰골로 변해 버렸다. 토종소나무인 춘양목의 원산지인 경북 봉화군 일대는 수종 갱신사업의 명분하에 원래의 모습을 잃기도 했으며, 수령 50년을 넘는 소나무가 밑동만 남겨진 채 잘려 나가기도 했다.

1946년 식목일이 지정된 이후, 우리나라의 산림녹화 사업은 유례를 찾아보기 어려울 정도의 기적을 일궈냈다. 대한민국은 전 세계에서 가장 빠른 속도로 산업화를 이룩하면서 동시에 산림녹화에 성공한 국가이다. 식민지 지배와 전쟁을 거치면서 황폐해졌던 민둥산이 울창한 숲으로 변모한 것이다. 오랜 기간에 걸친 노력으로 가꾸어진 우리의 산림이 무분별한 개간으로 황폐해지고 있다. 북한은 1990년대에 이른바 '고난의 행군' 이후로 대부분의 산에서 수목을 제거하고 경작지화 했거나 민둥산으로 바꾸어 버렸다. 한반도 전체의 자연생태계를 살리기 위해서는 산림보호도 중요하지만 어떻게 관리할 것인가에 대해서도 생각해 볼 때가 되었다. 우리나라의 산림면적은 1995년에 645.1만 ha이었으나 매년 감소하여 2000년에는 642.2만 ha, 2010년에는 636.8만 ha를 기록했다. 산림면적의 68%에 달하는 433만여 ha가 사유지로 이루어져 있다는 점을 고려하면 정부 차원의 노력만으로는 국토의 산림을 온전하게 보존하기 어렵다.

한편 농경지 개간, 도로 개설, 도시개발 등 인간의 활동은 자연적인 침식보

그림 5-10 고랭지 경사지의 토지이용(강원 태백시)

다 훨씬 더 큰 토양침식과 토양유실을 유발한다. 우리나라 토지의 93%가 토양유실의 우려가 있는 경사진 땅이라는 점도 토양유실을 우려하는 이유이다. 여름철 집중호우도 농경지와 산간의 토양유실을 촉진시킨다. 고랭지 농작물을 재배하는 밭에서는 경사지를 채소밭으로 개간하면서 집중호우시 토양유실의 문제가 특히 심각하게 대두되고 있다. 밭작물 재배지역은 나대지나 초지보다 심각한 가장 위험한 토양유실 위험지역으로 분류된다.

우리나라의 고랭지 경지면적은 7만 3,971㏊이며, 그 가운데 50% 가량이 강원도에 집중해 있다. 강원도의 고랭지 밭은 94%가 한강수계에 분포한다. 고랭지 밭은 점착력이 약한 화강암 풍화토가 많고 모래 성분을 많이 포함하고 있어, 강우시 토양유실 및 오염물질의 유출이 심각한 수준이다. [그림 5-10]에서 보는 바와 같이 고랭지 밭의 85% 가량이 토양유실의 위험이 있는 경사도 3~4°의 비탈진 곳이며, 해마다 1,200~1,900만톤 가량의 흙이 유실되는 것으로 알려져 있다. 지금과 같은 속도로 토양유실이 지속된다면 고랭지의 경사진 경작지에는 자갈과 잔돌만이 남아 농경활동이 거의 불가능할 것으로 전망된다. 토양유실을 방지하기 위해 등고선 경작이나 다년생 작물재배 등과 같은 방법이 이용되고 있긴 하다. 토양유실로 인한 탁한 물의 유입은 이를 상수원으로 이용하는 지역에도 악영향을 초래한다.

5.7 지구온난화와 한반도의 아열대화

1 뜨거워지는 지구

2012년에 우리나라에서는 이상한 기후현상이 지속되었다. 4월에는 봄을 느낄 수 없을 정도로 이상저온 현상이 나타났는가 하면, 갑자기 기온이 상승하여 여름철이 온 듯 이마에 땀이 맺히는 경우가 발생했다. 그 이전 해에 남극세종과학기지의 한겨울(7월) 최저 체감온도는 영하 52.6℃로 평년에 비해 훨씬 낮은 기온을 나타내기도 했다. 같은 해에 우리나라에서는 예년에 비해 폭염일수는 3일 적었지만, 강한 폭염으로 사람이 쓰러지고 전력수급에 어려움을 겪기도 했다. 또한 겨울에는 한파가 몰아쳐 한강이 일찍 얼어붙었고 이듬해 봄이 와야 할 3월에는 또 다시 한파가 찾아오기도 했다. 근래들어 이처럼 극단적인 기후환경이 자주 등장하고 있다.

우리나라의 풍토에 관한 내용에서 살펴본 바와 같이, 한반도는 위도상 온대기후에 속한다. 기온의 일교차와 연교차가 상대적으로 크고 고온다습한 여름과 한랭건조한 겨울 등 계절별 특징이 뚜렷하게 나타났다. 그러나 지금 한반도의 기후는 지구온난화에 의해 아열대성 기후로 바뀌고 있다는 의견이 지배적이다. 이러한 현상은 한반도의 연평균기온 변화, 여름철의 폭염과 열대야 등 극한의 기후상황이 빈번하게 발생하는 것을 통해 확인이 가능하다. 우리는 남극과 북극의 빙하가 사라지고, 높은 산에 쌓여 있던 만년설이 녹아 내린다는 뉴스를 이제 쉽게 접할 수 있게 되었다.

지구 표면의 온도는 [그림 5-11]에 제시된 것처럼, 2005년까지 지난 백년간 약 0.9℃가 상승했다. 지구온난화는 19세기 후반부터 시작된 세계적인 기온상승을 의미한다. 기후온난화의 원인에 대해서는 정확하게 밝혀지지 않았지만, 대부분 과학자들은 온실 기체의 농도가 증가하고 화석 연료의 사용이나 삼림 벌채 같은 인간 활동에 의해 발생한 것으로 추정한다. 지구온난화의 영향으로 지구의 대기온도가 상승하는 동시에 극지방의 빙하가 녹아내림에 따른 해수면 상승, 강수패턴의 변화, 아열대 사막의 확장 현상이 나타나고 있다.

지구는 분명 더워지고 있다. 그럼에도 불구하고 지구에서는 국지적으로 강한 한파가 나타나기도 하고 폭우가 지속되기도 하며 폭염이 지속되기도 한다. 예년과 다른 기후현상이 발생하는 이유가 무엇인지에 대해 가장 설득력 있는 해석은 역설적으로 지구온난화 때문이라는 주장이 지배적이다. 예컨대, 북극에 얼음이 녹아내린다는 것은 평균보다 많은 해수가 증발함을 의미하고 이는 북극에 인접한 시베리아 일대의 폭설로 이어진다.

우리나라의 연평균 기온은 1987년 이후 지속적으로 20세기 평균보다 높았

그림 5-11 지구의 기온 변화

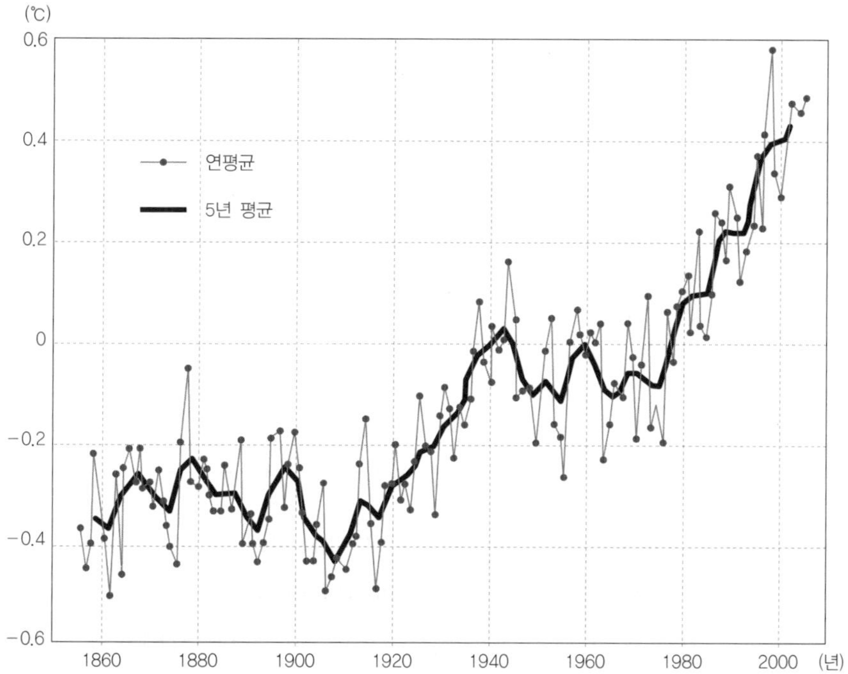

으며, 꾸준히 상승하는 경향을 보이고 있다. 1981~2010년 사이에 한반도의 연평균 기온은 1.2℃ 상승했으며, 계절에 무관하게 증가하는 경향을 보였다. 연평균 기온의 상승경향은 남부지방보다 북부지방에서 상대적으로 크게 나타났는데, 한반도 북부의 온난화는 지구온난화에 따른 동아시아 대륙 전반의 기온상승 경향과 밀접한 관계를 가진다. 1970~2015년에 이르기까지 서울과 제주의 연평균 기온은 해에 따라 증가하거나 감소하는 경향을 나타내지만 전반적으로는 2015년 들어 두 지방 모두 1970년의 기온보다 상승한 것을 볼 수 있다(그림 5-12). 20세기 중반부터 한반도에서는 이상고온의 출현 빈도가 증가하는 경향이다. 그 증가는 겨울철에 비하여 여름철에 더 뚜렷했고, 1990년 이후의 변화가 더욱 현저하다. 이상고온 출현 빈도의 증가 경향은 바닷가에 접한

그림 5-12 서울과 제주의 연평균 기온 변화

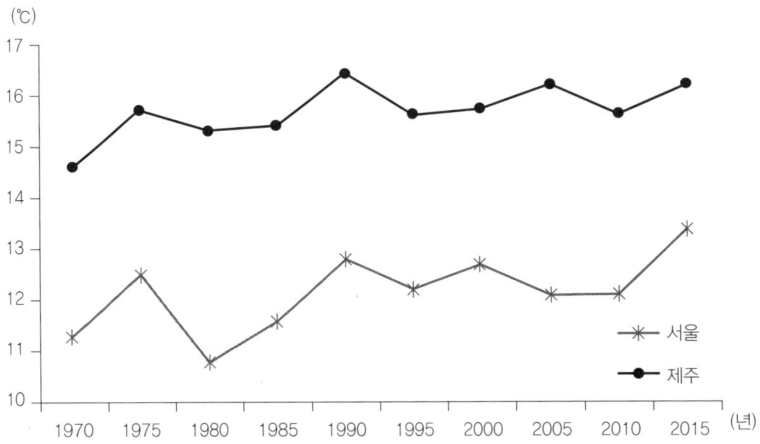

지역에서보다 도시화가 진전된 내륙일수록 두드러졌다.

지구온난화가 진행되면서 한반도 주변의 해수면은 모든 해안에서 높아지고 있으며, 해수면 상승은 미래에도 지속될 것으로 전망된다. 남해안의 해수면 상승 추세가 동해안이나 서해안에 비해 상대적으로 빠른 것으로 알려져 있다. 해수면의 상승은 우리나라를 둘러싸고 있는 바다의 수면이 계속해서 높아진다는 것을 의미한다. 1960년대 중반 이후 한반도 주변 해역의 해수면은 세계평균보다 약간 높은 연간 1.9㎜ 상승했는데, 제주도에서는 연간 5.1㎜가 상승하여 다른 해역보다 빠르게 상승했다. 남해안에서의 해수면 상승이 다른 해역보다 빠른 이유는 해수면 온도가 상대적으로 크게 높아진 때문으로 풀이된다. 2100년이 되면 동해안은 지금보다 약 90㎝ 상승할 것이고 남해안과 서해안은 각각 65㎝ 정도 상승할 것으로 전망된다.

해수면의 상승은 국토 면적을 잠식할 뿐만 아니라 생활공간과 토지이용의 변화를 초래하고, 한반도의 기후환경에도 적잖은 영향을 미칠 것이다. 더불어 해안가의 명승지를 비롯한 문화역사적 경관의 훼손도 피할 수 없게 된다. 남태평양에 자리한 투발루 · 키리바시 · 바누아트 등의 국가는 해수면이 상승하여 영토가 수몰될 위기에 처해 있다. 지구온난화에 따른 해수면 상승은 국민의 편안한 생활을 억압하는 환경테러라는 표현을 상기할 필요가 있다.

기온이 상승하면서 나타난 변화를 확인하는 방법 가운데 하나가 식생의 변화이다. 한반도에서 서식하는 식생의 북방한계선이 점차 북상하고 있다. 경기도에서 난대성 식물이 자라며, 전라남북도에서 쉽게 볼 수 있는 난대성 상록활엽수의 북방한계선이 북쪽으로 올라가기도 했다. 이로 인해 한반도에 서식하는 고유 수종의 멸종은 물론 과수 및 원예 산업의 피해도 우려된다.

봄철이 되면 우리나라 국민들이 빼놓지 않고 감상하는 벚꽃의 개화시기도 평균기온이 오르면서 점차 빨라지고 있다. 벚꽃은 1980년대만 해도 서울에서 4월 12일경 꽃이 피었지만, 1990년대에는 4월 10일, 2000년대에는 4월 7일로 개화시기가 앞당겨졌다. 서울에서 개나리가 개화하는 시기 역시 1980년대의 3월 30일에서 2000년대에는 3월 27일로 빨라졌다. 봄꽃의 개화에 가장 큰 영향을 미치는 것은 2월과 3월의 기온이다. 국내 주요 도시의 2월 평균기온은 1980년대의 1.2℃에서 2000년대에는 3.0℃로 높아졌으며, 같은 기간 3월 평균기온 역시 6.2℃에서 7.2℃로 상승했다.

우리나라에서 바닷길을 이용하여 유럽으로 이동하는 길도 변화하고 있다. 즉 북극해를 통과하는 북극항로가 열리기 시작하면서, 부산에서 유럽의 항구도시 암스테르담까지 컨테이너 선박이 이동하는 데 소요되는 시간은 물론 이동거리도 크게 단축되었다. 북극항로의 이용이 가능해진 것은 과거 북극을 덮고 있던 얼음이 사라졌기 때문이다. 극지방의 빙하가 사라지거나 두께가 얇어지는 현상도 지구온난화에 기인한다. 북극의 빙하가 녹아 없어지는 것이 인간의 경제활동에는 도움을 줄지 모르나, 북극의 터줏대감인 북극곰에게는 그들의 안식처를 잃어버리게 하는 결과로 이어졌다.

② 아열대로 변화하는 한반도

지금과 같은 기후현상이 지속된다면 한반도에서도 극한기후가 변화할 것이다. 한반도 남해안 일대에 국한되어 있는 아열대 기후구는 경계가 점차 북상할 것이며, 그 범위는 전라남북도 및 충남 서해안, 경기와 황해 서부해안으로까지 확대될 것으로 관측된다. 보다 심각한 수준을 상정하면, 남한 대부분 지역이 아열대 기후구로 정의될 것이라는 전망이 지배적이다. 이와 더불어 폭염일수, 열대야일수와 같은 기온 관련 지수도 급격히 증가할 것으로 예상된다. 폭염일수는 지금의 연간 7.3일에서 21세기 중반에 11.1일로 증가하고, 열대야일수는 지금의 연간 2.8일에서 9.0일로 크게 증가할 것으로 전망된다.

현재는 한반도에서 장마와 무더위가 비교적 뚜렷하게 나뉘지만, 아열대기후대에서는 이들 두 가지가 서로 구별되지 않는다. 지구온난화로 기상이변이 자주 발생하고 불안정한 날씨가 지속되면서, 무더위가 지속되어야 할 8월에도 아열대지방에서 발생하는 스콜과 같은 게릴라성 집중호우가 쏟아질 가능성이 증가했다. 따라서 한반도에서도 장마와 무더위를 합쳐서 우기(雨氣)라고 불러야 할 때가 다가오고 있다. 2010년 추석 전날 발생한 수도권에서의 물난리와 2011년 7월에 발생한 서울 우면산 산사태와 강남역 물난리 등은 장마기간이 아닌 시기에 국지적으로 집중호우가 내리면서 많은 피해를 유발했다.

한반도의 평균기온은 지난 100년간 약 1.8℃ 상승했다. 지구 전체의 평균보다 2.4배나 빠른 속도로 온난화가 진행되었는데, 이처럼 한반도의 기후가 아열대 기후로 바뀌면서 생태계에도 많은 변화가 생겨났다. 각자의 서식지에 터를 잡고 자라던 식생의 서식지가 옮겨 가고 있으며, 한반도의 풍토에 적응하여 자라던 식생들이 점차 우리 땅에서 사라져 가고 있다. 겨울이 짧아지면서 아열대기후의 대표작물인 망고가 한반도에서 재배되며, 난류성 어종의 어획량도 증가하고 있다. 대신 찬물에 사는 명태와 대구는 어획량이 급감하면서 우리의 식탁에 오르는 음식에도 변화가 생겼다.

우리나라에서 가장 더운 도시로 알려진 대구는 1980년대에 여름이 연평균 116.1일이었지만 2000년대에는 평균 124.4일로 증가했다. 서울에서도 111일이었던 것이 118.8일로 길어졌다. 이는 단순히 계절의 변화를 의미하지 않는다. 온난화로 인한 기후변화는 한반도의 농어업 지도만 바꿔놓은 것이 아니라 각종 산업활동 및 사람들의 생활에까지 큰 영향을 미친다. 지금과 같은 추세가 지속될 경우, 21세기 말에는 중부지방까지 아열대기후로 변화할 것이라는 예측이 지배적이다.

아열대(subtropic)는 열대 주변에서 나타나는 기후로, 주로 위도 20° 내외의 남회귀선과 북회귀선 일대에서 관찰된다. 가장 추운 최한월의 월평균기온이 18℃를 넘는 경우가 일반적이다. 그러나 위도가 아열대의 결정적인 인자는 아니다. 2014년에 동계올림픽이 개최되었던 러시아의 소치는 북위 40도가 넘는 곳에 위치하지만, 야자수가 자라며 아열대기후의 특징을 보이기도 한다. 한반도에서는 온대기후의 특징이 우세한 남해안 일대와 제주도가 아열대의 북쪽 경계에 해당한다.

한반도가 어느 시기에 아열대기후가 될 지에 대해서는 다소의 이견이 존재하지만, 21세기 안에 아열대기후로 변화할 것이라는 데에는 의견이 일치한다. 한반도가 아열대로 바뀌게 되면 폭염은 물론이고, 매개곤충과 미생물 등이 만들어내는 전염병으로 인한 사망자수가 급증할 것이다. 또한 노인이나 사회적 약자들이 각종 질병에 심각하게 노출될 것이다. 여름 내내 국지성 호우가 집중됨에 따라 사람들은 저지대보다 고지대를 선호하는 현상도 나타날 것이다. 이처럼 한반도가 아열대화 하면, 우리 삶의 많은 부분에 변화가 생길 수밖에 없다.

기후 변화를 가장 잘 보여주는 지표는 생태계이다. 농수산물의 주요 산지가 점진적으로 변화하고 있음은 한반도의 기후가 이전과는 다른 패턴으로 펼쳐지고 있다는 것을 시사한다. 예컨대, 대구가 주산지였던 사과는 이제 경기 북부는 물론 강원 북부에서도 재배된다. 사과나무가 얼어죽는 영하 20℃까지 내려가는 날이 거의 없기 때문이다. 냉해에 약한 것으로 알려진 복숭아의 재배 한계선도 경북 청도에서 경기 파주까지 북상했으며, 배는 경기 연천까지 재배 지역이 확대되었다. 제주 특산품인 한라봉은 전남 나주에서도 재배가 이루어지고 있다. 이처럼 한반도에서 생육하는 작물의 북한계선이 북상한 것은 물론 아열대 작물로 알려진 망고 · 바나나 · 오크라 · 인디언시금치 등이 중부지방에서 재배되는 것이 보편적인 상황으로 바뀐 것이다.

대구에서 최초로 재배되기 시작한 사과의 재배면적은 경북에서 1990년에

2만 8,837㏊이었던 것이 1992년에 3만 6,355㏊로 최고 기록을 세운 후 줄어들기 시작하여 2010년 2만 3,198㏊ 2018년에는 1만 9,780㏊로 감소했다. 반면 강원도의 사과 재배면적은 2010년에 713㏊에서 2018년 947㏊로 증가했는데, 이는 강원도에서 역대 최저수준을 기록한 2007년의 114㏊에 비하면 8배 이상 증가한 면적이다. 경북 청도가 주산지였던 복숭아의 노지 재배면적은 1990~2018년 사이에 경기도가 815㏊에서 1,127㏊로, 강원도는 449㏊에서 559㏊로, 충청북도는 1,184㏊에서 5,756㏊로 각각 증가했다. 예로부터 복숭아는 '소사 복숭아', 사과는 '대구 사과'로 대표되었지만, 1990년대에 복숭아의 주산지가 경기도 부천의 소사에서 경북 청도로 옮겨갔고 사과의 주산지는 대구에서 안동 · 의성 등 경북 북부로 옮겨간 적이 있다. 당시의 주산지 변화는 도시화의 진행과 함께 대도시 주변의 농경지가 시가화구역으로 변모함에 따른 농경지 잠식 때문에 일어난 것이다. 그러나 2000년대 이후에 발생하고 있는 주산지의 이동은 도시화에 따른 농경지 잠식도 한 원인일 수 있지만, 그보다 근본적으로는 기후환경의 변화가 주요 원인이다.

남부지방에서는 기존 농작물의 재배지가 아열대 작물 재배지로 대체되고 있다. 경북에서는 2000년대 중반까지만 해도 아열대 과수의 재배면적이 그리 크지 않아 정확한 현황 조사를 하지 않았지만, 2015년부터 아열대 과수에 대한 체계적인 조사를 실시하기에 이르렀다. 강원도 양구에서 생산된 멜론을 구경하는 것도 어려운 일은 아니다. 이는 아열대 과수의 재배가 보편화되었음을 의미한다. 한반도의 기후 온난화가 가속화하면서 미래에는 우리가 먹는 음식이 토종작물이 아닌 외래농작물로 대체될 가능성도 배제할 수 없게 되었다.

아열대기후로의 변화는 기상환경에 민감한 농업부문에 큰 영향을 미친다. 온난화로 인한 기상이변의 빈도가 증가함으로써 농업부문에서의 곡물생산량이 감소하게 될 것이고, 이는 결국 곡물공급의 불안을 증폭시키는 요인으로 작용한다. 이렇게 되면, 세계의 주요 곡물생산국은 곡물의 수출을 제한하는 조치를 취할 수도 있다. 기후변화는 단기적으로는 생산환경의 변화로 인한 작물과 가축의 생산성을 떨어뜨리는 동시에, 기상재해의 발생가능성을 높이며 병해충 증가에 따른 손실을 야기할 것이다. 한편 기후변화는 중장기적으로는 기후대와 작물 생태계를 변형시키기 때문에, 우리나라의 식량안보에도 영향을 미칠 수 있다.

기후변화는 생태계에도 영향을 미친다. 아열대화가 진행되면서 한반도에 서식하는 나비 가운데 북방계 나비 6종이 감소했지만, 남방계는 전혀 감소하지 않았다. 반면 증가한 나비 5종 가운데 북방계는 없지만 남방계 나비 3종이 포함되었다. 1980년대 동남아시아에서만 서식하던 배추좀나방은 1990년대 들어 한반도 중부지방에서 발견되기 시작했으며 지금은 대관령에서도 생존이 가능하다.

우리가 살고 있는 한반도는 4계절이 뚜렷한 온대기후지역으로 인간이 살기에는 가장 좋은 조건을 가지고 있다. 그러나 최근에는 계절 변화도 뚜렷하게 나타나지 않는 것 같다. 기온이 상승하면서 농업과 어업 환경도 크게 바뀌면서 생활양식도 달라지고 있다. 지금보다 기온이 4℃ 가량 상승하면 남부지방에서는 겨울을 경험할 수 없게 될 것이고, 부산의 기후는 지금의 홍콩과 비슷해져 비가 잘 오지 않아 맑고 쾌청한 하늘을 쉽게 볼 수도 있다는 전망이 나온다. 겨울철 난방에너지 수요는 감소하겠지만 여름철 냉방에너지 수요는 폭증할 것이다. 우리나라는 기온 상승률이 세계의 평균적인 기온상승률보다 2배 가량 빠르기 때문에 아열대기후로의 진입도 그만큼 빨라질 것이다. 지금의 추세라면 2090년에 서울에서는 여름이 5월 초순에 시작하여 10월 중순까지 이어질 것으로 보인다.

이러한 현상에 제대로 대처하기 위해서는 우리 모두 지구온난화가 국토에 미치는 영향을 제대로 인식하여야 한다. 그리고 환경보호에 대한 일상적인 실천도 필요하다. 에너지의 절약은 물론 순환되거나 재생되는 자연자원의 보호에도 힘을 쏟아야 한다. 지구온난화를 막는 것은 어렵겠지만, 그 속도를 늦추는 방법까지 포기하지는 말아야 할 것이다. 국토는 나의 것이 아니라 잠시 세들어 사는 공간이라는 점을 잊지 말고 국토보존을 위한 조그마한 실천부터 해나가야 한다. 아직까지 지구온난화를 제대로 체감하지 못하고 있기 때문에 제대로 된 실천이 이루어지지 않는다고 볼 수도 있다.

|참|고|문|헌|

국민안전처, 2015, 재해연보 2014.

기상청, 2012, 한반도 기후변화 전망 보고서.

김남국, 2010, "다문화의 도전과 사회통합: 영국, 프랑스, 미국 비교연구," 유럽연구, 28(3), 133-174.

김인희 · 오윤경 · 이주일, 2012, 지역간 격차해소를 위한 상생발전방안과 서울시 역할, 서울연구원.

김주찬 · 민병익, 2003, "수도권과 비수도권의 정보격차 현황과 정책방향 연구," 지방정부연구, 7(1), 75-96.

남영우, 2004, "공업화시대와 세계화시대의 국토개발전략 변화: 신행정수도 건설과 관련하여," 한국도시지리학회지, 7(2), 1-13.

백종국, 2010, "학문의 수도권 집중과 지방대학의 황폐화," 역사비평, 92, 158-184.

변필성 · 윤영모, 2011, 지역기반 사회적기업 육성을 통한 낙후지역 발전 연구, 국토연구원.

서순탁, 2000, "수도권 준농림지역 난개발 실태와 대책," 국토, 226, 6-17.

손승호, 2013, "인구규모의 변화를 통해 본 도농통합시의 차별적 성장," 한국도시지리학회지, 16(1), 85-98.

______, 2015, "경기도 도농복합시의 경제공간 변화와 유형 분류," 한국경제지리학회지, 18(1), 45-59.

______, 2018, "신도시 개발에 따른 화성시의 사회 · 경제적 공간재구조화," 대한지리학회지, 53(6), 847-862.

심우배, 2010, "통합홍수관리를 위한 도시계획 관련 제도 개선방안," 물과 미래, 43(6), 15-17.

오은주 · 김현호, 2008, 지역간 경제협력 활성화 방안, 한국지방행정연구원.

이기석, 2007, "한국의 고령화 현상과 그의 지역적 전개," 한국도시지리학회 창립 10주년 기념 동계학술대회 기요, 27-32.

이용균, 2013, "이주자의 주변화와 거주공간의 분리," 한국도시지리학회지, 16(3), 87-100.

이은우, 2013, "비수도권-수도권으로 이주자의 이주행위 및 이주자의 주거문화 실태분석," 문화산업연구, 13(2), 37-46.

이호상 · 손승호, 2018, "인천시 외국인 이주자 주거공간의 영역화," 인천학연구, 28, 45-82.

장재호, 2012, 대구시 구 · 군간 지역격차 분석과 낙후지역 발전방안, 대구경북연구원.

최영수 · 김명수 · 안종천, 2007, "영국 그린벨트 관리정책의 변화와 시사점," 국토, 309, 59-72.

한국여성경제진흥원, 2010, 세계 주요 국가 저출산 대책 평가 및 우리나라에의 적용 방안, 기획재정부 용역 보고서,

한문희, 2011, 고령화에 따른 실버타운의 운영과 발전 방안, 아이엠아이코리아.

행정자치부, 2018 외국인 주민 현황.

허인혜 · 이승호, 2006, "한국의 이상기온 출현 빈도의 변화와 그 요인에 관한 연구," 대한지리학회지, 41(1), 94-105.

현대경제연구원, 2014, 대한민국 일자리 지도: 지역별 특징과 시사점.

岡田浩一 · 藤江昌嗣 · 塚本一郎 編著, 2006, 地域再生と戦略的協働, ぎょうせい, 東京.

Coates, B. E., Johnston, R. J., and Knox, P .L., 1977, *Geography and Inequality*, Oxford Univ. Press, London.

Jefferson, M., 1939, The Law of Primate City, *Geographical Review*, 29(2), 226-232.

Klaassen, L. H., 1965, *Area Economic and Social Redevelopment: Guidelines for Programmes*. Paris: OECD.

Legeby, A., 2010, *Urban Segregation and Urban Form: From Residential Segregation to Segregation in Public Space,* KTH Royal Institute of Technology, Stockholm.

Lutz, W., Skirbekk, V., and Testa, M. R., 2006, The Low Fertility Trap Hypothesis: Forces that may lead to further postponement and fewer births in Europe, *Vienna Yearbook of Population Research*, 167-192.

Massey, D. S., Arango, J., Hugo, G., Kouaouci. A., Pellegrino, A. and J. E. Taylor, 1993, Theories of International Migration: A Review and Appraisal, *Population and Development Review*, 19(3), 431-466.

Pacione, M., 2005, *Urban Geography-A Global Perspective*, Routledge, London.

Robertson, R, 1992, *Globalization, Social Theory and Global Culture*, Sage, London.

Stohr, W .B., 1974, *Interurban System and Regional Development*, Resource Paper No. 26, Commission on College Geography, Association of American Geographers,

Washington.

Venables, A. J., 2005. Spatial Disparities in Developing Countries: Cities, Regions, and International Trade. *Journal of Economic Geography*. 5(1), 3-22.

Walters, M. J., 2003, *Six Modern Plagues and How We Are Causing Them*, Island Press, Washington DC.

Weeks, J. R., 1999, *Population: An Introduction to Concepts and Issues*, Wadsworth Publishing Co., Belmont.

대학알리미(http://www.academyinfo.go.kr)

국가통계포털(http://kosis.kr)

|연|습|문|제|

1. 낙후지역을 선정하여 그 지역의 개발잠재력과 발전가능성을 조사해 볼 것.
2. 우리나라의 지역활성화 정책 가운데 도시 중심으로 진행된 살기좋은 도시만들기의 내용을 조사하고 바람직한 도시개발 방향을 제시할 것.
3. 외국인의 증가가 우리나라의 국토 공간 또는 도시 공간의 변화에 미치는 영향을 정리해 볼 것.
4. 대도시 1곳과 농촌적 성격이 강한 군(郡) 1곳을 선택하여 두 지역의 연령별 인구구성 변화를 비교해 볼 것.
5. 지구온난화와 한반도의 아열대화가 우리나라 농업 부문에 미칠 영향을 정리해 볼 것.

사항색인

ㅈ

남한 행정구역도

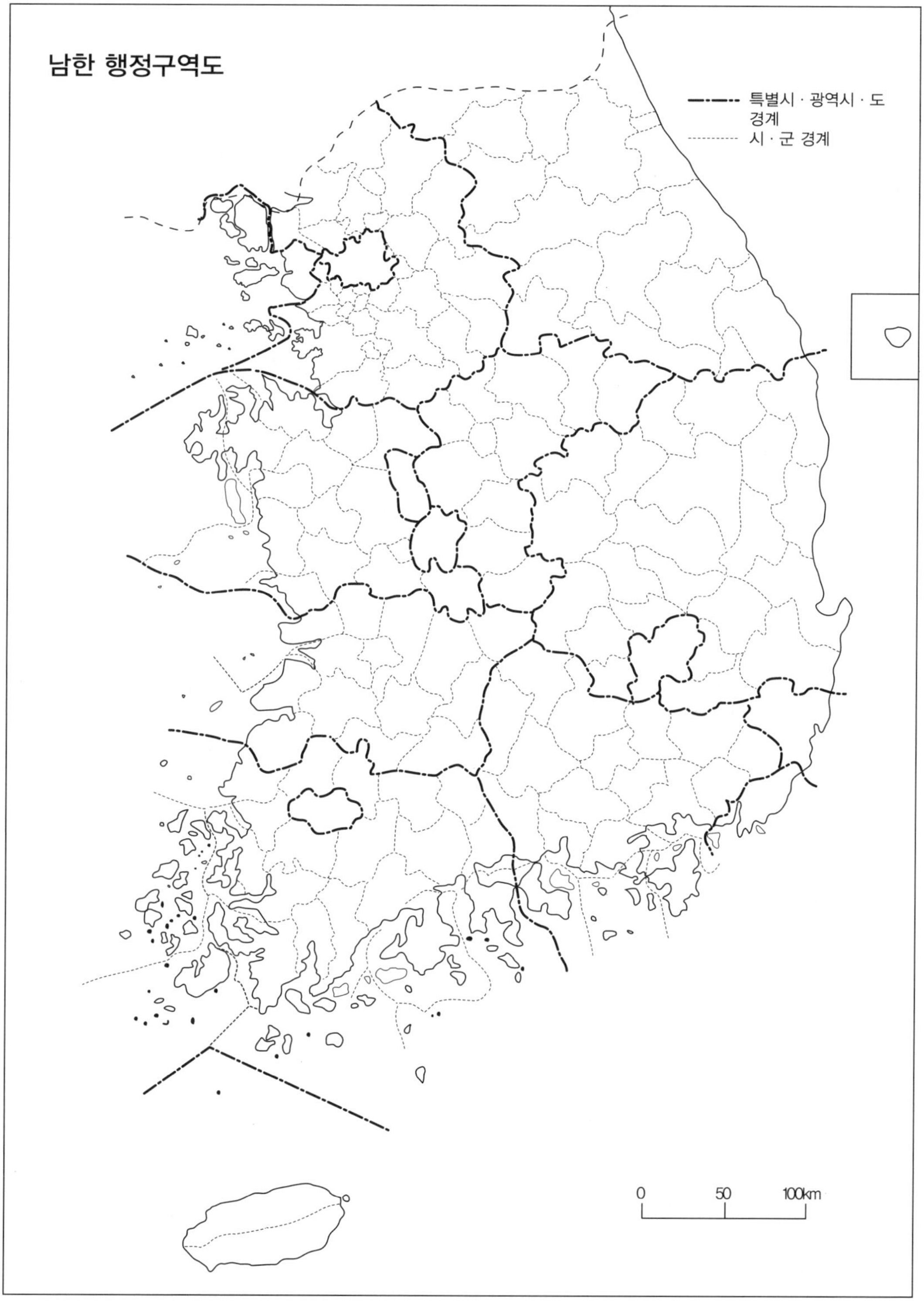

[지구시민 선언문]

하나, 나는 꿈과 가치를 찾고 인성을 회복한 사람으로서 모든 인간과 생명을 존중하고 사랑할 것을 선언합니다.

하나, 나는 모든 인류의 행복과 아름다운 세상을 실현하기 위해 지구에 온 지구시민임을 선언합니다.

하나, 나는 국가와 민족, 인종과 종교를 초월하여 모든 인류가 한 가족처럼 살아가는 지구촌을 위해 지구경영의 시대를 열어갈 것을 선언합니다.

하나, 나는 무한경쟁을 부르는 물질중심의 가치관을 극복하고 지구와 인간을 위한 홍익정신을 지구경영의 중심철학으로 세울 것을 선언합니다.

하나, 나는 인간의 본성이 홍익임을 깨달은 지구시민으로서 인류가 인성을 회복하고 뇌를 창조적으로 활용할 수 있도록 뇌 교육을 널리 알릴 것을 선언합니다.

하나, 나는 모든 학문과 제도가 지구와 인간을 위해 공헌할 수 있도록 융합적인 사고로 판단하고 활용할 것을 선언합니다.

하나, 나는 지구가 본래 아름다움과 생명력을 회복하도록 지구생태계의 보호와 복원을 위해 노력할 것을 선언합니다.

하나, 나는 끊임없는 자기계발과 홍익생활로 인격을 완성하고 리더십을 함양하여 지구경영자로 성장할 것을 선언합니다.

하나, 나는 인류의식의 진화와 새로운 정신문명시대의 도래를 위해 1억 명의 지구시민을 양성하는 일에 적극적으로 동참할 것을 선언합니다.

하나, 나는 인류와 지구의 평화를 꿈꾸는 모든 지구시민과 연대해 조화와 상생의 문화를 창조하는 지구시민운동을 적극적으로 전개할 것을 선언합니다.

[저 자 약 력]

● 남영우

서울대학교 사범대학 지리과 졸업
서울대학교 대학원(M.A.)
일본 쓰쿠바대학 대학원(M.S. 및 Ph.D.)
일본 쓰쿠바대학 외국인 교수
한국해양포럼 대표
현, 고려대학교 명예교수

● 최재헌

서울대학교 사범대학 지리과 졸업
서울대학교 대학원(M.A.)
미국 미네소타대학교 대학원(Ph.D.)
미국 맥칼레스터대학 조교수 역임
(사)ICOMOS 한국위원회 사무총장
현, 건국대학교 지리학과 및 대학원
세계유산학과 교수

● 손승호

고려대학교 사범대학 지리교육과 졸업
고려대학교 대학원(문학석사 및 문학박사)
고려대학교 대학원 우수논문상 수상
고려대학교 연구교수, 연세대, 인하대 강사
현, (사)미래한국영토포럼 본부장
고려대학교 객원교수

한국의 도시와 국토 [제7판]

1988년 9월 5일 초판 발행
1995년 7월 15일 전정판 발행
2000년 8월 25일 제3판 발행
2004년 2월 20일 제4판 발행
2009년 8월 10일 제5판 발행
2016년 1월 25일 제6판 발행
2021년 6월 10일 改題 제7판 2쇄 발행

저 자 남영우 · 최재헌 · 손승호
발행인 배 효 선
발행처 도서출판 法 文 社

주 소 10881 경기도 파주시 회동길 37-29
등 록 1957년 12월 12일 / 제2-76호(윤)
전 화 (031)955-6500~6 Fax (031)955-6525
e-mail(영업): bms@bobmunsa.co.kr
(편집): edit66@bobmunsa.co.kr
홈페이지 http : //www.bobmunsa.co.kr

조 판 (주) 성 지 이 디 피

정가 31,000원
ISBN 978-89-18-91031-4